Periodic Table of the Elements

MAIN–GROUP ELEMENTS | TRANSITION ELEMENTS | MAIN–GROUP ELEMENTS

- Metals (main-group)
- Metals (transition)
- Metals (inner transition)
- Metalloids
- Nonmetals

Period	1A (1)	2A (2)	3B (3)	4B (4)	5B (5)	6B (6)	7B (7)	8B (8)	8B (9)	8B (10)	1B (11)	2B (12)	3A (13)	4A (14)	5A (15)	6A (16)	7A (17)	8A (18)
1	1 **H** 1.008																	2 **He** 4.003
2	3 **Li** 6.941	4 **Be** 9.012											5 **B** 10.81	6 **C** 12.01	7 **N** 14.01	8 **O** 16.00	9 **F** 19.00	10 **Ne** 20.18
3	11 **Na** 22.99	12 **Mg** 24.31											13 **Al** 26.98	14 **Si** 28.09	15 **P** 30.97	16 **S** 32.07	17 **Cl** 35.45	18 **Ar** 39.95
4	19 **K** 39.10	20 **Ca** 40.08	21 **Sc** 44.96	22 **Ti** 47.88	23 **V** 50.94	24 **Cr** 52.00	25 **Mn** 54.94	26 **Fe** 55.85	27 **Co** 58.93	28 **Ni** 58.69	29 **Cu** 63.55	30 **Zn** 65.41	31 **Ga** 69.72	32 **Ge** 72.61	33 **As** 74.92	34 **Se** 78.96	35 **Br** 79.90	36 **Kr** 83.80
5	37 **Rb** 85.47	38 **Sr** 87.62	39 **Y** 88.91	40 **Zr** 91.22	41 **Nb** 92.91	42 **Mo** 95.94	43 **Tc** (98)	44 **Ru** 101.1	45 **Rh** 102.9	46 **Pd** 106.4	47 **Ag** 107.9	48 **Cd** 112.4	49 **In** 114.8	50 **Sn** 118.7	51 **Sb** 121.8	52 **Te** 127.6	53 **I** 126.9	54 **Xe** 131.3
6	55 **Cs** 132.9	56 **Ba** 137.3	57 **La** 138.9	72 **Hf** 178.5	73 **Ta** 180.9	74 **W** 183.9	75 **Re** 186.2	76 **Os** 190.2	77 **Ir** 192.2	78 **Pt** 195.1	79 **Au** 197.0	80 **Hg** 200.6	81 **Tl** 204.4	82 **Pb** 207.2	83 **Bi** 209.0	84 **Po** (209)	85 **At** (210)	86 **Rn** (222)
7	87 **Fr** (223)	88 **Ra** (226)	89 **Ac** (227)	104 **Rf** (263)	105 **Db** (262)	106 **Sg** (266)	107 **Bh** (267)	108 **Hs** (277)	109 **Mt** (268)	110 **Ds** (281)	111 **Rg** (272)	112 (285)	113 284)	114 (289)	115 288)	116 (292)		

As of late 2007, elements 112 through 116 have not been named.

INNER TRANSITION ELEMENTS

Period															
6	Lanthanides	58 **Ce** 140.1	59 **Pr** 140.9	60 **Nd** 144.2	61 **Pm** (145)	62 **Sm** 150.4	63 **Eu** 152.0	64 **Gd** 157.3	65 **Tb** 158.9	66 **Dy** 162.5	67 **Ho** 164.9	68 **Er** 167.3	69 **Tm** 168.9	70 **Yb** 173.0	71 **Lu** 175.0
7	Actinides	90 **Th** 232.0	91 **Pa** (231)	92 **U** 238.0	93 **Np** (237)	94 **Pu** (242)	95 **Am** (243)	96 **Cm** (247)	97 **Bk** (247)	98 **Cf** (251)	99 **Es** (252)	100 **Fm** (257)	101 **Md** (258)	102 **No** (259)	103 **Lr** (260)

Kenneth W. Whitten / Raymond E. Davis
M. Larry Peck / George G. Stanley

대학기초화학

화학교재연구회 옮김

Abbreviated 7th Edition

Australia · Brazil · Japan · Korea · Mexico · Singapore · Spain · United Kingdom · United States

CENGAGE
Learning

General Chemistry, 7th Edition
Kenneth W. Whitten, Raymond E. Davis, Larry Peck, George G. Stanley

This edition first published in 2009 jointly by
Cengage Learning Korea Limited and Sci Plus.

Cengage Learning Korea Ltd.
Suite 1801 Seokyo Tower Building
353-1, 22 Seokyo-Dong, Mapo-Ku
Seoul 121-837, Korea
Tel: (82) 2 322 4926
Fax: (82) 2 322 4927

Cengage Learning is a leading provider of customized learning solutions with office locations around the globe, including Singapore, the United Kingdom, Australia, Mexico, Brazil, and Japan.
Locate your local office at: www.cengage.com/global

Cengage Learning products are represented in Canada by Nelson Education, Ltd.

ISBN-13: 978-89-92603-23-2

For product information, visit www.cengageasia.com

Printed in Korea
1 2 3 4 12 11 10 09

옮긴이의 머리말

오늘날 이공학의 분야는 과학의 발달과 더불어 세분화되면서도 동시에 통합되는 복잡한 양상을 보인다. 이에 화학도 예외일 수 없으며, 매일 새롭고 놀라운 연구 결과가 인터넷과 대중 매체를 통하여 신속하게 발표되고 있다.

본 일반화학 원서 교재는 20년 전에 초판이 발행된 이후로 매번 판을 달리할 때마다 새로운 내용들을 첨가하면서 인기리에 개정을 거듭하여 이제 7번째 밀레니엄 개정판이 나오게 되었다. 이에 국내에서 일반화학을 강의하는 교수들 중에서 뜻을 같이하는 분들이 번역에 참여하여 본 역서를 내놓게 되었다.

일반화학은 순수 자연과학, 응용공학, 의학, 약학, 간호학 등의 일반화학 지식을 필수로 하는 전문분야 이외에도 일부의 인문, 사회, 예술계의 전공자도 교양으로 일반화학 지식을 필요로 한다. 따라서 이 책은 전공 분야는 물론 비전공 분야의 학생들을 대상으로 강의하여야 하므로, 화학의 전반적인 개념과 기본적인 원리를 이해시키는 것을 주목적으로 하되 내용도 다양하고 흥미를 유발시키는 교재이어야 한다.

이러한 점에서 이 책은 활자의 가독성을 높이기 위하여 전면 컬러 인쇄를 하였고, 가능한 컬러 사진과 도표를 많이 넣어 시각적으로도 학생들의 이해를 돕고자 하였다. 또한 다양한 읽을거리와 함께 신문과 방송 매체에 자주 소개되는 우리 주변의 '화학 상식'을 소개하였으며, 정확한 화학 개념의 전달을 위하여 각 장의 끝 부분에 '주요 용어'에 대한 해설을 실었고, '보충 설명' '문제 풀이 요령' 등을 제시하여 학습에 이해를 돕고자 하였다.

가능한 원서에 충실하도록 하였으나 여러 사람들이 이 책의 번역에 참여하였기에 다소 번역상의 오류나 용어의 불일치 등이 있을 수 있으므로 완벽하지 못하다고 자인하지 않을 수 없다. 본 교재로 강의하면서 발견한 오류를 알려주시고 충고하여 주시면, 수정 · 보완하여 더욱 더 좋은 책이 되도록 노력할 것이다. 끝으로 이 책이 출판되어 나오기까지 많은 고생을 아끼지 않은 삼경문화사 여러분께 깊이 감사를 드린다.

2009년 7월 30일
옮긴이 씀

지은이의 머리말

본 일반화학 교재는 1981년에 초판이 나온 이래로 인기리에 개정을 거듭하여 왔으며, 이번에 7번째 개정된 밀레니엄 최신판이 나오게 되었음을 본 4인의 저자들은 자랑스럽게 생각한다. 화학, 생물학, 지질학, 물리학, 공학 및 기타 이와 관련된 학문을 공부하는 대학생들에게 화학의 전반적인 지식을 소개하고 현대 세계에서 중요한 학문의 하나인 화학이 역동적으로 변하는 모습을 보여주기 위함이 본 교재의 주안점이다.

비록 고등학교에서 이미 화학을 배운 대학생들을 대상으로 본 교재가 집필되었지만, 화학에 관한 전문 지식이 없이도 이해하기 쉽도록 각 장의 앞부분에 개요와 학습 목표를 제시하였고, 재미있고 선명한 컬러 그림이 많이 삽입되었다.

화학을 공부하는데는 왕도가 없으며, 또한 화학은 실험 및 이론을 병행하여야 하는 학문이므로, 본 교재는 다양하고 흥미로운 자연 현상을 설명하려 노력하였다. 화학의 기본 개념을 명확히 설명하고 그 기본 개념의 이해를 바탕으로 문제를 푸는 능력을 배양하고자 기초적인 예제들이 수록되었고, 해답과 함께 문제를 푸는데 필요한 힌트도 적절히 제시하였다. 그리고 각 장의 끝에 주요한 용어를 설명하기 위하여 '주요 용어' 난을 두어 정리하였을 뿐만 아니라, 전체적으로 새롭고 흥미로운 화학적 발견 및 지식이 첨가되고 표의 수치 및 데이터가 갱신되었다.

이 교재의 과거 1~6판을 그간 사용하고 검토한 100여 명의 미국 대학교수들의 비판적이고도 건설적인 제언을 충실히 반영하고자 노력하였고, 학생들의 이해를 효과적으로 달성하기 위하여 전체적으로 각 장의 내용을 묶거나 분리하여 체재 및 순서를 달리 편성하였다.

또한 7번째 개정판의 집필에 Louisiana 주립대학교의 Stanley 교수가 공동 저자로 참여하였다. 무기화학에 대한 그의 광범위한 연구와 일반화학 교과 과정에 대한 그의 식견은 대단히 향상된 개정판이 탄생하도록 하였다.

끝으로 이 책이 나오기까지 많은 노고를 아끼지 않은 Saunders 대학 출판부 관계자 여러분에게 감사드린다. 아울러 오늘날이 있기까지 본 저자들을 가르쳐 주신 여러 대학 은사 및 사랑과 인내로 아껴준 가족 구성원 모두에게 깊이 머리 숙여 감사를 드린다.

Kenneth W. Whitten
Raymond E. Davis
M. Larry Peck
George G. Stanley

제1장 화학의 기초

1-01 물질과 에너지 · 10
1-02 물질의 상태 · 11
1-03 화학적 성질과 물리적 성질 · 12
1-04 화학적 변화와 물리적 변화 · 13
1-05 혼합물, 물질, 화합물과 원소 · 14
1-06 화학에서의 측정 · 17
1-07 측정의 단위 · 18
1-08 숫자의 사용 · 19
1-09 단위 인자법(치수 분석) · 22
1-10 백분율 · 24
1-11 밀도와 비중 · 25
1-12 열과 온도 · 27
1-13 열전이와 열의 측정 · 29
▶주요 용어 · 31
▶연습 문제 · 32

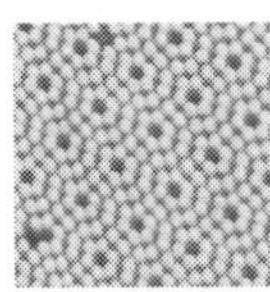

제2장 화학식과 화학 양론

2-01 원자와 분자 · 36
2-02 화학식 · 38
2-03 이온과 이온성 화합물 · 40
2-04 원자량 · 42
2-05 몰 · 42
2-06 화학식량, 분자량과 몰 · 45
2-07 화합물의 퍼센트 조성과 구조 · 48
2-08 원소 조성으로부터 화학식 유도 · 49
2-09 분자식의 결정 · 51
2-10 화학식의 이해 · 52
2-11 시료의 순도 · 54
▶주요 용어 · 55
▶연습 문제 · 55

제3장 화학 방정식과 반응 양론

3-01 화학 방정식 · 60
3-02 화학 방정식에 근거한 계산 · 62
3-03 한계 반응물의 개념 · 65
3-04 화학 반응으로부터의 퍼센트 수율 계산 · 67
3-05 용액의 농도 · 69
3-06 용액의 희석 · 72
▶주요 용어 · 73
▶연습 문제 · 74

제4장 원자의 구조

■ 원자를 구성하는 입자

4-01 기본 입자 · 80
4-02 전자의 발견 · 81
4-03 양극선과 양성자 · 82
4-04 러더포드와 원자 핵 · 83
4-05 원자 번호 · 84
4-06 중성자 · 85
4-07 질량 수와 동위 원소 · 85
4-08 질량 분석계와 동위 원소 · 86

4-09 원자량의 단위와 원자량 · 88

■ 원자의 전자 구조

4-10 전자기 복사 · 91
4-11 광전 효과 · 94
4-12 원자 스펙트럼과 보어 원자 · 94
4-13 전자의 파동성 · 97
4-14 원자의 양자 역학적 묘사 · 99
4-15 양자수 · 101
4-16 원자 궤도함수 · 102
4-17 전자 배치 · 106
4-18 주기율표와 전자 배치 · 112
▶주요 용어 · 114
▶연습 문제 · 116

제5장 화학 주기율

5-01 상세한 주기율표 · 120

■ 원소의 주기적 성질

5-02 원자 반경 · 121
5-03 이온화 에너지 · 124
5-04 전자 친화도 · 126
5-05 이온 반경 · 128
5-06 전기 음성도 · 130
▶주요 용어 · 132
▶연습 문제 · 133

제6장 화학 결합

6-01 원자의 루이스 구조식 · 136

■ 이온 결합

6-02 이온성 화합물의 형성 · 137

■ 공유 결합

6-03 공유 결합의 형성 · 144
6-04 분자와 다원자 이온의 루이스 구조식 · 145
6-05 옥테트 법칙 · 146
6-06 공명 · 151
6-07 루이스 구조식에서 옥테트 법칙의 한계 · 154
6-08 극성과 비극성 공유 결합 · 159
6-09 쌍극자 모멘트 · 161
6-10 결합 형태의 연속성 · 161
▶주요 용어 · 162
▶연습 문제 · 163

제7장 분자 구조와 공유 결합 이론

7-01 개론 · 168
7-02 원자가 껍질 전자 쌍 반발 이론 · 169
7-03 극성 분자: 분자 기하 구조의 영향 · 170
7-04 원자가 결합 이론 · 172

■ 분자의 형태와 결합

7-05 선형 전자 기하 구조: AB_2(A에 고립 전자 쌍이 없음) · 173
7-06 삼각평면 전자 기하 구조: AB_3(A에 고립 전자 쌍이 없음) · 176
7-07 정사면체 전자 기하 구조: AB_4(A에 고립 전자 쌍이 없음) · 177
7-08 정사면체 전자 기하 구조: AB_3U(A에 1개의 고립 전자 쌍) · 182
7-09 정사면체 전자 기하 구조: AB_2U_2(A에 2개의 고립 전자 쌍) · 186

7-10 정사면체 전자 기하 구조: ABU_3(A에 3개의 고립 전자 쌍) · 187
7-11 삼각쌍뿔 전자 기하 구조: AB_5, AB_4U, AB_3U_2, AB_2U_3 · 187
7-12 정팔면체 전자 기하 구조: AB_6, AB_5U, AB_4U_2 · 191
7-13 이중 결합 화합물 · 194
7-14 삼중 결합 화합물 · 196
7-15 전자와 분자 기하 구조의 요약 · 198
▶주요 용어 · 199
▶연습 문제 · 200

제8장 수용액에서의 반응

■ 수용액에서의 반응: 산, 염기 및 염

8-01 아르헤니우스 이론 · 206
8-02 히드로늄 이온 · 206
8-03 브론스테드-로리 이론 · 207
8-04 물의 자동 이온화 · 209
8-05 양쪽성 · 210
8-06 산의 세기 · 211
8-07 수용액에서 산-염기반응 · 215
8-08 산성 염과 염기성 염 · 217
8-09 루이스 이론 · 218

■ 수용액에서 산-염기 반응: 계산

8-10 몰 농도와 관련된 계산 · 220
8-11 적정 · 222
8-12 당량 질량과 노르말 농도 · 223

■ 산화-환원 반응

8-13 반쪽 반응법 · 227
8-14 H^+, OH^- 또는 H_2O를 첨가하여 산소와 수소의 계수 맞추기 · 228
▶주요 용어 · 230
▶연습 문제 · 232

제9장 기체와 분자 운동론

9-01 고체, 액체 및 기체의 비교 · 238
9-02 대기의 조성과 기체의 몇 가지 일반적인 성질 · 238
9-03 압력 · 239
9-04 보일의 법칙: 부피-압력 관계 · 241
9-05 샤를의 법칙: 부피-온도 관계; 절대 온도 · 244
9-06 표준 온도와 압력 · 246
9-07 결합 기체 법칙 방정식 · 246
9-08 아보가드로의 법칙과 표준 몰 부피 · 247
9-09 기체 법칙의 요약: 이상 기체 방정식 · 249
9-10 기체 물질의 분자량과 분자식 결정 · 251
9-11 돌턴의 분압 법칙 · 252
9-12 기체와 관련된 반응에서 질량-부피 관계 · 257
9-13 분자 운동론 · 259
9-14 기체의 확산과 분출 · 262
9-15 실제 기체: 이상성에서의 벗어남 · 263
▶주요 용어 · 266
▶연습 문제 · 267

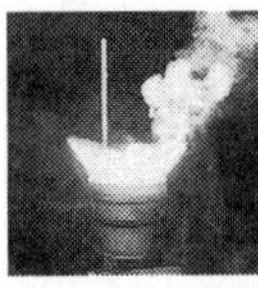

제10장 화학 열역학

■ 열 변화와 열화학

10-01 열역학 제1 법칙 · 272
10-02 열역학 용어 · 273

10-03 엔탈피 변화 · 274
10-04 열량계 · 274
10-05 열화학 반응식 · 276
10-06 표준 상태와 표준 엔탈피 변화 · 277
10-07 표준 몰 생성 엔탈피 · 277
10-08 헤스의 법칙 · 278
10-09 결합 에너지 · 281
10-10 내부 에너지의 변화 · 283
10-11 ΔH와 ΔE의 관계 · 286

■ 물리적 변화와 화학적 변화의 자발성

10-12 자발성의 두 가지 면 · 288
10-13 열역학 제2 법칙 · 288
10-14 엔트로피 · 289
10-15 자유 에너지 변화와 자발성 · 292
10-16 자발성의 온도 의존성 · 295
▶주요 용어 · 298
▶연습 문제 · 299

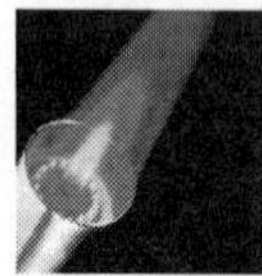

제11장 화학 반응 속도론

11-01 반응 속도 · 304

■ 반응 속도에 영향을 주는 인자

11-02 반응물의 성질 · 309
11-03 반응물의 농도: 속도 법칙의 표현 · 309
11-04 농도 대 시간: 적분 속도식 · 313
11-05 반응 속도의 충돌 이론 · 323
11-06 전이 상태 이론 · 324
11-07 반응 메커니즘과 속도 법칙의 표현 · 326
11-08 온도: 아르헤니우스 방정식 · 328
▶주요 용어 · 332
▶연습 문제 · 333

제12장 이온 평형: 산-염기, 용해도 곱

12-01 강한 전해질에 대한 복습 · 338
12-02 물의 자동 이온화 · 339
12-03 pH와 pOH의 크기 · 341
12-04 약한 일양성자 산과 염기의 이온화 상수 · 343
12-05 다양성자 산 · 348
12-06 가용매 분해 · 350
12-07 강한 염기와 강한 산의 염 · 351
12-08 강한 염기와 약한 산의 염 · 351
12-09 약한 염기와 강한 산의 염 · 353
12-10 약한 염기와 약한 산의 염 · 354
12-11 작고 높은 전하의 양이온을 함유한 염 · 355
12-12 공통 이온 효과와 완충 용액 · 358
12-13 완충 작용 · 363
12-14 용해도 곱 상수 · 367
12-15 용해도 곱 상수 결정하기 · 368
12-16 용해도 곱 상수의 활용 · 369
▶주요 용어 · 374
▶연습 문제 · 374

부록 · 379

찾아 보기 ·

제 1 장

화학의 기초

[개 요]

1-01 물질과 에너지
1-02 물질의 상태
1-03 화학적 성질과 물리적 성질
1-04 화학적 변화와 물리적 변화
1-05 혼합물, 물질, 화합물과 원소
1-06 화학에서의 측정
1-07 측정의 단위
1-08 숫자의 사용
1-09 단위 인자법(치수 분석)
1-10 백분율
1-11 밀도와 비중
1-12 열과 온도
1-13 열전이와 열의 측정

[학습 목표]

이 장의 학습 목표는 다음과 같다.

- 물질과 에너지에 대한 기본적 개념
- 화학적 성질과 물리적 성질의 구별 및 화학적 변화와 물리적 변화 구별
- 물질의 다양한 형태 인식: 균일질, 불균일질, 혼합물, 화합물, 원소
- 숫자의 사용: 과학적 표기법과 유효 숫자
- 측정 결과를 적절한 단위로 표시하기
- 단위 사이의 전환을 할 수 있게 하는 단위 인자법 사용
- 다양한 척도를 이용한 온도 측정과 그 척도 사이의 변환
- 열흡수 또는 방출에 따른 온도 변화와 관계된 계산의 수행

지구는 하나의 커다란 화학적 계(chemical system)라 할 수 있다. 지구는 태양열을 흡수하며, 수없이 많은 화학적 반응이 끊임없이 일어나고 있다.

화학은 우리의 생활, 문화 그리고 환경 등의 거의 모든 부분을 다루는 학문이다. 화학은 우리가 숨쉬는데 필요한 공기, 먹는 음식, 마시는 물, 입는 옷, 사는 집, 자동차 및 연료 등의 모든 것을 광범위하게 다룬다.

▲ 인간이 생명을 유지하기 위해서는 수많은 화학 반응이 관련된다.

화학은 물질의 특성, 물질이 겪는 변화 그리고 그 과정에서 수반되는 에너지 변화 등을 다루는 학문이다.

물질(matter)은 우리의 몸을 포함하여 자잘한 물건에서부터 우주에 있는 거대한 물체까지 모든 것을 가리키는 말이다. 어떤 화학자는 화학을 여러 과학 분야 중의 중심이라고 하기도 한다. 화학은 수학과 물리학에 그 기초를 두고 있으며, 역으로 생명 과학 즉 생물학과 의학의 기초가 되기도 한다.

제1장에서는 (1) 화학이 무엇에 관한 것이며, 화학자들은 물질의 세계를 어떤 관점에서 보고 설명하는지에 대한 기본 지식을 배울 것이며, (2) 화학을 이해하는데 적용되는 여러 가지 기술을 배우게 될 것이다.

1-01 물질과 에너지

물질(matter)은 질량을 가지면서 공간을 차지하는 것이다. 질량은 어떤 물체에 있는 물질의 양을 측정하는 척도이다. 더 무거운 물질일수록 그것을 움직이게 하는데는 더 큰 힘이 필요하다. 모든 물체는 물질로 이루어져 있다. 우리가 보고, 만지는 것은 그 물질이 공간을 차지하고 있음을 의미한다.

에너지(energy)는 일을 하거나 또는 열을 전달하는 능력으로 정의된다. 에너지의 형태는 여러 가지가 있으며, 그 예로 역학 에너지(mechanical energy), 빛 에너지(light energy), 전기 에너지(electrical energy) 그리고 열 에너지(heat energy) 등을 들 수가 있다. 식물은 태양으로부터 발생되는 빛 에너지를 사용하여 성장하고, 우리는 전기 에너지를 이용하여 불을 밝히고, 열 에너지를 이용하여 요리를 하고 난방을 한다. 에너지는 운동 에너지(kinetic energy)와 위치 에너지(potential energy)의 두 가지로 크게 나눌 수 있다.

구르는 돌과 같이 움직이는 물체는 그 움직임으로 인해 에너지를 갖게 되는데 이 에너지가 바로 **운동 에너지**이다. 운동 에너지는 이처럼 곧바로 일을 할 수 있는 능력을 의미한다. 운동 에너지는 쉽게 다른 물체로 전환될 수 있다. **위치 에너지**는 물체의 위치나 상태 또는 조성 때문에 자체가 가지고 있는 에너지이다. 예를 들면, 석탄은 자체 조성으로 인해 위치 에너지의 형태로 화학 에너지를 가지고 있다. 전력을 생산하는 많은 설비는 석유를 태워서 열을 발생시키고, 이 열이 전기 에너지로 변환되면서 전력이 생산된다. 산꼭대기에 놓여 있는 돌은 놓은 위치로 인해 위치 에너지를 갖는다. 이 돌이 산등성이로 굴러 떨어질 경우 이 위치 에너지는 운동 에너지로 에너지의 형태가 전환된다.

모든 화학 반응 과정은 에너지 변화를 수반한다. 그러므로 우리는 화학을 배우는 과정에서 에너지에 대해 공부하여야 한다. 어떤 반응이 일어날 때 에너지(보통 열 에너지)가 방출되는 경우가 있는데, 이를 **발열**(exothermic)이라 한다. 연소 반응이 발열 반응의 한 예이다. 또 어떤 화학 및 물리적 반응의 과정은 계로부터 열을 흡수하여 일어나는데 이를 **흡열**(endothermic)이라고 한다. 얼음이 녹는 것은 물리적 변화로 흡열 과정의 한 예에 해당한다.

질량 보존의 법칙

금속 마그네슘을 공기 중에서 태우면, 마그네슘은 공기 중의 산소와 반응하여 흰색 분말의 산화 마그네슘이 생성된다(그림 1-1). 이 화학 반응은 다량의 열과 빛 에너지를 방출하며 일어난다. 반응 생성물인 산화 마그네슘의 무게를 측정해 보면 반응 전의 마그네슘 조각의 무게보다 훨씬 무거움을 알 수 있다.

이 생성물의 질량이 증가하는 원인은 마그네슘이 공기 중에서 연소하는 과정에서 산소와 결합하기 때문이다. 여러 실험을 수행한 결과 산화 마그네슘 질량은 마그네슘의 질량과 마그네슘이 연소하면서 결합하는 산소의 질량의 합과 정확히 일치함을 알 수 있다. 이는 모든 화학 반응 과정에서 일어난다. 이를 **질량 보존의 법칙**(Law of Conservation of Mass)이라 한다.

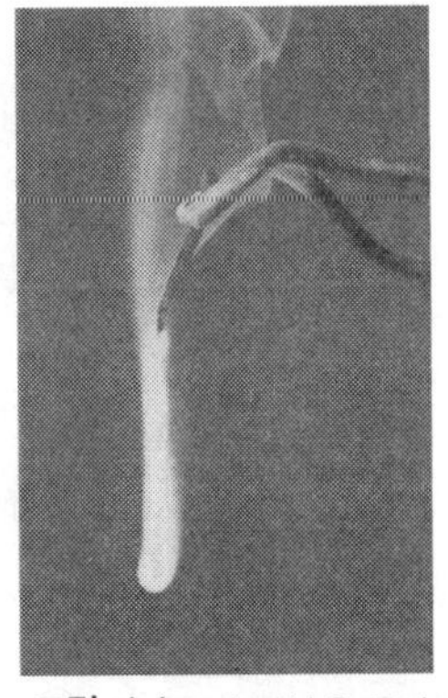

그림 1-1 마그네슘은 공기 중의 산소 하에서 연소되어 흰색 고체의 산화 마그네슘을 생성한다. 생성된 산화 마그네슘의 총 질량은 산소의 질량과 마그네슘의 질량의 합과 같다.

> 화학적 반응이나 물리적 반응이 일어나는 동안 물질의 양의 변화는 일어나지 않는다.

에너지 보존의 법칙

발열에 의한 화학 반응의 경우, 보통 발생되는 *화학 에너지*는 *열 에너지*로 전환된다. 어떤 발열 과정의 경우에는 다른 종류의 에너지로 변환되기도 한다.

여러 실험들을 통해 모든 화학적, 물리적 변화 과정에서는 에너지가 수반되며, 그 과정에서 에너지는 생성 또는 소멸되지 않고 단지 그 형태만 변화됨이 확인되었다. 이를 **에너지 보존의 법칙**(Law of Conservation of Energy)이라 한다.

> 모든 화학적 반응이나 물리적 변화 과정에서 에너지는 생성되거나 소멸될 수 없다. 단지, 에너지는 그 형태만 바뀔 뿐이다.

1-02 물질의 상태

물질은 세 가지 상태로 분류될 수 있다(그림 1-2). **고체**(solid) 상태에서 물질은 견고하고, 일정한 모양을 갖는다. 고체 상태일 때는 온도나 압력으로 인한 부피의 변화는 크게 일어나지 않는다. 고체 상태 중 특히 결정 상태의 경우에는 고체를 구성하는 각 입자들이 결정 격자 내에서 일정한 위치를 차지하고 있어서, 그 결정의 강도와 굳기는 이들 입자 사이의 상호 인력으로 결정된다.

액체(liquid) 상태에서 각 입자들은 주어진 부피에 한정된다. 액체는 흐르며 그 액체가 채워진 용기의 모양에 맞게 채워질 수 있다. 액체는 고체에 비해 압축하기가 매우 어렵다. **기체**(gas)는 고체와 액체보다 덜 밀집되어 있다. 기체는 어떤 용기 내에서 한정된 용기 내부의 모든 공간을 채운다. 기체는 매우 쉽게 팽창 또는 압축될 수 있다. 사실 우리가 완전히 비어 있다고 생각하는 곳에는 기체 입자들이 서로 아주 멀리 떨어진 채 가득 채워져 있다.

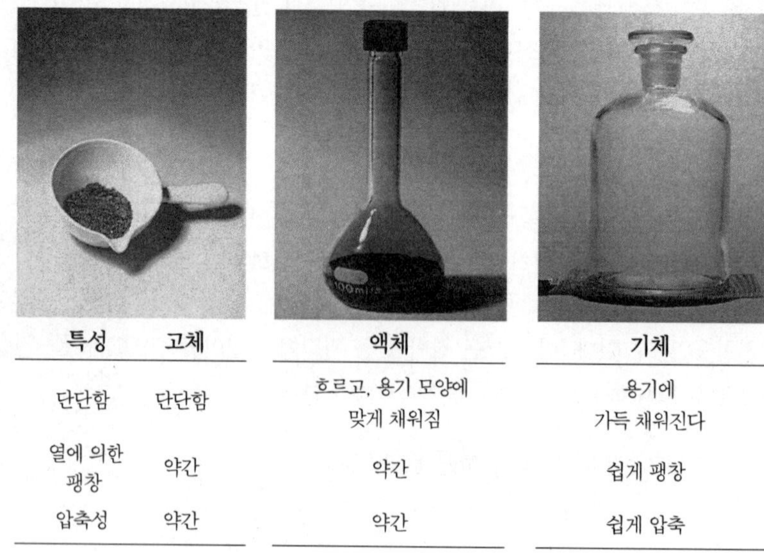

특성	고체	액체	기체
단단함	단단함	흐르고, 용기 모양에 맞게 채워짐	용기에 가득 채워진다
열에 의한 팽창	약간	약간	쉽게 팽창
압축성	약간	약간	쉽게 압축

그림 1-2 물질의 세 가지 물리적 상태 비교.
고체(*왼쪽*): 요오드(iodine), 액체(*중앙*): 브롬(bromine), 기체(*오른쪽*): 염소(chlorine).

1-03 화학적 성질과 물리적 성질

시료 중에서 다른 종류의 물질을 서로 구별하려면 우리는 먼저 그들의 *성질*을 비교해야 한다. 우리는 물질의 성질을 통해 종류를 구별하는데, 물질의 성질은 **화학적 성질**(chemical properties)과 **물리적 성질**(physical properties)로 크게 구분할 수 있다.

화학적 성질은 물질이 조성의 변화를 겪을 때 나타난다. 물질의 이런 성질은 시료가 겪는 화학적 변화와 관련이 있다. 예를 들면, 앞의 예에서 금속 마그네슘이 공기와 결합하여 흰색 분말의 산화 마그네슘을 생성하는 반응이 있었다. 이 반응 과정에서 마그네슘은 산소와 반응하고, 산소는 마그네슘과 반응하면서 열을 방출하고 그 과정에서 마그네슘과 산소는 그 자체가 갖는 고유한 성질을 잃고 전혀 새로운 성질을 갖는 산화 마그네슘이 생성되어 화학적 조성이 완전히 변한다.

물리적 성질은 *물질의 화학적 조성에 대한 변화없이* 관측되고 측정되는 성질이다. 색, 밀도, 세기, 녹는점, 끓는점, 그리고 전기 전도도 등이 물리적 성질에 속한다. 이런 물리적 성질은 그것이 관찰되는 온도나 압력 등의 상태에 의존한다. 예를 들면, 물은 낮은 온도에서는 고체(얼음)이지만 높은 온도로 올라가면 액체가 된다. 더욱 높은 온도가 되면 기체(증기)가 된다. 이처럼 물이 고체에서 액체, 기체로 변할 때 물의 조성의 변화는 전혀 없이 항상 똑같이 유지된다(그림 1-3).

물리적 성질은 다시 그들이 양에 의존하느냐 또는 의존하지 않느냐에 따라 더욱 세분화할 수 있다. 시료의 질량과 부피는 물질의 양에 의존하는데 이처럼 물질의 양에 의존하는 성질을 **크기 성질**(extensive properties)이라 한다. 이에 반해 시료 물질은 양이 작거나 크거나에 상관없이 항상 일정한 색과 녹는점 등을 유지하는데 이런 성질은 물질의 양에 전혀 무관하며 이를 **세기 성질**(intensive properties)이라 한다.

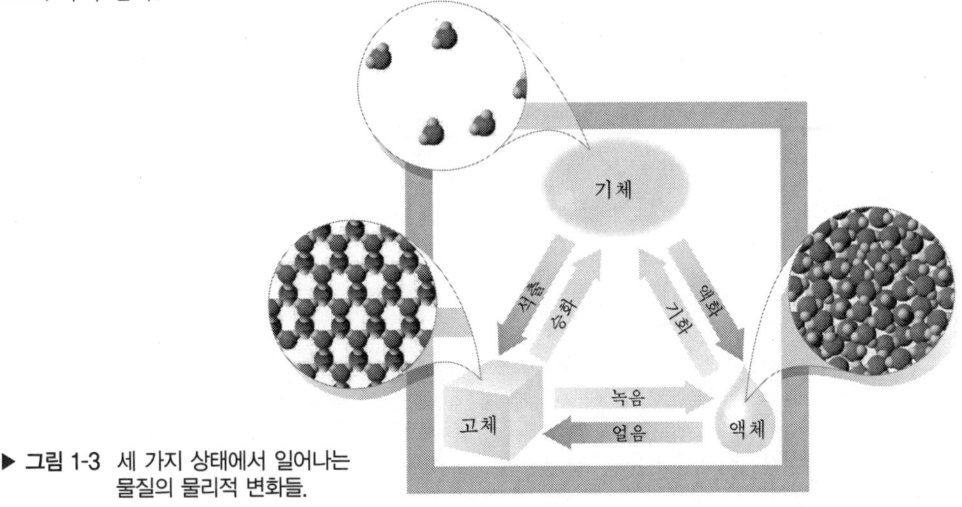

▶ 그림 1-3 세 가지 상태에서 일어나는 물질의 물리적 변화들.

1-04 화학적 변화와 물리적 변화

앞에서 마그네슘이 공기 중의 산소에서 연소되는 반응을 설명한 바 있다(그림 1-1 참조). 이 반응이 바로 *화학적 변화*(chemical change)의 한 예이다. **화학적 변화**가 일어나면, (1) 한 가지 혹은 더 많은 물질이 완전히 또는 아주 일부라도 소멸되며, (2) 한 가지 혹은 더 많은 수의 새로운 물질이 생생되고, (3) 에너지가 흡수 또는 방출된다.

이에 반해 **물리적 변화**(physical change)의 경우에는 *화학적 조성의 변화는 전혀 일어나지 않는다.* 어떤 물질이 물리적 변화를 겪으면 보통 물리적 성질만 변화된다(그림 1-3). 어떤 경우에 물리적 변화는 화학적 변화가 일어날 것을 암시하기도 한다.

예를 들면, 두 액체를 섞었을 때 색이 변하거나 온도가 올라가거나 혹은 고체가 생성되는 등의 물리적 변화가 관찰된 경우는 화학적 변화가 일어났음을 알게 해준다. 화학적 또는 물리적 변화가 일어날 때는 항상 에너지가 흡수 또는 방출된다. 얼음을 녹이거나 또는 물을 끓이기 위해서는 에너지가 필요하다. 정반대로, 증기를 액체인 물로 만들려면 에너지가 방출되고, 이 물을 다시 얼음으로 얼릴 때도 에너지가 방출된다.

1-05 혼합물, 물질, 화합물과 원소

혼합물(mixture)은 두 가지 또는 그 이상의 물질이 각 물질 자체의 조성 및 성질의 변화없이 섞인 물질을 의미한다. 혼합물에는 두 가지 형태가 있다. 그 중 한 가지는 섞여 있는 물질들이 확실하게 구별이 되며 서로 다른 성질을 갖는 시료가 다른 분포로 혼합된 **불균일 혼합물**(heterogeneous mixture)이다. 소금과 숯의 혼합물(이들은 서로 다른 색을 갖는 두 성분으로 이루어져 있어 육안으로 쉽게 구별된다), 안개(안개는 공기 중에 물방울이 자욱하게 떠 있는 것이다) 등이 그 예이다.

다른 한 가지는 시료 전체가 동일한 성질을 갖는 **균일 혼합물**(homogeneous mixture)이며, 이는 또한 **용액**(solution)이라고도 한다. 균일 혼합물의 예로는 소금물, *합금*(alloy은 고체 상태에서 금속의 균일 혼합물이다), 공기(공기는 질소, 산소, 아르곤, 이산화탄소, 그리고 수증기 등으로 주로 이루어진 기체 상태의 균일 혼합물이다) 등이 있다. 혼합물의 중요한 특징은 혼합물을 이루는 각 성분들이 다양한 조성 비를 갖는다는 것이다. 예를 들어 우리가 소금과 설탕을 혼합하여 혼합물을 만들 경우 각각을 서로 다른 여러 비율로 혼합함으로써 수많은 다른 조성 비를 갖는 혼합물을 만들 수 있는 것이다.

(a) 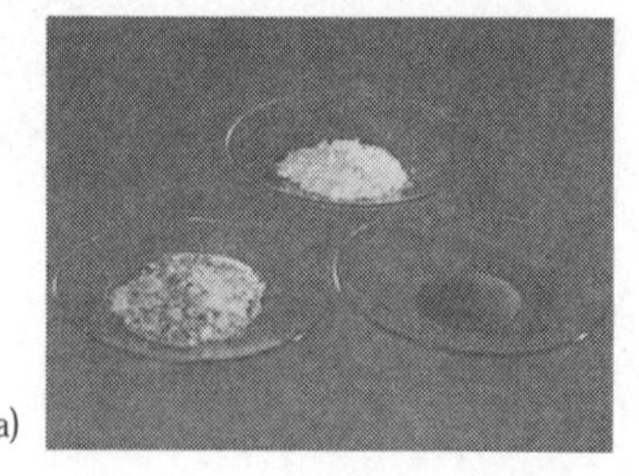

(b) 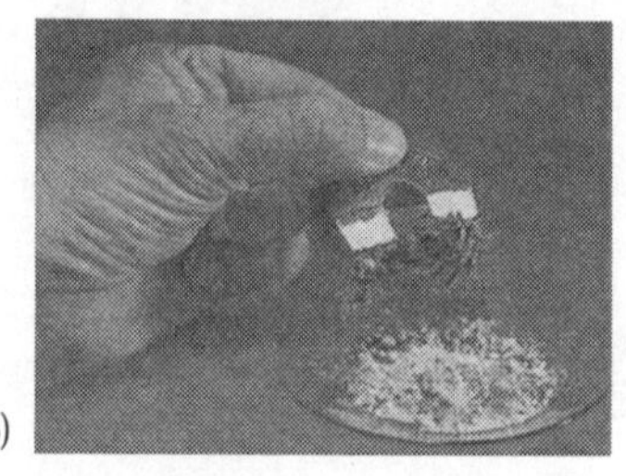

그림 1-4 (a) 철과 황의 혼합물은 *불균일 혼합물*(heterogeneous mixture)이다.
(b) 어떤 혼합물이건 모두 물리적 수단을 써서 서로 분리해 낼 수 있다. 그림의 철과 황의 혼합물은 자석을 이용하여 철을 분리해 냄으로써 서로를 분리할 수 있다.

혼합물들은 각 성분들이 그들의 자체 특성을 그대로 가지고 혼합되어 있으므로 물리적 방법을 사용하여 혼합되기 전의 성분 그대로 서로 분리할 수 있다(그림 1-4, 1-5 참조). 예를 들면, 소금과 물의 혼합물은 물을 증발시키면 소금만 남기는 방법을 써서 분리할 수 있으며, 모래와 소금의 혼합물은 먼저 물을 부어 소금을 녹인 후 거르면 모래를 얻고 남은 소금물을 증발시키면 고체 소금을 얻을 수 있다. 아주 고운 철 가루가 황 가루와 섞인 경우에는, 두 가루가 서로 아주 잘 섞여 있어서 육안으로는 균일 혼합물처럼 보인다. 그러나 이 혼합물 또한 분리가 매우 쉽다. 철은 자석을 이용하여 분리할 수 있고, 황은 이황화탄소(carbon disulfide)에 녹여 내면 철은 녹지 않고 황만 녹아 쉽게 분리가 가능하다(그림 1-4).

혼합물은 (1) 각 성분의 조성은 다양하게 변할 수 있다.
(2) 혼합물을 이루는 각 성분들의 자체 특성은 변하지 않고 그대로 유지된다.

우리가 탁한 강물(불균일 혼합물)을 시료로 가지고 있고 이를 정제해야 한다고 생각해 보자. 먼저 그 강물을 걸러서 부유물을 제거해야 한다. 그 다음 그 물을 가열하면 물에 녹아 있는 공기가 제거된다. 물에 녹아 있는 고체 물질의 일부는 그 물질이 얼 때까지 냉각시켜서 남은 액체만 거르면 되고, 만일 그

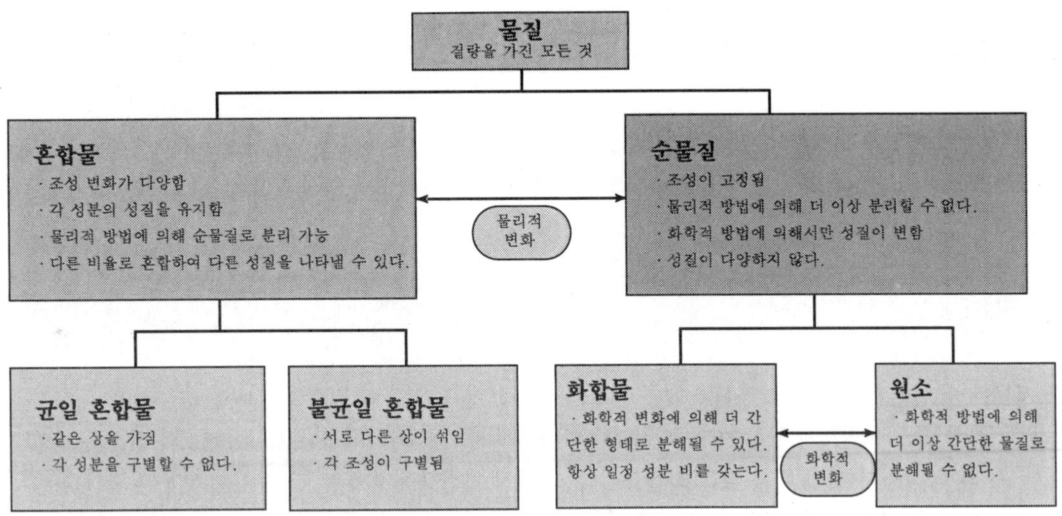

그림 1-5 물질의 구분. 화살표는 물질을 분리할 수 있는 방법을 알려준다.

경우에 물이 얼은 경우는 얼음만 녹이면 고체 물질을 제거할 수 있다. 강물에 녹아 있는 그외 다른 성분들은 증류를 하거나 다른 여러 방법들을 이용하여 분리할 수 있다.

결국에 우리는 더 이상 물리적 수단으로 분리할 수 없는 순수한 물을 얻게 된다. 우리 앞에 시료로 놓여 있는 탁한 물이 바닷물이건, 미시시피강물이건, 토마토 주스이건 그외 다른 어떤 물이거나 정제의 최종 단계에서는 더 이상 정제할 수 없으며, 항상 똑 같은 조성과 특성을 갖는 순수한 물을 얻을 수 있게 된다. 이를 물질(substance) 또는 순물질(pure substance)이라 한다.

순물질은 물리적 방법으로 더 이상 쪼개거나 정제할 수 없다. 순물질은 물체를 이루는 특성 성분이다. 각 순물질은 다른 순물질과 구별되는 그들만의 고유한 특성을 가지고 있다.

이제 우리는 물에 전기를 통과시켜 물을 분해하여 보자(그림 1-6). 물이 전기 분해되면 두 가지의 더 단순한 물질(substance)로 전환됨을 확인할 수 있는데 이들이 바로 수소와 산소이다. 더욱이 물의 분해에서 수소와 산소는 항상 11.1%와 88.9%의 질량 비를 유지하며 존재한다. 이를 통해 우리는 물이 화합물임을 알 수 있다.

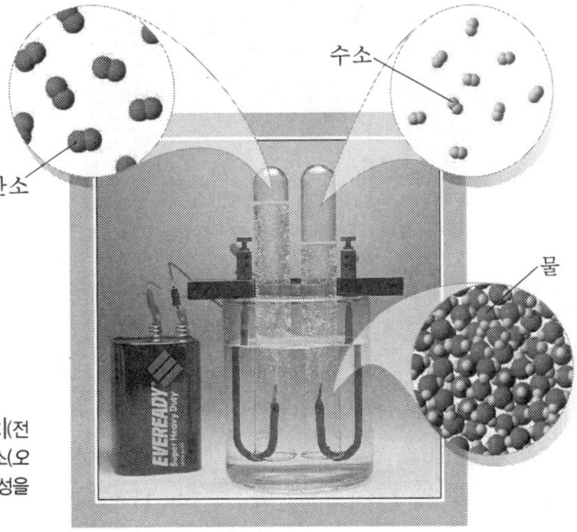

그림 1-6 물을 전기 분해하는 소규모 장치(전기 에너지를 이용하여 물을 분해시킨다). 생성된 수소(*오른쪽*)는 산소(*왼쪽*)의 두 배이다. 이 장치에서 전도성을 높이기 위해 물에는 묽은 황산이 약간 첨가된다.

화합물(compound)은 화학적 방법에 의해 항상 동일한 질량 비로 더 간단한 물질로 분리될 수 있다.

물질에서 시작해서 계속 분해하여 가면 결국에 우리는 어떤 화학적 방법으로도 더 이상 분해할 수 없는 새로운 물질에 이르게 되는데 이것이 바로 원소(element)이다.

어떠한 화학적 방법으로도 더 이상 새로운 간단한 물질로 분해할 수 없는 물질을 **원소**(element)라 한다.

화합물은 *두 가지 또는 그 이상의 다른 원소들이 항상 일정한 질량 비로 이루어진 순물질이다.* 예를 들면, 물은 수소와 산소가 항상 11.1%와 88.9%의 질량 비를 가지며, 이산화탄소는 탄소와 산소가 항상 27.3%와 72.7%의 질량 비를 갖는 화합물이다. 이렇게 화합물을 이루는 각 원소는 항상 일정한 질량 비를 유지하며 결합되는데 이를 **일정 성분 비의 법칙**(Law of Constant Composition)이라 한다.

모든 화합물을 이루는 원소는 항상 일정한 질량 비를 갖는다.

원소는 화학적 방법으로 더 이상 간단한 물질로 분해될 수 없는 물질을 의미한다. 질소(nitrogen), 은(silver), 알루미늄(aluminum), 구리(copper), 금(gold) 그리고 황(sulfur) 등이 원소의 예이다. 우리는 원소를 표기할 때 특정 **기호**(symbol)를 사용한다. 이 기호를 사용하면 원소의 이름을 전부 말할 때보다 더 간단하고 더 적은 공간에 기록할 수 있다.

원소 기호는 처음에 109가지가 만들어졌는데 C(carbon)처럼 글자의 첫 대문자만을 쓰기도 하고 Ca(Calcium)처럼 대문자와 소문자를 조합하여 쓰기도 한다. 이 원소 기호는 표지 뒷면에 있는 주기율표에 나타나 있다. 표 1-1에는 흔하게 사용되는 원소 기호들을 간단하게 정리해 두었다. 이 표에 있는 원소들은 암기하는게 유용하다.

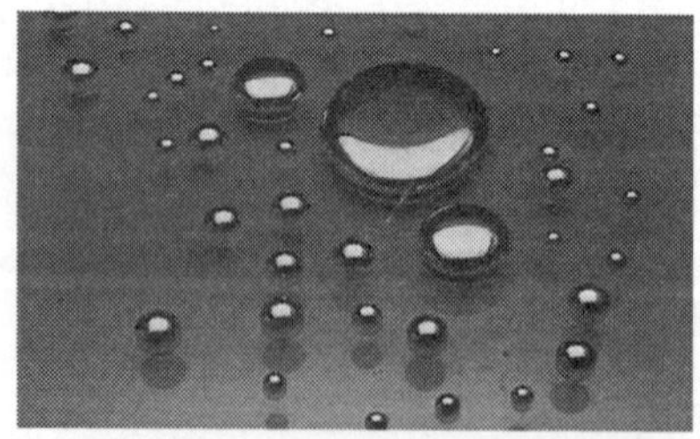

▲ 수은(mercury)은 상온에서 액체인 유일한 금속이다.

▲ 황(sulfur)은 상온에서 안정한 상태로 유지된다.

표 1-1 몇 가지 흔한 원소와 그 기호

기호	원소	기호	원소	기호	원소
Ag	silver (*argentum*)	F	fluorine	Ni	nickel
Al	aluminum	Fe	iron (*ferrum*)	O	oxygen
Au	gold (*aurum*)	H	hydrogen	P	phosphorus

표 1-1 계속

기호	원소	기호	원소	기호	원소
B	boron	He	helium	Pb	lead (*plumbum*)
Ba	barium	Hg	mercury (*hydrargyrum*)	Pt	platinum
Bi	bismuth	I	iodine	S	sulfur
Br	bromine	K	potassium (*kalium*)	Sb	antimony (*stibium*)
C	carbon	Kr	krypton	Si	silicon
Ca	calcium	Li	lithium	Sn	tin (*stannum*)
Cd	cadmium	Mg	magnesium	Sr	strontium
Cl	chlorine	Mn	manganese	Ti	titanium
Co	cobalt	N	nitrogen	U	uranium
Cr	chromium	Na	sodium (*natrium*)	W	tungsten (*Wolfram*)
Cu	copper (*cuprum*)	Ne	neon	Zn	zinc

1-06 화학에서의 측정

앞으로 우리는 측정의 기본 단위들에 대해 배울 것이다. 모든 측정 단위는 미국의 국립표준기술연구소(NIST : National Institute of Standards and Technology : 전에 국립표준국(NBS)으로 불림)에 의해 제정되었다. 1964년 국립표준국(National Bureau of Standards, NBS)에서는 7개의 기본적인 국제 표준 단위(약자로 SI 단위로 쓴다)를 채택하였다. 이 단위를 표 1-2에 제시했다. 일부 과학자들은 전적으로 SI 단위를 사용하지만 일부에서는 옛 미터법을 그대로 사용하고 있다.

이 책에서는 미터법과 SI 단위 모두를 사용한다. 비 SI 단위와 SI 단위 사이에는 서로 전환이 가능하다. 부록 C에서는 측정에서 중요한 기본 단위 몇 가지와 비 SI 단위 간의 상호 관계를 볼 수 있다.

부록 D에는 몇 가지 유용한 물리적 상수를 정리해 두었다. 미터법과 SI 단위들 사이에는 **십진법**(decimal system)에 의해 기본 단위들을 곱합으로써 우리가 필요로 하는 단위로 만들 수 있다. 이 인자와 접두사들을 표 1-3에 제시했다.

표 1-2 몇 가지 기본적인 측정 단위(SI)

물리적 성질	단위 명	기호
길이	meter	m
질량	kilogram	kg
시간	second	s
전류	ampere	A
온도	kelvin	K
광도	candela	cd
물질의 양	mole	mol

표 1-3 SI와 미터법에서 사용되는 접두어

접두어	약자	의미	예
mega-	M	10^6	1 megameter (Mm) = 1×10^6 m

표 1-3 계속

접두어	약자	의미	예	
kilo-	k	10^{3}	1 kilometer (km)	$= 1\times10^{3}$ m
deci-	d	10^{-1}	1 decimeter (dm)	$= 1\times10^{-1}$ m
centi-	c	10^{-2}	1 centimeter (cm)	$= 1\times10^{-2}$ m
milli-	m	10^{-3}	1 milligram (mg)	$= 1\times10^{-3}$ g
micro-	μ	10^{-6}	1 microgram (μg)	$= 1\times10^{-6}$ g
nano-	n	10^{-9}	1 nanogram (ng)	$= 1\times10^{-9}$ g
pico-	p	10^{-12}	1 picogram (pg)	$= 1\times10^{-12}$ g

1-07 측정의 단위

질량과 무게

우리는 질량(mass)과 무게(weight)를 구별할 수 있어야 한다. **질량**(mass)은 한 물체가 가지고 있는 고유한 양의 척도이다. 그러므로 물체의 질량은 어느 위치에서도 변함이 없다. 반면에 **무게**(weight)는 지구 중력에 의해 측정이 되므로 지구 중심으로부터의 거리에 따라 변화되는 값이다. 같은 물체라도 산꼭대기에 있는 물체의 무게가 깊은 골짜기에 있는 무게보다 덜 나간다. 물체의 질량은 위치에 따라 변하지 않으므로 무게보다 더 근본적인 요소이다. 그러나 우리는 물체의 질량을 말할 때 주로 '무게'라고 부르는데 더 익숙하다. 그 이유는 물체의 질량을 측정하는 방법이 무게 달기(weighting)이기 때문이다. SI 단위에서 질량 측정의 기본 단위는 **킬로그램**(kilogram)이다(표 1-4).

표 1-4 질량의 SI 단위

*kilo*gram, kg	기본 단위
gram, g	1,000 g = 1 kg
*mili*gram, mg	1,000 mg = 1 g
*micro*gram, μg	1,000,000 μg = 1 g

길이

길이(length)에 대한 SI 단위 및 미터법의 단위는 미터(meter)이다. 미터는 빛이 진공에서 1/299,792,468초 안에 움직이는 거리로 정의된다. 이는 대략 39.37 인치(inch)와 같다. 영국에서는 인치(inch)를 사용하는데 인치와 센티미터(centimeter) 사이의 관계는 그림 1-7에 나타냈다.

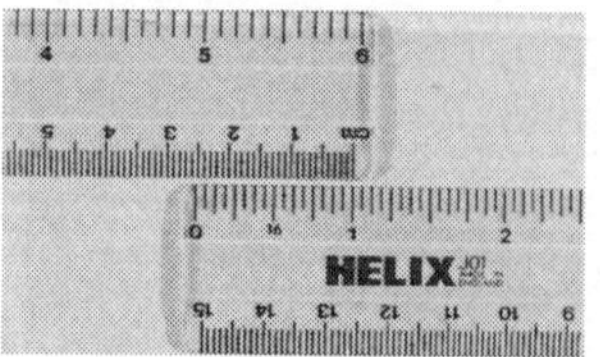

그림 1-7 인치(inch)와 센티미터(centimeter) 사이의 관계; 1 inch = 2.54 cm.

부피

미터법으로 표시되는 부피의 단위는 보통 리터(liter, L)나 밀리리터(mililiter, mL)이다. 1 리터(1 L)는 1 입방데시미터(1 dm^3)이거나 1000 입방센티미터(cm^3)이다. 1 밀리리터(1 mL)는 1 cm^3이다. 입방미터는 SI 단위계에서 부피의 기본 단위이며 입방데시미터는 미터 단위법으로는 리터로 표시한다.

액체의 부피를 측정하는 유리 기구들은 여러 종류가 있으므로 목적에 알맞는 것을 잘 골라 사용해야 한다. 예를 들어, 액체의 처음 부피에서 줄어든 부피의 양을 측정하기 위해서는 작은 눈금 실린더보다는 뷰렛(buret)으로 더 정확하게 측정할 수 있다(그림 1-8). 표 1-5에는 영국식 단위와 미터법 사이의 전환 관계를 나타냈다.

그림 1-8 실험실에서 액체의 부피 측정에 사용하는 유리 기구들. 150 mL 비이커(바닥, 녹색액체); 25 mL 뷰렛(왼쪽 위, 빨간색); 1000 mL 용량 플라스크(중앙, 노란색); 100 mL 눈금 실린더(오른쪽 앞, 파란색); 10 mL 피펫(오른쪽 뒤, 녹색).

표 1-5 길이, 부피 그리고 질량 단위 간의 전환 인자

	미터법		영어식		미터법-영어식 표기 간의 관계	
길이	1 km	$= 10^3$ m	1 ft	= 12 in.	2.54 cm	= 1 in.
	1 cm	$= 10^{-2}$ m	1 yd	= 3 ft	39.37 in.*	= 1 m
	1 mm	$= 10^{-3}$ m	1 mile	= 5280 ft	1.609 km*	= 1 mile
	1 nm	$= 10^{-9}$ m				
	1 Å	$= 10^{-10}$ m				
부피	1 mL	$= 1\ cm^3 = 10^{-3}$ L	1 gal	= 4 qt = 8 pt	1L	= 1.057 qt*
	1 m^3	$= 10^6\ cm^3 = 10^3$ L	1 qt	$= 57.75\ in.^3$*	28.32 L	= 1 ft^3
질량	1 kg	$= 10^3$ g	1 lb	= 16 oz	453.6 g*	= 1 lb
	1 mg	$= 10^{-3}$ g			1 g	= 0.03527 oz*
	1 metric tonne	$= 10^3$ kg	1 short ton	= 2000lb	1 metric tonne	= 1.102 short ton*

**이들은 다른 것과 달리 부정확하다. 좀더 충분하게 표현하기 위해 네 자리 유효 숫자로 표기한다.*

1-08 숫자의 사용

화학에서는 많은 것들을 측정하고 계산하므로 숫자 사용법에 대해 익혀야 한다.

과학적 표기법

과학적으로 매우 큰 숫자나 또는 아주 작은 숫자를 표기하는 방법에 대해 알아보자. 예를 들면, 금 197 g은 대략 602,000,000,000,000,000,000,000개의 금 원자를 포함한다. 그리고, 금 원자 1개의 질량은 대략 0.000 000 000 000 000 000 000 327 g이다. 이렇게 아주 작은 숫자들은 0을 연이어 표기하기가 아주 불편하므로 과학에서는 0이 아닌 숫자를 왼쪽에 쓰고 0의 숫자는 십의 제곱으로 나타내는 과학적 표기법(지수 표기법)을 사용한다.

$4{,}300{,}000. = 4.3 \times 10^6$ $0.000348 = 3.48 \times 10^{-4}$

유효 숫자

두 가지 종류의 숫자가 있다. *숫자를 세거나 정확한 한계 내에서 얻어진 숫자들은* **완전 수**(exact number)이다. 예를 들어, 갇힌 방 안에 있는 사람의 수는 의심의 여지가 없는 정확한 숫자이다. 달걀 한 판은 12개로 그 이상도 그 이하도 아닌 완전 수이다.

그러나, *측정을 통해 얻어진 값*들은 어림이 있기 마련이기 때문에 완전 수가 아니다. 예를 들면, 이 페이지의 길이를 거의 0.1 mm까지 측정하라고 요구받았다고 하자. 여러분은 어떻게 하겠는가? 자는 1 mm가 가장 작은 등분 단위이다. 그래서 여러분이 0.1 mm까지 측정하려면 어림이 필요하다. 만일 세 사람이 이 페이지의 길이를 0.1 mm까지 측정했다면 과연 그 결과는 세 사람의 측정 값이 모두 같을까? 아마 아닐 것이다. 이럴 때 우리는 유효 숫자(significant figures)를 사용한다.

유효 숫자는 측정한 사람이 맞다고 믿는 자릿수를 의미한다. 어떤 사람이 길이 측정 장치를 잘 사용하는 사람이라고 가정하고, 그 사람이 자를 가지고 어떤 물건의 길이를 측정해서 그 길이를 343.5 mm 라고 했다고 하자. 그러면 이 숫자는 무엇을 의미하는가? 이는 그 사람이 판단하건대 그 물건의 길이가 343.4 mm보다는 길고 343.6 mm보다는 짧았음을 의미한다. 그래서 그는 343.5 mm라고 어림하여 최상의 값을 제시한 것이다.

이 343.5 mm는 4개의 유효 숫자를 가지고 있다. 마지막 자리의 수 5는 *최상의 어림*(best estimate)수이며 따라서 의심이 되지만 유효한 숫자이다. 즉 이것도 유효 숫자로 간주된다. 측정을 통한 값을 보고 할 때 *우리는 어림수를 사용하거나 그렇지 않을 수도 있다*. 이 사람이 측정한 값에서 5가 정확한 값임을 확신할 수 없기 때문에 그 길이를 343.53 mm라고 하는 것은 전혀 의미가 없다.

정확도(accuracy)는 측정치가 얼마나 참값에 가까운지를 나타낸다. **정밀도**(precision)는 측정 값들이 얼마나 서로 접근해 있는가를 말한다. 측정 값이 매우 정밀하기는 하지만 부정확한 경우를 *측정 오차*(systematic error)라고 한다. 그리고 이 오차는 측정할 때마다 반복된다. 매우 정확한 측정 값들은 매우 정밀하다고 할 수 있다. 여러 번 반복 측정함으로써 정확도와 정밀도를 높일 수 있다. 여러 번 측정해서 얻은 값들의 평균 값은 보통 한 번 측정한 값보다 더 믿을 만하다. 유효 숫자는 얼마나 정밀하게 측정했는가를 말해준다. 유효 숫자를 사용하는데는 다음의 몇 가지 기본 규칙이 있다.

1. 0이 아닌 숫자는 모두 유효 숫자이다.

예를 들면, 38.57 mL는 네 자리 유효 숫자를 가진다; 288 g은 세 자리 유효 숫자를 가진다.

2. 0은 유효 숫자가 될 때도 있고 안될 경우도 있다.
   a. *첫머리*에 있는 0은 유효 숫자가 아니다.

예를 들면, 0.052 g는 2개의 유효 숫자를 갖는다; 0.00364 m는 세 자리의 유효 숫자를 가지며 또한 이들을 과학적으로 표기하면 각각 5.2×10^{-2} g과 3.64×10^{-3} m로 쓸 수 있다.

   b. 0이 아닌 숫자 *사이*에 있는 0은 모두 유효 숫자이다.

예를 들면, 2007 g은 네 개의 유효 숫자를 갖는다; 6.08 km는 세 개의 유효 숫자를 갖는다.

   c. 소수점이 있을 때 끝자리에 있는 0은 유효 숫자이다.

예를 들면, 38.0 cm는 세 개의 유효 숫자를 가진다. 440.0 m는 네 개의 유효 숫자를 가진다.

d. 소수점이 없을 때 끝에 있는 0은 유효 숫자가 될 수도 있고 아닐 수도 있다.

예를 들면, 24,300 km는 세 개, 네 개 또는 다섯 개의 유효 숫자를 가질 수 있다. 만일 두 개의 0을 소수점을 사용하여 표시하면, 2.43×10^4 km로 이 경우는 세 개의 유효 숫자를 갖는다. 만일 2.430×10^4 km는 네 개의 유효 숫자를 갖는다.

3. 완전 수들은 유효 숫자로 제한하지 않는다. 이것들은 명시된 양에 적용된다.

예를 들면, 1야드=3피트가 성립되는데, 여기서 1과 3은 정확하므로 유효 숫자 적용을 하지 않는다. 1인치=2.54센티미터도 똑 같은 경우다. 숫자를 계산하게 되면 계산에 사용하는 숫자보다 정밀도가 떨어진다. 다음은 숫자를 계산하는데서 유효 숫자를 사용하는 방법에 대해 요약하였다.

4. 더하기와 빼기의 경우, 답의 유효 숫자 자리는 소수점 이하 최소 자리를 갖는 수에 의해서 결정된다.

예제 1-1 *유효 숫자(더하기와 빼기)*

(a) 37.24 mL 더하기 10.3 mL. (b) 21.2342 g 빼기 27.87 g.

계획

먼저 더하거나 뺄 값들의 단위가 동일한지 확인한 후 더하기와 빼기를 한다. 답에 정확한 유효 숫자를 표시하기 위해 규칙 4번을 적용한다.

풀이

(a)
$$\begin{array}{r} 37.2\underline{4}\ \text{mL} \\ +10.\underline{3}\ \ \ \text{mL} \\ \hline 47.\underline{54}\ \text{mL} \end{array}$$

47.54 mL이다. 그러나 정답은 47.5 mL 가 맞다.

(b)
$$\begin{array}{r} 27.8\underline{7}\ \ \ \ \text{g} \\ -21.234\underline{2}\ \text{g} \\ \hline 6.6\underline{358}\ \text{g} \end{array}$$

6.6358 g 이다. 그러나 정답은 6.64 g 이 맞다.

5. 곱셈과 나눗셈의 경우 답의 유효 숫자는 연산에 사용된 유효 숫자의 수보다 커서는 안된다.

예제 1-2 *유효 숫자(곱셈)*

폭이 1.23 cm, 길이가 12.34 cm인 직사각형의 면적은 얼마인가?

계획

직사각형의 면적은 폭 곱하기 길이이다. 먼저 폭과 길이의 값의 단위가 같은지 확인한 후 곱한다. 정답은 유효 숫자 규칙 5번에 따른다.

풀이

$$A = \ell \times w = (12.34 \text{ cm})(1.23 \text{ cm}) = \boxed{15.2 \text{ cm}^2}$$

계산에 사용된 숫자에서 최소 유효 숫자의 개수는 세 개이므로 답은 유효 숫자를 세 자리로 맞춘다.

1-09 단위 인자법 (치수 분석)

화학적, 물리적 과정의 많은 부분들은 숫자로 표기된다. 사실상 과학에서 아주 유용한 많은 것들이 수학적으로 다루어진다. 이번에는 문제를 푸는 기술을 설명하겠다.

측정에 의해 얻어진 값들은 *항상* 단위를 표시해야 한다.

1을 곱하면 그 값은 변하지 않는다. 유용하게 1을 사용하면, 우리는 "1을 곱해서" 많은 것들을 전환시킬 수 있다. **치수 분석**(dimensional analysis), **인자 표지법**(factor-label method) 또는 **단위 인자법**(unit factor method)이라고 하는 계산법이 있다. 어떤 이름을 사용하던, 이것은 절대 틀림이 없는 유용한 수학적 도구이다. **단위 인자**는 측정의 한 단위를 다른 단위로 전환할 때 쓰여진다. 예를 들면, 1피트는 정확히 12인치로 정의된다. 우리는 이것을 이렇게 식으로 쓸 수 있다.

$$1 \text{ ft} = 12 \text{ in.}$$

양쪽을 1 ft로 모두 나눠주면

$$\frac{1 \not{\text{ft}}}{1 \not{\text{ft}}} = \frac{12 \text{ in.}}{1 \text{ ft}} \quad \text{이거나} \quad 1 = \frac{12 \text{ in.}}{1 \text{ ft}} \quad \text{이다.}$$

여기서 12 in./1 ft라는 인자는 분자와 분모가 서로 거리를 나타내는 단위 인자가 된다. 여기서 양변을 모두 12 in.으로 나누면 1 = 1 ft/12 in.가 되고 이것은 처음의 역수도 단위 인자가 된다.

영국식 표기에서 우리는 많은 단위 인자를 쓸 수 있다.

$$\frac{1 \text{ yd}}{3 \text{ ft}}, \quad \frac{1 \text{ yd}}{36 \text{ in.}}, \quad \frac{1 \text{ mi}}{5280 \text{ ft}}, \quad \frac{4 \text{ qt}}{1 \text{ gal}}, \quad \frac{2000 \text{ lb}}{1 \text{ ton}}$$

이들 각각의 역수도 모두 단위 인자가 될 수 있다. 과학에서 거의 모든 숫자들에 단위를 표기해야 한다.

예제 1-3 *단위 전환*

옹스트롱(Å)은 길이의 단위로 1×10^{-10} m를 의미하며 원자 반지름을 표시할 때 주로 사용되는 단위이다. 나노미터(nanometer)도 원자 반지름을 표시할 때 많이 사용된다. 인(phosphorus)의 원자 반지름은 1.10 Å이다. 이 원자 반지름을 센티미터와 나노미터로 표시하여라.

계획

1Å = 1×10^{-10} m, 1 cm = 1×10^{-2} m, 1 nm = 1×10^{-9} m 라는 단위 인자를 사용하여 원하는 단위로 전환한다.

풀이

$$? \text{ cm} = 1.10 \text{ Å} \times \frac{1\times10^{-10}\text{ m}}{1 \text{ Å}} \times \frac{1 \text{ cm}}{1\times10^{-2}\text{ m}} = 1.10\times10^{-8}\text{ cm}$$

$$? \text{ nm} = 1.10 \text{ Å} \times \frac{1.0\times10^{-10}\text{ m}}{1 \text{ Å}} \times \frac{1 \text{ nm}}{1\times10^{-9}\text{ m}} = 1.10\times10^{-1}\text{ nm}$$

예제 1-4 *부피 계산*

인(phosphorus)원자가 구형이라고 가정하고 그 부피를 $Å^3$, cm^3, 그리고 nm^3으로 각각 계산하여라. 구의 부피를 구하는 식은 $V = (\frac{4}{3})\pi r^3$이다. 인의 원자 반지름은 1.10 Å이다. 이 원자 반지름을 센티미터와 나노미터로 표시하여라.

계획

예제 1-3을 참조하여 단위를 맞춰 구한다.

풀이

$$? \text{ Å}^3 = (\tfrac{4}{3})\pi(1.10 \text{ Å})^3 = 5.58 \text{ Å}^3$$

$$? \text{ cm}^3 = (\tfrac{4}{3})\pi(1.10\times10^{-8}\text{ cm})^3 = 5.58\times10^{-24}\text{ cm}^3$$

$$? \text{ nm}^3 = (\tfrac{4}{3})\pi(1.10\times10^{-1}\text{ nm})^3 = 5.58\times10^{-3}\text{ nm}^3$$

예제 1-5 *에너지 전환*

보통 에너지는 erg(에르그)라는 단위로 표시한다. 3.74×10^{-2} erg를 에너지의 SI 단위인 주울(joules)과 킬로주울(kilojoules)로 전환하여라. 1 erg는 정확히 1×10^{-7} J이다.

계획

이 문제를 풀려면 erg와 joule 사이에 단위 인자가 필요하다. 또 단위 인자를 *kilo-*의 접두어에 맞게 전환할 단위 인자도 필요하다.

풀이

$$\underline{?}\ \text{J} = 3.74 \times 10^{-2}\ \text{erg} \times \frac{1 \times 10^{-7}\ \text{J}}{1\ \text{erg}} = \boxed{3.74 \times 10^{-9}\ \text{J}}$$

$$\underline{?}\ \text{kJ} = 3.74 \times 10^{-9}\ \text{J} \times \frac{1\ \text{kJ}}{1000\ \text{J}} = \boxed{3.74 \times 10^{-12}\ \text{kJ}}$$

단위 인자법을 쓰면 영국식과 SI(미터법) 단위 체계들이 간단하게 전환할 수 있다. 몇 가지 전환 인자를 표 1-5에 제시했다. 이들 중 아래의 것은 기억해두는 것이 좋다.

길이	1 in. = 2.54 cm
질량과 무게	1 lb = 454 g
부피	1 qt = 0.946 L 또는 1 L = 1.06 qt

1-10 백분율

어떤 부분이 전체의 얼마만큼을 차지하고 있는가를 양적으로 표시할 때 백분율(percentage)을 사용한다. 백분율은 단위 인자로 서로 사용될 수 있다. 어떤 혼합물이 물질 A를 포함하고 있을 때 혼합물의 질량과 물질 A의 질량 사이에는 다음의 관계가 성립된다.

% A(질량) = A 부분 질량/혼합물의 질량 100

A의 질량 ⟷ 혼합물의 양

만일 한 시료에서 탄소가 전체 질량의 24.4%를 차지한다면 이것은 시료 전체의 질량을 100으로 볼 때 그 중 24.4의 부분 질량을 탄소가 차지함을 의미한다.

이 백분율의 비율은 100 그램 중의 탄소의 그램으로 쓸 수 있거나, 100 파운드 중 탄소 파운드, 또는 그외 다른 질량이나 무게를 나타내는 단위를 사용해서 나타낼 수 있다. 다음은 백분율을 계산할 때 치수 분석을 사용하는 방법을 설명하여 주는 예이다.

예제 1-6 *백분율*

1982년 이래 미국의 동전은 97.6%의 아연(zinc)과 2.4%의 구리(copper)로 만들어진다. 어떤 동전의 질량이 1.494 g이었다면 몇 g의 아연이 동전에 포함되어 있겠는가?

계획

아연에 관해 백분율을 써보면 $\frac{\text{아연 97.6 g}}{\text{동전 100 g}}$ 이다.

풀이

$$? \text{ g zinc} = 1.494 \text{ g sample} \times \frac{97.6 \text{ g zinc}}{100 \text{ g sample}} = \boxed{1.46 \text{ g zinc}}$$

유효 숫자는 97.6%가 세 개의 유효 숫자를 가지므로 계산 값도 세 개의 유효 숫자를 가져야 한다.

1-11 밀도와 비중

밀도(density)는 단위 부피 당 질량으로 정의된다.

$$\text{밀도} = \frac{\text{질량}}{\text{부피}} \quad \text{또는} \quad D = \frac{m}{V}$$

밀도는 두 물질을 구별하거나 또는 특정 물질을 규명하는데 사용할 수 있는 물질의 고유한 특성이다. 액체와 고체의 밀도는 g/cm^{3}나 g/mL로 표시하고 기체는 g/L로 표시한다.

표 1-6에는 몇 가지 물질의 밀도를 정리했다.

표 1-6 몇 가지 물질의 밀도

물질	밀도 (g/cm^3)	물질	밀도 (g/cm^3)
수소(hydrogen (gas))	0.000089	모래(sand)*	2.32
이산화탄소(carbon dioxide (gas))	0.0019	알루미늄(aluminum)	2.70
코르크(cork)*	0.21	철(iron)	7.86
참나무(oak wood)*	0.71	구리(copper)	8.92
에탄올(ethyl alcohol)	0.789	은(silver)	10.50
물(water)	1.00	납(lead)	11.34
마그네슘(magnesium)	1.74	수은(mercury)	13.59
식용소금(table salt)	2.16	금(gold)	19.30

** 예로든 cork, oak wood 그리고 sand는 익숙한 물질들이다. 이들은 표에 있는 다른 물질들과 달리 순수한 원소나 화합물이 아니다.*

예제 1-7 *밀도, 질량, 부피*

에탄올 47.3 mL는 37.32 g의 질량을 갖는다. 이 에탄올의 밀도를 구하여라.

계획

밀도의 정의를 생각한다.

풀이

$$D = \frac{m}{V} = \frac{37.32 \text{ g}}{47.3 \text{ mL}} = \boxed{0.789 \text{ g/mL}}$$

예제 1-8 *밀도, 질량, 부피*

어떤 화학 반응에 에탄올 116 g이 필요하면 당신이 사용할 액체 에탄올의 부피는 얼마인가?

계획

예제 1-7에서 에탄올의 밀도를 알았다. 에탄올의 질량, m이 주어졌다. 그리고 D와 m 사이의 관계식이 $D=m/V$인 것도 안다. 이를 사용해서 푼다.

풀이

에탄올의 밀도는 0.789 g/mL이다.

$$D = \frac{m}{V} \text{ 에서 } V = \frac{m}{D} = \frac{116\ \text{g}}{0.789\ \text{g/mL}} = \boxed{147\ \text{mL}}$$

어떤 물체의 **비중**(specific gravity)은 같은 온도에서 물에 대한 그 물체의 밀도 비로 정의된다.

$$\text{비중} = \frac{D_{\text{물질}}}{D_{\text{물}}}$$

비중은 어떤 물체가 물보다 얼마나 더 무거운가를 알려준다. 물은 3.98 ℃일 때 밀도가 1.000 g/mL로서 가장 큰 값을 갖는다. 물의 밀도는 온도에 따라 변화하지만 25 ℃까지는 1.00 g/mL를 사용해도 무방할 정도로 아주 조금씩 변화한다.

예제 1-9 *비중, 부피, 무게 퍼센트*

전지산(battery acid)은 40.0%의 황산(H_2SO_4)과 물 60.0%의 무게 퍼센트로 되어 있다. 이것의 비중은 1.31이다. 100.0 mL의 전지산에 있는 순수한 황산의 질량을 계산하여라.

계획

백분율은 질량을 기본으로 하므로 산성 용액의 부피 100.0 mL를 질량으로 전환해야 한다. 그러기 위해서는 액체의 밀도가 필요하다.

물의 밀도가 1.00 g/mL으로 20 ℃에서 밀도와 비중은 같다. 밀도를 단위 인자로 사용하여 주어진 액체의 부피를 질량 단위로 전환할 수 있다. 그런 다음 용액의 질량과 산의 질량의 비를 사용해서 백분율을 구한다.

풀이

주어진 비중 값으로부터 밀도를 구하면, 밀도는 1.31 g/mL이다. 용액이 40.0% 황산과 60.0% 물로 되었으므로 단위 인자 40.0 g H_2SO_4/100 g 용액을 쓸 수 있다.

이제 문제를 풀면,

$$? \ H_2SO_4 = 100.0 \text{ mL soln} \times \frac{1.31 \text{ g soln}}{1 \text{ mL soln}} \times \frac{40.0 \text{ g } H_2SO_4}{100 \text{ g soln}} = \boxed{52.4 \text{ g } H_2SO_4}$$

1-12 열과 온도

1-01절에서 열은 에너지의 한 형태라고 배웠다. 또한 에너지는 다른 형태로 상호 전환될 수 있으며, 화학 반응 과정에서 화학 에너지는 열로 전환될 수 있고 그 역으로도 될 수 있다고 배웠다. 반응 과정에서 열을 사용하거나(*흡열*, endothermic) 혹은 방출(*발열*, exothermic)하는 열의 양은 그 반응의 크기 정도를 알려준다. 그러므로 반응열의 세기를 측정할 필요가 있다.

온도(temperature)는 물체가 뜨겁거나 혹은 차거나 하는 열의 세기를 측정한다. 100 ℃의 금속 조각은 뜨겁게 느껴지지만 0 ℃ 얼음 조각은 차갑게 느껴진다. 왜 그런가? 그 이유는 금속은 우리 몸의 온도보다 더 높고, 얼음은 우리 몸의 온도보다 더 낮기 때문에 그렇게 느끼는 것이다. **열**(heat)은 에너지의 한 형태로 항상 *더 뜨거운 물체에서 차가운 물체로 자발적으로 흐른다.* 그러나 역은 절대로 일어나지 않는다.

온도는 수은 온도계로 측정될 수 있다. 수은 온도계는 유리관 바닥에 수은을 담고 그 위로 곧은 가는 관이 연결된 형태이다. 수은은 온도가 상승함에 따라 다른 액체보다 더 잘 팽창하므로 유용하다. 온도가 올라가면 수은의 팽창에 의해 바닥에 있던 수은이 가는 관을 타고 상승함으로써 온도가 측정된다.

스웨덴의 천문학자 앤더스 셀시우스(Anders Celsius, 1701~1744)는 셀시우스 온도 척도를 개발했다. 우리가 셀시우스 온도계를 얼음 조각이 채워진 물이 담긴 비이커에 꽂으면 수은은 정확히 0 ℃에서

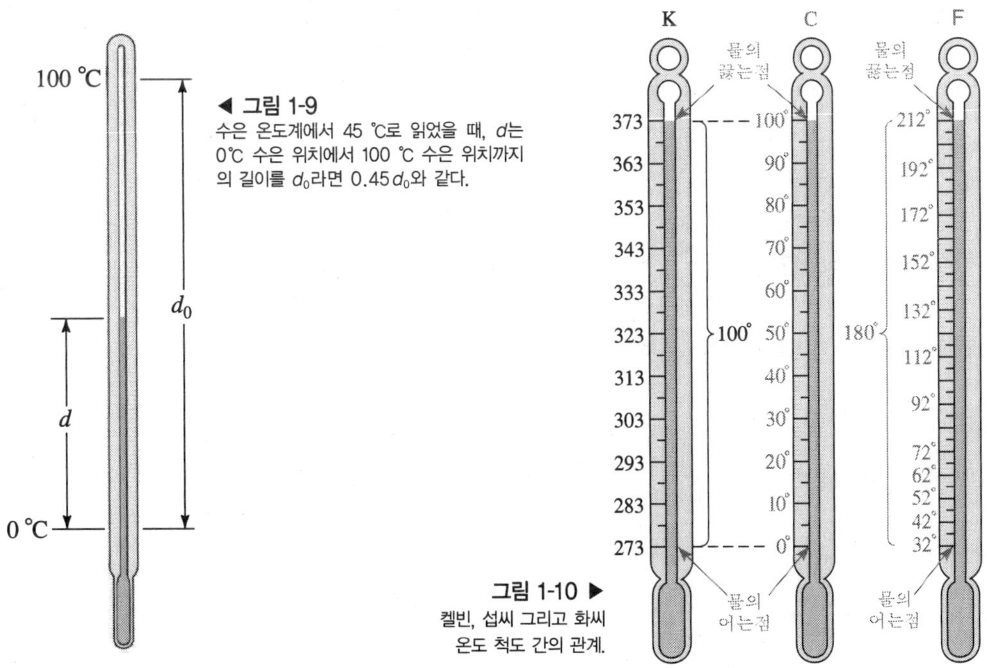

◀ 그림 1-9
수은 온도계에서 45 ℃로 읽었을 때, d는 0℃ 수은 위치에서 100 ℃ 수은 위치까지의 길이를 d_0라면 $0.45d_0$와 같다.

그림 1-10 ▶
켈빈, 섭씨 그리고 화씨 온도 척도 간의 관계.

멈춘다. 이것이 이 온도계의 가장 낮은 기준점이다. 1기압에서 끓는 물이 담긴 비이커에 이 온도계를 꽂으면 수은은 정확히 100 ℃에서 멈추는데, 이것이 이 온도계의 가장 높은 기준점인 것이다. 이렇게 셀시우스 온도계는 물의 어는점을 0 ℃, 끓는점을 100 ℃로 기준하고 그 사이를 100등분하여 만든 것이다. 그림 1-9는 기준점 사이에서 온도가 어떻게 표시되는지를 보여준다.

미국에서는 독일의 기계 제작자 가브리엘 화런하이트(Gabriel Fahrenheit, 1686~1736)가 고안한 온도 척도가 주로 사용된다. 이 척도에서 물의 어는점과 끓는점은 각각 32 °F와 212 °F가 된다. 과학에서 온도는 주로 **켈빈**(Kelvin) 온도(절대 온도)를 사용한다. 켈빈 온도에 대해서는 뒤에 배우게 될 것이다. 세 가지 온도 척도 간의 관계를 그림 1-10에 제시했다.

섭씨 온도와 켈빈 온도 척도에서 물의 어는점과 끓는점 사이가 100도 단위로 등분되어 있다. 그러므로 섭씨 온도 척도와 켈빈 온도 척도 사이는 같은 크기이다. 그러나 켈빈 온도는 항상 섭씨 온도보다 273.15 단위씩이 크다. 섭씨 온도와 켈빈 온도 사이의 관계를 식으로 쓰면 다음과 같다.

$$\underline{?}\ \mathrm{K} = ℃ + 273.15^\circ \quad \text{또는} \quad \underline{?}\ ℃ = \mathrm{K} - 273.15^\circ$$

SI 단위계에서 켈빈 온도는 약자로 °K로 쓰기보다는 K로 표기하고 **켈빈**(Kelvin)이라고 부른다. 화씨 온도와 섭씨 온도 척도를 서로 비교하면, 화씨 온도는 물의 어는점과 끓는점 사이를 180도 단위로 하고 섭씨 온도는 그 사이를 100도로 두고 있다. 이 점을 이용하여 온도를 각 척도로 전환할 수 있는 단위 인자를 만들 수 있다.

$$\frac{180\ °\mathrm{F}}{100\ ℃} \quad \text{또는} \quad \frac{1.8\ °\mathrm{F}}{1.0\ ℃} \quad \text{그리고} \quad \frac{100\ ℃}{180\ °\mathrm{F}} \quad \text{또는} \quad \frac{1.0\ ℃}{1.8\ °\mathrm{F}}$$

그러나 화씨 온도와 섭씨 온도가 출발 위치가 다르므로 단순히 단위 인자만을 곱해서 서로 전환될 수는 없다. °F를 ℃로 전환하려면 다음과 같은 식이 필요하다(그림 1-10).

$$\underline{?}\ °\mathrm{F} = \left(x\ ℃ \times \frac{1.8\ °\mathrm{F}}{1.0\ ℃}\right) + 32\ °\mathrm{F} \quad \text{그리고} \quad \underline{?}\ ℃ = \frac{1.0\ ℃}{1.8\ °\mathrm{F}}\ (x\ °\mathrm{F} - 32\ °\mathrm{F})$$

예제 1-10 온도 전환

어떤 물체의 온도가 100 °F이다. 섭씨 온도로 전환하여라.

계획

위의 관계식을 이용한다.

풀이

$$\underline{?}\ ℃ = \frac{1.0\ ℃}{1.8\ °\mathrm{F}}\ (100.\ °\mathrm{F} - 32\ °\mathrm{F}) = \frac{1.0\ ℃}{1.8\ °\mathrm{F}}\ (68\ °\mathrm{F}) = \boxed{38\ ℃}$$

예제 1-11 *온도 전환*

절대 온도 400 K를 화씨 온도로 전환하여라.

계획

$$\underline{?}\ ℃ = K - 273 \text{을 사용한다.}$$

풀이

$$\underline{?}\ ^{\circ}C = (400\ K - 273\ K)\ \frac{1.0\ ^{\circ}C}{1.0\ K} = 127\ ^{\circ}C$$

$$\underline{?}\ ^{\circ}F = \left(127\ ^{\circ}C \times \frac{1.8\ ^{\circ}F}{1.0\ ^{\circ}C}\right) + 32\ ^{\circ}F = \boxed{261\ ^{\circ}F}$$

1-13 열전이와 열의 측정

화학 반응이나 물리적 반응에서는 자발적인 열의 방출(**발열 과정**)이나 열의 흡수(**흡열 과정**)가 일어난다. 이렇게 반응 과정에서 전환된 열은 보통 주울(joules)이나 칼로리(calories)로 표시된다. 에너지와 일의 SI 단위는 **주울**(joules, J)이며 이는 1 kg · m^2/s^2로 정의된다. 질량이 *m*, 속도가 *v*로 움직이는 물체의 운동 에너지(KE)는 $1/2mv^2$이다. 2 kg의 물체가 1초에 1미터를 움직이면 이것의 운동 에너지 KE $= 1/2(2\ kg)(1\ m/s)^2 = 1\ kg \cdot m^2/s^2 = 1\ J$이 된다. 또한 익숙한 에너지 단위는 **칼로리**(cal)이다. 원래 칼로리는 물 1 g을 1 ℃ 올리는데 필요한 열의 양으로 정의되고, 1 cal는 4.184 J이다. 1 kcal는 1000 cal이다. 물질의 **비열**(specific heat)은 물질 1 g의 온도를 상태 변화 없이 1 ℃(또는 1 K) 올리는데 필요한 열의 양이다. 비열은 각 물질이 갖는 고유한 물리적 특성으로 물질의 고체, 액체, 그리고 기체 상태에 따라서 달라진다. 예를 들면, 0 ℃ 근처에서 얼음의 비열은 2.09 J/g · ℃이지만, 액체 물의 비열은 4.18 J/g · ℃이고, 100 ℃ 근처 증기의 비열은 2.03 J/g · ℃이다. 세 가지 상태 중 액체인 물의 비열이 가장 높다. 부록 A에 물질의 비열을 정리했다.

$$\text{비열} = \frac{(\text{열량 J})}{(\text{물질의 질량 g})(\text{온도 변화 ℃})}$$

비열의 단위는 J/g · ℃이다.

열용량(heat capacity)은 어떤 물체의 온도를 섭씨 1 ℃ 올리는데 필요한 열 에너지의 양으로 정의된다. 물체의 열량은 그 물체의 비열에 질량을 곱해서 구할 수 있다. 단위는 J/℃이다.

예제 1-12 *비열*

물 205 g을 21.2 ℃에서 91.4 ℃로 상승시키는데 필요한 열량은 얼마인가. 주울로 표시하여라.

계획

$$\text{비열} = \frac{(\text{열량 J})}{(\text{물질의 질량 g})(\text{온도 변화 ℃})} \text{ 를 이용한다.}$$

풀이

$$\text{열량} = (205\ \text{g})\left(\frac{4.18\ \text{J}}{1\text{g}\cdot\text{℃}}\right)(70.2\ \text{℃}) = \boxed{6.02 \times 10^4\ \text{J}} \text{ 또는 } \boxed{60.2\ \text{KJ}}$$

온도가 서로 다른 두 물체가 접촉하면 열은 온도가 높은 물체로부터 낮은 물체로 흐른다. 이 열의 흐름은 두 물체의 온도가 서로 같아질 때까지 계속된다. 이를 *열적 평형*(thermal equilibrium)이라 한다. 각 물체의 온도 변화는 그 물체의 처음 온도, 상대 질량 그리고 두 물체의 비열에 의존한다.

예제 1-13 *비열*

철 385 g을 97.5 ℃까지 가열한 다음 20.7 ℃의 물 247 g에 담구었다. 둘이 열적 평형에 도달했을 때 물과 철은 모두 31.6 ℃였다. 철의 비열을 계산하여라.

계획

물의 온도가 20.7 ℃에서 31.6 ℃로 상승하면서 얻은 물의 열량은 철이 97.5 ℃에서 31.6 ℃로 냉각되면서 잃은 열량과 같다.

풀이

$$\text{물의 온도 변화} = 31.6\ \text{℃} - 20.7\ \text{℃} = 10.9\ \text{℃}$$

$$\text{철의 온도 변화} = 97.5\ \text{℃} - 31.6\ \text{℃} = 65.9\ \text{℃}$$

$$\text{물이 얻은 열량} = (247\ \text{g})\left(4.18\ \frac{\text{J}}{\text{g}\cdot\text{℃}}\right)(10.9\ \text{℃})$$

철의 비열을 x로 두면, $\text{철이 잃은 열량} = (385\ \text{g})\left(x\ \frac{\text{J}}{\text{g}\cdot\text{℃}}\right)(65.9\ \text{℃})$

물이 얻은 열량과 철이 잃은 열량이 같으므로, x가 구해진다.

$$(247\ \text{g})\left(4.18\ \frac{\text{J}}{\text{g}\cdot\text{℃}}\right)(10.9\ \text{℃}) = (385\ \text{g})\left(x\ \frac{\text{J}}{\text{g}\cdot\text{℃}}\right)(65.9\ \text{℃})$$

$$x = \frac{(247\ \text{g})\left(4.18\ \frac{\text{J}}{\text{g}\cdot\text{℃}}\right)(10.9\ \text{℃})}{(385\ \text{g})(65.9\ \text{℃})} = \boxed{0.444\ \frac{\text{J}}{\text{g}\cdot\text{℃}}}$$

주·요·용·어

균일 혼합물(Homogeneous mixture) 전체적으로 일정한 조성과 성질을 갖는 혼합물.

물리적 변화(Physical change) 물질의 조성의 변화 없이 상태만 변화하는 것.

물질(Matter) 질량을 가지며 공간을 차지하는 것.

밀도(Density) 단위 부피에 들어 있는 질량, $D = m/V$.

발열(Exothermic) 열을 방출하는 과정을 의미함.

불균일 혼합물(Heterogeneous mixture) 전체적으로 일정한 조성과 성질을 갖지 않는 혼합물.

비열(Specific heat) 어떤 물질 1 g의 온도를 상태의 변화 없이 1 ℃ 올리는데 필요한 열의 양.

비중(Specific gravity) 같은 온도에서 어떤 물질의 밀도를 물의 밀도에 대해 비율로 계산한 값.

세기 성질(Intensive property) 시료에 있는 물질의 양에 의존하지 않는 성질.

에너지(Energy) 일을 하거나 열을 전달하는 능력.

에너지 보존의 법칙(Law of Conservation of Energy) 화학 반응이나 물리적 변화에서 에너지는 생성되거나 소멸되지 않는다. 단지 에너지의 형태만 바뀔 뿐이다.

열(Heat) 에너지의 한 형태로 두 물체 사이에서 뜨거운 것에서 차가운 것으로 흐른다.

열용량(Heat capacity) 어떤 물체의 온도를 1 ℃ 올리는데 필요한 열 에너지의 양.

온도(Temperature) 대상 물질의 뜨거움과 차가움을 나타냄.

운동 에너지(Kinetic energy) 물체가 움직임으로써 가지는 에너지.

원소(Element) 화학적 방법에 의해 더 이상 간단한 물질로 분해할 수 없는 물질.

위치 에너지(Potential energy) 물질이 그것의 위치, 상태, 또는 조성으로 인해 가지는 에너지.

유효 숫자(Significant figures) 측정치의 정밀도를 나타내는 자릿수.

일정 성분 비의 법칙(Law of Constant Composition) 하나의 화합물은 같은 종류의 원소로 구성되어 있고 이들 원소 사이의 질량 비는 항상 일정하다.

정밀도(Precision) 여러 번 측정한 값이 서로 얼마나 가까운가를 나타냄.

정확도(Accuracy) 측정 값이 참 값에 얼마나 가까운가를 나타냄.

주울(Joule) 에너지의 SI 단위, 1 주울은 1 kg · m^2/s^2이며 0.2390 cal이다.

질량(Mass) 대상 물질의 양 측정, 그램(g)이나 킬로그램(kg)으로 표시한다.

질량 보존의 법칙(Law of Conservation of Mass) 화학 반응이나 물리적 변화에서 물질의 질량은 반응 전과 후에 변함없이 동일하다.

칼로리(Calorie) 정확히 1 칼로리는 4.184 주울이다. 물 1 g의 온도를 14.5 ℃에서 15.5 ℃로 1℃ 올리는데 필요한 열량.

크기 성질(Extensive propertiy) 시료의 양에 의존하는 성질.

화학적 변화(Chemical Change) 한 가지 또는 그 이상의 새로운 물질이 생성되는 변화.

화합물(Compound) 둘이나 그 이상의 원소가 일정한 비율로 결합된 물질로서 화합물은 각각의 성분 원소로 분해된다.

혼합물(Mixture) 둘 또는 그 이상의 물질이 자체의 고유한 성질은 그대로 유지한 채 섞인 물질.

흡열(Endothermic) 열을 흡수하는 과정을 의미함.

연·습·문·제

물질과 에너지

1. 다음 용어들을 각각 예를 들어 설명하여라.
   (a) 물질; (b) 에너지; (c) 질량;
   (d) 발열 과정; (e) 세기 성질.
2. 다음을 각각 설명하여라.
   (a) 질량 보존의 법칙;
   (b) 에너지 보존의 법칙.
3. 물질의 세 가지 상태에 대해 쓰고 각 상태의 특징에 대해 써라. 어떻게 다르고, 같은가?

물질의 상태

4. 균일 혼합물이란 무엇인가? 아래 나열한 물질 중에서 균일 혼합물은 어느 것인가? 순물질은 어느 것인가? 설명하여라.
   (a) 설탕물;
   (b) 얼음이 띄워진 차;
   (c) 양파 스프;
   (d) 진흙;
   (e) 가솔린;
   (f) 이산화탄소;
   (g) 초코칩 쿠키.
5. 아래 용어들을 명확하게 설명하여라.
   (a) 순물질; (b) 혼합물;
   (c) 원소; (d) 화합물.
6. 아래 물질들을 원소, 화합물, 혼합물로 분류하여라.
   (a) 커피;
   (b) 은;
   (c) 탄산칼슘;
   (d) 볼펜에 있는 잉크;
   (e) 치약.

화학적, 물리적 성질

7. 아래 나열한 것들 중 어느 것이 화학적 성질이고 어느 것이 물리적 성질인가?
   (a) 베이킹파우더에 물을 첨가하자 이산화탄소가 방출되는 것;
   (b) 어떤 철 제품이 95% 철, 4% 탄소, 그리고 1%의 아주 작은 원소로 만들어졌다;
   (c) 금의 밀도는 19.3 g/mL이다;
   (d) 철은 염산 용액에서 수소 기체를 발생시키며 녹는다.
8. 다음에서 화학적 변화인 것, 물리적 변화인 것, 또는 둘 다 일어난 것들로 분류하여라.
   (a) 젖은 타올이 햇빛에서 마르는 현상;
   (b) 차에 레몬 주스를 섞었더니 색이 변했다;
   (c) 라디에이터 위로 더운 공기가 올라오는 현상;
   (d) 커피 가루에 뜨거운 물을 흘려보내 커피가 만들어진다;
   (e) 다이너마이트의 폭발.
9. 아래에서 발열 과정인 것과 흡열 과정인 것을 각각 구분하여라.
   (a) 연소;
   (b) 물이 언다;
   (c) 얼음이 녹는다;
   (d) 물이 끓는다;
   (e) 증기가 응축된다;
   (f) 종이가 탄다.

측정과 계산

10. 아래의 숫자들을 과학적으로 표기하여라.
   (a) 6500;
   (b) 0.00630;

(c) 860(±10까지 측정되었다고 하자);

(d) 860(±1까지 측정되었다고 하자);

(e) 186,000;

(f) 1.10010.

11. 다음의 숫자들 중 정확한 숫자를 고르고 그 이유를 써라.

(a) 554 in;

(b) 7 computers ;

(c) $20,355.47;

(d) 설탕 25 lb ;

(e) 디젤 연료 12.5 gal.

12. 다음의 접두어들에 해당하는 수치를 10의 제곱으로 해서 나타내어라.

(a) M; (b) m; (c) c;

(d) d; (e) k; (f) n.

13. 다음의 단위를 전환하여라.

(a) 18.5 m를 km로;

(b) 16.3 km를 m로;

(c) 247 kg을 g으로;

(d) 4.32 L를 mL로;

(e) 85.9 dL를 L로;

(f) 8251 L를 cm^3으로.

14. 24.4 cm × 11.4 cm × 7.9 cm 직사각형 구리 조각의 질량은 얼마인가(구리의 밀도는 8.92 g/cm^3이다).

15. 식초의 밀도는 1.0056 g/cm^3이다. 3 L 중에 있는 식초의 질량을 계산하여라.

열전이와 온도 측정

16. 아래의 온도 척도 중에서 간격이 더 큰 것을 고르라.

(a) 셀시우스 온도와 Fahrenheit 온도;

(b) 켈빈 온도와 Fahrenheit 온도.

17. (a) 283 ℃를 K로;

(b) 15.25 K를 ℃로;

(c) -32.0 ℃를 °F로;

(d) 100.0 °F를 K로 전환하여라.

18. 다음 기체들의 끓는점은 켈빈 온도로 아래와 같다: He, 4.2 K; N_2, 77.4 K. 이 온도를 셀시우스 척도와 Fahrenheit 척도로 전환하여라.

19. 10.0 ℃의 물의 온도를 35.0 ℃로 상승시키는데 필요한 열량을 계산하여라. 물의 비열은 4.18 J/g · ℃이다.

혼합 문제

20. 어떤 시료에 탄산칼슘이 22.8%의 질량이 포함되어 있다고 표시되어 있다.

(a) 시료 64.33 g 중에 있는 탄산칼슘은 몇 g인가?;

(b) 11.4 g의 탄산칼슘이 있다면 시료는 몇 g인가?

21. 철광석에는 9.24%의 적철광이 섞여 있다.

(a) 적철광이 8.40 g 함유되었다면 철광석은 몇 g인가?; (b) 적철광이 9.49 g 함유되었다면 철광석은 몇 kg인가?

제 2 장

화학식과 화학 양론

[개 요]

2-01 원자와 분자
2-02 화학식
2-03 이온과 이온성 화합물
2-04 원자량
2-05 몰
2-06 화학식량, 분자량과 몰
2-07 화합물의 퍼센트 조성과 구조
2-08 원소 조성으로부터 화학식 유도
2-09 분자식의 결정
2-10 화학식의 이해
2-11 시료의 순도

[학습 목표]

이 장의 학습 목표는 다음과 같다.

- 원자의 개념 이해
- 화학식의 사용
- 간단한 이온의 구조와 전하
- 화학식량과 몰의 관계
- 질량, 몰, 구조 간의 상호 전환
- 화합물의 퍼센트 조성
- 조성으로부터 화학식 결정
- 물질의 순도 계산

몇 가지 광물과 보석류.

2-01 원자와 분자

그리스 철학자 데모크리투스(Democritus, 470~400 BC)는 모든 물질은 작고, 따로따로 분리된 개개의 입자로 구성되어 있으며 이 작은 입자를 원자라고 하였다. 그의 생각은 실험적 관찰보다는 순전히 철학적 생각에 의한 것으로 2000년 동안 인정을 받지 못했다. 1700년대 후반에 과학자들은 자연의 물질들을 실험적으로 관찰하면서 원자의 개념을 깨닫기 시작하였다. 1800년대 초, 물질에 대한 일반적인 개념인 질량 보존의 법칙(1-01절)과 일정 성분 비의 법칙(1-05절)이 받아들여졌다. 영국의 과학자 존 돌턴(John Dalton, 1766~1844)은 물질이 어떻게 이 두 법칙의 체계에서 존재하는가를 설명하기 위해 많은 노력을 했다. 1808년에 그는 원자의 존재와 성질에 대한 현대적 개념을 발표했는데, 이를 **돌턴의 원자론**(Dalton's Atomic Theory)이라고 한다.

1. 원소는 원자라고 하는 아주 작은 입자로 구성되어 있다.
2. 어떤 특정 원소를 이루는 모든 원자들은 다른 원소들과 구별되는 같은 성질을 갖는다.
3. 원자는 생성되거나 소멸되지 않는다.
4. 다른 원소의 원자들이 결합하여 화합물을 만들 때는 항상 일정한 원자 수의 비로 결합한다.
5. 화합물은 같은 종류의 원자로 구성되어 있고 이들 원소 사이의 질량 비는 항상 일정하다.

지금은 인정되지 않지만 돌턴은 원자는 고체이며 구형이라고 믿었다. 그의 생각 중 몇 가지는 현재 실험적으로 틀렸음이 증명되었으나, 그의 물질에 대한 통찰력은 뛰어났다. 돌턴의 원자론은 그 뒤로 여러 과학자들에 의해 수정되고 확장되었다. **원자**(atom)는(그림 2-1) 모든 화학적, 물리적 변화에서 항상 같은 성질을 가지고 있는 가장 작은 원소의 입자이다. 제5장에서 우리는 자세한 원자의 구조에 대해 배우게 될 것이다. 여기서는 원자 조성에 대해 간단히 요약만 하겠다. *원자는 모두 전자*(electron), *양성자*(proton), *그리고 중성자*(neutron)*라는 세 가지* **기본 입자**(fundamental particles)*로 이루어졌다.*

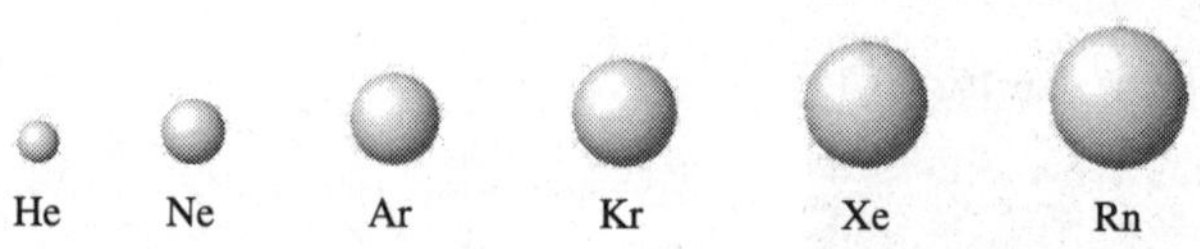

He Ne Ar Kr Xe Rn

그림 2-1 단원자 분자인 불활성 기체의 상대적 크기 비교.

표 2-1 물질의 기본 입자

입자(기호)	질량(amu)*	전하(상대적 척도)
전자(e^-)	0.0	1−
양성자(p 또는 p^+)	1.0	1+
중성자(n 또는 n^0)	1.0	없다

*$1\ amu = 1.6605 \times 10^{-24}\ g$

세 기본 입자의 질량과 전하를 표 2-1에 제시했다. 양성자와 중성자의 질량은 거의 같으나 전자의 질량은 훨씬 작다. 중성자는 전하를 띠지 않고, 양성자는 전자와 반대 전하를 갖는다. 그래서 원자는 전기적으로 중성이다.

한 원자를 구성하는 전자와 양성자의 전하 수는 같다.

원자 번호(atomic number, 기호는 Z)는 원자핵에 있는 양성자의 개수를 의미한다. 주기율표에서 각 원자들은 원자 번호 증가순으로 정리되어 있다. 이 책의 앞표지 뒷면에 있는 주기율표에서 원자 번호는 붉은색으로 표시하였다. 예를 들면, 은의 원자 번호는 47이다. **분자**(molecule)는 독립적으로 안정하게 존재할 수 있는 원소나 화합물의 가장 작은 입자로 화학 결합에 의해 두 개 혹은 그 이상의 원자의 결합으로 구성된 물질이다. 거의 모든 분자는 둘 또는 그 이상의 원자들이 전기적 중성으로 결합되어 있다. 산소 원자 1개는 상온과 대기에서 아주 불안정하다. 그래서 만일 산소 원자가 공기 중에 놓이면 이 산소 원자는 다른 산소 원자와 빠르게 결합하여 *이원자 분자인* O_2를 만든다. 수소, 질소, 불소, 염소, 그리고 요오드 등이 이원자 분자의 예이다(그림 2-2).

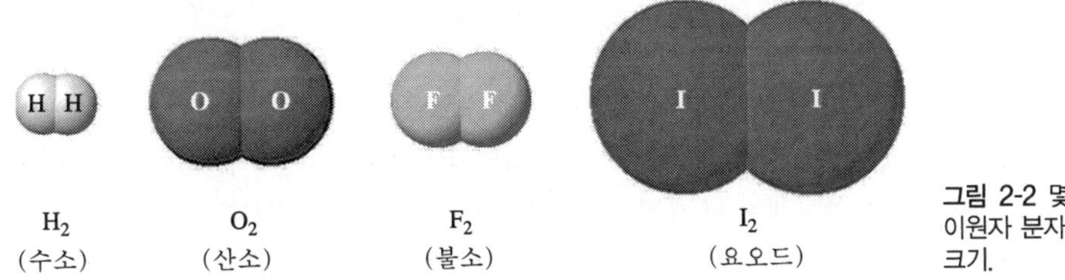

그림 2-2 몇 가지 원소의 이원자 분자 모형, 대략의 크기.

또 다른 원소들은 좀더 복잡하게 존재한다. 인 분자는 4개의 인 원자가 결합하여 존재하며, 황 분자는 8개의 황 원자가 결합하여 존재한다. 이렇게 둘이나 더 많은 원자를 함유하고 있는 분자를 *다원자 분자*(polyatomic molecular)라고 한다(그림 2-3). 현대의 용어학자들은 O_2를 이산소(dioxygen), H_2를 이수소(dihydrogen), P_4를 사인(tetraphosphorus) 등으로 부르지만 대부분의 과학자들은 그대로 oxygen, hydrogen, phosphorus라고 부르고 있다.

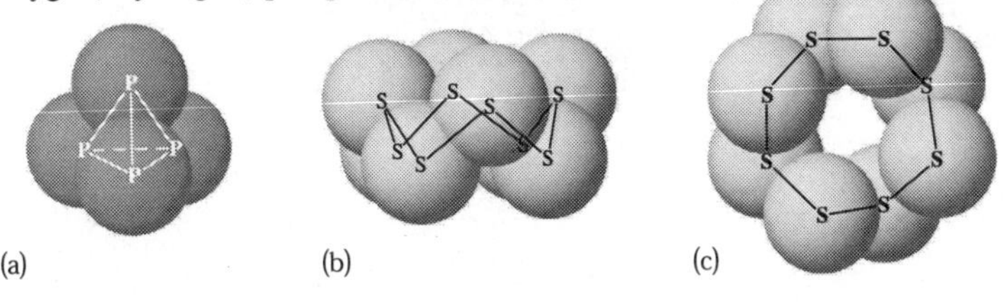

그림 2-3 (a) 흰색의 P_4 분자 모형, (b) 사방형의 S_8 모형, (c) 위에서 바라본 S_8의 모형.

화합물 중 분자는 한 개 또는 여러 개의 원자들이 화학적으로 결합되어 이루어진다. 물 분자(H_2O)는 수소 원자 2개와 산소 원자 1개가 화학적으로 결합되어 만들어지며, 메탄 분자(CH_4)는 탄소 원자 1개와 수소 원자 4개가 화학적으로 결합하여 만들어진다(그림 2-4).

그림 2-4 몇 가지 화합물의 분자식과 구조 모형.

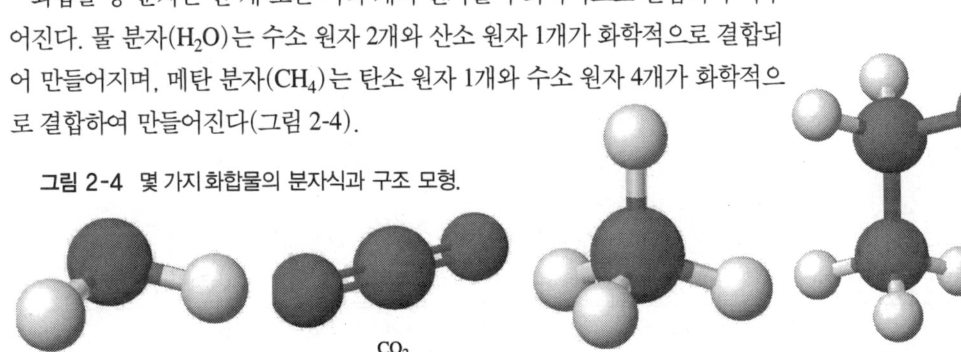

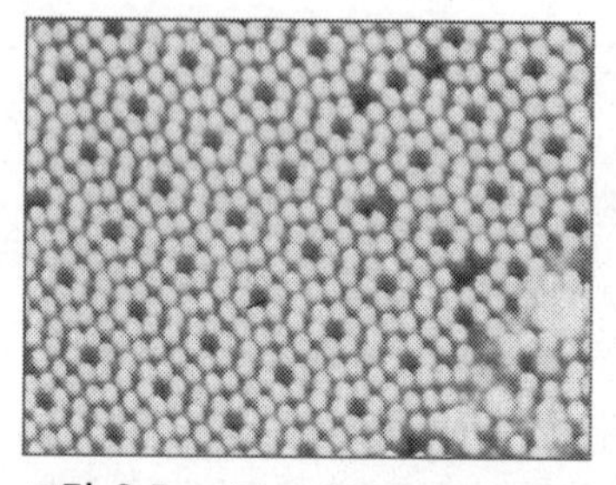

그림 2-5 전자 주사 현미경을 이용하여 관찰한 실리콘의 표면도. 각각의 실리콘 원자들이 규칙적으로 배열되어 있다. 중요한 여러 반응들이 이 고체의 표면에서 일어난다. 고체 표면의 원자 배열을 분석하면 표면에서 일어나는 많은 반응들을 이해할 수 있다.

원자는 분자를 이루는 성분 요소이며 분자는 많은 원소와 화합물의 안정한 형태이다. 우리는 많은 수의 원자나 분자로 이루어진 화합물을 시료로 연구할 수 있다. 예를 들면, 현재는 전자 주사 현미경(Scanning Tunneling Microscope, STM)을 이용하여 원자를 관찰할 수 있다(그림 2-5).

2-02 화학식

어떤 물질의 **화학식**(chemical formula)은 그 물질의 화학적 조성을 말해준다. 이것은 또한 한 화합물에 어떤 원소들이 존재하며, 그 비율이 어떻게 되는지를 나타낸다. 단원자 화합물의 화학식은 그 원소 기호를 그대로 쓴다. 그래서, 나트륨(sodium)은 나트륨의 원자 기호 Na를 그대로 쓴다. 자연계에서 독립된 원자가 그대로 안정하게 존재하는 단원자 분자는 주로 비활성 기체(He, Ne, Ar, Kr, Xe, Rn)들이다. 화학식에서 원자 기호 옆에 아래첨자로 있는 숫자는 그 원자의 개수를 의미한다. 예를 들면, F_2에서 2는 1개의 불소 분자에는 불소 원자 2개가 있음을 나타내고, P_4는 1개의 인 분자에 4개의 인 원자가 있음을 나타낸다. 어떤 원소들은 여러 형태로 존재하기도 하는데, 그 예를 들면 (1) O_3로 쓰는 오존과 O_2로 쓰는 산소가 있으며, (2) 탄소의 두 가지 다른 결정 형태로 흑연과 다이아몬드가 있다. 이렇게 온도나 압력이 동일한 물리적 상태에서 동일한 원자들이 다른 구조를 이룰 때 이를 **동소체**(allotrope)라고 한다.

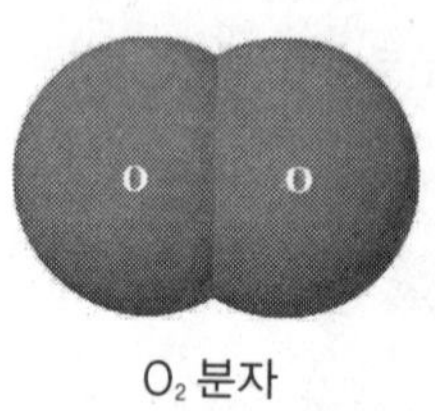

O_2 분자

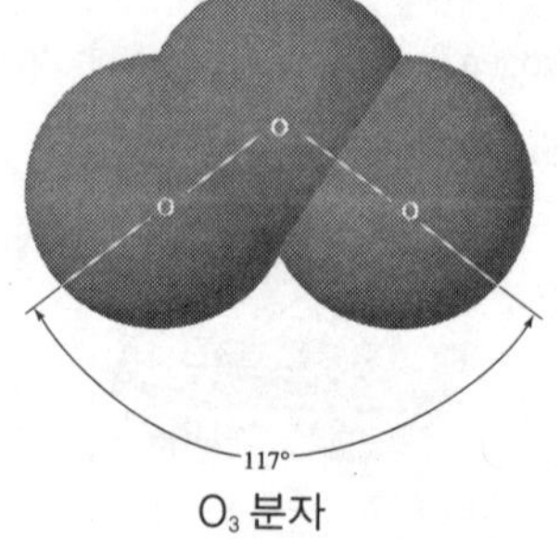

O_3 분자

둘 혹은 그 이상의 원소들이 화학적으로 결합된 화합물인 분자는 고유한 자체 특성을 갖는다. 많은 화합물이 분자로 존재한다(표 2-2). 예를 들면, 염화수소(hydrogen chloride) HCl 분자는 1개의 수소원자와 1개의 염소 원자가 화학적으로 결합하여 만들어졌다. CCl_4는 1개의 탄소 원자와 4개의 염소 원자가 결합되어 만들어졌다. 아스피린($C_9H_8O_4$)은 9개의 탄소 원자와 8개의 수소 원자 그리고 4개의 산소 원자로 결합되어 있다. 표 2-2에는 몇 가지 분자 화합물의 명칭과 화학식을 제시했다.

표 2-2 몇 가지 분자 화합물의 명칭과 화학식

명칭	화학식	명칭	화학식	명칭	화학식
water	H_2O	sulfur dioxide	SO_2	butane	C_4H_{10}

hydrogen peroxide	H_2O_2	sulfur trioxide	SO_3	pentane	C_5H_{12}
hydrogen chloride	HCl	carbon monoxide	CO	benzene	C_6H_6
sulfuric acid	H_2SO_4	carbon dioxide	CO_2	methanol (methyl alcohol)	CH_3OH
nitric acid	HNO_3	methane	CH_4	ethanol (ethyl alcohol)	CH_3CH_2OH
acetic acid	CH_3COOH	ethane	C_2H_6	acetone	CH_3COCH_3
ammonia	NH_3	propane	C_3H_8	diethyl ether (ether)	$CH_3CH_2-O-CH_2CH_3$

▲ ethylene glycol의 모형도.

자연계에서 발견되는 많은 분자들은 **유기 화합물**(organic compound)이다. 유기 화합물은 탄소와 수소로 이루어진 화합물로 C–C, C–H 결합을 가지고 있는 화합물이다. 표 2-2에 몇 가지 유기 화합물이 있다(acetic acid와 뒤에서부터 10개 화합물). 이 표에서 이 11개의 화합물을 제외한 것은 모두 **무기 화합물**(inorganic compound)이다. 원자들의 몇몇 그룹들은 하나의 특성을 갖는 그룹으로 존재한다. 예를 들면, 산소와 수소가 결합된 OH는 *알콜기*라고 하는데 이들은 탄소에 결합되어 반응성이 있는 분자를 생성한다. 분자 내에 같은 그룹이 둘 혹은 그 이상 있을 경우 이들은 화학식을 쓸 때 괄호로 묶어서 그 숫자만큼 아래첨자를 표기한다. 예를 들면 알콜기를 2개 갖는 에틸렌글리콜(ethylene glycol)의 화학식은 $C_2H_4(OH)_2$로 쓴다(위의 그림을 보자).

화합물들은 각각 고유한 물리적 성질을 갖고 있으므로 물리적 방법으로 서로 구별할 수 있다. 일단 원자와 분자에 대한 개념을 이해하면 이들 성질이 다른 이유를 이해할 수 있다. 서로 다른 두 화합물은 그들의 분자가 다르기 때문에 서로 구별된다. 반대로, 만일 두 분자가 같은 종류의 원자, 같은 수, 그리고 같은 방법으로 배열되어 있다면 이 두 분자는 같은 화합물이다. 이를 **일정 성분 비의 법칙**(Law of Constant Composition)이라 한다(1-05절 참조).

어떤 화합물의 순수한 시료는 항상 일정한 질량 비를 갖는 원자를 포함한다. 같은 화합물은 항상 일정한 질량 비에 의해 원자가 결합되어 있음을 의미한다.

화학식(chemical formula)은 분자에 있는 원자의 개수를 보여주기는 하지만, 이 식으로 분자 안에서 원자들이 어떤 식으로 배열되어 있는지는 알 수 없다. 그에 반해, **구조식**(structural formula)은 분자 내에서 원자들이 결합된 연결 순서를 보여준다. 구조식에서는 분자를 이루는 원자 기호 사이에 직선을 그어서 화학 결합을 표시한다. 실제로 이 선은 한 원자와 다른 원자 사이가 특정 거리와 각도로 결합되어 있음을 의미한다. 예를 들면, 프로판(propane)의 구조식은 3개의 탄소 원자 사이를 직선을 그어 사슬로 연결하고, 양쪽 끝에 있는 탄소에는 3개의 직선을 그어 수소 원자를, 가운데 탄소에는 2개의 직선을 수소 원자를 나타내서 구조를 알려준다. 구조식을 표현하는 모형에는 **공-막대**(ball-and-stick)와 **공간 채움**(space-filling)이 있어 분자들의 상대적 크기와 배열 형태를 볼 수 있게 해준다. 여기서 설명한 표기 형식을 그림 2-6에 제시했다. 공-막대와 공간 채움은 (1) 분자 내에서 원자의 연결 순서–즉 한 원자 옆에 붙어 있는 다른 원자의 순서와, (2) 분자 내에서 원자들의 *기하학적 배치*를 알 수 있게 해준다. 나중에 알게 되겠지만 이 둘은 화합물의 특성을 결정짓는 아주 중요한 요인이다.

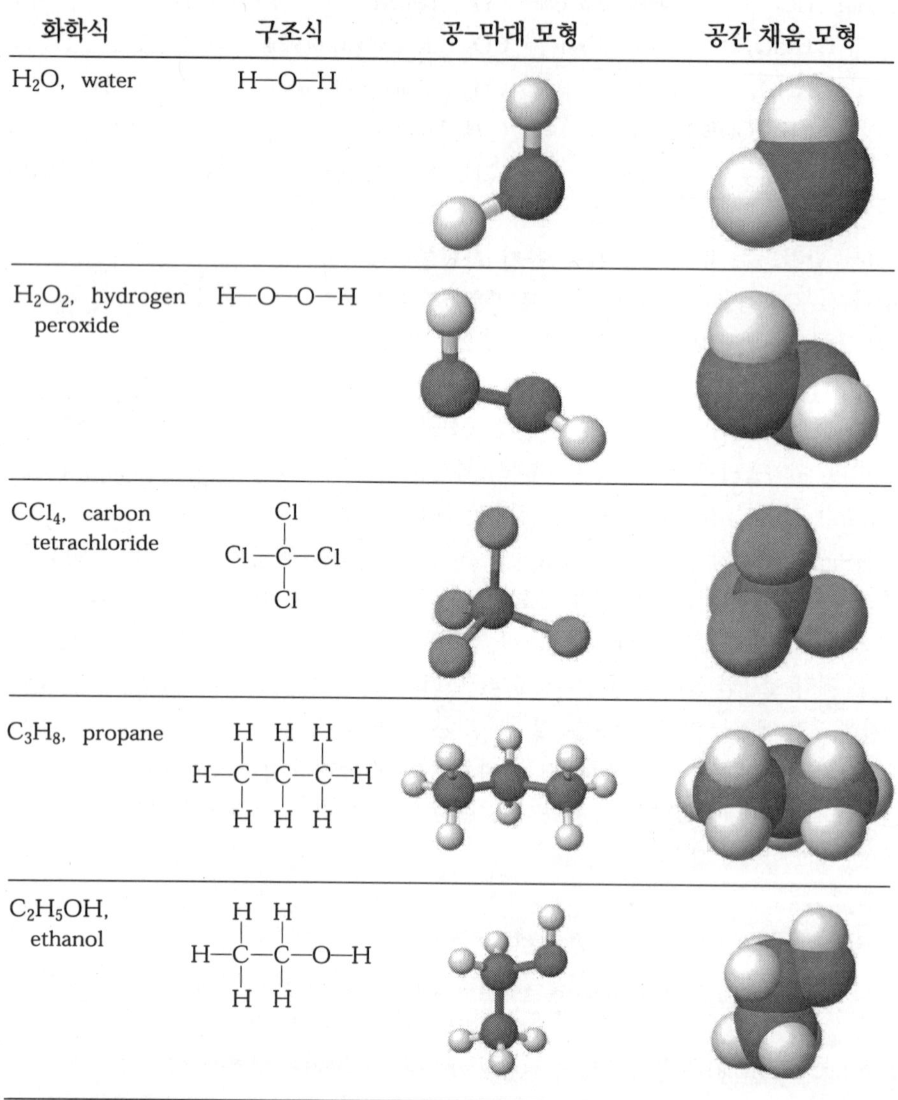

그림 2-6 몇 가지 분자의 구조와 모형. 구조식은 분자 내에서 결합된 원자의 순서를 보여주지만 구체적인 분자 모형은 알 수 없다. 공-막대 모형은 원자는 여러 색의 구로 나타내고 결합은 막대로 나타낸다. 이 모형은 분자를 3차원 모형으로 보여준다. 공간 채움 모형은 분자의 모형과 상대적 크기를 보여준다.

2-03 이온과 이온성 화합물

지금까지는 따로 따로 떨어진 분자로 존재하는 화합물에 대해서만 설명하였다. 그러나 실제로 염화나트륨(NaCl) 같은 화합물은 아주 많은 수의 이온이 모여서 만들어졌다. **이온**(ion)은 전하를 띠는 한 원자나 원자들의 집단을 의미한다. 나트륨 이온(Na^+)처럼 *양전하*(positive charge)를 띠는 이온을 **양이온**(cation)이라 부르고, 염소 이온(Cl^-)처럼 *음전하*(negative charge)를 가진 이온을 **음이온**(anion)이라고 부른다. 이온의 전하는 원자 기호 오른쪽에 위첨자로 표시된다.

제4장에서 자세히 배우겠지만, 원자는 아주 작고 밀집되어 있으며, 양전하를 가지는 *핵*이 중심에 있고 이 핵을 둘러싸고 있는 *전자*가 있다. 이 전자는 음전하를 띠며 핵 주변에 퍼져 분포하고 있다. 전기적으로 중성인 원자들은 핵 내부에 있는 양전하와 같은 수의 전자를 바깥 쪽에 가지고 있다. 전기적으로 중성인 원자가 전자를 얻거나 잃으면 이온이 된다. Na^+ 이온은 나트륨 원자가 한 개의 전자를 잃음으로써 생기고, Cl^- 이온은 염소 원자가 전자 1개를 얻어 생성된 것이다.

NaCl 화합물은 많은 수의 Na^+와 Cl^- 이온들이 배열되어 만들어진다(그림 2-7). 이 NaCl 결정 격자 내에 있는 각 Na^+ 이온은 여섯 개의 Cl^- 이온들이 같은 거리에서 둘러싸고 있으며, 또한 각 Cl^- 이온은 여섯 개의 Na^+ 이온에 의해 둘러싸여 있다. 전기적으로 중성인 **이온성 화합물**(ionic compound)은 전체 전하가 중성인데 이는 양이온과 음이온이 1:1의 비율로 존재함을 의미한다. NaCl은 Na^+와 Cl^- 이온이 1:1의 비율로 존재함을 의미하고 구조식은 NaCl로 쓴다.

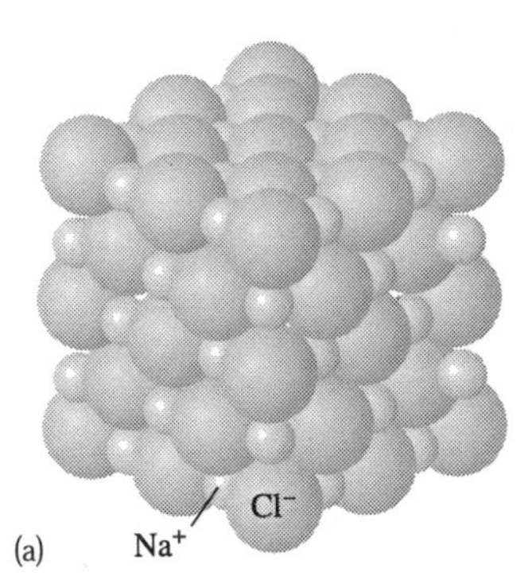

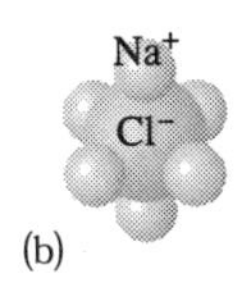

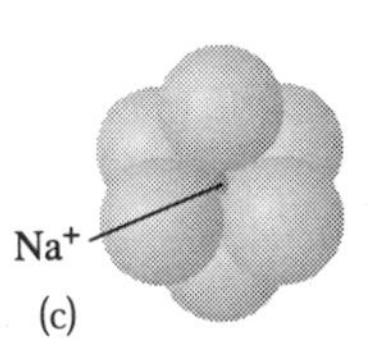

그림 2-7 (a) 같은 수의 나트륨 이온(*작은 구*)과 염소 이온(*큰 구*)이 정열되어 만들어진 염화나트륨 결정.
(b) 각 염소 이온은 6개의 나트륨 이온에 의해 둘러싸여 있다.
(c) 각 나트륨 이온은 6개의 염소 이온에 의해 둘러싸여 있다.

이온성 화합물에는 "분자"가 없으므로 염화나트륨 분자라고 부르지는 않는다. 그 대신 이온성 화합물을 이루는 **화학식 단위**(formula unit)를 그대로 염화나트륨이라 부른다. 즉, NaCl을 예를 들면, 한 개의 Na^+와 한 개의 Cl^- 이온이 화학식 단위로 결합하여 만들어졌으므로 그대로 NaCl으로 쓴다. **다원자 이온**(polyatomic ion)은 전하를 가지는 원자들의 그룹이다. 예를 들면, 암모늄 이온(NH_4^+), 황산 이온(SO_4^{2-}), 질산 이온(NO_3^-) 등이 그 예이다. 표 2-3에는 몇 가지 이온들의 화학식, 이온 전하, 그리고 명칭을 제시했다. 다원자 분자의 화학식을 쓸 때는 1개 이상이 있는 이온 무리는 괄호를 써서 표시한다. 예를 들면, $(NH_4)_2SO_4$는 2개의 NH_4^+ 이온이 각 SO_4^- 이온에 결합해 있음을 의미한다.

표 2-3 몇 가지 이온들의 화학식, 이온 전하 그리고 명칭

화학식	전하	명칭	화학식	전하	명칭
Na^+	1+	나트륨 이온(sodium)	F^-	1−	플루오르 이온(fluoride)
K^+	1+	칼륨 이온(potassium)	Cl^-	1−	염소(화) 이온(chloride)
NH_4^+	1+	암모늄 이온(ammonium)	Br^-	1−	브롬 이온(bromide)

표 2-3 *계속*

화학식	전하	명칭	화학식	전하	명칭
Ag^+	1+	은 이온(silver)	OH^-	1−	수산화 이온(hydroxide)
			CH_3COO^-	1−	아세트산 이온(acetate)
Mg^{2+}	2+	마그네슘 이온(magnesium)	NO_3^-	1−	질산 이온(nitrate)
Ca^{2+}	2+	칼슘 이온(calcium)			
Zn^{2+}	2+	아연 이온(zinc)	O^{2-}	2−	산소(화) 이온(oxide)
Cu^+	1+	구리(Ⅰ) 이온(copper(I))	S^{2-}	2−	황화 이온(sulfide)
Cu^{2+}	2+	구리(Ⅱ) 이온(copper(II))	SO_4^{2-}	2−	황산 이온(sulfate)
Fe^{2+}	2+	철(Ⅱ) 이온(iron(II))	SO_3^{2-}	2−	아황산 이온(sulfite)
			CO_3^{2-}	2−	탄산 이온(carbonate)
Fe^{3+}	3+	철(Ⅲ) 이온(iron(III))			
Al^{3+}	3+	알루미늄 이온(aluminum)	PO_4^{3-}	3−	인산 이온(phosphate)

2-04 원자량

18, 9세기에 화학자들은 화합물의 조성에 대한 정보들을 찾고 그에 대한 지식을 체계화하려고 노력하는 과정에서 각 원소들은 다른 원소와 비교되는 상대 질량을 가지고 있음을 확인했다. 비록 이들 초기 과학자들이 각 원자의 질량을 측정할 실험적 수단은 없었지만, 그들은 원소의 상대 질량을 결정하는 데는 성공했다. 원자의 일정한 질량 척도를 확립하기 위해서는 상대 질량이 비교될 수 있는 표준을 정해야 한다. 이 표준이 여섯 개의 양성자와 여섯 개의 중성자를 핵에 가진 탄소 원자 질량이다. 이 탄소 원자는 정확하게 12원자 질량 단위인 12 amu의 질량을 갖는다. **원자량**(atomic weight, AW)은 12 amu의 원자 질량으로 정해진 탄소의 원자 질량에 대해서 상대적으로 계산된 값이다. 원자량의 단위는 amu이다. 예를 들면, 실험적으로 금 원자는 탄소 원자보다 평균 16.4배 정도 무겁다는 것을 알았다. 그리하여 금 원자 하나의 질량은 16.0 × 12.0 amu로 금 원자의 질량이 197 amu가 된 것이다.

2-05 몰

아주 작은 물체 한 조각에도 매우 많은 수의 원자들이 포함되어 있다. 그래서 우리는 실제 상황에서 아주 많은 수의 원자를 다루게 된다. 그리고, 이 많은 원자 수를 표현하는 적절한 단위가 필요하게 되었다. 사물의 특정한 개수를 표현하는 단위들은 여러 가지가 있다. 익숙한 예로, 다스(dozen)는 12개를 의미하고, 그로스(gross)는 144개를 의미한다.

물질의 양에 대한 SI 단위가 **몰**(mole)이다. 몰은 정확히 탄소-12 동위 원소 12 g 중에 포함되어 있는 원자의 개수와 같은 수(원자, 분자, 이온, 혹은 입자의 수)를 포함하는 물질의 양으로 정의된다. 그리하여

1몰은 아주 작은 입자의 특정 개수를 포함하는 물질의 모음이다. 몰을 이해하는 기본 핵심은 1몰은 항상 같은 수의 입자를 포함하며 물질의 종류에는 무관하다는 것이다. 얼마나 많은 수의 입자가 1몰 속에 있는가는 수많은 연구를 통해 다음과 같이 결정되었다.

1 mole = 6.0221367 × 10^{23} 개 입자

이 숫자는 주로 6.022 × 10^{23}로 쓰이며 이를 화학에 공헌도가 큰 아보가드로(Amedeo Avogadro, 1776~1856)의 이름을 따서 **아보가드로 수**(Avogadro's number)라 한다. 이 정의에 따르면 1몰에는 아보가드로 개수만큼의 원자, 분자, 전자 또는 입자가 있다. 헬륨은 독립된 He 원자가 그대로 존재한다. 그래서 헬륨 1몰은 6.022 × 10^{23}개의 헬륨 *원자*를 갖는다. 수소는 이원자 분자(원자 두 개가 결합하여 분자가 됨)로 수소 분자(H_2 분자) 1몰에는 6.022 × 10^{23}개의 H_2 *분자*가 있으며 또는 (2×6.022 × 10^{23})개의 H 원자가 있다. 몰의 개념이 12 g의 탄소 원자에 있는 원자의 개수로 정의되고, 원자 질량 단위가 탄소-12 원자 질량의 1/12로 정의되므로 다음과 같은 결론이 얻어진다.

순수한 원소 1몰에 있는 원소의 질량을 **몰 질량**(molar mass)이라고 하고 단위는 grams/mol, 또는 g/mol로 쓴다.

예를 들어, 만일 당신이 순수한 금속 티타늄(Ti)을 얻었다고 하자. 그런데 이것의 무게는 47.88 g이었다. 그리고 이 원자의 원자량은 47.88 amu이다. 그러면 당신은 티타늄 원자를 1 mole 또는 6.022 × 10^{23}개를 가지고 있는 것이 된다.

표 2-4에서 제시했듯이 몰 개념이 원자에 적용되면 특히 유용하다. 이 몰 개념은 원소에 포함되어 있는 같은 수의 원자 질량을 비교하는데 편하게 쓸 수 있다.

표 2-4 **몇 가지 원소의 원자 1몰의 질량**

원소	시료의 질량	몰
탄소	12.0 g C	6.02 × 10^{23}개의 C 원자 또는 1몰의 C 원자
티타늄	47.9 g Ti	6.02 × 10^{23}개의 Ti 원자 또는 1몰의 Ti 원자
금	197.0 g Au	6.02 × 10^{23}개의 Au 원자 또는 1몰의 Au 원자
수소	1.0 g H_2	6.02 × 10^{23}개의 H 원자 또는 1몰의 H 원자
		(3.01 × 10^{23}개의 H_2 분자 또는 1/2몰의 H_2 분자)
황	32.1 g S_8	6.02 × 10^{23}개의 S 원자 또는 1몰의 S 원자
		(0.753 × 10^{23}개의 S_8 분자 또는 1/8몰의 S_8 분자)

예제 2-1 *원자의 몰*

금속 철 136.9 g은 원자 몇 몰인가?

계획

철의 원자량은 55.85 amu이다. 이는 철 1몰의 질량은 55.85 g/mol임을 의미한다.

풀이

$$\underline{?}\text{ mol Fe 원자} = 136.9\text{ g Fe} \times \frac{1\text{ mol Fe 원자}}{55.85\text{ g Fe}} = \boxed{2.451\text{ mol Fe 원자}}$$

일단 원자의 몰 수를 알면 시료에 있는 원자의 개수를 계산할 수 있다.

예제 2-2 *원자 수*

철 2.451 mole에는 몇 개의 철 원자가 있는가?

계획

철 원자 1 mole의 개수는 6.022×10^{23}개이다.

풀이

$$\underline{?}\text{ 철 원자의 수} = 2.451\text{ mol Fe 원자} \times \frac{6.022 \times 10^{23}\text{개 Fe 원자}}{1\text{ mol Fe 원자}} = \boxed{1.476 \times 10^{24}\text{개 Fe 원자}}$$

원자량을 알면 몰 개념과 아보가드로 수를 이용하여 원소에 있는 한 원자의 질량을 그램 단위로 구할 수 있다.

예제 2-3 *원자량*

철 원자 1개의 평균 질량을 g 단위로 계산하여라.

계획

g 단위로 계산된 원자 1개의 질량은 매우 작을 것으로 생각한다. Fe 원자 1몰의 질량은 55.85 g이고, 1몰에는 6.022×10^{23}개의 철 원자가 있으므로 원자 1개의 질량을 구하려면 1몰의 질량을 원자 개수로 나누면 된다.

풀이

$$\boxed{9.274 \times \frac{10^{-23}\text{ g Fe}}{\text{Fe 원자}}}$$

예제 2-3을 통해 원자의 질량이 얼마나 작은지를 알았으며 실제 작업에서 얼마나 많은 수의 원자가 필요한가를 알게 되었다. 다음 문제는 아보가드로 수가 얼마나 큰가를 알게 해준다.

예제 2-4 *아보가드로 수*

인쇄 용지 1.9 인치 두께 내에는 500장의 종이가 포함되어 있다. 종이 1몰(아보가드로 수)의 개수가 있는 종이의 두께를 인치와 마일로 계산하여라.

계획

표 1-5에 있는 단위 인자를 사용한다.

풀이

$$\underline{?}\ \text{in} = 1\ \text{mol sheets} \times \frac{6.022\times10^{23}\text{sheets}}{1\ \text{mol sheets}} \times \frac{1.9\ \text{in.}}{500\ \text{sheets}} = 2.3\times10^{21}\ \text{in.}$$

$$\underline{?}\ \text{mi} = 2.3\times10^{21}\ \text{in.} \times \frac{1\ \text{ft}}{12\ \text{in.}} \times \frac{1\ \text{mi}}{5280\ \text{ft}} = 3.6\times10^{16}\ \text{mi}$$

2-06 화학식량, 분자량과 몰

화학식량(formula weight, FW)은 화학식에 있는 원소들의 원자량(AW)의 총 합이다. 원소를 이루고 있는 원자의 숫자를 각 원자의 질량에 곱한 총 합이다.

원자량이 상대적 질량이므로 화학식량 또한 상대적 질량이다. 수산화나트륨(NaOH)의 화학식량을 계산하는 방법을 보자.

원자의 수		× 원자 1개의 질량	= 원소의 질량
1 × Na =	1	× 23.0 amu	= 23.0 amu의 Na
1 × H =	1	× 1.0 amu	= 1.0 amu의 H
1 × O =	1	× 16.0 amu	= 16.0 amu의 O
		NaOH의 화학식량	= 40.0 amu

엄밀히 말하면, 화학식량이란 용어는 이온성 화합물에 사용된다. 분자 화합물(비이온성 화합물)에는 **분자량**(molecular weight)이라고 쓴다.

예제 2-5 *화학식량*

아세트산(CH_3COOH)의 화학식량을 이 책의 표지 뒷면에 있는 International of Atomic Weight를 참고로 계산하여라.

계획

화학식에 있는 각 원소의 원자량을 모두 더하면 된다. 만일 원자의 개수가 여러 개면 그 수를 곱해서 더한다.

풀이

원자의 수		× 원자 1개의 질량	= 원소의 질량
2 × C =	2	× 12.0 amu	= 24.0 amu의 C
4 × H =	4	× 1.0 amu	= 4.0 amu의 H
2 × O =	2	× 16.0 amu	= 32.0 amu의 O

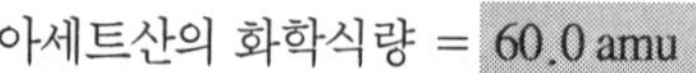
아세트산의 화학식량 = 60.0 amu

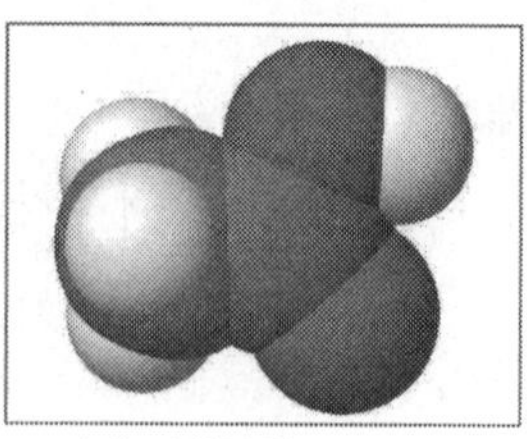
▲ 아세트산(식초), CH_3COOH의 공간 채움 모형.

표 2-5 몇 가지 분자 물질의 1몰

물질	분자량	시료의 질량	내용
수소	2.0	2.0 g H_2	6.02×10^{23} H_2 분자 또는 1몰의 H_2 분자 ($2 \times 6.02 \times 10^{23}$ H 원자 또는 2몰의 H 원자)
산소	32.0	32.0 g O_2	6.02×10^{23} O_2 분자 또는 1몰의 O_2 분자 ($2 \times 6.02 \times 10^{23}$ O 원자 또는 2몰의 O 원자)
메탄	16.0	16.0 g CH_4	6.02×10^{23} CH_4 분자 또는 1몰의 CH_4 분자 (6.02×10^{23} C 원자와 $4 \times 6.02 \times 10^{23}$ H 원자)
아세트산	60.0	60.0 g CH_3COOH	6.02×10^{23} CH_3COOH 분자 또는 1몰의 CH_3COOH 분자

> 어떤 물질 *1몰*(mole)은 그 물질의 화학식량과 같은 g 수의 질량을 가지며, 6.022×10^{23}개의 구조 단위를 갖는다. 때때로 이 질량을 **몰 질량**(molar mass)이라고 한다. 몰 질량과 화학식 단위는 같은 숫자의 무게와 단위를 갖는다.

수산화나트륨 1몰은 40.0 g이며, 아세트산 1몰은 60.0 g이다. 어떤 분자 물질 1몰에는 6.022×10^{23}개의 분자를 가지고 있다. 이를 표 2-5에 제시했다. NaCl은 보통 상온에서 간단한 형태로 존재하지 않

표 2-6 이온성 화합물 1몰

화합물	화학식량	1몰의 질량	내용
염화나트륨	58.4	58.4 g NaCl	6.02×10^{23}개 Na^+ 이온 또는 1몰의 Na^+ 이온 6.02×10^{23}개 Cl^- 이온 또는 1몰의 Cl^- 이온

염화칼슘	111.0	111.0 g $CaCl_2$	6.02 × 10^{23}개 Ca^{2+} 이온 또는 1몰의 Ca^{2+} 이온 2(6.02 × 10^{23})개 Cl^- 이온 또는 2몰의 Cl^- 이온
황산알루미늄	342.1	342.1 g $Al_2(SO_4)_3$	2(6.02 × 10^{23})개 Al^{3+} 이온 또는 2몰의 Al^{3+} 이온 3(6.02 × 10^{23})개 SO_4^{2-} 이온 또는 3몰의 SO_4^{2-} 이온

으므로, NaCl과 같은 이온성 화합물은 그냥 분자량이라고 말하는 것은 부적절하다. 이온성 화합물 1몰에는 6.022 × 10^{23}개의 화학식 단위가 있다. 즉, 앞에서 언급한 NaCl을 생각해보자. NaCl의 화학식 단위는 1개의 Na^+ 이온과 1개의 Cl^- 이온이다. NaCl 1몰, 즉 58.4 g에는 6.022 × 10^{23}개의 Na^+ 이온과 6.022 × 10^{23}개의 Cl^- 이온이 있다(표 2-6).

다음 예제를 통해 분자, 원자, 또는 화학식 단위의 숫자와 질량에 대한 관계를 알아보자.

예제 2-6 몰

25 ℃에서 산소 기체 40 g에 있는 (a) O_2의 질량, (b) O_2의 분자 수, (c) O의 원자 수는 얼마인가?

계획

(a) O_2 1몰은 32.0 g이다(O_2의 몰 질량은 32.0 g/mol이다.).
(b) O_2 1몰에는 6.02 × 10^{23}개의 O_2 분자가 있다.
(c) O_2의 1분자는 2개의 산소 원자를 갖는다.

풀이

1몰의 O_2에는 6.02×10^{23} 개의 O_2 분자가 포함되어 있으며, O_2 1몰의 질량은 32.0 g이다.

(a) $$\underline{?}\ \text{mol } O_2 = 40.0\ \text{g } O_2 \times \frac{1\ \text{mol } O_2}{32.0\ \text{g } O_2} = \boxed{1.25\ \text{mol } O_2}$$

(b) $$\underline{?}\ O_2\ \text{molecules} = 40.0\ \text{g } O_2 \times \frac{6.02 \times 10^{23}\ O_2\ \text{molecules}}{32.0\ \text{g } O_2} = \boxed{7.52 \times 10^{23}\ \text{molecules}}$$

또는, (a)에서 구한 O_2의 몰 수를 바로 사용하여 O_2분자의 개수를 구할 수도 있다.

$$\underline{?}\ O_2\ \text{molecules} = 1.25\ \text{mol } O_2 \times \frac{6.02 \times 10^{23}\ O_2\ \text{molecules}}{1\ \text{mol } O_2} = \boxed{7.52 \times 10^{23}\ O_2\ \text{molecules}}$$

(c) $$\underline{?}\ \text{O atoms} = 40.0\ \text{g } O_2 \times \frac{6.02 \times 10^{23}\ O_2\ \text{molecules}}{32.0\ \text{g } O_2} \times \frac{2\ \text{O atoms}}{1\ O_2\ \text{molecules}} = \boxed{1.50 \times 10^{24}\ \text{O atoms}}$$

예제 2-7 *원자 수*

황산암모늄($(NH_4)_2SO_4$) 39.6 g에 있는 수소(H) 원자의 수는 얼마인가?

계획

$(NH_4)_2SO_4$ 1몰은 6.02×10^{23}개의 화학식 단위를 갖고, 총 질량은 132.1 g이다.

$(NH_4)_2SO_4$의 g → $(NH_4)_2SO_4$의 몰 → $(NH_4)_2SO_4$의 화학식 단위 → H 원자

풀이

$$\underline{?}\ \text{H atoms} = 39.6\ \text{g}\ (NH_4)_2SO_4 \times \frac{1\ \text{mol}\ (NH_4)_2SO_4}{132.1\ \text{g}\ (NH_4)_2SO_4} \times \frac{6.02\times 10^{23}\ \text{fomula units}\ (NH_4)_2SO_4}{1\ \text{mol}\ (NH_4)_2SO_4} \times \frac{8\ \text{H atoms}}{1\ \text{fomula units}\ (NH_4)_2SO_4} = 1.44\times 10^{24}\ \text{H atoms}$$

2-07 화합물의 퍼센트 조성과 구조

만일 화합물의 구조를 알면 그 화학적 조성은 화합물에 있는 각 원소를 질량 퍼센트로 나타낼 수 있다(퍼센트 조성). 예를 들면, 이산화탄소(CO_2) 한 분자는 한 개의 C 원자와 두 개의 O 원자를 포함하고 있음을 알 수 있다. 각 원소의 백분율은 각 원소의 질량을 전체 질량으로 나누고 곱하기 100을 하여 구한다. CO_2에 대한 퍼센트 조성을 구하면 다음과 같다.

$$\%\text{C} = \frac{\text{mass of H}}{\text{mass of CO}_2}\times 100\% = \frac{\text{AW of C}}{\text{MW of CO}_2}\times 100\% = \frac{12.0\ \text{amu}}{44.0\ \text{amu}}\times 100\% = 27.3\%\ \text{C}$$

$$\%\text{O} = \frac{\text{mass of O}}{\text{mass of CO}_2}\times 100\% = \frac{2\times \text{AW of O}}{\text{MW of CO}_2}\times 100\% = \frac{2(16.0\ \text{amu})}{44.0\ \text{amu}}\times 100\% = 72.7\%\ \text{O}$$

예제 2-8 *퍼센트 조성*

HNO_3의 무게 퍼센트 조성을 구하여라.

계획

먼저 HNO_3의 몰 질량을 구한다.

풀이

원자의 수	× 원자 1개의 질량	= 원소의 질량
1 × H = 1	× 1.0 g	= 1.0 g의 H

1 × N =	1	× 14.0 g	= 14.0 g의 N
3 × O =	3	× 16.0 g	= 48.0 g의 O

HNO_3의 몰 질량 = 63.0 g

이제 그들의 퍼센트 조성을 구한다.

$$\% \text{H} = \frac{\text{mass of H}}{\text{mass of HNO}_3} \times 100\% = \frac{1.0\text{ g}}{63.0\text{ g}} \times 100\% = 1.6\% \text{ H}$$

$$\% \text{N} = \frac{\text{mass of N}}{\text{mass of HNO}_3} \times 100\% = \frac{14.0\text{ g}}{63.0\text{ g}} \times 100\% = 22.2\% \text{ N}$$

$$\% \text{O} = \frac{\text{mass of O}}{\text{mass of HNO}_3} \times 100\% = \frac{48\text{ g}}{63.0\text{ g}} \times 100\% = 76.2\% \text{ O}$$

Total = 100.0%

2-08 원소 조성으로부터 화학식 유도

화합물에 대한 **가장 간단한 화학식**(실험식)은 화합물을 이루는 각 원자들의 가장 간단한 정수 비로 나타낸 것이다. **분자식**(molecular formula)은 그 화합물에 있는 원자의 총 수를 *그대로* 표기한 것이다. 그러므로 가장 간단한 식인 실험식에 일정한 정수를 곱하면 분자식이 된다. 예를 들면, 물(H_2O)은 실험식과 분자식이 같지만 과산화수소(H_2O_2)는 실험식은 HO이고 분자식은 실험식에 2를 곱한 H_2O_2가 된다.

실제 실험상에서 수많은 화합물들이 합성되고 발견된다. 이때 새로운 화합물을 확인하는 첫 번째 단계는 그 화합물의 퍼센트 조성을 확인하여 실험식을 쓰는 것이다. *정성 분석*(qualitative analysis)은 화합물에 존재하는 원소의 종류를 확인하기 위해 사용되는 분석법이다. 그런 다음 *정량 분석*(quantitative analysis)을 통해 그 화합물에 존재하는 각 원소가 얼마만큼씩 존재하는지 양을 분석한다. 일단 화합물의 퍼센트 조성만 알게 되면 실험식은 쉽게 결정된다.

예제 2-9 *가장 간단한 화학식*

황과 산소가 포함된 화합물은 산성비의 원인으로 공기 오염을 일으키는 물질이다. 순수한 어떤 시료 물질을 분석한 결과 황과 산소가 각각 50.1%와 49.9%의 질량 비로 포함되어 있다. 이 화합물의 가장 간단한 화학식은 무엇인가?

계획

1단계: 전체 시료가 100.0 g이라고 두면 S는 50.1 g 그리고 O는 49.9 g이 존재한다고 할 수 있다. 이를 이용하여 각각의 원자량으로 나누면 황과 산소의 몰 수를 구할 수 있다.

2단계: 이 값으로부터 화학식을 결정하기 위해 각 원소의 서로에 대한 상대적인 몰 수를 찾아야 한다. 그리고 그 값을 가장 간단한 정수로 표현한다.

풀이

$$1단계:\quad \underline{?}\ \text{mol S 원자} = 50.1\ \text{g S} \times \frac{1\ \text{mol S 원자}}{32.1\ \text{g S}} = 1.56\ \text{mol S 원자}$$

$$\underline{?}\ \text{mol O 원자} = 49.9\ \text{g O} \times \frac{1\ \text{mol O 원자}}{16.0\ \text{g O}} = 3.12\ \text{mol O 원자}$$

이 화합물 100 g은 1.56몰의 S 원자와 3.12몰의 O 원자가 함유되어 있음을 알 수 있다. 가장 간단한 화학식을 결정하기 위해 이들 몰 수 사이의 상대적인 몰 수를 계산한다.

$$2단계:\quad \frac{1.56}{1.56} = 1.00\ \text{S} \qquad \frac{3.12}{1.56} = 2.00\ \text{O} \qquad \rightarrow SO_2$$

원소	원소의 상대 질량	각 원자의 상대 몰 수	가장 작은 수로 나눈다	가장 간단한 정수 비로 표현한다
S	50.1	$\frac{50.1}{32.1} = 1.56$	$\frac{1.56}{1.56} = 1.00$ S	SO_2
O	49.9	$\frac{49.9}{16.0} = 3.12$	$\frac{3.12}{1.56} = 2.00$ O	

수많은 화합물들에는 탄소, 수소 그리고 산소가 포함되어 있다. 탄소와 수소를 분석하는 장치로는 C–H를 연소시켜 C와 H를 분석하는 장치가 있다(그림 2-8). 질량을 정확하게 알고 있는 화합물을 산소 기류 하에서 연소시키면, 탄소는 이산화탄소(CO_2)로 수소는 물(H_2O)로 전환된다. 이때 생성된 CO_2와 H_2O는 처음 시료에 있던 탄소와 수소의 질량과 관련이 있다.

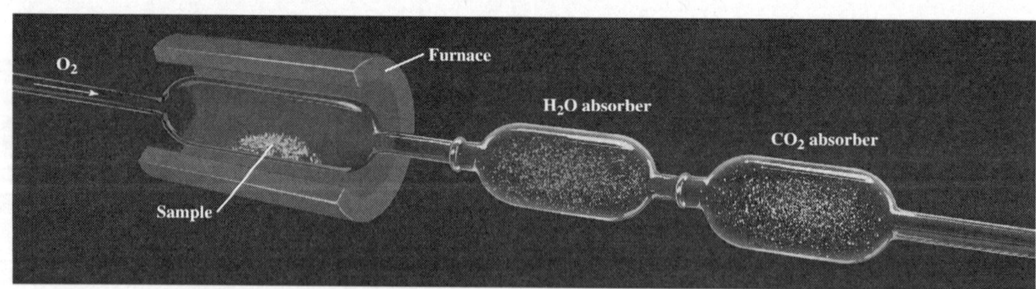

그림 2-8 탄소-수소의 원소 분석을 위한 연소 장치.

예제 2-10 *퍼센트 조성*

탄화수소는 화합물 전체가 탄소와 수소로만 이루어진 유기 화합물을 말한다. 0.1647 g 순수한 탄화수소 화합물을 C–H 연소기에서 연소시켜서 CO_2 0.4931 g과 H_2O 0.2691 g을 얻었다. 시료에 있는 C

와 H의 질량을 결정하고 각 원소를 탄화수소에 대한 백분율로 계산하여라.

계획

CO_2 중에 있는 C의 양 = 12.01 g C/44.01 g CO_2

H_2O 중에 있는 H의 양 = 2.016 g H/18.02 g H_2O이다. 그 다음 각 원자의 무게 퍼센트를 구한다.

각 원자의 % = (원소의 g/시료의 g)×100

풀이

$$1\text{단계}: \underline{?}\ \text{g C} = 0.4931\ \text{g CO}_2 \times \frac{12.01\ \text{g C}}{44.01\ \text{g CO}_2} = \boxed{0.1346\ \text{g C}}$$

$$2\text{단계}: \underline{?}\ \text{g H} = 0.2691\ \text{g H}_2\text{O} \times \frac{2.016\ \text{g H}}{18.02\ \text{g H}_2\text{O}} = \boxed{0.03010\ \text{g H}}$$

$$3\text{단계}: \quad \%\text{C} = \frac{0.1346\ \text{g C}}{0.1647\ \text{g sample}} \times 100\% = \boxed{81.72\%\ \text{C}}$$

$$\%\text{H} = \frac{0.03010\ \text{g H}}{0.1647\ \text{g sample}} \times 100\% = \boxed{18.28\%\ \text{H}}$$

Total = 100.00%

시료에 산소가 포함되어 있을 때 산소의 양이나 무게 퍼센트는 좀 다르게 구한다. 시료에 산소가 있는 경우 연소 후 얻은 CO_2와 H_2O의 산소는 처음의 시료로부터 발생했을 수도 있고, 흘려 보내주는 산소 기류로부터 발생했을 수도 있다. 이런 이유로, 산소의 양을 앞의 방법을 써서 구할 수는 없다. 이런 경우 산소는 처음 시료의 질량에서 탄소와 수소의 질량의 합을 빼면 구할 수 있다.

2-09 분자식의 결정

퍼센트 조성에 의해서는 간단한 화학식만 쓸 수 있다. 화합물의 분자식을 결정하기 위해서는 그 화합물의 가장 간단한 화학식과 분자량을 모두 알아야 한다. 분자식은 가장 간단한 화학식에 일정한 정수를 곱해서 얻을 수 있다. 부탄(C_4H_{10})을 생각해보자. 이 부탄의 가장 간단한 화학식은 C_2H_5이지만 분자식은 화학식의 2배이다. 즉 $2\times(C_2H_5) = C_4H_{10}$이다. 벤젠($C_6H_6$)의 화학식은 CH이지만 분자식은 이의 6배인 C_6H_6이다. 화학식에 일정 정수를 곱해서 분자식을 구할 수 있다.

$$\text{분자식} = n \times \text{화학식}$$

이는 또한 다음과 같이 쓸 수도 있다.

$$\text{분자량} = n \times \text{화학식량}$$

분자식은 화학식에 정수 n을 곱합으로써 얻을 수 있다.

화합물의 조성에 대해 조금 자세히 공부하다보면 둘 혹은 그 이상의 원소들은 한 개 이상의 화합물을 생성함을 알 수 있다. 이런 화합물에는 **배수 비례의 법칙**(Law of Multiple Proportions)이 항상 적용된다. 이는 다음과 같다. 두 원소, A와 B가 한 개 이상의 화합물을 만들 때 원소 B는 각 화합물에 있는 원소 A에 대해 일정한 질량의 정수 비로 결합한다. 물(H_2O)과 과산화수소(H_2O_2)의 경우를 예를 들어보자. H_2O와 H_2O_2에서 주어진 수소에 결합하는 산소의 질량 비는 1:2이다. 많은 유사한 예로, CO와 CO_2의 경우는 C에 대해 산소는 1:2로, SO_2와 SO_3에 대해 결합하는 O는 2:3의 질량 비로 결합한다. 이 법칙은 돌턴의 원자 이론 전에 화합물의 조성에 대한 연구를 통해 얻어진 결과로 그의 원자 이론을 뒷받침하는 근거가 되었다.

예제 2-11 *배수 비례의 법칙*

N_2O_3와 NO에 있어서 질소 1 g에 결합하는 O의 질량 비는 어떻게 되는가?

계획

먼저 각 화합물에서 N 1 g에 결합하는 O의 질량을 구한다. 그런 다음 두 화합물에서 O의 g /N의 g을 계산한다.

풀이

$$N_2O_3: \ \frac{?\ \text{g O}}{\text{g N}} = \frac{48.0\ \text{g O}}{28.0\ \text{g N}} = 1.71\ \text{g O/g N}$$

$$NO: \ \frac{?\ \text{g O}}{\text{g N}} = \frac{16.0\ \text{g O}}{14.0\ \text{g N}} = 1.14\ \text{g O/g N}$$

$$\text{질량 비는} \begin{cases} \dfrac{\text{g O}}{\text{g N}}\ (N_2O_3\text{에서}) \\ \qquad\qquad \dfrac{1.71\ \text{g O/g N}}{1.14\ \text{g O/g N}} = \dfrac{1.5}{1.0} = \boxed{\dfrac{3}{2}} \\ \dfrac{\text{g O}}{\text{g N}}\ (NO\text{에서}) \end{cases}$$

풀이로부터 N_2O_3와 NO에서 질소에 대한 산소의 질량 비는 3:2임을 알 수 있다.

2-10 화학식의 이해

일단 몰의 개념과 화학식의 의미를 알게 되면, 우리는 다른 곳에 이를 응용할 수 있다. 다음 예제로부터 화학식과 몰의 개념으로부터 화학적 조성을 알 수 있다.

예제 2-12 *화합물의 조성*

$(NH_4)_2Cr_2O_7$ 35.8 g에 있는 크롬의 질량은 얼마인가?

계획

1단계: 화합물의 식으로부터 $(NH_4)_2Cr_2O_7$에는 2 mole의 Cr 원자가 포함되어 있음을 알 수 있다. 35.8 g을 ($(NH_4)_2Cr_2O_7$의 분자량으로 나누어 몰 수를 구한다.

2단계: 1몰의 $(NH_4)_2Cr_2O_7$에는 2몰의 Cr 원자가 포함되어 있으므로 $(NH_4)_2Cr_2O_7$의 몰 수에 2를 곱한다.

3단계: Cr의 몰 수에 Cr의 원자량을 곱하면 Cr의 질량이 된다.

$(NH_4)_2Cr_2O_7$의 질량 → $(NH_4)_2Cr_2O_7$의 몰 수 → Cr의 몰 수 → Cr의 질량

풀이

1단계 : $\underline{?}\ \text{mol}\ (NH_4)_2Cr_2O_7 = 35.8\ \text{g}\ (NH_4)_2Cr_2O_7 \times \dfrac{1\ \text{mol}\ (NH_4)_2Cr_2O_7}{252.0\ \text{g}\ (NH_4)_2Cr_2O_7} = 0.142\ \text{mol}\ (NH_4)_2Cr_2O_7$

2단계 : $\underline{?}\ \text{mol Cr atoms} = 0.142\ \text{mol}\ (NH_4)_2Cr_2O_7 \times \dfrac{2\ \text{mol Cr atoms}}{1\ \text{mol}\ (NH_4)_2Cr_2O_7} = 0.284\ \text{mol Cr atoms}$

3단계 : $\underline{?}\ \text{Cr} = 0.284\ \text{mol Cr atoms} \times \dfrac{52.0\ \text{g Cr}}{1\ \text{mol Cr atoms}} = 14.8\ \text{g Cr}$

예제 2-13 *화합물의 조성*

(a) 오산화비소 As_2O_5 33.7 g 중에 포함된 산소의 질량과 같은 양의 탄소가 이산화황 SO_2에 포함되어 있다면, 이 SO_2의 질량은 얼마인가?

(b) 48.6 g의 NaCl에 포함되어 있는 염소 이온과 같은 수의 염소 이온이 $CaCl_2$에 포함되려면 이 $CaCl_2$는 몇 g이어야 하는가?

계획

(a) As_2O_5 33.7 g 중에 포함된 산소 원소의 질량을 알 수 있고, 그런 다음 같은 양의 산소가 포함될 수 있는 SO_2의 질량을 구할 수 있다. 그러나 이 방법은 몇 가지 불필요한 계산을 하게 한다. 그러므로 산소의 몰 수를 구한 후, SO_2의 몰 수를 구하고, 그런 다음 SO_2의 질량을 구하면 된다.

As_2O_5의 질량 → As_2O_5의 몰 수 → O 원자의 몰 수 → SO_2의 몰 수 → SO_2의 질량

(b) 1몰은 항상 같은 수(아보가드로 수) 만큼의 원자, 분자, 입자, 이온 수를 갖는다. Cl^- 이온의 수를 구하고 (a)와 같이 푼다.

NaCl의 질량 → NaCl의 몰 수 → Cl^- 이온의 몰 수 → $CaCl_2$의 몰 수 → $CaCl_2$의 질량

풀이 (a)

$$? \text{ g } SO_2 = 33.7 \text{ g } As_2O_5 \times \frac{1 \text{ mol } As_2O_5}{229.8 \text{ g } As_2O_5} \times \frac{5 \text{ mol O atoms}}{1 \text{ mol } As_2O_5} \times \frac{1 \text{ mol } SO_2}{2 \text{ mol O atoms}} \times \frac{64.1 \text{ g } SO_2}{1 \text{ mol } SO_2} = \boxed{23.5\ SO_2}$$

(b)

$$? \text{ g } CaCl_2 = 48.6 \text{ g NaCl} \times \frac{1 \text{ mol NaCl}}{58.4 \text{ g NaCl}} \times \frac{1 \text{ mol } Cl^-}{1 \text{ mol NaCl}} \times \frac{1 \text{ mol } CaCl_2}{2 \text{ mol } Cl^-} \times \frac{111.0 \text{ g } CaCl_2}{1 \text{ mol } CaCl_2} = \boxed{46.2 \text{ g } CaCl_2}$$

2-11 시료의 순도

실험실 시약장에서 가져온 시료의 대부분은 100% 순수한 시료가 아니다. **순도 퍼센트**(percent purity)는 불순한 시료에 존재하는 순수한 시료의 질량 백분율이다. 시약 등급 수산화나트륨(NaOH)에는 시료의 순도가 98.2%라고 씌여 있다. 이로부터 우리는 이 시료의 전체 불순물은 1.8%임을 알 수 있다. 이로부터 다음의 몇 가지 단위 인자를 쓸 수 있다.

98.2 g NaOH/100 g 시료, 1.8 g 불순물/100g 시료, 1.8 g 불순물/98.2 g NaOH

예제 2-14 *순도 퍼센트*

98.2% 순도의 NaOH 45.2 g에 포함되어 있는 순수한 NaOH의 질량과 불순물의 양을 구하여라.

계획

순수한 NaOH는 98.2%이고, 불순물은 1.8%이다.

풀이

$$? \text{ g NaOH} = 45.2 \text{ g sample} \times \frac{98.2 \text{ g NaOH}}{100 \text{ g sample}} = \boxed{44.4 \text{ g NaOH}}$$

$$? \text{ g impurities} = 45.2 \text{ g sample} \times \frac{1.8 \text{ g impurities}}{100 \text{ g sample}} = \boxed{0.81 \text{ g impurities}}$$

주 · 요 · 용 · 어

가장 간단한 화학식(Simplest formula) 화합물을 가장 간단한 원자 수의 비로 나타낸 식.

구조식(Structural formula) 화합물에서 원자들이 어떻게 서로 연결되었는가를 보여주는 식.

동소체(Allotropes) 같은 원소들이 같은 물리적 상태에서 다른 형태를 이루는 물질.

몰(Mole) 그 물질의 화학식량과 같은 g 수의 질량을 갖으며, 6.022×10^{23}개의 구조 단위를 갖는다.

몰 질량(Molar mass) 물질 1몰의 질량. 수적으로는 물질의 화학식량과 같다.

배수 비례의 법칙(Law of Multiple Proportions) 두 원소, A와 B가 한 개 이상의 화합물을 만들 때 원소 B는 각 화합물에 있는 원소 A에 대해 일정한 질량의 정수 비로 결합한다.

분자(Molecule) 독립적으로 안정하게 존재하는 가장 간단한 화합물.

분자량(Molecular weight) 비이온성 물질 1몰의 질량. 분자식 내에 있는 총 원자 질량의 합이다.

분자식(Molecular formula) 분자 물질의 분자에 있는 모든 원소들을 나타낸 식.

순도 퍼센트(Percent purity) 불순한 시료에서 특정 원소나 화합물의 백분율.

아보가드로 수(Avogadro' s number) 각 항목이 6.022×10^{23}개를 갖는다. 몰 참조.

양이온(Cation) 양전하를 갖는 이온.

원자(Atom) 모든 화학적, 물리적 변화 과정에서 화학적 성질을 갖는 원소 중의 가장 작은 입자.

원자량(Atomic weight) 존재하는 동위 원소들의 질량의 평균 값. 다른 원자들에 대한 상대적인 질량.

원자 번호(Atomic number) 원자핵 내에 있는 양성자의 수.

원자 질량 단위(Atomic mass unit, amu) 탄소-12 동위 원소의 질량 12분의 1. 원자량 및 화학식량을 계산할 때 사용.

음이온(Anion) 음전하를 갖는 이온.

이온(Ion) 전기적 전하를 가지는 원자나 원자단.

이온성 화합물(Ionic compound) 양이온과 음이온의 결합으로 이루어진 화합물. 예를 들면, NaCl이 있다.

퍼센트 조성(Percent composition) 화합물에 있는 각 원소의 질량 백분율.

화학식(Chemical formula) 어떤 물질의 화학적 조성을 보여주는 원소 기호들의 조합.

화학식(Formula) 물질의 화학적 조성을 나타내는 기호들의 조합.

화학식 단위(Formula unit) 이온성 화합물이 아닌 분자 화합물에서 반복이 되는 가장 간단한 단위.

화학식량(Formula weight) 물질의 화학식 단위의 질량. 물질 1몰의 질량과 같다(몰 질량 참조). 이 수는 화학식에 있는 원자량의 총 합으로 얻어진다.

연 · 습 · 문 · 제

기본 개념

1. Dalton의 원자론의 기본 개념을 기술하여라.

2. 다음을 포함하는 분자의 예를 써라.
   (a) 이원자; (b) 삼원자;
   (c) 사원자; (d) 팔원자.

❀ 명명과 화학식

3. 다음 각 이온들이 서로 결합하여 화합물을 생성했을 때 그 화합물의 화학식을 쓰고, 그들을 명명하여라.
   (a) Na^+와 S^{2-};
   (b) Al^{3+}와 SO_4^{2-};
   (c) Na^+와 PO_4^{3-};
   (d) Mg^{2+}와 NO^{3-};
   (e) Fe^{3+}와 CO_3^{2-}.

4. 다음 용어들을 정의하고 설명하여라.
   (a) 이온; (b) 양이온;
   (c) 음이온; (d) 다원자 이온;
   (e) 분자.

5. 다음 화학식을 바로잡아 맞는 화학식으로 고쳐라.
   (a) $AlOH_3$;
   (b) Mg_2CO_3;
   (c) $Zn(CO_3)_2$;
   (d) $(NH_4)^2SO_4$;
   (e) $Mg_2(SO_4)_2$.

❀ 원자와 화학식

6. (a) 원소의 원자량이란 무엇인가?
   (b) 원자량이 상대적인 값이라고 하는 이유는 무엇인가?

7. (a) 원자 질량 단위(amu)란 무엇인가?
   (b) 바나듐의 원자량은 50.942 amu이다. 그리고 루테늄의 원자량은 101.07이다. V과 Ru 원자의 상대적 질량이란 무엇을 의미하는가?

8. 다음 물질들의 화학식량을 결정하여라.
   (a) 브롬, Br_2;
   (b) 물, H_2O;
   (c) 사카린, $C_7H_5NSO_3$;
   (d) 중크롬산 칼륨, $K_2Cr_2O_7$.

❀ 몰 개념

9. 황 분자는 S_8, S_6, S_4, S_2, 그리고 S와 같이 다양한 상태로 존재한다.
   (a) 각 분자들 1몰의 질량이 모두 같은가?
   (b) 각 분자들 1몰에는 모두 같은 수의 분자들이 있는가?
   (c) 각 분자들에서 황 1몰의 질량은 모두 같은가?
   (d) 각 분자들에서 1몰에 있는 황 원자의 수는 모두 같은가?

10. 다음 각 시료들의 몰 수를 계산하여라.
   (a) 36.2 g의 diethyl ether;
   (b) 15.6 g의 calcium carbonate;
   (c) 16.7 g의 acetic acid;
   (d) 19.3 g의 ethanol.

11. 1.54몰 $(NH_4)_2HPO_4$를 가지고 실험하고자 한다. 이 시료 몇 그램을 측정해야 하는가?

12. 프로판(C_3H_8) 125 g에 포함되어 있는 수소 원자의 수는 몇 개인가?

13. 다음 각 시료들에 있는 C, H, O의 원자 수는 얼마인가?
   (a) 1.24몰 글루코스, $C_6H_{12}O_6$;
   (b) 3.31×10^{19}개의 글루코스 분자;
   (c) 0.275 g의 글루코스.

❀ 퍼센트 조성

14. 다음 각 화합물들의 퍼센트 조성을 계산하여라.
   (a) nicotine, $C_{10}H_{14}N_2$;
   (b) vitamin E, $C_{29}H_{50}O_2$;
   (c) vanillin, $C_8H_8O_3$.

❀ 화학식과 분자식의 결정

15. 다음 화합물들의 가장 간단한 화학식을 결정하여라.
   (a) Copper(II) tartrate: 30.03% Cu; 22.70% C; 1.91% H; 45.37% O.

(b) nitrosyl fluoroborate: 11.99% N; 13.70% O; 9.25% B; 65.06% F.

16. (a) 어떤 화합물이 5.60 g N; 14.2 g Cl; 0.800 g H로 이루어졌음을 알았다. 이 화합물의 가장 간단한 화학식은 무엇인가?

(b) 또 다른 시료는 26.2% N; 66.4% Cl; 7.5% H로 되어 있다. 이 화합물의 가장 간단한 화학식을 결정하여라.

17. 어떤 화합물 2.00 g이 산소 기류 하에서 연소되어 4.86 g의 CO_2와 2.03 g의 H_2O가 생성되었다. 이 화합물은 C, H, O로 이루어졌다. 이 화합물의 가장 간단한 화학식은 무엇인가?

18. 순수한 탄화수소 시료 0.1647 g이 C-H 연소기에서 연소되어 0.5694 g의 CO_2와 0.0826 g의 H_2O가 생성되었다. 이 탄화수소 시료에 있는 C와 H의 질량을 결정하고 무게 퍼센트를 구하여라.

19. 어떤 알코올 1.000 g은 연소되어 1.913 g의 CO_2와 1.174 g의 H_2O가 얻어졌다. 이 알코올은 H, O, C로만 이루어졌다. 이 알코올의 가장 간단한 화학식은 무엇인가?

20. 어떤 알코올은 64.81% C, 13.60% H, 21.59% O의 무게 퍼센트로 이루어졌다. 다른 실험에서 이 화합물의 분자량이 74 amu임이 확인되었다. 이 알코올의 분자식을 결정하여라.

배수 비례의 법칙

21. 물(H_2O)과 과산화수소(H_2O_2) 사이에 배수 비례의 법칙이 성립함을 설명하여라.

22. (a) 이산화 황, SO_2와 (b) 삼산화 황, SO_3에서 3.65 g의 황(sulfur)과 결합하는 산소의 양을 구하여라.

화학식의 이해

23. (a) 325 g의 $CuSO_4$에 포함된 구리는 몇 g 인가?

(b) 325 g의 $CuSO_4 \cdot 5H_2O$에 결합된 구리는 몇 g인가?

24. 구리 610 g은 azurite $Cu_3(CO_3)_2(OH)_2$ 몇 g에 포함되어 있는가?

25. $CuSO_4 \cdot 5H_2O$ 1몰을 110 ℃까지 가열하여 4몰의 물이 제거되어 $CuSO_4 \cdot H_2O$가 되었다. 이를 다시 150 ℃ 이상으로 가열하자 나머지 물이 제거되었다.

(a) $CuSO_4 \cdot 5H_2O$ 695 g을 100 ℃까지 가열했을 때 생성된 $CuSO_4 \cdot H_2O$는 몇 g인가?

(b) $CuSO_4 \cdot 5H_2O$ 695 g을 180 ℃까지 가열했을 때 얻어진 $CuSO_4$는 몇 g인가?

퍼센트 순도

26. 어떤 납 원석에는 무게 퍼센트로 10.0%의 PbS와 90.0%의 불순물이 있다. 이 광석 50.0 g에 포함되어 있는 납은 몇 g인가?

27. 식초는 아세트산 $C_2H_4O_2$가 무게 퍼센트로 5.0% 포함되어 있다.

(a) 24.0 g의 식초에 포함되어 있는 아세트산은 몇 g인가?

(b) 식초 24.0파운드에 포함되어 있는 아세트산은 몇 파운드인가?

혼합 문제

28. 다음의 각각에 존재하는 chlorine 원자는 몇 몰인가?

(a) 35.45×10^{23} Cl 원자;

(b) 35.45×10^{23} Cl_2 분자;

(c) 35.45 g의 chlorine;

(d) 35.45 mol의 Cl_2.

29. (a) 154.3 g의 K_2MoO_4에 포함되어 있는 화학식 단위는 얼마인가?

(b) 칼륨 이온은 몇 개가 포함되어 있는가?

(c) MoO_4^{2-} 이온은 몇 개인가?

(d) 이 화합물에 포함된 모든 원소는 몇 종류인가?

30. (a) 64.0g의 오존(O_3)은 분자 몇 몰에 해당하는가?

(b) 64.0g의 오존에는 몇 몰의 산소 원자가 포함되어 있는가?

(c) 64.0g의 오존에 있는 산소 원자의 수와 같은 수의 산소가 포함되어 있는 O_2의 질량은 몇 g인가?

(d) 64.0g의 오존에 있는 산소 분자의 수와 같은 수가 포함되어 있는 산소 기체 O_2의 질량은 몇 g인가?

31. 탄소-수소-산소로 이루어진 화합물의 분자량이 90 g이며, 탄소 40.0%, 수소 6.7%, 산소 53.5%로 조성되어 있다. 이 화합물의 화학식은 무엇인가?

32. 다음 각 화합물에 필요한 Ag의 몰 수를 결정하여라.

(a) 0.235 mol Ag_2S;

(b) 0.235 mol Ag_2O;

(c) 0.235 g Ag_2S;

(d) Ag_2S 2.35×10^{20} 화학식 단위.

제 3 장

화학 방정식과 반응 양론

[개 요]

3-01 화학 방정식

3-02 화학 방정식에 근거한 계산

3-03 한계 반응물의 개념

3-04 화학 반응으로부터의 퍼센트 수율 계산

3-05 용액의 농도

3-06 용액의 희석

[학습 목표]

이 장의 학습 목표는 다음과 같다.

- 화학 반응을 설명하기 위한 균형 화학 방정식의 사용
- 각 화학 반응 안에 포함된 반응물과 생성물의 양을 계산하기 위한 균형 화학 방정식의 해석
- 각 화학 반응에서 한계 반응물의 이해
- 주어진 화학 방정식의 계산에 한계 반응물의 개념을 사용
- 반응에서 실제로 생성된 물질의 양(실제 수율)과 예상되는 양(이론적 수율)을 비교하고 퍼센트 수율을 결정
- 용액에 관한 용어(용질, 용매, 농도)의 사용
- 용액을 희석했을 때의 농도의 계산

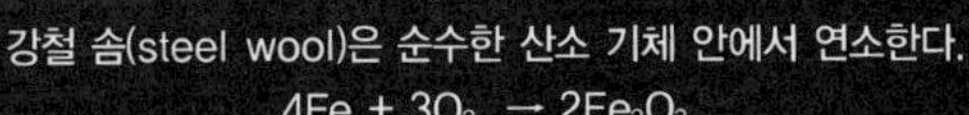

강철 솜(steel wool)은 순수한 산소 기체 안에서 연소한다.

$4Fe + 3O_2 \rightarrow 2Fe_2O_3$

제2장에서 우리는 화합물 안에 있는 원소들 사이의 정량적인 관계를 다루는 조성 화학 양론을 공부하였다. 이 장에서 우리가 반응 화학 양론—반응에 참여하는 물질들 사이에 정량적인 관계식—을 공부하면서 우리는 몇 가지 중요한 질문들을 할 수 있다. 한 반응 물질과 다른 반응 물질 사이의 반응을 우리는 어떻게 기술할까? 한 물질의 얼마나 많은 양이 주어진 다른 물질의 양과 반응하는가? 화학 반응에서 어떠한 반응물이 생성된 생성물의 양을 결정하는가? 수용액에서의 반응을 어떻게 설명할 수 있는가?

화학적 분석에서 사용되는 반응을 설명할 때 우리는 그것을 정확하게 기술해야 한다. 화학 방정식은 매우 정확하게 표현되고 화학적 변화를 설명하는 다양한 언어이다. 먼저 화학 방정식을 살펴보자.

3-01 화학 방정식

화학 방정식은 항상 하나 또는 그 이상의 물질들이 하나 또는 그 이상의 다른 물질로 변화하는 것을 보여준다. 다시 말해서, 화학 반응은 다른 물질을 생성하기 위한 원자나 이온들의 변환을 보여주는 것이다.

화학 방정식(chemical equation)은 화학 반응을 설명하는데 사용되며 다음의 세 가지를 포함한다.

(1) **반응물**(reactants)이라고 부르는 *반응하는 물질.*
(2) **생성물**(products)이라고 부르는 *생성된 물질.*
(3) *반응에 참여하는 물질들의 상대적인 양.*

화학 방정식에서 화살표의 *왼쪽*에는 반응물을, *오른쪽*에는 생성물을 표기한다. 전형적인 예로, 음식물을 요리할 때나 건물에 난방을 할 때 사용되는 천연 가스의 연소 반응을 고려해 보자. 천연 가스는 여러 물질들의 혼합물이지만 주요 성분은 메탄(CH_4)이다. 아래 반응식은 과량의 산소 존재 하에서 메탄의 반응을 설명하여 준다.

$$\underbrace{CH_4 + 2O_2}_{\text{(반응물)}} \longrightarrow \underbrace{CO_2 + 2H_2O}_{\text{(생성물)}}$$

윗 식은 우리에게 무엇을 말해주고 있는가? 가장 간단히 말하면, 메탄은 산소와 반응하여 이산화탄소(CO_2)와 물을 생성한다는 것을 말해주고 있다. 조금 더 구체적으로 말하자면, 메탄 각 분자는 두 개의 산소 분자와 반응하여 한 개의 이산화탄소 분자와 두 개의 물 분자를 생성한다는 것을 말해주고 있다.

$$\underset{\text{1분자}}{CH_4} + \underset{\text{2분자}}{2O_2} \xrightarrow{\text{가열}} \underset{\text{1분자}}{CO_2} + \underset{\text{2분자}}{2H_2O}$$

메탄과 산소 분자와의 반응에 대한 이 표기는 *실험적 관찰*에 근거를 두고 있다. 이로써 우리는 실험상으로 한 개의 메탄 분자가 두 개의 산소 분자와 반응할 때 한 개의 이산화탄소 분자와 두 개의 물 분자를 생성한다는 것을 알 수 있다. 몇 가지 반응들에 대한 특별한 조건은 화살표 윗부분에 표기하여 나타낸다. 그림 3-1은 이 반응식에 의해 기술된 원자들의 재배열을 그림으로 보여준다.

우리는 1-01절에서 *일반적으로 화학 반응이 진행되는 동안에는 물질의 양이 변하지 않는다*는 것을 알았다. **물질 보존의 법칙**(Law of Conservation of Matter)은 화학 방정식의 균형 잡기와 그들 방정식에 근거하는 계산들에 대한 기초를 제공하여 준다. 왜냐하면, 물질은 화학 반응 동안에 생성되거나 소멸되지 않기 때문이다.

균형 화학 방정식은 항상 방정식의 양쪽에 각각 같은 수의 원자를 포함해야 한다.

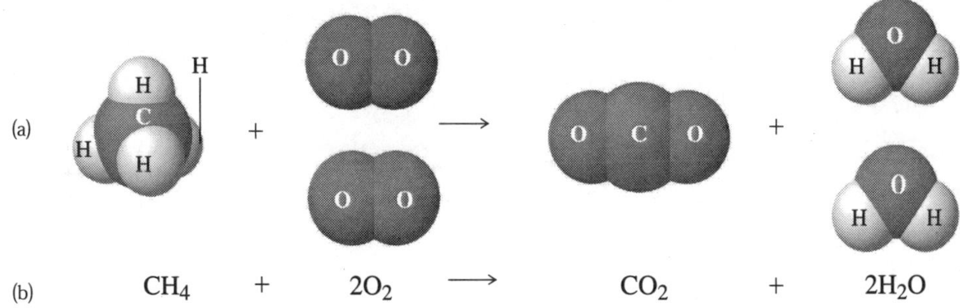

그림 3-1 메탄과 산소가 반응하여 이산화탄소와 물을 생성시키는 반응의 두 가지 표현. 화학 결합이 깨지고 각각에 새로운 결합이 생성된다. (a) 모형을 사용하여 반응을 설명, (b) 화학식을 사용하여 반응을 설명.

화학자들은 보통 가능한 가장 작은 정수의 계수를 사용하여 방정식을 쓴다. 방정식의 균형을 맞추기 전에 모든 물질들은 그들의 존재를 설명해 주는 화학식에 의해 표현되어야 한다. 예를 들어 2원자인 수소 분자를 표현할 때 우리는 수소 원자를 나타내는 H가 아니라 H_2를 써야 한다. 적절한 화학식이 한번 쓰여지면 화학식의 표기는 변화되지 않아야 한다. 화학식에서 다른 표기는 다른 화합물을 나타내며, 화학식의 변화는 그 방정식이 다른 반응임을 의미한다.

Dimethyl ether(C_2H_6O)는 이산화탄소와 물을 얻기 위해 과량의 산소 하에서 연소한다. 균형 잡히지 않은 방정식은 다음과 같다.

$$C_2H_6O + O_2 \longrightarrow CO_2 + H_2O$$

탄소는 양쪽 면 모두 단지 하나의 화합물 안에만 존재하며, 수소의 경우도 같다.

먼저 이 원소들의 균형을 맞추어 보자.

$$C_2H_6O + O_2 \longrightarrow 2CO_2 + 3H_2O$$

산소 원자는 각 면에 홀수를 가지고 있다. C_2H_6O 안에 있는 단일 산소 원자는 오른쪽 편에 있는 산소 원자 한 개와 균형을 이룬다. 우리는 왼쪽 편에 있는 산소 분자 앞에 계수 3을 넣어서 6개의 산소 원자로 균형을 맞출 수 있다.

$$C_2H_6O + 3O_2 \longrightarrow 2CO_2 + 3H_2O$$

균형 잡기를 마친 후에 항상 각 원소들에 대하여 검산을 해 보아야 한다. 알루미늄 금속이 염산과 반응하여 염화알루미늄과 수소를 생성하는 반응의 균형 방정식을 만들어 보자. 다음은 균형 잡히지 않은 방정식이다.

$$Al + HCl \longrightarrow AlCl_3 + H_2$$

위 방정식은 물질 보존의 법칙을 만족하지 않는다. 왜냐하면, 오른쪽 편에는 하나의 $AlCl_3$ 화학식 안에 3개의 Cl 원자와, 수소 분자 안에 두 개의 수소 원자가 있으나 반응식의 왼쪽 편에는 HCl 한 분자 안에 단지 염소 원자와 수소 원자가 각각 한 개씩 들어 있기 때문이다.

먼저, HCl 앞에 계수 3을 넣어 염소 원자의 균형을 맞추도록 하자.

$$Al + 3HCl \longrightarrow AlCl_3 + H_2$$

이제 왼쪽에는 3개, 오른쪽에는 2개의 수소 원자가 존재하게 된다. 3과 2의 최대 공약수의 곱은 6이므로 3HCl에 2를, H_2에 3을 곱하여 수소 원자의 균형을 맞춘다.

$$Al + 6HCl \longrightarrow AlCl_3 + 3H_2$$

다음, 균형 잡히지 않은 염소 원자(왼쪽에 6개, 오른쪽에 3개)는 오른쪽에 있는 $AlCl_3$ 앞에 계수 2를 넣음으로써 교정될 수 있다.

$$Al + 6HCl \longrightarrow 2AlCl_3 + 3H_2$$

이제 알루미늄 원자(왼쪽에 1개, 오른쪽에 2개)를 제외한 모든 원소들의 균형이 잡혀져 있음을 볼 수 있다. 왼쪽 편의 Al 앞에 계수 2를 넣음으로써 우리는 완전히 균형을 맞출 수 있다.

$$2Al + 6HCl \longrightarrow 2AlCl_3 + 3H_2$$

(알루미늄) (염산) (염화알루미늄) (수소)

이러한 화학 방정식의 균형 잡기는 *시행착오적인* 접근법이다. 이 방법은 많은 연습이 필요하며 *매우 중요하다*. 항상 가장 작은 수의 계수를 사용한다는 점을 기억하라. 몇 가지 화학 방정식들은 시행착오적인 접근법으로 균형 잡기가 어렵다.

문제 풀이 요령

화학 방정식의 균형 잡기

화학 방정식의 균형을 맞추고자 할 때 다음의 사항들이 도움이 된다.

(1) 먼저 양쪽 면에 각각 한 화합물에만 존재하는 원소(단지 한 개의 반응물과 한 개의 생성물)를 찾아서 그들 원소의 균형을 잡아라.

(2) 만약, 한쪽 면에 결합되지 않은 원소가 있다면 그 원소는 마지막에 균형을 잡아라. 무엇보다도, 우리는 방정식의 균형을 맞추기 위해 화학식의 표기를 변화시켜서는 안 된다. 그것은 바로 다른 물질을 표기하는 결과가 되기 때문이다. 우리는 방정식의 균형을 잡기 위해 단지 그 원소 앞의 계수만을 변화시켜야 한다.

3-02 화학 방정식에 근거한 계산

우리는 지금까지 화학 방정식 안에 포함된 물질들의 상대적인 양을 계산하기 위해 화학 방정식을 사용할 준비를 하였다. 과량의 산소 하에서 메탄의 연소 반응을 다시 고려해 보자. 이 반응에 대한 균형 화학 방정식은 다음과 같다.

$$CH_4 + 2O_2 \longrightarrow CO_2 + 2H_2O$$

분자적 수준에서 정량적 기초에 근거하여 이 식은 다음을 나타내 주고 있다.

$$\underset{\text{메탄 1분자}}{CH_4} + \underset{\text{산소 2분자}}{2O_2} \longrightarrow \underset{\text{이산화탄소 1분자}}{CO_2} + \underset{\text{물 2분자}}{2H_2O}$$

또한 화학 방정식은 주어진 화학 반응 안에서 각각의 반응물과 생성물들의 상대적인 양을 나타내 주기도 한다. 우리는 앞에서 화학식이 물질의 몰 수를 나타낼 수 있다는 것을 보았다. 위 반응에서 CH_4 한 분자 대신에 CH_4 분자의 아보가드로 수를 생각해 보자. 그러면 다음과 같이 나타낼 수 있다.

$$\underset{\substack{6.02\times10^{23}\text{개의}\\ \text{분자} = 1\ \text{mol}}}{CH_4} + \underset{\substack{2(6.02\times10^{23}\text{개의 분자})\\ = 2\ \text{mol}}}{2O_2} \longrightarrow \underset{\substack{6.02\times10^{23}\text{개의}\\ \text{분자} = 1\ \text{mol}}}{CO_2} + \underset{\substack{2(6.02\times10^{23}\text{개의 분자})\\ = 2\ \text{mol}}}{2H_2O}$$

위 사실로부터 메탄 1몰이 산소 2몰과 반응하여 1몰의 이산화탄소와 2몰의 물을 생성한다는 것을 알 수 있다.

예제 3-1 *생성된 몰 수*

만약 충분한 양의 산소가 존재한다면, 메탄 3.5몰이 과량의 산소와 반응할 때 생성되는 물의 몰 수는 얼마인가?

계획

메탄의 연소에 대한 반응식은 다음과 같다.

$$\underset{1\ \text{mol}}{CH_4} + \underset{2\ \text{mol}}{2O_2} \longrightarrow \underset{1\ \text{mol}}{CO_2} + \underset{2\ \text{mol}}{2H_2O}$$

이는 메탄 1몰이 2몰의 산소와 반응하여 2몰의 물이 생성되는 것을 보여준다. 이로부터 우리는 두 가지 *단위 환산 인자*를 구성할 수 있다.

$$\frac{1\text{몰의 } CH_4}{2\text{몰의 } H_2O} \quad \text{그리고} \quad \frac{2\text{몰의 } H_2O}{1\text{몰의 } CH_4}$$

이 계산을 위해서는 두 번째 환산 인자를 사용하면, H_2O의 몰 수는 다음과 같다.

풀이

$$?\,H_2O\text{의 몰 수} = CH_4\ 3.5\text{몰} \times \frac{H_2O\ 2\text{몰}}{CH_4\ 1\text{몰}} = \boxed{H_2O\ 7.0\text{몰}}$$

우리는 이 물질들의 각 1 mol에 해당하는 양을 알고 있으므로 아래와 같이 나타낼 수 있다.

CH_4	+	$2O_2$	$\longrightarrow$	CO_2	+	$2H_2O$
1 mol		2 mol		1 mol		2 mol
16.0 g		2(32.0 g)		44.0 g		2(18.0 g)
16.0 g		64.0 g		44.0 g		36.0 g
80.0 g 반응물				80.0 g 생성물		

이 식은 CH_4 16.0 g이 64.0 g의 O_2와 반응하여 44.0 g의 CO_2와 36.0 g의 H_2O을 생성시키며, 물질 보존의 법칙이 만족된다는 사실을 말해 주고 있다. 따라서 화학 방정식은 반응물과 생성물의 *상대적인 질량*뿐만 아니라 그들의 *몰 비* 즉, **반응 비율**(reaction ratio)을 나타낸다.

문제 풀이 요령

균형 화학 방정식으로 계산할 때 몰 비의 사용

균형 화학 방정식을 해석하는 가장 중요한 방법은 몰을 사용하는 것이다. 우리는 알고자 하는 두 가지 물질들의 몰 비를 얻기 위해 화학식 앞의 계수를 사용한다. 그리고 나서 다음 식과 같이 적용시킨다.

구하고자 하는 물질의 몰 수=(주어진 물질의 몰 수) × (균형 화학 방정식으로부터 구한 몰 비)

물질의 화학식에 단위를 포함시키는 것이 중요하다. 이는 단위 환산 인자를 구성하는데에 도움을 준다. 예제 3-1에서 우리는 CH_4의 몰 수 항을 소거시키기 위해 CH_4의 몰 수 항이 분모에 위치하는 환산 인자를 사용하였음을 주목하라.

예제 3-2 *필요한 반응물의 양*

CH_4 1.2몰과 완전히 반응하는데 필요한 산소의 질량은 얼마인가?

계획

균형 잡힌 방정식은 다음과 같다.

CH_4	+	$2O_2$	$\longrightarrow$	CO_2	+	$2H_2O$
1 mol		2 mol		1 mol		2 mol
16.0 g		2(32.0 g)		44.0 g		2(18.0 g)

이들은 반응물과 생성물들의 몰 수와 그램 수 사이의 관계를 보여준다.

CH_4의 몰 수 → O_2의 몰 수 → O_2의 g 수

풀이

$$\underline{?}\ O_2\text{의 g 수} = CH_4\ 1.2\text{몰} \times \frac{O_2\ 2\text{몰}}{CH_4\ 1\text{몰}} \times \frac{O_2\ 32\ g}{O_2\ 1\text{몰}} = 76.8\ g\text{의 } O_2$$

예제 3-3 *생성된 생성물의 양*

과량의 산소 분자 안에서 6.00몰의 CH_4이 연소됨으로써 생성되는 이산화탄소의 양을 그램으로 계산하여라.

계획

균형 잡힌 방정식에서 1몰의 CH_4은 1몰의 CO_2를 생성한다는 것을 말해주고 있다

CH_4	+	$2O_2$	$\longrightarrow$	CO_2	+	$2H_2O$
1 mol		2 mol		1 mol		2 mol
16.0 g		2(32.0 g)		44.0 g		2(18.0 g)

풀이

$$? \ CO_2\text{의 g 수} = 6\ \text{mol}\ CH_4 \times \frac{1\ \text{mol}\ CO_2}{1\ \text{mol}\ CH_4} \times \frac{44.0\ \text{g}\ CO_2}{1\ \text{mol}\ CO_2} = \boxed{2.64 \times 10^2\ \text{g}\ CO_2}$$

3-03 한계 반응물의 개념

우리가 지금까지 공부했던 문제들 가운데에는 한 가지 반응물이 과량 존재할 경우가 있었다. 그러한 계산들은 먼저 소비되어지는 물질에 근거하며 그 반응물을 **한계 반응물**(limiting reactant)이라고 부른다. 우리가 한계 반응물의 개념을 공부하기 전에 유사한 비화학적인 예를 고려함으로써 기본적인 생각을 발전시켜 보자.

만약 여러분이 네 조각의 햄과 여섯 조각의 빵을 가지고 있다면, 한 조각의 햄과 두 조각의 빵으로 샌드위치를 얼마나 만들 수 있는지 상상해 보아라. 분명히 여러분은 빵을 다 소모하여 단지 세 개의 샌드위치만을 만들 수 있을 것이다(화학 반응에서 이것은 소비되고 있는 반응물 중의 하나에 해당하며 다 소비된 후 반응은 멈출 것이다). 그러므로 빵은 "한계 반응물"이며, 여분의 햄 조각들은 "초과 반응물(excess reactant)"이 된다. 생성물인 햄 샌드위치의 양은 이 경우에 한계 반응물인 빵의 양에 의해 결정된다. 한계 반응물이 반드시 가장 적은 양으로 존재하는 반응물은 아니다. 우리가 만약 햄 네 조각과 여섯 조각의 빵을 가지고 있을 때, 햄이 더 적은 양이라 할지라도 햄 한 조각에 빵 두 조각의 "반응 비율(reaction ratio)"을 가지고 있기 때문에 빵이 한계 반응물이 된다.

예제 3-4 *한계 반응물*

16.0 g의 CH_4이 48.0 g의 O_2와의 반응에 의해 생성되는 CO_2의 양은 얼마인가?

계획

균형 화학 방정식에서 CH_4 1몰은 2몰의 O_2와 반응함을 알 수 있다.

$$\begin{array}{ccccccc} CH_4 & + & 2O_2 & \longrightarrow & CO_2 & + & 2H_2O \\ 1\ \text{mol} & & 2\ \text{mol} & & 1\ \text{mol} & & 2\ \text{mol} \\ 16.0\ \text{g} & & 2(32.0\ \text{g}) & & 44.0\ \text{g} & & 2(18.0\ \text{g}) \end{array}$$

따라서 주어진 CH_4와 O_2의 양으로부터 각 반응물들의 몰 수를 계산하고 서로의 반응에 필요한 각 반응물들의 몰 수를 결정한다. 이 계산으로부터 우리는 한계 반응물을 확인하고 이것을 근거로 하여 생성물의 양을 계산할 수 있다.

풀이

$$?\ CH_4\text{의 몰 수} = 16.0\ \text{g}\ CH_4 \times \frac{1\ \text{mol}\ CH_4}{16.0\ \text{g}\ CH_4} = \underline{1.00\ \text{mol}\ CH_4}$$

$$?\ O_2\text{의 몰 수} = 48.0\ \text{g}\ O_2 \times \frac{1\ \text{mol}\ O_2}{32.0\ \text{g}\ O_2} = \underline{1.50\ \text{mol}\ O_2}$$

이제 균형 잡힌 방정식으로 돌아가자. 먼저 우리는 1 mol의 CH_4와 반응하는 O_2의 몰 수를 계산할 수 있다.

$$?\ O_2\text{의 몰 수} = 1\ \text{mol}\ CH_4 \times \frac{2\ \text{mol}\ O_2}{1\ \text{mol}\ CH_4} = 2.00\ \text{mol}\ O_2$$

따라서 2.00 mol의 O_2가 필요한 데 반하여 1.50 mol의 O_2만 가지고 있으므로 O_2는 한계 반응물이다. 결론적으로 우리는 1.50 mol의 O_2와 반응하는 CH_4의 몰 수를 계산할 수 있을 것이다.

$$?\ CH_4\text{의 몰 수} = 1.50\ \text{mol}\ O_2 \times \frac{1\ \text{mol}\ CH_4}{2\ \text{mol}\ O_2} = 0.750\ \text{mol}\ CH_4$$

이것은 1.50 mol의 O_2와 반응하는데에 필요한 CH_4의 몰 수는 단지 0.750 mol이라는 사실을 설명해 준다. 그러나 지금 우리는 1 mol의 CH_4을 가지고 있기 때문에 다시 한번 O_2가 한계 반응물임을 알 수 있다. 한계 반응물인 O_2가 다 소비될 때 반응은 멈출 것이며, 따라서 우리는 O_2의 몰 수에 근거하여 계산해야 할 것이다.

O_2의 g 수 ⟶ O_2의 몰 수 ⟶ CO_2의 몰 수 ⟶ CO_2의 g 수

$$?\ CO_2\text{의 g 수} = 48.0\ \text{g}\ O_2 \times \frac{1\ \text{mol}\ O_2}{32.0\ \text{g}\ O_2} \times \frac{1\ \text{mol}\ CO_2}{2\ \text{mol}\ O_2} \times \frac{44.0\ \text{g}\ CO_2}{1\ \text{mol}\ CO_2} = 33.0\ \text{g}\ CO_2$$

그러므로 33.0 g이 16.0 g의 CH_4와 48.0 g의 O_2의 반응에 의해 생성되는 CO_2의 최고의 양이 된다. 만약에 우리가 O_2가 아닌 CH_4의 양에 근거하여 계산하였다면 44.0 g으로 맞지 않는 답이 구해진다.

예제 3-4와 같은 문제들의 또 다른 접근 방법은 각 반응물의 몰 수를 계산하는 것이다.

$$?\ CH_4\text{의 몰 수} = 16.0\ \text{g}\ CH_4 \times \frac{1\ \text{mol}\ CH_4}{16.0\ \text{g}\ CH_4} = \underline{1.00\ \text{mol}\ CH_4}$$

$$?\ O_2\text{의 몰 수} = 48.0\ \text{g}\ O_2 \times \frac{1\ \text{mol}\ O_2}{32.0\ \text{g}\ O_2} = \underline{1.50\ \text{mol}\ O_2}$$

그리고 나서 균형 잡힌 방정식에 의해 *필수적 반응 비율*(required ratio)과 *유효한 반응 비율*(available ratio)을 계산한 후 이 두 값을 비교한다.

필수적 반응 비율(required ratio): $\dfrac{1\ \text{mol CH}_4}{2\ \text{mol O}_2} = \dfrac{0.500\ \text{mol CH}_4}{1.00\ \text{mol O}_2}$

유효한 반응 비율(available ratio): $\dfrac{1\ \text{mol CH}_4}{1.50\ \text{mol O}_2} = \dfrac{0.667\ \text{mol CH}_4}{1.00\ \text{mol O}_2}$

우리는 O_2 1 mol이 완전히 소모되기 위해 정확히 0.500 mol의 CH_4가 요구된다는 것을 알고 있다. 그러나 지금 O_2 1 mol 당 0.667 mol의 CH_4가 존재하기 때문에 O_2와 반응할 충분한 양 이상의 CH_4를 가지고 있는 셈이 된다. 이것은 또한 CH_4 전체와 반응할 만한 O_2의 양은 충분치 못하다는 것을 의미한다. O_2가 다 소비될 때 이 반응은 멈추어야 한다. 따라서 O_2는 한계 반응물이며 이것에 근거하여 계산하여야 한다.

문제 풀이 요령

한계 반응물의 선택

(1) 반응 비율은 문제 안에 주어진 양을 갖는 두 반응물들을 포함하여야 한다.

(2) 필수적 반응 비율과 유효한 반응 비율 모두 같은 순서로 계산하기만 한다면 어떤 방법이든지 문제가 되지 않는다. 예를 들어, mol O_2/mol CH_4의 비율을 사용하여 계산할 수 있다. 만약 여러분이 한계 반응물에 대한 문제를 푸는 방법을 결정할 수 없다면 최후의 수단으로서 주어진 반응물의 양에 근거하여 두 가지로 계산하여라. 더 적은 수의 답이 옳은 답이다.

3-04 화학 반응으로부터의 퍼센트 수율 계산

화학 반응에 있어서의 **이론적 수율**(theoretical yield)은 반응이 완전히 진행된다는 가정 하에 계산된다. 실제로 우리는 종종 반응 혼합물로부터 이론적으로 가능한 만큼의 많은 양의 생성물을 얻지 못할 때가 있다. 이것은 다음과 같은 이유 때문이다.

(1) 많은 경우 반응은 완전히 진행되지 않는다. 즉, 반응물이 완전히 생성물로 모두 전환되지 않는다는 점이다.

(2) 어떠한 경우에는 특별한 한 조의 반응물들이 동시에 둘 또는 그 이상의 반응을 진행하여 원하는 생성물 이외에 원하지 않았던 생성물들을 생성시킨다. 원하지 않은 반응을 우리는 부반응(side reaction)이라고 한다.

(3) 어떤 경우에는 반응 혼합물로부터 생성물의 분리가 어려워 생성된 생

▲ 무색의 NaOH 용액이 녹색의 $NiCl_2$ 용액에 가해지면 고체 $Ni(OH)_2$ 침전물이 생성된다.

성물 모두가 분리되지 않는 경우가 있다. **실제 수율**(actual yield)은 주어진 반응으로부터 실제로 얻어진 순수한 생성물들의 양을 의미한다. **퍼센트 수율**(percent yield)이라는 용어는 반응으로부터 얻은 원하는 생성물의 양을 나타내는데 사용된다.

$$\text{퍼센트 수율} = \frac{\text{생성물의 실제 수율}}{\text{생성물의 이론적 수율}} \times 100\%$$

과량의 질산이 정해진 양의 벤젠과의 반응에 의해 니트로벤젠을 생성시키는 반응을 고려해 보자. 균형 잡힌 화학 방정식은 다음과 같다.

$$\underset{\substack{1\,\text{mol}\\78.1\,\text{g}}}{C_6H_6} + \underset{\substack{1\,\text{mol}\\63.0\,\text{g}}}{HNO_3} \longrightarrow \underset{\substack{1\,\text{mol}\\123.1\,\text{g}}}{C_6H_5NO_2} + \underset{\substack{1\,\text{mol}\\18.0\,\text{g}}}{H_2O}$$

예제 3-5 *퍼센트 수율*

15.6 g의 C_6H_6이 과량의 HNO_3과 혼합되어 18.0 g의 $C_6H_5NO_2$을 분리해 내었다면, 이 반응에서 $C_6H_5NO_2$의 퍼센트 수율은 얼마인가?

계획

먼저 우리는 $C_6H_5NO_2$의 이론적 수율을 계산하기 위해 균형 화학 방정식을 해석해야 한다. 그리고 나서 퍼센트 수율을 계산하기 위해 실제로 분리된 실제 수율을 사용한다.

풀이

$C_6H_5NO_2$의 이론적 수율은 다음과 같이 계산할 수 있다.

$$\underline{?}\ C_6H_5NO_2\text{의 g 수} = 15.6\ \text{g}\ C_6H_6 \times \frac{123.1\ \text{g}\ C_6H_5NO_2}{1\ \text{mol}\ C_6H_5NO_2} \times \frac{1\ \text{mol}\ C_6H_6}{78.1\ \text{g}\ C_6H_6} \times \frac{1\ \text{mol}\ C_6H_5NO_2}{1\ \text{mol}\ C_6H_6}$$

$$= 24.6\ \text{g}\ C_6H_5NO_2 \longleftarrow \text{이론적 수율}$$

이것은 C_6H_6가 모두 $C_6H_5NO_2$로 전환되어 분리된다면(100% 수율) 24.6 g의 $C_6H_5NO_2$를 얻어야 한다는 것을 의미한다. 그러나 우리는 단지 18.0 g의 $C_6H_5NO_2$을 분리해 냈으므로 퍼센트 수율은 다음과 같다.

$$\text{퍼센트 수율} = \frac{\text{생성물의 실제 수율}}{\text{생성물의 이론적 수율}} \times 100\% = \frac{18.0\ \text{g}}{24.6\ \text{g}} \times 100\% = 73.2\%$$

그러므로 실험상으로 얻어지는 니트로벤젠의 양은 반응이 완전히 진행되고 부반응이 없으며, 모든 생성물들이 순수할 때 예상되는 양의 73.2%에 해당되는 값이다.

3-05 용액의 농도

많은 화학 반응들은 순수한 물질일 때보다 용액 안에서 혼합된 반응물과 함께 더 잘 진행된다. 용액은 분자적 수준으로 볼 때, 두 가지 이상의 물질들의 균일 혼합물이다. 간단한 **용액**(solution)은 보통 **용질**(solute)이라는 하나의 물질과 다른 물질을 녹이는 **용매**(solvent)로 구성되어 있다. 실험실에서 주로 사용되는 용액은 액체이며 용매는 종종 물을 사용한다. 이것을 **수용액**(aqueous solution)이라 한다. 예를 들면, 염산 용액은 염화 수소(대기압과 상온에서 기체 상태)를 물에 녹여 제조할 수 있다. 그리고 NaOH 수용액은 고체 NaOH를 물에 녹여 제조한다.

우리는 화학 반응을 위한 반응물로 주로 용액을 사용한다. 분자적 수준으로 볼 때, 용액은 고체 상태에서 가능한 양보다 훨씬 더 많은 양의 반응 물질들이 친밀한 혼합을 할 수 있도록 해 준다. 우리는 때때로 용액의 농도로 반응 속도를 빠르게 하거나 또는 느리게 할 수 있다. 이 장에서 우리는 주어진 용액에 존재하는 다양한 성분의 양을 표현하는 방법을 공부할 것이다.

질량 퍼센트(%)

용액의 농도는 용질의 **질량 퍼센트**(percent by mass)로 표현되며 질량으로 나타낼 수 있다. 여기서 용질은 용액 100 질량 단위당 용질의 질량을 나타낸다.

$$\text{용질 퍼센트} = \frac{\text{용질 질량}}{\text{용액 질량}} \times 100\%, \qquad \text{퍼센트} = \frac{\text{용질 질량}}{\text{용질 질량} + \text{용매 질량}} \times 100\%$$

따라서 10%의 $Ca(C_6H_{11}O_7)_2$는 이 용액 100.0 g 안에 $Ca(C_6H_{11}O_7)_2$ 10.0 g이 포함되어 있다. 또 이것은 물 90.0 g 안에 10.0 g의 $Ca(C_6H_{11}O_7)_2$ 가 녹아 있다는 것을 의미한다. 10.0% $Ca(C_6H_{11}O_7)_2$의 밀도는 1.07 g/mL이고 10% calcium gluconate 용액의 질량은 107 g이다. 즉, 용액 100 g의 부피는 항상 100 mL가 아니다. 이런 사항이 구체적으로 쓰여지지 않았다면, 퍼센트는 질량 퍼센트를 의미하고 물이 용매인 경우이다.

예제 3-6 *용질 퍼센트*

6% $NiSO_4$ 용액 200 g에 포함되어 있는 $NiSO_4$의 질량을 계산하여라.

계획

이 퍼센트 정보는 용액 100 g 당 6.00 g의 $NiSO_4$가 포함되어 있다는 것을 말해준다. 우리가 원하는 양은 용액 200 g 안에 있는 $NiSO_4$의 양이다. 이때 단위 환산 인자는 6.00 g $NiSO_4$ / 100 g 용액을 사용하면 된다. 이 단위 환산 인자에 용액 200 g의 질량을 곱하면 용액 안의 $NiSO_4$의 질량을 계산할 수 있다.

풀이

$$? \ NiSO_4\text{의 g 수} = 200.0\text{ g 용액} \times \frac{6.00\text{ g }NiSO_4}{100\text{ g 용액}} = 12.0\text{ g }NiSO_4$$

예제 3-7 *용질의 질량*

6% $NiSO_4$ 용액 200 mL에 녹아 있는 $NiSO_4$ 질량을 계산하여라(25 ℃에서 밀도 = 1.06 g/mL).

계획

용액의 부피에 용액의 밀도를 곱하면 용액의 질량이 계산된다. 여기에 6% 용액 즉, 용액 100 g 당 6.00 g $NiSO_4$(6.00 g $NiSO_4$/100 g 용액)을 곱하면 용액 200 mL 안에서 $NiSO_4$의 질량을 계산할 수 있다.

풀이

$$\underline{?}\ NiSO_4\text{의 g 수} = \underbrace{200\ \text{mL 용액} \times \frac{1.06\ \text{g 용액}}{1.00\ \text{mL 용액}}}_{212\ \text{g 용액}} \times \frac{6.00\ \text{g } NiSO_4}{100\ \text{g 용액}} = 12.7\ \text{g } NiSO_4$$

몰 농도

몰 농도(Molarity)는 용액의 농도를 표현하기 위한 흔히 사용되는 단위이다. **몰 농도**는 용액의 리터 당 용질의 몰 수로 정의할 수 있다.

$$\text{몰 농도} = \frac{\text{용질의 mol 수}}{\text{용액의 L 수}}$$

1몰 용액 1리터를 준비하기 위해, 용질 1 mol을 1 L 메스 플라스크에 넣는다. 그리고 이 용질을 녹이기 위한 충분한 용매를 용액의 부피가 정확히 1 L가 될 때까지 넣는다. 때때로 우리들은 1 L 용매 안에 1 mol의 용질이 녹아 1 *M*이 된다는 생각으로 실수를 할 때가 많다. 희석은 그런 의미가 아니다. 용매 1

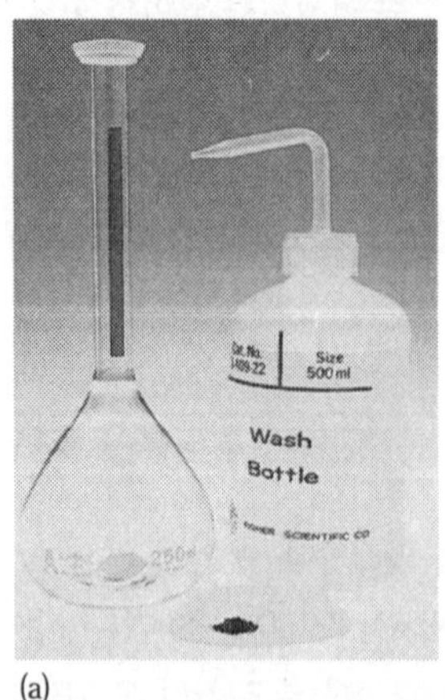

(a)

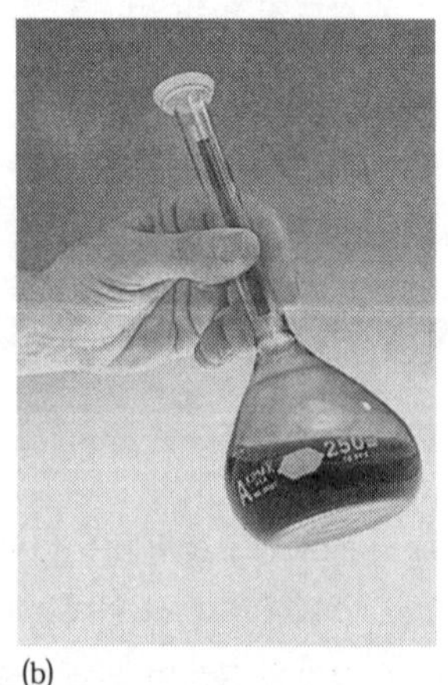

(b)

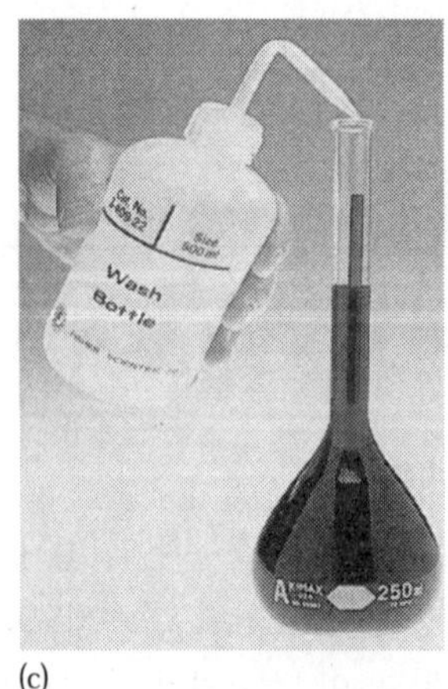

(c)

그림 3-2 0.0100 *M* 과망간산칼륨 $KMnO_4$ 용액의 제조. 0.0100 *M*의 $KMnO_4$ 용액 250 mL는 0.395 g의 $KMnO_4$를 포함한다. (a) $KMnO_4$ 0.395 g을 저울에 신중히 무게를 잰 다음, 250 mL 메스 플라스크에 옮겨놓는다. (b) $KMnO_4$를 물에 용해시킨다. (c) 용액의 부피가 250 mL가 될 때까지 메스 플라스크에 증류수를 가한다. 균일 용액으로 만들기 위해 플라스크 마개를 막은 다음 내용물을 충분히 혼합한다. 물은 우리가 접해본 대부분 용액 중 가장 좋은 용매이다. 여기서 용매는 물이다. 물이 아닌 용매를 사용했을 경우에는 이것을 명확하게 나타내 주어야 한다.

L와 용질 1 mol을 합하면 1 L보다 더 많은 부피가 나온다. 0.0100 *M* 용액은 용액 1 L당 0.0100 mol 용질이 포함되어 있다(그림 3-2).

예제 3-8 몰 농도

용액 2.00 L에 3.65 g HCl이 포함되어 있다. 용액의 몰 농도를 계산하여라.

계획

여기서 용액 2 L 안에 HCl이 몇 g 들어 있는지 알 수 있다. 우리는 몰 농도 정의를 적용할 수 있다. 그리고 HCl의 질량을 HCl의 mol로 바꿔야 한다.

풀이

$$\frac{\text{? HCl의 몰 수}}{\text{L 용액}} = \frac{3.65\ \text{g HCl}}{2.00\ \text{L 용액}} \times \frac{1\ \text{mol HCl}}{36.5\ \text{g HCl}} = 0.0500\ \text{mol HCl/L 용액}$$

HCl 용액의 농도는 0.0500 *M*이다. 그리고 이 용액은 0.0500 *M*의 염산 용액이라 부른다. 용액 1 L는 0.0500 mol의 HCl이 포함되어 있다.

예제 3-9 몰 농도

시중에 판매되는 황산의 질량 퍼센트는 96.4%이며, 비중은 1.84이다. 이 황산 용액의 몰 농도를 계산하여라.

계획

1 mL당 g 수를 나타내는 용액의 밀도는 용액의 비중과 같은 수로 나타낸다. 따라서 용액의 밀도는 1.84 g/mL이다. 질량 퍼센트가 96.4%인 황산 용액은 용액 100 g에 순수한 H_2SO_4 96.4 g이 녹아 있다. 이 정보로부터 우리는 용액의 몰 농도를 계산할 수 있다. 첫째, 우리는 용액 1 L의 질량을 계산해야한다.

풀이

$$\frac{\text{? 용액의 g 수}}{\text{L 용액}} = \frac{1.84\ \text{g 용액}}{\text{mL 용액}} \times \frac{1000\ \text{mL 용액}}{\text{L 용액}} = 1.84 \times 10^3\ \text{g 용액/L 용액}$$

이 용액은 96.4%의 무게 퍼센트로 나타낼 수 있다. 그래서 1 L의 황산 질량은

$$\frac{\text{? } H_2SO_4 \text{ 의 g 수}}{\text{L 용액}} = \frac{1.84 \times 10^3\ \text{g 용액}}{\text{L 용액}} \times \frac{96.4\ \text{g } H_2SO_4}{100.0\ \text{g 용액}}$$

$$= 1.77 \times 10^3\ \text{g } H_2SO_4\ \text{/L 용액}$$

*M*는 용액 1 L당 H_2SO_4 몰 수로 나타낼 수 있다.

$$\frac{?\ H_2SO_4\text{의 mol 수}}{\text{L 용액}} = \frac{1.77\times10^3\text{ g }H_2SO_4}{\text{L 용액}} \times \frac{1\text{ mol }H_2SO_4}{98.1\text{ g }H_2SO_4}$$

$$= \boxed{18.0\text{ mol }H_2SO_4\text{ /L 용액}}$$

따라서 이 용액은 18.0 *M*의 황산 용액이다. 이 문제를 세 가지 단위 환산 인자를 사용하여 풀 수 있다.

$$\frac{?\ H_2SO_4\text{의 mol 수}}{\text{L 용액}} = \frac{1.84\text{ g 용액}}{\text{mL 용액}} \times \frac{1000\text{ mL 용액}}{\text{L 용액}} \times \frac{96.4\text{ g }H_2SO_4}{100.0\text{ g 용액}} \times \frac{1\text{ mol }H_2SO_4}{98.1\text{ g }H_2SO_4}$$

$$= 18.1\text{ mol }H_2SO_4\text{/L 용액} = \boxed{18.1\,M\ H_2SO_4}$$

문제 풀이 요령

완성된 단위 쓰기

우리가 자주 저지르는 실수는 우리에게 도움을 주는 단위를 충분히 완성시키지 않고 쓰는 것이다. 예를 들면 예제 3-9에서 쓰인 밀도 1.84 g / mL는 우리가 요구하는 형태로 계산하는데 도움이 되지 않는다.

$$\frac{1.84\text{ g 용액}}{\text{mL 용액}},\quad \frac{1000\text{ mL 용액}}{\text{L 용액}},\quad \frac{96.4\text{ g }H_2SO_4}{100\text{ g 용액}}$$

을 쓰는 것이 더 훨씬 안전하다. 예제 3-9에서 우리는 문제 풀이에 알맞은 정확한 단위를 완성하여 문제를 풀었다.

3-06 용액의 희석

앞절에서 배운 몰 농도의 정의를 상기해 보면, 몰 농도는 용액의 몰 수를 용액의 부피(L)로 나눈 것이다.

$$M = \frac{\text{용질의 몰 수(mol)}}{\text{용액의 부피(L)}}$$

위 방정식의 각각에 부피(L)로 곱하면, 우리는 다음을 얻을 수 있다.

$$\text{volume (L 단위)} \times \text{몰 농도} = \text{용질의 mol 수}$$

용액의 부피(L)와 농도(*M*)를 곱하면 용액 안의 용질의 양을 구할 수 있다.

우리가 더 많은 용매를 혼합하여 용액을 희석시킬 때 용질의 양은 변하지 않는다. 그러나 용액의 부피와 농도는 변화한다. 왜냐하면 같은 용질의 몰 수를 더 큰 용액의 부피로 나누면 몰 농도는 감소하기 때문이다. 원래의 용액을 나타내기 위해 아래첨자 1을 쓰며, 희석 용액에 아래첨자 2를 써서 우리는 다음을 얻을 수 있다.

$$V_1M_1 = V_2M_2 \quad \text{(단지 희석을 위한 것임)}$$

이 표현은 우리가 다른 세 가지 조건을 알 때 네 가지 양의 조건 중 나머지 한 가지를 계산하는 데 사용된다. 우리는 종종 실험실에서 특정한 몰 농도로 희석할 때 정확한 부피가 필요하며, 초기 농도를 안다면 희석 용액을 만들기 위한 초기 용액의 양을 계산할 수 있다.

예제 3-10 *희석*

18.0 M H_2SO_4를 0.900 M 용액 1 L로 만들려면 몇 mL의 18.0 M H_2SO_4이 필요한가?

계획

처음 M 농도(18.0 M)와 마지막의 M 농도(0.900 M)와 부피(1.00 L)는 주어졌다. 결과적으로 $V_1M_1 = V_2M_2$에서 아래첨자 1은 처음 산 용액이고 아래첨자 2는 희석 용액이다. 우리는 다음과 같이 풀 수 있다.

풀이

$$V_1 = \frac{V_2M_2}{M_1} = \frac{1.00\ \text{L} \times 0.900\ M}{18.0\ M} = 0.0500\ \text{L} = \boxed{50.0\ \text{mL}}$$

희석된 용액은 1.00 L × 0.900 M = 0.900 mol의 황산을 포함하고 있으며, 이는 원래의 농축된 용액 안에 또한 존재하고 있다. 즉, 0.0500 L × 18.0 M = 0.9000 mol H_2SO_4.

주·요·용·어

농도(Concentration) 용액이나 용매의 질량이나 단위 부피 당 용질의 양.

몰 농도(Molarity) 용액 1 L당 용질의 몰 수.

반응물(Reactant) 화학 반응에서 소모된 물질.

반응 비율(Reaction ratio) 반응에 참가하는 반응물의 양과 생성물의 상대적인 양과의 관계. 질량과 mol 수로 나타냄.

백분 수율(Percent yield) 실제 수율을 이론적 수율로 나눈 값에 100을 곱한 값.

생성물(Product) 화학 반응 결과 생성된 물질.

실제 수율(Actual yield) 주어진 반응으로부터 실제로 얻어진 순수한 생성물의 양.

용매(Solvent) 용질을 확산시켜 용액을 만드는 중간체.

용액(Solution) 둘이나 그 이상 물질로 이루어진 균일 혼합물.

용질(Solute) 용액에서 녹아 들어 가는 물질.

이론적 수율(Theoretical yield) 단지 한 반응에 의해 한계 반응물이 완전히 소비된다고 가정할 때 반응물의 특정량으로부터 생성된 생성물의 최대한의 양 —실제 수율과 비교한다.

질량 퍼센트(Percent by mass) 용질의 질량을 용액의 질량으로 나눈 값에 100을 곱한 값.

한계 반응물(Limiting reaction) 생성되는 생성물의 양을 화학 양론적으로 제한하는 물질.

화학 방정식(Chemical equation) 화살표의 왼쪽 편에는 반응물의 구조식을, 오른쪽 편에는 생성물의 구조식을 나타낸다. 균형이 잡혀 있어야 하고, 양쪽에 각각의 원자가 같은 수만큼 들어 있어야 한다.

화학 양론(Stoichiometry) 화학적인 변화가 진행되어질 때 반응물과 생성물 사이에 정량적인 관계를 표시.

화학 양론적 반응(Reaction stoichiometry) 화학 반응에 관여하는 물질들 사이의 정량적인 관계.

희석(Dilution) 진한 용액에 용매를 첨가하여 용액에 용질의 농도를 감소시키는 과정.

연 · 습 · 문 · 제

화학 방정식

1. 화학 방정식이란 무엇이며 어떤 정보들을 내포하고 있는가?
2. 균형 잡힌 화학 방정식에서 여러분은 방정식의 양쪽 원소 각각의 원자 수가 같다는 것을 확인할 수 있다. 생성물과 반응물 양쪽에 있는 각각의 원소의 원자 수가 같다고 하는 과학적(자연적) 법칙을 무엇이라 하는가?
3. 다음 각각의 방정식을 균형 잡힌 방정식으로 나타내어라.
   (a) $Al + Cl_2 \rightarrow Al_2Cl_6$
   (b) $N_2 + H_2 \rightarrow NH_3$
   (c) $K + KNO_3 \rightarrow K_2O + N_2$
   (d) $H_2O + KO_2 \rightarrow KOH + O_2$
   (e) $H_2SO_4 + NH_3 \rightarrow (NH_4)_2SO_4$

화학 방정식에 근거한 계산

4. 다음의 반응을 균형 화학 방정식으로 나타내고, (b), (c)를 계산하여라.
   (a) 질소(N_2), 수소(H_2)와 결합하여 암모니아(NH_3)를 생성한다.
   (b) 600개의 질소 분자와 반응하기 위해 필요한 수소 분자 수는 얼마인가?
   (c) (b)번 문제에서 생성된 암모니아 분자 수는 얼마인가?
5. (a) 황(S)은 높은 온도에서 산소와 결합하여 이산화황(SO_2)을 생성한다.
   (b) 만약 이 반응에서 250개의 산소 분자가 소비되었다면 얼마나 많은 황 분자를 생성하는가?
   (c) (b)에서 생성된 이산화황의 분자 수를 계산하여라.

6. 석회석, 산호, 조개는 최초의 탄산칼슘($CaCO_3$)으로 구성되어 있다. 다음은 이것을증명하기 위해 몇 방울의 염산을 떨어뜨렸을 때의 불균형 방정식이다.

$CaCO_3 + HCl \rightarrow CaCl_2 + CO_2 + H_2O$

(a) 균형 잡힌 방정식을 써라.

(b) 0.25 mol의 탄산칼슘 안에 들어 있는 원자 수는 얼마인가?

(c) 탄산칼슘 0.25 mol이 반응하여 생성된 이산화탄소의 분자 수는 얼마인가?

7. 물 8.0 mol을 생성하는데 있어서 어떤 반응이 가장 많은 질산을 사용하는가?

(a) $3Cu + 8HNO_3 \rightarrow 3Cu(NO_3)_2 + 2NO + 4H_2O$

(b) $Al_2O_3 + 6HNO_3 \rightarrow 2Al(NO_3)_3 + 3H_2O$

(c) $4Zn + 10HNO_3 \rightarrow 4Zn(NO_3)_2 + NH_4NO_3 + 3H_2O$

8. 메탄(CH_4) 24 g이 과량의 산소 하에서 완전히 반응하여 이산화탄소와 물을 생성했을 때 반응의 균형 잡힌 방정식을 만들고, 반응하는데 필요한 산소의 양을 구하여라.

9. 다음과 같은 반응에서

$$2NO + Br_2 \rightarrow 2NOBr$$

브롬 7.5 mol이 반응할 때 (a) 반응하는 NO의 mol 수는 얼마인가? (b) 생성되는 NOBr의 mol 수는 얼마인가?

10. 과량의 산소 하에서 연소하여 4.8 g의 물을생성하는 프로판(C_3H_8)의 분자 수를 계산하여라.

11. 과량의 산소 하에서 4.52×10^{22}개의 CO_2 분자를 생성하는 펜탄(C_5H_{12})의 질량은 얼마인가?

한계 반응물

12. 질소(N_2) 59.85 g과 수소(H_2) 12.11 g으로부터 생성할 수 있는 NH_3의 g 수를 구하여라.

$N_2 + 3H_2 \rightarrow 2NH_3$

13. 물에 가용성인 화학 비료 "초(과) 인산"은 때때로 "삼중 인산"으로 판매되며, 이것은 $Ca(H_2PO_4)_2$와 $CaSO_4$가 1:2 mol의 비율로 혼합되어 있다. 생성되는 반응식은 다음과 같다.

$Ca_3(PO_4)_2 + 2H_2SO_4 \rightarrow Ca(H_2PO_4)_2 + 2CaSO_4$

우리는 $Ca_3(PO_4)_2$ 300 g과 H_2SO_4 200 g이 반응한다면 생성되는 초(과) 인산은 몇 g인가?

14. 나트륨 125.0 g과 KCl 125 g의 반응에 의해 생성될 수 있는 칼륨의 질량은?

$$Na + KCl \xrightarrow{\text{가열}} NaCl + K$$

15. 7.4 g의 $Ca(OH)_2$와 HNO_3 18.9 g이 반응할 때 생성되는 $Ca(NO_3)_2$의 질량은 얼마인가?

$$2HNO_3 + Ca(OH)_2 \rightarrow Ca(NO_3)_2 + 2H_2O$$

16. PCl_3 11.0 g과 PbF_2 7.00 g이 혼합된 반응 혼합물이 있다. 다음 반응에서 얻어질 수 있는 $PbCl_2$의 질량은 얼마인가?

$3PbF_2 + 2PCl_3 \rightarrow 2PF_3 + 3PbCl_2$

변화하지 않고 남아 있는 반응물의 양은 얼마인가?

화학 반응으로부터의 퍼센트 수율 계산

17. 다음과 같은 화학 반응의 퍼센트 수율이 83.2%이다. 과량의 염소와 73.7 g의 PCl_3 반응으로부터 예측되는 PCl_5의 질량은 얼마인가?

$$PCl_3 + Cl_2 \rightarrow PCl_5$$

18. 사염화탄소 용액에서 진행되는 다음 반응에 대한 퍼센트 수율은 59.0%이다.

$$Br_2 + Cl_2 \rightarrow 2BrCl$$

(a) 0.0250 mol의 Br_2와 0.0250 mol Cl_2 반응으로부터 생성된 BrCl의 양은 얼마인가?

(b) 변하지 않고 남아 있는 반응물 Br_2의 양은 얼마인가?

19. 15 g의 탄산나트륨은 75.0 g의 탄산수소나트륨의 열분해로부터 얻어진다. 퍼센트 수율은 얼마인가?

$2NaHCO_3 \rightarrow Na_2CO_3 + H_2O + CO_2$

20. 아래의 반응에서 만약 112 mg SO_2가 이황화탄소 78.1 mg의 연소로부터 얻어진다면 퍼센트 수율은 얼마인가?

$CS_2 + 3O_2 \rightarrow CO_2 + 2SO_2$

용액의 농도-질량 퍼센트

21. (a) 2% 중크롬산칼륨($K_2Cr_2O_7$) 수용액 500 g 안에 포함된 용질의 mol 수는 얼마인가?

(b) (a) 용액 안에 포함된 용질은 몇 g인가?

(c) (a) 용액 안에 포함된 물(용질)은 몇 g인가?

22. 18% 황산암모늄$(NH_4Cl)_2SO_4$ 용액의 밀도는 1.10 g/mL이다. 이 용액 275 mL를 준비하는데 요구되는 $(NH_4)_2SO_4$의 질량은 얼마인가?

23. 18%의 염화암모늄(NH_4Cl) 용액의 밀도는 1.05 g/mL이다. 이 용액 275 mL가 포함하는 NH_4Cl의 질량은 얼마인가?

용액의 몰 농도

24. 3 L의 용액 안에 555 g의 인산(H_3PO_4)을 포하는 용액의 몰(M) 농도는?

25. 염화나트륨(NaCl) 4.5 g이 포함되어진 용액의 부피가 40 mL일 때 용액의 몰(M) 농도는?

26. (a) 0.50 M Na_3PO_4 용액 250 mL를 만드는데 필요한 질량은 얼마인가?

(b) 0.50 M 250 mL 안에 있는 Na_3PO_4의 질량은 얼마인가?

27. 염산(HCl), 황산(H_2SO_4), 인산(H_3PO_4)의 산들은 각각 0.100 mol/L을 포함하는 용액이다.

(a) 각각의 산의 몰 농도는 같은가?

(b) 각각의 산에 대하여 L당 분자 수는 같은가?

(c) 각각의 산에 대하여 용액의 L당 질량은 같은가?

용액의 희석

28. 시중에 판매되는 진한 염산의 농도는 12.0 M이다. 2.25 M의 염산 용액 4.50 L를 만드는데 필요한 농축된 염산의 부피는 얼마인가?

29. 0.0900 M의 수산화바륨 용액 225 mL와 같은 몰 수를 포함하는 0.0600 M 수산화바륨 용액의 부피는 얼마인가?

30. 수산화나트륨 0.800 M의 용액을 200 mL 제조하는데 필요한 4.00 M의 수산화나트륨 용액의 부피는 얼마인가?

31. 12 M 염화나트륨 용액 100 mL를 4.75 M의 용액으로 묽히려면 얼마의 증류수가 필요한가?

화학 반응에서 용액의 사용

32. 다음 반응에서 아세트산(CH_3COOH) 0.215 g과 반응하는데 필요한 수산화칼륨 0.225 M 농도 용액의 부피를 계산하여라.

$KOH + CH_3COOH \rightarrow KCH_3COO + H_2O$

33. 다음 반응에서 0.357 M 농도의 요오드화칼륨 용액 135 mL와 반응하는데 필요한 이산화탄소(CO_2)의 g 수를 구하여라.

$2KOH + CO_2 \rightarrow K_2CO_3 + H_2O$

34. 과량의 질산은은 185.5 mL 염화알루미늄 185 mL와 반응해서 0.325 g AgCl이 생성되었다. $AlCl_3$의 1 L당 mol 수를 나타내어라.

$AlCl_3 + 3AgNO_3 \rightarrow 3AgCl + Al(NO_3)_3$

35. 알루미늄 15 g과 반응하는 염산 12 M의 부피를 구하여라.

36. 5.35 M 수산화나트륨 2 L를 중화하는데 필요한 18 M 황산의 부피를 구하여라. 그 생성물은 황산나트륨과 물이다.

37. 아래 반응에 의해 0.101 M 염산 29.2 mL와 반응하는데 수산화나트륨 36.9 mL가 필요하다고 할 때 이 용액의 M을 구하여라.

$$HCl + NaOH \rightarrow NaCl + H_2O$$

혼합 연습 문제

38. 다음 반응들에 의해 황 1kg으로부터 얻어지는 황산의 질량은 얼마인가?

$$S_8 + 8O_2 \xrightarrow{98\%\ yield} 8SO_2$$

$$2SO_2 + O_2 \xrightarrow{96\%\ yield} 2SO_3$$

$$SO_3 + H_2SO_4 \xrightarrow{100\%\ yield} H_2S_2O_7$$

$$H_2S_2O_7 + H_2O \xrightarrow{97\%\ yield} 2H_2SO_4$$

39. 38.8 g의 이황화탄소(CS_2)가 공기 중에서 연소할 때 생성물의 총량은 얼마인가? 54.2 g의 질량을 가진 CO_2와 SO_2의 혼합물을 생성하기 위해 연소되어야 하는 CS_2의 질량을 구하여라.

$$CS_2 + 3O_2 \xrightarrow{\text{가열}} CO_2 + 2SO_2$$

40. Fe_3O_4를 포함하는 철광석의 반응은 다음과 같다.

$$Fe_3O_4 + 2C \longrightarrow 3Fe + 2CO_2$$

이 반응에서 광석 55.0 g의 반응으로부터 2.9 g의 철을 얻었다고 할 때 광석 안의 Fe_3O_4 퍼센트(%)를 구하여라.

제 4 장

원자의 구조

파동의 설명은 빛과 원자 구조의 이론에 중요한 역할을 한다.

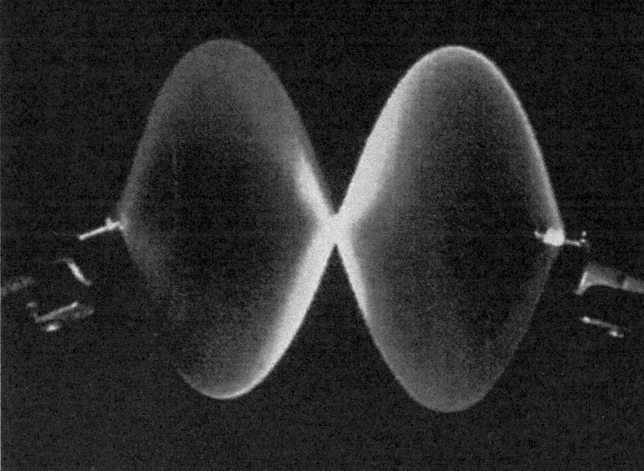

[개 요]

원자를 구성하는 입자
4-01 기본 입자
4-02 전자의 발견
4-03 양극선과 양성자
4-04 러더포드와 원자 핵
4-05 원자 번호
4-06 중성자
4-07 질량 수와 동위 원소
4-08 질량 분석계와 동위 원소
4-09 원자량의 단위와 원자량
원자의 전자 구조
4-10 전자기 복사
4-11 광전 효과
4-12 원자 스펙트럼과 보어 원자
4-13 전자의 파동성
4-14 원자의 양자 역학적 묘사
4-15 양자수
4-16 원자 궤도함수
4-17 전자 배치
4-18 주기율표와 전자 배치

[학습 목표]

이 장의 학습 목표는 다음과 같다.

· 전자, 양성자 그리고 중성자의 성질과 그 존재에 대한 증거
· 원자 내 입자들의 배치
· 동위 원소와 그의 조성
· 동위 원소 존재 비로부터 원자량의 계산
· 빛의 파동성과 파장, 진동수 그리고 속도의 관계
· 빛의 입자성과 파동성
· 원자 흡수 및 원자 방출 스펙트럼과 원자론의 발달
· 원자의 양자역학적 묘사의 주 개념
· 4개의 양자수와 특정 원자 궤도함수와 양자수의 관계
· 궤도함수의 모양과 그들의 상대적 에너지 순서
· 원자의 전자 배치와 주기율표에서의 위치

돌턴(Dalton)의 원자론과 이것과 관계되는 개념들이 화학 조성(2장)과 반응(3장)의 화학양론을 공부하는데 기본이 되지만, 원자론 수준의 이론에서는 해답을 주지 못하는 많은 질문들이 존재한다. 왜 원자들은 결합하여 화합물을 만드는가? 왜 그들은 간단한 정수 비로만 결합하는가? 왜 화합물에서는 특정 정수 비로 원자가 관찰되는가? 왜 서로 다른 원자는 다른 성질을 나타내는가? 왜 그들은 기체, 액체, 고체, 금속, 비금속 등으로 존재하는가? 왜 몇 가지 원소 그룹들은 비슷한 성질을 가지며 비슷한 화학식의 화합물을 만드는가? 이런 그리고 다른 여러 가지 흥미로운 질문에 대한 해답은 원자의 본질에 대한 우리의 현대적 이해에 의하여 제공된다. 그렇다면 원자와 같이 작은 물질을 어떻게 공부할 것인가?

현대의 원자론의 발달은 1900년을 전후해서 크게 두 부류의 과학자들에 의하여 이루어졌다. 첫 번째 부류는 물질의 전기적 특성으로 다루었다. 이러한 연구들은 과학자들에게 원자가 보다 기본적인 입자들로 구성되어 있다는 것을 인식하게 했고, 이 입자들이 원자 내에서 어떻게 배열하고 있는가를 기술하는데 도움을 주었다.

두 번째 부류는 물질의 상호 작용을 빛 형태의 에너지로 다루었다. 여기서는 물질이 방출하거나 흡수하는 빛의 색깔에 대한 연구를 포함하고 있다. 이 연구는 원자에서 입자들의 배치에 대한 보다 정확한 이해를 가능하게 하였다. 입자의 배치가 원소의 물리적, 화학적 성질을 결정짓는다는 것이 보다 명확해지고 있다. 우리가 원자의 구조를 좀더 많이 배울수록 화학적 사실을 물질의 행위를 이해하는데 이용하는 방법을 알게 될 것이다.

〉〉〉〉 원자를 구성하는 입자

4-01 기본 입자

원자 구조를 공부하는데 있어, 먼저 **기본 입자**에 대해 살펴보기로 한다. 이것들은 원자를 이루는 기본이 되는 것들이다. 원자들, 즉 물질들은 모두 이 기본 입자들인 *전자, 양성자, 중성자*들로 이루어져 있다. 이러한 기본 입자들의 본질과 기능을 이해하는 것은 화학적 작용을 이해하는데 필수적이다.

이 세 가지 입자의 상대적 질량과 전하를 표 4-1에 나타내었다. 전자의 질량은 양성자나 중성자에 비해 무시할 정도로 작다. 양성자의 전하의 크기는 전자와 같으나 부호는 반대이다. 이 입자들에 대해 보다 자세히 알아보기로 하자.

표 4-1 물질의 기본 입자

입자	질량	전하(상대적 값)
전자 (e^-)	0.00054858 amu	1-
양성자 (p 또는 p^+)	1.0073 amu	1+
중성자 (n 또는 n^0)	1.0087 amu	0

4-02 전자의 발견

원자 구조에 대한 몇 가지 증거가 1800년대 초 영국의 화학자인 데이비(Humphry Davy, 1778~1829)에 의하여 최초로 제시되었다. 그는 몇 가지 물질에 전류를 통과시키면 그 물질이 분해된다는 것이 발견되었고, 따라서 화합물의 원소들은 전기적 힘에 의하여 결합되어 있다고 제안되었다. 1832~1833년 사이 데이비의 제자인 패러데이(Michael Faraday, 1791~1867)는 전기 분해에서 전류의 양과 화학 반응의 정도는 정량적 관계가 있음을 발견하였다. 패러데이의 업적을 더 발전시켜 스토니(George Stoney, 1826~1911)는 1874년 전하를 가진 단위들이 원자에 결합되어 있다고 제안하였다. 1891년 그는 이것들의 이름을 *전자*라고 제안하였다.

전자의 존재에 대한 가장 확실한 증거는 *음극선관* 실험 결과이다(그림 4-1). 매우 낮은 압력의 기체를 포함한 밀폐된 유리관에 두 전극이 들어 있다. 높은 전압을 가할 때 전류가 흐르고 음극에서 음극선이 나온다. 이 선은 양극을 향하여 직선 운동을 하며, 음극의 반대편 벽에 빛이 나게 한다. 이 음극선의 경로에 놓인 물체는 양극 옆에 있는 황화아연 스크린에 그림자를 만든다. 그림자는 이 선이 음극에서 양극으로 운동함을 보여주고 있으며, 따라서 이 선은 음으로 하전되어 있다. 더욱이 전기장과 자기장에서 그들은 음전하를 띤 입자에서 예상되는 방향으로 굴절한다.

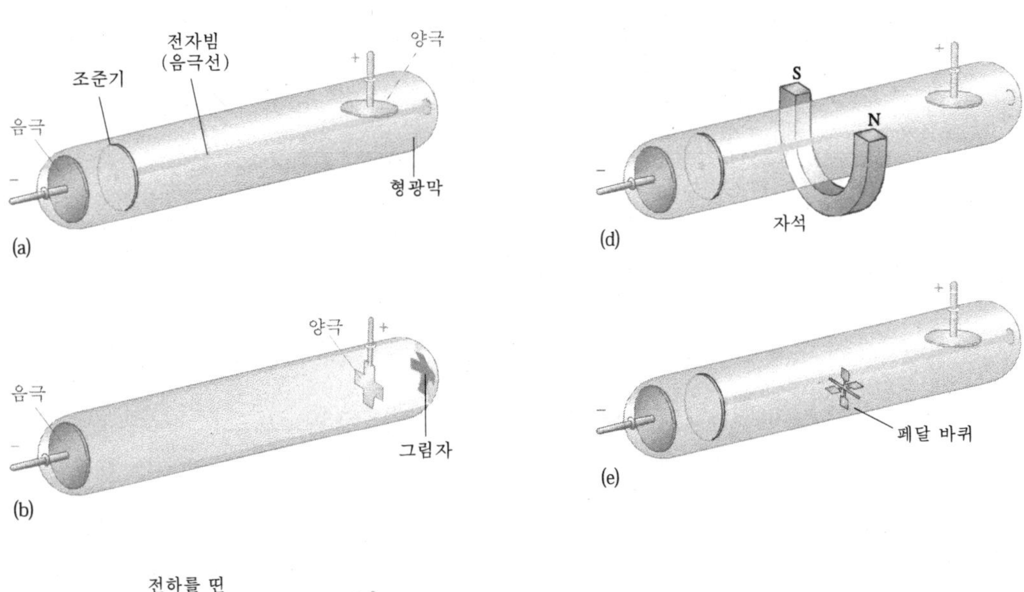

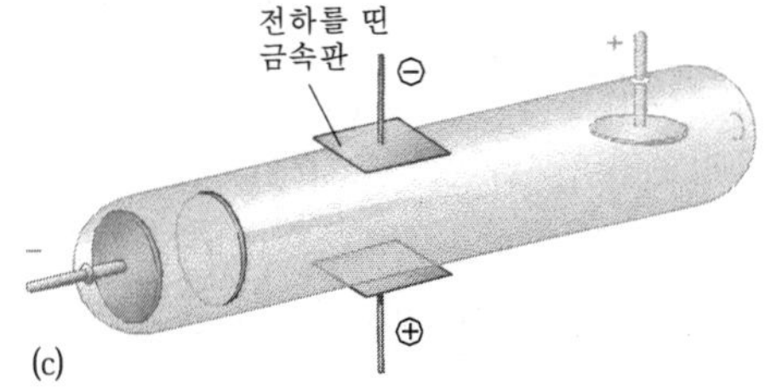

그림 4-1 음극선의 본질을 보여주는 몇 가지 음극선관 실험들. (a) 전자빔의 생성을 보여주는 음극선관. 빔은 형광 자막에 검출된다. (b) 음극선의 빔에 놓인 작은 물체는 그림자를 만든다. (c) 음극선은 전기적으로 음의 전하를 띤다. (d) 음극선과 자기장의 작용. (e) 음극선은 질량을 가지고 있어 작은 페달 바퀴를 회전시킬 수가 있다.

1897년 톰슨(J. J. Thomson, 1856~1940)은 이 음전하를 띤 입자들을 더욱 자세히 연구하였다. 그는 이것을 1891년 스토니가 제안한대로 **전자**(electrons)라고 이름 붙였다. 전기장과 자기장이 달라짐에 따라 굴절률을 조사하여 톰슨은 전자의 전하(e)와 질량(m)의 비율을 결정했다. 이 값은 다음과 같다.

$$e/m = 1.75882 \times 10^8 \text{ coulomb (C)/gram}$$

전자는 모든 원자에 존재하는 기본 입자라는 것을 톰슨의 연구가 말해준다. 지금은 모든 원자는 정수 개의 전자를 가지고 있다는 것을 알고 있다. 전자와 질량 사이의 비율이 밝혀진 후, 전자의 질량과 전하량 중 하나의 값을 알아내어 다른 하나의 값을 구할 수 있는 실험이 필요하게 되었다. 1909년에 밀리칸(Robert Millikan, 1868~1953)은 이러한 요구를 해결하기 위하여 기름 방울 실험(oil-drop experiment)을 수행하여 전하 값을 결정하였다. 이 실험은 그림 4-2에 설명하였다. 밀리칸의 실험에 의하

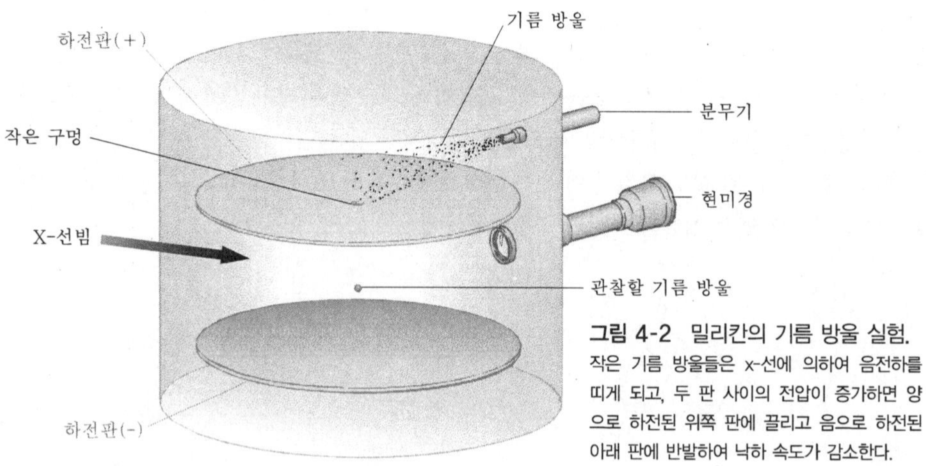

그림 4-2 밀리칸의 기름 방울 실험. 작은 기름 방울들은 x-선에 의하여 음전하를 띠게 되고, 두 판 사이의 전압이 증가하면 양으로 하전된 위쪽 판에 끌리고 음으로 하전된 아래 판에 반발하여 낙하 속도가 감소한다.

여 모든 전하량은 일정한 수의 정수 배라는 것이 밝혀졌다. 그는 가장 작은 값을 전자 한 개의 전하량으로 가정했다. 이 값은 1.60218×10^{-19} coulomb(현대의 값)이다.

전하/질량의 비, $e/m = 1.75882 \times 10^8$ C/g를 이용하여 역으로 전자의 질량을 구할 수 있다.

$$\begin{aligned} m &= 1 \text{ g} / 1.75882 \times 10^8 \text{ C} \times 1.60218 \times 10^{-19} \text{ C} \\ &= 9.10940 \times 10^{-28} \text{ g} \end{aligned}$$

이 값은 원자들 중 가장 가벼운 수소 원자 질량의 1/1836 밖에 되지 않는다. 밀리칸의 기름 방울 실험은 고전적인 실험들 중에서 가장 슬기롭고 근본적인 실험들 중 하나로 기록되고 있다. 이것은 원자가 정수 개의 전자를 가지고 있다는 것을 제시하는 첫 번째 실험이었고, 우리는 이것이 사실임을 알고 있다.

4-03 양극선과 양성자

1886년 골드슈타인(Eugen Goldstein, 1850~1930)은 음극선관에서 양으로 하전된 입자들이 음극 방향으로 흐르는 것을 최초로 관찰했다. 때때로 운하처럼 음극쪽으로 흐르는 것이 관찰되어 **양극선**(canal ray)이라 불렀다. 양의 선 즉 양이온은 기체상에서 전자를 잃을 때 생성된다(그림 4-3). 양이온은 다음과 같은 과정으로 생성된다.

$$\text{원자} \longrightarrow \text{양이온}^{+} + e^{-} \quad \text{또는} \quad X \longrightarrow X^{+} + e^{-} (\text{에너지 흡수})$$

서로 다른 원소는 서로 다른 e/m 비를 가지는 양이온을 형성한다. 서로 다른 이온들에서 e/m 값이 규칙성을 가지고 있다는 것에서 **양성자**(proton)에 존재하는 양전하의 단위가 있다는 생각에 이르게 되었다. 양성자는 전자와 크기는 같고 부호가 다른 전하를 가진 기본 입자이며, 질량은 전자 질량의 약 1836배이다.

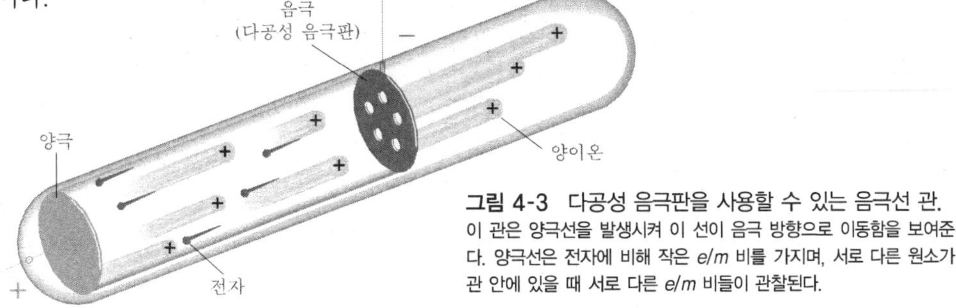

그림 4-3 다공성 음극판을 사용할 수 있는 음극선 관. 이 관은 양극선을 발생시켜 이 선이 음극 방향으로 이동함을 보여준다. 양극선은 전자에 비해 작은 e/m 비를 가지며, 서로 다른 원소가 관 안에 있을 때 서로 다른 e/m 비들이 관찰된다.

4-04 러더포드와 원자 핵

1900년대 초까지, 원자는 양전하와 음전하의 두 영역을 가지고 있다는 것이 정설이었다. 문제는 "이 전하들이 어떻게 원자 내에 분포되어 있는가?" 하는 것이었으며, 이 시절 가장 유력한 모양은 톰슨의 모형이었다. 즉, 양전하가 원자 전체에 고르게 분포되어 있고 여기에 마치 푸딩에 있는 건포도처럼 음전하가 박혀 있다고 여긴 건포도-푸딩 모형(plum pudding model)이다.

톰슨이 원자 모형을 제안한 직후 당시 최고의 실험 물리학자였던 그의 제자 러더포드(Ernest Rutherford, 1871~1937)에 의하여 여러 가지 원자 모형이 설정되었다. 1909년에 이르러 러더포드는 알파 입자는 양전하를 가지고 있다고 결론지었다. 이 입자들은 방사성 원소들이 붕괴되면서 방출된다. 1910년에 그의 실험실에서는 과학계에 큰 파장을 준 중요한 실험이 수행되었다. 그들은 매우 얇은 금박을 알파 입자로 충격을 가했다. 금박으로부터의 알파 입자 산란을 알아보기 위해 금박 뒤에 있는 형광 물질인 황화아연 스크린을 놓았다(그림 4-4). 여러 각도

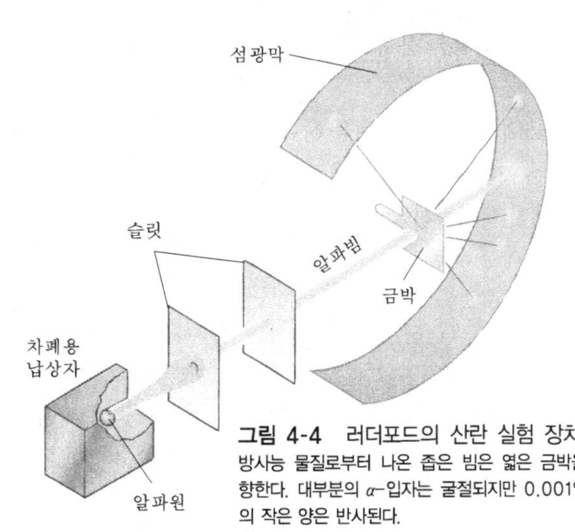

그림 4-4 러더포드의 산란 실험 장치. 방사능 물질로부터 나온 좁은 빔은 얇은 금박을 향한다. 대부분의 α-입자는 굴절되지만 0.001%의 작은 양은 반사된다.

로 굴절된 알파 입자의 상대적 개수를 결정하기 위하여 각각의 알파 입자에서 발생한 스크린의 섬광 수를 세었다. 이 실험을 통하여 알파 입자는 매우 밀도가 높다는 것을 알 수 있었다.

만약 톰슨의 모형이 맞는다면, 모든 알파 입자가 금박을 통과하여 매우 작은 굴절을 일으켜야 한다. 그러나, 예상 외로 거의 모든 알파 입자는 굴절을 일으키지 않았고, 어떤 입자는 매우 크게 굴절하였으며 심지어 반사하여 제자리로 돌아오는 것도 있었다. 그는 매우 놀라 혼자말로 "*마치 15인치 대포가 한 조각 화장지에 맞고 다시 되돌아와 나를 맞히는 것 같다*"고 이야기했다.

러더포드의 수학적 분석에 의하여 양전하를 띤 알파 입자들의 산란은 양전하를 띤 매우 밀도가 높은 부분과의 반발에 의한 것임이 밝혀졌다. 그는 이 부위는 금의 질량과 같았으나 반지름은 금 원자의 1/10,000도 되지 않는다는 결론을 얻었다. 이것은 지금까지의 원자 구조와 다른 것이었다. 그는 각 원자에는 양전하를 띤 아주 작고 무거운 부분이 존재한다고 제안하였고 이것을 **원자 핵**(atomic nucleus)이라 불렀다. 대부분의 알파 입자는 거의 빈 공간이나 다름없는 가벼운 전자 부위를 굴절하지 않고 통과했던 것이다. 몇 개의 알파 입자만이 무겁고 큰 전하를 가진 금속의 핵에 가까이 접근하여 굴절되었다(그림 4-5). 러더포드는 원자 핵에 존재하는 양전하의 크기를 알아낼 수 있었다. 그가 묘사한 원자 구조를 러더포드의 원자 모형이라 부른다.

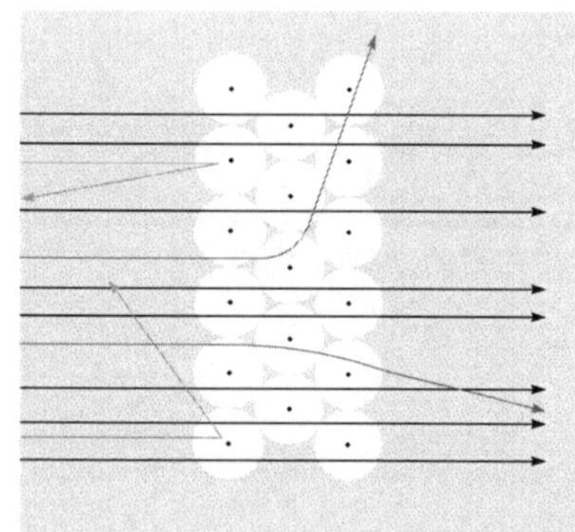

그림 4-5 러더포드의 산란 실험의 해석.
핵과 멀리 떨어진 α-입자는 통과되고, 핵에 가까이 있는 입자는 정도에 따라 굴절된다. 핵과 충돌한 입자는 반사된다.

원자는 밀도가 높고 매우 작은 양으로 하전된 핵과 이를 둘러싸고 있는 상대적으로 넓은 전자 구름으로 이루어져 있다.

4-05 원자 번호

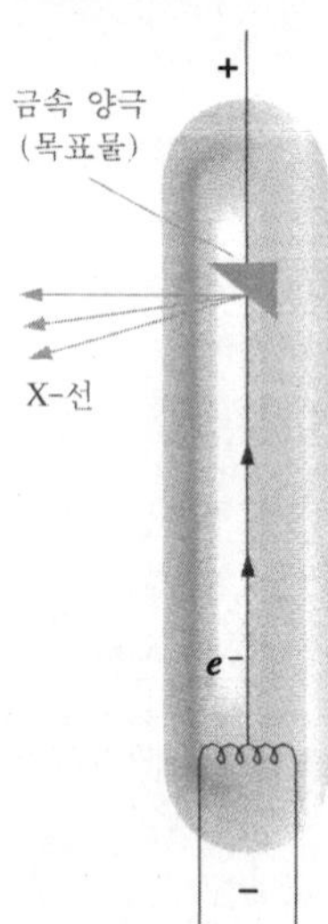

러더포드의 산란 실험 이후 모즐리(H. G. J. Moseley, 1887~1915)는 여러 원소에서 발산하는 X-선을 연구하고 있었다. 라우에(Max von Laue, 1879~1960)는 마치 가시 광선이 각각의 색깔로 분리되는 것처럼 X-선도 결정들에 의하여 회절할 수 있음을 보여주었다. 모즐리는 순수한 원소로 만들어진 고체 과녁에 높은 에너지의 전자빔을 쏘아 X-선을 발생시켰다(그림 4-6).

여러 가지 원소 과녁들에 의하여 만들어진 X-선 스펙트럼은 사진으로 기록되었다. 각 사진은 여러 파장의 X-선을 나타내는 연속선으로 구성되어 있었다. 각 원소들은 그들의 독특한 파장 짝들을 보여주었다. 각각의 원소들에 해당하는 선들을 비교한 결과, 극소수의 경우를 제외하고, 과녁 물질의 원자 무게가

그림 4-6 높은 에너지의 전자빔을 고체 과녁에 가격하여 X-선을 발생시키는 개요도.

증가할수록 짧은 파장으로 바뀌어짐을 알 수 있었다. 모즐리는 X-선의 파장은 원자 번호와 밀접한 관계가 있음을 밝혀냈다. 수학적 분석에 근거하여 그는 다음과 같이 결론지었다.

> 각 원소는 핵에 하나의 양전하를 더 가짐으로써 앞 원소와 구분된다.

알려진 모든 원소에 대하여 핵의 전하 증가순으로 배열하는 것이 처음으로 가능하게 되었다. 모즐리의 자료를 해석하는 도시가 그림 4-7에 나타나 있다.

우리가 알다시피, 각 중성 원소에는 전자 수와 같은 정수 개의 양성자가 있고 이것이 원소의 **원자 번호**(atomic number)다.

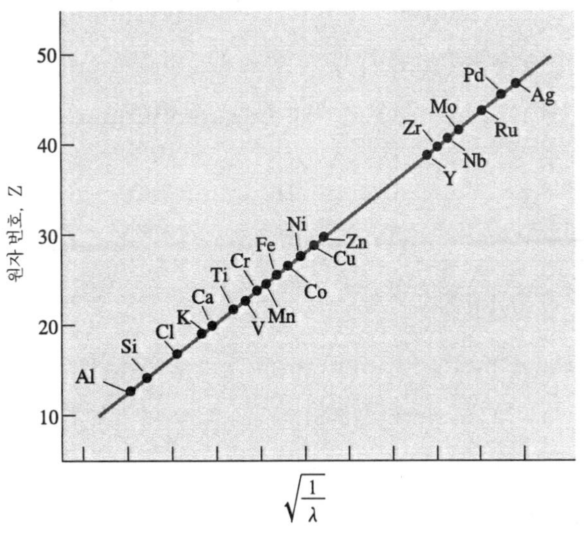

그림 4-7 모즐리의 X-선 실험 결과의 도시도. 원소의 원자량은 X-선 파장의 역수의 제곱근에 비례한다.

4-06 중성자

세 번째 기본 입자는 1932년까지 발견하지 못했던 중성자이다. 채드윅(James Chadwick, 1891~1974)은 높은 에너지의 알파 입자로 베릴륨(Be)에 충격을 가하는 실험을 통하여 이를 정확하게 설명하였다. 후에 19번째 원소인 칼륨(K)까지 거의 모든 원소에서 높은 에너지의 알파 입자 충격 실험에 의하여 중성자가 방출됨을 확인하였다. **중성자**(neutron)는 양성자보다 약간 무겁고 전하를 띠지 않은 입자이다.

> 원자는 상대적으로 아주 먼 거리에 분포된 전자 구름으로 둘러싸인 매우 밀도가 높고 아주 작은 핵으로 이루어져 있다. 수소 원자를 제외한 모든 원소의 핵은 양성자와 중성자를 가지고 있다.

핵의 반지름은 10^{-5} 나노미터(nm)이고, 원자의 반지름은 약 10^{-1} nm이다. 이 차이는 야구공(반지름 9.5인치)을 핵이라고 했을 때 원자의 지름은 거의 6마일에 해당하는 것과 비교할 수 있다.

4-07 질량 수와 동위 원소

대부분의 원소들은 **동위 원소**(isotopes)라고 불리는 서로 다른 질량을 가진 원자들로 이루어져 있다. 동위 원소들은 그들이 같은 원소의 원자들이기 때문에 같은 수의 양성자(같은 수의 전자)를 가지고 있다. 그들의 핵 속에 있는 중성자 수가 다르기 때문에 질량이 다르다.

> 동위 원소들은 질량이 서로 다른, 동일한 원소의 원자들이다. 그들은 양성자 수는 같으나 중성자 수가 서로 다른 원자들이다.

예를 들어 보통 수소, 중수소 그리고 삼중수소라고 부르는 세 가지의 대표적인 수소가 있다. 각각은 핵에 하나의 양성자를 가지고 있다. 자연계에 가장 많이 존재하는 수소에는 중성자가 없다. 그러나 중수소에는 한 개, 삼중수소에는 두 개의 중성자가 있다(표 4-2). 이 세 가지 형태의 수소는 아주 비슷한 화학적 성질을 갖는다.

표 4-2 수소의 세 동위 원소

이름	기호	핵종 기호	질량(amu)	자연에서의 존재 비	양성자 수	중성자 수	전자 수
수소	H	$^{1}_{1}H$	1.007825	99.985%	1	0	1
중수소	D	$^{2}_{1}H$	2.01400	0.015%	1	1	1
삼중수소	T	$^{3}_{1}H$	3.01605	0.000%	1	2	1

한 원자의 **질량 수**(mass number)는 핵 속에 있는 양성자와 중성자 수의 합이다.

질량 수 = 양성자 수 + 중성자 수
= 원자 번호 + 중성자 수

정상적인 수소 원자의 질량 수는 1, 중수소는 2 그리고 삼중수소는 3이다. 핵의 조성을 **핵종 기호**(nuclide symbol)로 표시할 수 있다. 이것은 원소(E)의 왼쪽 아래첨자로 원자 번호(Z) 왼쪽 위첨자(A)로 질량 수를 표시하는 방법이다. $^{A}_{Z}E$, 이 방법에 의하여 수소의 동위 원소는 $^{1}_{1}H$, $^{2}_{1}H$, $^{3}_{1}H$로 표시한다.

예제 4-1 *원자 구성의 결정*

다음 원소들의 양성자, 중성자 그리고 전자 수를 구하여라.
(a) $^{35}_{17}Cl$ 그리고 $^{35}_{17}Cl$ (b) $^{63}_{29}Cu$ 그리고 $^{65}_{29}Cu$

계획

핵종 기호 왼쪽 아래첨자의 수를 알면 원자 번호, 즉 양성자 수를 알 수 있다. 왼쪽 위첨자인 질량 수로부터 양성자와 중성자의 합을 알 수 있다. 양성자 수(원자 번호)에서 전자 수를 뺀 값이 오른쪽 위첨자로 표시되는 전하 수이다. 이 자료들로부터 두 핵종이 같은 수의 양성자를 가지고 있으면 같은 원소라고 정의할 수 있고 그들의 질량 수가 다르면 서로 동위 원소이다.

풀이

(a) 각각 17 양성자, 18 중성자, 17 전자 그리고 17, 20, 17
(b) 각각 29 양성자, 34 중성자, 29 전자 그리고 29, 36, 29

4-08 질량 분석계와 동위 원소

질량 분석계는 전하를 띤 물질(이온)의 전하에 대한 질량의 비를 구하는 기기다(그림 4-8). 기체 시료를 아주 낮은 압력에서 높은 에너지의 전자로 충격을 가하면 기체 분자로부터 전자가 떨어져 나가 양이온이 된다. 이 양이온은 전기장에 의하여 가속되어 자기장을 통과하게 된다. 자기장에 의하여 이온들의 궤적은 휘어지게 되는데, 그 정도는 다음의 네 가지 요인에 의존한다.

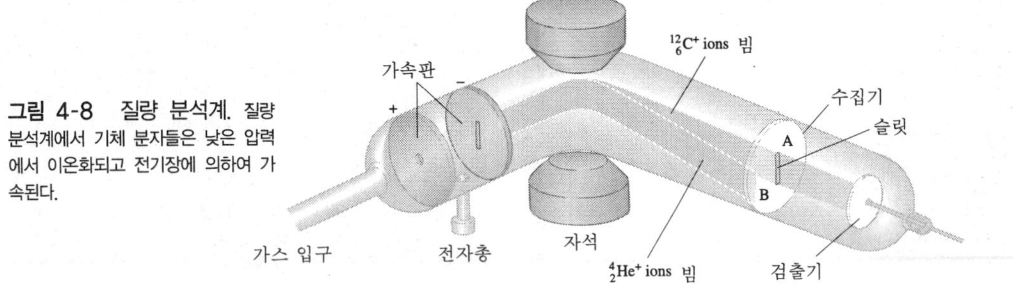

그림 4-8 질량 분석계. 질량 분석계에서 기체 분자들은 낮은 압력에서 이온화되고 전기장에 의하여 가속된다.

1. *걸어준 전압의 크기*(전기장의 세기): 높은 전압에서는 직선 운동을 빠르게 하고 따라서 낮은 전압보다 휘는 정도가 작아진다.
2. *자기장의 세기*: 자기장의 세기가 커지면 휘는 정도도 커진다.
3. *입자의 질량*: 입자의 전하가 같을 때(즉 산화수가 같을 때) 질량이 크면 휘는 정도가 작아진다.
4. *입자의 전하*: 같은 질량일 때 입자의 전하가 커지면 자기장의 영향을 많이 받아 휘는 정도가 커진다.

질량 분석계는 동위 원소의 질량뿐 아니라 각 동위 원소들 간 상대적 존재 비를 측정하는 데 이용된다. 헬륨의 경우 거의 $^{4}_{2}He$의 형태로 존재한다. 이것의 질량은 그림 4-8에 설명된 방법으로 결정할 수 있다.

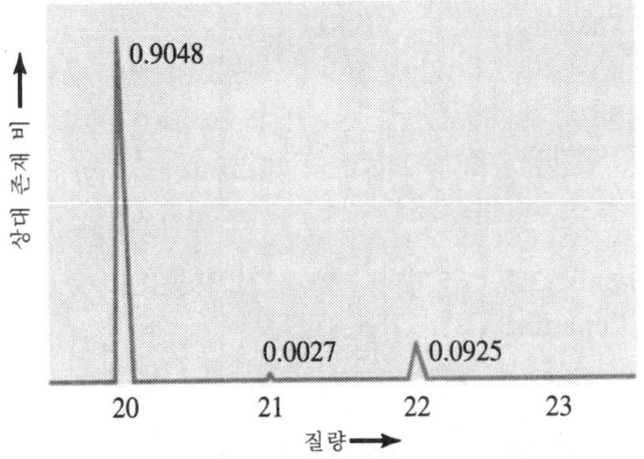

그림 4-9 네온의 질량 스펙트럼. 네온은 세 가지 동위 원소로 구성되어 있고 네온-20의 존재 비(90.48%)가 가장 높다.

Ne^+ 이온의 빔은 질량 분석계에서 세 부분으로 분리된다. 그림 4-9에 이것의 질량 스펙트럼(mass spectrum)이 보인다. 이 스펙트럼에서 네온은 세 개의 동위 원소로 존재함을 알 수 있다. $^{20}_{10}Ne$, $^{21}_{10}Ne$ 그리고 $^{22}_{10}Ne$. 그림 4-9에서 $^{20}_{10}Ne$은 질량이 19.99244 amu이고, 가장 많이 존재하는 동위 원소임을 알 수 있다(가장 큰 피이크를 가짐). 이것은 Ne 원소 중 90.48%를 차지하며, $^{22}_{10}Ne$의 질량은 21.99138로 9.25%, 그리고 $^{21}_{10}Ne$의 질량은 20.99384이고 0.27%를 차지한다.

최근의 질량 분석계가 그림 4-10에 보인다. 자연계에서 불소나 인은 하나의 원소로만 존재하나 다른 대부분의 원소들은 동위 원소들의 혼합물로 존재한다.

표 4-3에 자연계에 존재하는 각 동위 원소들의 상대적 양을 표시하였다. 동위 원소들의 분포는 거의 일정하지만 원소의 출처에 따라 약간 다른 경우도 있다. 예를 들어 $^{13}_{6}C$의 경우 공기 중의 CO_2와 바다

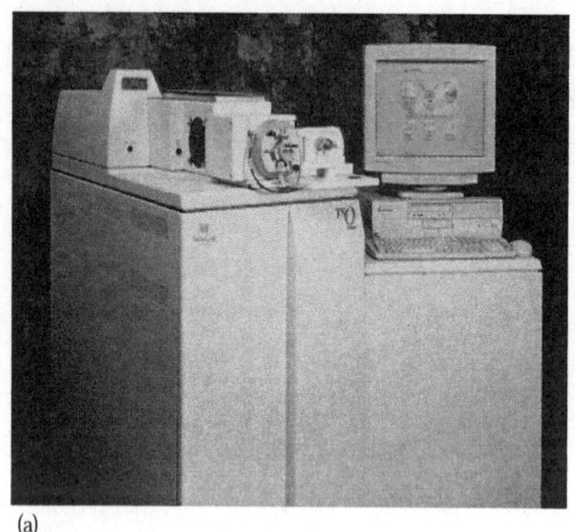

(a)

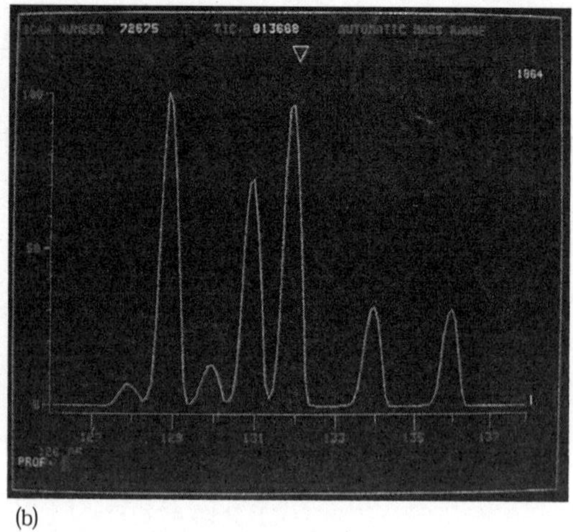

(b)

그림 4-10 (a) 최근의 질량 분석계. (b) Xe^+ 이온의 질량 스펙트럼.

의 조개에서 존재하는 양이 약간 다르다. 이러한 동위 원소 존재 비의 미세한 차이로부터 화합물의 화학적 역사를 유추할 수 있다.

표 4-3 몇 가지 동위 원소들의 자연 존재 비

원소	원자량(amu)	동위 원소	% 자연 존재 비	질량(amu)
boron	10.811	$^{10}_{5}B$	19.91	10.01294
		$^{11}_{5}B$	80.09	11.00931
oxygen	15.9994	$^{16}_{8}O$	99.762	15.99492
		$^{17}_{8}O$	0.038	16.99913
		$^{18}_{8}O$	0.200	17.99916
chlorine	35.4527	$^{35}_{17}Cl$	75.770	34.96885
		$^{37}_{17}Cl$	24.230	36.96590
uranium	238.0289	$^{234}_{92}U$	0.0055	234.0409
		$^{235}_{92}U$	0.720	235.0439
		$^{238}_{92}U$	99.2745	238.0508

자연에서 단 한가지 동위 원소로만 존재하는 20개의 원소는 $^{9}_{4}Be$, $^{19}_{9}F$, $^{23}_{11}Na$, $^{27}_{13}Al$, $^{31}_{15}P$, $^{45}_{21}Sc$, $^{55}_{25}Mn$, $^{59}_{27}Co$, $^{75}_{33}As$, $^{89}_{39}Y$, $^{93}_{41}Nb$, $^{103}_{45}Rh$, $^{127}_{53}I$, $^{133}_{55}Cs$, $^{141}_{59}Pr$, $^{159}_{65}Tb$, $^{165}_{67}Ho$, $^{169}_{69}Tm$, $^{197}_{79}Au$ *그리고* $^{209}_{83}Bi$*이다.*

4-09 원자량의 단위와 원자량

우리는 2-04절에서 **원자량 단위**(atomic weight scale)는 탄소-12 동위 원소를 기준으로 한다고 이야기했다. 1962년 IUPAC(International Union of Pure and Applied Chemistry)에서 다음을 결정하였다.

1 amu는 정확히 탄소-12의 1/12이다.

이것은 질량이 가장 작은 원소 중 가장 가벼운 동위 원소인 ^{1}H 한 개와 거의 같은 질량이다. 2-05절에서 원자 1몰에는 6.022×10^{23}개의 원자가 있다고 이야기했다. 어떤 원소 1몰의 질량을 gram으로 표시할 때 그 숫자는 원소의 무게와 같다. 즉 탄소-12 원자의 경우 질량은 정확히 12 amu이고 1몰의 무게는 정확히 12 g이다.

원자 질량 단위(atomic mass unit)와 gram의 관계를 알아보기 위해 탄소-12의 1.000 g 질량을 amu로 나타내보자.

$$\underline{?} \text{ amu} = 1.000 \text{ g } {}^{12}_{6}\text{C atoms} \times \frac{1 \text{ mol } {}^{12}_{6}\text{C}}{12 \text{ g } {}^{12}_{6}\text{C atoms}} \times \frac{6.022 \times 10^{23} \ {}^{12}_{6}\text{C atoms}}{1 \text{ mol } {}^{12}_{6}\text{C atoms}} \times \frac{12 \text{ amu}}{{}^{12}_{6}\text{C atoms}}$$

$$= 6.022 \times 10^{23} \text{ amu (1 g 속에)}$$

따라서

$1 \text{ g} = 6.022 \times 10^{23}$ amu 또는 $1 \text{ amu} = 1.660 \times 10^{-24}$ g

이제 다음과 같이 정리할 수 있다.

1. *원자 번호*; *Z*는 한 원소의 핵에 존재하는 양성자 수와 같다. 이것은 중성 원자의 전자 수와도 같다. 이 숫자는 같은 원소의 동위 원소들에서 모두 같다.
2. *질량 수*; *A*는 특정한 동위 원소에서 양성자 수와 중성자 수를 합한 값이다. 같은 원소에서도 서로 다른 동위 원소들인 경우 질량 수가 다르다.
3. 많은 원소들은 자연계에서 동위 원소들의 혼합물로 이루어져 있다. 이때 *원자량*은 각 동위 원소의 질량에 존재 비를 적용한 평균값이고 따라서 원자량은 정수가 아니다.

우리가 실험적으로 구한 원자의 무게는(두 개 이상의 동위 원소로 존재하는 경우) 위와 같이 구한 평균 값이고, 다음의 예는 각 동위 원소들의 존재 비에 따른 원자량의 계산 방법이다.

예제 4-2 *원자량의 계산*

마그네슘의 세 동위 원소의 존재 비와 질량을 질량 분석계로 측정한 결과가 다음 표에 있다. 이 결과를 이용하여 마그네슘의 원자량을 계산하여 보라.

동위 원소	% 존재 비	질량(amu)
${}^{24}_{12}$Mg	78.99	23.98504
${}^{25}_{12}$Mg	10.00	24.98584
${}^{26}_{12}$Mg	11.01	25.98259

계획

각 동위 원소들의 질량과 분율을 곱하여 모두 더하면 마그네슘의 원자량을 얻을 수 있다.

풀이

원자량 = 0.7899(23.98504 amu) + 0.1000(24.98584 amu) + 0.1101(25.98259 amu)
= 18.946 amu + 2.4986 amu + 2.8607 amu
= 24.30 amu (유효 숫자 4자리)

예제 4-3에는 자연계에서 두 가지 동위 원소로 존재하는 원자의 원자량으로부터 각 동위 원소의 존재 비를 구하는 방법을 소개했다.

예제 4-3 *동위 원소의 존재 비 계산*

갈륨 원자의 질량은 69.72 amu이다. 자연계에는 68.9257 amu의 $^{69}_{31}Ga$와 70.9249 amu의 $^{71}_{31}Ga$이 존재한다. 이들의 존재 비를 구하여라.

계획

각 동위 원소들의 분율을 표시하였다. 원자량은 구성하는 동위 원소들의 질량들의 가중 평균치이다. 따라서 각 동위 원소들의 질량과 분율을 곱하여 모두 더하면 원자량과 같다.

풀이

x = $^{69}_{31}Ga$ 의 분율로 놓자. $1-x$ = $^{71}_{31}Ga$의 분율이 된다.

$$x(68.9257\ \text{amu}) + (1-x)(70.9249\ \text{amu}) = 69.72\ \text{amu}$$
$$68.9257x + 70.9249 - 70.9249x = 69.72$$
$$-1.9992x = -1.20$$
$$x = 0.600$$

$x = 0.600 =$ fraction of $^{69}_{31}Ga$ ∴ 60.0% $^{69}_{31}Ga$

$(1-x) = 0.400 =$ fraction of $^{71}_{31}Ga$ ∴ 40.0% $^{71}_{31}Ga$

〉〉〉〉 원자의 전자 구조

러더포드의 원자 모형은 여러 가지 증거들과 일치함에도 불구하고 몇 가지 심각한 한계에 직면한다. 이 모형은 다음과 같은 중요한 의문에 답하지 못한다. *왜* 서로 다른 원소들은 서로 다른 화학적 물리적 성질을 갖는가? *왜* 화학 결합이 일어나는가? *왜* 각각의 원소들은 특정한 화학식으로 화합물을 만드는가? *어떻게* 서로 다른 원소는 서로 다른 빛을 흡수하거나 방출하는가?

우리의 이해를 증진시키기 위해 우선 원자 내에 있는 전자의 배치를 알아야 한다. 전자 배열에 대한 이론은 주로 원자가 방출하거나 흡수하는 빛을 연구의 근거로 하고 있다. 이제 우리는 서로 다른 원자의 *전자 배치*에 대한 자세한 개념을 알아볼 것이다. 이러한 전자의 배치는 주기율표나 화학결합을 이해하는데 도움을 줄 것이다.

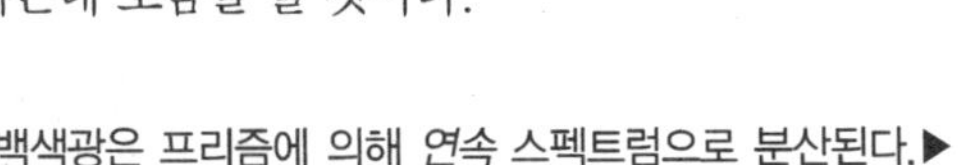

백색광은 프리즘에 의해 연속 스펙트럼으로 분산된다.▶

4-10 전자기 복사

원자 내 전자의 배치에 대한 우리의 지식은 느리게 발전하였다. 많은 경우 **원자 방출 스펙트럼**(atomic emission spectrum)으로부터 그 정보를 얻었다. 이것은 전기적으로 또는 열에 의하여

들뜬 원자로부터 방출되는 빛을 유리 프리즘에 굴절시켜 사진 필름에 현상된 선 또는 띠다. 원자 스펙트럼의 이해를 돕기 위해 먼저 전자기 복사에 대하여 설명하기로 한다.

모든 종류의 전자기 복사 또는 복사 에너지는 파동이라는 용어로 설명될 수 있다. 파동의 특징을 이해하기 위해 *파장*(또는 *주파수*)을 상세히 알아보자. 파동 중 우리에게 익숙한 물결파(그림 4-11)를 보기로 하자. 이것의 모양은 파동 운동의 반복이다. **파장**(wave-length, λ)은 파의 모양이 같은 두 점, 예를 들면 두 물마루 사이의 거리이다. **진동수**(frequency)는 단위 시간 당 주어진 점에 통과하는 물마루의 수이다. 이것은 ν로 표시되고 1초 당 반복 횟수, 더 간단히 1/s 또는 s^{-1}로 표시한다.

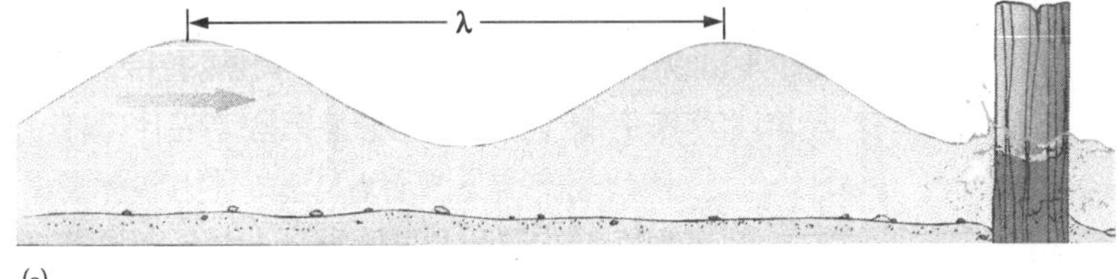

(a)

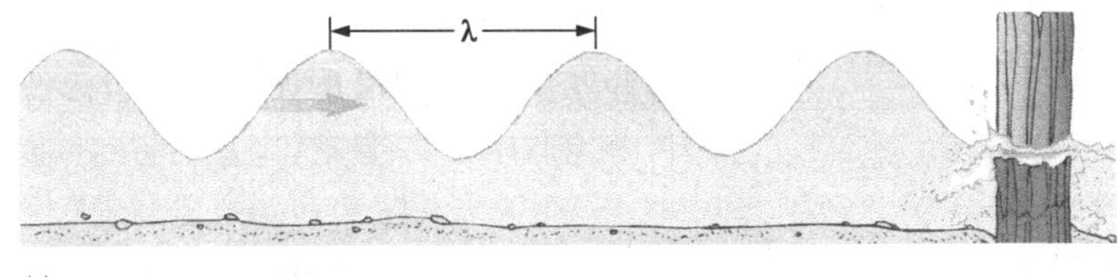

(b)

그림 4-11 물결파의 파장과 진동수에 대한 묘사. (a)와 (b)의 속도는 같고 따라서 (a)는 긴 파장의 낮은 진동수, (b)는 짧은 파장의 높은 진동수를 가진다.

어떤 속도로 운동하는 파의 파장과 진동수와의 관계는 다음 식으로 나타낸다.

$$\lambda\nu = \text{파의 속도} \quad \text{또는} \ \lambda\nu = c$$

따라서, 파장과 진동수는 반비례한다. 파의 속도가 같을 때 파장이 짧을수록 진동수는 커진다.

물결파에서 반복적으로 변하는 것은 물의 표면이다. 진동하는 바이올린의 현의 경우는 현의 어떤 점도 변화한다. 전자기 복사는 반복적으로 변화하는 전기장과 자기장으로 이루어진 에너지 형태이다. 전자기 복사선 중 우리가 가장 확실하게 인식하는 것은 가시광선이다. 이것의 파장은 약 4.0×10^{-7} m(보라)부터 약 7.5×10^{-7} m(빨강)의 범위 안에 있다. 진동수로 표시하면 약 7.5×10^{14} Hz(보라)부터 4.0×10^{14} Hz(빨강) 범위이다.

뉴톤(Isaac Newton, 1642~1727)은 최초로 햇빛을 프리즘을 통과시켜 각각의 색으로 분리하였다. 햇빛(백색광)은 가시광선 영역의 모든 파장을 포함하고 있기 때문에 무지개에서 관찰되는 것과 같이 *연속 스펙트럼*으로 나타난다(그림 4-12a). 가시광선은 전자기 복사 스펙트럼의 아주 작은 영역에 해당된다(그림 4-12b). 가시광선의 모든 파장과 더불어, 태양 광선은 이보다 짧은 파장(자외선)과 긴 파장(적외선)을 같이 포함하고 있다. 이 두 영역은 사람의 눈으로는 감지할 수 없다. 이들은 사진이나 그들을 검출할 수 있도록 설계된 검출기로만 검출될 수 있다. 많은 다른 복사선도 이들보다 짧은 파장이거나 긴 파장인 전자기 복사선이다.

진공 중에서 전자기 복사선의 속도 c는 파장의 길이에 관계 없이 2.99792458×10^8 m/s 이다. 전자기 복사의 파장과 진동수 그리고 속도의 관계는 다음과 같다.

$$\lambda\nu = c = 3.00 \times 10^8 \text{ m/s}$$

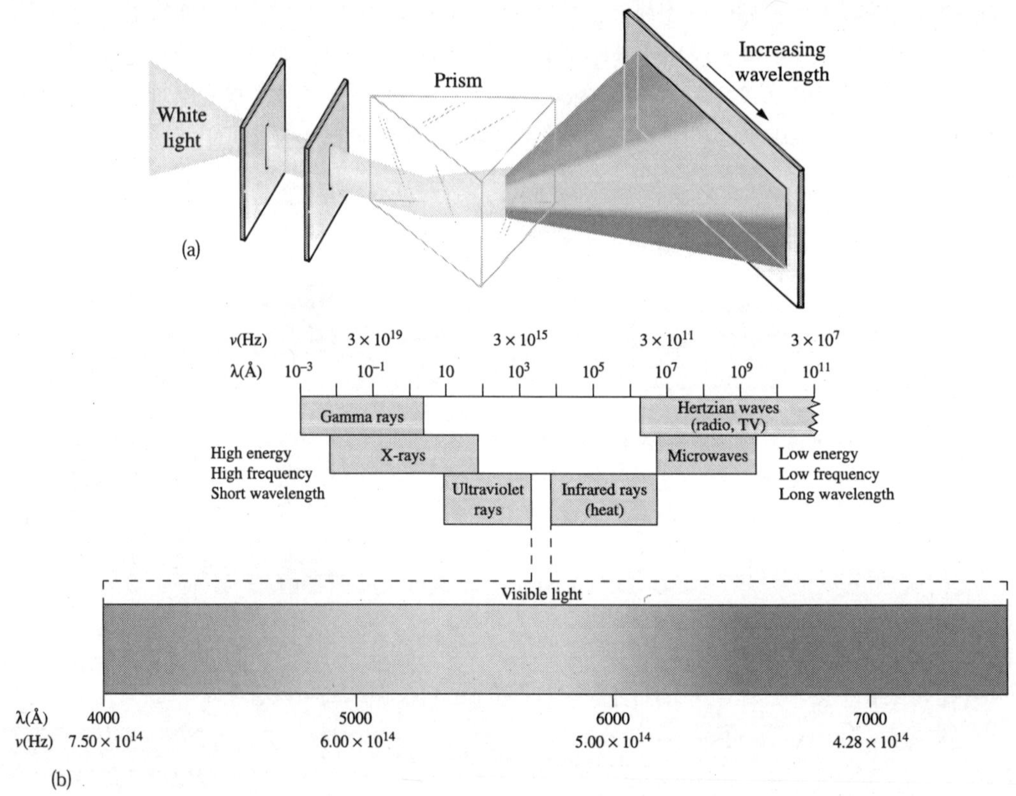

그림 4-12 (a) 프리즘에 의한 가시광선의 분산. (b) 가시광선은 전자기 복사 스펙트럼의 작은 영역에 불과하다.

예제 4-4 *빛의 파장*

전자기 복사 스펙트럼에서 자외선 중간 영역에 해당되는 빛의 진동수는 $2.73 \times 10^{16}\ s^{-1}$이다. 또 가시광선에서 중간 영역의 빛은 노란색으로 진동수는 $5.26 \times 10^{14}\ s^{-1}$이다. 이들에 해당하는 파장은 각각 얼마인가?

계획

파장과 진동수는 서로 반비례한다, $\lambda\nu = c$.

풀이

파장과 진동수는 서로 반비례한다; $\lambda\nu = c$. 이 식에서 파장 λ를 구할 수 있다.

$$(\text{자외선})\ \lambda = \frac{c}{\nu} = \frac{3.00 \times 10^{8}\ \text{m} \cdot \text{s}^{-1}}{2.73 \times 10^{16}\ \text{s}^{-1}} = 1.10 \times 10^{-8}\ \text{m}(1.10 \times 10^{2}\ \text{Å})$$

$$(\text{노란색 빛})\ \lambda = \frac{c}{\nu} = \frac{3.00 \times 10^{8}\ \text{m} \cdot \text{s}^{-1}}{5.26 \times 10^{14}\ \text{s}^{-1}} = 5.70 \times 10^{-7}\ \text{m}(5.70 \times 10^{3}\ \text{Å})$$

우리는 빛을 파동으로 정의하였다. 어떤 조건에서는 빛을 *입자*, 즉 **광자**(photon)로 정의할 수 있다. 1900년 발표된 막스 프랑크(Max Planck, 1858~1947)의 견해에 의하면, 각각의 빛의 광자는 특정한 양(**양자, quantum**)의 에너지를 가진다. 광자가 가지는 에너지는 빛의 진동수에 의존한다. 프랑크 식에 의하면 빛의 광자 에너지는,

$$E = h\nu \quad \text{또는} \quad E = \frac{hc}{\lambda}\text{이다.}$$

여기서 h는 프랑크 상수, $6.6260755 \times 10^{-34}\ \text{J} \cdot \text{s}$이고 ν는 빛의 진동수이다. 에너지는 진동수에 비례한다. 프랑크 식에 의하여 자외선이 가시광선보다 에너지가 큼을 보여주는 예가 예제 4-5에 있다.

예제 4-5 *빛의 에너지*

예제 4-4에서, 자외선은 $2.73 \times 10^{16}\ s^{-1}$의 진동수를, 그리고 가시광선은 $5.26 \times 10^{14}\ s^{-1}$의 진동수를 가지고 있다. 각각의 광자에 대하여 에너지를 joule로 나타내어라. 또 에너지의 비를 구하여라.

계획

$E = h\nu$의 관계식에서 광자 에너지를 구할 수 있다.

풀이

$$(\text{자외선})\ E = h\nu = (6.626 \times 10^{-34}\ \text{J} \cdot \text{s})(2.73 \times 10^{16}\ \text{s}^{-1}) = 1.81 \times 10^{-17}\ \text{J}$$

$$(\text{노란색})\ E = h\nu = (6.626 \times 10^{-34}\ \text{J} \cdot \text{s})(5.26 \times 10^{14}\ \text{s}^{-1}) = 3.49 \times 10^{-19}\ \text{J}$$

두 광자의 에너지 비는 $\dfrac{E_{uv}}{E_{yellow}} = \dfrac{1.81 \times 10^{-17}\ \text{J}}{3.49 \times 10^{-19}\ \text{J}} = 51.9$

4-11 광전 효과

파동 이론으로 만족스럽게 설명되지 않는 실험 결과가 **광전 효과**(photoelectric effect)이다. 광전 효과의 관찰을 위한 장치가 그림 4-13에 보여지고 있다. 진공관 속의 음극은 세슘과 같은 순수한 금속으로 만들어졌다. 충분히 높은 에너지의 빛이 금속을 때릴 때 그 표면에서 전자들이 방출된다. 이때 전자들은 양극으로 이동하여 회로에 전류가 흐르게 된다. 중요한 관찰들은 다음과 같다.

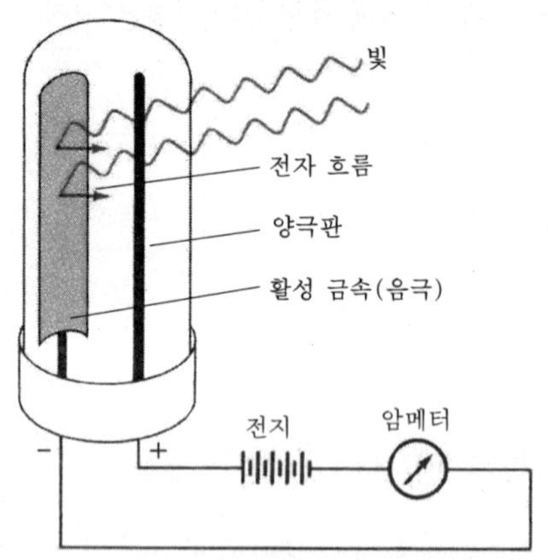

그림 4-13 광전 효과. 충분히 높은 에너지의 빛이 금속 표면(음극)을 때릴 때 그 표면에서 전자들이 방출된다.

1. 아무리 오래 또는 밝게 빛을 쪼이더라도 빛이 충분히 짧은 파장일 때만 전자가 방출된다. 이 한계 파장은 금속의 종류에 따라서 다르다.
2. 전류(초당 방출되는 전자의 수)는 빛의 *밝기*(세기)가 증가함에 따라 증가한다. 그러나 전류는 파장이 충분히 짧다면 빛의 색깔과 무관하다.

고전 이론은 만약 금속에 충분히 오랫동안 빛을 쪼여준다면 낮은 에너지 빛도 전류를 흐르게 한다고 말한다. 전자는 에너지를 축적하여 금속 원자로부터 탈출하기에 충분한 에너지를 가질 때 방출된다. 고전 이론에 의하면 빛의 에너지가 커진다면 빛의 세기가 일정하더라도 전류가 증가한다. 그러나 이런 경우는 없다.

이 수수께끼에 대한 해답은 아인슈타인(Albert Einstein, 1879～1955)에 의해 풀렸다. 그는 1905년에 빛은 각각 특정한 양의 에너지를 가진 *광자*처럼 행동한다는 플랑크의 생각을 확장시켰다. 아인슈타인에 의하면 각각의 광자는 충돌하면서 에너지를 단일 전자(single electron)에 이동시킬 수 있다. 빛의 세기가 증가한다고 말할 때 이것은 초당 주어진 면적을 때리는 광자의 수가 증가한다는 것을 의미한다. 사진은 금속 표면의 전자를 때려 전자에 에너지를 제공한 빛 입자의 하나이다. 만약 빛의 에너지가 전자를 떼어내는데 필요한 양과 같거나 크다면 광전 전류(photoelectric current)를 발생시킬 것이다. 이 설명으로 아인슈타인은 1921년 노벨 물리학상을 받았다.

4-12 원자 스펙트럼과 보어 원자

고온 발광(백열) 고체, 액체, 고압의 기체는 연속 스펙트럼을 만든다. 그러나 전기장을 낮은 압력의 진공관에 통과시키면 프리즘에 의하여 분리된다(그림 4-14a). 이와 같은 **방출 스펙트럼**(emission spectrum)을 *밝은 선 스펙트럼*(bright line spectrum)이라 설명한다. 선들은 사진에 기록될 수 있으며, 각 선들에 해당하는 빛의 파장은 사진에서 선의 위치로 계산할 수 있다.

마찬가지로, 백색광의 빔을 기체에 통과시킨 후 발생하는 빔을 분석할 수 있다. 우리는 단지 흡수된

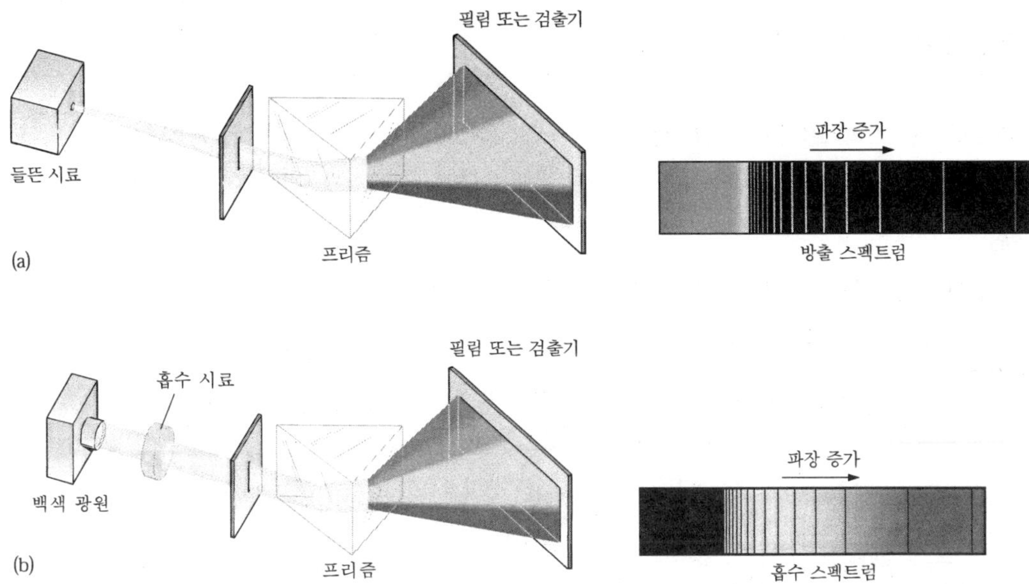

그림 4-14 (a) *원자 방출*(atomic emission). 들뜬 수소 원자로부터 방출된 빛은 프리즘을 통과하여 불연속적인 파장으로 분리된다. (b) *원자 흡수*(atomic absorption). 백색광이 바닥 상태의 수소 원자를 지나 슬릿과 프리즘을 통과하면, 전달된 빛은 (a)의 방출 파장에 해당하는 파장의 세기가 감소한다.

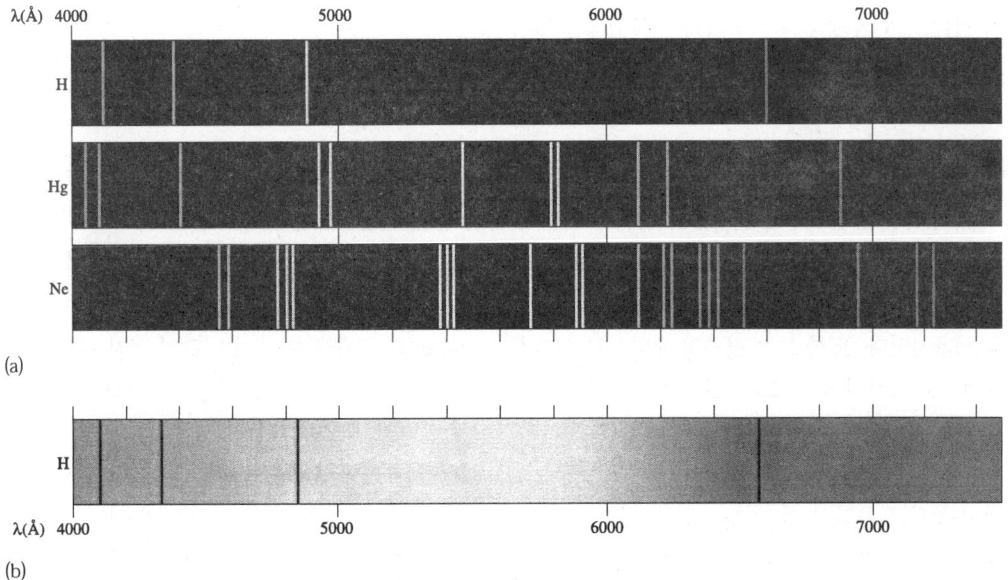

그림 4-15 가시 광선 영역에서 몇 가지 원소들의 원자 스펙트럼. (a) 방출 스펙트럼, (b) 수소의 흡수 스펙트럼.

파장만 발견한다(그림 4-14b). 이 **흡수 스펙트럼**(absorption spectrum)에 흡수된 파장은 방출 실험에서도 나타난다. 스펙트럼상의 각 선은 빛의 고유한 파장에 해당하므로 흡수되거나 방출되는 고유한 에너지에 해당한다. 하나의 원자는 흡수 또는 방출 스펙트럼에서 독특한 선들의 짝들을 보인다(그림 4-15). 이 스펙트럼들은 한 시료에 존재하는 서로 다른 원소들을 확인하는 "지문(fingerprints)"의 역할을 한다.

예제 4-6 *빛의 에너지*

수소의 방출 스펙트럼에서는 녹색 광선은 4.86×10^{-7} m의 파장을 갖는 녹색 광선이 관찰된다. 이 광자의 에너지를 구하여라.

계획

파장에서 진동수를 구하여 광자의 에너지를 구할 수 있다.

풀이

$$E = \frac{hc}{\lambda} = \frac{(6.626 \times 10^{-34}\ \mathrm{J \cdot s})(3.00 \times 10^{8}\ \mathrm{m/s})}{(4.86 \times 10^{-7}\ \mathrm{m})} = \boxed{4.09 \times 10^{-19}\ \mathrm{J/광자}}$$

보다 이해하기 쉬운 값으로 나타내기 위하여 1 mol의 원자로부터 방출되는 에너지를 kJ로 표시해보자.

$$\frac{?\ \mathrm{kJ}}{\mathrm{mol}} = 4.09 \times 10^{-19}\frac{\mathrm{J}}{\mathrm{atom}} \times \frac{1\ \mathrm{kJ}}{1 \times 10^{3}\ \mathrm{J}} \times \frac{6.02 \times 10^{23}\ \mathrm{atoms}}{\mathrm{mol}} = \boxed{2.46 \times 10^{2}\ \mathrm{kJ/mol}}$$

전기장이 매우 낮은 압력의 수소 원자를 통과할 때 여러 가지 계열의 선 스펙트럼을 만든다. 19세기 말 발머(Johann Balmer, 1825~1898)와 리드베르그(Johannes Rydberg, 1854~1919)는 수소 스펙트럼의 여러 선의 파장을 다음과 같은 수학식으로 나타냈다.

$$\frac{1}{\lambda} = R\left(\frac{1}{n_1^2} - \frac{1}{n_2^2}\right)$$

여기서 리드베르그 상수 R은 $1.097 \times 10^{7}\ \mathrm{m^{-1}}$이다. n은 양수이고, n_1은 n_2 보다 작다. 발머-리드베르그 식은 많은 관찰로부터 얻어졌고 이것은 이론이 아닌 실험의 결과식이다.

1913년 덴마크 과학자 보어(Niels Bohr, 1885~1962)는 발머-리드베르그의 관찰에 대한 설명을 했다. 그는 수소 원자의 전자가 원 궤도(circular orbit) 내에서 핵을 중심으로 회전한다고 기술하는데 이 식을 사용하였다. 또한 그는 전자의 에너지는 *양자화*(quantized), 즉 특정한 에너지 값의 전자 에너지만 가능하다고 가정하였다. 그는, 전자들은 불연속적인 특정한 궤도에만 있고 그들이 한 궤도에서 다른 궤도로 이동할 때 불연속적인 양의 에너지를 흡수하거나 방출한다고 제안하였다.

각 궤도는 전자의 일정한 *에너지 준위*(energy level)에 해당한다. 전자가 낮은 에너지 준위에서 높은 에너지 준위로 올라갈 때 전자는 일정한(또는 양자화된) 양의 에너지를 흡수한다. 전자가 원래의 궤도로 다시 떨어질 때, 낮은 준위에서 높은 준위로 올라갈 때 흡수한 에너지와 정확히 같은 양의 에너지를 방출한다. 그림 4-16은 이러한 교류를 도식화하여 나타낸 것이다. 발머-리드베르그 식의 n_1과 n_2는 이러한 전자의 전이 과정에서 각각 낮은 에너지와 높은 에너지에 해당한다.

지금은 전자들이 원자에서 특정한 에너지 준위들에 놓여 있다는 것을 사실로 받아들이고 있다. 대분분의 원자에서, 몇몇 준위의 에너지 차이들은 가시광선의 에너지에 해당한다. 따라서, 이런 원소의 전자 전이에 해당하는 빛은 우리 눈으로 볼 수 있다.

보어의 이론으로 수소와 수소처럼 하나의 전자를 가진 다른 화학종들(He^{+}, Li^{2+} 등)의 스펙트럼들

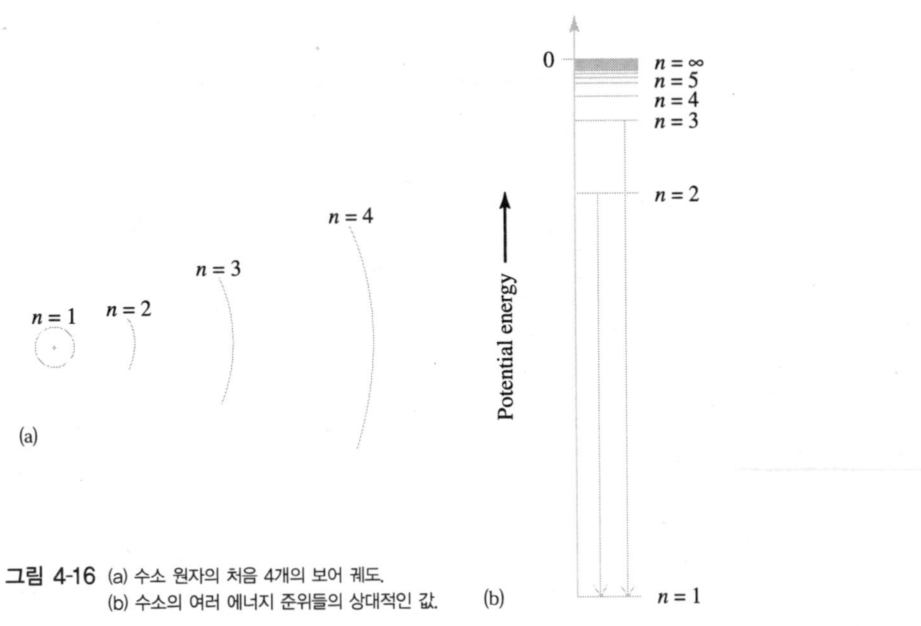

그림 4-16 (a) 수소 원자의 처음 4개의 보어 궤도.
(b) 수소의 여러 에너지 준위들의 상대적인 값.

을 만족스럽게 설명할 수 있으나, 보다 복잡한 화학종에서 관찰된 스펙트럼의 파장을 계산할 수는 없다. 보어의 원 궤도는 1916년 조머펠트(Arnold Sommerfeld, 1868～1951)에 의하여 타원 궤도(elliptical orbit)로 수정되었다.

보어의 접근은 고전 역학으로 풀리지 않는 문제를 고전 역학을 수정하여 풀려고 하였기 때문에 실패한 운명에 처해졌다. 이 고전 역학의 실패는 작은 입자들을 다루는 새로운 물리학인 양자 역학을 발전시키는 계기가 되었다. 그러나 보어는 전자의 에너지를 허용된 특정한 에너지 준위에 해당하는 양자 수로 설명할 수 있다는 개념을 소개하였다. 보어의 원자론은 현대의 원자론의 개념으로 대치되었다. 그러나, 발머-리드베르그의 빛의 흡수에 대한 실험적 설명과 전자 배치 사이의 관계를 밝힌 그의 업적인 전자 에너지의 양자화는 원자 구조를 보다 정확히 이해하는데 매우 중요한 역할을 하였다.

원자 내의 전자에 대한 두 가지 큰 의문이 남는다: (1) 전자는 원자 내에 어떻게 배치되어 있는가? (2) 이 전자들은 어떤 거동을 하는가? 이제 우리는 현대의 원자론이 이 문제들을 어떻게 다루는지 알아보자.

4-13 전자의 파동성

빛이 파동과 입자의 성질을 동시에 가지고 있다는 아인슈타인의 개념으로부터 드 브로이(Louis de Broglie, 1892～1987)는 전자와 같이 매우 작은 입자는 적절한 환경에서 파동의 성질을 가질 수 있다고 제안하였다. 1925년, 드 브로이는 박사 학위 논문에서 질량 m과 속도 v를 갖는 입자는 그에 해당하는 파장을 가질 수 있다고 예측하였다. 드 브로이 파장을 수학적으로 나타내면 다음과 같다.

$$\lambda = h/mv \quad (\text{여기서 } h = \text{플랑크 상수})$$

2년 후, 벨 연구소의 데이비슨(C. Davisson, 1882~1958)과 게르머(L. H. Germer, 1896~1971)는 니켈 결정에 의한 전자의 회절을 발표하였다. 굴절은 파동의 중요한 특징이다. 이것은 결론적으로 전자가 파동의 성질을 가지고 있다는 것을 보여주는 것이다. 데이비슨과 게르머는 알고 있는 에너지의 전자가 갖는 파장이 드 브로이가 제시했던 것과 완전히 일치함을 발견했다. 중성자와 같은 다른 입자에서도 비슷한 굴절 실험이 성공적으로 수행되었다.

예제 4-7 드 브로이 식

(a) 1.24×10^7 m/s의 속도로 운동하는 전자의 파장을 미터로 나타내라. 전자의 질량은 9.11×10^{-28} g.

(b) 5.25 온스의 야구공이 시간당 92.5마일로 운동할 때 파장을 구하여라. $1 \text{ J} = 1 \text{ kg} \cdot \text{m}^2/\text{s}^2$임을 염두에 두어라.

계획

각 계산에서 드 브로이 식, $\lambda = h/mv$을 이용한다. 여기에서 플랑크 상수 h는 $6.626 \times 10^{-34} \text{ J} \cdot \text{s} \times 1 \text{ kg} \cdot \text{m}^2/\text{s}^2/1 \text{ J} = 6.626 \times 10^{-34} \text{ kg} \cdot \text{m}^2/\text{s}$ 단위를 만족시키기 위해 질량은 kg으로 나타내야 한다. (b)에서 속도는 m/sec로 나타내야 한다.

풀이

$$(a)\quad m = 9.11 \times 10^{-28} \text{ g} \times \frac{1 \text{ kg}}{1000 \text{ g}} = 9.11 \times 10^{-31} \text{ kg}$$

드 브로이 식에 이 값을 넣으면

$$\lambda = \frac{h}{mv} = \frac{6.626 \times 10^{-34} \dfrac{\text{kg} \cdot \text{m}^2}{\text{s}}}{(9.11 \times 10^{-31} \text{ kg})\left(1.24 \times 10^7 \dfrac{\text{m}}{\text{s}}\right)} = 5.87 \times 10^{-11} \text{ m}$$

이 파장은 매우 짧은 것처럼 보이나 많은 결정들에서 원자들 사이의 거리와 비슷하다. 이런 운동을 하는 다량의 전자가 결정을 때리면 측정 가능한 회절 양상을 보인다.

$$(b)\quad m = 5.25 \text{ oz} \times \frac{1 \text{ lb}}{16 \text{ oz}} \times \frac{1 \text{ kg}}{2.205 \text{ lb}} = 0.149 \text{ kg}$$

$$v = \frac{92.5 \text{ miles}}{\text{h}} \times \frac{1 \text{ h}}{3600 \text{ s}} \times \frac{1.609 \text{ km}}{1 \text{ mile}} \times \frac{1000 \text{ m}}{1 \text{ km}} = 41.3 \frac{\text{m}}{\text{s}}$$

드 브로이 식에 이 값을 넣으면

$$\lambda = \frac{h}{mv} = \frac{6.626 \times 10^{-34} \dfrac{\text{kg} \cdot \text{m}^2}{\text{s}}}{(0.149 \text{ kg})\left(41.3 \dfrac{\text{m}}{\text{s}}\right)} = 1.08 \times 10^{-34} \text{ m}$$

이 파장은 어떤 방법으로도 측정할 수 없을 정도로 짧다. 원자의 지름은 야구공의 파장보다 1024배 큰 10^{-10} m 단위다.

예제 4-7에서 확인한 것처럼 아원자(subatomic) 입자는 우리에게 익숙한 큰 물질과는 매우 다르게 행동한다. 원자와 이를 구성하고 있는 입자들을 설명하기 위해서 우리가 오랫동안 가졌던 물질의 행동에 대한 시각을 버려야 한다. 우리는 때로는 입자로, 때로는 파장으로 행동하는 새롭고 익숙하지 않은 성질을 가진 세계를 바라볼 수 있어야 한다. 전자의 파동성이 응용되어 전자 현미경이 개발되었다. 전자 현미경은 광학 현미경으로 볼 수 없는 아주 작은 물체를 확대해 보여준다.

4-14 원자의 양자 역학적 묘사

드 브로이, 데이비슨, 게르머, 그리고 다른 많은 사람들의 연구를 통하여, 우리가 지금 알고 있는 원자 내 전자는 작고 밀집된 입자가 아니라 원 또는 타원 궤도를 운동하는 파장으로 다루는 것이 더 효과적임을 알게 되었다. 골프공이나 자동차와 같은 큰 물체는 고전 역학의 법칙을 따르지만, 전자, 원자 그리고 분자와 같은 작은 입자들은 이를 따르지 않는다.

물질의 파동성에 기초를 둔, **양자 역학**(quantum mechanics)이라 불리우는 다른 하나의 역학은 작은 입자들의 행동을 보다 잘 설명한다. 에너지의 양자화는 이러한 파동성의 산물이다.

양자 역학에서 강조되는 원리 중 하나는 전자가 핵 주위에서 움직일 때 그 경로를 정확히 결정할 수 없다는 것이다. 1927년 하이젠베르그(Werner Heisenberg, 1901～1976)에 의해 언급된 **하이젠베르그의 불확정성 원리**(Heisenberg Uncertainty Principle)는 모든 실험적 관찰을 만족시키는 주장이다.

> 전자(또는 작은 입자)의 운동량과 위치를 동시에 정확하게 결정하는 것은 불가능하다.

운동량은 질량에 속도를 곱한 값이다; mv. 전자는 매우 작고 빠르게 운동하기 때문에 그의 운동은 일반적으로 전자기 복사에 의해 검출할 수 있다. 전자와 작용하는 광자는 전자의 에너지와 비슷한 에너지를 가지고 있다. 결과적으로, 광자와 전자의 작용은 전자의 운동을 심각하게 방해한다. 한 전자의 운동량과 위치를 동시에 결정할 수 없기 때문에 통계적으로 분류하고 공간 영역에서 발견될 확률로 설명한다.

양자 역학의 몇 가지 기본 개념을 적어보자.

1. 원자와 분자들은 특정한 에너지 상태에서만 존재한다. 각 에너지 상태에서는 일정한 에너지를 갖는다. 원자나 분자들의 에너지 상태(양자 조건)가 변할 때 필요한 에너지를 방출하거나 흡수한다.

원자나 분자들은 여러 가지 형태의 에너지를 갖는다. 여기서는 *전자 에너지*에 초점을 맞추기로 하자.

2. 원자나 분자들이 빛을 방출하거나 흡수하면 그들의 에너지가 변한다. 에너지의 변화는 다음 식에서 보듯, 방출 또는 흡수된 빛의 파장(또는 진동수)과 관계가 있다.

$$\Delta E = h\nu \text{ 또는 } \Delta E = hc/\lambda$$

이 식은 에너지 변화 ΔE와 방출 또는 흡수된 빛의 파장 λ과의 관계를 나타낸다. *한 원자가 높은 에너지 상태에서 낮은 에너지 상태(낮은 에너지 상태에서 높은 에너지 상태)로 이동하면서 내는(얻는)*

에너지는 방출(흡수)된 광자의 에너지와 같다.

3. 원자나 분자들의 허용된 에너지 상태는 *양자수*들로 표시할 수 있다.

양자 역학의 수학적 접근에서는 원자 내 전자를 하나의 *고정파*(standing wave)로 다룬다. 고정파는 이동하지 않기 때문에, 매듭(node)이라 불리는 진폭이 0인 곳이 적어도 하나 이상 존재한다. 예를 들어 기타 줄의 진동을 살펴보자(그림 4-17). 줄의 양 끝이 고정되어 있기 때문에 모든 *파장의 반*이 줄의 길이가 되는 진동 운동을 한다(그림 4-17a). 유사하게, 수소 원자의 전자는 하나의 파동처럼 행동한다고 상상할 수 있다. 전자는 진동하는 기타 줄에 적용된 고정파와 같은 수학으로 설명할 수 있다. 이 방법에서는 전자의 특성을 3차원의 파동 함수 ψ에 의해 기술할 수 있다. 핵 주위의 주어진 공간에서는 특정한 "파동"만이 존재할 수 있다. 이 "허용된 파동"은 전자의 안정한 에너지 상태에 해당하며 특정한 양자수의 짝들로 표시된다.

원자와 분자를 양자 역학적으로 다루는 것은 지극히 수학적인 방법이다. 슈뢰딩거의 파동 방정식은 원자 내 전자의 가능한 에너지 상태를 설명한다. 각각의 해(solution)는 **양자수**(quantum number)들의 짝으로 표시된다. 또 이 해는 전자 분포의 배향과 모양도 알려준다. 이 원자 궤도함수들은 슈뢰딩거 방정식에서 얻어졌다. 궤도함수들은 양자수와 직접 관련이 있다.

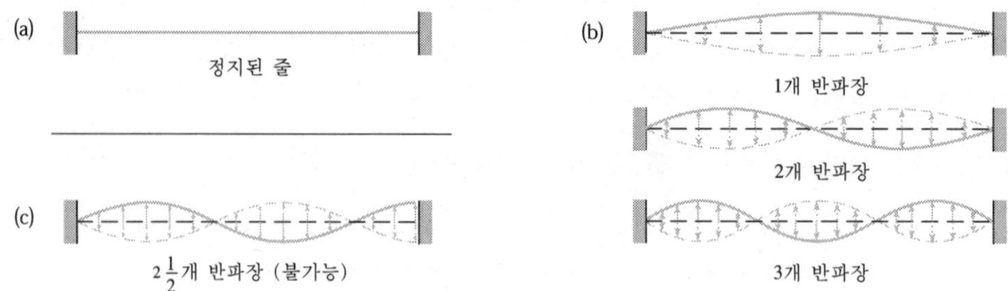

그림 4-17 (a) 기타 줄과 같이 양 끝이 고정된 줄. (b) 기타 줄을 튕길 때 나타나는 진동의 두 극단적인 위치를 실선과 점선으로 표시함. (c) 기타 줄을 튕길 때 불가능한 진동의 예.

슈뢰딩거 방정식(Schrödinger Equation)

1926년, 슈뢰딩거(Erwin Schrödinger, 1887~1961)는 드 브로이의 개념에서 얻어진 3차원의 고정파에 대한 식을 수정하여 슈뢰딩거 방정식을 만들었다. 그는 이 수정된 방정식을 이용하여 수소 원자의 에너지 준위를 구할 수 있었다.

$$-\frac{h^2}{8\pi^2 m}\left(\frac{\partial^2\psi}{\partial x^2}+\frac{\partial^2\psi}{\partial y^2}+\frac{\partial^2\psi}{\partial z^2}\right)+V\psi=E\psi$$

이 방정식은 수소원자와 He^+, Li^{2+} 같은 1전자 화학종들에 대해서만 정확하게 풀 수 있다. 보다 복잡한 원자나 분자들에서는 이 식을 단순화시켜주는 가정이 필요하다.

1928년에 디락(Paul A. M. Dirac, 1902~1984)은 상대성을 고려하여 전자의 양자 역학을 다시 정립하였다. 여기서 4번째 양자수가 나왔다.

4-15 양자수

수소 원자의 슈뢰딩거와 디락 방정식의 풀이는 수소에 있는 하나의 전자가 가지는 여러 상태를 기술하는 파동 함수 ψ를 제공해 주고 있다. 가능한 상태들은 4개의 양자수로 나타낼 수 있다. 우리는 모든 원자에서 소위 **전자 배치**(electron configuration)라고 부르는 전자들의 배열을 꾸미는데 이 양자수들을 이용할 수 있다. 양자수들은 전자의 에너지와 궤도의 모양을 설명하는데 중요한 역할을 한다. 원자 궤도함수의 논의를 다룰 뒷장에서 이에 대한 명확한 해석을 시작할 것이나, 지금은 다음과 같이 이야기하기로 한다.

> 하나의 **원자 궤도함수**(atomic orbital)는 하나의 전자를 발견할 확률이 높은 공간 영역이다.

각 양자수와 이들이 가지는 범위를 정의한다.

1. **주양자수**(principal quantum number) n은 전자가 채워지는 주 에너지 준위, 또는 껍질을 나타낸다. 이것은 자연수로 표시된다.

$$n = 1, 2, 3, 4, \ldots$$

2. **각 운동량 양자수**(angular momentum quantum number) ℓ 전자가 채워지는 공간의 모양을 나타낸다. 각 궤도에는 독특한 모양을 갖는 서로 다른 *부준위*(sublevel) 또는 *부껍질*(subshell)이 있을 수 있다. 각 운동량 양자수는 전자가 채워질 부준위, 즉 부궤도를 구성한다. 이 양자수 ℓ 은 0에서 $n-1$까지의 자연수를 갖는다:

$$\ell = 0, 1, 2, \ldots, (n-1)$$

각각의 수는 다른 부준위(부껍질)에 해당한다.

$\ell = 0, 1, 2, 3, \ldots$ 은 $= s, p, d, f, \ldots$ 궤도를 의미한다.

첫 번째 껍질에서 ℓ 의 최대값은 0 이다. 이것은 첫 번째 껍질에는 p 부껍질은 없고 s 껍질만 있다는 것을 말한다. 두 번째 껍질에서 ℓ 은 0 과 1을 가질 수 있고, 이것은 두 번째 껍질에는 s와 p 부껍질이 있다는 것을 말한다.

3. **자기 양자수**(magnetic quantum number) m_ℓ는 부껍질에 존재하는 특정 궤도를 나타낸다. 같은 부껍질에 있는 궤도들은 에너지는 같으나 공간 배향은 다르다. 각 부껍질에서 m_ℓ은 $-\ell$ 에서 $+\ell$ 까지의 정수다.

$$m_\ell = (-\ell), \ldots, 0, \ldots, (+\ell)$$

예를 들어, p 부껍질을 나타내는 $\ell=1$일 때, $m_\ell = -1, 0$, 그리고 $+1$을 가질 수 있다. 원자 궤도함수라 부르는 3개의 구별되는 공간 영역이 p 부껍질에 존재한다. 우리는 이 궤도들을 p_x, p_y 그리고 p_z라고 부른다.

4. **스핀 양자수**(spin quantum number) m_s는 한 전자의 스핀과 스핀에 의하여 생기는 자기장의 배향을 나타낸다. 모든 n, ℓ 그리고 m_ℓ 짝들에 대하여 m_s는 $+\frac{1}{2}$ 과 $-\frac{1}{2}$ 을 가질 수 있다:

$$m_s = \pm\frac{1}{2}$$

n, ℓ 그리고 m_ℓ 은 하나의 특정한 원자 궤도함수를 나타낸다. 각 원자 궤도함수는 m_s가 $+\frac{1}{2}$과 $-\frac{1}{2}$인 두 전자를 채울 수 있다.

표 4-4에 4개의 양자수가 요약되어 있다. 양자 역학으로 예상했던 각 껍질이 가지고 있는 원자 궤도함수의 수는 분광학적으로 확인되었다.

표 4-4 $n = 4$까지에 대한 허용된 양자수

n	ℓ	m_ℓ	m_s	부껍질에 채울 수 있는 총 전자 수 = $4_\ell + 2$	껍질에 채울 수 있는 총 전자 수= $2n^2$
1	0 (1*s*)	0	$+\frac{1}{2}, -\frac{1}{2}$	2	2
2	0 (2*s*)	0	$+\frac{1}{2}, -\frac{1}{2}$	2	8
	1 (2*p*)	−1, 0, +1	$\pm\frac{1}{2}$ for each value of m_ℓ	6	
3	0 (3*s*)	0	$+\frac{1}{2}, -\frac{1}{2}$	2	18
	1 (3*p*)	−1, 0, +1	$\pm\frac{1}{2}$ for each value of m_ℓ	6	
	2 (3*d*)	−2, −1, 0, +1, +2	$\pm\frac{1}{2}$ for each value of m_ℓ	10	
4	0 (4*s*)	0	$+\frac{1}{2}, -\frac{1}{2}$	2	32
	1 (4*p*)	−1, 0, +1	$\pm\frac{1}{2}$ for each value of m_ℓ	6	
	2 (4*d*)	−2, −1, 0, +1, +2	$\pm\frac{1}{2}$ for each value of m_ℓ	10	
	3 (4*f*)	−3, −2, −1, 0, +1, +2, +3	$\pm\frac{1}{2}$ for each value of m_ℓ	14	

4-16 원자 궤도함수

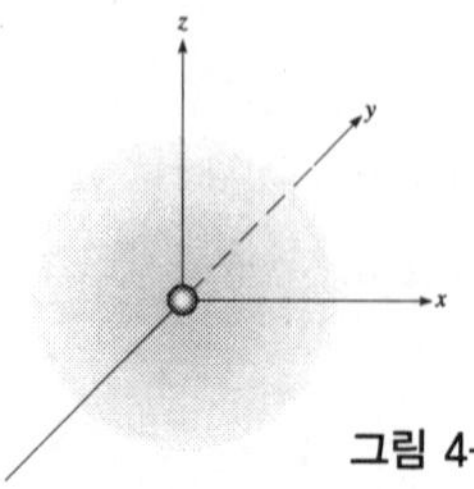

이제 원자 내 전자의 분포를 기술해보자. 각 중성 원자에서는 핵에 들어 있는 양성자의 수, 즉 원자 번호만큼 전자를 세어주어야 한다. 각 전자는 양자수 n, ℓ 그리고 m_ℓ 로 정의되는 **원자 궤도함수**(atomic orbital)에 차 있다고 말한다. 어떤 원자에서도 각 궤도함수는 2개의 전자를 채울 수 있다. 원

그림 4-18 핵 주위를 감싸고 있는 전자 구름. 전자 밀도는 핵에서부터의 거리가 멀어짐에 따라 급격히 감소한다.

자 내에서 원자 궤도함수는 전자 구름의 퍼짐으로 묘사될 수 있다(그림 4-19).

하나의 원자에 존재하는 각 원자 궤도함수의 주껍질은 주양자수 n으로 표시된다. 우리가 알다시피, 주양자수는 정수 값이다; $n = 1, 2, 3, 4, ...$ $n = 1$의 값은 첫 번째, 또는 가장 안쪽의 껍질을 뜻한다. 주껍질은 전자의 에너지 준위에 해당한다. 다음에 이어지는 껍질들은 핵으로부터 점점 멀리 떨어진다. 예를 들어 $n = 2$ 껍질은 $n = 1$ 껍질보다 핵에서 더욱 멀리 떨어져 있다. 각 껍질들에 채울 수 있는 전자 수가 표 4-4의 제일 오른쪽 행에 표시되어 있다. n 값에 대하여 채울 수 있는 전자 수는 $2n^2$개다.

4-15절의 규칙에 따라 각 껍질은 하나의 s 원자 궤도함수로 구성된($m_\ell = 0$으로 표시되는) 하나의 s 부껍질($\ell = 0$ 으로 표시되는)을 가진다. 우리는 서로 다른 주 껍질의 궤도들을 주양자수를 사용하여 구분한다; $1s$는 첫 번째 껍질의 s 궤도를 나타내고, $2s$는 두 번째 껍질의 s 궤도, 그리고 $2p$는 두 번째 껍질의 p 궤도 등으로 나타낸다(표 4-4).

양자 역학 방정식으로부터 원자 내 각 위치에서의 전자 확률 밀도(줄여서 전자 밀도)를 구할 수 있다. 이것은 각 위치에서 전자를 발견할 확률이다. 이 식에서 전자 밀도는 $r^2\psi^2$이고, 여기서 r 은 핵으로부터의 거리에 해당된다.

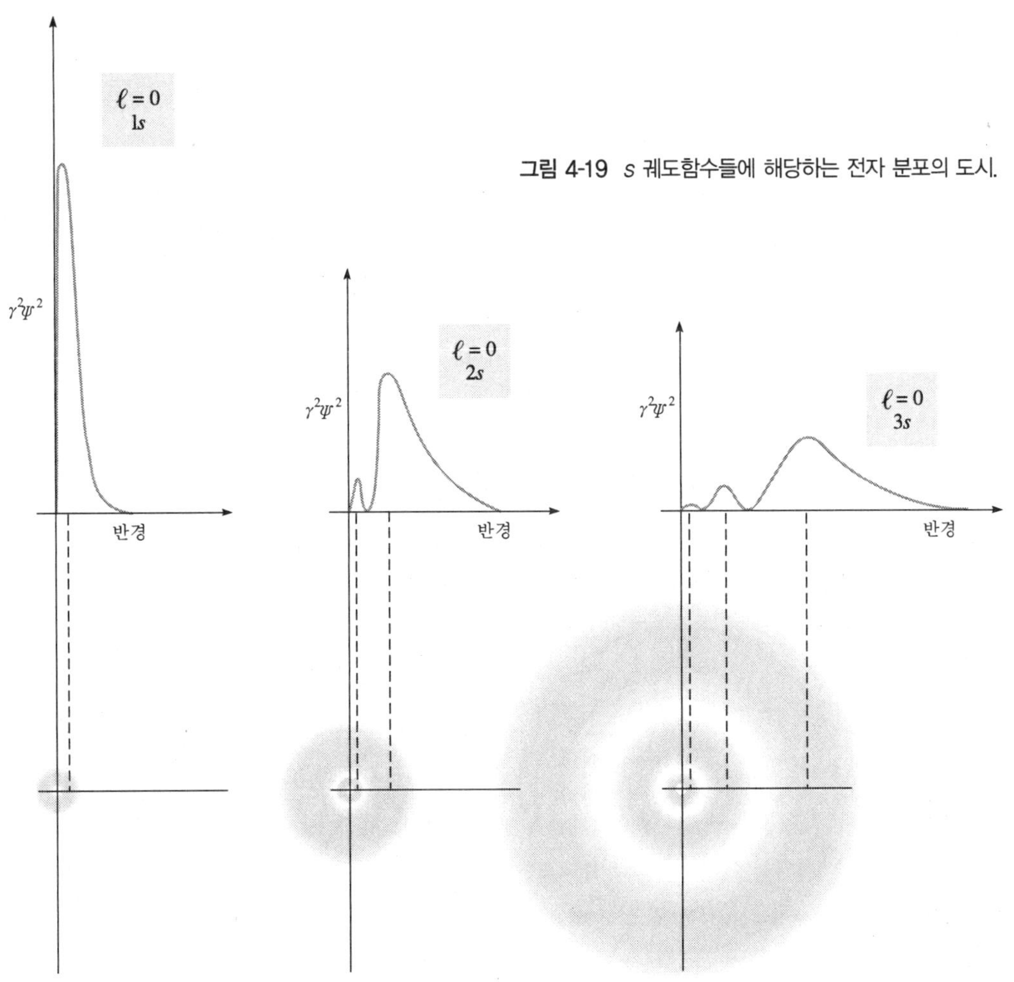

그림 4-19 s 궤도함수들에 해당하는 전자 분포의 도시.

핵에서부터 거리에 따른 s 궤도함수의 전자 확률 밀도를 그림 4-19의 그래프에 도시하였다. 여기에서 전자 확률 밀도 곡선은 원자 내에서 방향과 관계없이 같다. s 궤도함수는 구 대칭으로 묘사된다(그림 4-20). 1s, 2s 그리고 3s에 해당하는 전자 구름(전자 밀도)이 그래프의 아래 부분에 보인다. 전자 구름들은 3차원이고 여기서는 단면만을 보여주고 있다.

두 번째 껍질을 살펴보자. 각 껍질에는 $\ell = 1$로 표시하는 p 궤도함수들를 포함하고 있다. 이 껍질은 $m_\ell = -1, 0, +1$에 해당하는 3개의 p 궤도함수로 구성되어 있다. 그들이 발견되는 주껍질을 가리키기 위하여 2p, 3p, 4p, 5p 등으로 표시한다. 각 p 궤도함수의 짝들은 서로 수직인 아령 모양이다(그림 4-22). 핵은 통상 x, y, z 축으로 표시하는 카터시안 좌표의 원점으로 표시된다(그림 4-22a). 아래첨자 x, y, z는 3개의 궤도함수가 향하는 축을 나타낸다. 세 개의 p 궤도함수가 그림 4-22b에 표시되어 있다.

세 번째 껍질을 살펴보자. 각 껍질에는 $\ell = 2$로 표시되는 5개의 d 원자 궤도함수가 있다($m_\ell = -2, -1, 0, +1, +2$). 그들이 발견되는 주껍질을 가리키기 위하여, 3d, 4d, 5d 등으로 표시한다. 이들의 모양을 그림 4-23에서 보여주고 있다.

네 번째 이상의 껍질에는 7개의 f 원자 궤도함수 ($m_\ell = -3, -2, -1, 0, +1, +2, +3$)를 포함하는 네 번째 부껍질이 들어 있다. 이것들이 그림 4-24에 보인다.

따라서, 우리는 첫 번째 주껍질은 1s 궤도함수만을 가지고 있다는 것을 알 수 있다. 즉, 두 번째 껍질

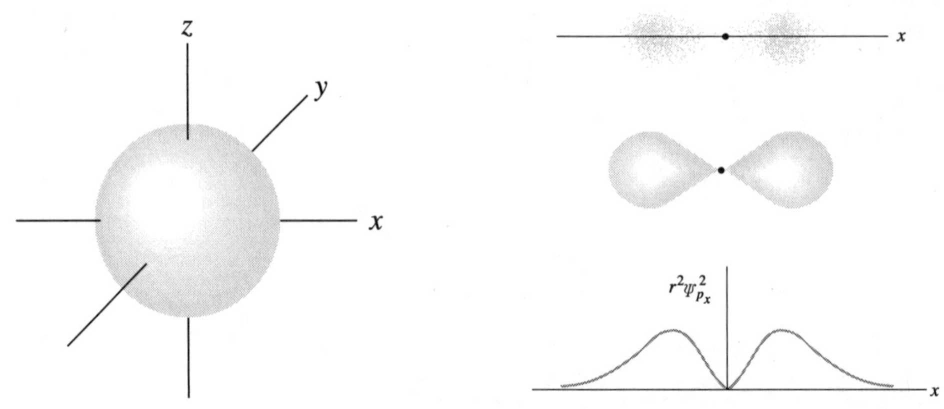

그림 4-20 s 궤도함수의 모양.

그림 4-21 p 궤도함수들의 모양을 보여주는 세 가지 표현.

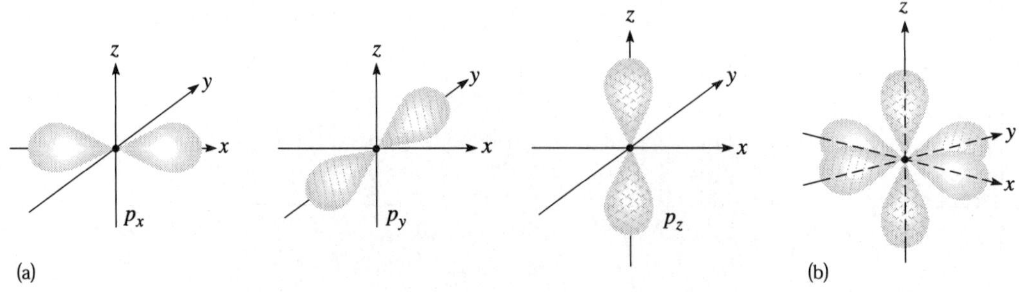

그림 4-22 (a) p 궤도함수 짝들의 상대적 방향성. (b) 3개의 p 궤도함수(p_x, p_y 그리고 p_z)를 하나의 짝으로 표시한 모형.

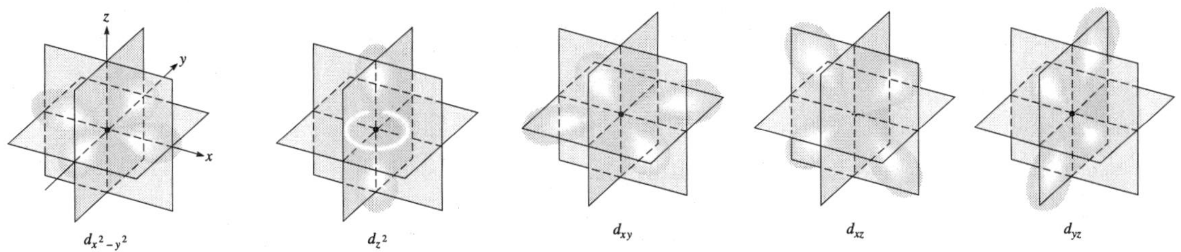

그림 4-23 *d* 궤도함수들의 공간 배향.

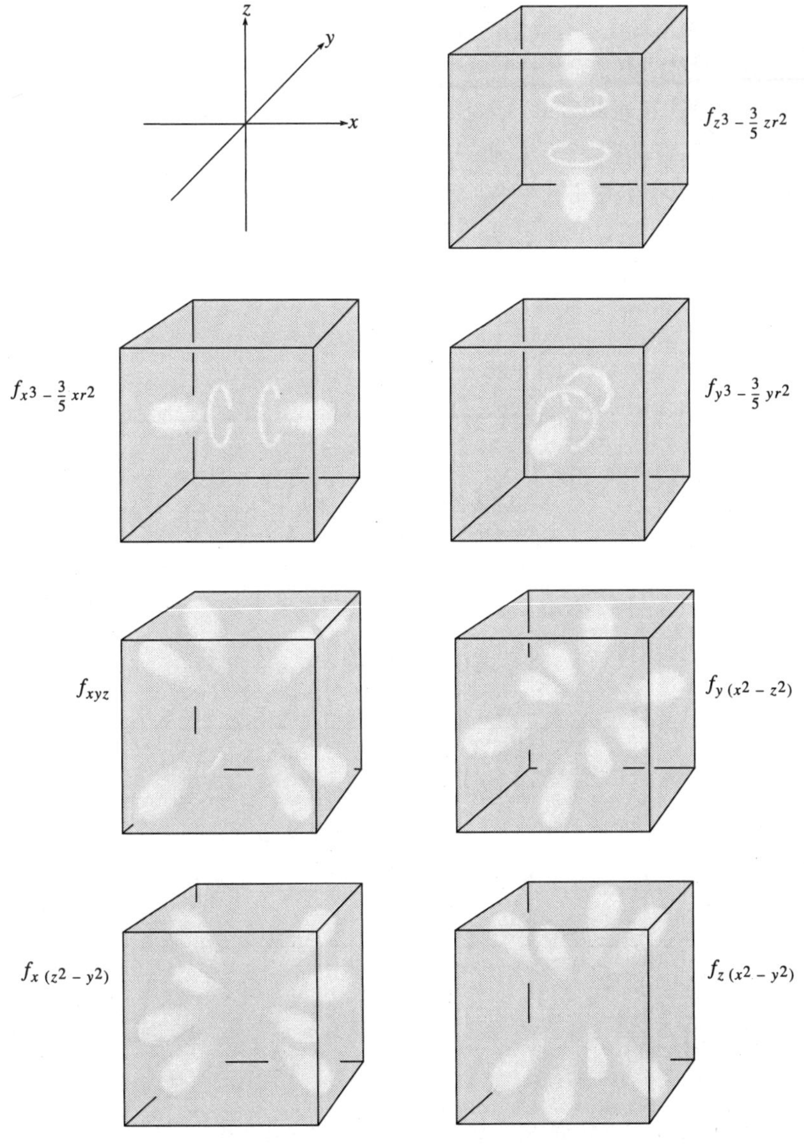

그림 4-24 *f* 궤도함수들의 상대적 방향성.

은 1개의 2s와 3개의 2p, 세 번째 껍질에는 1개의 3s, 3개의 3p 그리고 5개의 3d 궤도를, 네 번째 껍질에는 1개의 4s, 3개의 4p, 5개의 4d 그리고 7개의 4f 궤도함수를 가지고 있다.

궤도함수의 크기는 n 값이 증가함에 따라 커지며, 실제 궤도함수의 모양은 그림 4-25처럼 "분산"되어 있다. 그러나, 우리는 일반적으로 p, d, 그리고 f 궤도함수들을 그림 4-22, 4-23 그리고 4-24처럼 시각화하기 쉬운 홀쭉한 모양으로 표현하여 사용한다.

이 절에서는 아직 4번째 양자수, 스핀 양자수(m_s)에 대하여 논의하지 않았다. m_s는 $+\frac{1}{2}$과 $-\frac{1}{2}$의 두 값을 가질 수 있기 때문에, n, ℓ 그리고 m_ℓ 값으로 정의되는 각 원자 궤도함수에 2개의 전자를 채울 수 있다. 전자들은 음전하를 띠고 있고 그들의 중심으로 회전하고 있어 마치 작은 자석처럼 행동한다. 이런 전자 운동은 자기장을 만들고 이들은 서로 상호 작용한다. 반대 부호의 m_s 값을 가진 같은 궤도함수의 두 전자를 **"스핀이 짝지워졌다"**고 또는 줄여서 **"짝지워졌다"**고 말한다(그림 4-26).

지금까지 우리가 다루었던 것을 표로 요약하자. 주양자수 n은 주껍질을 가리킨다. 각 주껍질에 있는 부껍질의 수는 n과 같고 원자 궤도함수들의 개수는 n^2개다. 각 궤도함수에 2개의 전자를 채울 수 있기 때문에 각 껍질에 들어갈 수 있는 최대 전자 수는 $2n^2$개다.

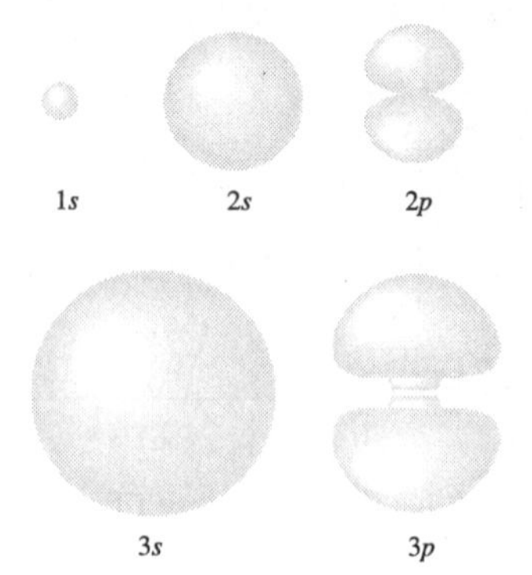

◀ **그림 4-25** 원자에서 각 궤도함수의 모양과 상대적인 크기.

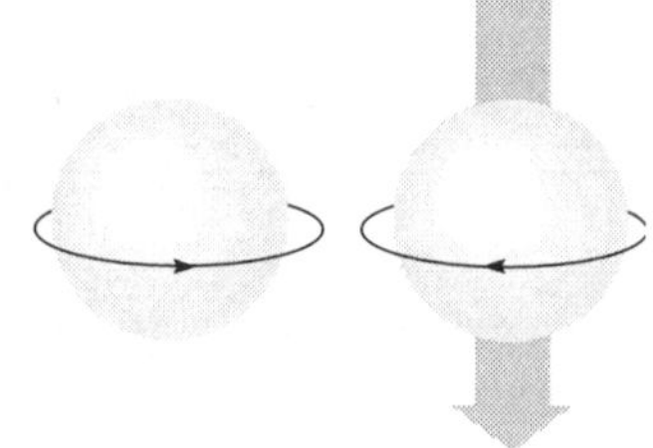

그림 4-26 전자 스핀. ▶ 전자들은 그들의 중심을 통하는 축으로 회전하는 것처럼 행동한다.

한 개의 전자가 $m_s = +\frac{1}{2}$을 가지면, 다른 한 개의 전자는 $m_s = -\frac{1}{2}$을 가짐.

껍질 n	부껍질 수 n	원자 궤도함수 n^2	최대 전자 수 $2n^2$
1	1	1 (1s)	2
2	2	4 ($2s$, $2p_x$, $2p_y$, $2p_z$)	8
3	3	9 (3s, 3개의 3p, 5개의 3d)	18
4	4	16	32
5	5	25	50

4-17 전자 배치

한 원자의 파동 함수는 동시에 원자 내 모든 전자에 의존한다. 슈뢰딩거 방정식은 두 개 이상의 전자를 가진 원자에서는 매우 복잡해져서 헬륨에서조차 명확하게 풀기 어렵다. 우리는 다전자 원자에서는 슈뢰딩거 방정식을 근사적으로 풀지 않으면 안된다. 따라서 우리는 다전자 원자에서는 슈뢰딩거 방정식을 근사법에 의존하지 않으면 안된다. 가장 널리 사용되며 유용한 소위 **궤도함수 근사법**(orbital approximation)을 사용하자. 이 근사법에서는 한 원자의 전자 구름을 각 전자의 전하 구름, 즉 궤도함수들의 겹침으로 생각한다. 이 궤도함수는 앞장에서 자세히 다룬 수소의 원자 궤도함수와 유사하다. 각 전자는 수소 원자에서 사용한 양자수들(n, ℓ , m_ℓ 그리고 m_s)의 허용된 조합으로 설명된다. 그러나 궤도함수 에너지들의 순서는 자주 수소에서의 순서와 다르다.

서로 다른 원자에서의 전자 구조를 살펴보기로 하자. 우리가 각 원자에서 다루려 하는 전자 배치를 **바닥 상태 전자 배치**(ground state electron configuration)라 부른다. 이것은 독립된 원자의 가장 낮은 에너지 또는 들뜨지 않은 상태에 해당된다. 실험적으로 얻은 각 원소들의 전자 배치가 부록 B에 주어져 있다.

바닥 상태의 전자 배치를 설명하면서 원자의 *총 에너지*는 가능하면 낮아야 된다는 것을 염두에 두자. 이 배치를 결정하기 위하여 **쌓음 원리**(Aufbau Principle)를 길잡이로 이용하자.

각각의 원자는 (1) 원자 번호와 질량 수에 따라 이에 상응하는 양성자와 중성자를 더하여 나가고, (2) 원자의 가장 낮은 총 에너지를 가지도록 전자를 더하여 나감으로써 축조(build up)된다.

궤도함수 에너지는 양자수 n이 증가함에 따라 증가한다. 같은 n 값일 때는 ℓ 값이 증가함에 따라 증가한다. 다시 말해 특정한 주껍질에서는 s 부껍질의 에너지가 가장 낮고, p, d, f 부껍질 순으로 높아진다. 핵의 전하가 다르고 전자들 상호간의 작용이 다르기 때문에, 원자에 따라 궤도함수 에너지 순서는 달라질 수 있다.

두 가지 일반적인 법칙이 전자 배치를 예상하는데 도움을 준다.

1. 전자는 $n + \ell$ 이 증가하는 순서로 각 궤도에 채워진다.
2. 부껍질의 $n + \ell$ 값이 같을 때 n 값이 작은 부껍질에 먼저 채워진다.

예를 들어, $2s$ 부껍질은 $n + \ell = 2 + 0 = 2$의 값을, $2p$ 부껍질은 $n + \ell = 2 + 1 = 3$의 값을 갖는다. 따라서 $2p$보다 $2s$ 부껍질에 전자가 먼저 채워질 걸로 예상할 수 있다(법칙 1). 이 법칙에 의하여 $3d$ ($n + \ell = 5$)보다 $4s$ ($n + \ell = 4$) 부껍질에 전자가 먼저 채워질 걸로 예상할 수 있다. 법칙 2는 $3s(n + \ell = 3 + 0 = 3)$보다 $2p(n + \ell = 2 + 1 = 3)$ 궤도함수의 n 값이 더 작기 때문에 먼저 채워진다는 것을 상기시켜준다. 원자 궤도함수들의 에너지 순서가 그림 4-27에, 이 순서를 기억하는데 도움이 되는 표가 그림 4-28에 보인다.

그러나 이것들은 전자 배치를 예상할 수 있는 하나의 길잡이라는 것을 고려해야 한다. 관찰되는 최저 총 에너지의 전자 배치는 쌓음 원리에 의하여 예상할 수 있는 전자 배치와 항상 일치하지는 않는다. 특히 B족 원소들에서 적지 않은 예외를 볼 수 있다.

원자의 전자 구조는 **파울리의 배타 원리**(Pauli Exclusion Principle)를 따른다.

하나의 원자에서 어떤 두 개의 전자도 4개의 양자수가 모두 같을 수는 없다.

하나의 궤도함수는 허용된 n, ℓ 그리고 m_ℓ 로 표시된다. 두 개의 전자는 서로 반대 스핀(m_s)일 때만 같은 궤도함수에 들어갈 수 있다. 같은 궤도함수에 있는 두 개의 전자는 쌍을 이룬다. 좀더 간단하게 원자 궤도함수를 ___로 나타내면, 홀 전자는 ↿ 로 쌍을 이루는 전자는 ⇅로 표시할 수 있다. 궤도함수에 혼자 들어가 있는 전자를 "홀 전자(unpaired electron)"라 부르는데, 궤도함수에 혼자 들어가 있는 전자를 의미한다.

첫 번째 열. 첫 번째 주껍질은 하나의 원자 궤도함수 1를 가지고 있다. 여기에 최대 2개의 전자를 채울 수 있다. 수소는 첫 번째 껍질에 하나의 전자만을 채운다. 0족 기체, 헬륨은 이 껍질에 2개의 전자를 채운다. 이 원자는 매우 안정하여 알려진 화학 반응이 없다.

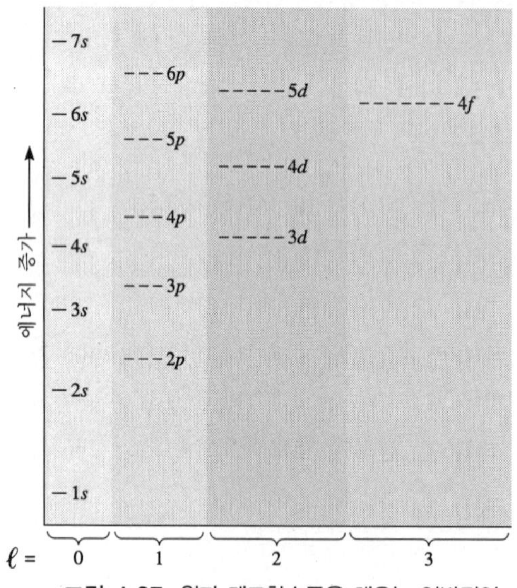

그림 4-27 원자 궤도함수들을 채우는 일반적인 순서(Aufbau 순서).

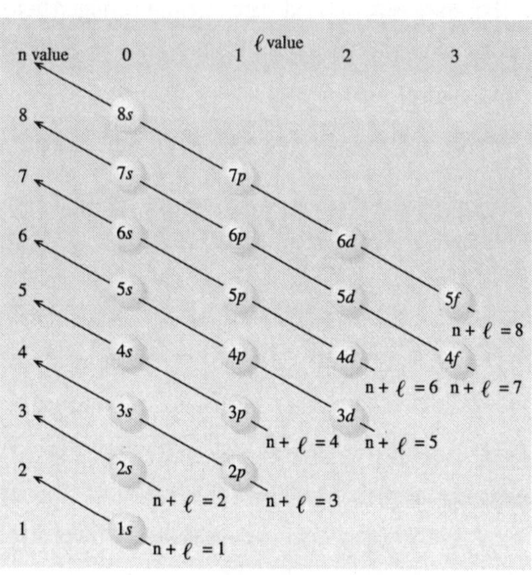

그림 4-28 원자 궤도함수들을 채우는 일반적인 순서를 기억하는데 도움이 되는 그림.

	궤도함수 표시 1s	단순 표시
$_1H$	↿	$1s^1$
$_2He$	⇅	$1s^2$

두 번째 열. 원자 번호 3에서 10까지의 원소가 주기율표의 두 번째 주기, 또는 두 번째 열에 채워진다. 네온 원자는 두 번째 주껍질까지 모두 채워진다. 0족 기체인 네온은 매우 안정하여 알려진 화학 반응이 없다.

	궤도함수 표시 1s	2s	2p	단순 표시		
$_3Li$	⇅	↿		$1s^22s^1$	또는	[He] $2s^1$
$_4Be$	⇅	⇅		$1s^22s^2$		[He] $2s^2$
$_5B$	⇅	⇅	↿ ___ ___	$1s^22s^22p^1$		[He] $2s^22p^1$
$_6C$	⇅	⇅	↿ ↿ ___	$1s^22s^22p^2$		[He] $2s^22p^2$
$_7N$	⇅	⇅	↿ ↿ ↿	$1s^22s^22p^3$		[He] $2s^22p^3$

다음 페이지 계속 ☞

	궤도함수 표시			단순 표시		
	1*s*	2*s*	2*p*			
$_{8}O$	↑↓	↑↓	↑↓ ↑ ↑	$1s^22s^22p^4$	또는	$[He]\ 2s^22p^4$
$_{9}F$	↑↓	↑↓	↑↓ ↑↓ ↑	$1s^22s^22p^5$		$[He]\ 2s^22p^5$
$_{10}Ne$	↑↓	↑↓	↑↓ ↑↓ ↑↓	$1s^22s^22p^6$		$[He]\ 2s^22p^6$

우리는 어떤 원자의 경우 에너지적으로 동등한, 즉 **축퇴**(degenerate)된 궤도함수의 짝들(set)이 홀 전자들을 가지고 있는 것을 본다. 우리는 두 개의 전자가 같은 n, ℓ, m 값을 갖는 주어진 원자 궤도함수에 단지 m_s만 서로 반대의 값을 가지면서 그들의 스핀이 짝지어진 것을 보았다. 그러나 두 전자가 같은 궤도함수에 있을 때는 서로 다른 궤도함수에 있을 때보다 반발력이 크다. 이 두 이론과 실험적 관찰로부터 **훈트의 법칙**(Hund's Rule)이 유도되었다.

> 전자는 주어진 부껍질의 궤도함수에 짝을 이루기 전에 모든 궤도함수들을 먼저 홀로 채운다. 이때 짝을 이루지 않은 전자들은 서로 평행하다.

그러므로 탄소는 2*p* 궤도함수들에 2개의 홀 전자를, 질소는 3개의 홀 전자를 갖는다.

상자성과 반자성

홀 전자를 가진 물질은 자기장으로 약하게 끌리며 **상자성**(paramagnetic)이라 불린다. 반대로 모든 전자가 짝지어진 물질은 자기장에 의해 미약하게 반발하게 되고 이것은 **반자성**(diamagnetic)이라 불린다. 자기적 효과는 시료를 채운 시험관을 저울에 긴 줄로 연결하여 전자석 사이에 매달아 측정될 수 있다(그림 4-29). 전류를 흘렸을 때 황산구리(II) 같은 상자성의 물질은 강한 자기장으로 이끌린다. 몰 상자성 인력은 자기장에 전압을 가하기 전과 후의 시료 무게를 잼으로써 측정될 수 있다. 몰 상자성은 각 화학식 단위의 홀 전자 수가 증가함에 따라 증

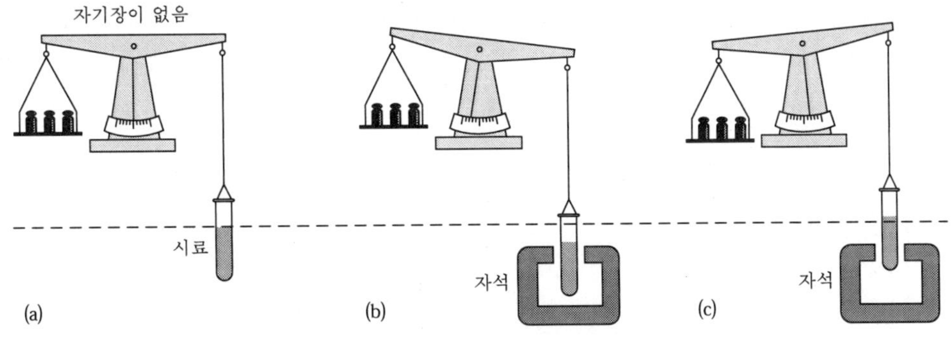

그림 4-29 물질의 상자성을 측정하는 기구의 도식. (a) 자기장을 걸어주기 전에 시료의 위치와 무게를 측정한다. (b) 자기장을 걸어주었 때, 상자성의 물질은 자기장 안으로 이끌린다. (c) 반자성의 물질은 자기장에 의해 매우 약하게 반발하게 된다.

가한다. 수많은 전이금속과 이온들은 하나 또는 더 많은 홀 전자를 갖고 있다.

철 삼총사(Fe, Co 그리고 Ni)는 **강자성**(ferromagnetism)을 나타내는 유일한 *자유*(free) 원소다. 이것은 상자성보다 강한 자기성을 의미한다; 물질이 자기장에 놓였을 때 영구적으로 자성을 띠게 한다. 이런 현상은 자유롭게 배향된 전자 스핀이 전압이 걸린 자기장에서 그들 스스로 정렬될 때 일어난다. 강자성을 나타내기 위해서, 원자들이 적당한 범위 내에 위치해서 인접한 원자의 홀 전자들이 협력할 수 있어야 하나, 홀 전자들이 쌍을 이룰 정도로 가까워서는 안된다. 강자성체들에 대한 실험적 증거는 원자들은 아주 작은 부피 내에서 수 많은 원자를 포함하는 영역으로 뭉친다는 것을 시사한다. 각 영역 내에 있는 원소들은 다른 영역에 있는 원소와 상호 작용한다.

		궤도함수 표시		
		3*s*	3*p*	단순 표시
$_{11}$Na	[Ne]	↑		[Ne] $3s^1$
$_{12}$Mg	[Ne]	↑↓		[Ne] $3s^2$
$_{13}$Al	[Ne]	↑↓	↑ __ __	[Ne] $3s^23p^1$
$_{14}$Si	[Ne]	↑↓	↑ ↑ __	[Ne] $3s^23p^2$
$_{15}$P	[Ne]	↑↓	↑ ↑ ↑	[Ne] $3s^23p^3$
$_{16}$S	[Ne]	↑↓	↑↓ ↑ ↑	[Ne] $3s^23p^4$
$_{17}$Cl	[Ne]	↑↓	↑↓ ↑↓ ↑	[Ne] $3s^23p^5$
$_{18}$Ar	[Ne]	↑↓	↑↓ ↑↓ ↑↓	[Ne] $3s^23p^6$

세 번째 열. 네온 다음의 원소는 나트륨이다. 세 번째 껍질에 전자를 채워 나가자. 11번에서 18번까지의 원소가 주기율표에서 세 번째 주기에 해당한다.

세 번째 껍질을 다 채우지 않았지만(*d* 궤도함수들은 아직 비어 있지만) 아르곤은 0족 기체다. 헬륨을 제외한 모든 0족 기체는 ns^2np^6의 전자 배치를 갖는다(여기서 *n*은 채워져 있는 궤도함수들 중 제일 큰 값을 나타낸다). 0족 기체는 반응성이 매우 낮다.

네 번째와 다섯 번째 열. 실험적으로 *전자는 원자의 총 에너지를 가장 낮게 만드는 궤도함수들에 차게 된다*. 3*d* 궤도함수보다 4*s* 궤도함수에 먼저 전자가 채워져 원자의 총 에너지를 낮추는 것이 관찰되었다. 그래서 우리는 궤도함수를 이와 같은 순서로 채운다(그림 4-27, 28 참조). 쌓음 순서에 따라 3*d*에 앞서 4*s*에 먼저 채워진다. 일반적으로 *nd 궤도함수에 앞서 (n + 1) s 궤도함수에 전자를 먼저 채운다*. 3*d*에 10개의 전자를 채운 후 4*p*, 3개의 궤도함수를 다 채우면 0족 기체 크립톤이 된다. 다음 5*s*와 5개의 4*d* 3개의 5*p* 궤도함수를 다 채우면 0족 기체 크세논이 된다. 이제 4번째 주기의 18개 원자에 대하여 자세히 살펴보기로 하자. 이들 중 일부는 *d* 궤도함수에 전자가 차 있다.

		궤도함수 표시			
		3*d*	4*s*	4*p*	단순 표시
$_{19}$K	[Ar]		↑		[Ar] $4s^1$
$_{20}$Ca	[Ar]		↑↓		[Ar] $4s^2$
$_{21}$Sc	[Ar]	↑ __ __ __ __	↑↓		[Ar] $3d^14s^2$
$_{22}$Ti	[Ar]	↑ ↑ __ __ __	↑↓		[Ar] $3d^24s^2$
$_{23}$V	[Ar]	↑ ↑ ↑ __ __	↑↓		[Ar] $3d^34s^2$

다음 페이지 계속 ☞

		궤도함수 표시			단순 표시
		$3d$	$4s$	$4p$	
$_{24}Cr$	[Ar]	↑ ↑ ↑ ↑ ↑	↑		[Ar] $3d^5 4s^1$
$_{25}Mn$	[Ar]	↑ ↑ ↑ ↑ ↑	↑↓		[Ar] $3d^5 4s^2$
$_{26}Fe$	[Ar]	↑↓ ↑ ↑ ↑ ↑	↑↓		[Ar] $3d^6 4s^2$
$_{27}Co$	[Ar]	↑↓ ↑↓ ↑ ↑ ↑	↑↓		[Ar] $3d^7 4s^2$
$_{28}Ni$	[Ar]	↑↓ ↑↓ ↑↓ ↑ ↑	↑↓		[Ar] $3d^8 4s^2$
$_{29}Cu$	[Ar]	↑↓ ↑↓ ↑↓ ↑↓ ↑↓	↑		[Ar] $3d^{10} 4s^1$
$_{30}Zn$	[Ar]	↑↓ ↑↓ ↑↓ ↑↓ ↑↓	↑↓		[Ar] $3d^{10} 4s^2$
$_{31}Ga$	[Ar]	↑↓ ↑↓ ↑↓ ↑↓ ↑↓	↑↓	↑ — —	[Ar] $3d^{10} 4s^2 4p^1$
$_{32}Ge$	[Ar]	↑↓ ↑↓ ↑↓ ↑↓ ↑↓	↑↓	↑ ↑ —	[Ar] $3d^{10} 4s^2 4p^2$
$_{33}As$	[Ar]	↑↓ ↑↓ ↑↓ ↑↓ ↑↓	↑↓	↑ ↑ ↑	[Ar] $3d^{10} 4s^2 4p^3$
$_{34}Se$	[Ar]	↑↓ ↑↓ ↑↓ ↑↓ ↑↓	↑↓	↑↓ ↑ ↑	[Ar] $3d^{10} 4s^2 4p^4$
$_{35}Br$	[Ar]	↑↓ ↑↓ ↑↓ ↑↓ ↑↓	↑↓	↑↓ ↑↓ ↑	[Ar] $3d^{10} 4s^2 4p^5$
$_{36}Kr$	[Ar]	↑↓ ↑↓ ↑↓ ↑↓ ↑↓	↑↓	↑↓ ↑↓ ↑↓	[Ar] $3d^{10} 4s^2 4p^6$

이미 전자 배치에 대해 배운 바와 같이, 대부분의 원자가 쌓음 원리에 따라 전자들이 채워지는 것을 알 수 있을 것이다. 그러나 $_{21}Sc$부터 $_{30}Zn$까지의 d 궤도함수는 완전히 규칙적으로 채워지는 것이 아니라는 것을 알 수 있다. $3d$ 궤도함수들에 전자가 증가될수록 $3d$의 에너지는 $4s$와 비슷해지고, 더 채워지면 결국 $4s$보다 낮아지게 된다. 예상대로라면 크롬의 전자 배치는 [Ar]$4s^2 3d^4$가 된다. 그러나 화학적, 분광학적 결과에 의하면 크롬의 전자 배치는 $4s$에 전자가 하나만 채워진 [Ar]$4s^1 3d^5$이다. 이 원자의 경우 $4s$와 $3d$의 에너지는 거의 같다. 6개의 전자가 아주 비슷한 에너지를 갖는 6개의 궤도함수에 각각 홀로 채워짐으로써 더욱 안정하게 된다(훈트의 법칙).

다음, Mn과 Ni에서는 예상한 쌓음 원리를 따른다. 이것은 2개의 전자가 보다 큰 $4s$ 궤도함수에 짝지워지는 것이 더 쉽기 때문이다. Cu에 이르러서는 $3d$의 에너지가 $4s$의 에너지보다 더 낮아지고 결과적으로 [Ar]$4s^2 3d^9$ 보다 [Ar]$4s^1 3d^{10}$의 총 에너지가 더 낮아진다.

우리는 Cr과 Cu에서의 예외가 같은 궤도함수들($3d$ 궤도함수들)에 반(d^5) 또는 완전히 채운(d^{10}) 전자 배치에 이른다는 것을 주목하자. 이와 같은 전자 배치는 다른 곳에서도 많이 발견된다. 그러나 $_{14}Si$이나 $_{32}Ge$의 전자 배치가 s^1p^3가 아닌 것은 ns와 np의 에너지 차이가 크기 때문이다.

예제 4-8 *전자 배치와 양자수*

질소 원자에 있는 전자들의 타당한 4가지 양자수를 써라.

계획

질소 원자의 7개 전자는 최저 에너지의 궤도함수들에 들어간다. 두 개의 전자는 s 궤도함수만 가진 첫 번째 껍질 $n = 1$에 들어가고, 이때 $\ell = 0$이며 따라서 $m_\ell = 0$이다. 두 전자는 스핀 양자수 m_s만 다르다. 다음의 5개 전자는 $n = 2$인 0과 1인 두 번째 껍질에 놓인다. 먼저 $\ell = 0(s)$ 부껍질을 채우고 다음에 $\ell = 1(p)$인 부껍질에 들어간다.

풀이

전자	n	ℓ	m_ℓ	m_s	e^- 배치
1, 2	1	0	0	$+\frac{1}{2}$	$1s^2$
	1	0	0	$-\frac{1}{2}$	
3, 4	2	0	0	$+\frac{1}{2}$	$2s^2$
	2	0	0	$-\frac{1}{2}$	
5, 6, 7	2	1	-1	$+\frac{1}{2}$ 또는 $-\frac{1}{2}$	$2p_x^1$
	2	1	0	$+\frac{1}{2}$ 또는 $-\frac{1}{2}$	$2p_y^1$ 또는 $2p^3$
	2	1	+1	$+\frac{1}{2}$ 또는 $-\frac{1}{2}$	$2p_z^1$

4-18 주기율표와 전자 배치

이 절에서는 최근의 더욱 유용한 *주기율표* – 체계화된 원소의 전자 배치 표현 – 에 대하여 검토할 것이다. 주기율표(periodic table)에서는 채워진 원자 궤도함수들의 종류에 따라 원소들을 구역으로 나눈다. 이 책에서는 주기율표를 A와 B족으로 나눈다.

A족들은 s와 p 궤도함수에 전자가 채워진 원소들로 구성된다. 어떤 특정한 A족 내의 원소들은 물리적 화학적 성질들이 유사하다.

B족들은 최외각의 s 궤도함수에 1개 또는 2개의 전자를 가지고 있으면서 보다 작은 껍질의 d 궤도함수에 전자가 차들어 가는 원소들이다.

리튬, 나트륨 그리고 칼륨 등 주기율표에서 가장 왼쪽에 있는 행의 원소(IA족)들은 최외각의 s 궤도함수에 1개만의 전자를 가지고 있다(ns^1). 베릴륨과 마그네슘과 같은 IIA족 원소들은 최외각에 2개의 전자를 가지고 있는(ns^2) 반면 붕소와 알루미늄(IIIA족)은 3개의 전자를 가지고 있다(ns^2np^1). 다른 A족 원소들에서도 같은 결과를 볼 수 있다.

A족 원소와 0족 기체들의 전자 배치는 그림 4-27과 28로부터 쉽게 예상할 수 있다. 그러나 4주기 이후에 나오는 B족 원소들은 자주 불규칙성을 보인다. 보다 무거운 B족 원소에서는 다른 주껍질에서 가장 높은 에너지를 가진 부껍질들의 에너지가 서로 비슷하다(그림 4-28).

우리는 그림 4-30의 정보를 주기율표에서 각 족과 행으로 표시된 전자 배치로 확장할 수 있다. 또한, 표 4-5는 주기율표의 이러한 해석과 함께 가장 중요한 예외(보다 복잡한 전자 배치는 부록 B에 표시함)를 보여주고 있다. 주기율표의 이러한 해석을 바탕으로 하여, 우리는 원소들의 전자 배치를 빠르고 유용하게 쓸 수 있다.

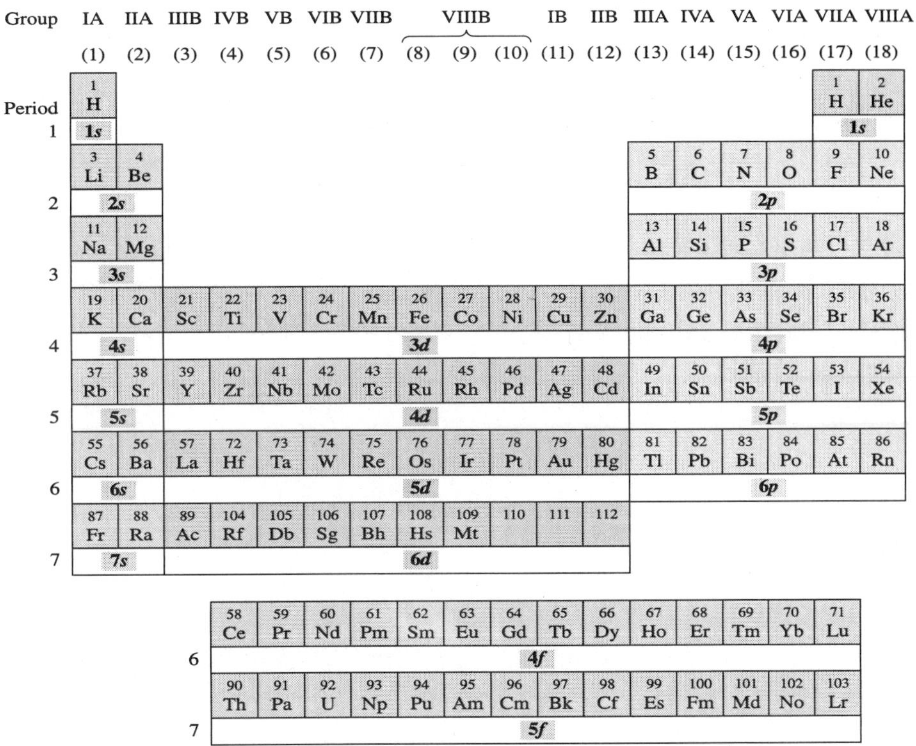

그림 4-30 채워진 원자 궤도함수들(부껍질)의 종류와 원소의 구역 표시를 나타내기 위하여 색으로 표시된 주기율표.

표 4-5 주기율표에서 *s*, *p*, *d* 그리고 *f* 구역

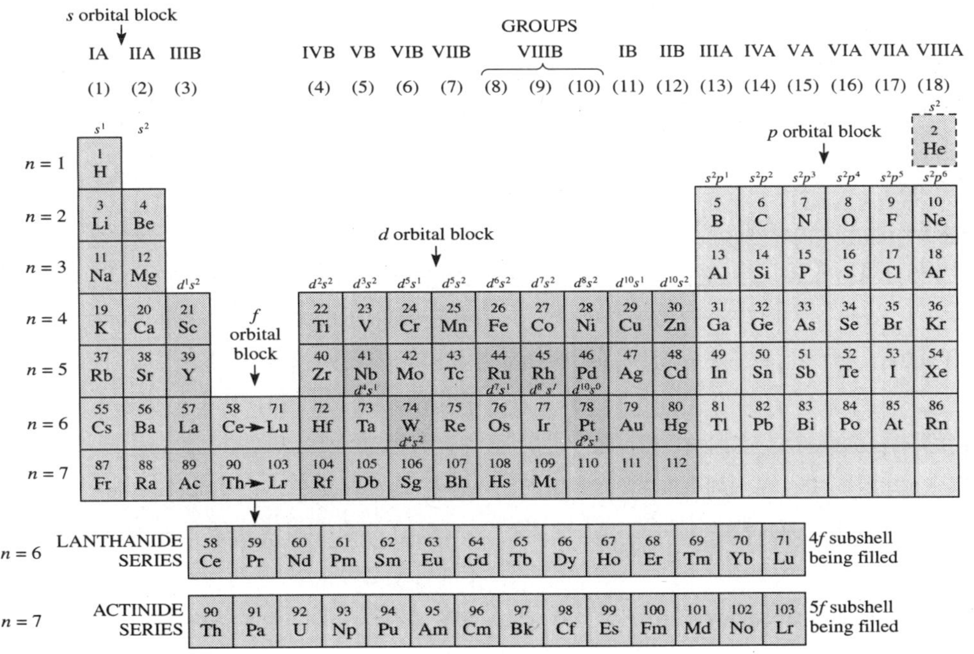

예제 4-9 *전자 배치*

표 4-5를 이용하여 (a) Mg, (b) Ge, (c) Mo의 전자 배치를 써라.

계획

표 4-5에 표시된 전자 배치를 이용하기로 한다. 각 *주기*(열)는 새로운 껍질(새로운 *n* 값)에 전자가 차들어 감을 의미한다. *d* 궤도함수 구역의 오른쪽 원소들은 (*n* -1) 껍질의 *d* 궤도함수들에 이미 다 채워져 있다. 최외각 껍질의 전자 수를 강조하기 위하여 안쪽 전자들을 0족 기체의 전자 배치로 묶어 놓는 방법을 사용한다.

풀이

(a) [Ne]$3s^2$ (b) [Ar]$3d^{10}4s^2 4p^2$ (c) [Kr]$4d^5 5s^1$

주·요·용·어

각 운동량 양자수(Angular momentum quantum number, ℓ) 전자가 가지는 주껍질 내의 부껍질이나 *s, p, d, f* 궤도함수를 나타내는 파동 함수의 양자 역학적 해.

강자성(Ferromagnetism) 자기장 내에 있을 때 영구히 자성을 띠는 성질. 철, 코발트, 니켈 등을 들 수 있다.

광자(Photon) 전자기 복사나 빛의 묶음; 빛의 양자.

광전 효과(Photoelectric effect) 전자기 복사에 의한 최소 에너지로 금속 표면에서의 전자 방출 효과를 말하며 전류가 증가하면 복사의 세기도 증가한다.

기본 입자(Fundamental particles) 모든 물질의 구성 입자. 양성자, 중성자, 전자.

동위 원소(Isotopes) 2개 이상의 질량이 다른 같은 원소. 같은 수의 양성자를 가지고 있으나 중성자 수가 다르다.

들뜬 상태(Exited state) 원자, 이온 분자들의 바닥 상태보다 더 높은 에너지 상태.

바닥 상태(Ground state) 원자, 분자, 이온의 에너지가 가장 낮은 안정한 상태.

반자성(Diamagnetism) 전자가 쌍을 이루고 있을 때의 자기장에서의 반발력.

발머-리드베르그 방정식(Balmer-Rydberg equation) 수소 원자의 방출 스펙트럼에서 파장과 관계된 실험적인 식.

방출 스펙트럼(Emission spectrum) 높은 에너지

상태에서 낮은 에너지 상태로 전자가 전이되면서 방출하는 전자기 복사 스펙트럼.

상자성(Paramagnetism) 반자성보다는 강한 자기장을 나타내지만 강자성보다는 약하다. 전자가 쌍을 이루고 있지 않을 때 생긴다.

선 스펙트럼(Line spectrum) 한 원자의 흡수 · 방출 스펙트럼.

스핀 양자수(Spin quantum number, m_s) 전자의 상대적인 스핀을 지시하는 파동 함수의 양자 역학적 해.

양성자(Proton) 질량 1.0073 amu의 질량과 1+ 전하를 띤 원자핵에서 발견되는 원자 내 입자.

양자(Quantum) 에너지의 묶음.

양자수(Quantum number) 원자 내의 전자들의 에너지를 표현하는 수.

양자 역학(Quantum mechanics) 양자 이론을 기초로 한 입자를 다루는 수학적 방법. 아주 작은 입자의 에너지를 결정하는 데 적용한다.

연속 스펙트럼(Continuous spectrum) 전자기 스펙트럼의 일정한 구간에 모든 파장이 있는 스펙트럼.

원자 궤도함수(Atomic orbital) 공간상에서 전자를 발견할 확률이 가장 높은(일반적으로 90% 이상의 확률) 지역이나 부피.

원자 번호(Atomic number) 모든 원소는 동일하다고 정의하고 핵의 양성자 개수를 나타낸 번호.

원자 질량 단위(Atomic mass unit: amu) ^{12}C의 동위 원소의 질량을 12로 정의한 원자 질량 단위.

자기 양자수(Magnetic quantum number, m) 전자가 가지는 하위 껍질(s, p, d, f) 내의 각 궤도함수를 나타내는 파동 함수의 양자 역학적 해.

전자(Electron) 0.00054858의 원자 단위 질량과 1-의 전하를 가진 원자 내의 입자.

전자기 복사(Electromagnetic radiation) 에너지의 진행과 수직으로 진동하는 전기장과 자기장의 에너지 전달 방법.

전자 배치(Electron configuration) 원자나 이온의 원자 궤도함수의 전자 분포.

전자 쌍(Pairing of electrons) 같은 궤도에 두 개의 전자가 서로 반대의 스핀 수를 가지고 있는 상태.

족(Group) 주기율표의 세로줄.

주기(Period) 주기율표의 가로줄.

주양자수(Principal quantum number, n) 전자가 가지는 주껍질이나 에너지 준위를 나타내는 파동 함수의 양자 역학적 해.

중성자(Neutron) 1.0087 amu 질량과 전하가 없는 원자 내 입자.

진동수(Frequency, ν) 단위 시간 동안 지나가는 파의 마루수.

질량 수(Mass number) 원자에서 양성자와 중성자 수의 정수합.

파울리의 배타 원리(Pauli Exclusion Principle) 한 원자 내의 2개의 전자는 4개의 양자수를 동일하게 갖지 않는다.

하이젠베르그의 불확정성 원리(Heisenberg's Uncertainty Principle) 전자의 운동량과 위치를 동시에 정확히 결정할 수 없다는 원리.

훈트의 법칙(Hund's Rule) 껍질의 각 궤도에 하나의 전자가 먼저 채워진 후에 쌍으로 채워진다는 원리.

흡수 스펙트럼(Absorption spectrum) 낮은 에너지 상태에서 높은 에너지 상태로 전이되면서 원자(또는 다른 화학종)의 전자기 복사 에너지의 흡수에 의한 스펙트럼.

연 · 습 · 문 · 제

입자 그리고 원자핵

1. 물질의 기본 입자 세 가지와 이들의 질량과 전하를 써라.
2. 중성자의 반경이 약 1.5×10^{-15} m이고, 질량이 1.675×10^{-27} kg이다. 중성자의 밀도를 계산하여라. 구형의 $V = (4/3)\pi r^3$이다.

원자 조성, 동위 원소, 원자량

3. 중성 원자에 대하여 Chart A와 B를 완성하여라.
4. 규소는 다음과 같이 세 개의 동위 원소를 가지고 있다: ^{28}Si, ^{29}Si, ^{30}Si. 각 원소의 조성을 써라.
5. 전하량 대 질량의 비가 증가하는 순서로 나열하여라: $^{12}C^{+}$, $^{12}C^{2+}$, $^{14}N^{+}$, $^{14}N^{2+}$.
6. 다음 화학종의 양성자, 중성자 및 전자의 수를 구하여라:

   (a) $^{34}_{16}S^{+}$;　　(b) $^{93}_{41}Nb$;

   (c) $^{27}_{13}Al$;　　(d) $^{63}_{29}Cu^{+}$;

   (e) $^{56}_{26}Fe^{2+}$;　　(f) $^{55}_{26}Fe^{3+}$
7. 루비듐의 원자량은 85.4678 amu이다. 루비듐은 자연계에 존재하는 두 개의 동위 원소를 가지고 있다: ^{85}Rb, 84.9118 amu; ^{87}Rb, 86.9092 amu. 자연계에 존재하는 루비듐 ^{85}Rb의 퍼센트를 계산하여라.
8. 아래의 정보로부터 니켈의 원자량을 계산하여라.

동위 원소	동위 원소의 질량(amu)	존재 비(%)
^{58}Ni	57.9353	67.88
^{60}Ni	59.9332	26.23
^{61}Ni	60.9310	1.19
^{62}Ni	61.9283	3.66
^{64}Ni	63.9280	1.08

9. 한 원소의 1+로 하전된 이온의 질량 스펙트럼이 다음과 같다. 원소의 원자량을 계산하여라. 어떤 원소인가?

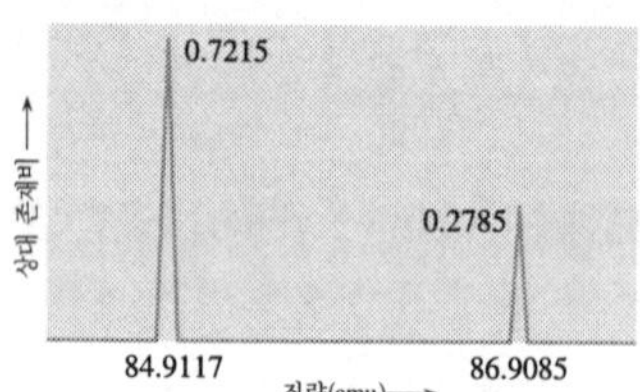

Chart A

원자의 종류	원자 번호	질량 수	동위 원소	양성자 수	전자 수	중성자 수
___	___	___	$^{21}_{10}Ne$	___	___	___
염소	___	35	___	___	___	___
___	28	58	___	___	___	___
___	___	40	___	18	___	___

Chart B

원자의 종류	원자 번호	질량 수	동위 원소	양성자 수	전자 수	중성자 수
셀레니움	___	___	___	___	___	40
___	___	___	$^{11}_{5}B$	___	___	___
___	___	___	___	___	35	46
___	___	104	___	___	45	___

전자기 복사

10. 다음과 같은 진동수에 해당하는 복사선의 파장(미터)을 계산하여라:
(a) 5.60×10^{15} s^{-1};
(b) 2.11×10^{14} s^{-1};
(c) 3.89×10^{12} s^{-1}.

11. 3.0 Å의 파장을 갖는 X-선의 에너지(J/광자)를 계산하여라.

12. 사람의 눈은 오렌지색 빛, λ= 6150 Å의 광자로 구성된 2.500×10^{-14} J 신호를 받아들인다. 눈에 도달하는 광자는 얼마만큼인가?

광전 효과

13. 전자기 복사선은 (a) 파동성이다 ; (b) 입자성이다 라는 생각을 지지하는 증거는 어떤 것들이 있는가?

14. 세슘 원자를 이온화하는데(전자 하나를 제거) 드는 에너지는 3.89 eV(1 eV = 1.60×10^{-19} J)이다. 파장이 5830 Å인 노란색 빔으로 세슘 원자를 이온화할 수 있는지를 계산하여라.

원자 스펙트럼 그리고 보어(Bohr) 이론

15. (a) 원자의 방출 스펙트럼과 원자의 흡수 스펙트럼을 구별하여라. (b) 연속 스펙트럼과 선 스펙트럼을 구별하여라.

16. 수소 원자는 1026Å에서 흡수선을 나타낸다. 흡수한 광자의 진동수는 얼마이며, 그리고 원자의 바닥 상태와 들뜬 상태 사이의 에너지 차이(J)는 얼마인가?

물질의 파동 -입자 관점

17. (a) 전자가 입자성을 개념 지지하는 증거는 무엇인가? (b) 전자가 파동성을 지지하는 증거는 무엇인가?

18. 질량이 1.67×10^{-27} kg이고 2360 m/s로 움직이는 중성자에 해당하는 파장은 얼마인가?

양자수 그리고 원자 궤도함수

19. 다음과 같은 양자수를 갖는 원자의 최대 전자수는 얼마인가?
(a) $n = 3$;
(b) $n = 3,\ \ell = 1$;
(c) $n = 3,\ \ell = 1, m\ = -1$;
(d) $n = 3,\ \ell = 1, m\ = -1, m_s = -\frac{1}{2}$

20. 다음 부껍질의 n과 ℓ의 값이 얼마인가?
(a) 1s; (b) 4s; (c) 3p;
(d) 3d; (e) 4f.

21. (a) n = 5일 때 가능한 ℓ의 값을 써라. (b) (1) $n = 4,\ \ell = 3$의 양자수; (2) n = 4의 양자수; (3) $n = 4,\ \ell = 2, m_\ell = 0$의 양자수; (4) $n = 6,\ \ell = 5$의 양자수를 가질 때 허용된 궤도함수 개수를 써라.

22. (a) 3d 궤도함수, (b) 1s 궤도함수, (c) 3p 궤도함수에 대한 m 값은 얼마인가?

전자 배치 그리고 주기율표

23. 다음 원소들의 바닥 상태 전자 배치를 궤도함수 표기법(⇅)을 사용하여 표시하여라.
(a) N; (b) Fe;
(c) Cl; (d) Rh.

24. 다음 원소들의 최외각 껍질에 존재하는 전자수를 쓰고, 그리고 그 껍질의 양자수를 써라.
(a) Na; (b) Al;
(c) Ca; (d) Sr;
(e) Ba; (f) Br.

25. 파울리의 배타 원리를 설명하여라. 다음과 같은 (a) $1s^2$; (b) $1s^22p^7$; (c) $1s^3$ 전자 배치에서 이 규칙을 어긴 것은? 그것에 대해 설명하여라.

26. 아래의 원자 전자 배치를 (i) 바닥 상태, (ii) 들뜬 상태, (iii) 금지 상태로 분류하여라.
(a) $1s^22s^22p^53s^1$;
(b) [Kr] $4d^{10}5s^3$;
(c) $1s^22s^22p^63s^23p^63d^84s^2$;

(d) $1s^22s^22p^63s^23p^63d^1$;

(e) $1s^22s^22p^{10}3s^23p^5$.

27. 다음과 같은 전자 배치로 표현되는 원소는 무엇인가?

(a) $1s^22s^22p^63s^23p^63d^{10}4s^24p^5$;

(b) [Kr] $4d^{10}4f^{14}5s^25p^65d^{10}5f^{14}6s^26p^66d^17s^2$;

(c) [Kr] $4d^{10}4f^{14}5s^25p^65d^{10}6s^26p^6$;

(d) [Kr] $4d^55s^2$;

(e) $1s^22s^22p^63s^23p^63d^34s^2$.

28. 다음의 이온 또는 원자 중에서 상자성을 띠는 것은?

(a) Cl^-; (b) Na^+;

(c) Co; (d) Ar^-;

(e) Si.

29. 다음 바닥 상태 원자의 각 전자에 대해 4개의 양자수에 관한 목록을 작성하여 표로 만들어라.

(a) Mg; (b) Cl;

(c) Cu.

30. 다음 원자들의 바닥 상태에서 가장 높은 에너지를 갖는 전자(또는 만일 가장 높은 에너지를 갖는 전자가 하나 이상이면 그 중에서 하나의 전자를 선택)에 대한 n, ℓ, m_ℓ 양자수를 적어라.

(a) Se; (b) Zn;

(c) Mg; (d) Pu.

개념 문제

31. 수소 원자들의 전자가 $n = 6$ 준위까지 여기(들뜬)될 수 있다고 가정하자. 그런 다음 수소 원자들은 보다 낮은 에너지 준위로 이완됨으로서 빛을 방출한다. 어떤 원소들은 $n = 6$에서 $n = 1$로 전이되며, 그리고 다른 원소들은 $n = 6$에서 $n = 5$로, 그 다음은 $n = 5$에서 $n = 4$ 등등으로 전이된다. 이와 같은 전이의 결과로 얻어지는 방출 스펙트럼에서 몇 개의 선이 예상되는가?

지식의 축적

32. CH_4는 메탄이다. 만일 ^1H, ^2H, ^{12}C, ^{13}C 동위원소가 메탄에 존재한다면, 이 메탄에 존재할 수 있는 모든 화학식과 화학식량을 써라.

제 5 장

화학 주기율

[개 요]

5-01 상세한 주기율표

원소의 주기적 성질

5-02 원자 반경

5-03 이온화 에너지

5-04 전자 친화도

5-05 이온 반경

5-06 전기 음성도

[학습 목표]

이 장의 학습 목표는 다음과 같다.

· 주기율표의 효과적인 이용

· 다음 물리적 성질에서의 주기성에 대한 논의

원자 반경

이온화 에너지

전자 친화도

이온 반경

전기 음성도

불꽃놀이의 밝은 색은 여러 가지 금속과 산소가 반응할 때 선명하게 나타난다.

5-01 상세한 주기율표

원자의 성질은 원자 번호의 주기적인 함수이다.

주기율표에서 긴 축은 차있는 원자 궤도함수의 종류에 따라 구역으로 정리되어 있다. 이제 전자 배치에 따라 다음과 같은 몇 가지 종류로 구분해 보자.

▲ 몇 가지 전이 금속들: 왼쪽부터 Ti, V, Cr, Mn, Fe, Co, Ni, Cu.

▲ 니오븀산 바륨 나트륨 결정은 적외선 레이저 빛을 녹색 가시광선으로 변환시킬 수 있다. 조화 생성 또는"진동수 배가 증폭"은 레이저를 이용한 화학 연구와 원거리 통신 산업에 매우 중요하다.

0족 기체(noble gas): VIIIA족 원소들은 그것들의 알려진 화학 반응이 없기 때문에 오랫동안 불활성(inert) 기체라고 불러왔다. 지금은 무거운 원소의 경우 플루오르나 산소 등과 반응함이 알려지고 있다. 헬륨을 제외하고 그들의 최외각 껍질에는 8개의 전자가 있다. 그들의 외각 껍질은 ns^2np^6의 전자 배치로 표시된다.

주족 원소(representative element): 주기율표에서 A족 원소들을 주족 원소라고 부른다. 그들의 마지막 전자는 외각의 *s*나 *p* 궤도함수들에 있다. 원자 번호가 변함에 따라 이들의 성질은 분명하고 규칙적으로 변한다.

***d*-전이 원소**(*d*-transition element): 주기율표에서 B족 원소들은 *d-전이 원소*, 더 간단하게 전이 원소라고 부른다. 네 개의 전이 원소 계열은 모두 금속이며 *d* 궤도함수들에 들어 있는 전자에 의해 특징이 나타난다. 첫 번째 전이 계열은, Sc에서부터 Zn까지, 4*s*와 3*d* 궤도함수들에 전자를 가지고 있으며, 4*p* 궤도함수는 비어 있다. 이들을 다음과 같이 구분할 수 있다.

첫 번째 전이 계열; $_{21}$SC부터 $_{30}$Zn까지
두 번째 전이 계열; $_{39}$Y부터 $_{48}$Cd까지
세 번째 전이 계열; $_{57}$La와 $_{72}$Hf 부터 $_{80}$Hg까지
네 번째 전이 계열; $_{89}$Ac와 $_{104}$Rf부터 112번까지

▶ 3주기 원소들. 왼쪽에서 오른쪽으로 고체(Na, Mg, Al, Si, P, S)부터 기체 (Cl, Ar)로, 그리고 가장 금속성(Na)에서 가장 비금속성(Ar)으로 특성이 진행된다.

***f*-전이 원소**(f-transition element): 때때로 *내부 전이 원소*(inner transition element)라 불리는 이 원소들은 *f* 궤도함수들에 전자가 채워지는 원소들이다. 이들은 채워진 최외각으로부터 두 번째 껍질에 18개에서 32개의 전자를 포함할 수 있다. 모두 다 금속이다. *f*-전이 원소는 주기율표의 IIIB와 IVB족 사이에 존재한다.

첫 번째 *f*-전이 원소(란탄족): $_{58}Ce$부터 $_{71}Lu$까지
두 번째 *f*-전이 원소(악티늄족): $_{90}Th$부터 $_{103}Lr$까지

가끔 주기율표에서 A와 B족 원소를 바꾸어 사용하기도 한다. 또 다른 주기율표에서는 1에서 18족까지로 표시하기도 한다. 이 책에서의 체계는 미국에서 널리 상용되는 것을 사용하였다. 다른 원자 번호의 같은 족 원소들은 몇 가지 성질이 비슷하다. A와 B는 몇 가지 화합물에서 유사한 화학종이지만 성질이 서로 다르다는 사실로부터 연유한다. 예를 들어 NaCl(IA)과 AgCl(IB), $MgCl_2$(IIA)와 $ZnCl_2$(IIB) 등.

최외각 전자는 원소의 특성에 가장 큰 영향을 미친다. 안쪽 *d* 궤도함수들에 전자가 하나 추가되어도 외각인 *s*나 *p* 궤도함수들에 추가될 때와는 달리 성질의 변화가 크지 않다.

〉〉〉〉 원소의 주기적 성질

이제 주기성의 본질을 공부해보자. 간단한 화합물의 결합을 이해하는데 주기성에 대한 지식은 유용하다. 녹는점, 끓는점 그리고 원자 부피와 같은 많은 물리적 성질들은 주기적으로 변화한다. 이 변화는 전자 배치에 의해 일어나며, 특히 채워진 최외각 껍질의 전자 배치와 핵으로부터 그 껍질이 얼마나 멀리 떨어져 있느냐에 달려 있다.

5-02 원자 반경

4-16절에서 원자 궤도함수들을 특정한 공간 영역에 전자가 분포된 확률의 관점에서 설명하였다. 마찬가지로, 모든 궤도함수의 전자 구름이 고려된 핵을 둘러싼 총 전자 구름을 우리는 연상할 수 있다. 우리

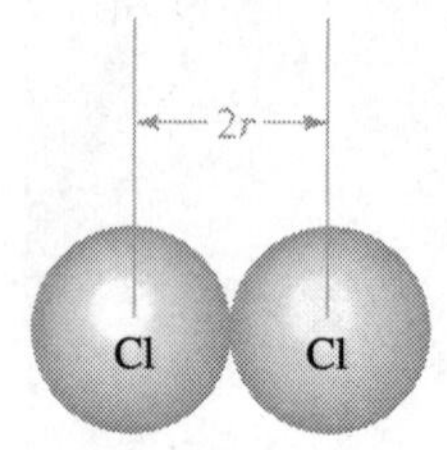

◀ Cl_2처럼 동핵 분자에서의 원자 반경(r)은 두 핵간 거리의 반으로 잡는다.

는 골프공의 지름을 측정하듯 원자 상태 그 자체로 원자의 크기를 측정할 수는 없다. 간접적으로 접근해야 한다. 원자의 크기는 그것의 환경, 특히 주위 원자와의 상호 작용에 따라 다르다. 예를 들어 골프공을 상자에 정렬하여 채웠다고 생각해보자. 만약 공의 위치와 개수 그리고 상자의 부피를 안다면 골프공 하나의 지름을 계산할 수 있을 것이다.

이런 방법과 밀도를 응용하여 우리는 많은 원소들로 구성된 고체에서 원자의 크기를 알 수 있다. 다른 경우, 한 원자와 결합한 다른 원자간 거리로부터 한 원자의 반경을 구할 수 있다. 예를 들어 Cl_2에서 측정된 두 원자간(핵간) 거리는 2.00Å이다. 이것은 각각의 Cl 원자 반경은 원자간 거리의 반, 즉 1.00Å이라는 것을 제시한다. 이와 같은 측정 결과들을 모아 각 원자의 상대적인 크기가 표시된다. Cl_2와 같은 동핵 분자들에서 원자의 반경은 두 핵간 거리의 반이 된다.

그림 5-1의 윗 부분에는 주족 원소와 0족 기체의 상대적 크기를 보여주고 있다. 여기에서 원자 반경의 주기성이 보인다(그림 5-1의 아랫 부분에 있는 이온의 반경은 5-05절에서 논의하기로 한다).

외각에 있는 하나의 전자가 느끼는 **유효 핵 전하**(effective nuclear charge) Z_{eff}는 원래의 핵 전하 Z보다 작다. 이것은 외각 전자와 내부 전자 간의 반발에 의해 외각 전자와 핵의 인력이 상쇄되기 때문이다. 우리는 내부 전자가 핵의 전하를 가리운다고 말한다. 이 **가리움**(screening 또는 shielding) **효과**는 원자 성질의 주기적 경향을 이해하는데 도움을 준다.

리튬을 보면 두 전자는 1*s* 궤도함수에 차있고($1s^2$), 나머지 전자는 2*s* 궤도함수에 들어가 있다($2s^1$). 2*s* 궤도함수에 있는 전자는 1*s*에 채워진 전자로부터 효과적으로 가리워져 핵의 전하를 +3으로 느끼지 못한다. 따라서 2*s*에 있는 전자에 가해지는 핵 전하는 1(+3에서 2를 뺀)이 아니다. 리튬의 2*s* 전자가 핵 가까이에서 발견될 확률이 어느 정도 있다(그림 4-19). 우리는 이것을, 많은 정도는 아니지만, 1*s* 전자 영역에 침투(penetrate)한다고 한다. 즉 1*s* 전자는 핵으로부터 외각 전자를 완전히 가리지 못한다. 2*s* 전자가 느끼는 핵의 유효 전하는 +1보다 약간 크다. 원자 번호 11인 나트륨은 안쪽 껍질에 10개, $1s^22s^22p^6$의 전자와 외각에 1개, $3s^1$의 전자를 가지고 있다. 10개의 내부 껍질 전자가 외각 전자를 가리고 있어 핵의 전하가 +11로 작용하지 못하게 한다. 그러나 나트륨의 3*s* 전자는 안쪽 껍질에 상당히 침투하고 있어 최외각 전자(3*s*)가 느끼는 유효 핵 전하는 리튬의 최외각 전자(2*s*)보다 크다. 나트륨은 외각 전자가 세 번째 껍질에 있는 반면, 리튬은 두 번째 껍질에 있다는 사실 때문에 나트륨의 최외각 전자에 인력이 약간 더 크다는 것이 강조된다. 세 번째 껍질(n = 3)이 두 번째 껍질(n = 2)보다 핵으로부터 더 멀리 떨어져 있다는 것을 상기하자. 이에 따라서 우리는 왜 나트륨 원자가 리튬 원자보다 큰 가를 알 수 있다.

칼륨 원자가 나트륨 원자보다 큰 것과 주기율표의 같은 열에서 각 원소의 크기는 아래로 내려갈수록 증가하는 것도 이런 이유 때문이다.

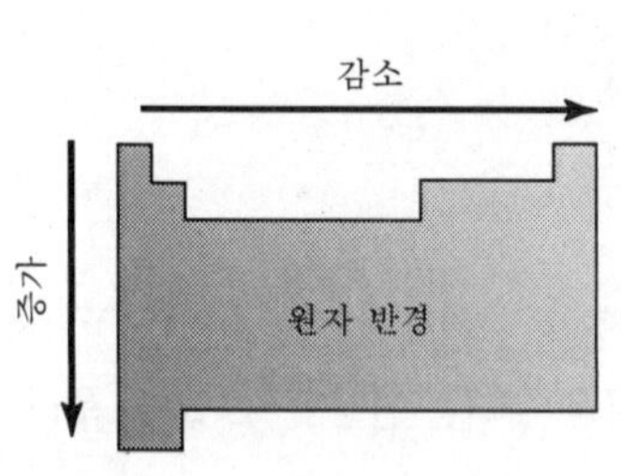

◀ 주기율표에서 주족 원소들의 위치에 따른 원자 반경의 경향.

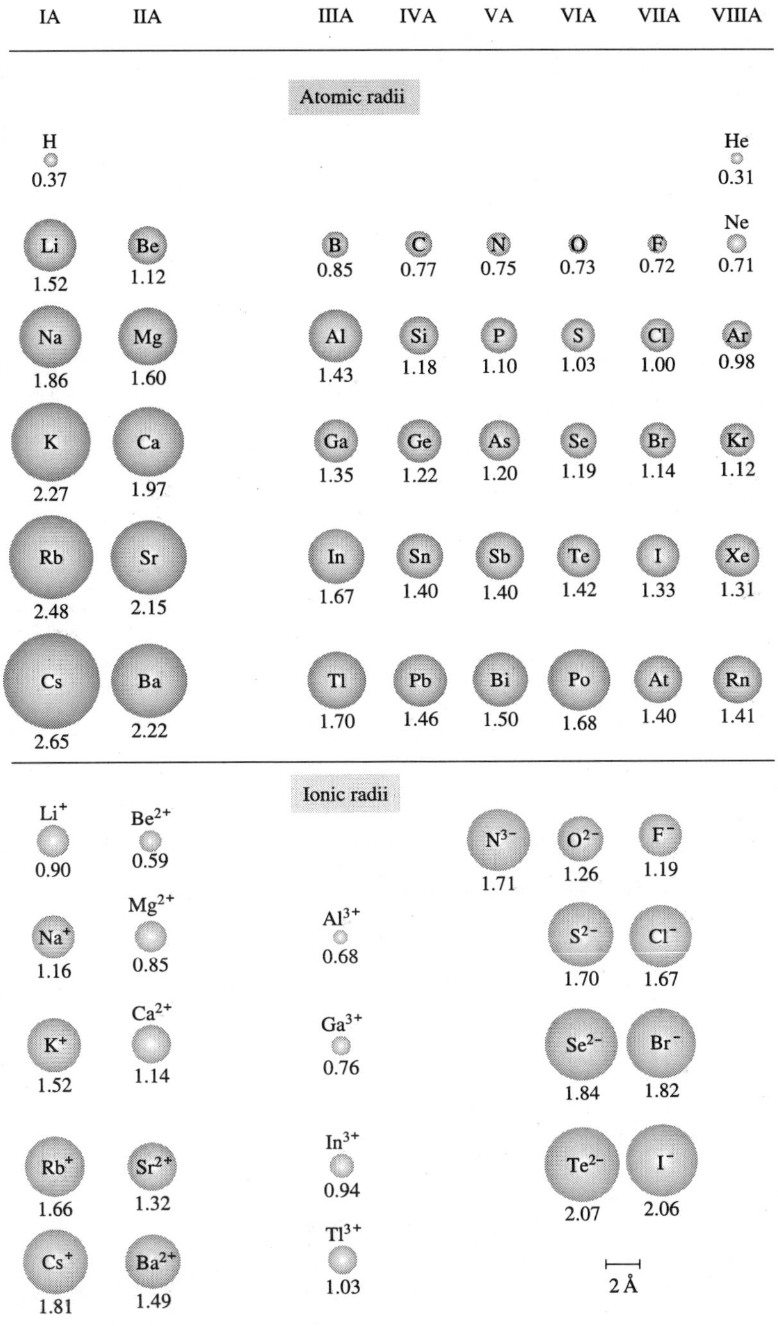

Atomic radii

IA	IIA	IIIA	IVA	VA	VIA	VIIA	VIIIA
H 0.37							He 0.31
Li 1.52	Be 1.12	B 0.85	C 0.77	N 0.75	O 0.73	F 0.72	Ne 0.71
Na 1.86	Mg 1.60	Al 1.43	Si 1.18	P 1.10	S 1.03	Cl 1.00	Ar 0.98
K 2.27	Ca 1.97	Ga 1.35	Ge 1.22	As 1.20	Se 1.19	Br 1.14	Kr 1.12
Rb 2.48	Sr 2.15	In 1.67	Sn 1.40	Sb 1.40	Te 1.42	I 1.33	Xe 1.31
Cs 2.65	Ba 2.22	Tl 1.70	Pb 1.46	Bi 1.50	Po 1.68	At 1.40	Rn 1.41

Ionic radii

IA	IIA	IIIA	VA	VIA	VIIA
Li^+ 0.90	Be^{2+} 0.59		N^{3-} 1.71	O^{2-} 1.26	F^- 1.19
Na^+ 1.16	Mg^{2+} 0.85	Al^{3+} 0.68		S^{2-} 1.70	Cl^- 1.67
K^+ 1.52	Ca^{2+} 1.14	Ga^{3+} 0.76		Se^{2-} 1.84	Br^- 1.82
Rb^+ 1.66	Sr^{2+} 1.32	In^{3+} 0.94		Te^{2-} 2.07	I^- 2.06
Cs^+ 1.81	Ba^{2+} 1.49	Tl^{3+} 1.03			

2 Å

그림 5-1 (위) 주족 원소와 0족 기체들의 원자 반경(Å). (아래) 주족 원소의 이온들의 크기(Å).

주족 원소들은 같은 족(주기율표에서 같은 열)에서 핵으로부터 더 멀리 떨어져 있는 껍질에 전자가 추가됨에 따라 –위에서 아래로 갈수록– 원자 반경이 증가한다. 주기율표에서 왼쪽에서 오른쪽으로 가면서 유효 핵 전하가 증가하기 때문에, 원자는 점점 작아진다.

원소 B부터 F까지 살펴보자. B에서는 2개의 전자가 0족 기체의 전자 배치($1s^2$)를 한 다음 두 번째 껍질에 3개의 전자가 있다($2s^22p^1$). 0족 기체의 전자 배치를 하는 2개의 전자는 핵의 2개 양성자를 제법 효과적으로 가린다. 따라서 B의 두 번째 껍질에 있는 전자는 Be의 그것에 비해 더 큰 유효 핵 전하를 느낀다. 같은 요령으로 C($1s^22s^22p^2$)의 두 번째 껍질에 있는 전자는 B의 그것에 비해 더 큰 유효 핵 전하를 느낀다는 것을 알 수 있다. 유사한 논리로 C 원자는 B보다 크기가 작다고 예상할 수 있다. N($1s^22s^22p^3$)의 두 번째 껍질에 있는 전자는 C의 그것에 비해 더 큰 유효 핵 전하를 느끼며, N 원자는 C보다 작다.

주기율표에서 왼쪽에서 오른쪽으로 갈수록, 주족 원소들의 핵에 양성자가 더해지고 일정한 껍질에 전자가 추가되기 때문에 원자 반경이 감소한다.

전이 원소에서는 전자가 내부 껍질 $(n-1)d$에 더해지기 때문에 이 경향이 규칙적이지 않다. 모든 전이 원소는 같은 주기의 앞서 나오는 IA와 IIA족의 원소보다 반경이 작다.

예제 5-1 *원자 반경의 경향*

다음 원소들을 원자 반경이 증가하는 순서로 정렬하여라.

Cs, F, K, Cl

계획

F와 Cl은 할로겐족(VIIA 비금속) 원소이며 K와 Cs는 IA족 금속이다. 그림 5-1에서 원자 반경은 주기율표에서 아래로 내려갈수록 증가하고, 왼쪽에서 오른쪽으로 갈수록 감소함을 알 수 있다.

풀이

원자 반경이 증가하는 순서는 F < Cl < K < Cs 이다.

5-03 이온화 에너지

첫 번째 이온화 포텐셜이라 부르기도 하는 **1차 이온화 에너지**(IE_1)는,

고립된 기체 원자로부터 가장 약하게 결합된 전자를 제거하여 +1가 이온으로 만드는데 필요한 최소 에너지이다.

예를 들어, 칼슘의 경우 첫 번째 이온화 에너지 IE_1는 590 kJ/mol이다.

$$\mathrm{Ca(g)} + 590\ \mathrm{kJ} \longrightarrow \mathrm{Ca^+(g)} + e^-$$

2차 이온화 에너지(IE_2)는 두 번째 전자를 제거하는데 필요한 에너지다. 예를 들어, 칼슘의 경우

$Ca^+(g) + 1145\ kJ \longrightarrow Ca^{2+}(g) + e^-$ 로 표시할 수 있다.

표 5-1 몇 가지 원소들의 1차 이온화 에너지(kJ/mol)

H 1312																	He 2372
Li 520	Be 899											B 801	C 1086	N 1402	O 1314	F 1681	Ne 2081
Na 496	Mg 738											Al 578	Si 786	P 1012	S 1000	Cl 1251	Ar 1521
K 419	Ca 599	Sc 631	Ti 658	V 650	Cr 652	Mn 717	Fe 759	Co 758	Ni 757	Cu 745	Zn 906	Ga 579	Ge 762	As 947	Se 941	Br 1140	Kr 1351
Rb 403	Sr 550	Y 617	Zr 661	Nb 664	Mo 685	Tc 702	Ru 711	Rh 720	Pd 804	Ag 731	Cd 868	In 558	Sn 709	Sb 834	Te 869	I 1008	Xe 1170
Cs 377	Ba 503	La 538	Hf 681	Ta 761	W 770	Re 760	Os 840	Ir 880	Pt 870	Au 890	Hg 1007	Tl 589	Pb 715	Bi 703	Po 812	At 890	Rn 1037

주어진 원소에서, 양이온에서 전자를 제거하는 것이 중성 원자에서 전자를 제거하는 것보다 어렵기 때문에, *IE_2는 항상 IE_1보다 크다*. 표 5-1에는 첫 번째 이온화 에너지가 나와 있다.

이온화 에너지는 전자가 원자에 얼마나 단단히 결합되어 있는가를 나타낸다. 이온화는 핵의 인력으로부터 전자를 제거하는데 요구되는 에너지를 필요로 한다. 낮은 이온화 에너지는 전자를 쉽게 제거할 수 있음을 나타내며, 양이온의 형성을 용이하게 해준다. 그림 5-2는 몇 가지 원소의 원자 번호와 이온화 에너지의 관계를 도시한 것이다.

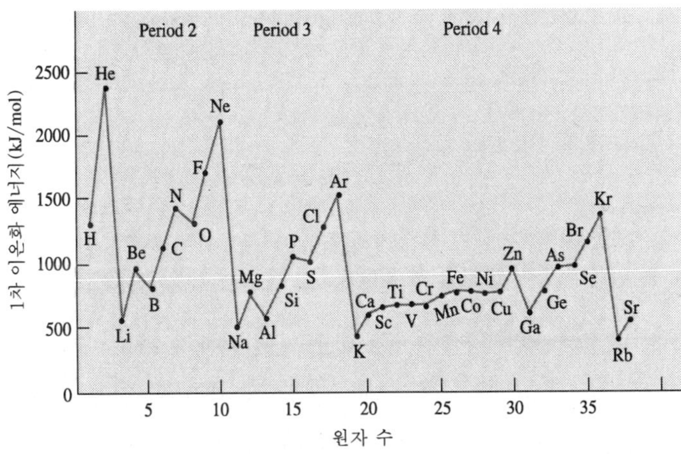

그림 5-2 38번까지의 원자 번호에 대한 1차 이온화 에너지.

낮은 이온화 에너지(IE)를 갖는 원소는 쉽게 전자를 잃어 양이온이 된다.

그림 5-2에서, 0족 기체는 각 주기에서 가장 큰 1차 이온화 에너지를 가짐을 알 수 있다. 0족 기체는 반응성이 매우 작기 때문에 이것은 놀랄 만한 것은 아니다. 헬륨 원자에서 하나의 전자를 제거하는데 필요한 에너지는 같은 주기의 다른 어떤 중성 원소에서 하나의 전자를 제거하는데 필요한 에너지보다 크다.

$$He(g) + 2372\ kJ \longrightarrow He^+(g) + e^-$$

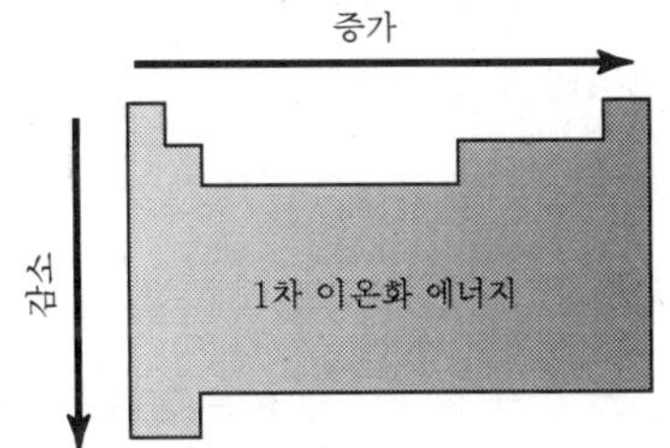

▲ 주기율표에서 주족 원소들의 위치에 따른 1차 이온화 에너지 경향. IIIA와 VIA족에서 예외가 있음.

IA족 원자들(Li, Na, K, Rb, Cs)은 매우 낮은 첫 번째 이온화 에너지를 갖는다. 이들은 최외각 껍질에 1개만의 전자를 가지고 있고(. . . ns^1), 같은 주기에서 가장 큰 원자다. 추가된 첫 번째 전자는 쉽게 제거되어 0족 기체의 배치로 될 수 있다. 같은 족에서 아래로 내려갈수록 첫 번째 이온화 에너지는 작아진다.

예제 5-2 *1차 이온화 에너지의 경향*

다음 원소들을 1차 이온화 에너지가 증가하는 순서로 정렬하여라.

Na, Mg, Al, Si

계획

표 5-1에서 일반적으로 첫 번째 이온화 에너지는, IIIA와 VIA족을 제외하고, 주기율표의 왼쪽에서 오른쪽으로 갈수록 증가함을 보여준다. Al은 외각의 *p* 궤도에 단지 하나의 전자가 있는 IIIA족 원소이다.

풀이

3주기에서, 원자 번호가 증가할수록 1차 이온화 에너지가 줄어든다. 따라서 1차 이온화 에너지의 증가 순서는 Na < Al < Mg < Si 이다.

5-04 전자 친화도*

전자 친화도(Electron Affinity; *EA*)는 다음과 같이 정의할 수 있다.

> 고립된 기체 상태의 원자에 하나의 전자를 추가하여 −1 전하를 갖는 이온을 형성할 때 흡수하는 에너지를 말한다.

관습적으로 에너지를 흡수할 때는 양의 값으로, 에너지를 방출할 때는 음의 값으로 정의한다. 그러나 전자 친화도를 표시할 때는 이 부호를 반대로 사용하고 있음을 유의하라. 대부분의 원소는 추가되는 전자에 대해서 친화력을 갖지 않아 전자 친화도(*EA*)는 0이다. 헬륨과 염소의 전자 친화도를 다음과 같이 나타낼 수 있다.

$$He(g) + e^- \not\longrightarrow He^-(g) \qquad EA = 0\ kJ/mol$$

$$Cl(g) + e^- \longrightarrow Cl^-(g) + 349\ kJ \qquad EA = -349\ kJ/mol$$

첫 번째 식에서 헬륨은 하나의 전자를 추가하지 않으리라는 것을 알 수 있다. 두 번째 식에서 1몰의

* *대부분의 다른 책에서는 전자 친화도란 원자에 전자를 추가하면서 내놓는 에너지로 정의한다. 따라서 전자 친화도 값의 부호는 이 책에 나와 있는 부호의 반대로 표시된다.*

염소 원자가 기체 상태에서 전자 하나를 얻어 기체 상태의 염소 이온으로 되면서 349 kJ의 에너지를 방출(발열)함을 알 수 있다. 몇 가지 원소의 원자 번호 대 전자 친화도의 관계를 그림 5-3에 도시하였다. 전자 친화도는 중성 원자의 기체에 전자 한 개를 추가하는 과정이 포함되어 있다. 이 중성 원자 X가 전자 한 개를 얻는(*EA*) 이 과정은,

$$X(g) + e^- \longrightarrow X^-(g) \qquad (EA)$$

이온화 과정의 역과정이 아니다.

$$X^+(g) + e^- \longrightarrow X(g) \qquad (IE_1\text{의 역})$$

첫 번째 과정은 중성 원자에서 시작하는 반면, 두 번째 과정은 양이온에서 시작한다. 그러므로 *EA*와 IE_1은 단순히 부호만 다른 값이 아니다. 그림 5-3에서 전자 친화도는 0족 기체를 제외하고는, 일반적

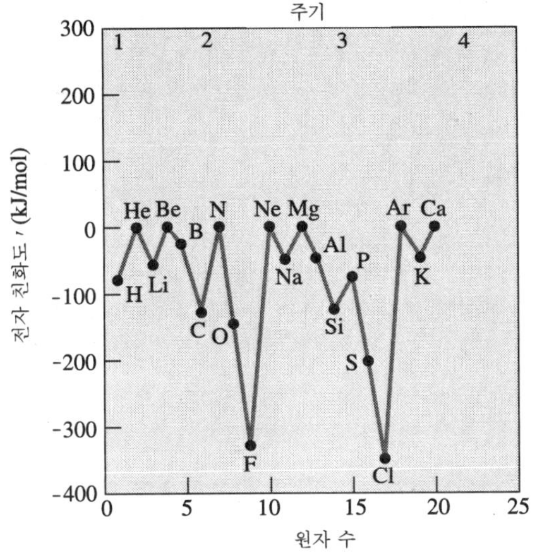

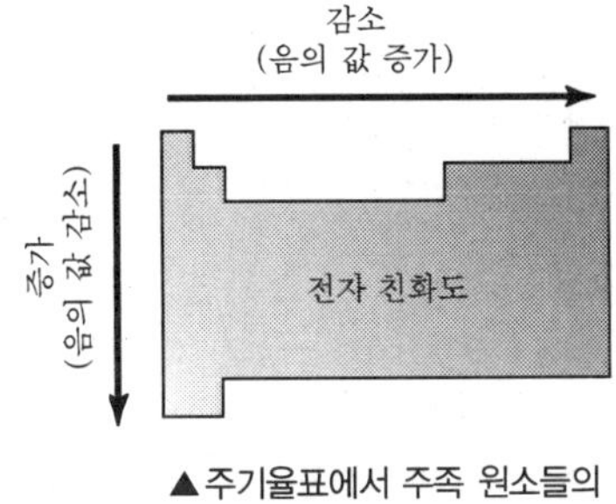

▲주기율표에서 주족 원소들의 위치에 따른 전자 친화도의 경향.

◀ **그림 5-3** 20번까지 원소들의 원자 번호 대 전자 친화도의 도시(여기에서 전자 친화도 값의 부호를 방출하는 에너지로 보고 음의 부호(–)를 붙여 표시하였다).

표 5-2 몇 가지 원소들의 전자 친화도(kJ/mol)

1	H –73									He 0
2	Li –60	Be (~0)		B –29	C –122	N 0	O –141	F –328		Ne 0
3	Na –53	Mg (~0)	Cu –118	Al –43	Si –134	P –72	S –200	Cl –349		Ar 0
4	K –48	Ca (~0)	Ag –125	Ga –29	Ge –119	As –78	Se –195	Br –324		Kr 0
5	Rb –47	Sr (~0)	Au –282	In –29	Sn –107	Sb –101	Te –190	I –295		Xe 0
6	Cs –45	Ba (~0)		Tl –19	Pb –35	Bi –91				

으로 주기율표의 같은 열에서 왼쪽에서 오른쪽으로 갈수록 커진다는 것을 볼 수 있다. 이것은 IA족에서 VIIA족에 이르는 대부분의 주족 원소는 주기율표에서 왼쪽에서 오른쪽으로 갈수록 추가되는 전자에 대한 인력이 증가함을 의미한다. 최외각 전자 배치가 ns^2np^5인 할로겐 원자들은 음의 값으로 가장 큰 전자 친화도를 가진다. 그들은 하나의 전자를 얻으면 0족 기체와 같은 ns^2np^6 전자 배치를 가진다.

큰 전자 친화도를 갖는 원소는 쉽게 전자를 얻어 음이온을 형성한다.

"전자 친화도"는 "이온화 에너지"처럼 정확하고 정량적인 값이나 측정하기는 어렵다. 몇 가지 원소들의 전자 친화도가 표 5-2에 보인다. 여러 이유 때문에 같은 주기에서 전자 친화도의 변화가 규칙적이지 못하다. 일반적인 경향은 각 주기에서 왼쪽에서 오른쪽으로 갈수록 원소의 전자 친화력은 커진다.

눈에 띄는 예외는 일반적인 경향보다 작은 값을 갖는 IIA와 VA족 원소들이다(그림 5-3). IIA족에서는 외각의 *s* 궤도에 전자가 다 채워져 있어 하나의 전자를 추가하기가 매우 어렵다. VA족에서는 예상보다 작은 값을 가지는데 이는 3개의 *p* 궤도에 모두 홀 전자를 가지고 있는 전자 배치에서 하나의 전자가 추가되면 쌍을 이루어야 하기 때문이다($ns^2np^3 \longrightarrow ns^2np^4$). 결과적으로 발생하는 전자간 반발이 증가된 핵의 인력을 상쇄한다. 하나의 음전하(전자)를 다른 하나의 음전하(음이온)에 접근시킬 때는 항상 에너지가 필요하다. 따라서 음이온의 전자 친화도는 항상 양의 값이다.

예제 5-3 *전자 친화도의 경향*

다음 원소들을 전자 친화도 값이 증가하는 순서, 즉 음의 값으로 감소하는 순서로 정렬하여라.

K, Br, Cs, Cl

계획

표 5-2에서 일반적으로 전자 친화도는, IIA(Be)와 VIA(N)족을 제외하고, 주기율표의 왼쪽에서 오른쪽으로 갈수록 증가함을 보여준다.

풀이

전자 친화도 값은 다음 순서로 증가한다.

Cl < Br < K < Cs

5-05 이온 반경

주기율표에서 왼쪽에 위치하는 많은 원소들은 전자를 잃어 양이온이 됨으로써 다른 원소와 반응한다. IA족의 각 원소들은 최외각에 한 개의 전자만을 가지고 있다. 이들은 한 개의 전자를 내놓음으로써 다른 원소들과 반응하여 0족 기체와 같은 전자 배치를 얻는다. 그들은 Li^+, Na^+, K^+, Rb^+ 그리고 Cs^+

이온들을 만든다. 2*s* 궤도함수에 최외각 전자를 갖는 중성 리튬(Li) 원자는 3개의 양성자와 3개의 전자를 가지고 있다. 그러나 리튬 이온(Li^+)은 3개의 양성자와 1*s* 궤도함수에 2개의 전자를 가지고 있다. 따라서 Li^+ 이온은 중성의 리튬(Li) 원자에 비해 작다. 마찬가지로 나트륨 이온(Na^+)은 중성 나트륨 원자(Na)보다 상당히 작다. 주족 원자와 이온의 상대적 크기가 그림 5-1에 보인다.

등전자성(isoelectronic) 화학종들은 같은 수의 전자를 가지고 있다. IIA족이 만든 이온(Be^{2+}, Mg^{2+}, Ca^{2+}, Sr^{2+} 그리고 Ba^{2+})은 *등전자성*인 IA족이 만든 이온들보다 크기가 매우 작다. Li^+ 이온의 반경이 0.90 Å인 반면에 Be^{2+} 이온의 반경은 0.59 Å에 불과하다. 이것은 우리가 예상한 대로이다. 베릴륨 이온(Be^{2+})은 베릴륨 원자(Be)가 핵의 전하를 +4로 유지하면서 두 개의 전자를 잃어서 만들어진다. Be^{2+}에 있는 +4의 핵 전하는 나머지 두 개의 전자들을 아주 단단히 끌어당길 것으로 예상할 수 있다. 유사하게, 같은 주기에서 IIIA족의 이온(Al^{3+}, Ga^{3+}, In^{3+}, Tl^{3+})은 IA족과 IIA족의 이온보다 작다.

VIIA족 원소들(F, Cl, Br, I)을 살펴보기로 하자. 이것들의 최외각 전자 배치는 . . . ns^2np^5다. 이들은 하나의 전자를 얻어 최외각 궤도함수인 *p* 궤도함수에 완전히 전자를 채워서 0족 기체의 전자 배치를 얻을 수 있다. 따라서, 플루오르 원자가 한 개의 전자를 얻으면 외각 전자가 8개가 되어 플루오르 이온(F^-)이 된다. 이 8개의 전자들은 7개 전자들이 있을 때보다 서로 더 강하게 반발하여 전자 구름이 확장된다. F^- 이온은 중성 F 원자보다 훨씬 크다. 같은 이유로 Cl^- 이온은 Cl 원자보다 커야 된다. 관찰된 이온 반경들(그림 5-1)은 이 예상을 뒷받침한다.

산소 원자(VIA족)와 산화 이온(O^{2-})의 크기 비교에서, 음이온이 중성 원자보다 크다는 것을 다시 한 번 알 수 있다. 산화 이온은 플루오르 이온과 등전자성인데, 이것은 10개의 전자를 8+의 핵 전하로 끌어당기는 반면 플루오르 이온은 9+의 핵 전하로 10개의 전자를 끌어당기기 때문에 플루오르 이온보다 크다.

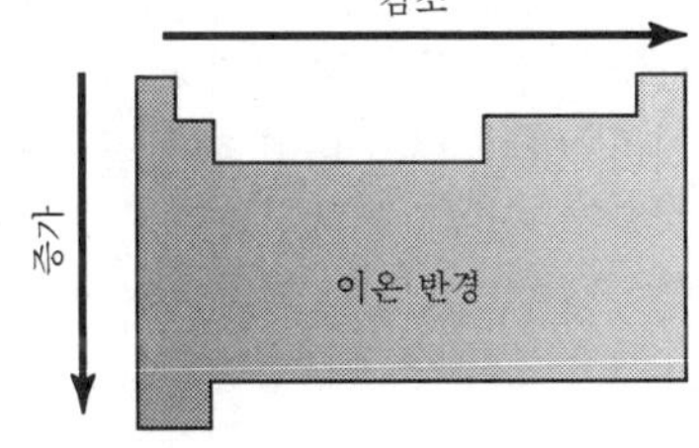

▲ 주기율표에서 주족 원소들의 위치에 따른 이온 반경의 경향.

우리가 원자들, 양이온과 음이온들을 비교하려 할 때, 반경의 비교는 간단한 일이 아니다. 다음의 요점이 순서를 정할 때 자주 고려된다.

1. 같은 원소일 때 양이온이 중성 원소보다 작다.
2. 같은 원소일 때 음이온이 중성 원소보다 크다.
3. 같은 주기일 때 양이온의 크기는 왼쪽에서 오른쪽으로 갈수록 작아진다.
4. 같은 주기일 때 음이온의 크기는 왼쪽에서 오른쪽으로 갈수록 작아진다.
5. 등전자일 때 원자 번호가 증가할수록 핵 전하가 증가하기 때문에 반경은 감소한다.
6. 같은 족에서 아래로 내려갈수록 양이온과 음이온의 크기는 증가한다.

이온의 등전자성 이온들의 한 예

	N^{3-}	O^{2-}	F^-	Na^+	Mg^{2+}	Al^{3+}
Ionic radius (Å)	1.71	1.26	1.19	1.16	0.85	0.68

No. of electrons	10	10	10	10	10	10
Nuclear charge	+7	+8	+9	+11	+12	+13

예제 5-4 *이온 반경의 경향*

다음 이온들을 이온 지름이 증가하는 순서로 정렬하여라: (a) Ca^{2+}, K^{+}, Al^{3+}; (b) Se^{2-}, Br^{-}, Te^{2-}.

계획

몇몇 이온들은 등전자성이고 따라서 그들의 크기는 핵의 전하에 의하여 결정할 수 있다. 또 최외각의 채워진 궤도함수(가장 큰 *n* 값)에 의해서 비교할 수 있다.

풀이

(a) Ca^{2+}와 K^{+}는 외각 전자 배치가 $3s^2 3p^6$인 등전자성이다(각각 18 전자). Ca^{2+}의 핵 전하(20+)가 K^{+}의 핵 전하(+19)보다 크기 때문에, Ca^{2+}가 18개의 전자를 더 단단히 붙들고 있어 Ca^{2+}가 K^{+}보다 더 작다. Al^{3+}는 두 번째 주 껍질에 전자를 가지고 있어($2s^2 2p^6$) 다른 두 이온보다 작다.

$$Al^{3+} < Ca^{2+} < K^{+}$$

(b) Br^{-}와 Se^{2-}는 외각 전자 배치가 $4s^2 4p^6$인 등전자성이다(각각 36 전자). Br^{-}의 핵 전하(35+)가 Se^{2-}의 핵 전하(+34)보다 크기 때문에, Br^{-} 이 36개의 전자를 더 단단히 붙들고 있어 Br^{-}가 Se^{2-}보다 더 작다. Te^{2-}는 다섯 번째 주 껍질에 전자를 가지고 있어($5s^2 5p^6$) 다른 두 이온보다 크다.

$$Br^{-} < Se^{2-} < Te^{2-}$$

5-06 전기 음성도

한 원소의 **전기 음성도**(electronegativity; *EN*)는 *그것이 다른 원자와 결합할 때* 전자를 자기자신에게 끌어당기는 능력이다.

> 전기 음성도가 높은 원소(비금속)는 전자를 얻어 음이온을 형성하고, 낮은 원소(금속)는 전자를 잃어 양이온을 형성한다.

원소들의 전기 음성도는 폴링(Pauling) 척도(scale)라고 불리우는 크기로 나타낸다(표 5-3). 플루오르(4.0)의 전기 음성도는 다른 어떤 원소의 음성도보다 크다. 이것은 플루오르가 다른 원소와 화학 결합을 했을 때 전자를 끌어당기는 경향이 다른 어떤 원소보다도 크다는 것을 말한다.

표 5-3 원소들의 전기 음성도[a]

금속 / 비금속 / 준금속

	IA	IIA	IIIB	IVB	VB	VIB	VIIB	VIIIB	VIIIB	VIIIB	IB	IIB	IIIA	IVA	VA	VIA	VIIA	VIIIA
1	1 H 2.1																	2 He
2	3 Li 1.0	4 Be 1.5											5 B 2.0	6 C 2.5	7 N 3.0	8 O 3.5	9 F 4.0	10 Ne
3	11 Na 1.0	12 Mg 1.2											13 Al 1.5	14 Si 1.8	15 P 2.1	16 S 2.5	17 Cl 3.0	18 Ar
4	19 K 0.9	20 Ca 1.0	21 Sc 1.3	22 Ti 1.4	23 V 1.5	24 Cr 1.6	25 Mn 1.6	26 Fe 1.7	27 Co 1.7	28 Ni 1.8	29 Cu 1.8	30 Zn 1.6	31 Ga 1.7	32 Ge 1.9	33 As 2.1	34 Se 2.4	35 Br 2.8	36 Kr
5	37 Rb 0.9	38 Sr 1.0	39 Y 1.2	40 Zr 1.3	41 Nb 1.5	42 Mo 1.6	43 Tc 1.7	44 Ru 1.8	45 Rh 1.8	46 Pd 1.8	47 Ag 1.6	48 Cd 1.6	49 In 1.6	50 Sn 1.8	51 Sb 1.9	52 Te 2.1	53 I 2.5	54 Xe
6	55 Cs 0.8	56 Ba 1.0	57 La 1.1 *	72 Hf 1.3	73 Ta 1.4	74 W 1.5	75 Re 1.7	76 Os 1.9	77 Ir 1.9	78 Pt 1.8	79 Au 1.9	80 Hg 1.7	81 Tl 1.6	82 Pb 1.7	83 Bi 1.8	84 Po 1.9	85 At 2.1	86 Rn
7	87 Fr 0.8	88 Ra 1.0	89 Ac 1.1 †															

*	58 Ce 1.1	59 Pr 1.1	60 Nd 1.1	61 Pm 1.1	62 Sm 1.1	63 Eu 1.1	64 Gd 1.1	65 Tb 1.1	66 Dy 1.1	67 Ho 1.1	68 Er 1.1	69 Tm 1.1	70 Yb 1.0	71 Lu 1.2
†	90 Th 1.2	91 Pa 1.3	92 U 1.5	93 Np 1.3	94 Pu 1.3	95 Am 1.3	96 Cm 1.3	97 Bk 1.3	98 Cf 1.3	99 Es 1.3	100 Fm 1.3	101 Md 1.3	102 No 1.3	103 Lr 1.5

[a] *전기 음성도 값이 상자의 아랫부분에 표시되었다.*

> 주족 원소의 전기 음성도는 주기율표에서 왼쪽에서 오른쪽으로 갈수록 증가하고, 위에서 아래로 갈수록 감소한다.

전이 금속들 사이에서의 전기 음성도는 규칙성이 없다. 이온화 에너지와 전기 음성도는 주기율표의 아래 왼쪽의 원소가 작고, 위 오른쪽 원소가 크다.

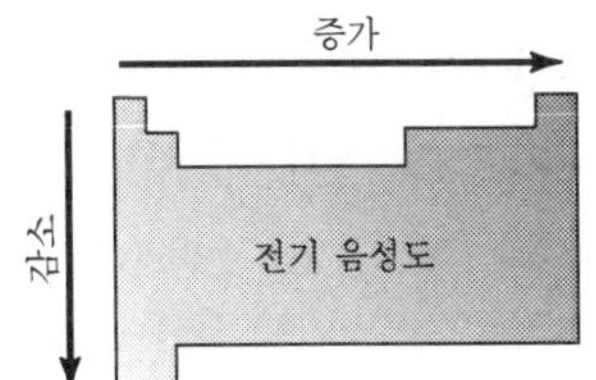

▲ 주기율표에서 주족 원소들의 위치에 따른 전기 음성도의 경향.

예제 5-5 *전기 음성도의 경향*

다음 원소들을 전기 음성도가 증가하는 순서로 나열하여라.

B, Na, F, O

계획

표 5-3은 전기 음성도가 주기율표의 왼쪽에서 오른쪽으로 갈수록 아래에서 위로 올라갈수록 증가함을 보여준다.

풀이

Na < B < O < F

비록 전기 음성도의 척도가 임의의 값이지만, 결합을 예견할 때 타당하게 사용될 수 있다. 전기 음성도 차이가 큰 두 원소(금속과 비금속)는 서로 반응하여 이온 결합 화합물을 만드는 경향이 있다. 전기 음성도가 비슷한 두 비금속 원소는 서로 공유결합을 이루는 경향이 있다. 즉 그것들은 서로의 전자를 공유한다. 이 전자 공유에서 전기 음성도가 큰 원소가 보다 많은 전자를 끌어당긴다.

주 · 요 · 용 · 어

가리움 효과(Shielding effect) 핵과 외각 전자 사이의 *s*와 *p* 궤도함수에 차있는 전자들이 외각 전자를 핵의 전하로부터 가려 막는 것.

내부 전이 원소(Inner transition element) *f*-전이 원소 참조.

등전자성(Isoelectronic) 같은 수의 전자를 가지고 있는 것.

***d*-전이 원소(금속)**(*d*-Transition element(metal)) 주기율표에서 B 구역 원소; 전이 원소.

란탄족(Lanthanide) 58 - 71번 원소들.

악티늄족(Actinides) 90 - 103번 원소들.

***f*-전이 금속**(*f*-Transition metal) 58-71번과 90-103번의 원소들; 내부 전이 원소(금속)라고도 부름.

0족 기체(Noble gas) 주기율표에서 VIIIA족 원소들; 한때 희귀 기체 또는 비활성 기체라고도 불렀음.

0족 기체 배치(Noble gas configuration) 0족 기체의 안정한 전자 배치.

원자 반경(Atomic radius) 한 원자의 반경.

유효 핵 전하(Effective nuclear charge(Z_{eff})) 최외각 전자가 느끼는 핵의 전하; 실지 핵 전하에서 내부 전자가 가리는 핵의 전하를 뺀 값.

이온 반경(Ionic radius) 한 이온의 반경.

이온화 에너지(Ionization energy) 기체 상태에서 하나의 원자나 이온에 가장 느슨하게 결합한 전자를 제거하는데 필요한 총 에너지.

전기 음성도(Electronegativity) 다른 원자와 화학적으로 결합하고 있을 때 원자가 전자를 끌어당기는 상대적 능력.

전자 친화도(Electron affinity) 기체 상태의 중성 원자에 하나의 전자를 가하여 -1가 이온으로 만드는 과정에서 흡수되는 에너지; 에너지를 방출할 때 음의 값을 가짐.

주기성(Periodicity) 주기율표에서의 위치와 원자번호에 따른 원소 성질의 규칙적인 주기적 변화.

주기율(Periodic law) 원소의 성질들은 원자 번호의 주기 함수이다.

주족 원소(Representative elements) 주기율표에서 A족 원소들.

원소의 분류

1. 다음의 용어를 정확하게 설명하여라.
   (a) 주족 원소;
   (b) *d-전위 원소*;
   (c) 내부 전이 원소.
2. 4주기는 왜 18개의 원소를 포함하는지를 설명하여라.
3. 아래와 같은 외각 전자 배치를 하는 원소의 족, 또는 주기율표에서의 위치를 나타내어라.
   (a) ns^2np^4
   (b) ns^2
   (c) $ns^2(n-1)d^{0-2}(n-2)f^{1-14}$
4. 다음과 같은 배열로 구성된 원소와 주기율에서의 위치를 기술하여라.
   (a) $1s^22s^22p^63s^23p^64s^2$
   (b) [Kr] $4d^85s^2$
   (c) [Xe] $4f^{14}5d^56s^1$
   (d) [Xe] $4f^{12}6s^2$
   (e) [Kr] $4d^{10}5s^25p^3$
   (f) [Kr] $4d^{10}4f^{14}5s^25p^65d^{10}6s^26p^2$
5. 다음에서 등전자성인 화학 종은 어떤 것인가?
   P^{3+}, S^{2-}, Cl^-, Ar, K^+, Ca^+

원자 반경

6. 주기율표의 주기에서 왼쪽에서 오른쪽으로 갈수록 원자 반경이 왜 감소하는가?
7. 전이 원소의 원자 반경의 변화는 전형 원소의 원자 반경 변화처럼 뚜렷하지가 않다. 왜 그럴까?
8. 다음의 원자 짝들을 원자 부피가 증가하는 순서로 나열하여라.
   (a) O, Mg, Al, Si;
   (b) O, S, Se, Te;
   (c) Ca, Sr, Ga, As.

이온화 에너지

9. 주어진 원소에 대하여 왜 2차 이온화 에너지가 항상 1차 이온화 에너지보다 클까?
10. 2차 이온화 에너지 값은 1차 이온화 에너지 값보다 점차적으로 커진다. 이를 설명하여라.
11. 2와 3주기를 1차 이온화 에너지 대 원자 수로 도시하면, IIIA와 VIA 원소에서 "급강하(dips)"가 일어난다. 이러한 급강하를 설명하여라.

전자 친화도

12. 아래의 각 원소 세트를 음의 전자 친화도가 증가하는 순서로 배열하여라.
   (a) IA족 금속;
   (b) VIIA족 원소;
   (c) 2주기의 원소;
   (d) Li, K, C, F, Cl.
13. 두 번째 전자의 첨가로 2− 전하를 갖는 이온의 형성은 항상 흡열 반응이다. 이를 설명하여라.

이온 반경

14. 다음의 음이온 세트를 이온 반경이 증가하는 순서로 배열하여라.
   (a) Cl^-, S^{2-}, P^{3-};
   (b) O^{2-}, S^{2-}, Se^{2-};
   (c) N^{3-}, S^{2-}, Br^-, P^{3-};
   (d) Cl^-, Br^-, I^-.
15. 족에서 아래로 내려감에 따라 원자 또는 이온의 크기 경향을 설명하여라.

✿ 전기 음성도

16. 전기 음성도란 무엇인가?

17. 아래의 상태 중에서 어떤 것이 더 타당한가? 그 이유는?

(a) 마그네슘은 낮은 전기 음성도를 가지고 있기 때문에 화학 결합에서 전자를 약한 인력으로 잡아당긴다.

(b) 마그네슘은 화학 결합에서 전자를 약한 인력으로 잡아당기기 때문에 전기 음성도가 낮다.

✿ 주기율표에 관한 추가 문제

18. 탄소와 납의 화학 반응은 유사하다. 그러나 또한 중요한 차이점이 있다. 그들의 전자 배치를 이용하여 유사성과 차이점이 존재하는 이유를 설명하여라.

19. 니켈 결정에서 원자는 그림에서 보여주는 것처럼 평면에서 서로 맞닿아 있다. 평면 기하학에서, $4r = a\sqrt{2}$ 라는 것을 알 수 있다. a = 3.5238 Å일 때 니켈 원자의 반경을 계산하여라.

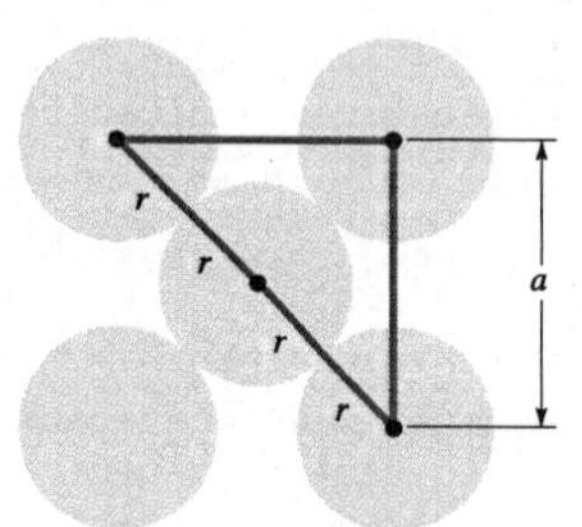

20. 질소의 1차 이온화 에너지(표 5-1)와 전자 친화도(표 5-2) 값을 탄소와 산소의 1차 이온화 에너지와 전자 친화도 값과 비교하여라. 질소의 값이 상당히 다른 이유를 설명하여라.

✿ 개념 문제

21. 세 번째로 큰 알칼리 토금속의 2차 이온화 생성물에 대한 전자 배치를 써라.

22. 칼슘과 원소 X 사이에서 어떤 화합물이 생성될 수 있을까? 원소 X는 $1s^22s^22p^63s^23p^4$ 전자 배치를 갖는다.

✿ 지식의 축적

23. 루비듐의 화학적으로 안정한 이온은 Rb^+이다. 브롬의 가장 안정한 1가 이온은 Br^-이다. 크립톤은 모든 원소에서 가장 반응성이 적은 원소 중 하나이다. Rb^+, Br^-, Kr의 전자 배치를 비교하여라. 그리고 스트론튬과 셀레늄의 가장 안정한 1가 이온을 예상하여라.

제 6 장

화학 결합

탄소 원자들이 3차원적으로 정렬된 공유 결합으로 알려진 것 중 가장 경도가 큰 물질인 다이아몬드를 만든다.

[개 요]

6-01 원자의 루이스 구조식

이온 결합

6-02 이온성 화합물의 형성

공유 결합

6-03 공유 결합의 형성
6-04 분자와 다원자 이온의 루이스 구조식
6-05 옥테트 법칙
6-06 공명
6-07 루이스 구조식에서 옥테트 법칙의 한계
6-08 극성과 비극성 공유 결합
6-09 쌍극자 모멘트
6-10 결합 형태의 연속성

[학습 목표]

이 장의 학습 목표는 다음과 같다.

· 원자들의 루이스 점 구조식을 그림
· 특정 원자로 이루어진 결합이 이온, 공유 또는 극성 공유 결합인지를 예상
· 이온 결합 화합물과 공유 결합 화합물의 비교와 반대되는 특징
· 결합이 화합물에 미치는 영향에 대한 설명
· 이온 결합은 어떻게 형성되는가에 대한 설명
· 이온 결합 화합물의 에너지 관계에 대한 설명
· 이온 결합 화합물의 화학식 예상
· 공유 결합은 어떻게 형성되는가에 대한 설명
· 분자와 다원자 이온의 루이스 점 식 및 선 식 표시
· 옥테트 법칙의 예외
· 공유 구조에서 원자의 형식 전하 표시
· 공명에 대한 설명과 공명 구조 그리기
· 전기 음성도 차와 결합의 본질과의 관계

화학 결합이란 화합물에서 원자들을 붙들어 매는 인력이다. 크게 두 종류의 결합이 있다. (1) **이온 결합**(ionic bonding)은 하나의 원자나 원자의 그룹에서 다른 곳으로 한 개 또는 여러 개의 알짜 전자 이동으로 생성되는 이온들 사이의 정전기적 상호 작용의 결과로 형성된다. (2) **공유 결합**(covalent bonding)은 두 원자 사이에 한 쌍 또는 여러 쌍의 전자를 공유함으로써 형성된다.

이 두 종류는 두 극단이다: 서로 다른 두 원소 사이의 결합은 적어도 어느 정도의 이온성과 공유성을 가지고 있다. 주로 이온 결합을 가지고 있는 화합물을 **이온 결합 화합물**(ionic compound)이라 부르고, 주로 공유 결합에 의하여 결합된 화합물을 **공유 결합 화합물**(covalent compound)이라 부른다. H_2, Cl_2, N_2 그리고 P_4 같은 몇몇 비금속 원소들도 공유 결합을 가지고 있다. 이온 결합 화합물과 공유 결합 화합물에 관계되는 몇 가지 성질들이 다음 목록에 나와 있다.

이온 결합 화합물	공유 결합 화합물
1. 높은 용융점(대체적으로 400 ℃ 이상)을 가지는 고체다.	1. 낮은 용융점(대체적으로 300 ℃ 이하)을 갖는 기체, 액체 또는 고체이다.
2. 많은 경우 물과 같은 극성 용매에 녹는다.	2. 많은 경우 극성 용매에 녹지 않는다.
3. 대부분 헥산(C_6H_{14}) 그리고 사염화탄소(CCl_4) 같은 비극성 용매에 녹지 않는다.	3. 대부분 헥산(C_6H_{14}) 그리고 사염화 탄소(CCl_4) 같은 비극성 용매에 녹는다.
4. 용융된 화합물은 그들이 유동성이 좋은 하전 입자를 가지고 있기 때문에 전도성이 좋다.	4. 액체 또는 용융된 화합물은 전도성이 없다.
5. 수용액은 유동성이 있는 하전 입자를 가지고 있기 때문에 전도성이 좋다.	5. 수용액에서 대부분 하전된 입자들이 없어 전도성이 좋지 않다.
6. 금속과 비금속처럼 전기 음성도 차이가 큰 두 원소 사이에서 자주 형성된다.	6. 전기 음성도가 비슷한 두 원소, 보통 비금속들 사이에서 자주 형성된다.

6-01 원자의 루이스 구조식

원소의 최외각 전자 수와 배치는 화학 결합뿐 아니라 화학적 물리적 성질을 결정한다. 우리는 이 "화학적으로 중요한 전자들"을 나타내는 편리한 방법으로 **루이스 점 구조식**(Lewis dot formulas) 또는 **루이스 점 표시**(Lewis dot representations), 또는 간단히 **루이스 구조식**(Lewis formulas)을 사용한다. 이제 원자에 대해서 이 방법을 소개하기로 한다; 원자, 분자 그리고 이온에 대해서 이 루이스 구조식을 사용하여 이어지는 장에서 화학 결합을 논의할 것이다.

화학 결합은 **원자가 전자**(valence electron)로 불리는 최외각 전자가 관여한다. 루이스 점 표시에서는 최외각에 채워진 *s*와 *p* 궤도함수만이 점으로 표시된다. 표 6-1에 3족 원소들의 루이스 점 구조식이 보인다. 같은 족의 원소는 모두 같은 외각 전자 배치를 한다. 전자 점의 위치는 원자 기호의 어느 쪽에 오

표 6-1 주족 원소의 루이스 점 표시

족	IA	IIA	IIIA	IVA	VA	VIA	VIIA	VIIIA
최외각에 있는 전자 수	1	2	3	4	5	6	7	8 (He제외)
주기 1	H·							He:
주기 2	Li·	Be:	B	C	N	O	F	Ne
주기 3	Na·	Mg:	Al	Si	P	S	Cl	Ar
주기 4	K·	Ca:	Ga	Ge	As	Se	Br	Kr
주기 5	Rb·	Sr:	In	Sn	Sb	Te	I	Xe
주기 6	Cs·	Ba:	Tl	Pb	Bi	Po	At	Rn
주기 7	Fr·	Ra:						

든지 상관 없다. 그러나 여기서는 전자 쌍은 점의 쌍으로, 단일 전자는 단일 점으로 표시된다.

〉〉〉〉 이온 결합

6-02 이온성 화합물의 형성

우리가 설명해야 할 첫 번째 종류의 화학 결합은 **이온 결합**이다. **이온**(ion)이란 전하를 가지고 있는 하나의 원자 또는 원자단이라고 앞에서 말하였다(2-03절). 원자나 원자 그룹에 전자를 양성자보다 적게 가져 양으로 하전된 이온을 **양이온**(cation)이라고 부른다. 전자를 양성자보다 많이 가져 음으로 하전된 이온을 **음이온**(anion)이라고 부른다.

하나의 원자로만 구성된 이온을 **단원자 이온**(monatomic ion)이라고 한다. 예를 들면 Cl^- 또는 Mg^{2+} 등이 이것이다. 두 개 이상의 원자를 포함한 이온을 **다원자 이온**(polyatomic ion)이라 부른다. NH_4^+, OH^- 그리고 SO_4^{2-} 이온 등이 그 예다. 다원자 이온 안의 원자들은 공유 결합으로 결합되어 있다. 이 절에서는 이온이 어떻게 원자로부터 만들어지는지에 대하여 논의한다. 다원자 이온과 함께 다른 공유 결합 종들까지 논의할 것이다.

이온 결합은 많은 반대로 하전된 이온들의 인력이며 고체를 만든다. 이런 고체 화합물을 이온성 고체라고 한다.

앞에서 논의했던 이온화 에너지, 전기 음성도 그리고 전자 친화도로 설명하면, 이온 결합은 이온화 에너지가 낮은 원소(금속)들과 전기 음성도가 크고 전자 친화도가 음의 값으로 큰 원소(비금속)들 사이에서 쉽게 일어난다. 많은 금속들은 쉽게 *산화*되어 전자를 잃고 양이온이 되고, 많은 비금속들은 쉽게 *환원*되어 전자를 얻어 음이온이 된다.

> 금속과 비금속처럼 두 원소 사이의 전기 음성도 차이 $\Delta(EN)$가 클 때 원소들은 이온 결합 화합물을 형성하려 한다.

▲금방 자른 나트륨은 금속 광택을 띠나 곧 공기와 반응하여 하얗게 변한다.

▲몇 가지 이온 결합 화합물들. 시계 방향으로 NaCl(*흰색*), $CuSO_4 \cdot 5H_2O$(*청색*), $NiCl_2 \cdot 6H_2O$(*녹색*), $K_2Cr_2O_7$(*주황색*) 그리고 $CoCl_2 \cdot 6H_2O$(*빨강색*) 1 mol에 해당하는 양.

이제 금속과 비금속의 조합으로 이온 결합이 형성되는 것을 설명해 보자.

IA족 금속과 VIIA족 비금속

나트륨과 염소의 반응을 살펴보자. 나트륨은 은색의 연한 금속(mp 98 ℃)이고 염소는 실온에서 연두색의 부식성 기체다. 나트륨과 염소 둘 다 물과 반응하지만, 나트륨이 더 격렬하게 반응한다. 반면에 염화나트륨(mp 801 ℃)은 물과 반응하지 않고 약간의 열을 흡수하면서 녹는다.

$$\underset{\text{나트륨}}{2Na(s)} + \underset{\text{염소}}{Cl_2(g)} \longrightarrow \underset{\text{염화나트륨}}{2NaCl(s)}$$

모든 화학종의 전자 배치를 통하여 이를 설명하면 더 이해하기 쉽다. 편의상 염소는 원자로 표시한다.

$$\left.\begin{array}{ll} _{11}Na\ [Ne] & \underset{3s}{\uparrow} \\ \\ _{17}Cl\ [Ne] & \underset{3s}{\uparrow\downarrow}\ \ \underset{3p}{\uparrow\downarrow\ \uparrow\downarrow\ \uparrow} \end{array}\right\} \longrightarrow \left\{\begin{array}{lll} Na^{+}\ [Ne] & & 1e^{-}\ \text{잃음} \\ \\ Cl^{-}\ [Ne] & \underset{3s}{\uparrow\downarrow}\ \ \underset{3p}{\uparrow\downarrow\ \uparrow\downarrow\ \uparrow\downarrow} & 1e^{-}\ \text{얻음} \end{array}\right.$$

이 반응에서 나트륨은 하나의 전자를 잃어 Na^+ 이온을 형성하여 *앞에* 나오는 0족 기체 네온과 같은 전자 구조를 갖는다: Na^+은 Ne과 *등전자*이다(5-05절). 반면에 염소는 하나의 전자를 얻어 Cl^- 이온을 형성하여 *뒤따르는* 0족 기체 Ar과 같은 전자 구조를 갖는다: Cl^-은 Ar과 *등전자*이다.

이 과정을 간단히 나타내면

$$\text{Na} \longrightarrow \text{Na}^+ + e^- \quad \text{그리고} \quad \text{Cl} + e^- \longrightarrow \text{Cl}^-$$

이와 같은 관찰은 *금속과 비금속 사이에서 일어나는* 대부분의 이온 결합 화합물에 적용된다. 이 반응을 루이스 구조식으로 나타내면 다음과 같다.

$$\text{Na}\cdot + :\ddot{\underset{..}{\text{Cl}}}\cdot \longrightarrow \text{Na}^+ [:\ddot{\underset{..}{\text{Cl}}}:]^-$$

염화나트륨의 화학식은 이 화합물에 Na^+와 Cl^-가 1:1 비율로 포함되어 있기 때문에 NaCl이다. 이것은 Na 원자는 최외각 껍질에 1개의 전자만이 있고, Cl 원자는 최외각 p 궤도함수에 전자 한 개만을 더 채울 수 있다는 사실로부터 예상할 수 있는 식이다.

화학식 NaCl은 단지 이온의 비율을 나타낸 것이며, 화합물의 이온성을 명쾌하게 나타내지 않는다. 더욱이 각 원소들의 전기 음성도 값을 항상 알 수 있는 것도 아니다. 따라서 주기율표에서의 원소의 위치와 알고 있는 전기 음성도 경향으로부터 어떤 경우에 이온 결합이 유리할 만큼 충분히 전기 음성도 차이가 큰가를 알아야 하겠다.

A족 원소들은 주기율표에서 멀리 있을수록 이온 결합을 더욱 잘 형성한다.

주기율표에서 왼쪽 아래 끝과 오른쪽 위 끝의 전기 음성도 차가 가장 크다. 즉 CsF($\Delta[EN] = 3.2$)가 LiI($\Delta[EN] = 1.5$)보다 이온성이 더 크다. IA족의 모든 원소(M)와 VIIA족의 모든 원소(X)는 반응하여 MX의 이온 결합 화합물을 만든다. 화합물에서 모든 이온들, M^+와 X^-은 0족 기체와 같은 전자 배치를 하고 있다. 같은 족에서 한 원자의 결합을 이해하면 다른 원소들의 결합도 이해할 수 있다. 주기율표에서 5개의 IA족 원소와 4개의 VIIA족 원소가 만들 수 있는 화합물의 조합은 $5 \times 4 = 20$개다. NaCl에 대한 논의는 다른 19개 화합물에도 적용할 수 있다.

독립된 두 이온, 양이온과 음이온이 생성되는데는 각각의 원소가 생성되는 것보다 훨씬 큰 에너지가 필요하다. 따라서 이온의 생성 자체로만은 이온 결합 화합물의 형성을 설명하기에 충분하지 못하다. 관찰된 이 화합물의 안정성을 다른 유리한 요소로 설명해야 한다. 서로 반대의 전하를 가진 Na^+와 Cl^-는 인력이 작용한다. 쿨롱의 법칙에 의하여 인력의 크기 F는 서로 다른 부호의 전하를 가진 입자의 전하의 크기 q^+와 q^-에 비례하고 거리의 제곱에 반비례한다. 따라서 이온의 전하가 크고, 크기가 작을수록 강한 이온 결합을 한다. 물론 같은 부호의 전하를 갖는 이온들끼리는 반발하지만, 수많은 이온들이 모여 있는 이온성 고체에서는 이들이 상

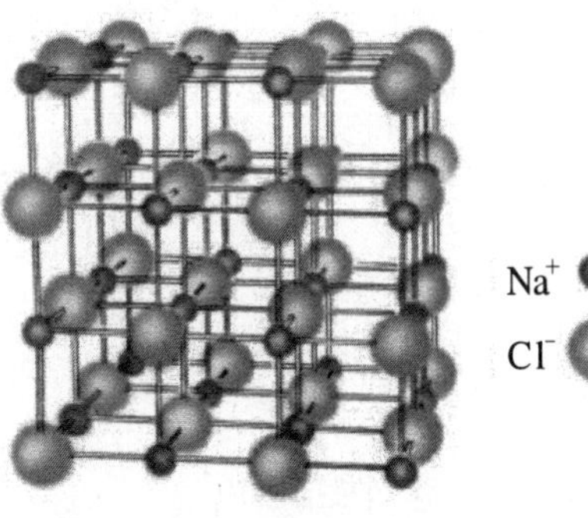

그림 6-1 NaCl 결정 구조의 한 표시. 각 Cl^- 이온은 6개의 Na^+ 이온에 둘러싸여 있고 각 Na^+ 이온은 6개의 Cl^- 이온에 둘러싸여 있다.

대 이온들보다 더 멀리 떨어져 있어서 인력이 반발력보다 크다.

분리된 기체 상태의 양이온과 음이온이 서로 끌어당겨 이온성 고체로 되는데 관여하는 에너지를 *결정 격자 에너지*(crystal lattice energy)라 한다. NaCl의 경우 이 에너지는 −789 kJ/mol이다: 즉 1 mol의 NaCl 고체는 1 mol의 Na^+ 이온과 1 mol의 Cl^- 이온으로 있을 때보다 789 kJ이 낮다(*더 안정하다*). 이러한 이온성 화합물의 안정성은 이온이 생성되는데 치른 에너지가 결정 격자 에너지에 의해서 되돌려 받았기 때문이다.

식탁 위에 흔히 놓인 염인, 염화나트륨(NaCl)을 그림 6-1에 나타내었다. 단순한 다른 이온성 고체와 같이 양이온과 음이온이 규칙적으로 정열되어 있다. 고체 이온성 물질의 한 분자는 명확하게 존재하지 않기 때문에(2-03절) 이것을 분자 대신 *화학식 단위*(formula unit)라 불러야 한다.

이온성 고체에서 이온들을 서로 붙들어 매는 힘은 매우 강하다. 이것은 이들의 녹는 점과 끓는 점이 매우 높은 이유를 설명해준다. 이온 결합 화합물이 용융되거나 물에 녹으면, 하전된 입자가 전기장에서 자유롭게 이동하여 높은 전기 전도성을 나타낸다.

우리는 IA 금속들과 VIIA 원소들의 일반적인 반응을 다음과 같이 표시할 수 있다.

$$2M(s) + X_2 \longrightarrow 2MX(s) \quad M = Li, Na, K, Rb, Cs;\ X = F, Cl, Br, I$$

이것을 루이스 점 구조식으로 나타내면 다음과 같다.

$$2M\cdot + :\ddot{\underset{..}{X}}:\ddot{\underset{..}{X}}: \longrightarrow 2(M^+ [:\ddot{\underset{..}{X}}:]^-)$$

IA족 금속과 VIA족 비금속

다음은 리튬(IA족)과 산소(VIA족)가 반응하여 고체 화합물 산화리튬(mp > 1700 ℃)을 형성하는 반응을 살펴보자. 이 반응은 다음과 같이 나타낼 수 있다.

$$\underset{\text{리튬}}{4Li(s)} + \underset{\text{산소}}{O_2(g)} \longrightarrow \underset{\text{산화리튬}}{2Li_2O(s)}$$

산화리튬의 화학식 Li_2O는 산소 원자 하나에 두 개의 리튬이 결합하고 있음을 가리킨다. 원자들의 구조를 살펴보면 이 비율의 이유를 알 수 있다.

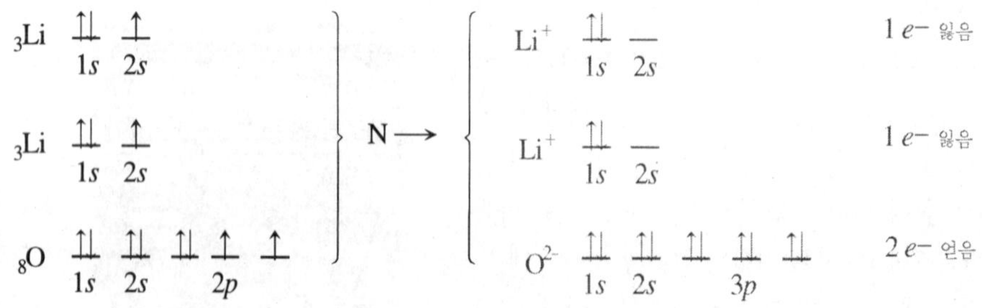

$_3Li$	⇅ 1s ↑ 2s		Li^+	⇅ 1s — 2s	1 $e-$ 잃음
$_3Li$	⇅ 1s ↑ 2s	N ⟶	Li^+	⇅ 1s — 2s	1 $e-$ 잃음
$_8O$	⇅ 1s ⇅ 2s ⇅ ↑ ↑ 2p		O^{2-}	⇅ 1s ⇅ 2s ⇅ ⇅ ⇅ 3p	2 $e-$ 얻음

이것을 간단한 식으로 쓰면,

$$2[Li \longrightarrow Li^+ + e-] \quad \text{그리고} \quad O + 2e- \longrightarrow O^{2-}$$

이 되고, 루이스 점 구조식으로 표시하면 다음과 같다.

$$2Li\cdot \quad + \quad :\ddot{\underset{\cdot}{O}}\cdot \longrightarrow 2Li^+ [:\ddot{\underset{\cdot\cdot}{O}}:]^{2-}$$

리튬 이온(Li^+)은 헬륨($2e-$)과 산화 이온(O^{2-})은 네온($10e-$)과 각각 등전자이다. Li^+은 매우 작아서 Na^+보다 *전하 밀도*(전하 대 크기의 비율)가 높다. 마찬가지로, O^{2-} 이온은 Cl^- 이온보다 작고 전하의 크기가 2배가 되어 훨씬 전하 밀도가 높다. 이처럼 작은 크기와 높은 전하 밀도는 NaCl에 있는 Na^+와 Cl^- 이온들보다 Li_2O에 있는 Li^+과 O^{2-}을 가깝게 놓이게 한다.

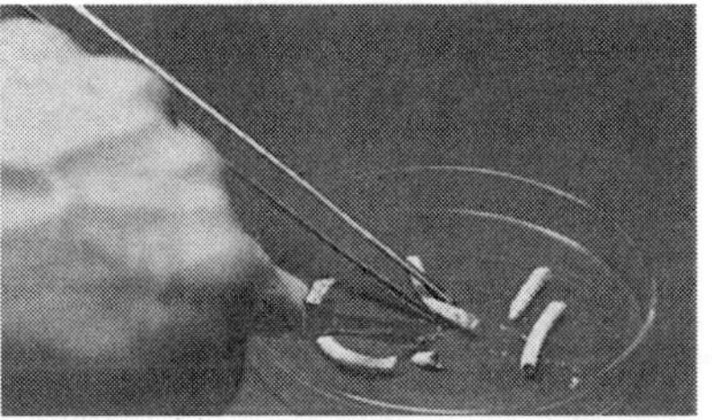

▲ 리튬은 금방 잘랐을 때는 표면이 반짝이지만 공기에 노출하면 표면은 산화리튬으로 변한다.

결론적으로 쿨롱식에서 q^+q^-의 값은 크게 하고 d^2 값은 작게 만든다. 결과적으로 Li_2O의 이온 결합을 NaCl의 이온 결합보다 강하게 만든다(격자 에너지를 음의 값으로 더욱 크게 만든다). 이것은 NaCl(801 ℃)과 비교하여 Li_2O(>1700 ℃)의 녹는 점이 더 높다는 것과 일치한다.

2성분계 이온성 화합물: 요약

표 6-2는 주족 원소들의 2성분계 이온성 화합물들에 대한 일반적인 화학식을 요약한 것이다. "M"은 표시된 족의 금속을, "X"는 비금속을 나타낸다. 예를 들면 이온성 화합물에서 각 금속 원소들은 1, 2 또는 3개의 전자를 잃었고, 비금속 원소들은 1, 2 또는 3개의 전자를 얻었다. *단원자 이온에서는 전하가 3+나 3- 보다 더 큰 경우는 매우 드물다.* 전하가 큰 이온일수록 상대 이온의 전자 구름과 더 강하게 작용하여 전자 구름이 찌그러져서 상당한 정도의 공유성이 생긴다. 고체 이온 물질의 한 분자는 명확하게 존재하지 않는다. 하나의 이온성 고체에서 모든 상호 작용들로부터 기인한 인력의 합은 상당히 크다. 그러므로, 2성분계의 이온성 화합물의 녹는 점과 끓는 점은 매우 높다. *d*-나 *f*-전이 원소들도 이온성을 가진 많은 화합물을 형성한다. 많은 경우, 전이 금속의 이온들은 0족 기체의 전자 배치를 하지 않는다.

표 6-2 간단한 2성분 이온 결합 화합물

금속		비금속		일반 화학식	존재하는 이온들	예	녹는 점 (℃)
IA	+	VIIA	⟶	MX	(M^+, X^-)	LiBr	547
IIA	+	VIIA	⟶	MX_2	$(M^{2+}, 2X^-)$	$MgCl_2$	708
IIIA	+	VIIA	⟶	MX_3	$(M^{3+}, 3X^-)$	GaF_3	800 (subl)
IA	+	VIA	⟶	M_2X	$(2M^+, X^{2-})$	Li_2O	>1700
IIA	+	VIA	⟶	MX	(M^{2+}, X^{2-})	CaO	2580
IIA	+	VIA	⟶	M_2X_3	$(2M^{3+}, 3X^{2-})$	Al_2O_3	2045
IA	+	VA	⟶	M_3X	$(3M^+, X^{3-})$	Li_3N	840
IIA	+	VA	⟶	M_3X_2	$(3M^{2+}, 2X^{3-})$	Ca_3P_2	≈1600
IIIA	+	VA	⟶	MX	(M^{3+}, X^{3-})	AlP	

이온 결합에서의 에너지 관계

여러분들은 이 장에서 왜 이온 결합이 낮은 이온화 에너지를 가진 원소와 높은 전기 음성도를 가진 원소들 사이에서 형성되는지 이해하게 될 것이다. 자연계는 안정성을 얻으려는 일반적인 경향이 있다. 한 가지 방법은 위치 에너지를 *낮추는* 것이다; 더 낮은 에너지는 일반적으로 *더 안정된* 배열을 나타낸다.

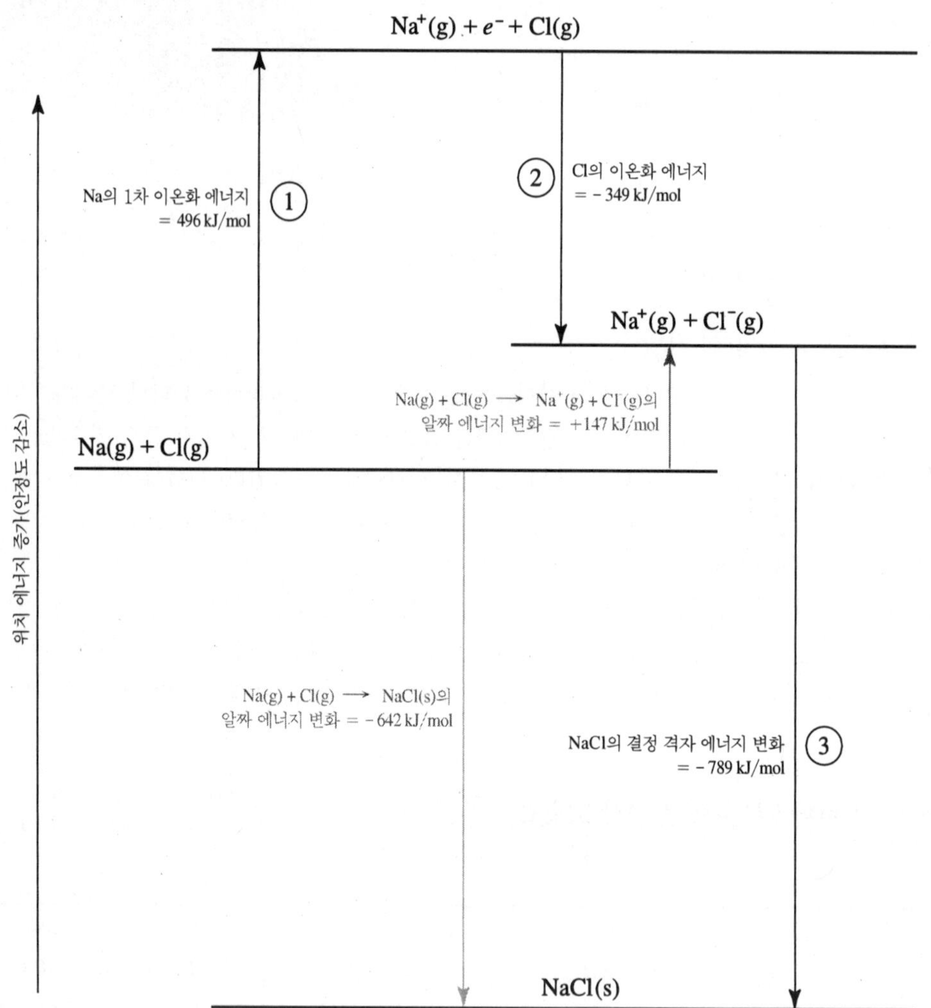

그림 6-2 Na(g) + Cl(g) → NaCl(s) 반응에서 에너지 변화를 나타내는 도식도.

이온 결정인 NaCl이 Na 원자와 Cl 원자의 혼합물보다 더 안정한 이유를 설명하기 위해 에너지 관계를 이용해보자. 1몰의 Na 원자와 1몰의 Cl 원자의 기체 혼합물, Na(g) + Cl(g)을 생각하자. 그 에너지 변화는 1몰의 Na 원자가 전자를 잃어 Na^+를 형성하는 1차 이온화 에너지와 관계가 있다(그림 6-2의 첫 단계).

$$Na(g) \longrightarrow Na^{+}(g) + e- \quad IE_1 = 496\ kJ/mol$$

이것은 양의 값이다. 따라서, $Na^{+}(g) + e- + Cl(g)$ 혼합물의 에너지는 원래 원자의 혼합물보다 496 kJ/mol 더 높다.

1몰의 Cl 원자가 Cl^{-} 이온으로 변하면서 얻는 에너지가 *전자 친화*도다. 이 값은 열역학적으로는 −부호다(6-04절 참조).

$$Cl(g) + e- \longrightarrow Cl^{-}(g) \quad -EA = -349\ kJ/mol$$

혼합물의 에너지보다 낮은 −349 kJ/mol로 음의 값이다. 그러나 Na^{+} 이온과 Cl^{-} 이온이 분리되어 혼합물로 있을 때의 에너지는 아직 원래 원자의 혼합물보다 147 kJ/mol 만큼 높다(그림 6-2). 따라서 이온 결합 화합물의 생성을 단지 이온의 형성으로만 설명할 수 없다. 반대 전하를 가진 이온들을 강한 인력이 그림 6-1과 같은 규칙적으로 정렬 상태로 만든다. 이 인력과 관련된 에너지가 NaCl의 *격자 에너지인* −789 kJ/mol이다.

$$Na^{+}(g) + Cl^{-}(g) \longrightarrow NaCl(s) \quad \text{격자 에너지} = -789\ kJ/mol$$

결과적으로 NaCl(s) 1몰의 전체 에너지는 원래 원자 혼합물보다 −642 kJ/mol만큼 낮다. 따라서 이온 결합 화합물 형성의 주된 추진력은 이온 전하의 인력에서 기인한 큰 정전기적인 안정화이다. 여기에서는 Na이 고체 금속이고 염소가 2원자 분자로서 존재한다는 사실을 고려하지 않았다. Na과 Cl 원자를 기체 상태로 만들기 위한 에너지가 더 요구되나, 이 값은 크지 않기 때문에 Na(s)와 $Cl_2(g)$로부터 시작되는 전체적인 에너지 변화는 음이다.

〉〉〉〉 공유 결합

전기 음성도 차이가 전자 전이를 일으킬 정도로 크지 않기 때문에, 두 비금속 사이에서는 이온 결합이 일어나지 않는다. 두 비금속 사이의 반응은 *공유 결합*을 형성한다.

공유 결합(covalent bond)은 두 원자가 하나 이상의 전자 쌍을 공유할 때 형성된다. 공유 결합은 원자 사이의 전기 음성도 차이, $\Delta(EN)$가 0이거나 아주 작을 때 형성된다.

공유 결합 화합물들은 분자 내의 원자들 사이의 결합(분자 내 결합)은 상대적으로 강하나, 분자 사이의 인력(분자 간 힘)은 약하다. 이 결과 공유 결합 화합물은 이온 결합 화합물보다 녹는 점과 끓는 점이 낮다.

6-03 공유 결합의 형성

두 개의 수소 원자가 반응하여 2원자 분자를 이루는 가장 간단한 공유 결합에 대해 살펴보기로 하자. 독립된 수소 원자는 $1s^1$의 바닥 상태 전자 배치를 하고 있고, 이 하나의 전자는 핵을 중심으로 구 모양의 확률 분포를 한다(그림 6-3a). 두 개의 수소가 서로 접근함에 따라 각각의 전자는 다른 원자의 핵에 이끌리게 된다(그림 6-3b).

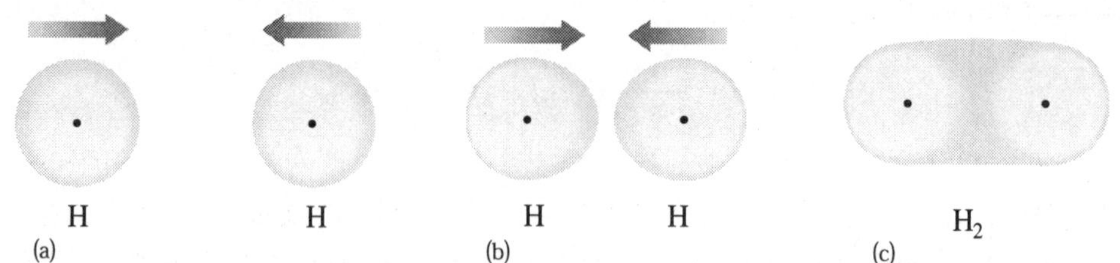

그림 6-3 두 수소 원자들 사이에 공유 결합이 형성되는 과정. (a) 두 수소가 아주 멀리 떨어짐. (b) 두 수소가 접근하면 전자는 다른 원소의 핵으로부터 인력을 받음. (c) 두 전자가 1*s* 궤도함수에 차 들어가 중첩되고 핵 사이의 전자 밀도가 최대로 된다.

만약 두 전자의 스핀이 서로 반대 방향이라면 그들은 같은 영역(궤도함수)에 채워지고 각각의 핵으로부터 이끌리게 되어 두 핵 중간에 놓이게 된다(그림 6-3c). 전자들을 두 개의 수소 원자가 공유하게 되면 단일 공유 결합이 형성된다. 우리는 1*s* 궤도함수가 겹쳐져서 두 전자가 두 수소 원자의 궤도에 들어간다고 말한다. 두 개의 원자가 서로 가까이 다가갈수록 이것은 더욱 명확해진다. 이런 의미에서 각각의 수소 원자는 헬륨과 같은 $1s^2$의 전자 배치를 하게 된다.

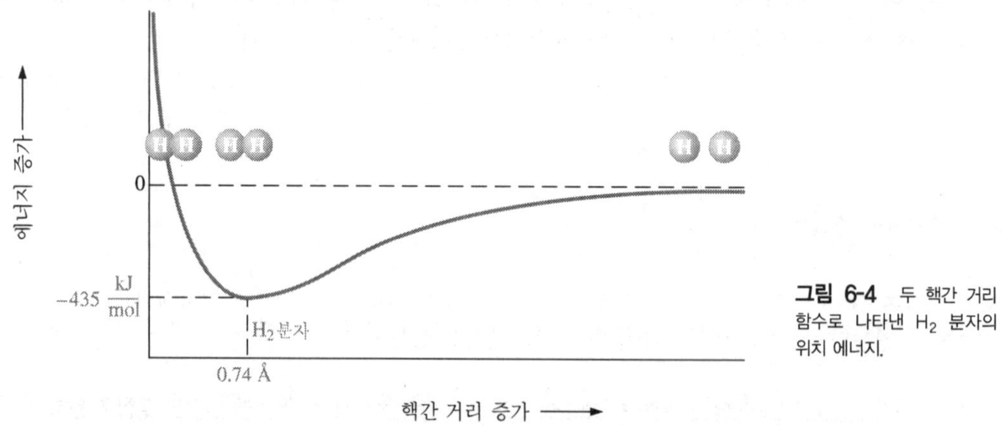

그림 6-4 두 핵간 거리 함수로 나타낸 H_2 분자의 위치 에너지.

결합된 원자는 고립된 원자보다 낮은 에너지(안정한 상태)를 갖게 된다. 핵간 거리에 대한 에너지를 그림 6-4에 표시하였다. 두 원자가 아주 가까워지면 서로 양으로 하전된 핵들에 의한 반발이 나타난다. 적절한 거리에 있을 때 최소 에너지 −435 kJ/mol에 이른다; 이때가 가장 안정한 정렬 상태이며, H_2 분자의 핵간 거리인 0.74 Å에서 나타난다. 핵간 거리가 증가할수록 반발력은 줄어들지만, 인력이 더욱 빠르게 감소한다. 아주 가까운 거리에서는 반발력이 인력보다 더욱 빠르게 증가한다. 두 힘의 합으로 나타내는 이 안정화의 크기를 H−H *결합 에너지*라 부른다.

다른 비금속 원자 한 쌍들도 전자 쌍을 공유하여 공유 결합을 형성한다. 이러한 공유의 결과 각각의 원자들은 더욱 안정한 전자 배치에 이르게 된다. 대부분의 공유 결합은 2개, 4개 또는 6개의 전자, 즉 1쌍, 2쌍 또는 3쌍의 전자를 공유한다. 두 개의 원자가 1쌍의 전자를 공유할 때 **단일 공유 결합**(single covalent bond), 2쌍의 전자를 공유할 때 **이중 공유 결합**(double covalent bond) 그리고 3쌍의 전자를 공유할 때 **삼중 공유 결합**(triple covalent bond)을 이룬다. 이들을 보통 *단일*, *이중* 그리고 *삼중 결합*이라 부른다.

루이스 식에서는 *각각의 공유 전자 쌍*을 두 점으로 표시하거나 하나의 막대 선으로 표시한다. 따라서 두 개의 H 원자로 이루어진 H_2는,

$$\text{H}\cdot \;+\; \cdot\text{H} \longrightarrow \text{H} : \text{H} \quad \text{또는} \quad \text{H—H}$$

여기서 막대 선은 단일 결합을 나타낸다. 같은 요령으로 두 개의 플루오르 원자가 만든 플루오르 분자는

$$:\ddot{\underset{\cdot\cdot}{\text{F}}}\cdot \;+\; \cdot\ddot{\underset{\cdot\cdot}{\text{F}}}: \longrightarrow :\ddot{\underset{\cdot\cdot}{\text{F}}}:\ddot{\underset{\cdot\cdot}{\text{F}}}: \quad \text{또는} \quad :\ddot{\underset{\cdot\cdot}{\text{F}}}\text{—}\ddot{\underset{\cdot\cdot}{\text{F}}}:$$

수소 원자와 플루오르 원자로부터 플루오르화 수소의 형성은

$$\text{H}\cdot + \cdot\ddot{\underset{\cdot\cdot}{\text{F}}}: \longrightarrow \text{H}:\ddot{\underset{\cdot\cdot}{\text{F}}}: \quad \text{또는} \quad \text{H—}\ddot{\underset{\cdot\cdot}{\text{F}}}:$$

6-04 분자와 다원자 이온의 루이스 구조식

물 분자는 다음과 같이 나타낼 수 있다.

$$\underset{\text{점 식}}{\text{H}:\underset{\text{H}}{\underset{\cdot\cdot}{\ddot{\text{O}}}}:} \quad \text{또는} \quad \underset{\text{선 식}}{\text{H—}\underset{\text{H}}{\underset{|}{\ddot{\text{O}}}}:}$$

선 식에서는 하나의 공유 전자 쌍을 하나의 선으로 나타낸다. 이산화탄소는 두 쌍의 공유 전자가 있고 이의 루이스 식은

$$\underset{\text{점 식}}{\ddot{\underset{\cdot\cdot}{\text{O}}}::\text{C}::\ddot{\underset{\cdot\cdot}{\text{O}}}} \quad \text{또는} \quad \underset{\text{선 식}}{\ddot{\underset{\cdot\cdot}{\text{O}}}=\text{C}=\ddot{\underset{\cdot\cdot}{\text{O}}}} \quad \text{이다.}$$

다원자로 구성된 이온에 포함된 공유 결합도 같은 방법으로 나타낼 수 있다. 암모늄 이온 NH_4^+은 질소에 5개 수소에 1개씩의 전자를 가지고 있기 때문에 총 전자 수는 $5+4(1)=$ 9개이지만 8개의 전자만 보인다. 그것은 NH_4^+ 이온이 1+의 전하를 가지며 원래의 원자들이 가지고 있는 전자보다 1개를 덜 갖게 되기 때문이다.

$$\underset{\text{점 식}}{\left[\begin{array}{c}\text{H}\\ \cdot\cdot\\ \text{H}:\text{N}:\text{H}\\ \cdot\cdot\\ \text{H}\end{array}\right]^+} \qquad \underset{\text{선 식}}{\left[\begin{array}{c}\text{H}\\ |\\ \text{H—N—H}\\ |\\ \text{H}\end{array}\right]^+}$$

루이스 식은 원자가 전자의 수, 결합의 종류와 수 그리고 분자 내에서 원자의 배열만 나타낸다.

6-05 옥테트 법칙

주족 원소들은 그들이 전자를 공유함으로서 안정한 0족 기체와 같은 전자 배치를 얻게 된다. 물 분자에서 O 원자는 8개의 외각 전자를 가지며 이것은 네온과 같은 전자 배치이다; 각각의 수소 원자는 원자가 전자로 2개씩을 가지게 되며 이것은 헬륨과 같은 전자 배치이다. 마찬가지로, CO_2에서 C와 O, 그리고 NH_3와 NH_4^+에서의 N은 외각에 8개의 전자를, H는 2개의 전자를 공유하고 있다. 많은 루이스 식은 다음과 같은 개념을 기본으로 한다.

*대부분*의 원자는 화합물에서 0족 기체와 같은 전자 배치를 한다.

이것은 0족 기체의 외각에 8개의 전자를 가지고 있기 때문에(2개의 전자를 가지는 He은 예외) 흔히 **옥테트 법칙**(또는 팔중항 법칙, octet rule)이라고 부른다.

*주족 원*소들의 화합물을 보기로 하자. 팔중항 법칙만으로 루이스 식을 표시할 수는 없다. 우리는 결합된 원자 주위에 전자를 어떻게 배치해야 하는가를 결정해야만 한다. 즉 얼마나 많은 전자가 **결합**(공유) **전자**(bonding electron)나 **비공유 전자**(unshared electron)로 존재하는가를 결정해야 한다. 같은 궤도함수에서 공유되지 않은 전자들의 쌍을 **고립 쌍**(lone pair)이라고 한다. 다음과 같은 간단한 관계가 전자 수를 결정하는데 도움을 준다.

$$S = N - A$$

S = 결합에 참여한 전자 수

N = 0족 기체의 전자 배치를 갖기 위해 필요한 전자의 총 수($N = 8 \times$ 원자 수(H 제외) $+ 2 \times$ H 원자 수)

A = 모든 원자에 포함된 원자가 전자의 수. 이 경우 음이온은 전하 수 만큼 전자를 더하고 양이온은 전자를 뺀다.

F_2 에서는

$$N = 2 \times 8(\text{2개의 F 원자}) = 16e^-$$
$$A = 2 \times 7(\text{2개의 F 원자}) = 14e^-$$
$$S = N - A = 16 - 14 = 2e^-$$

따라서 F_2의 루이스 식은 2개의 전자가 단일 결합에 공유되며 총 14개의 전자가 나타나 보인다.

또 HF에서는

$$N = 1 \times 2\ (\text{1개의 H 원자}) + 1 \times 8(\text{1개의 F 원자}) = 10e^-$$
$$A = 1 \times 1(\text{1개의 H 원자}) + 1 \times 7(\text{1개의 F 원자}) = 8e^-$$
$$S = N - A = 10 - 8 = 2e^-$$

따라서 HF의 루이스 식에서는 2개의 전자가 단일 결합에 공유되고 총 8개의 전자가 나타나 보인다. 같은 요령으로 H_2O에서는 4개의 전자가 단일 결합 2개에 공유되고 총 8개의 전자가 보이며, CO_2에서는 8개의 전자가 4개의 이중 결합에 공유되며 총 16개의 전자가 보인다.

루이스 구조식 그리기

1. 분자 또는 다원자 이온의 타당한 골격을 적는다(많은 경우 대칭적이다).

   a. 일반적으로 *전기 음성도가 가장 작은 원소*가 중앙에 온다(H는 한 개의 결합만 형성할 수 있기 때문에 중심 원자가 될 수 없다). 전기 음성도가 가장 작은 원소는 일반적으로 팔중항을 채우기 위하여 많은 전자를 필요로 한다. 예: CS_2의 골격은 S C S이다.

   b. 산소 원자끼리는 (1) O_2와 O_3 분자, (2) 과산화수소(H_2O_2)와 그 유도체 O_2^{2-} 을 포함하는 과산화물, 그리고 (3) 드물게 O_2^-를 포함하는 초과산화물들을 제외하고는 서로 결합을 만들지 않는다.

   예: 황산 이온(SO_4^{2-})은 다음 골격을 가진다.

$$\left[\begin{array}{ccc} & O & \\ O & S & O \\ & O & \end{array}\right]^{2-}$$

   c. *삼성분 산소산*에서 수소는 중심 원자에 결합하지 *않고* O 원자에 결합한다.

   예: 아질산(HNO_2)은 H O N O의 골격을 갖는다. 이 규칙에는 H_3PO_3와 H_3PO_2와 같은 몇 가지 예외가 있다.

   d. 분자나 이온에 두 개 이상의 중심 원소가 있을 때 가장 대칭성이 좋은 골격이 이용된다.

   예: C_2H_4 와 $P_2O_7^{4-}$는 다음 골격을 갖는다.

$$\begin{array}{cc} H & H \\ C & C \\ H & H \end{array} \quad \text{그리고} \quad \left[\begin{array}{ccccc} & O & & O & \\ O & P & O & P & O \\ & O & & O & \end{array}\right]^{4-}$$

2. 분자나 이온의 모든 원자가 0족 기체의 전자 배치를 하는데 필요한 수 *N 원자가 (외각) 전자의 수를 계산한다.* 예:

H_2SO_4,

$N = 2 \times 2$(H 원자) $+ 1 \times 8$(S 원자) $+ 4 \times 8$(O 원자) $= 4 + 8 + 32 = 44\ e-$

ClO_4^-,

$N = 8$(Cl 원자) $+ 32$(O 원자) $= 40\ e-$

NO_3^-,

$N = 1 \times 8$(N 원자) $+ 3 \times 8$(O 원자) $= 32\ e-$

각각의 모든 원자가 가지고 있는 *원자가 전자의 수 A*를 계산한다. 여기에 음이온은 이온에 존재하는 전하 수 만큼 더하고 양이온은 전하 수 만큼 뺀다. 예:

H_2SO_4,

$A = 2 \times 1$(H 원자) $+ 1 \times 6$(S 원자) $+ 4 \times 6$(O 원자) $= 2 + 6 + 24 = 32\ e-$

ClO_4^-,

$A = 1 \times 7$(Cl 원자) $+ 4 \times 6$(O 원자) $+ 1$(1- 전하) $= 7 + 24 + 1 = 32\ e$-

NO_3^-,

$A = 1 \times 5$(N 원자) $+ 3 \times 6$(O 원자) $+ 1$(1- 전하) $= 5 + 18 + 1 = 24\ e$-

공유된 전자의 총 수 S를 $S = N - A$의 관계에서 계산한다. 예:

H_2SO_4,

$S = N - A = 44 - 32 = 12$ 전자가 공유됨(6쌍의 e- 공유)

ClO_4^-,

$S = N - A = 40 - 32 = 8$ 전자가 공유됨(4쌍의 e- 공유)

NO_3^-,

$S = N - A = 32 - 24 = 8\,e^-$ 전자가 공유됨(4쌍의 e- 공유)

3. 앞에서 구한 S 전자들을 *공유 쌍*으로 골격에 위치시킨다. 필요한 경우 이중 결합과 삼중 결합을 사용한다. 다음은 점 구조식과 선 구조식으로 표시한 루이스 식이다.

화학식	골격	점 구조식	선 구조식
H_2SO_4	O H O S O H O	O : H:O:S:O:H : O	O | H—O—S—O—H | O
ClO_4^-	[O O Cl O O]$^-$	[O : O:Cl:O : O]$^-$	[O | O—Cl—O | O]$^-$
NO_3^-	[O N O O]$^-$	[O :: O:N:O]$^-$	[O ‖ O╱N╲O]$^-$

4. 각각의 A족 원소에 팔중항을 만족시키기 위하여(수소는 단지 2개의 e-만을 가질 수 있어서 예외), 골격에 *공유하지 않은 고립 전자 쌍*을 넣어준다. 총 전자 수가 2단계의 A 값과 같은지 확인한다.

H_2SO_4, 확인: 16쌍의 전자가 사용됐고 모든 옥테트 법칙을 만족한다. $2 \times 16 = 32\ e$-

ClO_4^-, 확인: 16쌍의 전자가 사용됐고 모든 옥테트 법칙을 만족한다. $2 \times 16 = 32\ e$-

NO_3^-, 확인: 12쌍의 전자가 사용됐고 모든 옥테트 법칙을 만족한다. $2 \times 12 = 24\ e$-

[:Ö:
::
:Ö:N:Ö:]$^-$ 또는 [:Ö:
‖
:Ö╱N╲Ö:]$^-$

예제 6-1 루이스 구조식 쓰기

질소 분자(N_2)의 루이스 구조식을 써라.

계획

루이스 식을 쓰는 순서를 따른다.

풀이

1 단계: 골격 N N

2 단계: $N = 2 \times 8 = 16\,e-$ 필요한 총 전자 수

$A = 2 \times 5 = 10\,e-$ 이용할 수 있는 총 전자 수

$S = N - A = 16\,e- - 10\,e- = 6\,e-$ 공유 전자 수

3 단계: N ::: N 6 $e-$(3쌍)이 공유됨; 삼중 결합.

4 단계: 4개의 고립 전자 쌍을 더해준다. 완성된 식은

:N:::N: 또는 :N≡N:

확인 10 $e-$(5쌍)이 이용됨.

예제 6-2 루이스 구조식 쓰기

이황화 탄소 분자(CS_2)의 루이스 구조식을 써라.

계획

$S = N - A$ 관계를 이용하여 루이스 식을 쓰는 순서를 따른다.

풀이

1 단계: 골격 S C S

2 단계: $N = 1 \times 8$ (C) $+ 2 \times 8$ (S) $= 24\,e-$ 필요한 총 전자 수

$A = 1 \times 4$ (C) $+ 2 \times 6$ (S) $= 16\,e-$ 이용할 수 있는 총 전자 수

$S = N - A = 24\,e- - 16\,e- = 8\,e-$ 공유 전자 수

3 단계: S : : C : : S 8 $e-$ (4쌍)이 공유됨; 2개의 이중 결합.

4 단계: C는 이미 팔중항을 만족하므로 8 $e-$를 2개의 S 원자에 옥테트 법칙을 만족시키면서 넣어준다. 완성된 루이스 식은

:S::C::S: 또는 :S=C=S:

확인 16$e-$(8쌍)이 이용됨.

예제 6-3 *루이스 구조식 쓰기*

탄산 이온(CO_3^{2-})의 루이스 구조식을 써라.

계획

이온의 경우에도 루이스 식을 쓰는 순서를 따른다. 이온의 전하에 따라 총 전자 수 *A*를 수정하는 것을 잊지 말아야 한다.

풀이

1 단계: 골격 $\begin{matrix} & O & \\ O & C & O \end{matrix}^{2-}$

2 단계: $N = 1 \times 8\ (C) + 3 \times 8\ (O) = 32\ e-$ 필요한 총 전자 수

$A = 1 \times 4\ (C) + 3 \times 6\ (O) + 2\ (2-\text{전하}) = 24\ e-$ 이용할 수 있는 총 전자 수

$S = N - A = 32\ e- - 24\ e- = 8\ e-$ (4쌍) 공유 전자 수

3 단계: 4쌍이 공유됨; 어떤 O에 이중 결합이 들어가도 관계없음.

4 단계: 루이스 식은

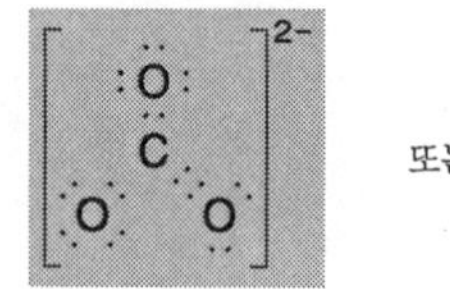

또는

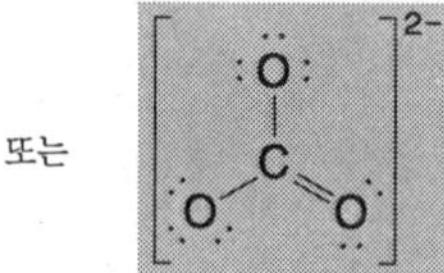

확인 24 *e*-(12쌍)이 이용됨.

우리는 루이스 구조식을 그려보는 연습을 많이 해야 한다. 다음에 몇 가지 흔한 유기 화합물과 그들의 루이스 구조식이 보인다. 각각은 옥테트 법칙을 따른다. 메탄(CH_4)은 *탄화수소*라 불리는 유기 화합물의 거대한 한 그룹 중 가장 간단한 것이다. 에탄(C_2H_6)은 단지 단일 결합만 존재하는 또 하나의 탄화수소다. 에틸렌(C_2H_4)은 탄소-탄소 이중 결합을, 아세틸렌(C_2H_2)은 탄소-탄소 삼중 결합을 가지고 있다.

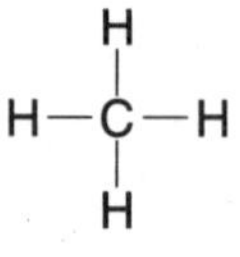

메탄, CH_4 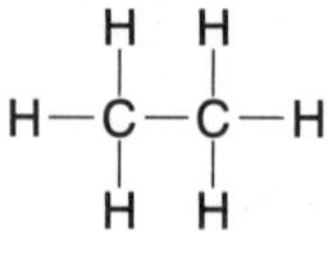 에탄, C_2H_6 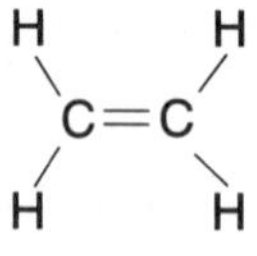 에틸렌, C_2H_4 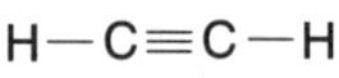 아세틸렌, C_2H_2

많은 유기 화합물에서 수소와 할로겐 원소는 하나의 전자를 얻으면 0족 기체의 전자 배치를 할 수 있기 때문에 할로겐 원소들은 수소 원자의 위치에 대신할 수 있다. 한 예가 클로로포름($CHCl_3$)이다. 알코올은 C—O—H기를 포함하고 있다. 가장 간단한 알코올은 메탄올(CH_3OH)이다. 탄소-산소 이중 결합을 가진 유기 화합물 중 하나는 포름알데히드(H_2CO)다.

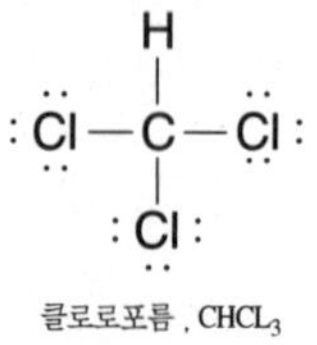

클로로포름, $CHCL_3$ 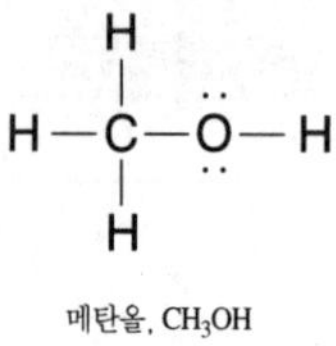 메탄올, CH_3OH 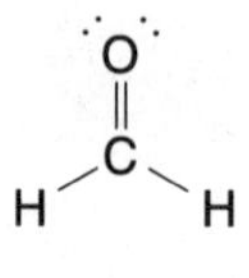 포름알데히드, H_2CO

6-06 공명

예제 6-3에 보이는 루이스 식에 더하여 CO_3^{2-}는 같은 골격의 타당한 루이스 식이 2개 더 있다. 이 식들에서, 이중 결합은 탄소 원자와 다른 두 산소 원자들 사이에 있을 수 있다.

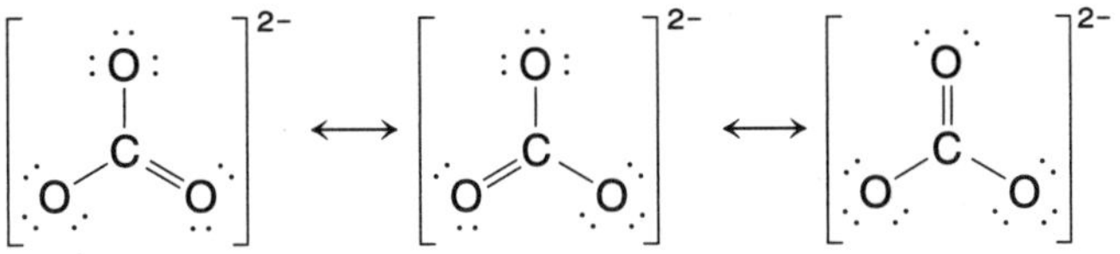

한 분자나 이온에 대해 결합을 묘사하는 데에 같은 원자의 배열을 하면서 두 개 이상의 루이스의 구조식이 그려질 수 있는 것을 **공명**(resonance)을 보인다고 말한다. 위의 세 구조는 탄산 이온의 **공명 구조**(resonance structure)다. 이들 사이의 관계는 양쪽 화살표(↔)로 나타내진다. 이 기호는 이온이 3개의 구조에서 이동한다는 것을 *의미하지는 않는다*. 실제 구조는 세 개의 평균 또는 혼성으로 설명된다.

여러 가지의 실험 결과, CO_3^{2-}에서 C—O 결합은 결합 길이와 세기가 이중 결합과 단일 결합의 중간임이 밝혀졌다. 전형적인 C—O 단일 결합의 길이는 1.43Å 이고 C=O 이중 결합의 길이는 1.22Å이다. CO_3^{2-}에서 C—O 결합들은 이 중간인 1.29Å이다. 이것을 다른 말로 표현하면 결합 전자들이 **비편재화**(delocalization)되었다고 한다.

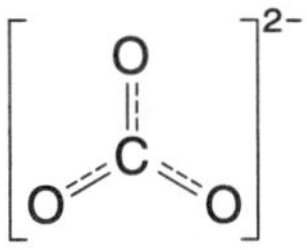

(산소 원자들 위에 있는 고립 전자 쌍은 표시 안했음)

점선은 C와 O 원자들 사이에 공유된 전자들 일부가 4개의 원자들 사이에 비편재되어 있는 것을 의미한다: 즉, 4쌍의 공유 전자들이 3개의 C—O 결합 사이에 분포되어 있다.

예제 6-4 *루이스 구조식, 공명*

이산화황(SO_2)의 공명 구조를 써라.

계획

6-05절의 순서를 이용하여 각 공명 구조를 그린다.

풀이

$$\begin{aligned} &\quad\ \ \text{S} \qquad\ \ \text{O} \\ N &= 1(8) + 2(8) = 24\ e^- \\ A &= 1(6) + 2(6) = 18\ e^- \\ \hline S &= N - A = 6\ e^- \text{ 공유됨} \end{aligned}$$

공명 구조는 다음과 같다.

:Ö: :S:Ö: ⟷ :Ö:S: :Ö: 또는   :Ö=S—Ö: ⟷ :Ö—S=Ö:

전자의 비편재화를 다음과 같이 나타낼 수 있다.

O=S̈=O (산소 원자들 위에 있는 고립 전자 쌍은 표시 안했음)

형식 전하

분자나 다원자 이온의 구조를 실험적으로 결정하는 일은 정확한 구조의 정립을 위해 필요하다. 그러나 우리는 자주 이 유용한 결과를 얻지 못할 경우가 있다. **형식 전하**(formal charge)는 *분자나 다원자 이온*의 원자가 가지는 가설적인 전하다: 형식 전하를 얻기 위해서, 우리는 두 결합 원자는 동등하게 결합 전자들을 공유하고 있다고 가정한다. 형식 전하의 개념은 대부분의 루이스 식을 정확하게 쓸 수 있도록 도와준다. 가장 유리한 에너지의 루이스 식은 일반적으로 각 원자가 가지는 형식 전하가 0이거나 0에 가깝다.

암모니아(NH_3)가 수소 이온(H^+)과 반응하여 암모늄 이온(NH_4^+)을 형성하는 반응을 보자.

$$H-\ddot{N}(-H)-H + H^+ \longrightarrow \left[H-N(H)(H)-H\right]^+$$

암모니아 분자의 질소 원자에 있는 비공유 전자 쌍은 수소 이온과 공유하여 암모늄 이온을 형성한다. 암모늄 이온의 질소 원자는 네 개의 공유 결합을 가지고 있다. 질소는 VA족 원소이기 때문에 우리는 세 개의 공유 결합을 만들어 팔중항을 완성할 것으로 예상한다. 어떻게 질소가 암모늄 이온과 같은 화학종에서 4개의 공유 결합을 가지고 있다는 사실을 설명할 수 있을까? 그 대답은 다음의 규칙에 의해 암모늄 이온에서 각 원자의 형식 전하를 계산함으로써 얻어진다.

A족 원소들에서 원자에 형식 전하를 할당하는 법칙

1. 루이스 구조식에서 원자의 형식 전하(formal charge, FC)는 다음과 같은 관계에 있다.

   FC = (족 번호) − [(결합 개수) + (비공유 전자 수)]

   ⊕와 ⊖로 표시되는 형식 전하는 이온의 실제 전하와 구분된다.
2. 루이스 식에서 형식 전하가 0일 때 원자는 족 수와 같은 수의 결합을 가진다.

3. a. 분자에서 형식 전하의 총합은 0이다.

b. 다원자 이온에서 형식 전하의 총 합은 전하와 같다.

암모니아 분자와 암모늄 이온에 이 법칙을 적용해 보자. 질소는 VA족 원소이고 따라서 족 번호는 5다.

```
  ..          ⎡    H    ⎤+
H—N—H         ⎢    |    ⎥
  |           ⎢ H—N—H  ⎥
  H           ⎢    |    ⎥
              ⎣    H    ⎦
```

NH_3에서 질소 원자는 3개의 결합과 2개의 비공유 전자를 가지고 있다. 따라서 N은,

FC = (족 번호) - [(결합 개수) + (비공유 전자 수)]
$= 5 - (3 + 2) = 0$

H는,

FC = (족 번호) - [(결합 개수) + (비공유 전자 수)]
$= 1 - (1 + 0) = 0$

의 형식 전하를 가진다. 암모니아에서 질소와 수소의 형식 전하는 모두 0이며 법칙 3a에 따라 형식 전하의 총 합은 0이다.

NH_4^+에는 4개의 결합만이 있다. 따라서 N은

FC = (족 번호) - [(결합 개수) + (비공유 전자 수)]
$= 5 - (4 + 0) = +1$

그리고 수소 원자의 FC는 0이다. 규칙 3b에 따라 암모늄 이온의 형식 전하의 총 합은 1이다.

```
⎡    H     ⎤+
⎢    | ⊕   ⎥
⎢ H—N—H   ⎥
⎢    |     ⎥
⎣    H     ⎦
```

따라서, NH_3와 NH_4^+에서 모두 팔중항 법칙을 따르고 있음을 알 수 있다. NH_4^+이온에서는 질소가 4개의 공유 결합을 가지고 있지만, 두 경우에 형식 전하의 총 합은 법칙 3에서 예상한 것과 같다. 다음의 지침에 따라, 이 방법은 분자나 이온의 다양한 루이스 식 중에서 선택하는 것을 도와준다.

a. 대부분의 분자나 이온 식에서 각각의 원자의 형식 전하는 0이거나 0에 가깝다.
b. 음의 형식 전하는 전기 음성도가 큰 원소에 부여된다.
c. 인접한 원자가 같은 부호의 형식 전하를 가진 루이스 식은 보통은 정확한 표현이 아니다(인접 전하 법칙, adjacent charge rule).

유기 합성에 사용되는 화합물인 NOCl에 형식 전하를 할당해서 루이스 구조식을 그려보자. Cl

원자와 O 원자는 모두 N 원자와 결합하고 있다. 다음 두 루이스 식은 옥테트 법칙을 만족한다.

(i) $:\overset{\oplus}{\ddot{\mathrm{Cl}}}=\ddot{\mathrm{N}}-\overset{\ominus}{\ddot{\mathrm{O}}}:$ (ii) $:\ddot{\mathrm{Cl}}-\ddot{\mathrm{N}}=\ddot{\mathrm{O}}$

(ii)가 (i)보다 더 작은 형식 전하를 가지기 때문에 우리는 (ii)가 더 타당한 루이스 식이라고 여긴다. 우리는 이중 결합 말단의 Cl 원자가 $7 - (2 + 4) = +1$의 형식 전하를 가지고 있는 것을 본다. 전기 음성도가 큰 원자가 양의 형식 전하를 가지는 것은 부자연스럽고, 염소에 이중 결합이 생기지는 않는다. 이것은 다른 할로겐 원소들에도 적용될 수 있다.

6-07 루이스 구조식에서 옥테트 법칙의 한계

주족 원소들은 대부분의 화합물에서 0족 기체의 전자 배치를 한다. 그러나 팔중항 법칙이 적용되지 못할 때는 $S = N - A$의 관계가 수정이 없이는 유효하지 않다. 다음은 6-05절의 과정이 수정되어야 하는 경우다. 즉 옥테트 법칙의 한계는 다음 4가지가 있다.

A. 대부분의 베릴륨(Be) 공유 결합 화합물. Be은 2개의 원자가 전자만을 가질 수 있기 때문에, 두 개의 다른 원소와 결합할 때 단지 2개의 공유 결합만 형성한다.

B. 대부분의 IIIA족, 특히 붕소(B) 공유 결합 화합물. IIIA족 원소는 3개의 원자가 전자만을 가질 수 있기 때문에, 세 개의 다른 원소와 결합할 때 단지 3개의 공유 결합만 형성한다.

C. 홀수의 전자를 포함하는 화합물이나 이온들. 11개의 원자가 전자를 가진 NO와 17개의 원자가 전자를 가진 NO_2가 그 예다.

D. 중심 원자가 활용할 수 있는 모든 전자 A를 수용하기 위하여 8개의 원자가 전자보다 많은 공유를 필요로 할 때. 이 경우를 만나게 되면 6-05절의 과정에서 2단계와 4단계에 다음이 추가되어야 한다.

2a 단계: 만약 S, 공유된 전자 수가 모든 원자와 중심 원자와의 결합 때 필요한 수보다 작다면, S가 필요로 하는 전자의 수까지 증가한다.

4a 단계: 만약 S가 2a 단계에서 증가했다면, 모든 전자들(A)이 더해지기 전에 모든 원자들의 팔중항을 만족할 것이다. 추가된 전자는 중심 원자에 놓인다.

$BeCl_2$에서 염소 원자는 아르곤의 전자 배치 [Ar]과 베릴륨은 4개의 전자만을 공유한다. $BeCl_2$와 같이 중심 원자가 $8\,e-$ 보다 적게 공유할 때 **전자 부족**(electron deficient) 화합물이라고도 부른다. 이 말은, 이 분자는 중성이기 때문에 양성자에 비해서 전자가 부족하다는 말은 아니다.

다른 IIA 금속들, Mg, Ca, Sr, Ba 그리고 Ra의 화합물에서 이와 유사한 상황이 예상될 수 있다. 그러나 이것들은 Be에 비해 낮은 이온화 에너지와 큰 반지름을 가지고 있어 2개의 전자를 잃고 이온이 된다.

예제 6-5 *옥테트 법칙의 한계*

공유 결합 화합물 염화베릴륨($BeCl_2$)의 루이스 구조식을 써라.

계획

이것은 옥테트 법칙의 한계 중 A항의 예이다. 루이스 식을 쓰는 순서에 따르면 단계 2, 3 그리고 4에서 Be이 필요로 하는 전자 수는 4이고, 따라서 Be에는 2개의 전자 쌍이 있어야 한다.

풀이

1 단계: 골격 Cl Be Cl

2 단계: $N = 2 \times 8\ (\text{Cl}) + 1 \times 4\ (\text{Be}) = 20\ e^-$ 필요한 총 전자 수

$A = 2 \times 7\ (\text{Cl}) + 1 \times 2\ (\text{Be}) = 16\ e^-$ 이용할 수 있는 총 전자 수

$S = N - A = 20\ e^- - 16\ e^- = 4\ e^-$ (2쌍) 공유 전자 수

3 단계: Cl : Be : Cl

4 단계: 루이스 식은 :C̈l : Be : C̈l: 또는 :C̈l—Be—C̈l:

형식 전하 FC는 다음과 같다.

Be, FC = 2 − (2 + 0) = 0 그리고 Cl, FC = 7 − (1 + 6) = 0

예제 6-6 *옥테트 법칙의 한계*

공유 결합 화합물 염화붕소(BCl_3)의 루이스 구조식을 써라.

계획

붕소의 공유화합물은 한계 B항의 예이다. 루이스 식을 쓰는 순서에 따르면 단계 2, 3 그리고 4에서 붕소가 필요로 하는 전자 수는 6이고 따라서 붕소에는 3개의 전자 쌍이 나타나야 한다.

풀이

1 단계: 골격
```
    Cl
Cl  B  Cl
```

2 단계: $N = 3 \times 8\ (\text{Cl}) + 1 \times 6\ (\text{B}) = 30\ e^-$ 필요한 총 전자 수

$A = 3 \times 7\ (\text{Cl}) + 1 \times 3\ (\text{B}) = 24\ e^-$ 이용할 수 있는 총 전자 수

$S = N - A = 30\,e^- - 24e^- = 6\,e^-$ (3쌍) 공유 전자 수

3 단계: Cl : B : Cl (B 위에 : Cl)

4 단계: 루이스 식은 (B에 Cl 세 개가 공유 전자쌍으로 결합하고 각 Cl에 비공유 전자쌍 세 개가 있는 점 전자식) 또는 (같은 구조를 결합선 Cl—B—Cl, B 위에 |Cl로 나타낸 식)

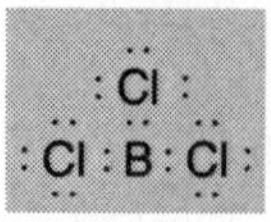

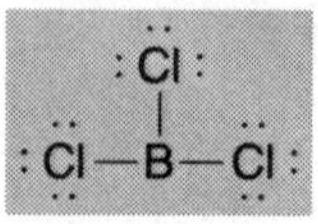

형식 전하 FC는 다음과 같다.

B, FC = 3 - (3 + 0) = 0 그리고 Cl, FC = 7 - (1 + 6) = 0

예제 6-7 옥테트 법칙의 한계

공유 결합 화합물 오불화인(PF_5)의 루이스 구조식을 써라.

계획

루이스 식을 쓰는 순서를 적용한다. PF_5에는 5개의 F가 P와 결합하고 있다. 여기에서는 최소한 10개의 전자가 짝을 이루어야 하며 한계 D항의 예이다. 따라서 2a 단계를 추가하여야 하고 S 값은 8 e^-에서 10e^-로 증가한다.

풀이

1 단계: 골격 (P 주위에 F 다섯 개)

F
F P F
F F

2 단계: $N = 5 \times 8$ (F) $+ 1 \times 8$ (P) $= 48\,e^-$ 필요한 총 전자 수

$A = 5 \times 7$ (F) $+ 1 \times 5$ (P) $= 40\,e^-$ 이용할 수 있는 총 전자 수

$S = N - A = 48\,e^- - 40\,e^- = 8\,e^-$ (4쌍) 공유 전자 수

5개의 F가 P에 결합하므로 적어도 10 e^-를 공유해야 한다. 그러나 8 e^-로 계산했기 때문에 D 형의 한계에 해당한다.

2a 단계: S 값을 8에서 10으로 증가시킨다. A 값 40은 변함이 없다.

3 단계: (P와 F 다섯 개가 각각 전자쌍 하나로 결합한 골격)

F
F : P : F
F F

4 단계:

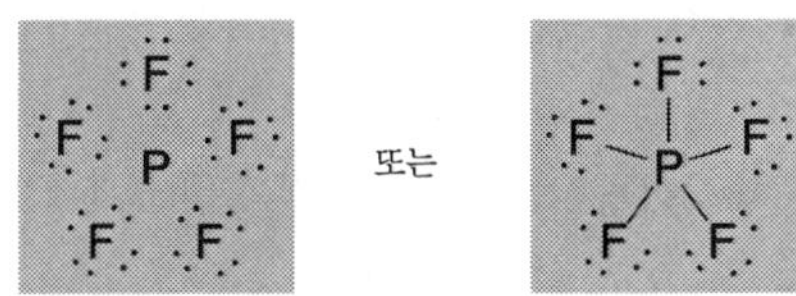

형식 전하 FC는 다음과 같다.

P, FC = 5 - (5+ 0) = 0 그리고 F, FC = 7 - (1 + 6) =0

PF_5의 P처럼, 어떤 원자가 8개 이상의 전자를 공유할 때 우리는 그것이 ***확장된 원자가 껍질***(expanded valence shell)을 나타낸다고 말한다. 전자의 관점에서 옥테트 법칙은 한 원자의 원자가 껍질에 있는 1개의 *s*, 3개의 *p* 궤도함수에 최대 8개의 전자를 수용할 수 있다는 것을 의미한다. 인의 원자가 껍질은 $n = 3$이고, 결합에 참여할 수 있는 3*d* 궤도함수를 가지고 있다. 이것이 인(그리고 많은 3주기 이상의 주족 원소들)이 원자가 껍질 확장을 보이는 이유다. 반면에, 주기율표에서 두 번째 열(2주기) 원자가 껍질에는 각 원자는 1개의 *s*와 3개의 *p* 궤도함수만 가지고 있기 때문에 8전자를 초과할 수 없다. 따라서, PF_5는 존재하지만 NF_5는 존재하지 않는 이유를 이해할 수 있다.

예제 6-8 *옥테트 법칙의 한계*

공유 결합 화합물 사불화황(SF_4)의 루이스 식을 써라.

계획

루이스 식을 쓰는 순서를 적용한다. 단계 2에서 $S = N - A$를 계산하면 6*e*-이나 4개의 F 원자가 중심의 S 원자와 결합하고 있기 때문에 최소 8*e*- 가 짝을 이루어야 한다. 한계 D의 예이며 이때의 순서를 따른다.

풀이

1 단계: 골격

```
F  F
 S
F  F
```

2 단계: $N = 1 \times 8$ (S 원자) $+ 4 \times 8$ (F 원자) $= 40\ e-$ 필요한 총 전자 수

$A = 1 \times 6$ (S 원자) $+ 4 \times 7$ (F 원자) $= 34\ e-$ 이용할 수 있는 총 전자 수

$S = N - A = 40\ e- - 34\ e- = 6\ e-$ 공유 전자 수

4개의 F가 S에 결합하므로 적어도 8 *e*-를 공유해야 한다. 그러나 6*e*-로 계산했기 때문에 D 형의 한계에 해당한다.

2a 단계: *S*값을 6에서 8로 증가시킨다. *A*값 34는 변함이 없다.

3 단계:

```
F:  S  :F
  F˙˙  ˙˙F
```

4 단계: F S F
F F

4a 단계: 이제 $34e^-$ 중 32개를 사용하여 모든 원자들의 옥테트 법칙을 만족시켜야 한다. 나머지 2개의 전자는 중심 S 원자에 놓는다.

형식 전하 FC는 다음과 같다.

$$S, FC = 6 - (4 + 2) = 0 \quad \text{그리고} \quad F, FC = 7 - (1 + 6) = 0$$

예제 6-9 *옥테트 법칙의 한계*

삼요오드화이온(I_3^-)의 루이스 식을 써라.

계획

루이스 식을 쓰는 순서를 적용한다. 단계 2에서 $S = N - A$를 계산하면 $2e^-$이나, 2개의 I 원자가 중심의 I와 결합하고 있기 때문에 최소 $4e^-$ 가 짝을 이루어야 한다. 한계 D의 예이며 이때의 순서를 따른다.

풀이

1 단계: 골격 $[I\ \ I\ \ I]^-$

2 단계: $N = 3 \times 8\ (I) = 24e^-$ 필요한 총 전자 수

$A = 3 \times 7\ (I) + 1\ (1^-\ \text{전하}) = 22e^-$ 이용할 수 있는 총 전자 수

$S = N - A = 2e^-$ 공유 전자 수

2개의 I 원자가 중심 I와 결합하므로 적어도 $4e^-$를 공유해야 한다. 그러나 $2e^-$로 계산했기 때문에 D형의 한계에 해당한다.

2a 단계: S값을 2에서 4로 증가시킨다. A값 22는 변함이 없다.

3 단계: $[I:I:I]^-$

4 단계: $[:\ddot{\underset{..}{I}}:\ddot{\underset{..}{I}}:\ddot{\underset{..}{I}}:]^-$

4a 단계: 이제 $22e^-$ 중 20개를 사용하여 모든 원자들의 옥테트 법칙을 만족시켜야 한다. 나머지 2개의 전자는 중심 I 원자에 놓는다.

형식 전하 FC는 다음과 같다.

$$양쪽\ 끝\ I,\ FC = 7 - (1 + 6) = 0$$
$$가운데\ I,\ FC = 7 - (2 + 6) = -1$$

우리는 중심 원자는 0족 기체의 전자 배치를 하지 못하더라도 *중심 원자에 결합된 원자들은 대부분 0족 기체의 전자 배치*를 하는 것을 보았다.

6-08 극성과 비극성 공유 결합

공유 결합은 *극성* 또는 *비극성*일 수 있다. **비극성 결합**(nonpolar bond)인 수소 분자 H_2는 두 핵 사이에 전자 쌍을 *동등하게 공유*하고 있다. 우리는 전기 음성도란 화학 결합에서 원자가 전자를 자기 쪽으로 끌어당기는 능력이라고 정의했다. 두 수소 원자는 전기 음성도가 같다. 이것은 공유된 전자가 두 수소 핵에 의하여 동등하게 끌리고 있고 두 핵 근처에서 같은 양의 시간을 보낸다는 것을 의미한다. 이런 비극성 공유 결합에서는, **전자 밀도**가 두 핵 사이의 선에 수직인 평면에 대칭적이다. 두 원자의 전기 음성도가 같은 H_2, O_2, N_2, F_2 그리고 Cl_2과 같은 모든 *동핵 2원자 분자*(homonuclear diatomic molecule)는 비극성이다.

동핵 2원자 분자의 공유 결합은 비극성이다.

이제 *이핵 2원자 분자*(heteronuclear diatomic molecule)를 살펴보자. 플루오르화 수소(HF)는 실온에서 기체이므로 공유 결합 화합물이라는 것을 알 수 있다. H와 F가 같은 원자가 아니고, 따라서 서로 동등한 양의 전자를 끌어당기지 않기 때문에 H–F는 극성을 가질 수 있다는 것을 알 수 있다. 그러면 어떻게 이 결합이 극성을 띠게 될까?

수소의 전기 음성도는 2.1이고 플루오르의 전기 음성도는 4.0이다(표 5-3 참조). 수소보다 전기 음성도가 큰 플루오르가 공유된 전자 쌍을 더 많이 끌어당긴다. 전자 밀도는 전기 음성도가 큰 플루오르쪽으로 일그러지게 된다. HF의 구조를 옆에 있는 그림처럼 표시할 수 있다. 이런 약간의 전자 밀도 이동이 수소를 어느 정도 양성으로 만든다. HF와 같이 *전자 쌍을 동등하게 공유하지* 않은 공유 결합을 **극성 공유 결합**(polar covalent bond)이라 한다.

F 주위의 $\delta-$ 는 "부분적인 음 전하"를 가리킨다. 이것은 분자의 F 말단이 H 말단보다 더 음성이라는 것을 의미한다. H 원자 주위의 $\delta+$는 "부분적인 양 전하"를 가리키는데, H 원자쪽이 F와 비교하여 더 양성이라는 것을 의미한다. 여기서는 수소의 전하가 +1이고 플루오르의 전하가 -1이라는 것은 아니다. 극성을 나타내는 또 한 가지 방법은 양성 쪽(H)에서 음성 쪽(F)으로 화살표를 그리는 것이다.

H : F :

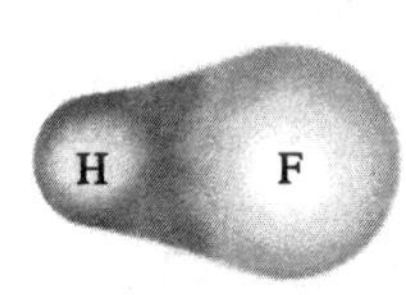

$\delta+$ $\delta-$ H—F 또는 $\leftarrow\!\!\!+$ H—F

극성 공유 결합에서의 전하의 분리는 전기 **쌍극자**(dipole)를 만든다. 우리는 공유 결합 화합물 HF, HCl, HBr 그리고 HI에서 F, Cl, Br 그리고 I의 전기 음성도가 달라서 이들은 서로 다른 쌍극자를 가질 것으로 예상한다. 이것은 이들 원자가 수소와 전자 쌍을 공유할 때 전자를 끌어당기는 경향이 다르다는 것을 말한다. 여기서는 이 차이를 결합된 두 원자의 전기 음성도 차, Δ(*EN*)로 보여주고 있다.

가장 큰 극성 → 가장 작은 극성

	H—F	H—Cl	H—Br	H—I
EN:	2.1 4.0	2.1 3.0	2.1 2.8	2.1 2.5
Δ(*EN*):	1.9	0.9	0.7	0.4

가장 긴 화살표는 가장 큰 쌍극자, 또는 분자에서 전자 밀도의 가장 큰 분리를 나타낸다(표 6-3 참조). 참고로 전형적인 1:1 이온 결합 화합물인 RbCl, NaF, 그리고 KCl의 Δ(*EN*) 값은 각각 2.1, 3.0 그리고 2.1이다.

표 6-3 기체 상태의 몇 가지 순수한 물질들의 Δ(*EN*) 값과 쌍극자 모멘트

물질	Δ(*EN*)	쌍극자 모멘트(μ)
HF	1.9	1.91 D
HCl	0.9	1.03 D
HBr	0.7	0.79 D
HI	0.4	0.38 D
H–H	0	0 D

예제 6-10 *극성 결합*

각 할로겐들은 다른 할로겐과 단일 공유 결합을 형성해 할로겐 간 *화합물들*(interhalogens)이라 불리는 화합물을 만든다. 표 5-3을 이용하여 다음 화합물들을 극성이 큰 순서로 나열하여라:
F—F, F—Cl, F—Br, Cl—Br, Cl—I 그리고 Cl—Cl.

계획

두 원자의 전기 음성도 차이가 작아질수록 결합의 극성은 감소한다. 각 결합에 대하여 Δ(*EN*)을 계산하여 이 값이 감소하는 순서로 정렬한다.

풀이

두 원자 간 전기 음성도 차이(Δ(*EN*))가 클수록 더 극성을 띤다.

원소	Δ(*EN*)
F, Cl	4.0 − 3.0 = 1.0
F, Br	4.0 − 2.8 = 1.2
Cl, Br	3.0 − 2.8 = 0.2
Cl, I	3.0 − 2.5 = 0.5

따라서 극성의 크기와 감소하는 순서는 다음과 같다.

	F — Br	F — Cl	Cl — I	Cl — Br	Cl — Cl	F — F
EN:	4.0 2.8	4.0 3.0	3.0 2.5	3.0 2.8	3.0 3.0	4.0 4.0
Δ(*EN*):	1.2	1.0	0.5	0.2	0	0

6-09 쌍극자 모멘트

결합의 극성을 수치화하는 것이 편리하다. 우리는 분자 내 전하의 분리를 측정한 쌍극자 모멘트로 분자의 극성을 표시한다. **쌍극자 모멘트**(dipole moment, μ)는 서로 다른 부호의 같은 값을 가지는 분리된 전하의 크기(q)와 둘 사이의 거리(d)의 곱으로 정의한다($\mu = q \times d$). 쌍극자 모멘트는 두 판 사이에 시료를 넣고 전압을 걸어주어 측정한다.

이것은 분자들의 전자 밀도를 이동시켜 걸어준 전압을 약간 감소시킨다. 그러나 HF, HCl 그리고 CO 같은 극성 이원자 분자들은 전기장에서 일정한 배향을 하게 된다(그림 6-5). 이것은 전기장을 더 많이 감소시키게 되며, 이런 분자를 극성이 있다고 한다. F_2나 N_2와 같은 분자들은 배향의 변화가 일어나지 않으며 따라서 전압의 변화가 거의 없다.

일반적으로 전기 음성도 차이가 커질수록 측정된 쌍극자 모멘트 값이 커진다. 이런 경향은 할로겐화수소에서 분명하게 나타나고 있다(표 6-3 참조). 불행하게도, 각 결합에 해당하는 쌍극자 모멘트는 단순한 2원자 분자에서만 측정할 수 있다. 측정된 쌍극자 모멘트는 *분자의 전체* 쌍극자 모멘트를 반영한 것이며, 다원자 분자에서는 분자 내 모든 결합의 결과가 측정된다. 다음 장(7장)에서 기하학적 구조와 비공유 전자 쌍의 존재 등이 분자의 극성에 미치는 영향을 보게 될 것이다.

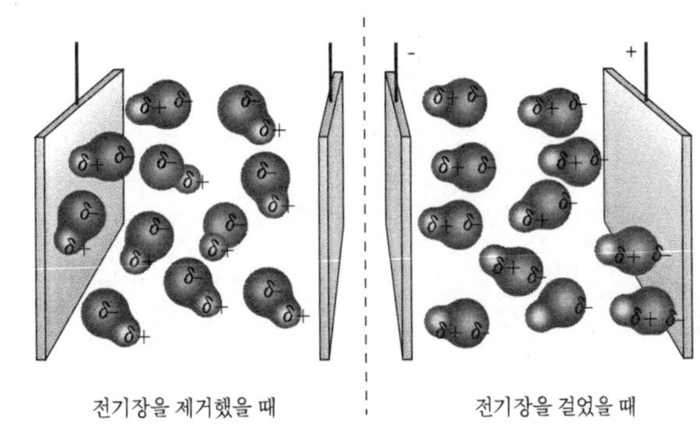

그림 6-5 HF와 같은 극성 분자들은 전기장에 놓이면 전기장의 방향과 반대 방향으로 정렬된다.

6-10 결합 형태의 연속성

이제 결합 형태의 구분을 명확히 해보자. 전자의 공유나 전이의 정도는 결합된 원자 사이의 전기 음성도 차이에 의존한다. 원자들의 전기 음성도가 같을 때 일어나는 비극성 공유 결합은 결합 형태 중 하나의 극단이다. 또 하나의 극단은 두 원소 사이의 전기 음성도 차이가 매우 큰 경우에 일어나는 이온 결합이다.

극성 공유 결합은 순수한(비극성) 공유 결합과 순수한 이온 결합의 중간이라고 여겨진다. 사실, 때때로 결합의 극성을 **부분적인 이온성**(partial ionic character)이라고 말하기도 한다. 이것은 결합된 원자들 사이에 전기 음성도 차이가 클수록 증가한다. 쌍극자 모멘트의 측정 결과에 의하여 계산한 값에 의하면, 기체 HCl의 경우 이온성이 17%다.

양이온과 음이온이 강하게 작용할 때, 어느 정도의 전자를 공유하게 되며 이런 경우 우리는 이온 결합 화합물에서 **부분적인 공유성**(partial covalent character)을 고려한다. 예를 들어 매우 작은 Li^+ 이온의 높은 전하 밀도는 접근하는 큰 음이온의 전자 밀도를 일그러뜨린다. 이 일그러짐은 전자 밀도를 음이온 영역에서 Li^+ 쪽으로 끌어당겨 리튬 화합물이 다른 알칼리 금속의 화합물보다도 큰 공유성을 가지게 한다. 거의 모든 결합은 이온성과 공유성을 같이 가지고 있다. 실험적으로 주어진 형태의 결합은 한쪽 또는 다른 한쪽에 더 가깝다고 정의할 수 있다. 우리는 편의상 이온성 또는 공유성으로 분류하여 다루고 있다.

요약하면 우리는 화학 결합은 다음과 같이 연속적으로 설명할 수 있다.

결합 원자의 $\Delta(EN)$:	0	⟶	중간	⟶	큼
결합 형태:	비극성 공유	⟶	극성 공유	⟶	이온성

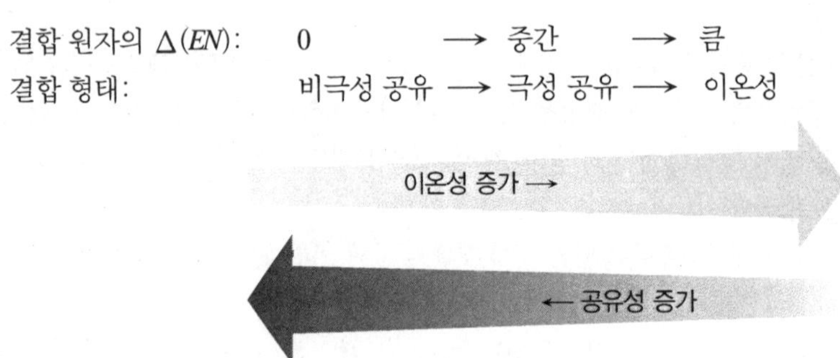

주·요·용·어

결합 쌍(Bonding pair) 공유 결합에 참여하는 전자 쌍. 공유 쌍(shared pair)이라고도 함.

고립 쌍(Lone pair) 공유하지 않고 원자에 남아 있는 전자 쌍; 비공유 쌍.

공명(Resonance) 같은 원자 배열을 하면서 두 개 이상의 루이스 식이 가능한 경우.

공유 결합(Covalent bond) 두 원자들 사이에 하나 또는 여러 쌍의 전자를 공유하여 만들어진 결합.

극성 결합(Polar bond) 두 원자 사이 전기 음성도가 커서 전자 밀도가 비대칭적으로 분포된 공유 결합.

동핵(Homonuclear) 같은 원소만으로 구성됨.

등전자(Isoelectronic) 같은 수의 전자를 가지고 있는 것.

루이스 구조식(Lewis formula) 분자나 이온을 원자 기호와 외각 전자를 사용하여 나타낸 표현 또는 식.

비공유 쌍(Unshared electron) 고립 쌍 참조.

비극성 결합(Nonpolar bond) 두 원자의 전기 음성도가 같아 전자 밀도가 대칭적으로 분포된 공유 결합.

쌍극자(Dipole) 공유 결합으로 연결된 두 원자 사이의 전하 분리를 일컬음.

쌍극자 모멘트(Dipole moment, μ) 전하의 크기와 거리의 곱; 결합 또는 분자의 극성을 측정한 값.

옥테트 법칙(Octet rule) 많은 주족 원소들은 그들이 분자나 이온을 형성할 때 그들의 원자가 껍질에 8개의 전자를 갖게 된다.

원자가 전자(Valence electron) 원자의 최외각 궤도에 있는 *s*나 *p*전자.

음이온(Anion) 음으로 하전된 이온; 원자나 원자 그룹에 양성자보다 전자가 많은 이온.

이온 결합(Ionic bond) 많은 수의 반대 전하를 가진 이온(양이온과 음이온)들이 서로 끌어당겨 고체를 형성함. 이온은 한 원자나 그룹에서 다른 원자나 그룹으로 전자가 이동되어 형성된다.

이핵(Heteronuclear) 서로 다른 원소들로 구성됨.

전자부족 화합물(Electron-deficient compound) 8개보다 적은 전자를 공유한 원자(H는 제외)가 하나라도 있는 화합물.

전자의 비편재화(Delocalization of electron) 결합 전자들이 결합된 두 원자보다 많은 곳에 분포되어 있는 것; 공명으로 표시되는 화학 종에서 일어남.

형식 전하(Formal charge) 공유 결합 화합물에서 한 원자가 가지는 가상적인 전하.

연·습·문·제

화학 결합: 기본 개념

1. 왜 공유 결합은 방향성 결합으로 불려지고, 그에 반해 이온 결합은 비방향성이라고 일컫는가?

2. 다음 원자들의 루이스 점 식을 써라.
Li; B; As; K; Xe; Al.

3. 염화암모늄(NH_4Cl)의 결합 유형을 써라.

$$\left[\begin{array}{c} \text{H} \\ | \\ \text{H—N—H} \\ | \\ \text{H} \end{array}\right]^{+} \quad :\ddot{\underset{..}{\text{Cl}}}:^{-}$$

4. 다음에 주어진 원자들 사이에서 결합이 대체로 이온 결합인지, 공유 결합인지를 예측하여라. 그리고, 그 대답의 근거를 보여라.
(a) Rb와 Cl; (b) N과 O; (c) Ca와 F; (d) P와 S; (e) C와 F; (f) K와 O.

이온 결합

5. 고체 이온 결합 화합물의 전기 전도도가 낮은 이유는? 이온성 화합물이 용융되거나 물에 녹을 때 전기 전도도가 증가하는 이유는?

6. 다음에 주어진 각 원소 쌍들 간에 형성된 이온 결합 화합물의 화학식을 써라.
(a) Ca와 Br_2;
(b) Ba와 Cl_2;
(c) Na와 Se.

7. (a) 다음 화합물에서 양이온과 음이온의 루이스 식을 써라: $SrBr_2$; K_2O; Ca_3P_2; $PbCl_2$; Bi_2O_3.
(b) 어떤 이온이 0족 기체 배열을 하고 있지 않은가?

8. 크립톤(Kr)과 등전자성인 2가 양이온과 2가 음이온을 써라.

공유 결합: 일반적 개념

9. 이핵(heteronuclear)과 동핵(homonuclear) 이원자 분자를 구분하여라.

10. 2주기 원자가 형성할 수 있는 공유 결합의 최대 수는 몇 개인가? 어떻게 2주기 이상의 주족 원소는 공유 결합 수는 2주기의 공유 결합 수보다 더 많이 형성될 수 있을까?

분자와 다원자 이온의 루이스 구조식

11. 다음에 대해 루이스 구조식을 써라.
H_2, N_2, Cl_2, HCl, HBr

12. 다음 분자나 이온의 루이스 구조식을 써라.
(a) ClO_4^-; (b) C_2H_6O(가능한 두 가지); (c) HOCl; (d) SO_3^{2-}.

13. (a) $AlCl_3$의 단분자 화합물에 대한 루이스 구조식을 써라. $AlCl_3$에서 Al 원자는 옥테트 법칙에서 제외됨을 주목하여라. (b) 기체 상태에서 $AlCl_3$ 두 분자가 Al_2Cl_6의 형태의 이합체(dimerize)로 존재한다(Al–Cl–Al 결합의 두 개의 다리로 두 분자가 연결되어 있다). 이 분자의 루이스 구조식을 써라.

14. F_2와 NaF의 루이스 구조식을 써라; 각 물질에 수반된 화학 결합의 성질들을 기술하여라.

15. 다음 분자의 루이스 구조식을 써라.
(a) 포름산, HCOOH;

O
H C O H

(b) 아세토니트릴, CH_3CN;
(c) 염화비닐, CH_2CHCl(PVC 플라스틱을 만드는 분자).

16. 질산 분자의 공명 구조를 그려라.

17. 포름산 이온($HCOO^-$)의 공명 구조를 그려라.

18. 다음의 루이스 구조식을 써라.
(a) H_2NOH(주: 하나의 H가 O와 결합);
(b) S_8(8개의 원자가 고리 모양);
(c) PCl_3;
(d) F_2O_2(중심에 O 원자들, 바깥 쪽에 F 원자들);
(e) CO;
(f) $SeCl_6$.

19. 다음 중 옥테트 법칙을 위반한 적어도 한 개의 원자를 포함하고 있는 것은 어떤 것인가?

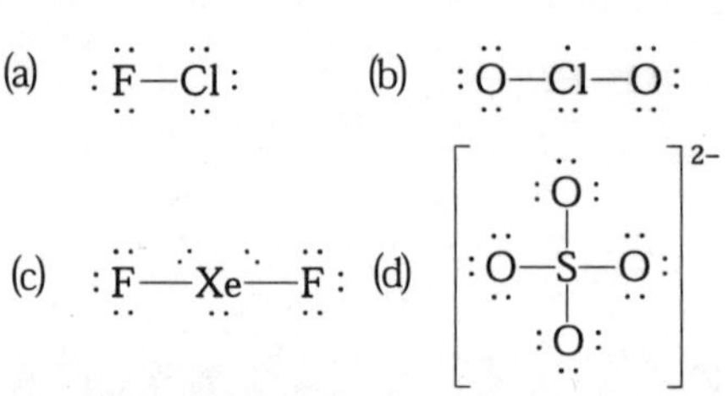

(a) :F̤̈—C̤̈l: (b) :Ö—Cl—Ö:

(c) :F̤̈—Xe—F̤̈: (d) $[O_3S\text{—}O]^{2-}$ (S 중심에 :Ö: 네 개 결합)

20. 다음 중 실제로 존재하는 것은 하나도 없다. 각각 무엇이 잘못된 것인가?

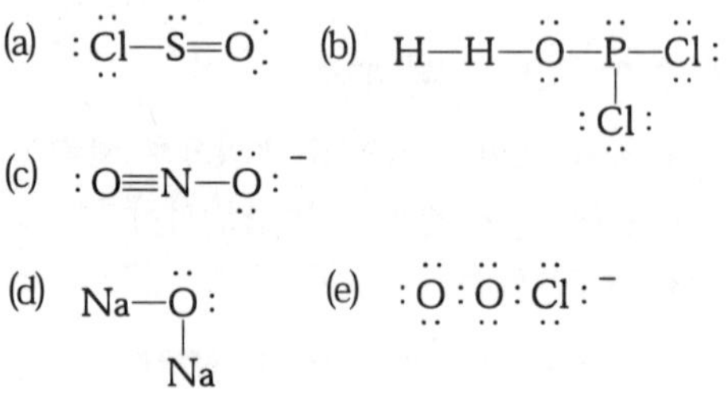

(a) :C̤̈l—S̈=Ö. (b) H—H—Ö—P(—:C̤̈l:)—C̤̈l:

(c) :O≡N—Ö:⁻

(d) Na—Ö:—Na (e) :Ö:Ö:C̤̈l:⁻

형식 전하

21. 다음에서 각 원자의 형식 전하를 정하여라.

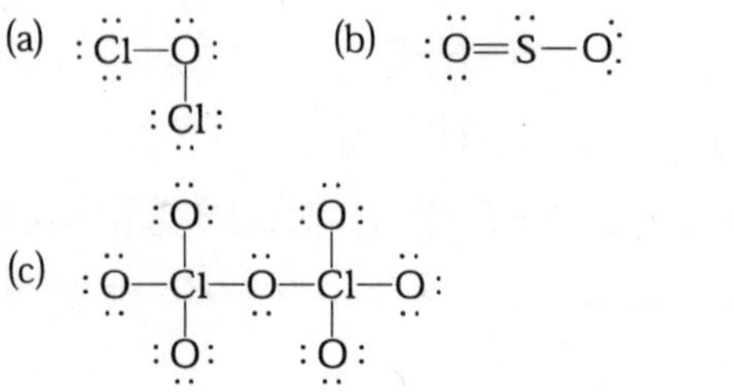

(a) :C̤̈l—Ö(—:C̤̈l:): (b) :Ö=S—Ö:

(c) :Ö—Cl(:Ö:)(:Ö:)—Ö—Cl(:Ö:)(:Ö:)—Ö:

(d) $\left[:\ddot{O}=C-\ddot{O}: \right]^{2-}$ (C bonded below to :Ö:)

(e) $\left[:\ddot{O}-Cl-\ddot{O}: \right]^{-}$ (Cl bonded above and below to :Ö:)

22. 형식 전하를 사용하여 주어진 분자들 중 더 타당한 루이스 구조식을 골라라.

(a) Cl_2O,

:C̈l–Ö–C̈l: 또는 :C̈l–C̈l–Ö:

(b) HN_3,

H–N̈=N=N̈ 또는 H–N≡N–N̈:

(c) N_2O,

N̈=O=N̈ 또는 :N≡N–Ö:

이온성과 공유성 그리고 결합의 극성

23. 두 원소 사이의 화학 결합이 이온성이라는 것을 어떻게 예측하는가?

24. 일반적으로 이온 결합 화합물은 공유 결합 화합물보다 녹는 점이 더 높다. 녹는 점의 차이를 설명하는 구조적인 차이점은 무엇인가?

25. 아래 분자는 플라스틱과 비료로 사용되는 화합물인 요소이다.

$H_2\ddot{N}-C(=\ddot{O})-\ddot{N}H_2$

(a) 이 분자에서 어떤 결합이 극성이고, 어떤 것이 비극성인가?

(b) 이 분자에서 가장 큰 극성 결합은 어떤 것인가? 어떤 원자가 이 결합의 부분 음성 말단(partial negative end)인가?

26. 다음에 주어진 결합 쌍들에서 공유성이 더 큰 것을 지적하여라.

(a) K–Br과 Cr–Br

(b) Li–O와 H–O

(c) Al–Cl과 C–Cl

(d) As–S와 O–S

개념 문제

27. 다음은 왜 공명 구조의 예가 아닌가?

:S̈–C≡N: ⟷ :S̈–N≡C:

지식의 축적

28. 다음의 결합 길이 자료와 일치하는 질산 분자(HNO_3)의 루이스 구조식을 써라. 질소 원자와 수소 원자와 결합된 산소 원자 사이의 결합은 1.405 Å이다. 질소 원자와 다른 각 산소 원자 사이의 결합은 1.206 Å이다.

제 7 장

분자 구조와 공유 결합 이론

목재 알콜 또는 메탄올 CH_3OH(C: 회색, H: 흰색, O: 빨간색)의 컴퓨터 극성 분자모형. 컴퓨터로 형성된 분자 표면 안에 공-막대 모형을 나타내었다. 양전하와 음전하 영역은 표면에 색으로 표시하였다.

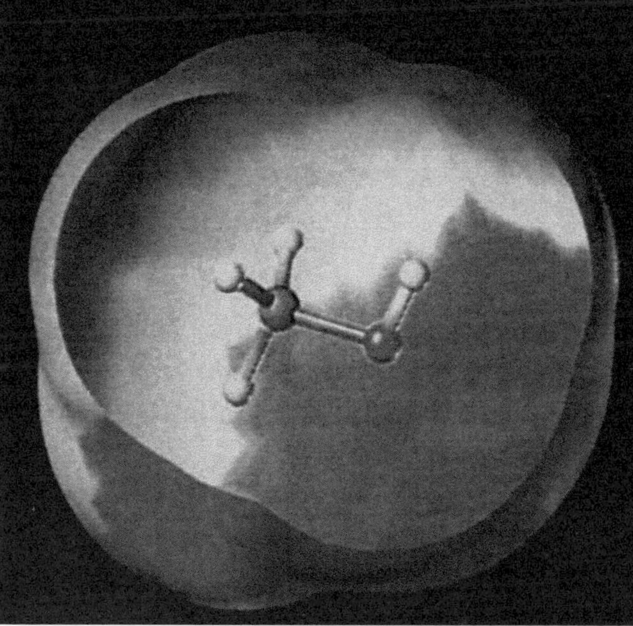

[개 요]

7-01 개론

7-02 원자가 껍질 전자 쌍 반발 이론

7-03 극성 분자: 분자 기하 구조의 영향

7-04 원자가 결합 이론

분자의 형태와 결합

7-05 선형 전자 기하 구조: AB_2(A에 고립 전자 쌍이 없음)

7-06 삼각평면 전자 기하 구조: AB_3(A에 고립 전자 쌍이 없음)

7-07 정사면체 전자 기하 구조: AB_4(A에 고립 전자 쌍이 없음)

7-08 정사면체 전자 기하 구조: AB_3U(A에 1개의 고립 전자 쌍)

7-09 정사면체 전자 기하 구조: AB_2U_2(A에 2개의 고립 전자 쌍)

7-10 정사면체 전자 기하 구조: ABU_3(A에 3개의 고립 전자 쌍)

7-11 삼각쌍뿔 전자 기하 구조: AB_5, AB_4U, AB_3U_2, AB_2U_3

7-12 정팔면체 전자 기하 구조: AB_6, AB_5U, AB_4U_2

7-13 이중 결합 화합물

7-14 삼중 결합 화합물

7-15 전자와 분자 기하 구조의 요약

[학습 목표]

이 장의 학습 목표는 다음과 같다.

- 원자가 껍질 전자 쌍 반발 이론(VSEPR 이론)의 기본 개념
- 다원자 분자와 이온의 전자 기하 구조를 예상하기 위한 VSEPR 이론 적용
- 다원자 분자와 이온의 분자 기하 구조를 예상하기 위한 VSEPR 이론 적용
- 분자 형태와 분자 극성 사이의 관계
- 분자의 극성 및 비극성 여부 예측
- 원자가 결합(VB) 이론의 기본 개념
- 다원자 분자 및 이온의 결합을 혼성 궤도함수로 설명
- 이중, 삼중 결합에서의 결합을 혼성 궤도함수로 설명

공유 결합 이론과 같은 모든 과학 이론은 실험에 의해 관찰된 사실을 합리적으로 설명하기 위해 필요하다는 것을 명심해야 한다. 따라서 각종 결합 이론은 분자 구조에 대한 수많은 실험적 결과들을 잘 설명하여 주고 있기 때문에 사용되고 있는 것이다.

제 7장에서 우리는 분자의 구조와 물성을 예측하고 설명하는데 필요한 공유 결합의 두 이론을 학습할 것이다. 간단한 다른 이론들처럼, 위의 두 이론도 모든 분자의 구조를 완벽히 설명하는데 만족스럽지는 못하지만 많은 구조들을 설명하는데 현재까지 유용하게 사용되고 있다.

7-01 개론

원자의 외곽 껍질 즉 **원자가 껍질**(valence shell) 안의 전자들은 결합에 관련되는 전자들이기 때문에 공유 결합을 논하는데 있어 매우 중요하다. *d*와 *f* 궤도함수에 전자를 채우는 것을 무시할 경우에, 원자가 전자는 비활성 기체에는 존재하지 않는 것들이다. Lewis 식은 다원자 분자 또는 이온 안에 있는 원자가 전자의 숫자를 보여주므로 각 분자 또는 다원자 이온을 Lewis 식으로 표시할 것이다. 또한 본장에서 소개되는 다른 이론들도 다원자 분자와 이온들을 설명하기 위해 사용할 것이다.

공유 결합을 설명하기 위해서 두 이론이 활용되고 있다. *원자가 껍질 전자 쌍 반발*(valence shell electron pair repulsion, VSEPR) *이론*은 다원자 분자와 이온 내의 원자의 공간적 배열을 이해하고 예상하는데 사용되지만, 결합이 어떻게 어디서 형성되는지 그리고 원자가 껍질 전자들의 비공유 전자 쌍들의 배향에 대해서는 설명할 수 없는 문제점이 있다. *원자가 결합*(valence bond, VB) *이론*은 결합 형성 방법을 *원자 궤도함수의 중복*이란 관점에서 설명하고 있는데, 원자 궤도함수가 "혼합" 또는 "*혼성화*" 하여 공간적 배향이 다른 새로운 궤도함수로 나타낸다. 위와 같은 두 개의 단순한 이론들을 이용하여 결합, 분자 형태, 그리고 다양한 다원자 분자들과 이온들의 물성들을 설명할 수 있다.

다음의 순서는 화합물의 구조와 결합을 분석하는데 도움을 줄 것이다.

1. 분자 또는 다원자 이온의 Lewis 식을 적고 *중심 원자*(하나 이상의 다른 원자와 결합된 원자)를 파악하라.
2. 중심 원자의 *전자 고밀도 영역*의 숫자를 세어라.
3. 중심 원자의 *전자 고밀도 영역*(*전자 기하학*)의 배열을 결정하기 위해 VSEPR 이론을 사용하라.
4. Lewis 식을 활용하여, 중심 원자의 비공유 전자 쌍들의 위치 뿐만 아니라 중심 원자와 *결합한 원자들의 배열*(*분자 기하학*)도 결정하라. 또한 이상적인 결합각도 고려하라.
5. 만약 중심 원자가 비공유 전자 쌍을 갖고 있다면, 단계 4에서 추론한 *이상적인* 분자 기하학과 결합각을 어떻게 변화시키는지 고찰하라.
6. 중심 원자에 적용될 *혼성 궤도함수*를 VB 이론으로 도출하라; 결합 형성을 위한 궤도함수의 겹침을 설명하라; 중심 원자가 가진 원자가 전자의 비공유 전자 쌍들을 포함하는 궤도함수를 설명하라.
7. 만약 한 개 이상의 중심 원자가 있는 경우라면, 각 중심 원자별로 단계 2~6 사이를 반복하여 전체 분자 또는 이온의 기하학적 구조와 결합을 그려보아라.

8. 분자 또는 이온 내의 모든 중심 원자들이 밝혀졌을 때, 분자 전체의 기하학, 전기 음성도 차이, 그리고 중심 원자가 가진 원자가 전자의 비공유 전자 쌍들의 존재를 고려하여 *분자 극성*을 예상하라.

7-02 원자가 껍질 전자 쌍 반발 이론

원자가 껍질 전자 쌍 반발(VSEPR) **이론**의 기본 개념은:

특정 *중심 원자* 위의 원자가 전자 쌍들은 명확히 파악될 수 있는데, 이 전자 쌍들은 서로 반발하며, 전자 쌍 간 반발력이 최소화될 수 있도록 *중심 원자* 주위에 배열된다.

이로서 중심 원자가 가진 전자 고밀도 영역들은 최대한 떨어져 존재하게 된다.

중심 원자란 하나 이상의 다른 원자에 결합된 원자를 말한다. 하나 이상의 중심 원자가 존재할 수 있는데 그러한 경우 각각의 주변 배열을 차례로 결정함으로써 전체 분자 또는 이온의 전반적인 형태를 유추할 수 있다. 먼저 다음과 같이 *중심 원자* 주위의 **전자 고밀도 영역**(regions of high electron density)의 개수를 센다.

1. 결합된 각 원자는 *단일, 이중 또는 삼중 결합이든지 한 개*의 높은 전자 밀도 영역으로 계산한다.
2. 중심 원자가 가진 각 비공유 전자 쌍은 *한 개*의 높은 전자 밀도 영역으로 계산한다.

다음의 분자들과 다원자 이온들을 예로 고찰해 보자.

화학식:	CO_2	NH_3	CH_4	SO_4^{2-}
Lewis 전자 점 구조식:	$:\ddot{O}=C=\ddot{O}:$	$:N(-H)_3$	$H-C(-H)_2-H$	$[:\ddot{O}-S(-\ddot{O}:)_2-\ddot{O}:]^{2-}$
중심 원자:	C	N	C	S
*중심 원자*에 결합된 원자 수:	2	3	4	4
*중심 원자*의 비공유 쌍의 수:	0	1	0	0
*중심 원자*의 전자 고밀도 영역의 총 수:	2	4	4	4

VSEPR 이론에 따르면, 중심 원자의 전자 고밀도 영역들이 가능한 한 멀리 떨어져 있을수록 안정한 구조이다. 중심 원자 주위의 *전자 고밀도 영역* 배열을 중심 원자의 **전자 기하 구조**(electronic geometry)라 부른다.

예를 들어서, 2개의 전자 고밀도 영역은 중심 원자의 반대 방향에 위치할 때 가장 안정하다(선형 배열). 3개의 영역은 정삼각형의 각 모서리에 위치할 때 가장 안정하다. 즉 전자 고밀도 영역의 숫자가 달라짐에 따라 가장 안정한 특정 배열을 가지게 된다. 표 7-1은 전자 고밀도 영역의 개수와 이에 상응하는 전자 기하 구조의 관계를 나타낸다. 전자 기하 구조를 밝혀낸 후에, 몇 개의 전자 고밀도 영역이 중심 원자와 다른 원자를 연결하는지 고찰한다. 이로써 **분자 기하 구조**(molecular geometry)라고 불리는 중심 원자 주위에 위치한 원자들의 배열을 파악할 수 있다. 필요하다면, 분자 또는 이온의 각 중심 원자에 대해 이 과정을 반복한다.

7-03 극성 분자: 분자 기하 구조의 영향

한 분자가 극성 결합으로 연결된 2개 이상의 원자로 구성되어 있을 때, 분자의 극성 여부를 판단하기 위해서는 결합 쌍극자의 *배열*을 고려해야 한다. 이러한 경우, VSEPR 이론을 사용하여 분자 기하 구조(원자들의 배열)를 추론한다. 그런 다음 결합 쌍극자들의 배열을 고려함으로써 쌍극자들이 서로 상쇄되는지(결론적으로 *비극성* 분자가 됨) 또는 상쇄되지 않는지(결론적으로 *극성* 분자가 됨)를 결정한다. 본절에서는 원자를 A와 B로 표시하여 쌍극자의 상쇄 개념을 논의할 것이다. 그리고 이러한 방법은 특정한 분자 기하 구조와 분자 극성들에 적용할 것이다.

AB_2식을 가진 이핵 3원자 분자(A는 중심 원자)를 고려해보자. 그러한 분자는 다음 두 종류의 분자 구조 중 하나일 것이다:

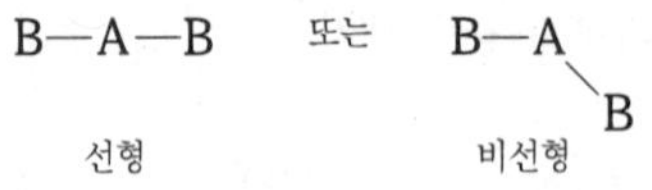

B—A—B 또는 B—A—B (굽은형)

선형 비선형

원자 B의 전기 음성도가 원자 A보다 더 높다고 가정하자. 그러면 B가 결합 쌍극자의 음극이 되어 각 A–B 결합이 극성을 띠게 된다. 이때 결합 쌍극자를 *크기*와 *방향*을 가진 *전자 벡터*로 간주하면, 선형 AB_2 배열에서 두 결합 쌍극자들은 크기는 *같고* 방향만 *달라* 서로 상쇄되어 비극성 분자(쌍극자 모멘트는 0)가 된다.

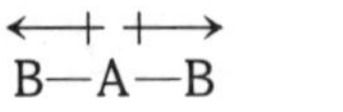

B—A—B

유효 쌍극자 = 0(비극성 분자)

비선형 배열의 경우에는, 2개의 쌍극자들은 서로 *상쇄되지 않고* 0보다 큰 쌍극자 모멘트를 가짐으로 극성 분자가 된다.

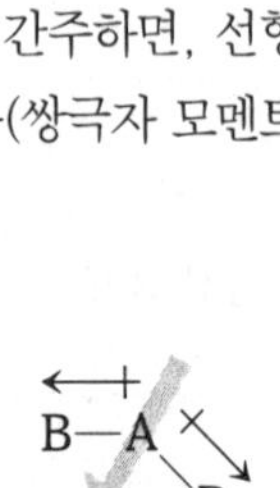

B—A—B

유효 쌍극자 > 0
(극성 분자)

> 한 분자가 극성이기 위해서는 다음 두 조건이 맞아야 한다
> 1. 중심 원자에 최소한 1개의 극성 결합 또는 고립(비공유) 전자 쌍이 있어야 한다.
>
> *그리고*
>
> 2. a. 만약 1개 이상이라면, 그 극성들(결합 쌍극자)이 서로 상쇄되지 않도록 배열되어야 극성 분자가 된다.
>
> 혹은

표 7-1 중심 원자 주위의 전자 고밀도 영역의 개수

전자 고밀도 영역의 수	전자 기하 구조*		
	설명; 각†	선 구조†	입체 구조
2	선형; 180°		
3	삼각평면; 120°		
4	정사면체; 109.5^{o}		
5	삼각쌍뿔; 90°, 120°, 180°		
6	정팔면체; 90°, 180°		

*전자 기하 구조는 전자 고밀도 영역을 한 개의 전자 쌍으로 표시하여 나타내었다. 각 오렌지 구는 중심 원자(회색 구) 주위의 전자 고밀도 영역을 나타내며, 각각은 중심 원자에 결합된 원자 혹은 고립 전자 쌍을 표시한다.

†각은 핵과 전자 고밀도 영역의 중심을 연결한 가상선으로 표현.

†통상적으로 그림의 면에 있는 선은 실선으로, 면의 뒤로 향하는 선은 점선으로, 그리고 면의 앞을 향하는 선은 쐐기 형태로 나타낸다.

b. 만약 중심 원자에 2개 이상의 고립(비공유) 전자 쌍이 있으면, 그 극성들이 상쇄되지 않도록 배열되어야 한다.

만약 중심 원자에 극성 결합 혹은 비공유 전자 쌍이 없다면, 분자는 극성이 될 수 없다. 또한 극성 결합이나 비공유 전자 쌍이 존재한다 하더라도, 극성들이 상쇄되도록 배열되면 분자는 비극성을 나타낸다.

분자 모양은 분자 쌍극자 모멘트들의 결정에 있어서 매우 중요한 역할을 하기 때문에 분자 극성을 잘 이해하기 위해서는 먼저 분자의 모양을 잘 알아야 한다. 한 분자가 극성인지 비극성인지를 결정하는 논리가 그림 7-1에 나타나 있다.

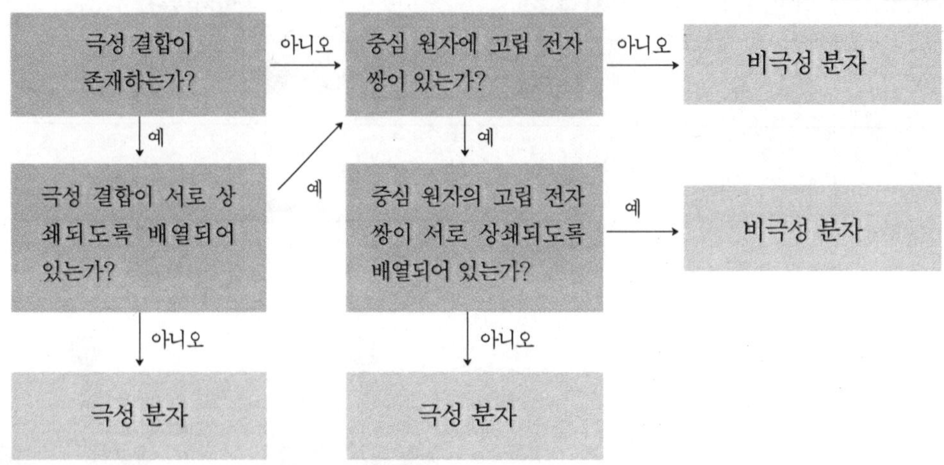

그림 7-1 다원자 분자의 극성 여부 결정법 안내도.

7-04 원자가 결합 이론

제6장에서 공유 결합은 2개 원자의 궤도함수들이 서로 겹침으로써 형성된 전자 쌍을 두 원자가 공유하고 있는 상태라고 설명했다. 이것이 **원자가 결합**(VB) **이론**의 기본 개념이다. 본장의 많은 예에서, 먼저 VSEPR 이론을 활용하여 전자 고밀도 영역의 *배향*을 설명하고, 그 다음 VB 이론으로 원자 궤도함수의 중복에 의해 형성된 결합의 기하학적 구조를 기술한다. 그리고 비공유 전자 쌍도 독자적인 궤도함수를 차지한다고 가정하고, 두 이론을 함께 활용함으로써 결합을 완전하게 설명하고자 한다.

제4장에서, 원자는 원자의 전체 에너지를 가장 안정화시켜 주는 방식으로 전자를 궤도함수에 채운다는 것을 배웠다. 하지만 이러한 "순수한" 원자의 궤도함수들은 때로 한 원자가 다른 원자에 결합하기에 적합한 배향이나 에너지를 가지지 못하는 경우가 있다. 이러할 때에, 한 원자는 자체의 원자가 궤도함수들을 조합하여 순수한 원자 궤도함수들보다 더 낮은 총 에너지를 가진 새로운 궤도함수 집합을 형성하여 다른 원자와 결합하게 된다.

이 과정을 **혼성화**(hybridization)라 일컬으며, 형성된 새로운 궤도함수를 **혼성 궤도함수**(hybrid orbital)라 한다. 이 혼성 궤도함수들이 다른 원자의 궤도함수와 중첩하여 전자를 공유하고 결합을 형성한다. 이러한 혼성 궤도함수는 실험적으로 증명된 분자 혹은 이온의 구조에 대해 더욱 명확한 설명을 제공한다.

혼성 궤도함수의 명칭은 새로운 혼성 궤도함수(표 7-2)에 참여한 원자 궤도함수들의 수와 종류를 표시한다. 혼성화와 혼성 궤도함수에 관한 더 자세한 설명은 다음 절에서 할 예정이며, 본문 전체를 통해서 혼성 궤도함수는 초록색으로 표시하였다.

표 7-2 전자 기하 구조와 혼성화의 관계

전자 고밀도 영역	전자 기하 구조	중심 원자의 원자가 껍질로부터 혼합된 원자 궤도함수들	혼성화
2	선형	하나의 *s*, 하나의 *p*	sp
3	삼각평면	하나의 *s*, 두 개의 *p*	sp^2
4	정사면체	하나의 *s*, 세 개의 *p*	sp^3
5	삼각쌍뿔	하나의 *s*, 세 개의 *p*, 하나의 *d*	sp^3d
6	정팔면체	하나의 *s*, 세 개의 *p*, 두 개의 *d*	sp^3d^2

〉〉〉〉 분자의 형태와 결합

우리는 지금 간단한 분자들의 구조를 공부할 준비가 되어 있다. 여기서 "A"는 중심 원자를 나타내고 "B"는 A에 결합된 원자로서 화학식에 일반적으로 나타낸다. 7-01절에서 설명한 8단계 분석법을 활용하고자 한다. 먼저 극성과 모양(실험적으로 측정된)에 관한 사실들을 명시하고 Lewis 식을 기록한다(각 절의 part A). 그런 다음 VSEPR 이론과 VB 이론을 활용하여 주어진 사실을 설명한다. 즉 먼저 순수한 VSEPR 이론으로 분자 내의 *전자 기하 구조*를 밝히고 나서 *분자 기하 구조*를 설명(예상)한다(part B). 이어서 분자의 극성을 결합 극성, 비공유 전자 쌍, 분자 기하 구조로 설명한다. 최종적으로 VB 이론으로 분자의 결합을 – 주로 혼성 궤도함수를 사용 – 좀더 자세하게 설명한다. 각 절을 공부하면서 표 7-4의 요약을 자주 참고하라.

7-05 선형 전자 기하 구조: AB_2(A에 고립 전자 쌍이 없음)

A. 실험적 사실과 Lewis 식

몇몇 선형 분자들은 한 개의 중심 원자와 2개의 다른 원소의 원자들, 약호로 AB_2 표시로 구성된다. CdX_2 및 HgX_2, X=Cl, Br, I이거나 $BeCl_2$, $BeBr_2$, BeI_2 기체가 이러한 화합물에 속한다. 위의 모든 화합물은 선형이고(결합각 = 180°), 비극성이며 공유 결합 화합물로 알려져 있다.

*기체 형태*의 $BeCl_2$ 분자(녹는점 405 ℃)에 주목해보자. Be와 Cl이 결합당 각각 하나의 전자를 기여한 2개의 단일 공유 결합을 보여준다. 많은 화합물들에서 Be는 옥테트 규칙을 채우지 못한다.

$$:\ddot{\underset{..}{Cl}}:Be:\ddot{\underset{..}{Cl}}: \quad \text{또는} \quad :\ddot{\underset{..}{Cl}}-Be-\ddot{\underset{..}{Cl}}:$$

B. VSEPR 이론

원자가 전자 쌍 반발 이론은 서로 180° 떨어져 **선형**(linear) *전자 기하 구조*를 나타내는 Be의 2개의 전자 쌍에 적용된다. 두 전자 쌍 모두 결합 전자 쌍이어서 VSEPR 이론 또한 $BeCl_2$이 선형적 원자 배열을 가진 *선형 분자 기하 구조*를 예상하게 한다.

180°

$$:\ddot{Cl}-Be-\ddot{Cl}:$$

결합 쌍극자를 조사해 보면, 전기 음성도 차이가(표 5-3 참고) 크고, 각 결합이 상당히 극성임을 알 수 있다.

	Cl—Be—Cl		⟵+ +⟶
전기 음성도 =	3.0 1.5 3.0		$:\ddot{Cl}-Be-\ddot{Cl}:$
전기 음성도 차 =	1.5 1.5	유효 쌍극자 =	0

두 결합 쌍극자는 크기가 같고 방향은 반대이다. 그러므로 쌍극자들은 서로 상쇄되어 비극성 분자가 된다.

Be와 Cl 사이의 전기 음성도의 차이는 매우 커서 이온 결합을 예상할 수 있다. 하지만 Be^{2+}의 반경은 매우 작고(0.59 Å) 그 **전하 밀도**(charge density, 크기에 대한 전하의 비)는 매우 커서, 대부분의 베릴륨 화합물들은 이온 결합성이기보다는 공유 결합성이다. Be^{2+}의 높은 전하 밀도는 전기 음성도가 강한 원소들을 제외한 모든 단원자 음이온들의 전자 구름을 끌어당기고 일그러뜨린다. 따라서 $BeCl_2$의 결합은 이온 결합이라기보다는 극성 공유 결합이다. BeF_2와 BeO는 예외적으로 이온 화합물인데 이는 Be와 결합한 원소들의 전기 음성도가 상당히 강하기 때문이다.

C. 원자가 결합 이론

Be의 바닥 상태 전자 배치를 고려하자. 1*s* 궤도함수에 2개의 전자들이 있으나 이러한 비원자가(내부) 전자들은 결합에 관련이 없다. 또 다른 두 개의 전자가 2*s* 궤도함수에서 쌍을 이룬다. 그러면 어떻게 Be 원자가 두 개의 Cl 원자들과 결합할 것인가? Be 원자는 어떻게 해서든지 결합할 각 Cl 원자(쌍을 이루지 않은 *p* 전자들)당 하나의 궤도함수를 만들어야만 한다. 다음에 나타낸 Be의 *바닥 상태* 전자 배치는 고립된 Be 원자의 배치이다. Be 원자가 쌍을 이룬 2*s* 전자 중 하나를 바로 다음 단계의 에너지 궤도함수인 2*p* 궤도함수 중 하나에게 올렸다고 가정하자.

Be [He] ↑↓ (2*s*) _ _ _ (2*p*) —전자 들뜸→ Be [He] ↑ (2*s*) ↑ _ _ (2*p*)

이리하여 결합에 참여할 2개의 Be 궤도함수가 형성되었다. 하지만 이러한 방식은 여전히 실험적 사실과 완전히 일치하지는 않는다. Be의 2*s*와 2*p* 궤도함수는 Cl의 3*p* 궤도함수와 동일한 방식으로 겹쳐질 수가 없다; 즉 "순수한 원자" 배열 상태인 Be의 2*s*와 들뜬 2*p* 궤도함수는 각각 다른 성격의 두 Be–Cl 결합을 형성하게 된다. 이는 두 Be–Cl 결합이 *동일한* 결합 길이와 결합 세기를 가진다는 실험적인 사실과 모순되는 문제가 있다.

이러한 Be의 두 원자 궤도함수가 동등한 궤도함수로 변화하기 위해, *s*와 *p* 궤도함수가 *혼성화*되어 2개의 궤도함수 중간체를 형성한다고 가정한다. 이들을 ***sp* 혼성 궤도함수**(*sp* hybrid orbital)라 부른다.

Hund의 규칙에 의거하여 Be의 동등한 혼성 궤도함수 각각은 하나의 전자를 가진다.

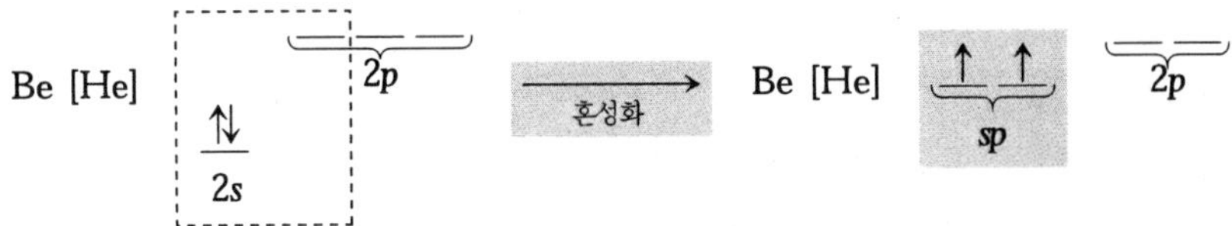

sp 혼성 궤도함수들은 선형으로 나타나므로, Be는 선형 전자 기하 구조를 가진다.

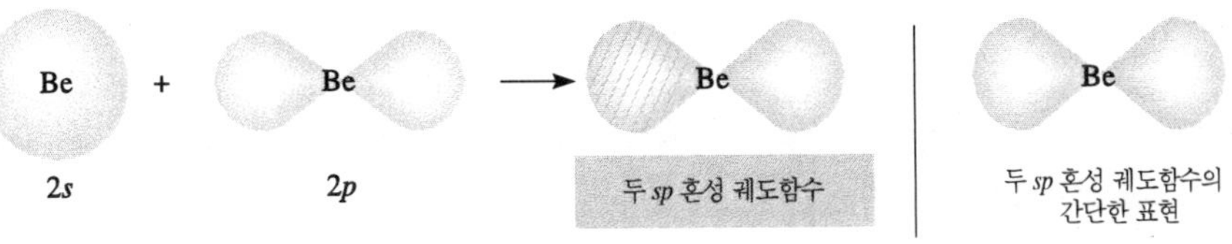

Be 원자의 각 혼성 궤도함수는 하나의 전자만 가지고 있다고 가정하였는데, 또한 Cl 원자의 반만 채워진 3*p* 궤도함수가 반만 채워진 Be의 *sp* 혼성 궤도함수와 겹쳐질 수 있다는 것을 상기하라. 단지 결합 전자들만을 나타낸 다음의 도표에서 $BeCl_2$의 결합을 그렸다.

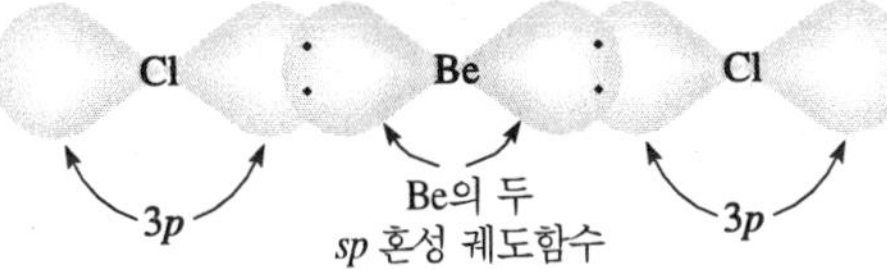

직선상에 놓여진 Be와 두 Cl 핵들의 배열은 *선형 분자라는 실험적인 사실과 일치한다.*

브롬화베릴륨($BeBr_2$)과 요오드화베릴륨(BeI_2)의 구조들은 $BeCl_2$과 유사하다. 클로로화, 브롬화 그리고 요오드화카드뮴(CdX_2)과 수은(HgX_2)도 역시 선형 공유 결합 분자들이다(X=Cl, Br, 또는 I).

중심 원자 주위에 두 개의 전자 고밀도 영역이 있을 때 중심 원자에서 *sp* 혼성화가 일어난다. 고립 전자 쌍이 없는 중심 원자를 가진 AB_2 분자와 이온은 선형 전자 기하 구조, 선형 분자 기하 구조, 그리고 중심 원자는 *sp* 혼성화를 나타낸다.

문제 풀이 요령

혼성 궤도함수의 수와 종류

혼성화를 고려해 볼 때 다음 개념을 강조할 수 있다:

혼성 궤도함수의 수는 혼성화에 참여한 원자 궤도함수들의 수와 동일하다.

혼성 궤도함수는 혼성화에 참여한 원자 궤도함수의 *종류와 수*를 암시하도록 명명한다. *1개의 s* 궤도함수와 *1개의 p* 궤도함수의 혼성화는 *2개의 sp 혼성 궤도함수*를 만든다. *1개의 s* 궤도함수와 *2개의 p* 궤도함수의 혼성화는 *3개의* sp^2 *혼성 궤도함수*를 만든다는 것도 곧 알게 될 것이다; *1개의 s* 궤도함수와 *3개의 p* 궤도함수의 혼성화는 *4개의* sp^3 혼성 궤도함수를 형성한다(표 7-2 참조).

7-06 삼각평면 전자 기하 구조: AB_3(A에 고립 전자 쌍이 없음)

A. 실험적 사실과 Lewis 식

붕소는 3개의 다른 원자들과의 결합에 의해 다양한 공유 결합 화합물을 형성하는 IIIA족 원소이다. 대표적인 예로서 삼불소화붕소(BF_3, 녹는점 −127 ℃), 삼염소화붕소(BCl_3, 녹는점 −107 ℃), 삼브롬화붕소(BBr_3, 녹는점 −46 ℃), 그리고 삼요오드화붕소(BI_3, 녹는점 50 ℃)를 들 수 있다. 이 모두는 삼각평면 비극성 분자들이다.

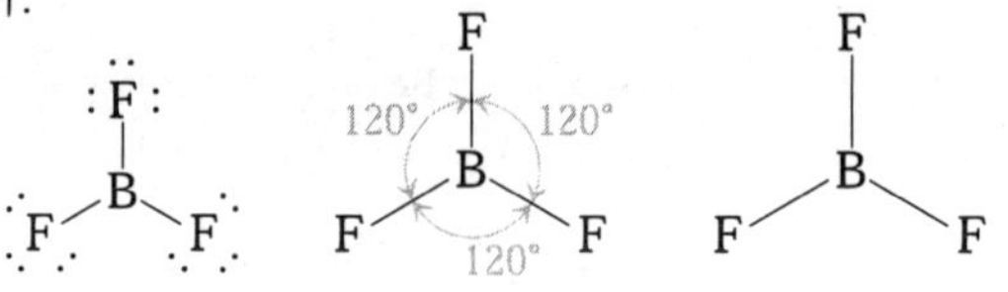

BF_3의 Lewis 식은 다음과 같이 유도된다: (a) 각 B 원자는 3개의 원자가 전자를 가진다. (b) 각 B 원자는 3개의 F(또는 Cl, Br, I) 원자와 결합한다. F와 Cl 모두 VIIA족에 속하므로 BF_3와 BCl_3의 Lewis 식도 유사할 것이다. BF_3와 다른 유사 분자들의 중심 원자는 옥테트 규칙을 만족시키지 못하는데, 붕소는 단지 6개의 전자들을 공유한다.

B. VSEPR 이론

중심 원소인 붕소는 3개의 전자 고밀도 영역(3개의 결합 원자, B에 고립 전자 쌍이 없음)을 갖는다. VSEPR 이론에 의하면, BF_3와 같은 분자들은 **삼각평면**(trigonal planar) *전자 기하 구조*를 나타냄을 예측할 수 있다. 왜냐하면 이 구조가 3개의 전자 고밀도 영역 간 최대 분리를 나타내기 때문이다. 붕소 원자는 고립 전자 쌍이 없으므로 플루오르 원자는 정삼각형의 각 꼭지점에 위치하여 삼각평면 *분자 기하 구조*를 나타낸다. 중심 원자(B 원자) 주위에 있는 다른 3개의 원자들이 단일 평면에서 최대로 떨어지기 위해서 각은 120°가 되고, 모든 4개의 원자들은 동일 평면에 위치한다. 3개의 F 원자들은 중앙에 B 원자가 있는 정삼각형의 꼭지점에 위치한다. BCl_3, BBr_3 그리고 BI_3의 구조들도 유사하다.

BF_3의 결합 쌍극자에 대해 살펴보면, 전기 음성도 차이(표 5-3 참조)가 매우 커서(2.0 units) 결합은 매우 극성을 나타낸다.

B—F
전기 음성도 = 2.0 4.0
전기 음성도 차 = 2.0 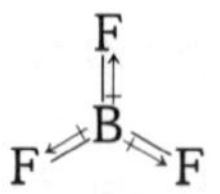
유효 분자 쌍극자 = 0

하지만, 세 개의 결합 쌍극자들은 대칭적이기 때문에, 서로 상쇄되어 비극성 분자가 된다.

C. 원자가 결합 이론

실험적인 사실 및 VSEPR 이론 예측과 일치하기 위해서는 VB 이론은 세 개의 동등한 B−F 결합을 설명해야만 한다. 다시 말해 혼성화 방식을 사용한다. 현재 B의 2*s* 궤도함수와 2개의 2*p* 궤도함수는 혼성화되어 3개의 동등한 sp^2 **혼성 궤도함수**를 형성한다.

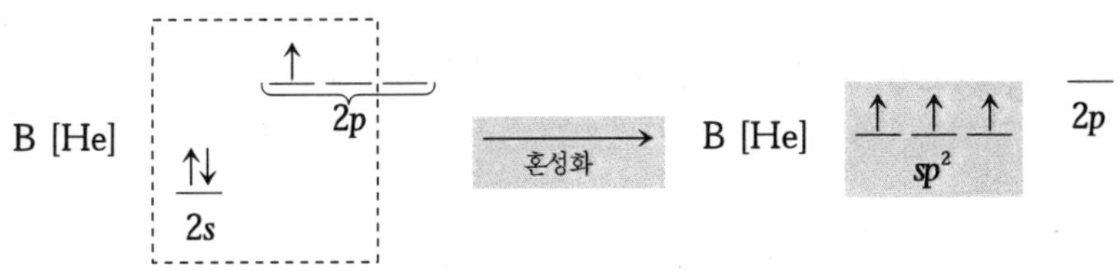

세 개의 sp^2 혼성 궤도함수들은 정삼각형의 꼭지점을 향한다.

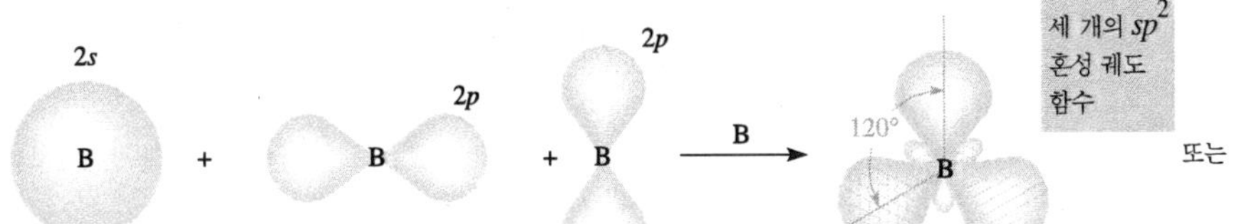

각각의 혼성 궤도함수에는 1개의 전자가 있다고 가정한다. 3개의 F 원자 각각은 1개의 홀 전자를 가진 $2p$ 궤도함수를 가지고 있어서, B가 가진 3개의 sp^2 혼성 궤도함수와 겹쳐질 수 있다. 세 개의 전자 쌍들은 1개의 B와 3개의 F 원자들 사이에서 공유된다.

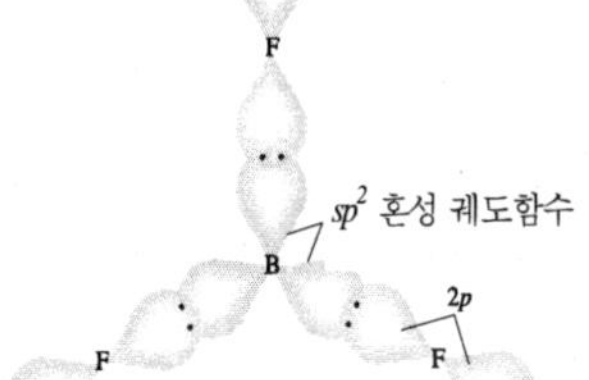

> 중심 원자 주위에 3개의 전자 고밀도 영역이 있을 때 중심 원자에서 sp^2 혼성화가 일어나게 된다. 비공유 전자 쌍이 없는 중심 원자를 가진 AB_3 분자와 이온은 삼각평면 전자 기하 구조, 삼각평면 분자 기하 구조 그리고 중심 원자에 sp^2 혼성화를 나타낸다.

7-07 정사면체 전자 기하 구조: AB_4(A에 고립 전자 쌍이 없음)

A. 실험적 사실과 Lewis 식

IVA족의 각 원소는 채워진 에너지 준위들 중 가장 높은 준위에 4개의 전자를 가지고 있다. IVA족 원소의 이 4개의 전자는 다른 4개의 원자들과의 공유에 의해 다양한 공유 결합 화합물을 형성한다. 대표적인 예로서 CH_4(녹는점 -182 ℃), CF_4(녹는점 -184 ℃), CCl_4(녹는점 -23 ℃), SiH_4(녹는점 -185 ℃) 그리고 SiF_4(녹는점 -90 ℃) 등을 들 수 있다. 모두 정사면체 비극성 분자(결합각 = 109.5°)이다. 이때 IVA족 원소는 정사면체의 중심에 위치하고 다른 4개의 원자들은 사면체의 꼭지점에 위치한다.

IVA족 원소는 AB_4 분자의 결합에 4개의 전자를 기여하고, 다른 4개의 원자들은 각각 하나의 전자를 기여한다. 메탄인 CH_4와 사플루오르화탄소인 CF_4의 Lewis 식들이 전형적인 예이다.

```
     H               :F:
     |                |
  H—C—H         :F—C—F:
     |                |
     H               :F:
```

CH_4, 메탄　　　CF_4, 사플루오르화탄소

암모늄 이온(NH_4^+)과 황산염 이온(SO_4^{2-})은 다원자 이온 형태의 낯익은 예이다. 각각의 이러한 이온들에서 중심 원자는 정사면체의 중심에 다른 원자는 꼭지점에 위치한다(H—N—H 결합과 O—S—O 결합, 결합각 = 109.5°).

```
      H     ]+          [    ..     ]2-
      |                 [   :O:     ]
 [ H—N—H ]              [ ..  |  .. ]
      |                 [:O—S—O:    ]
      H     ]           [ ..  |  .. ]
                        [   :O:     ]
                        [    ..     ]
```

NH_4^+, 암모늄 이온　　SO_4^{2-}, 황산염 이온

B. VSEPR 이론

VSEPR 이론은 4개의 원자가 전자 쌍들이 정사면체의 꼭지점을 향해 배향되어 있음을 예측하게 한다. 이러한 모양은 1개의 원자 주위에 4개의 원자를 최대 분리시키는 배열이다. 그리하여 VSEPR 이론은 비공유 전자 쌍이 없는 A를 가진 AB_4 분자의 **정사면체**(tetrahedral) *전자 기하 구조*를 제안한다. 중심 원자에 고립 전자 쌍이 없어서, 다른 원자는 사면체의 각 꼭지점에 위치한다. VSEPR 이론은 *정사면체 분자 기하 구조*를 제안한다.

H, C, H, H, H

CH_4의 모든 H—C—H 각 = 109.5°

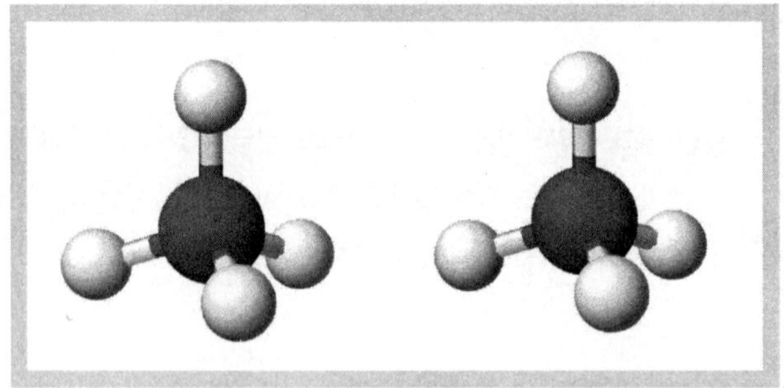

F, C, F, F, F

CF_4의 모든 F—C—F 각 = 109.5°

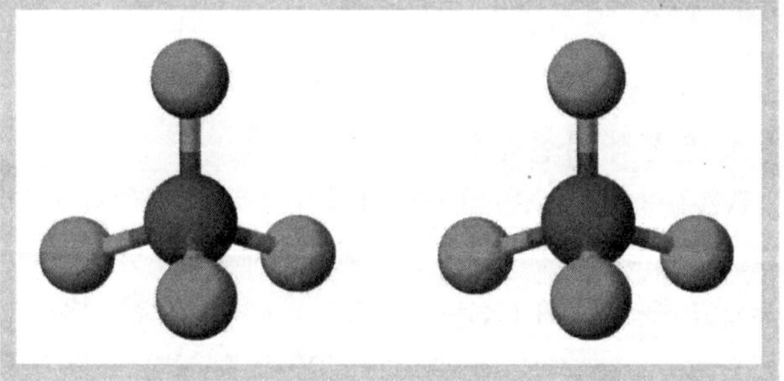

우리가 7-05절(BeX_2, CdX_2, HgX_2, X=Cl, Br 또는 I)과 7-06절(BX_3, X=F, Cl, Br 또는 I) 그리고 본절(CH_4, CF_4, CCl_4, SiH_4, SiF_4, NH_4^+ 그리고 SO_4^{2-})에서 논의했던 결과들은 아래의 공통적 사항을 나타낸다.

> 분자나 다원자 이온의 중심 원자에 비공유 원자가 전자 쌍이 없을 때, *전자 기하 구조*와 *분자 기하 구조*는 동일하다.

결합 쌍극자를 살펴보면, CH_4의 각 결합들은 약한 극성을 나타내는 반면에 CF_4의 결합은 강한 극성이다. CH_4 내에서 결합 쌍극자들은 탄소를 향해 배향되어 있으나 CH_4 내에서는 반대 방향으로 배향되어 있다. 두 분자 모두 매우 대칭 구조이기 때문에 결합 쌍극자는 서로 상쇄되고 비극성 분자가 된다. 이러한 현상은 *중심 원소에 전자 쌍이 없고* 4개의 B 원자가 동등한 AB_4 분자 형태에 일반적으로 나타난다.

CH_4: 전기 음성도 = C—H 2.5 2.1, 전기 음성도 차 = 0.4, 유효 분자 쌍극자 = 0

CF_4: 전기 음성도 = C—F 2.5 4.0, 전기 음성도 차 = 1.5, 유효 분자 쌍극자 = 0

때때로 정사면체 분자의 중심 원자에 결합된 원자들이 모두 동일하지 않는 경우가 있다. 그러한 분자들은 극성을 띠는데 결합 쌍극자들의 상대적 크기에 따라 달라진다. 예를 들어 CH_3F 또는 CH_2F_2는 서로 다른 쌍극자들 때문에 분자를 극성으로 만든다.

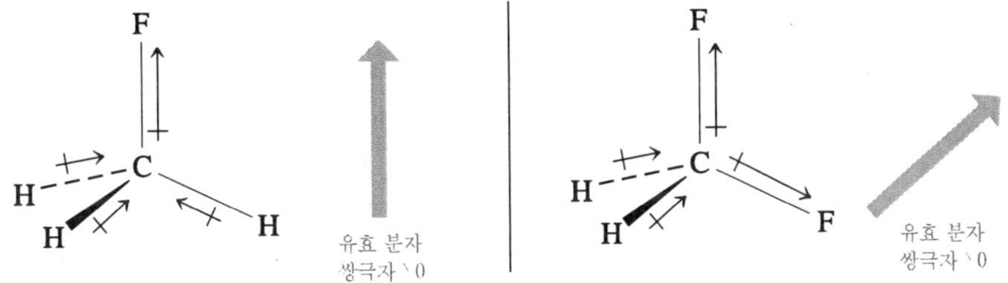

또한, VSEPR 이론에 근거하여 NH_4^+와 SO_4^{2-} 이온은 정사면체 전자 기하 구조를 가진다고 예상된다. 중심 원자의 각 전자 고밀도 영역은 정사면체 배열의 꼭지점에 있는 다른 원자(NH_4^+의 H, SO_4^{2-}의 O)와 결합한다. 이러한 이온의 분자 기하 구조는 정사면체이다.

C. 원자가 결합 이론

VB 이론에 따르면, 각각의 IVA족 원자(우리의 예에서는 C)는 결합 가능한 4개의 동등한 궤도함수를 만들어야만 한다. 그러기 위해서 C는 1개의 s와 이의 외각($n=2$)에 있는 3개의 p 궤도함수의 혼합에 의해 4개의 **sp^3 혼성 궤도함수**를 만든다. 여기에 4개의 홀 전자가 채워지게 된다.

C [He] ↑↓ $2s$ ↑ ↑ _ $2p$ —혼성화→ C [He] ↑ ↑ ↑ ↑ sp^3

이러한 sp^3 혼성 궤도함수들은 정사면체의 꼭지점을 향해 배열되며 꼭지점-중심-꼭지점 사이의 각이 109.5° 를 이룬다.

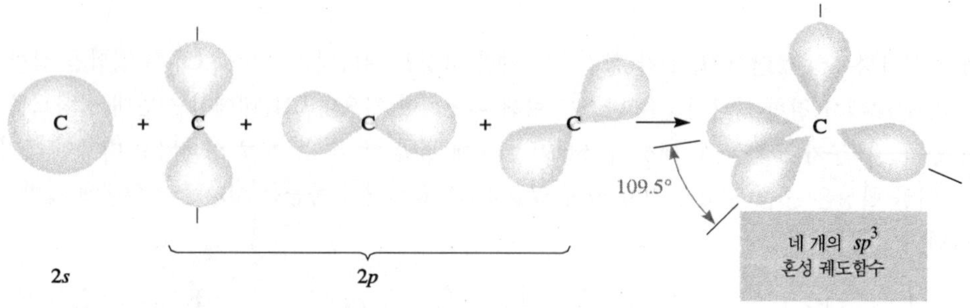

C에 결합될 4개의 각 원자들은 반이 채워진 원자 궤도함수를 가진다; 이들은 CH_4와 CF_4에 대해 적용된 것처럼 반이 채워진 sp^3 혼성 궤도함수들과 중첩될 수 있다.

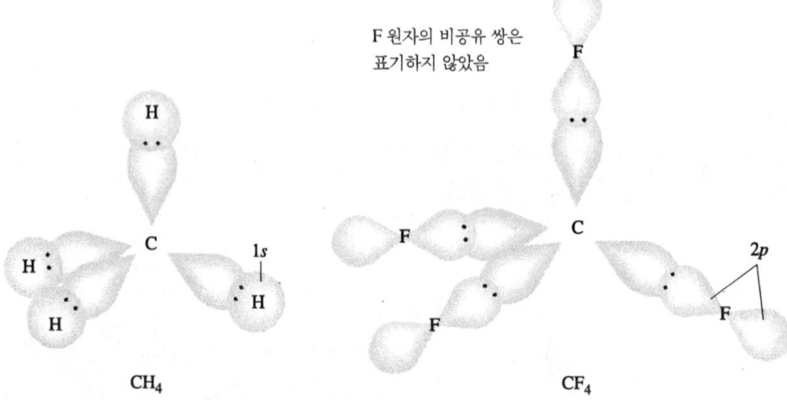

문제 풀이 요령

주기적 관계의 활용

F, Cl, Br 그리고 I가 모두 주기율표의 같은 족에 있기 때문에, 관련 화합물들도 유사할 것이라는 것이다. CF_4에 적용된 방식을 CCl_4, CBr_4 그리고 CI_4에도 적용할 수 있으므로 각각에 대해 설명할 필요는 없다. 따라서 각 CX_4 분자(X=F, Cl, Br, I)도 정사면체 전자 기하 구조, 정사면체 분자 기하 구조, 탄소 원자의 sp^3 혼성화, 쌍극자 모멘트는 0이라고 말할 수 있다.

다원자 이온의 중심 원자의 혼성화도 VB 이론을 활용하여 동일한 방식으로 설명할 수 있다. NH_4^+와 SO_4^{2-}에서 N과 S 원자 각각은 정사면체의 각 꼭지점을 향해 배향되는 4개의 sp^3 혼성 궤도함수를 형성한다. 이 sp^3 혼성 궤도함수는 이웃 원자(NH_4^+의 H, SO_4^{2-}의 O)의 궤도함수와 겹침으로써 결합을 형성한다.

중심 원자 주위에 3개의 전자 고밀도 영역이 있을 때 중심 원자에서 sp^3 혼성화가 일어난다. 비공유 전자 쌍이 없는 중심 원자를 가진 AB_4 분자와 이온은 정사면체 전자 기하 구조, 정사면체 분자 기하 구조, 그리고 중심 원자에 sp^3 혼성화를 나타낸다.

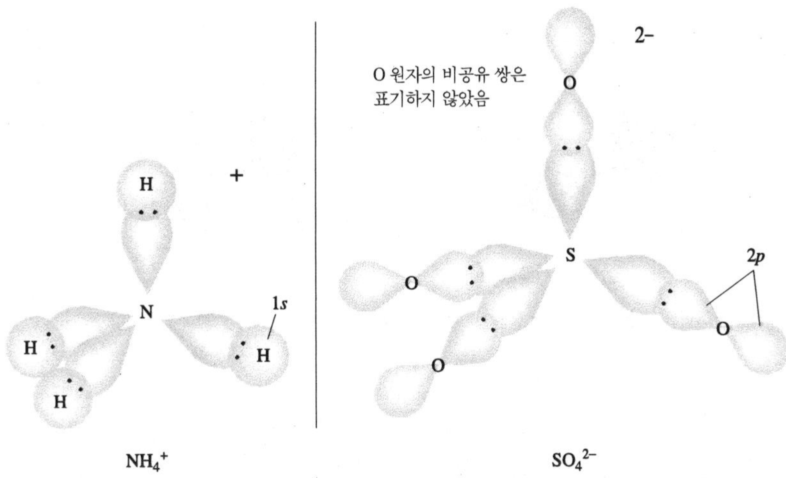

문제풀이 요령

1개 이상의 중심 원자가 있을 때

```
 H  H
 |  |
H—C—C—H
 |  |
 H  H
```

많은 분자들은 1개 이상의 중심 원자를 가진다. 즉 다수의 원자와 결합하고 있는 원자가 1개 이상 있다. 분자의 3차원 형상을 그리기 위해서, 중심 원자를 하나씩 분석한다. 에탄(C_2H_6)은 한 예이며 Lewis 식은 다음과 같다.

먼저 왼쪽 탄소 원자부터 생각해보자. 그 탄소의 전자 고밀도 영역(빨간색으로 묶여진 원자들)은 다른 C 원자와 3개의 H 원자들에 위치한다. 다음에는 오른쪽 C 원자를 동일 방식으로 분석하여 이웃 원자들(파란색으로 묶인)의 배열을 이끌어낸다.

C_2H_6의 각 C 원자는 4개의 전자 고밀도 영역을 가진다. VSEPR 이론은 각 C 원자가 정사면체 전자 기하 구조를 가지고 있음을 말해준다; 각 C 원자 주위의 원자 배열은 정사면체의 꼭지점에 1개의 C와 3개의 H 원자들이 위치한다. VB 해석에 근거하여, 각 C 원자는 sp^3 혼성화되어 있다. C−C 결합은 한 C 원자의 반이 채워진 sp^3 혼성 궤도함수와 또 다른 C 원자의 반이 채워진 sp^3 혼성 궤도함수와의 중첩으로 형성된다. 각 C−H 결합은 C의 반이 채워진 sp^3 혼성 궤도함수와 H 원자의 반이 채워진 1*s* 궤도함수와의 겹침에 의해 형성된다.

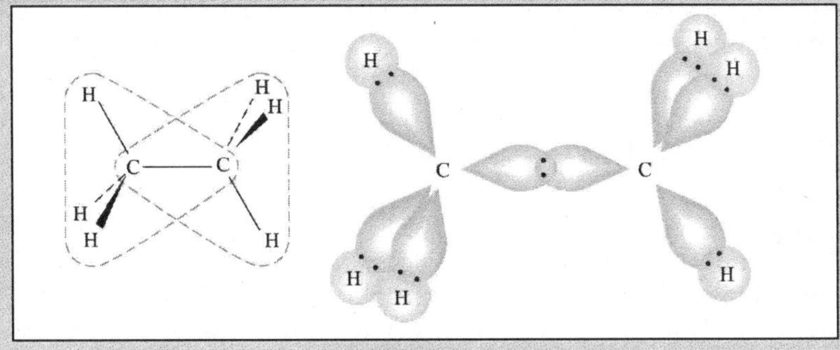

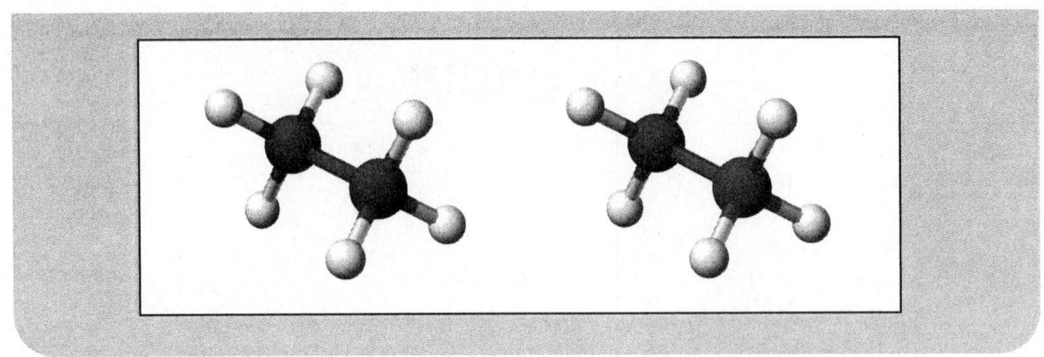

7-08 정사면체 전자 기하 구조: AB_3U(A에 1개의 고립 전자 쌍)

이제부터는 중심 원자에 비공유 전자 쌍(고립 쌍)을 가진 간단한 분자들의 구조에 대해 알아보기로 한다. 본절과 다음 절들에서는 중심 원자를 "A"로, A에 결합되는 원자는 "B"로, 중심 원자의 비공유 전자 쌍(고립 쌍)은 "U"로 표시하는 일반 화학식을 사용한다. 예를 들어 AB_3U는 중심 원자 A에 결합된 3개의 B 원자들과 A에 있는 하나의 비공유 원자 쌍을 가진 분자들을 나타낸다.

A. 실험적 사실과 Lewis 식

VA족의 각 원소는 5개의 원자가 전자를 가진다. VA족 원소는 이 중 3개의 전자들을 다른 3원자들과 공유함으로써 다양한 공유 화합물을 형성한다. 두 개의 예를 들어 보면, 암모니아(NH_3)와 삼불화질소(NF_3)이다. 각각은 질소 원자에 1개의 비공유 전자 쌍을 가지고 있는 삼각 피라미드형의 극성 분자이다. 각 분자들의 질소 원자는 피라미드의 위 정점에 위치하고, 다른 3개의 원자는 피라미드의 삼각평면의 각 꼭지점에 위치한다.

NH_3와 NF_3의 Lewis 식들은

```
    ..          ..   ..   ..
H—N—H       :F—N—F:
    |          ..   |   ..
    H              :F:
                    ..
   NH3             NF3
```

아황산염 이온(SO_3^{2-})은 AB_3U종 다원자 이온의 한 예이다. 이는 황 원자에 하나의 비공유 쌍을 가진 삼각 피라미드 형이다.

```
[ ..  ..  .. ]2-
[:O—S—O:]
[ ..  |  ..  ]
[    :O:     ]
[     ..     ]
```

B. VSEPR 이론

VSEPR 이론에 의해 중심 원자 주위의 *4개*의 전자 고밀도 영역은 사면체의 꼭지점을 향해 배향함으로서 최대한 떨어져 위치하게 된다. 따라서 N은 NH_3와 NF_3 내에서 사면체 전자 기하 구조를 가진다.

여기에서 우리는 전자 기하 구조와 분자 기하 구조의 차이에 대해 재차 강조한다. *전자 기하 구조*는 중심 원자 주위의 *전자 고밀도 영역*의 입체적 배열을 의미하고, *분자 기하 구조*는 중심 원자의 비공유 쌍은 배제하고 단지 중심 원자 주변의 *원자*(핵)들의 입체적 배열만을 의미한다. 다음은 NH_3 또는 NF_3 내의 N 주위 정사면체 전자 기하 구조를 나타내고 있다.

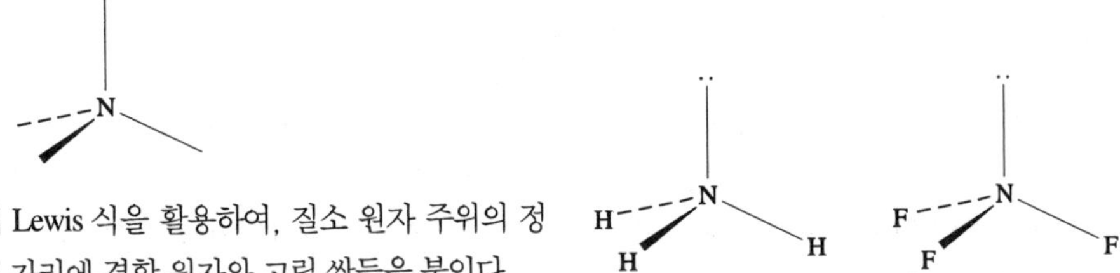

그런 다음에 Lewis 식을 활용하여, 질소 원자 주위의 정사면체 꼭지점 자리에 결합 원자와 고립 쌍들을 붙인다.

그런 후 원자의 배열 상태인 *분자 기하 구조*를 설명한다. 분자의 N 원자는 삼각 피라미드 배열의 최고 꼭대기에 있으며 다른 3원자는 피라미드의 삼각형 바닥의 각 꼭지점에 있다. 그리하여 분자 기하 구조는 *삼각 피라미드*가 된다.

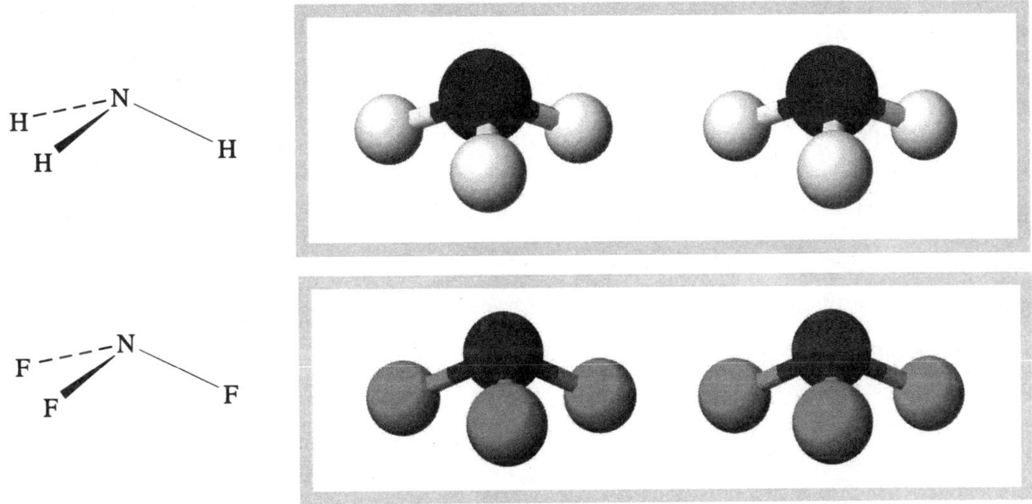

우리는 이미 CH_4, CF_4, NH_3 그리고 NF_3가 모두 사면체 전자 기하 구조를 가지고 있음을 보았다. 그러나 CH_4와 CF_4(AB_4)는 정사면체형 분자 기하 구조인 반면에, NH_3와 NF_3(AB_3U)는 삼각 피라미드형 분자 기하 구조이다.

중심 원자에 원자가 고립(비공유) 전자 쌍을 가진 분자 또는 다원자 이온의 *전자 기하 구조*와 *분자 기하 구조*는 다르다.

이러한 삼각 피라미드 분자 기하 구조는 사면체 전자 기하 구조의 변형이므로, H—N—H 각은 정사면체 값인 109.5° 에 가까울 것으로 예상된다. CH_4(정사면체형 AB_4)의 H—C—H 결합각은 이상적인 정사면체의 109.5° 값을 가진다. 하지만 NH_3에서 H—N—H 결합각은 이보다 작은 값인 107.3° 로 측정된다. 이러한 차이를 어떻게 설명할 수 있을까?

고립 쌍은 2개의 핵들과 연계된 결합 쌍과는 대조적으로 오직 1개의 핵과 관련된 원자가 전자들의 쌍이다. 많은 분자와 다원자 이온들의 결합각을 실제로 측정해본 결과, *고립 전자 쌍들이 결합 쌍들보다 더 많은 공간을 차지한다*고 밝혀졌다. 고립 쌍은 오직 1개의 원자에 의해 인력으로 붙잡혀 있기 때문에 결합 전자들보다 핵에 더욱 가까이 위치한다. 원자 주위의 전자 쌍 간 반발력의 상대적 크기는 다음과 같다.

$$lp/lp \gg lp/bp > bp/bp$$

*lp*는 고립(비공유) 쌍을 그리고 *bp*는 원자가 전자들의 결합 쌍을 나타낸다. 여기에서 분자나 다원자 이온은 다른 원자보다 *중심 원자*의 원자가 전자들 사이의 반발력은 분자의 입체 구조에 더욱 중요하다. 공유 결합의 분자와 다원자 이온에서, 원자가 전자 쌍 사이의 반발력을 최소화시킬 수 있도록 결합 쌍과 비공유 쌍(즉 핵들 사이) 사이의 각도가 결정된다. NH_3와 NF_3 내의 *lp/bp* 간 반발력 때문에, 결합각은 CH_4와 CF_4 분자의 결합각인 109.5° 보다 더 작다.

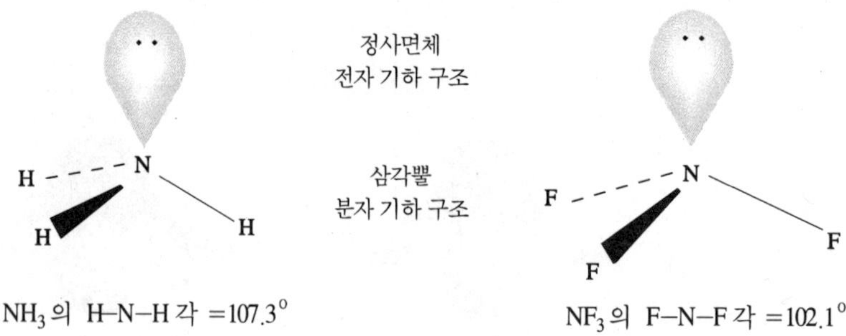

NH_3 의 H–N–H 각 = 107.3°　　　　NF_3 의 F–N–F 각 = 102.1°

때로 비공유 전자 쌍의 존재를 강조하기 위해 $:NH_3$와 $:NF_3$와 같이 표시하기도 한다. 비공유 쌍은 분자의 극성이나 화학 반응에 있어서 매우 중요하게 다루어져야 한다.

NH_3와 NF_3 내의 전기 음성도 차이는 거의 동일하나 방향은 정반대이다.

	N—H			N—F	
전기 음성도 =	3.0　2.1	N—H	전기 음성도 =	3.0　4.0	N—F
전기 음성도 차 =	0.9		전기 음성도 차 =	1.0	

따라서

H N H H　　유효 분자 쌍극자 > 0(크다)　　F N F F　　유효 분자 쌍극자 > 0(작다)

여기에서 NF_3와 NH_3에서 측정된 결합각에 대해 설명하고자 한다. 결합 쌍극자의 방향을 비교해 보면, NH_3에서는 N–H 결합의 N의 전자 밀도가 더 높고, NF_3에서는 F의 전자 밀도가 더 높다. 따라서 N의 고립 쌍은 NH_3에서 보다 NF_3에서 N에 더 가깝게 접근하게 되어, NF_3에서 고립 쌍과 결합 쌍 간 반발력이 NH_3보다 더 크게 일어나게 된다. 더불어 N–F의 결합 길이가 더 크기 때문에 NF_3의 *bp/bp* 간 거리는 NH_3보다 더 크다. 따라서 NF_3의 *bp/bp* 간 반발력은 NH_3보다 더 작게 되어, 결과적으로 NF_3의 결합각이 더 작게 되는 것이다. 이를 그림으로 나타내자면:

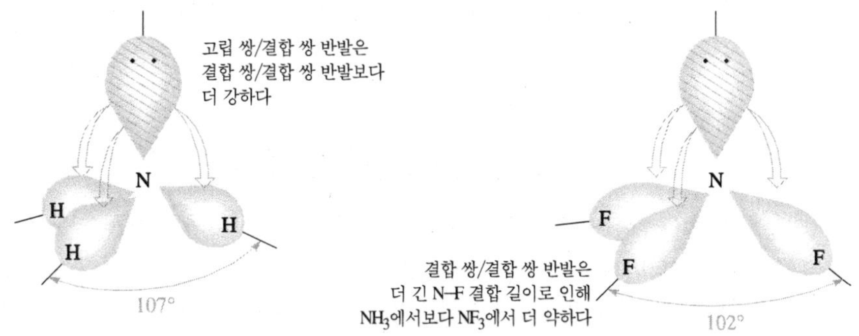

C. 원자가 결합 이론

실험적 결과에 비추어 4개의 궤도함수는 모두 동등하다고 알려져 있다(3개는 결합에 참여하고, 4번째는 고립 쌍을 수용한다). 우리는 다시 네 개의 sp^3 혼성 궤도함수를 필요로 한다.

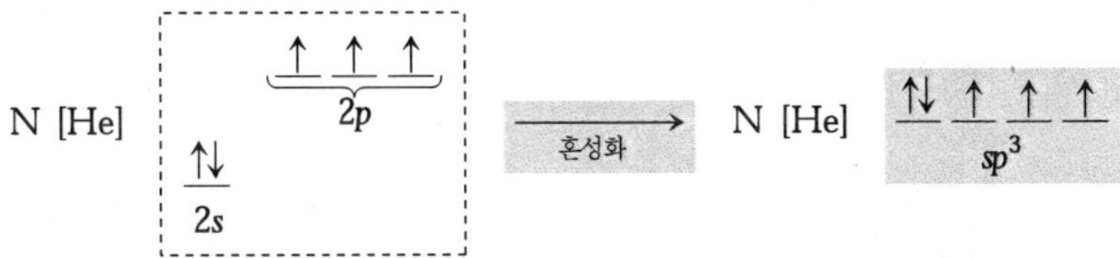

NH_3와 NF_3 화합물에서, 고립 전자 쌍은 sp^3 혼성 궤도함수들 중 하나를 차지한다. 다른 세 개의 sp^3 궤도함수들의 각각은 다른 원자와의 전자 공유에 의해서 결합에 참여한다. 그들은 각각 NH_3 내에서는 반이 채워진 H 1*s* 궤도함수들과 NF_3 내에서는 F 2*p* 궤도함수들과 겹쳐진다.

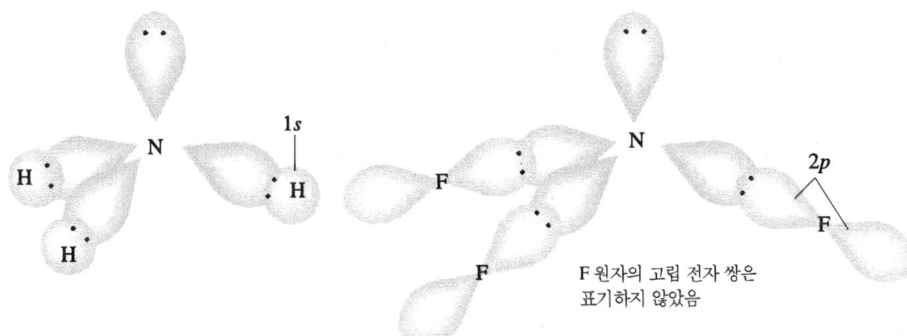

> 중심 원자 주위에 4개의 전자 고밀도 영역을 가진 AB_3U 분자들과 이온들은 *항상* 정사면체 전자 기하 구조, 삼각 피라미드 분자 구조, 그리고 중심 원자는 sp^3 혼성화된다.

우리는 이론을 활용하여 반드시 실험적인 사실을 설명할 수 있어야 한다. 즉, 어떠한 이론을 활용할 것인지는 이론 예측치와 실험치의 일치여부에 달려 있다. 예를 들면 PH_3와 AsH_3에서, 각 H–P–H 결합각은 93.7° 이며 각 H−As−H 결합각은 91.8° 이다. 이러한 결합각은 서로 90° 상에 있는 3개의 *p* 궤도함수와 거의 유사한 값이다. 따라서 이러한 분자의 결합을 VSEPR 이론이나 혼성화 개념으로 설명하면 실험적인 사실과 모순이 일어나기 때문에, 이러한 결합은 단지 "순수한" 원자 궤도함수들을 사용하여 설명하면 된다.

문제 풀이 요령

혼성 궤도함수 이론이 불필요한 경우는?

7-08절에 기술된 PH_3, AsH_3와 H_2S(7-09절)처럼, 학생들은 혼성화를 적용한 설명 방식이 언제 적합한지 혹은 부적합한지를 어떻게 알 수 있는지 궁금할 것이다. 먼저 혼성화 모형은 결합각과 같은 실험적인 측정치를 설명하기 위한 방법임을 기억하라. 현재 우리에게는 결합각과 같은 분자의 입체적인 구조에 관한 자료가 미리 주어지고 있다. 만약 주어진 결합각이 순수한(혼성화되지 않은) 원자 궤도함수들의 각과 유사하다면 혼성화 이론은 필요가 없다. 그러나 만약 결합각이 각 혼성화 이론의 예측치와 유사하다면 이를 설명하기 위해 혼성화 이론은 유용하다. 만약 분자 기하학적 구조(분자 모양, 결합각들 등)에 관한 자료가 주어지지 않는다면, 여러분들은 이 장에서 배운 VSEPR과 혼성화 이론을 모두 시도해 보아야 한다.

7-09 정사면체 전자 기하 구조: AB_2U_2(A에 2개의 고립 전자 쌍)

A. 실험적 사실과 Lewis 식

각 VIA족 원소는 6개의 원자가 전자를 가진다. VIA족 원소는 두 개의 전자를 두 개의 다른 원자들과 공유함으로써 다양한 공유 화합물을 형성한다. 전형적인 예들은 H_2O, H_2S 그리고 Cl_2O이며 이러한 분자들의 Lewis 식들은 다음과 같다.

H_2O H−Ö: (O에 H 결합) H_2S H−S̈: (S에 H 결합) Cl_2O :C̈l̤−Ö: (O에 :C̤̈l: 결합)

모두가 각이 있고 극성인 분자들이다. 예를 들어 물의 결합각은 104.5° 이고 분자는 1.85 D의 쌍극자 모멘트를 가진 매우 극성이다.

B. VSEPR 이론

VSEPR 이론에 의해 H_2O 내의 산소 원자 주위의 4개의 전자 쌍들은 사면체 배열 내에서 109.5° 떨어져 위치해야만 한다는 것이 예상된다. 관측된 H−O−H 결합각은 104.5° 이다. 두 개의 고립(비공유) 쌍들은 서로의 결합 쌍들과 강하게 반발한다. 이러한 반발들은 결합 쌍들을 같이 더 가깝도록 힘을 가하고 결합각을 감소시킨다. H−O−H 결합각(109.5° →104.5°) 내의 감소는 H_2O 내의 *lp/lp* 반발 때문에 암모니아 내의 H−N−H 결합각(109.5° →107.3°) 내의 상응하는 감소보다 더 크다.

전기 음성도 차이는 크고(1.4 units), 그리하여 결합들은 꽤 극성이다. 또한, 결합 쌍극자들은 두 개의 비공유쌍들의 효과를 *보강하므로* H_2O 분자들은 매우 극성이 된다.

이것의 쌍극자 모멘트는 1.8 D이다.

	O−H
전기 음성도 =	3.5 2.1
전기 음성도 차 =	1.4

분자 쌍극자: 두 비공유 전자 쌍의 효과를 고려

lp−*lp* 반발이 가장 강함

결합 쌍들과 반발하는 두 개의 고립 전자 쌍이 있음

C. 원자가 결합 이론

H_2O 내의 결합각(104.5°)은 O 위의 순수한 2*p* 원자 궤도함수들에 의한 결합각인 90° 보다도 사면체 값(109.5°)에 더 가깝다. 그리하여 원자가 결합 이론은 O 원자 위에 네 개의 sp^3 혼성 궤도함수를 가정하게 된다: 두 개는 결합에 참여하기 위한 것이고 두 개는 두 개의 비공유쌍들을 수용하기 위해서이다.

> 각각 중심 원자 주위에 네 개의 전자 고밀도 영역을 가진 AB_2U_2 분자들과 이온들은 *보통* 사면체 전자 기하 구조, 굽은 분자 기하 구조, 그리고 중심 원자 위에 sp^3 혼성화를 가지고 있다.

7-10 정사면체 전자 기하 구조: ABU_3 (A에 3개의 고립 전자 쌍)

각 VIIA족 원소는 가장 높은 점유 에너지 준위에 7개의 전자를 가지고 있다. VIIA족 원소들은 7개 전자 중 하나를 다른 원자와 공유함으로써 H−F, H−Cl, Cl−Cl, 그리고 I−I와 같은 분자들을 형성한다. 다른 원자는 전자 1개를 결합에 기여한다. 이원자 분자는 모두 선형이 되어야만 한다. 이러한 분자들의 분자 기하 구조를 밝히는데 VSEPR 이론이나 VB 이론을 적용할 필요가 없다.

7-11 삼각쌍뿔 전자 기하 구조: AB_5, AB_4U, AB_3U_2, AB_2U_3

A. 실험적 사실과 Lewis 식

VA족 원소들은 최외각에 5개의 전자들을 가지고 있으며 그 중 단지 3개의 전자만을 다른 원자와 공유함으로써 분자를 형성한다(NH_3, NF_3, PCl_3). 2주기 이후의 VA족 원소(P, As, Sb)는 5개의 원자가 전자를 모두 다른 원자들과 공유함으로써 공유 화합물을 형성한다. 오불화인 PF_5(녹는점 -83℃)가 그 예이다. P 원소는 5개의 F 원자들과 공유하기 위한 5개의 원자가 전자를 가지고 있다. PF_5의 Lewis 식은 앞의 오른쪽 여백에 나타내었다. PF_5 분자는 *삼각쌍뿔*의 비극성 분자이다. **삼각쌍뿔**(trigonal bipyramid)은 삼각형면을 공통으로 접하고 있는 2개의 피라미드로 구성된 육면의 다면체이다.

B. VSEPR 이론

VSEPR 이론에 의해 PF_5에서 P 원자 주위의 전자 고밀도 영역 5개는 가능한 떨어지려는 경향을 가진다. P 원자 주변의 결합 쌍 5개는 삼각쌍뿔의 모서리에 각각 위치하고 P 원자는 중심에 위치할 때에 가장 잘 분리된 구조가 된다. 이는 실험적 관측과 일치한다.

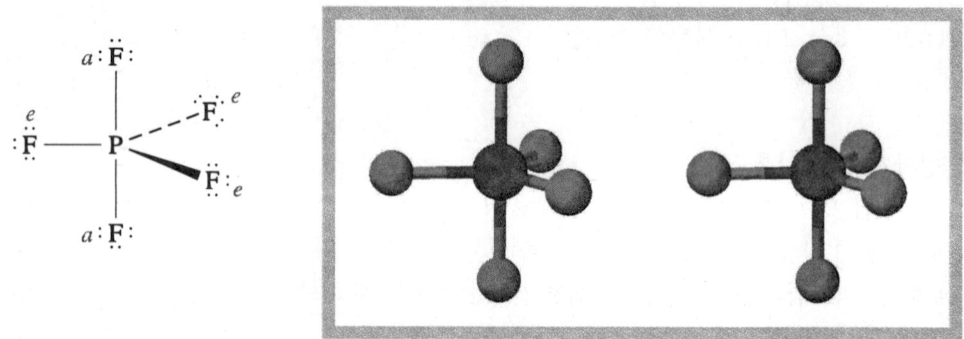

*e*라고 표시된 3개의 F 원자는 P 원자와 공유하는 삼각형 모서리에 자리한다. 이것들은 *횡축*(equatorial) F 원자(e)라 불린다. 하나는 삼각형 위쪽에, 다른 하나는 아래에 위치하는 나머지 두 개의 F 원자들은 *축방향*(axial) F 원자(a)라 한다. F—P—F 결합각은 90°(axial-equatorial), 120°(equatorial-equatorial), 180°(axial-axial)이다.

P와 F 사이의 큰 전기 음성도 차이는 극성 결합을 제시한다. PF_5 분자에는 축방향과 수평방향 두 종류의 P—F 결합이 있으므로, 두 개의 결합 쌍극자 그룹을 고려하자.

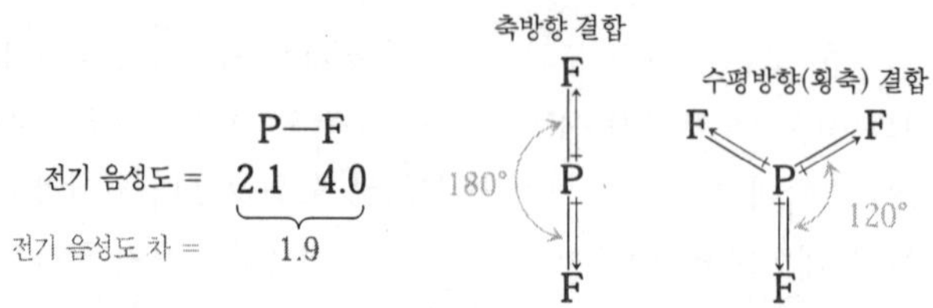

2개의 축방향 결합 쌍극자는 서로 상쇄되고, 3개의 수평방향 결합 쌍극자도 역시 서로 상쇄된다. 따라서 PF_5 분자는 비극성이다.

C. 원자가 결합 이론

P는 PF_5 분자의 중심 원자이기 때문에, 5개의 F 원자와 결합을 형성하기 위해서 반이 채워진 궤도함수 5개를 가지고 있어야 한다. 혼성화는 P 원자의 $3s$, $3p$ 궤도함수와 비어 있는 $3d$ 궤도함수 중 1개의 d 궤도함수가 참여한다.

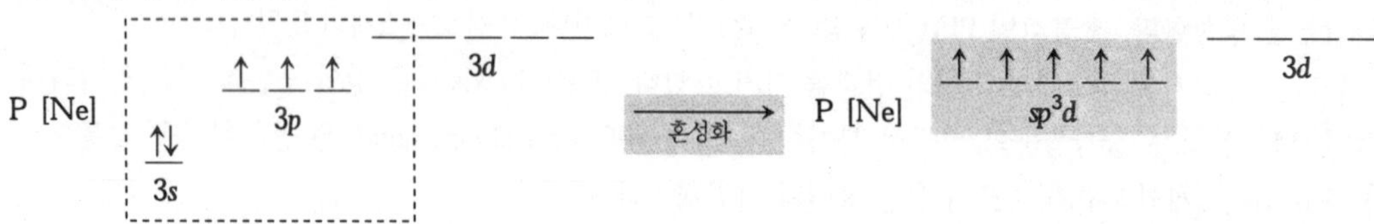

P의 **sp^3d 혼성 궤도함수** 5개는 삼각쌍뿔의 모서리를 향한다. 각각은 홀 전자로 채워진 F 원자의 $2p$ 궤도함수에 의해 겹쳐진다. 그 결과 P와 F 전자 쌍은 5개의 공유 결합을 형성한다.

> sp^3d 혼성화는 중심 원자 주위에 5개의 전자 고밀도 영역이 있을 때 중심 원자에서 발생한다. 비공유 전자 쌍이 없는 중심 원자를 가진 AB_5 분자와 이온들은 삼각쌍뿔 전자 기하 구조, 삼각쌍뿔 분자 기하 구조 그리고 중심 원자에 sp^3d 혼성화를 가진다.

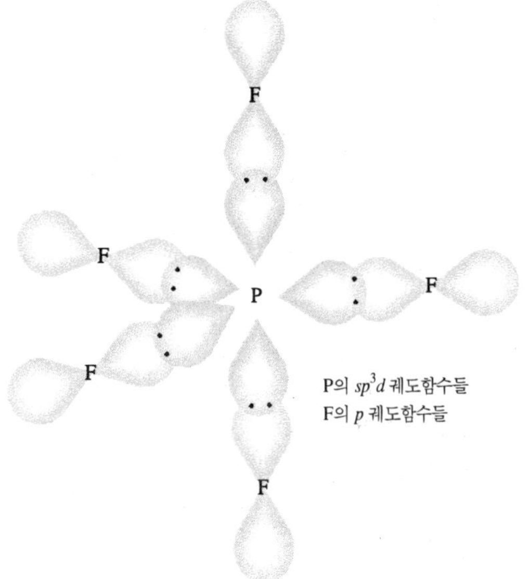

sp^3d 혼성화는 중심 원자의 최외각에 있는 d 궤도함수를 사용한다. P, As, Sb와 같은 무거운 VA족 원소들은 이 혼성화를 이용하여 5개의 공유 결합을 형성할 수 있다. 그러나 VA족에 속한 질소의 원자가 껍질은 단지 하나의 s 궤도함수와 3개의 p 궤도함수만을 가지고 있기 때문에(d 궤도함수는 없음), 5개의 공유 결합을 형성할 수 없다. 특정한 에너지 준위의 s와 p 궤도함수들(s와 p 궤도함수로만 구성된 혼성 궤도함수 집합)은 *최대* 8개의 전자를 포함할 수 있어서 *최대* 4개의 공유 결합에 참여할 수 있다. 2주기의 모든 원소들은 원자가 껍질에 오직 s와 p 궤도함수만을 가지고 있기 때문에 여기에 속한다. 1주기와 2주기의 모든 원자는 확장된 원자가를 나타내지 않는다.

D. 삼각쌍뿔 전자 기하 구조의 비공유 원자가 전자 쌍

7-08절과 7-09절에서 보았듯이, 고립 전자 쌍의 강한 반발력 때문에 고립 전자 쌍은 결합 쌍보다 더 넓은 공간을 차지한다. 중심 원자의 전자 고밀도 영역 5개 중에 하나 혹은 그 이상의 고립 전자 쌍이 있을 때는 무슨 일이 일어날까? 먼저 SF_4 같은 분자를 고려해보자. 이것의 Lewis 식은 다음과 같다.

$$\begin{matrix} :\ddot{F} & & \ddot{F}: \\ & \ddot{S} & \\ :\ddot{F} & & \ddot{F}: \end{matrix}$$

중심 원자 S는 4개의 원자와 결합되어 있고 하나의 고립 전자 쌍을 가지고 있다. 이것은 일반식 AB_4U의 한 예이다. S는 5개의 전자 고밀도 영역을 가지고 있다. 따라서 우리는 전자 기하학적 구조가 삼각쌍뿔이라는 것과 결합 궤도함수들이 sp^3d 혼성이라는 것을 알고 있다.

그런데 한가지 의문이 생기는데, 고립 전자 쌍(비공유 전자 쌍)은 축방향(a) 위치 혹은 수평방향(e) 위치에서 더 안정할까? 만약 비공유 전자 쌍이 축방향 위치에 있다면 이것은 가장 가까운 위치에 있는 쌍들(3개의 수평방향 F 원자와 결합한 쌍들)과 90°를 이루고, 다른 축방향 위치와는 180°를 이룰 것이다.

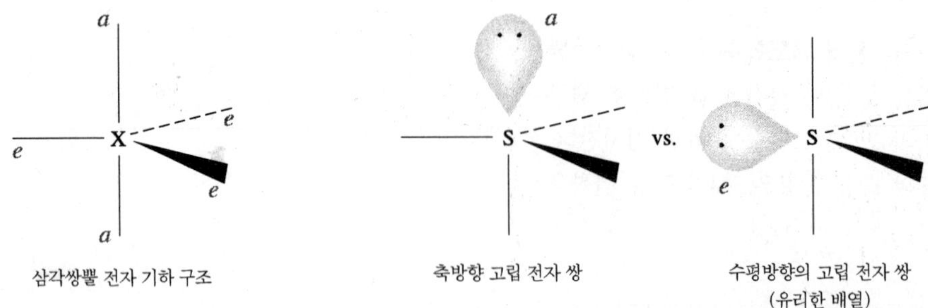

만약 비공유 전자 쌍이 횡축 위치에 있다면 오직 축상의 전자 쌍 2개들과 90°를 이룰 것이고, 다른 두 개의 수평방향 전자 쌍들과는 120°를 이루어 더 멀리 있게 된다. 따라서 비공유 전자 쌍이 *횡축* 위치에 있을 때 밀집도가 더 낮아진다. 그런 후 F 원자 4개는 남아 있는 4개의 위치를 차지할 것이다. *원자*는 **시소 형태**(seesaw arrangement)로 배열되어 있다.

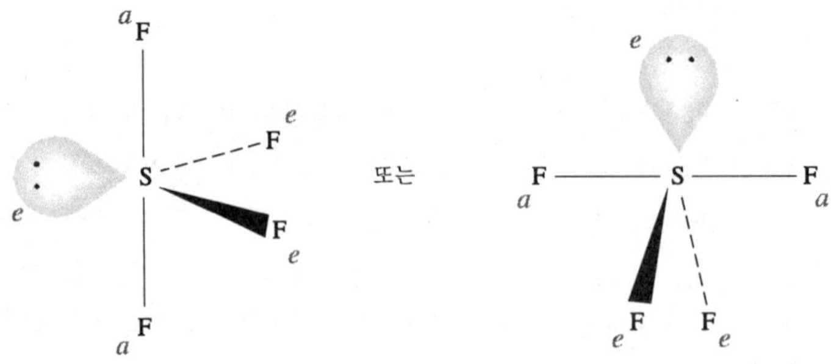

고립 쌍의 수가 증가할 때 추가되는 고립 쌍이 모두 횡축 위치에 위치하는 것도 같은 이유이다 (AB_3U_2는 횡축 위치에 두 개의 고립 전자 쌍, AB_2U_3는 횡축 위치에 3개의 고립 전자 쌍). 이 배열은 그림 7-2에 요약되어 있다.

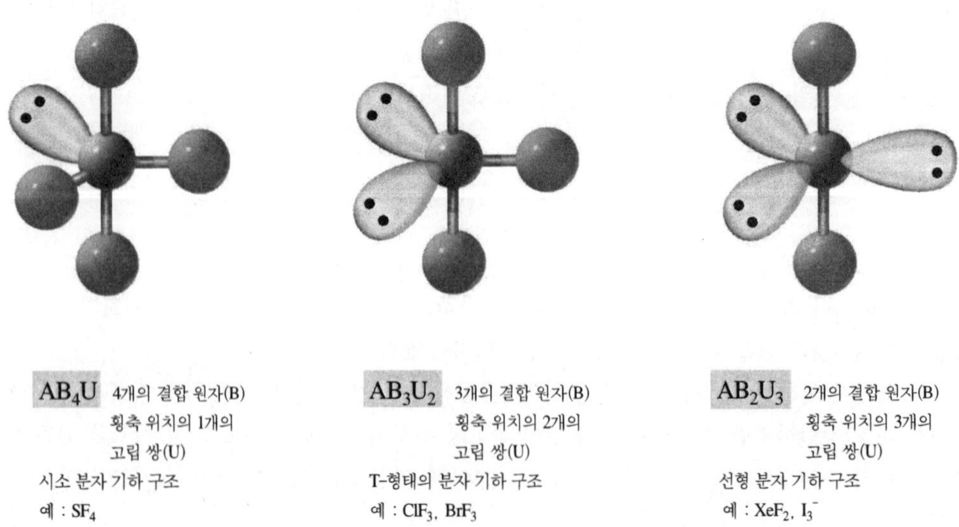

그림 7-2 결합 원자와 고립 전자 쌍의 배열(5개의 전자 고밀도 영역 – 삼각쌍뿔 전자 기하 구조).

7-12 정팔면체 전자 기하 구조: AB_6, AB_5U, AB_4U_2

A. 실험적 사실과 Lewis 식

산소 아래의 VIA족 원소들은 원자가 전자 6개를 다른 원자 6개와 공유함으로써 AB_6 형태의 공유 화합물을 형성한다. 불활성 가스인 육플루오르화황(SF_6, mp −51 ℃)이 그 예이다. 육플루오르화황 분자들은 비극성인 정팔면체 분자들이다. 육플루오르화인 이온(PF_6^-)은 AB_6 형태의 다원자 이온의 한 예이다.

B. VSEPR 이론

SF_6 분자는 6개의 원자가 전자 쌍들과 1개의 S 원자를 둘러싸고 있는 6개의 F 원자들을 가지고 있다.

황의 원자가 껍질은 고립 쌍이 없기 때문에 SF_6에서의 전자 기하 구조와 분자 기하 구조는 동일하다. 한 개의 S 원자 주변에서 6개의 전자 쌍이 최대로 떨어지려면 S 원자가 정팔면체의 중심에 있고 6개의 전자 쌍들이 모서리에 있을 때 얻어진다. 그리하여, VSEPR 이론은 SF_6 분자가 **정팔면체**(octahedral)라는 실험적 사실과 일치한다.

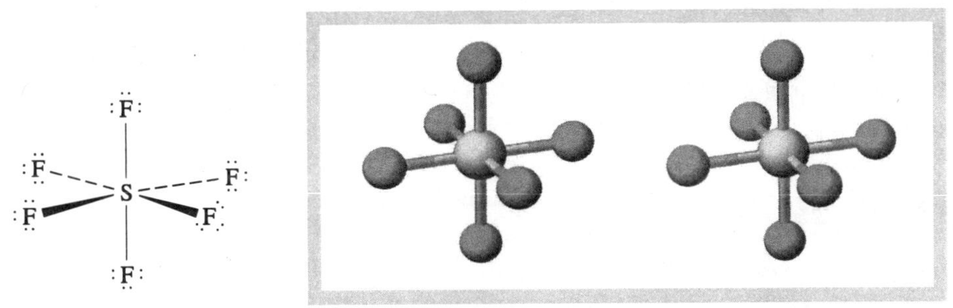

정팔면체 분자에서 F−S−F의 결합각은 90° 와 180° 이다. 각각의 S−F 결합은 상당히 극성이지만 각각의 결합 쌍극자는 180° 에 위치한 동일 쌍극자에 의해 상쇄된다. 따라서 SF_6 분자는 비극성이다.

C. 원자가 결합 이론

황 원자들은 1개의 3*s*, 세 개의 3*p*, 두 개의 3*d* 궤도함수를 활용하여 6개의 전자 쌍을 수용할 수 있는 6개의 혼성 궤도함수를 형성한다.

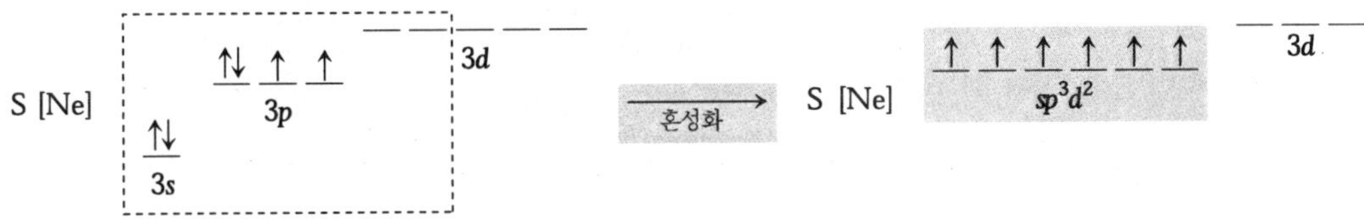

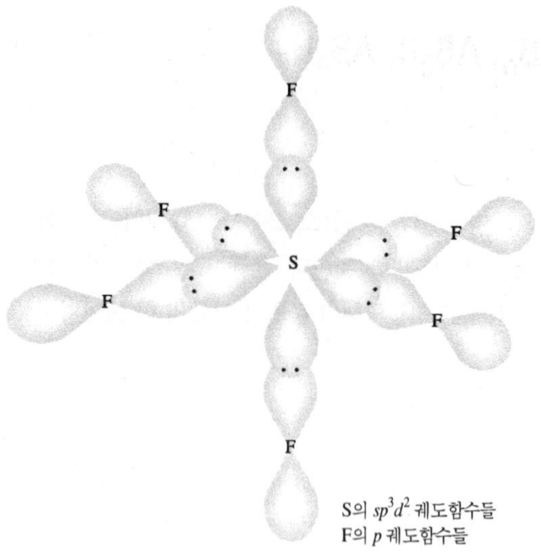

6개의 **sp^3d^2 혼성 궤도함수**들은 정팔면체의 모서리를 향해 있다. 각 sp^3d^2 혼성 궤도함수는 총 6개의 공유 결합을 형성하기 위해서 반만 채워진 F $2p$ 궤도함수와 겹쳐진다.

> sp^3d^2 혼성화는 중심 원자 주변에 전자 고밀도 영역이 6개 있을 때 중심 원자에서 일어난다. 고립 쌍이 없는 중심 원자를 가진 AB_6 분자와 이온들은 정팔면체 전자 기하 구조와 정팔면체 분자 기하 구조, 그리고 중심 원자에 sp^3d^2 혼성화를 가진다.

D. 정팔면체 전자 기하 구조의 비공유 원자가 전자 쌍

정팔면체 전자 기하 구조에서 중심 원자에 있는 고립 쌍의 위치를 예측하기 위해서 7-11절의 part D와 같은 선상에서 생각할 수 있다. 정팔면체 배열의 높은 대칭성 때문에 6개의 위치는 모두 동등하므로 첫 번째 고립 쌍은 어디에든 자리할 수 있다. AB_5U 분자와 이온들은 **사각피라미드**(square pyramid) 분자 기하 구조를 가진다. 두 번째 고립 쌍이 존재하면, 가장 안정한 배열은 서로 180° 떨어진 2개의 팔면체 위치에 두 개의 고립 쌍을 놓는 것이다. 이는 AB_4U_2종을 **사각평면**(square planar) 분자 기하학적인 구조로 만든다. 이 배열은 그림 7-3에서 보여진다. 표 7-3에 중요한 자료를 요약하였으니 이 표를 신중히 학습하여야 한다.

문제 풀이 요령

중심 원자의 고립 쌍 위치

고립 쌍은 결합 쌍보다 더 많은 공간을 차지하므로 항상 밀집도가 가장 낮은 자리에 놓아야 한다는 것을 잊지 말아라.

1개의 고립 쌍만을 가진 분자나 이온의 Lewis 식일 경우: 선형, 삼각평면, 정사면체, 혹은 정팔면체 전자 기하학적 구조 하에서는 모든 자리가 동등하므로 고립 전자 쌍이 놓이는 위치는 중요하지 않다. 삼각쌍뿔 전자 기하학적 구조에서는 고립 쌍은 밀집도가 가장 낮은 횡축 자리에 놓고, 결합 원자는 나머지 다른 자리에 놓아라.

2개의 고립 쌍을 가진 Lewis 식일 경우: 삼각평면, 혹은 정사면체 전자 기하학적 구조에서, 고립 쌍은 임의의 두 자리에 놓을 수 있고, 결합된 원자는 나머지 다른 자리에 놓는다. 삼각쌍뿔 전자 기하학적 구조에서, 2개의 고립 쌍은 밀집도가 낮은 2개의 횡축 자리(120° 떨어짐)에 놓고, 결합 원자는 나머지 다른 자리에 놓아라. 정팔면체 전자 기하학적 구조에서는, 고립 쌍은 서로 마주보는 두 자리(180°)에 놓고 결합 원자는 나머지 다른 자리에 놓아라.

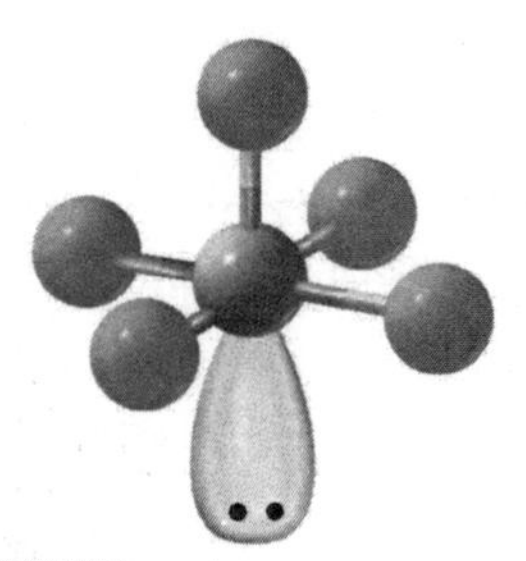

AB_5U 5개의 결합 원자(B)
1개의 고립 쌍(U)
사각피라미드 분자 기하 구조

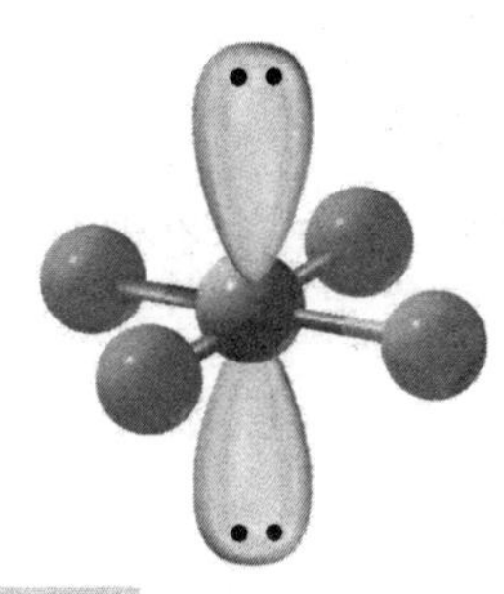

AB_4U_2 4개의 결합 원자(B)
2개의 고립 쌍(U)
사각평면 분자 기하 구조

그림 7-3 결합된 원자와 고립 쌍의 배열(6개의 전자 고밀도 영역-정팔면체의 전자 기하 구조).

표 7-3 중심 원자에 고립 쌍(U)을 가진 종들의 분자 기하 구조

일반식	전자 고밀도 영역의 수	전자 기하 구조	중심 원자의 혼성화	고립 전자 쌍	분자 기하 구조	예
AB_2U	3	삼각평면	sp^2	1	비선형	O_3, NO_2^-, SO_2
AB_3U	4	정사면체	sp^3	1	삼각뿔	NH_3, SO_3^{2-}
AB_2U_2	4	정사면체	sp^3	2	비선형	H_2O, NH_2^-
AB_4U	5	삼각쌍뿔	sp^3d	1	시소	SF_4
AB_3U_2	5	삼각쌍뿔	sp^3d	2	T형	ICl_3, ClF_3

표 7-3 계속

일반식	전자 고밀도 영역의 수	전자 기하 구조	중심 원자의 혼성화	고립 전자 쌍	분자 기하 구조	예
AB_2U_3	5	삼각쌍뿔	sp^3d	3	선형	XeF_2, I_3^-
AB_5U	6	정팔면체	sp^3d^2	1	사각뿔	IF_5, BrF_5
AB_4U_2	6	정팔면체	sp^3d^2	2	평면 사각형	XeF_4, IF_4^-

7-13 이중 결합 화합물

제 6장에서 우리는 이중 결합과 삼중 결합을 포함하는 분자와 다원자 이온의 Lewis 식을 그려보았다. 하지만 그러한 화합물의 결합과 형태는 아직 배우지 않았다. 특정한 예로 에틸렌(ethylene 또는 ethene, C_2H_4)을 생각해 보자. 식으로 나타내면 다음과 같다.

$$S = N - A$$
$$= 24 - 12 = \underline{12e^- \text{ 공유}}$$

```
H       H
 \     /
  C=C
 /     \
H       H
```

각 원자는 3개의 전자 고밀도 영역을 가지고 있다. VSEPR 이론에 의해 각 C 원자가 삼각평면의 중심에 있다는 것을 알 수 있다.

VB(원자가 결합) 이론은 이중 결합된 각 탄소 원자는 sp^2 혼성화된 것을 설명하고, 각 sp^2 혼성 궤도함수에 1개의 전자가 채워지고, 혼성화되지 않은 $2p$ 궤도함수 내에 1개의 전자가 채워져 있다. 이 $2p$ 궤도함수와 3개의 sp^2 혼성 궤도함수는 서로 수직을 이루고 있다.

sp^2 혼성 궤도함수는 정삼각형의 모서리를 향해 배열됨을 명심하여라. 그림 7-4는 혼성 궤도함수의 평면도와 측면도를 그린 것이다.

2개의 탄소 원자는 서로를 향하고 있는 sp^2 혼성 궤도함수의 머리끼리 겹쳐서 형성되는 *시그마(σ) 결합*과, 비혼성화 $2p$ 궤도함수들이 나란히 겹쳐서 형성되는 *파이(π) 결합*에 의해 연결된다.

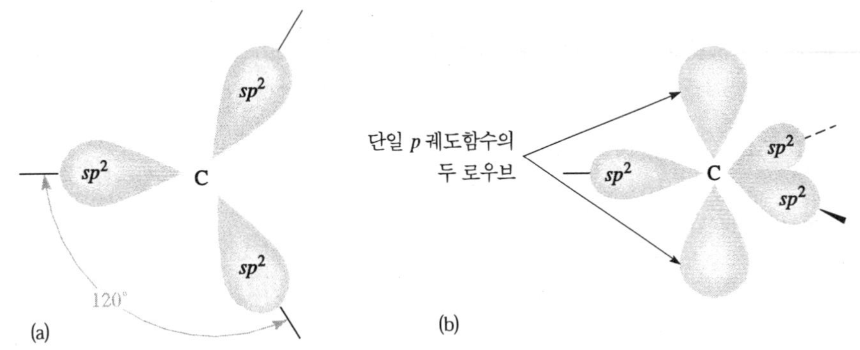

그림 7-4 (a) 3개의 sp^2 혼성 궤도함수를 위에서 본 것(녹색). 나머지 비혼성화 p 궤도함수(이 그림에선 보여지지 않음)는 평면에 수직을 이루고 있다. (b) 삼각평면(sp^2 혼성화된) 구조를 가진 C 원자를 옆에서 본 것. 나머지 p 궤도함수(*황갈색*)를 보여줌. 이 p 궤도함수는 sp^2 혼성 궤도함수의 평면과 수직을 이루고 있다.

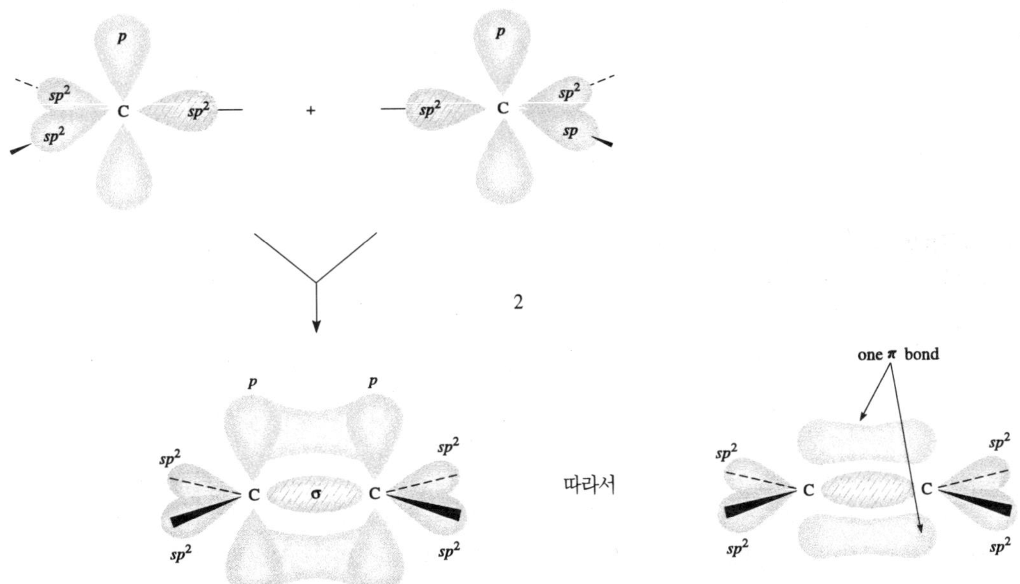

그림 7-5 탄소-탄소 이중 결합 형성의 도식적인 묘사. 2개의 sp^2 혼성화된 탄소 원자는 2개의 sp^2 궤도함수(녹색, 빗금)의 중복에 의한 σ 결합과 일렬로 서 있는 p 궤도함수(황갈색)의 겹침에 의한 π 결합을 형성한다. 실제의 모든 궤도함수들은 여기서 보여지는 것보다 더 불룩하다.

시그마(σ) 결합은 원자 궤도함수의 head-on 겹침의 결과로 만들어진 결합이다. *전자 공유 영역은 결합된 원자 사이를 연결하는 가상선 주위를 따라 원통 형태로 있다.*

모든 단일 결합은 시그마(σ) 결합이다. 많은 종류의 순수한 원자 궤도함수와 혼성화된 궤도함수들이 시그마(σ) 결합을 형성하는데 참여한다.

파이(π) 결합은 원자 궤도함수의 side-on 겹침의 결과로 만들어진 결합이다. *전자 공유 영역은 결합된 원자 사이를 연결하는 가상선의 양 반대쪽에 있으며 이 선과 평행하다.*

파이 결합은 2개의 같은 원자 사이에 시그마 결합이 있을 경우에만 형성할 수 있다. 시그마 결합과 파이 결합은 함께 이중 결합을 형성한다(그림 7-5). 4개 수소 원자의 $1s$ 궤도함수들(각각 1개의 e^-를 가지고 있음)은 탄소 원자들에 남아 있는 4개의 sp^2 궤도함수(각각 1개의 e^-를 가지고 있음)와 겹쳐서 4개의 C—H 시그마 결합을 형성한다(그림 7-6).

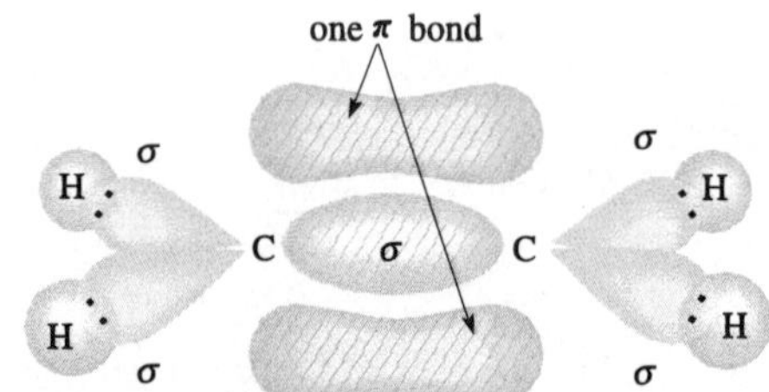

그림 7-6 평면 C_2H_4 분자에서 4개의 C−H σ 결합, 1개의 C−C σ 결합(*녹색, 빗금*), 그리고 1개의 C−C π 결합(*황갈색, 빗금*).

하나의 이중 결합은 σ 결합 1개와 π 결합 1개로 구성되어 있다.

탄소-탄소 이중 결합에서, 탄소들은 sp^2 혼성화로 이루고 이로써 삼각평면의 중심에 자리한다. π 결합을 형성하는 p 궤도함수들이 효과적으로 중복되기 위해서는 서로 평행이어야 한다. 또 하나의 조건으로서, 두 삼각 평면들(1개의 공통 꼭지점을 공유)이 *동일 평면상*에 있어야만 한다는 점이다. 그리하여, 이중 결합된 탄소 원자에 결합된 4개의 원자들이 모두 동일 평면 상에 놓이게 된다(그림 7-6 참조). 대부분의 중요 유기 화합물들은 탄소-탄소 이중 결합을 포함한다.

7-14 삼중 결합 화합물

삼중 결합을 포함한 대표적인 화합물은 아세틸렌(C_2H_2)이다. 이것의 Lewis 식은 다음과 같다.

$$S = N - A = 20 - 10 = \underline{10e^- \text{ 공유}}$$

H∶C⋮⋮C∶H　　H—C≡C—H

VSEPR 이론은 각 탄소 주위의 2개의 전자 고밀도 영역은 서로 180° 떨어져 있다는 것을 말해준다.

삼중 결합된 각 탄소 원자는 2개의 전자 고밀도 영역을 가지고 있어서, VB(원자가 결합) 이론에 의해 각각이 sp 혼성화(7-05절을 보라)되었다고 가정할 수 있다. 혼성화에 참여한 *p 궤도함수*가 p_x 궤도함수라고 하면, 탄소 원자는 각 sp 혼성궤도에 1개의 전자를 채우고, $2p_y$와 $2p_z$ 궤도함수 각각에 1개의 전자를 채운다(결합 이전에). 그림 7-7을 참조하여라.

두 개의 탄소 원자들은 *sp* 혼성궤도들의 head-on 겹침에 의해 하나의 σ 결합을 형성한다. 각 탄소 원자는 1개의 수소 원자와 1개의 σ 결합을 형성한다. 각 탄소 원자의 *sp* 혼성 궤도함수는 180° 분리되어 있어서 전체 분자는 선형이어야 한다.

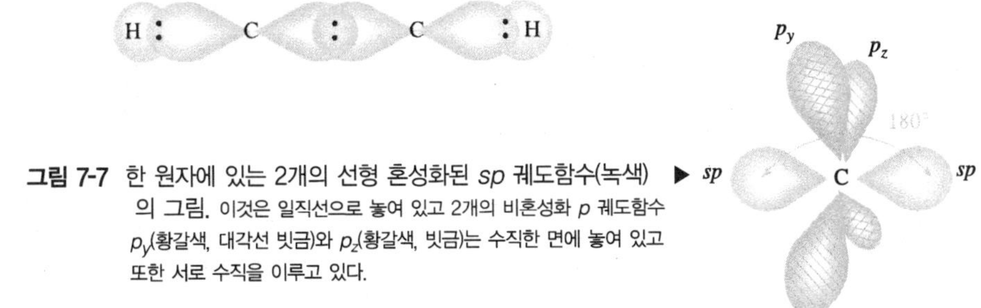

그림 7-7 한 원자에 있는 2개의 선형 혼성화된 *sp* 궤도함수(녹색)의 그림. 이것은 일직선으로 놓여 있고 2개의 비혼성화 *p* 궤도함수 p_y(황갈색, 대각선 빗금)와 p_z(황갈색, 빗금)는 수직한 면에 놓여 있고 또한 서로 수직을 이루고 있다.

비혼성화된 $2p_y$와 $2p_z$ 원자 궤도함수는 서로 수직을 이루고 있으며, 2개의 *sp* 혼성 궤도함수들의 중심을 통과하는 선과도 수직을 이루고 있다(그림 7-8). 두 탄소 원자의 $2p_y$ 궤도함수의 side-on 겹침으로 π 결합을 형성하고, $2p_z$ 궤도함수들의 side-on 겹침은 또 다른 π 결합을 형성한다.

삼중 결합은 한 개의 σ 결합과 두 개의 π 결합으로 구성된다.

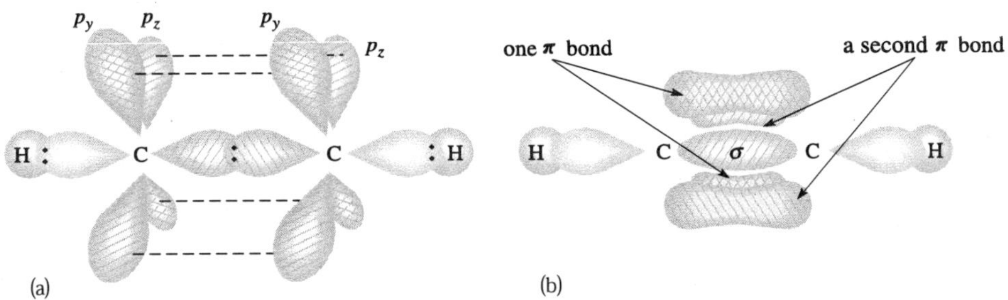

그림 7-8 아세틸렌 분자(acetylene, C_2H_2). (a) 2개의 *sp* 혼성화된 탄소 원자와 2개의 수소 원자 *s* 궤도함수들의 겹침. *sp* 혼성 궤도함수는 녹색으로, 비혼성화 *p* 궤도함수는 황갈색으로 나타내었다. 두 로우브(lobe)를 연결한 점선은 4개의 비혼성화 궤도함수가 side-by-side 중복으로 두 π 결합의 형성을 의미한다. 2개의 C–H σ 결합, 1개의 C–C σ 결합(녹색, 빗금), 2개의 C–C π 결합(빗금, 대각선 빗금)이 있다. 이로서 탄소–탄소 결합은 삼중 결합임을 의미한다. (b) π 결합 궤도함수(황갈색)는 σ 결합(녹색)선 위아래로, 그리고 σ 결합의 앞뒤로 자리해 있다.

삼중 결합을 가진 분자는 질소(N≡N), 시안화수소(H–C≡N), 프로핀(CH_3–C≡C–H)이 있다. 이 경우에도, 삼중 결합에 참여하는 두 원자들은 *sp* 혼성화되어 있다. 삼중 결합에서 각 원자는 하나의 σ 결합과 두 개의 π 결합에 참여한다. 이산화탄소(O=C=O)의 탄소 원자는 두 개의 π 결합(두 개의 산소 원자에게)과 두 개의 σ 결합에도 참여하게 되므로, *sp* 혼성화되어 있고 분자는 선형이다.

7-15 전자와 분자 기하 구조의 요약

우리는 지금까지 다원자 분자와 이온들의 일반적인 형태에 대해 논의하였고, 실험적으로 밝혀진 구

표 7-4 다원자 분자와 이온의 전자 및 분자 기하 구조의 요약

고밀도 전자 영역[a]	전자 기하 구조	중심 원자의 혼성화(각)	혼성 궤도 함수 방향	예	분자 기하 구조
2	선형	sp (180°)	A	$BeCl_2$	선형
				$HgBr_2$	선형
				CdI_2	선형
				CO_2[b]	선형
				C_2H_2[c]	선형
3	삼각평면	sp^2 (120°)	A	BF_3	삼각평면
				BCl_3	삼각평면
				NO_3^-[e]	삼각평면
				SO_2[d,e]	비선형(AB_2U)
				NO_2^-[d,e]	비선형(AB_2U)
				C_2H_4[f]	평면(각 C에서 삼각평면)
4	정사면체	sp^3 (109.5 °)	A	CH_4	정사면체
				CCl_4	정사면체
				NH_4^+	정사면체
				SO_4^{2-}	정사면체
				$CHCl_3$	찌그러진 정사면체
				NH_3[d]	삼각뿔(AB_3U)
				SO_3^{2-}[d]	삼각뿔(AB_3U)
				H_3O^+[d]	삼각뿔(AB_3U)
				H_2O[d]	비선형(AB_2U_2)
5	삼각쌍뿔	sp^3d (90°, 120°, 180°)	A	PF_5	삼각쌍뿔
				$SbCl_5$	삼각쌍뿔
				SF_4[d]	시소(AB_4U)
				ClF_3[d]	T형(AB_3U_2)
				XeF_2[d]	선형(AB_2U_3)
				I_3^-[d]	선형(AB_2U_3)
6	정팔면체	sp^3d^2 (90°, 180°)	A	SF_6	정팔면체
				SeF_6	정팔면체
				PF_6^-	정팔면체
				BrF_5[d]	사각뿔(AB_5U)
				XeF_4[d]	사각평면(AB_4U_2)

[a] *중심 원자 주위 전자 고밀도 영역의 수, 전자 고밀도 영역은 단일 결합, 이중 결합, 삼중 결합 혹은 비공유 쌍이다. 이들이 전자 기하 구조와 중심 원자의 혼성화를 결정한다.*

[b] *2개의 이중 결합을 가짐.*

[c] *1개의 삼중 결합을 가짐.*

[d] *중심 원자는 비공유 전자 쌍(들)을 가짐.*

[e] *공명 구조를 가지는 결합.*

[f] *1개의 이중 결합을 가짐.*

조와 극성들에 대해 합리적인 설명을 하였다. 표 7-4의 요약을 참고하라.

공유 결합에 대한 논의를 통해 두 가지 중요한 점을 알 수 있었다.

1. 분자들과 다원자 이온들은 특정한 형태를 갖는다.
2. 분자들과 다원자 이온의 물리적 특성은 그들의 형태에 의해 크게 영향을 받는다. 중심 원소에 불완전하게 채워진 전자 껍질과 비공유 전자 쌍은 매우 중요한 의미를 갖는다.

주·요·용·어

굽은형(Angular) 중심 원자에 두 개의 원자들이 결합되어 있고 중심 원자는 하나 혹은 그 이상의 비공유 쌍들을 가지고 있는 분자(AB_2U 혹은 AB_2U_2)의 기하 구조를 설명할 때 사용하는 용어. 또한 *V-모양* 또는 *bent*라고 부른다.

Lewis 식 원자들과 원자가 전자들을 가지고 분자 및 화학식을 나타내는 방법; 모양을 보여주지는 못함.

분자 기하 구조(Molecular geometry) 분자 또는 다원자 이온의 중심 원자 주변에 위치한 원자들의 배열(비공유 전자 쌍이 아님).

사각뿔형(Square pyramidal) 중심 원자에 5개의 원자가 결합되어 있고, 중심 원자 위에 하나의 비공유쌍(AB_5U)을 가진 분자 또는 다원자 이온의 분자 기하학적 구조를 일컫는 용어.

사각평면(평면사각형)(Square planar) 중심에 하나의 원자와 정사각형의 꼭지점에 4개의 원자들을 가진 분자와 다원자 이온을 일컫는 용어.

삼각뿔형(Trigonal pyramidal) 중심 원자에 결합된 3개의 원자와 중심 원자에 하나의 비공유 쌍을 가진 분자 또는 다원자 이온의 분자(AB_3U) 기하학적 구조를 일컫는 용어.

삼각쌍뿔형(Trigonal bipyramidal) 5개의 전자 고밀도 영역을 가진 중심 원자 주위의 전자 기하학적 구조를 일컫는 용어. 또한 삼각쌍뿔(AB_5)의 꼭지점에 있는 다섯 개의 원자와 중심에 있는 하나의 원자가 결합한 분자 또는 다원자 이온의 분자 기하학적 구조를 일컫는 용어.

삼각평면(평면삼각형)(Trigonal planar) 3개의 전자 고밀도 영역을 가진 중심 원자 주위의 전자 기하학적 구조를 일컫는 용어. 또한 정삼각형의 꼭지점에 위치한 원자와 중심에 있는 하나의 원자가 결합한 분자 또는 다원자 이온의 분자 기하학적 구조를 일컫는 용어.

선형(Linear) 두 개의 전자 고밀도 영역들을 가진 중심 원자 주위의 전자 기하학적 구조를 일컫는 용어. 또한 중심 원자(AB_2 또는 AB_2U_3)의 반대 방향(180°)에 두 개의 원자들과 결합한 구조를 가진 분자 또는 다원자 이온의 분자 기하학적 구조를 일컬을 때도 사용됨.

시그마(σ) 결합(Sigma bond) 전자 공유 영역이 결합된 원자들을 연결한 가상선을 따라 대칭적으로 위치하며(원통형으로), 원자 궤도함수들의 head-on 겹침으로 나타남.

원자가 결합(VB) 이론(Valence bond theory) 공유 결합은 원자들 간 원자 궤도함수들이 겹쳐서 전자를 공유함으로써 형성된다는 이론.

원자가 껍질(Valence shell) 원자의 가장 외곽에 채워진 전자 껍질.

원자가 껍질 전자 쌍 반발(VSEPR) 이론(Valence shell electron pair repulsion theory) 전자 고밀도 영역들이 최대로 분리(그리고 최소의 반발)될 수 있도록 원자가 전자 쌍들이 분자들 또는 다원자 이온의 중심 원소 주위에 배열된다는 이론.

전자 기하 구조(Electronic geometry) 분자나 다원자 이온의 중심 원자 주위에 공유와 비공유 전자 쌍들을 포함하고 있는 궤도함수의 기하학적 배열.

정사면체형(Tetrahedral) 4개의 전자 고밀도 영역들을 가진 중심 원자 주위의 전자 기하학적 구조를 일컫는 용어. 또한 사면체의 꼭지점에 있는 4개의 원자와 중심에 있는 하나의 원자가 결합한 분자 또는 다원자 이온의 분자 기하학적 구조를 일컫는 용어.

정팔면체형(Octahedral) 여섯 개의 전자 고밀도 영역을 가진 중심 원자 주위의 전자 기하학적 구조를 일컫는 용어. 또한 팔면체(AB_6)의 각 꼭지점에 있는 여섯 개의 원자들에 결합한 구조를 가진 분자 또는 다원자 이온의 분자 기하학적 구조를 일컬을 때도 사용됨.

파이(π) 결합(Pi bond) 전자 공유 영역이 결합된 원자들을 연결한 가상선의 양반대쪽에 평행하게 놓여 있으며, 원자 궤도함수의 side-on 겹침으로 나타냄.

혼성 궤도함수(Hybrid orbital) 혼성화의 과정에 의해서 형성되는 원자의 궤도함수.

혼성화(Hybridization) 동일한 전자 용량과 초기의 비혼성화 궤도함수들의 물성과 에너지를 그대로 가진 새로운 혼성 궤도함수를 형성하기 위해 원자 궤도함수들을 혼합.

연·습·문·제

VSEPR 이론: 일반적 개념

1. (a) "고립 전자 쌍"과 "결합 전자 쌍"을 구분하여라. (b) 어떤 것이 더 많은 공간을 차지하는가? 이것을 어떻게 알 수 있는가? (c) 고립 전자 쌍들과 결합 전자 쌍들 사이의 반발력의 크기를 예측하여라.
2. 3원자종이 가질 수 있는 형태 두 개는 무엇인가? 두 형태의 전자 기하 구조는 어떻게 다른가?
3. 분자 AB_3U_2에서, 중심 원자 A주변의 3개 B 원자들이 배열할 수 있는 세 종류를 그려라. 이 구조들 중에서 무엇이 분자 기하학적 구조를 정확히 묘사하는가? 이유는? 예상되는 이상적인 결합각은 무엇인가? 실제의 결합각이 예상값과 다른 이유는?

원자가 결합 이론: 일반적 개념

4. 혼성화된 원자 궤도함수는 무엇인가? 혼성 궤도함수 이론은 왜 유용한가?
5. 다음의 원자 궤도함수의 겹침을 그림으로 그려라.
   (a) s와 s ;
   (b) 결합 축을 따라 s와 p ;
   (c) 결합 축을 따라 p와 p(head-on);
   (d) 결합 축에 수직인 p와 p(side-on).

6. (a) *sp*; (b) sp^2; (c) sp^3; (d) sp^3d; (e) sp^3d^2. 혼성화된 원자 주위의 궤도함수를 그려라. 다중 결합에서 참여할 수 있는 비혼성 *p* 궤도함수를 그림에서 보여라.

7. 다음 전자 기하학적 구조와 연관지어 생각할 수 있는 혼성화는 무엇인가?
삼각평면, 선형, 정사면체, 팔면체, 삼각쌍뿔.

8. 다음 일반식을 가진 분자에 대해 예측할 수 있는 혼성화의 종류는 무엇인가?
(a) AB_4; (b) AB_2U_3; (c) AB_3U;
(d) ABU_4; (e) ABU_3.

전자 및 분자 기하 구조

9. 다음 종의 Lewis 식을 써라. 전자 고밀도 영역의 수와 전자 및 분자(혹은 이온) 기하 구조를 밝혀라. (a) BF_3; (b) SO_2; (c) IO_3^-; (d) $SiCl_4$; (e) SeF_6.

10. IIA족의 원소들은 Cl–Be–Cl과 같은 선형 비극성 화합물을 형성한다. 중심 원자의 혼성화는 무엇인가?

11. IIIA족의 원소들은 $AlCl_3$ 같은 평면형 비극성 화합물을 형성한다. 중심 원자의 혼성화는 무엇인가?

12. Lewis 식과 3차원 형태를 그리고, 다음 다원자 이온의 전자 및 이온 기하학적 구조를 명명하여라. (a) H_3O^+; (b) PCl_6^-; (c) PCl_4^-; (d) $SbCl_4^+$.

13. Interhalogen 이온들의 수는 알려져 있다. 다음 이온들에 대한 Lewis 식과 3차원 구조를 써라. 각각의 전자 및 분자 기하학적 구조를 명명하여라.
(a) IF_4^+; (b) ICl_4^-;
(c) BrF_4^-; (d) ClF_3^{2-}.

14. (a) 다음 분자들의 Lewis 식을 써라: BF_3; NF_3; ClF_3.
(b) 세 분자들의 분자 기하학적 구조를 대조하여라. VSEPR 이론의 관점에서 차이를 설명하여라.

15. (a)다음 분자들의 Lewis 식을 써라: SiF_4; SF_4; XeF_4.
(b) 세 분자들의 분자 기하학적 구조를 대조하여라. VSEPR 이론의 관점에서 차이를 설명하여라.

16. 다음의 Lewis 식을 쓰고 모양을 예측하여라.
(a) I_3^-; (b) $TeCl_4$; (c) XeO_3; (d) NOBr(N이 중심 원자); (e) NO_2Cl(N이 중심 원자); (f) $SOCl_2$(S가 중심 원자).

17. 다음 중 극성 분자를 선택하여라? 이유는?
(a) CH_4; (b) CH_3Br; (c) CH_2Br_2;
(d) $CHBr_3$; (e) CBr_4.

18. 다음 중 비극성 분자를 선택하여라? 당신의 답을 합리화시켜 보아라.
(a) SO_3; (b) IF; (c) Cl_2O;
(d) NF_3; (e) $CHCl_3$.

19. PF_2Cl_3는 비극성이란 정보를 바탕으로 3차원 모양을 그려보아라.

20. PCl_3의 P–Cl 결합은 극성 결합인가? PCl_3는 극성 분자인가? 설명하여라.

21. PCl_5에서 P–Cl 결합은 극성 결합인가? PCl_5는 극성 분자인가? 설명하여라.

22. 다음의 Lewis 식을 써라. 어떤 결합이 극성인지 지적하여라(표 5-3 참조). 어떤 분자가 극성인지 지적하여라. (a) OF_2; (b) CH_4; (c) H_2SO_4; (d) SnF_4.

원자가 결합 이론

23. 다음에서 중심 원자의 혼성화를 밝혀라.
(a) NCl_3; (b) 분자 $AlCl_3$; (c) CF_4;
(d) SF_6; (e) IO_4^-.

24. 다음에서 중심 원자의 혼성화를 밝혀라.
(a) IF_4^-; (b) SiO_4^{4-}; (c) AlH_4^-;
(d) NH_4^+; (e) PCl_3; (f) ClO_3^-.

25. $\underline{C}_2F_6$, $\underline{C}_2F_2$, $\underline{N}_2F_4$, $(H_2\underline{N})_2\underline{C}O$에서 밑줄 친 원자의 혼성화를 설명하여라.

26. 다음 분자에서 각 탄소 원자의 혼성화를 예측하여라.

(a) 아세톤(일반 용매)

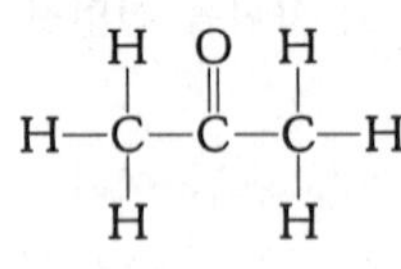
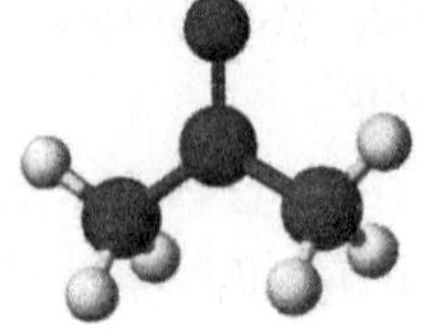

(b) 글리신(아미노산)

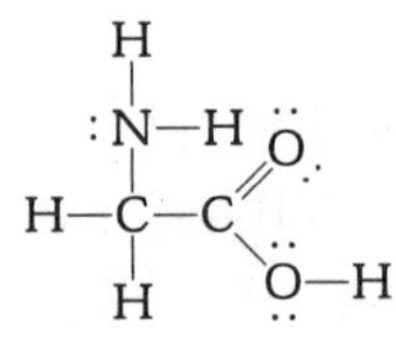
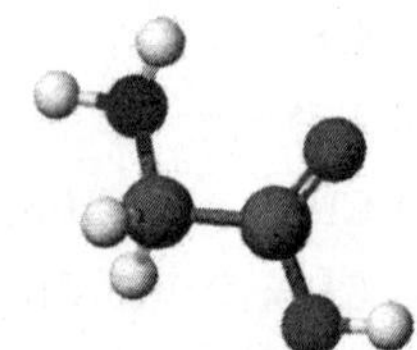

(c) 니트로벤젠

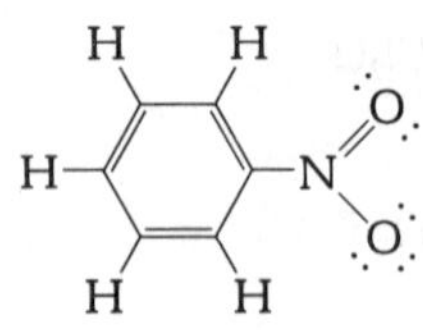
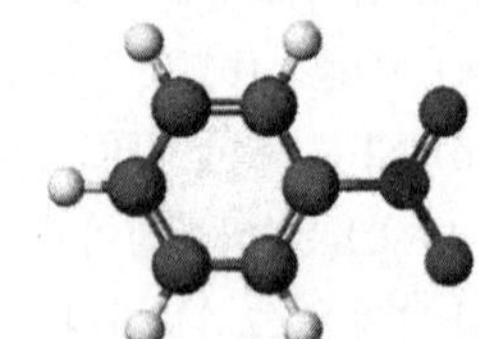

(d) 클로로프렌(합성고무, neoprene 제조용)

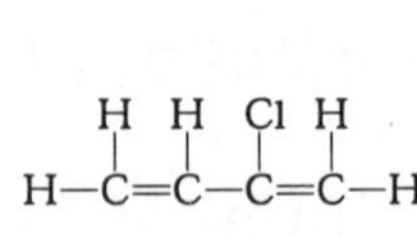
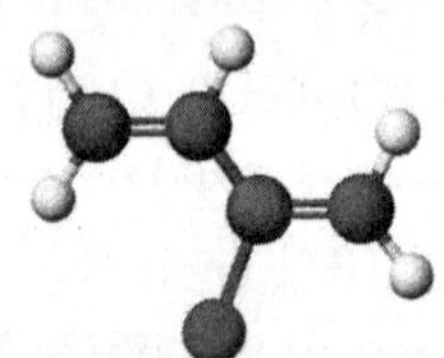

(e) 4-penten-1-yne

$H_2C=CH-CH_2-C\equiv C-H$

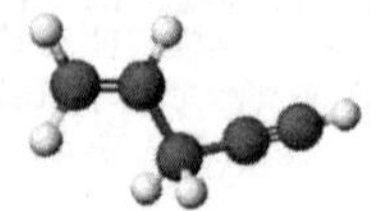

27. 다음 분자는 몇 개의 σ 결합과 π 결합을 가지는가?

(a) $H_3C-CH=CH-CH_3$

(b) $HClC=C=CHCl$

(c) $H_3C-C(=O)-O-CH_3$

(d) $H_2C=CH-C\equiv C-H$

28. (a) 다음 화합물에서 N의 혼성화를 밝혀라.

(1) NH_3; (2) NH_4^+; (3) $H\ddot{N}=\ddot{N}H$; (4) $HC\equiv N:$; (5) $H_2\ddot{N}-\ddot{N}H_2$.

(b) 다중 결합에 사용된 비공유 쌍과 궤도함수의 위치를 구체적으로 언급하고 각 화합물의 궤도함수를 설명하여라.

29. (a) 다음 분자에서 각 탄소의 혼성화는 무엇인가?

(1) $H_2C=O$; (2) $HC\equiv N$;

(3) $CH_3CH_2CH_3$;

(4) ketene, $H_2C=C=O$.

(b) 각 분자들의 모양을 설명하여라.

30. 다음 Xenon 플루오르화물들의 특성은 잘 알려져 있다: XeF_2, XeF_4, XeF_6.

(a) Lewis 식을 쓰고, Xe 원자 궤도함수의 혼성화 유형은 무엇인가?.

(b) XeF_2의 가능한 모든 원자 배열을 그리고, 분자 기하 구조를 선택하고 설명하여라.

(c) XeF_4의 모양을 예측하여라.

응용 문제

31. 사각평면 분자 $PtCl_2Br_2$는 2개의 Lewis 구조로 쓸 수 있다.

Pt (Br, Cl / Br, Cl) 그리고 Pt (Br, Cl / Cl, Br)

두 구조에 있어서, 쌍극자 모멘트의 차이는 어떻게 구분할 수 있는가?

32. (a) NO_2^+와 NO_2^-에서 N의 혼성화를 설명하여라.

(b) 각 경우에서 결합각을 예측하여라.

33. 다음 반응에서 왼쪽의 반응물 중심 원자에서 일어나는 혼성화의 변화를 서술하여라.

(a) $PF_5 + F^- \rightarrow PF_6^-$

(b) $2CO + O_2 \rightarrow 2CO_2$

(c) $AlI_3 + I^- \rightarrow AlI_4^-$

(d) 다음 반응에서 일어나는 혼성화의 변화는 무엇인가?

$:NH_3 + BF_3 \rightarrow H_3N : BF_3$

34. 다음은 오존(O_3)의 여러 가지 Lewis 식을 제시하고 있다.

(i) $:\ddot{O}-\ddot{O}=\ddot{O} \longleftrightarrow \ddot{O}=\ddot{O}-\ddot{O}:$

(ii) 고리형 $:O:$ / $:O-O:$ (삼각형 구조)

(iii) $:\ddot{O}-\ddot{O}-\ddot{O}:$

(a) 극성 분자는 어떤 것인가?

(b) 어떤 것이 동일한 길이와 강도를 가진 공유 결합을 하고 있는가?

(c) 반자성 분자는 어떤 것인가?

(d) 위 (a), (b), (c) 물성은 오존이 실제로 나타낸다. 어떤 것이 3개 물성 모두를 설명하는가?

(e) 어떤 것이 상당한 "strain"을 가지는가? 설명하여라.

개념 문제

35. $CH_3CH_2CH_3$와 CH_3COCH_3의 3차원 형태에서의 차이를 설명하고 그려보아라.

36. (a) CO_2^{2-}의 2개의 Lewis 식을 써라. 두 식은 공명 구조인가?

지식 확립

37. 다음 분자들을 3차원적으로 그려라. 그리고 각 분자에 대해 유효 쌍극자의 방향을 표시하여라.

(a) CH_4;　(b) CH_3Cl;

(c) CH_2Cl_2;　(d) $CHCl_3$;

(e) CCl_4.

38. 다음 식에서 각 다원자 종의 Lewis 식을 쓰고, 전자 기하 구조 및 분자 기하 구조를 밝혀라.

(a) $H^+ + H_2O \rightarrow H_3O^+$

(b) $NH_3 + H^+ \rightarrow NH_4^+$

제 8 장

수용액에서의 반응

[개 요]

수용액에서의 반응: 산, 염기 및 염

8-01 아르헤니우스 이론

8-02 히드로늄 이온

8-03 브론스테드-로리 이론

8-04 물의 자동 이온화

8-05 양쪽성

8-06 산의 세기

8-07 수용액에서 산-염기 반응

8-08 산성 염과 염기성 염

8-09 루이스 이론

수용액에서 산-염기 반응: 계산

8-10 몰 농도와 관련된 계산

8-11 적정

8-12 당량 질량과 노르말 농도

산화-환원 반응

8-13 반쪽 반응법

8-14 H^+, OH^- 또는 H_2O를 첨가하여 산소와 수소의 계수 맞추기

[학습 목표]

이 장의 학습 목표는 다음과 같다.

- 산과 염기의 아르헤니우스 이론을 이해
- 수화된 수소 이온을 이해
- 산과 염기의 브론스테드-로리 이론을 이해
- 수용액에서 산의 성질을 이해
- 수용액에서 염기의 성질을 이해
- 2성분(binary) 산에서 산의 세기 증가 순서를 이해
- 3성분(ternary) 산에서 산의 세기 증가 순서를 이해
- 산과 염기의 루이스 이론을 이해
- 산-염기 반응에 대한 균형 방정식을 완성
- 산성 염과 염기성 염을 정의
- 양쪽성을 이해
- 산을 제조하는 방법을 이해
- 몰 농도를 계산
- 산-염기 반응에서 화학량적 계산
- 적정과 표준화를 이해
- 산-염기 반응에서 몰 법과 몰 농도를 사용
- 산과 염기 용액의 당량과 노르말 농도와 관련된 계산
- 산화 환원 방정식의 계수 맞추기
- 산화 환원 반응과 관련된 계산

많은 종류의 음식물을 포함하여 일부 가정 용품은 약산, 약염기 및 염이다

〉〉〉〉 수용액에서의 반응: 산, 염기 및 염

산, 염기 및 염은 자연에 많이 존재하며 다양한 목적으로 널리 사용된다. 예를 들어, 우리 몸의 "소화액"에는 1리터에 대략 0.10몰의 염산이 들어 있다. 사람의 혈액과 세포의 수용액 성분은 대부분 약한 산성을 띤다. 자동차 배터리의 용액은 질량으로 약 40%가 H_2SO_4이다. 빵 굽는 소다는 탄산염이다. 염기의 하나인 수산화나트륨은 비누, 종이 그리고 많은 화학 물질의 제조에 사용된다. 염화나트륨은 음식의 맛을 내고 음식의 방부제로도 사용된다. 염화칼슘은 도로의 얼음을 녹이고 심장마비를 일으킬 때 응급 치료에 사용된다. 몇 가지 암모늄염은 비료로 사용된다.

많은 유기산(카르복실산)과 그 유도체는 자연에 존재한다. 아세트산은 식초의 주성분이다. 개미에 물렸을 때 쏘는 듯한 느낌은 포름산 때문이다. 아미노산은 단백질을 만드는 단위체로 인간을 포함한 동물의 몸에 아주 중요한 물질이다. 아미노산은 암모니아에서 유래된 염기성 작용기를 가진 카르복실산이다. 잘 익은 과일에서 나는 향긋한 냄새와 향기는 설 익은 과일에 있는 카르복실산에서 생긴 에스테르가 많은 양으로 존재하기 때문이다.

8-01 아르헤니우스 이론

1884년에 아르헤니우스(Svante Arrhenius, 1859~1927)는 산-염기 반응에서 전해질의 해리에 관한 Arrhenius 이론을 소개하였다.

> 산(acid)은 수소를 가지고 있으며, 수용액에서 H^+를 내는 물질이다. **염기**(base)는 OH를 가지며, 수용액에서 수산화 이온 OH^-를 내는 물질이다.

중화(Neutralization)는 H^+ 이온과 OH^- 이온이 결합하여 H_2O 분자가 생기는 것으로 정의된다.

$$H^+(aq) + OH^-(aq) \longrightarrow H_2O(\ell) \qquad \text{(중화)}$$

8-02 히드로늄 이온(수화된 수소 이온)

아르헤니우스는 물 속의 H^+이온을 단독 이온(양성자)으로 표현하였지만, 양성자 이온은 수용액에서 $H^+(H_2O)_n$(단, 여기서 n은 작은 값의 정수)으로 수화되어 존재하는 것으로 알려져 있다. 이것은 H^+ 이온, 또는 양성자와 물 분자의 산소 끝 부분($\delta-$)에 작용하는 인력 때문이다. 비록 대부분의 용액에서 H^+의 수화 정도를 알 수는 없지만, 일반적으로 수화된 수소 이온을 **히드로늄 이온**(hydronium ion), H_3O^+ 또는 $n=1$인 $H^+(H_2O)_n$로 나타낸다.

> 수화된 수소 이온은 산의 수용액에서 산성의 특징을 나타내는 화학종이다.

$H^+(aq)$ 또는 H_3O^+로 나타내어도, 이것은 항상 수화된 수소 이온을 의미한다.

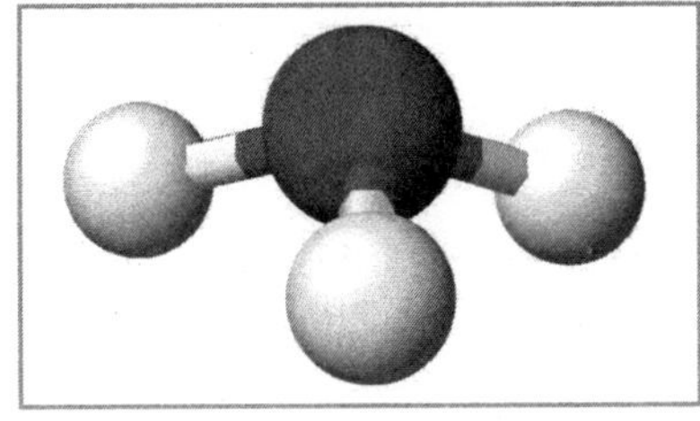

$$H^+ + :\ddot{O}-H \longrightarrow H-\ddot{O}-H^+$$
(각 O 아래에 H 결합)

◀ 히드로늄 이온, H_3O^+

8-03 브론스테드-로리 이론

1923년에 브론스테드(J.N.Brønsted, 1879~1947)와 로리(T.M.Lowry, 1874~1936)는 각자 독자적으로 아르헤니우스 이론을 확장하여 소개하였다. Brønsted의 공헌이 Lowry의 공헌에 비해 크게 기여했으므로 그 결과를 **Brønsted 이론** 또는 **Brønsted-Lowry 이론**이라 부른다.

> 산은 *양성자 주게*(H^+)로 정의되고, **염기는** *양성자 받게*로 정의된다.

이에 따르면 양성자 H^+를 낼 수 있는 수소를 가진 분자나 이온은 산이며, 양성자를 받을 수 있는 분자나 이온은 염기라는 정의로 확대된다(산과 염기의 아르헤니우스 이론에서는 OH^-기를 가진 물질만이 염기이다).

> 산-염기 반응은 양성자가 산에서 염기로 이동하는 것이다.

예를 들어 *강산*인 염산 HCl이 물에서 완전히 이온화하는 반응은 물이 염기나 양성자 받게로 작용하는 산-염기 반응이다.

단계 1 :	$HCl(aq)$	$\longrightarrow H^+(aq) + Cl^-(aq)$	(Arrhenius 정의)
단계 2 :	$H_2O(\ell) + H^+(aq)$	$\longrightarrow H_3O^+$	
전 체 :	$H_2O(\ell) + HCl(aq)$	$\longrightarrow H_3O^+ + Cl^-(aq)$	(BrØnsted-Lowry 정의)

H^+ 이동

$$H-\ddot{O}: + (H):\ddot{Cl}: \longrightarrow H-\ddot{O}:^+ + :\ddot{Cl}:^-$$

염기$_1$ 산$_2$ 산$_1$ 염기$_2$

약산인 플루오르화수소의 이온화는 이와 유사하지만, 이온화가 조금만 일어나기 때문에 가역적임을 나타내는 이중 화살표를 사용한다.

$$H_2O(\ell) + HF(aq) \rightleftharpoons H_3O^+ + F^-(aq)$$

염기$_1$ 산$_2$ 산$_1$ 염기$_2$

H^+ 이동 H^+ 이동

$$H-\ddot{O}:(H) + (H):\ddot{F}: \rightleftharpoons H-\overset{+}{\ddot{O}}(H):(H) + :\ddot{F}:^-$$

짝산-짝염기(conjugate acid-base pairs)의 개념으로 Brønsted-Lowry의 산-염기 반응을 설명할 수 있다. 여기에는 하나의 양성자에 의해 생기는 다른 두 화학종이 존재한다.

앞의 방정식에서 HF(산$_2$)와 F^-(염기$_2$)는 하나의 짝산-짝염기이고, H_2O(염기$_1$)와 H_3O^+(산$_1$)는 또 다른 한 쌍이 된다. 각 짝 쌍의 구성원은 같은 수의 아래첨자로 표시된다. 정반응에서 HF와 H_2O는 산과 염기로 각각 작용한다.

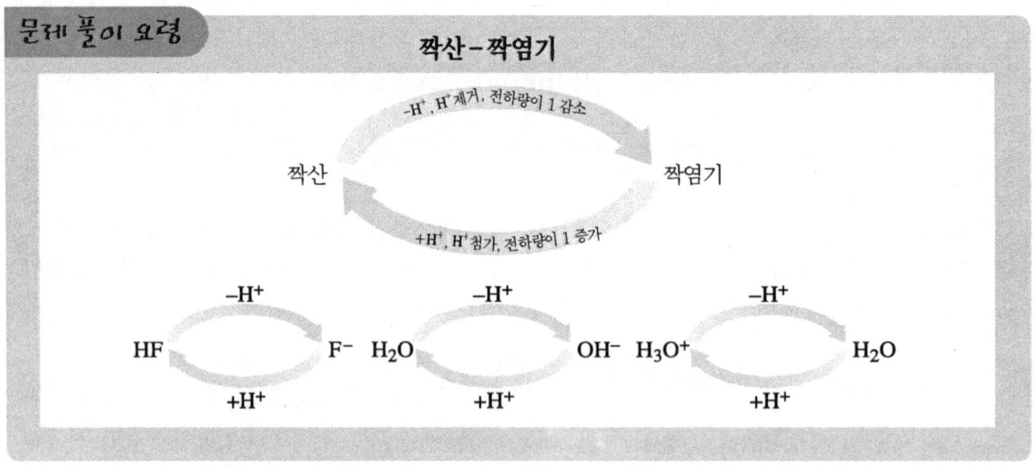

역반응에서 H_3O^+는 산이나 양성자 주게로 작용하고, F^-는 염기나 양성자 받게로 작용한다. *약산*인 HF는 물에 녹을 때 두 염기인 F^-나 H_2O 중의 하나가 받을 수 있는 약간의 H^+이온을 제공한다. HF의 이온화가 아주 적다는 사실은 F^-가 H_2O보다 강염기임을 의미한다. *강산*인 HCl은 물에 녹을 때, 두 염기인 Cl^-나 H_2O 중 하나가 받을 수 있는 H^+이온을 생성한다. HCl이 묽은 수용액에서 완전히 이온화한다는 것은 Cl^-가 H_2O보다 약한 염기라는 것을 의미한다. 따라서 보다 약한 산인 HF는 보다 강한 짝염기(F^-)를 가진다. HCl과 같이 보다 강한 산일수록 보다 약한 짝염기(Cl^-)를 가진다. 이것을 일반화하면 다음과 같다.

산의 세기가 강할수록 산의 짝염기는 약염기이다; 산의 세기가 약할수록 산의 짝염기는 강염기이다.

암모니아는 약한 Brønsted-Lowry의 염기로 작용하고, 물은 암모니아수의 이온화 반응에서 산으로 작용한다.

$$NH_3(aq) + H_2O(\ell) \rightleftharpoons NH_4^+(aq) + OH^-(aq)$$

염기$_1$ 산$_2$ 산$_1$ 염기$_2$

$$H{-}\ddot{N}H_2 + H{:}\ddot{O}{-}H \rightleftharpoons [H{-}NH_2{-}H]^+ + {:}\ddot{O}{-}H^-$$

H⁺이동

역반응에서 알 수 있듯이, 암모늄 이온 NH_4^+은 NH_3의 짝산이다. 수산화 이온 OH^-은 물의 짝염기이다. 3차원적인 분자 구조는 다음과 같다.

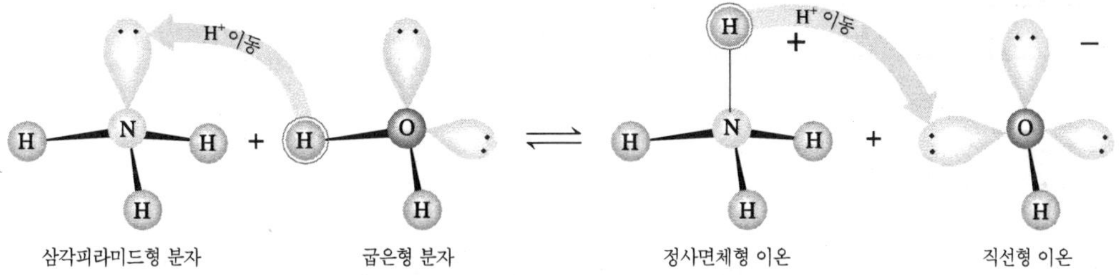

NH_3와 물의 반응에서 물은 산(H^+ 주게)으로 작용하지만, HCl이나 HF와 물의 반응에서는 물은 염기로 작용한다.

> 어떤 화학종이 존재하느냐에 따라 물은 산으로 작용할 수도 있고 염기로 작용할 수도 있다.

8-04 물의 자동 이온화

비록 아주 적은 양이지만 순수한 물은 이온화하여 수화된 수소 이온과 같은 양의 수산화 이온을 생성한다.

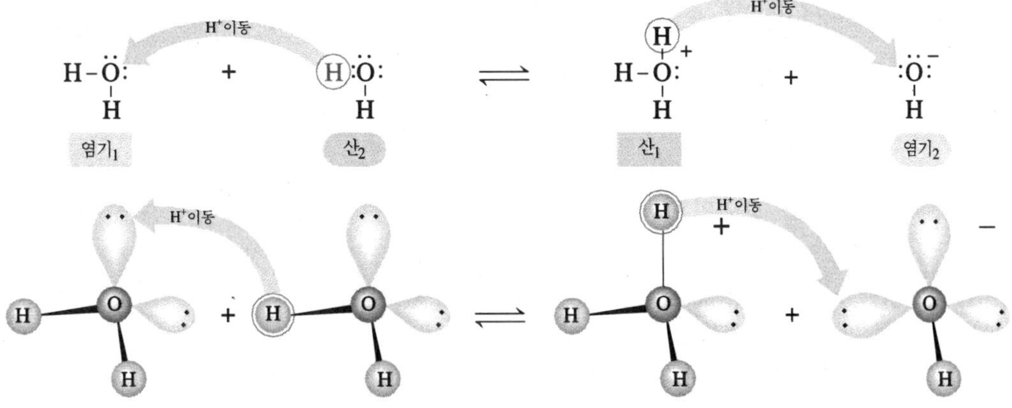

간단하게 이 반응을 나타내면 다음과 같다.

$$H_2O(\ell) \rightleftharpoons H^+(aq) + OH^-(aq)$$

Brønsted-Lowry 이론에 따르면 이러한 **자동 이온화**[autoionization, 자체 이온화(self-ionization)]도 산-염기 반응에 속한다. 하나의 H_2O 분자(산)는 다른 H_2O(염기) 분자에게 양성자를 준다. 양성자를 주는 H_2O 분자는 물의 짝염기인 OH^- 이온이 된다. 양성자를 받는 H_2O 분자는 H_3O^+ 이온이 된다. 역반응(오른쪽에서 왼쪽으로)을 살펴보면 H_3O^+(산)는 OH^-(염기)에게 양성자를 주고 두 개의 H_2O 분자가 되는 것을 볼 수 있다. 물의 자동 이온화에서 하나의 H_2O 분자는 산으로 작용하고, 나머지 하나는 염기로 작용한다. 물을 **양쪽성 양성자성**(amphiprotic)을 갖는다고 말할 수 있다. 즉, 이는 H_2O 분자가 양성자를 줄 수도 있고, 받을 수도 있다는 것을 의미한다.

8-05 양쪽성

앞에서 물의 양쪽성 양성자성 성질에 대하여 설명하였다. **양쪽성**(amphoterism)은 산과 염기로 작용할 수 있는 어떤 물질의 능력을 기술하는 일반적인 용어이다. *양쪽성 양성자성 거동*이란 어떤 물질이 양성자 H^+를 주거나 받아서 양쪽성을 나타내는 경우를 의미한다. 몇 가지 *불용성인* 금속의 수산화물은 양쪽성이다. 즉, 그들은 산과 반응하여 염과 물을 생성하고 또한 과량의 강염기에 녹아 반응한다.

수산화알루미늄은 전형적인 양쪽성 금속의 수산화물이다. 이 물질은 질산과 반응할 때는 염기로 작용하여 *정염*(normal salts)을 생성한다. 이 반응에 대한 균형 화학식 단위 방정식, 전체 이온 반응식, 그리고 알짜 이온 반응식은 다음과 같다.

$$Al(OH)_3(s) + 3HNO_3(aq) \longrightarrow Al(NO_3)_3(aq) + 3H_2O(\ell)$$

$$Al(OH)_3(s) + 3[H^+(aq) + NO_3^-(aq)] \longrightarrow [Al^{3+}(aq) + 3NO_3^-(aq)] + 3H_2O(\ell)$$

$$Al(OH)_3(s) + 3H^+(aq) \longrightarrow Al^{3+}(aq) + 3H_2O(\ell)$$

고체 수산화알루미늄을 NaOH와 같은 강염기가 과량으로 존재하는 용액에 첨가하면, $Al(OH)_3$은 산으로 작용한다. 이 반응에 대한 방정식은 다음과 같다.

$$\underset{\text{산}}{Al(OH)_3(s)} + \underset{\text{염기}}{NaOH(aq)} \longrightarrow \underset{\text{가용성 화합물, 수산화알루미나}}{NaAl(OH)_4(aq)}$$

전체 이온 반응식과 알짜 이온 반응식은 다음과 같다.

$$Al(OH)_3(s) + [Na^+(aq) + OH^-(aq)] \longrightarrow [Na^+(aq) + Al(OH)_4^-(aq)]$$

$$Al(OH)_3(s) + OH^-(aq) \longrightarrow Al(OH)_4^-(aq)$$

다른 양쪽성 금속의 수산화물도 유사한 반응으로 진행된다.

표 8-1에 일반적인 양쪽성 수산화물을 나타내었다. 이 화합물은 주기율표에서 금속과 비금속을 나누는 선을 따라 위치하는 3가지 준금속, As, Sb, Si의 수산화물에 해당된다.

표 8-1 **양쪽성 수산화물**

금속이나 준금속 이온	가용성 양성자성 수산화물	과량의 강염기 용액에서 형성된 착이온
Be^{2+}	$Be(OH)_2$	$[Be(OH)_4]^{2-}$
Al^{3+}	$Al(OH)_3$	$[Al(OH)_4]^{-}$
Cr^{3+}	$Cr(OH)_3$	$[Cr(OH)_4]^{-}$
Zn^{2+}	$Zn(OH)_2$	$[Zn(OH)_4]^{2-}$
Sn^{2+}	$Sn(OH)_2$	$[Sn(OH)_3]^{-}$
Sn^{4+}	$Sn(OH)_4$	$[Sn(OH)_6]^{2-}$
Pb^{2+}	$Pb(OH)_2$	$[Pb(OH)_4]^{2-}$
As^{3+}	$As(OH)_3$	$[As(OH)_4]^{-}$
Sb^{3+}	$Sb(OH)_3$	$[Sb(OH)_4]^{-}$
Si^{4+}	$Si(OH)_4$	SiO_4^{4-} 그리고 SiO_3^{2-}
Co^{2+}	$Co(OH)_2$	$[Co(OH)_4]^{2-}$
Cu^{2+}	$Cu(OH)_2$	$[Cu(OH)_4]^{2-}$

8-06 산의 세기

2성분 산

2성분 양성자 산(binary protonic acids)의 이온화 정도는 다음의 두 가지에 의존한다. (1) 얼마나 쉽게 H−X 결합이 깨어지는가? 그리고 (2) 결과로 생긴 이온이 용액에서 얼마나 안정한가? VIIA족 할로겐화수소산의 상대적 세기를 생각해보자. 플루오르화수소산은 묽은 수용액에서 조금 이온화한다.

$$HF(aq) + H_2O(\ell) \rightleftharpoons H_3O^+(aq) + F^-(aq)$$

그러나 H−X의 결합이 매우 약하기 때문에, HCl, HBr 및 HI는 묽은 수용액에서 완전히 또는 거의 완전히 이온화한다.

$$HX(aq) + H_2O(\ell) \longrightarrow H_3O^+(aq) + X^-(aq) \qquad X = Cl, Br, I$$

할로겐화수소에 대한 *결합의 세기*는 다음과 같다.

$$\text{(가장 강한 결합)} \quad HF \gg HCl > HBr > HI \quad \text{(가장 약한 결합)}$$

HF가 왜 다른 할로겐화수소보다 훨씬 약한 산인가를 이해하기 위하여 다음의 요인을 생각해보자.

1. HF에서 전기 음성도의 차이는 1.9이며 이와 비교하여 HCl은 0.9, HBr은 0.7 그리고 HI은 0.4이다. 우리는 극성이 매우 큰 HF의 H−F 결합이 쉽게 이온화할 것이라 예상할 수 있다. 그러나

HF가 이들 산 중에서 가장 약산이라는 사실은 이 효과가 덜 중요하다는 것을 말해준다.

2. 결합의 세기는 다른 세 분자에 비해 HF가 가장 크다. 이것은 H－Cl, H－Br 및 H－I 결합보다 H－F 결합이 깨어지기가 어렵다는 것을 의미한다.
3. HF가 이온화하여 생긴 작고 높은 전하를 가진 F^- 이온은 물 분자의 질서도를 증가시키는 원인이 된다. 이것은 이온화 과정에 불리하다.

결국 모든 요인을 종합할 때 HF가 다른 할로겐화수소산: HCl, HBr, HI들보다 매우 약한 산이다.

묽은 수용액에서 염화수소산, 브롬화수소산, 요오드화수소산은 완전히 이온화하고, 외관상 모두 같은 세기의 산성을 보여준다. 물은 충분히 강한 염기이기 때문에 HCl, HBr, 그리고 HI의 산의 세기를 구별할 수 없으므로 물은 이들 산에 대하여 **평준화 용매**(leveling solvent)로 작용한다. 물에서 이들은 거의 완전히 이온화하기 때문에 세 가지 산의 세기를 결정하는 것은 불가능하다.

그러나 이러한 화합물을 무수 아세트산 또는 물보다 약한 염기성을 가진 다른 용매에 녹이면 산의 세기를 비교할 수 있다. 관찰된 산의 세기는 다음과 같다.

$$HCl < HBr < HI$$

히드로늄 이온은 수용액에서 존재할 수 있는 가장 강한 산이다. $H_3O^+(aq)$보다 강한 모든 산들은 물과 완전히 반응하여 $H_3O^+(aq)$와 그의 짝염기를 만든다.

위와 같은 사실을 실제로 관찰하게 되는데 이것을 물의 **평준화 효과**(leveling effect)라 부른다. 예를 들어 $HClO_4$(표 8-2)는 H_2O와 완전히 반응하여 $H_3O^+(aq)$와 $ClO_4^-(aq)$를 생성한다.

$$HClO_4(aq) + H_2O(\ell) \longrightarrow H_3O^+(aq) + ClO_4^-(aq)$$

유사한 현상이 NaOH와 KOH 같은 강염기의 수용액에서 일어난다. 두 물질은 묽은 수용액에서 완전히 용해된다.

$$NaOH(s) \xrightarrow{H_2O} Na^+(aq) + OH^-(aq)$$

수산화 이온은 수용액에서 존재할 수 있는 가장 강한 염기이다. OH^-보다 강한 염기는 H_2O와 완전히 반응하여 OH^-와 그의 짝산을 만든다.

아마이드나트륨($NaNH_2$)과 같은 금속 아마이드를 H_2O에 넣으면 아마이드 이온 NH_2^-은 H_2O와 완전히 반응한다.

$$NH_2^-(aq) + H_2O(\ell) \longrightarrow NH_3(aq) + OH^-(aq)$$

여기서 H_2O는 OH^-보다 강한 모든 염기에 대하여 평준화 용매로 작용한다.

같은 족에 속하는 원소를 포함한 2성분 산에서 산의 세기는 VIIA족과 같은 경향으로 변한다. VIA족

표 8-2 짝산-짝염기의 상대적 세기

산			염기	
$HClO_4$	묽은 수용액에서 100% 이온화한다. 이온화하지 않은 산의 분자는 없다.		수용액에서 염기의 세기는 무시된다.	ClO_4^-
HI				I^-
HBr				Br^-
HCl				Cl^-
HNO_3		산은 H^+ 잃는다. ⇄ 염기는 H^+ 얻는다.		NO_3^-
H_3O^+	이온화되지 않은 산 분자, 짝염기 및 H^+(aq)평형을 이룬다.			H_2O
HF				F^-
CH_3COOH				CH_3COO^-
HCN				CN^-
NH_4^+				NH_3
H_2O			물과 완전히 반응한다; 수용액 내에 존재하지 않는다.	OH^-
NH_3				NH_2^-

산의 세기 증가 (↑) / 염기의 세기 증가 (↓)

의 수소화물에 대한 결합의 세기는 다음과 같다.

$$\text{(가장 강한 결합)}\quad H_2O \gg H_2S > H_2Se > H_2Te \quad \text{(가장 약한 결합)}$$

H—O 결합은 다른 VIA족의 수소화물의 결합보다 훨씬 강하다. 이러한 수소화물에서 산의 세기 순서는 결합 세기 순서의 역순이 될 것이다.

$$\text{(가장 약한 산)}\quad H_2O \ll H_2S < H_2Se < H_2Te \quad \text{(가장 강한 산)}$$

표 8-2에 약간의 짝산-짝염기의 상대적인 산과 염기의 세기를 나열하였다.

3성분 산

대부분의 3성분 산(ternary acids)은 이온화하여 H^+(aq)을 만드는 *비금속의 수산화물*[산소산(oxoacids)]이다. 일반적으로 질산의 화학식은 산성인 수소 원자의 존재를 강조하기 위하여 HNO_3로 쓰지만 구조를 보면 $HONO_2$로 쓸 수도 있다(그림 참조▶).

대부분의 3성분 산에서 수산화기의 산소는 전기 음성도가 큰 비금속과 결합하고 있다. 질산에서 질소는 나트륨과 같은 작은 전기 음성도를 가진 원소보다 더 가깝게 N—O(수산화기) 결합의 전자를 당긴다. N—O(수산화기)의 산소는 O—H 결합의 전자를 끌어 당겨 수소 원자가 이온화하여 H^+와 이탈기 NO_3^-를 생성한다.

결합이 끊어져 H^+와 NO_3^-가 형성된다.

수산화기

$$HNO_3(aq) \longrightarrow H^+(aq) + NO_3^-(aq)$$

이제 금속의 수산화 화합물에 대하여 생각해 보자. 이러한 화합물들은 물에 녹아 염기성 용액을 만드는 수산화 이온을 만들 수 있기 때문에 "수산화물(hydroxides)"이라 부른다. 산소는 나트륨과 같은 대부분의 금속보다 전기 음성도가 매우 크다. NaOH(강염기)에서 나트륨-산소 결합의 전자는 산소 쪽으로 매우 가깝게 당겨져 이온 결합이 된다. 그러므로 NaOH는 심지어 고체 상태에서도 Na^+와 OH^- 이온으로 존재하며, H_2O에 녹았을 때는 Na^+와 OH^-로 해리된다.

$$NaOH(s) \xrightarrow{H_2O} Na^+(aq) + OH^-(aq)$$

다시 3성분 산을 살펴보면, 황산의 화학식은 다양성자 산(polyprotic acid)이라는 것을 강조하기 위하여 보통 H_2SO_4로 쓴다. 그러나 황산의 구조(그림 참조)는 황 원자가 두 개의 O−H기와 결합하고 있는 것을 명백하게 보여주므로, 이 화학식도 $(HO)_2SO_2$로 쓸 수 있다. O−H 결합은 S−O 결합보다 쉽게 깨어지기 때문에 황산은 이온화하여 산이 된다.

1단계: $H_2SO_4(aq) \longrightarrow H^+(aq) + HSO_4^-(aq)$

2단계: $HSO_4^-(aq) \longrightarrow H^+(aq) + SO_4^{2-}(aq)$

H_2SO_4의 이온화 반응에서 첫 번째 단계는 묽은 수용액에서 완전히 일어난다. 두 번째 단계는 매우 묽은 수용액에서 거의 완전히 일어난다. 다양성자 산의 이온화는 중성인 산에서 양성자를 내는 것이 전하를 가진 음이온에서 양성자를 내는 것보다 쉽기 때문에, 항상 첫 단계가 두 번째 단계보다 이온화가 많이 일어난다.

아황산(H_2SO_3)은 H_2SO_4과 같은 원소로 이루어진 다양성자 산이다. 그러나 H_2SO_3은 약산이며 이것은 H_2SO_3에 있는 O−H 결합이 H_2SO_4의 것보다 더 강하다는 것을 의미한다. 질산(HNO_3)과 아질산(HNO_2) 중 질산이 더 강한 산이다.

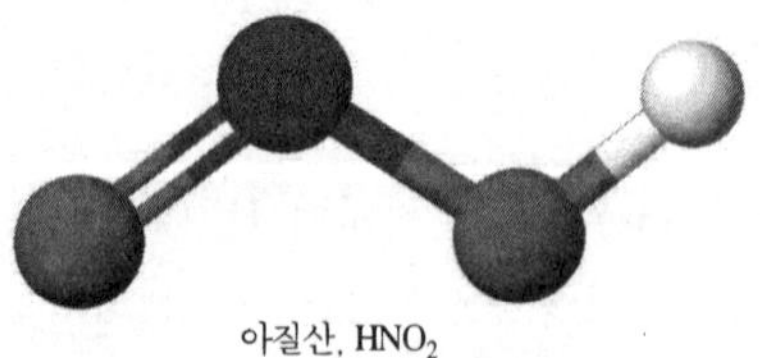

아질산, HNO_2

중심 원소가 같은 3성분 산에서 산의 세기는 대부분 중심 원소의 산화수가 클수록, 산소 원자의 수가 많을수록 증가한다.

다음은 산의 세기가 증가하는 전형적인 순이다.

H_2SO_3 < H_2SO_4

HNO_2 < HNO_3 (오른쪽에 존재할수록 강산)

$HClO$ < $HClO_2$ < $HClO_3$ < $HClO_4$

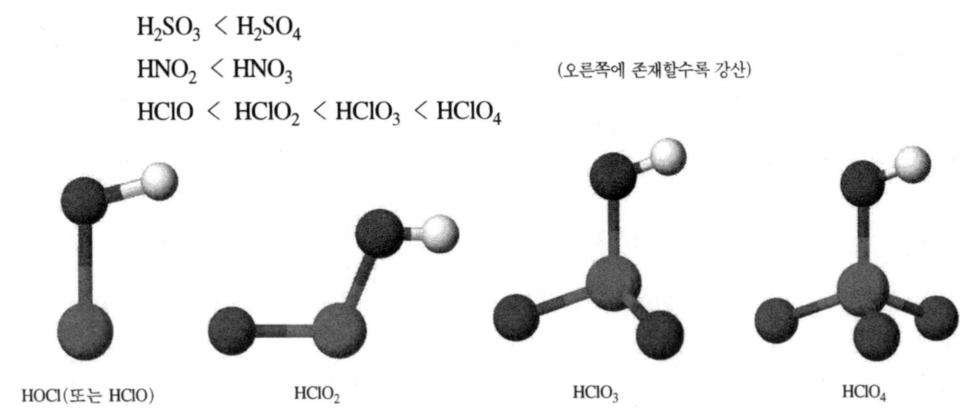

HOCl(또는 HClO)　　$HClO_2$　　$HClO_3$　　$HClO_4$

> 같은 산화수를 가지며 주기율표의 같은 족에 속하는 원소를 포함한 대부분의 3성분 산에서, 산의 세기는 중심 원소의 전기 음성도가 증가할수록 증가한다.

H_2SeO_4 < H_2SO_4　　H_2SeO_3 < H_2SO_3

H_3PO_4 < HNO_3 (오른쪽에 존재할수록 강산)

$HBrO_4$ < $HClO_4$　　$HBrO_3$ < $HClO_3$

8-07 수용액에서 산-염기 반응

대표적인 *강산*과 *강염기*들을 아래에 나열하였다. 이외 다른 일반적인 산들은 약산이라고 가정하여도 좋다. 다른 일반적인 금속의 수산화물(염기)은 물에 불용성이다.

일반적인 강산	
2성분	3성분
HC	HCO_4
HBr	$HClO_3$
HI	HNO_3
	H_2SO_4

강염기	
LiOH	
NaOH	
KOH	$Ca(OH)_2$
RbOH	$Sr(OH)_2$
CsOH	$Ba(OH)_2$

Arrhenius와 Brønsted-Lowry의 산-염기 중화 반응은 공통성이 있다. 산과 염기의 반응은 염기에 있던 양이온과 산에 있던 음이온을 가진 염을 생성하는 것이다. 또한 보통은 물도 생성된다. 그러나 다른 산-염기 반응에서는 알짜 이온 반응식의 일반적인 형태가 다르다. 알짜 이온 반응식은 각 반응물과 생성물의 용해도와 이온화 또는 해리되는 정도를 포함한다.

과염소산($HClO_4$)은 수산화나트륨과 반응하여 가용성 이온 염인 과염소산나트륨($NaClO_4$)을 생성한다.

$$HClO_4(aq) + NaOH(aq) \longrightarrow NaClO_4(aq) + H_2O(\ell)$$

이 반응에 대한 전체 이온 반응식은 다음과 같다.

$$[H^+(aq) + ClO_4^-(aq)] + [Na^+(aq) + OH^-(aq)] \longrightarrow [Na^+(aq) + ClO_4^-(aq)] + H_2O(\ell)$$

구경꾼 이온 Na^+와 ClO_4^-을 소거하면 다음의 알짜 반응을 얻는다.

$$H^+(aq) + OH^-(aq) \longrightarrow H_2O(\ell)$$

이 반응은 강산과 강염기가 반응하여 가용성 염과 물을 만드는 모든 반응에 대한 알짜 이온 반응식이다.

많은 약산은 강염기와 반응하여 가용성 염과 물을 만든다. 예를 들어 아세트산(CH_3COOH)은 수산화나트륨($NaOH$)과 반응하여 아세트산나트륨(CH_3COONa)을 만든다.

$$CH_3COOH(aq) + NaOH(aq) \longrightarrow CH_3COONa(aq) + H_2O(\ell)$$

이 반응에 대한 전체 이온 반응식은 다음과 같다.

$$CH_3COOH(aq) + [Na^+(aq) + OH^-(aq)] \longrightarrow [Na^+(aq) + CH_3COO^-(aq)] + H_2O(\ell)$$

양변의 Na^+를 소거하면 알짜 이온 반응식은 다음과 같이 주어진다.

$$CH_3COOH(aq) + OH^-(aq) \longrightarrow CH_3COO^-(aq) + H_2O(\ell)$$

일반적으로 *약한 일양성자 산*과 *강염기*가 반응하여 가용성 염을 만드는 경우는 다음과 같이 나타낼 수 있다.

$$HA(aq) + OH^-(aq) \longrightarrow A^-(aq) + H_2O(\ell) \quad \text{(알짜 이온 반응식)}$$

예제 8-1 *산-염기 반응에 대한 방정식*

인산(H_3PO_4)과 수산화칼륨(KOH)이 완전히 중화할 때, 다음의 방정식을 써라. (a) 화학식 단위 방정식, (b) 전체 이온 반응식, (c) 알짜 이온 반응식.

계획

(a) 반응에서 생성된 염은 염기의 양이온 K^+와 산의 음이온 PO_4^{3-}을 가진다. 이 염은 K_3PO_4이다.

(b) H_3PO_4는 약산이다—이것은 이온 형태로 쓸 수 없다. KOH는 강염기이므로 이온 형태로 쓸 수 있다. K_3PO_4는 *가용성 염*이므로 이온 형태로 쓸 수 있다.

(c) 구경꾼 이온은 소거되어 알짜 이온 반응식이 된다.

풀이

(a) $H_3PO_4(aq) + 3KOH(aq) \longrightarrow K_3PO_4(aq) + 3H_2O(\ell)$

(b) $H_3PO_4(aq) + 3[K^+(aq) + OH^-(aq)] \longrightarrow [3K^+(aq) + PO_4^{3-}(aq)] + 3H_2O(\ell)$

(c) $H_3PO_4(aq) + 3OH^-(aq) \longrightarrow PO_4^{3-}(aq) + 3H_2O(\ell)$

8-08 산성 염과 염기성 염

이제까지 아르헤니우스의 산과 염기가 혼합되는 산-염기 반응을 화학량적으로 살펴보았다. 이 반응들은 *정염*을 만든다. 이름에서 암시하듯이 **정염**(normal salt)은 이온화할 수 있는 H 원자나 OH기를 가지지 않는다. 인산(H_3PO_4)과 수산화나트륨(NaOH)의 *완전한* 중화는 정염인 Na_3PO_4를 만든다. 이러한 완전한 중화에 대한 방정식은 다음과 같다.

$$H_3PO_4(aq) + 3NaOH(aq) \longrightarrow Na_3PO_4(aq) + 3H_2O(\ell)$$

1몰 3몰 인산나트륨, 정염

만일 *다양성자 산*과 반응하는 염기가 화학량적 양보다 적다면, 그 결과로 생성되는 염은 아직도 염기로 중화할 수 있는 수소 이온을 갖고 있기 때문에 **산성 염**(acidic salts)이라 한다.

$$H_3PO_4(aq) + NaOH(aq) \longrightarrow NaH_2PO_4(aq) + H_2O(\ell)$$

1몰 1몰 인산이수소나트륨, 산성 염

$$H_3PO_4(aq) + 2NaOH(aq) \longrightarrow Na_2HPO_4(aq) + 2H_2O(\ell)$$

1몰 2몰 인산수소나트륨, 산성 염

앞의 3가지 방정식에서 본 것과 같이 약산인 인산(H_3PO_4)과 강염기의 반응은 사용하는 산과 염기의 상대적 양에 따라 3가지 염을 만든다. 산성 염인 NaH_2PO_4와 Na_2HPO_4는 NaOH와 같은 염기와 더 반응할 수 있다.

$$NaH_2PO_4(aq) + 2NaOH(aq) \longrightarrow Na_3PO_4(aq) + 2H_2O(\ell)$$
$$Na_2HPO_4(aq) + NaOH(aq) \longrightarrow Na_3PO_4(aq) + H_2O(\ell)$$

산성 염의 예는 많이 있다. 보통 중탄산나트륨으로 불리는 탄산수소나트륨($NaHCO_3$)은 산성 염으로 분류된다. 그러나 상당히 약산－탄산(H_2CO_3)－의 산성 염과 중탄산나트륨의 용액은 다른 상당히 약한 산의 염과 마찬가지로 약한 염기성이다.

다수산화염기(polyhydroxy bases, 한 화학식에 두 개 이상의 OH를 가진 염기)는 화학량적인 양의 산과 반응하면 정염을 만든다.

$$Al(OH)_3(s) + 3HCl(aq) \longrightarrow AlCl_3(aq) + 3H_2O(\ell)$$

1몰 3몰 염화알루미늄, 정염

▲ 탄산수소나트륨(베이킹 소다)은 산성 염으로 가장 친밀한 예이다.
이것은 강염기로 중화될 수 있지만, 그것의 수용액은 약한 염기성이므로 지시약 브롬티몰블루가 푸른색을 나타낸다.

다수산화염기와 반응하는 산의 양이 화학량적으로 부족하면, 반응하지 않은 OH기를 가진 염인, **염기성 염**(basic salts)이 생성된다. 예를 들면 수산화알루미늄과 염산의 반응에서 두 종류의 염기성 염을 만들 수 있다.

$$\underset{1몰}{Al(OH)_3(s)} + \underset{1몰}{HCl(aq)} \longrightarrow \underset{염화이수산화알루미늄,\ 염기성\ 염}{Al(OH)_2Cl(s)} + H_2O(\ell)$$

$$\underset{1몰}{Al(OH)_3(s)} + \underset{2몰}{2HCl(aq)} \longrightarrow \underset{이염화수산화알루미늄,\ 염기성\ 염}{Al(OH)Cl_2(s)} + 2H_2O(\ell)$$

염기성 염의 수용액이 반드시 염기성인 것은 아니지만, 다음과 같이 산으로 중화할 수 있다.

$$Al(OH)_2Cl + 2HCl \longrightarrow AlCl_3 + 2H_2O$$

대부분의 염기성 염은 물에 상당히 불용성이다.

8-09 루이스 이론

1923년에 루이스(G. N. Lewis, 1875~1946) 교수는 가장 광범위하고 고전적인 산-염기 이론을 소개했다. Lewis의 정의는 다음과 같다.

산은 공유할 전자 쌍을 "받을 수 있는" 화학종이다. 염기는 공유할 전자 쌍을 "줄 수 있는" 화학종이다.

이 정의는 전자 쌍이 한 원자에서 다른 쪽으로 이동해야 한다고 명시하지는 않고 있다—단지 한 원자에 있는 전자 쌍이 두 원자 사이에서 공유될 수 있어야 함을 말하고 있다. *중화*(neuralization)는 **배위 공유 결합**(coordinate covalent bond)**의 형성**으로 정의된다. 이것은 두 개의 전자가 모두 한 원자나 이온이 제공하는 공유결합이다.

$$\underset{산}{BCl_3(g)} + \underset{염기}{NH_3(g)} \longrightarrow \underset{생성물}{Cl_3B : NH_3}$$

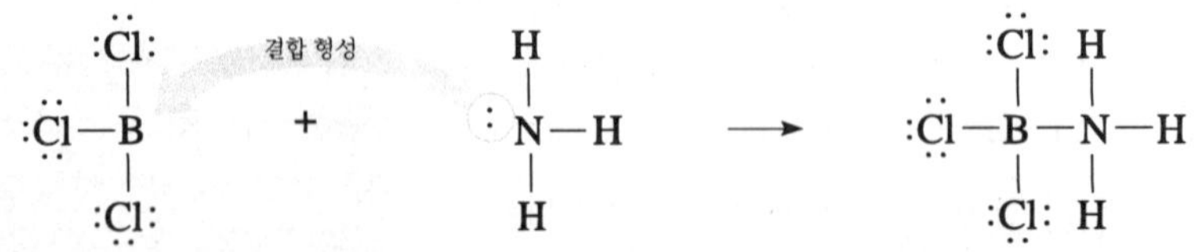

결합 형성

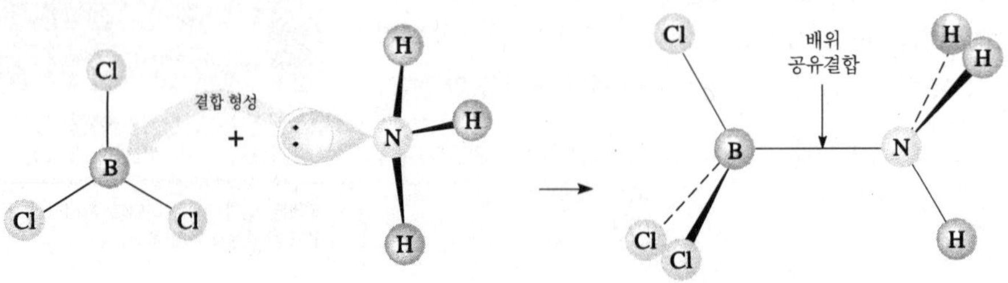

배위 공유결합

삼염화붕소와 암모니아의 반응은 전형적인 루이스의 산-염기 반응이다.

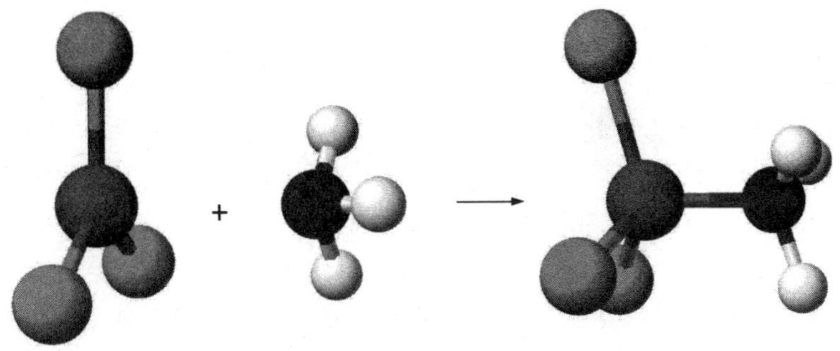

루이스 이론은 다른 이론이 포함하는 모든 산-염기 반응 뿐만 아니라 착물 형성과 같은 많은 추가적인 반응도 설명할 수 있는 일반적인 이론이다.

물의 자동 이온화(8-04절)는 Brønsted-Lowry의 이론으로 설명된다. 염기에 의한 양성자 H^+의 받음은 배위 공유 결합의 형성과 관련이 있다.

결합 형성

$$H-\ddot{O}(H): \; + \; (H)-\ddot{O}(H): \;\rightleftharpoons\; [H-\ddot{O}(H)(H)]^{+} \; + \; [:\ddot{O}(H):]^{-}$$

염기　　　　산

이론적으로 비공유 전자 쌍을 가진 화학종은 염기로 작용할 수 있다. 사실 비공유 전자 쌍을 가진 대부분의 이온과 분자들은 그들의 전자 쌍을 다른 화학종들과 공유하는 여러 가지 반응을 한다. 반대로 많은 루이스 산은 중심 원소의 가장 바깥 전자 껍질에 6개의 전자를 갖는다. 그들은 전자 쌍을 추가로 받아들이는 반응을 한다. 이러한 화학종은 **열린 육전자계**(open sextet)를 가진다고 말한다. IIIA족 원소의 많은 화합물들은 앞에 보여진 삼염화붕소와 암모니아의 반응에서 알 수 있듯이 루이스 산이다.

많은 유기 반응에서 무수 염화알루미늄($AlCl_3$)은 촉매로 사용하는 일반적인 루이스 산이다. $AlCl_3$는 염산에 녹을 때 $AlCl_4^-$ 이온을 포함하는 용액을 만드는 루이스 산으로 작용한다.

$$AlCl_3(s) + Cl^-(aq) \longrightarrow AlCl_4^-(aq)$$

산　　염기　　생성물

$$AlCl_3 + :\ddot{Cl}:^- \longrightarrow [AlCl_4]^-$$

Al은 sp^3 혼성 궤도를 이룬다

Cl, Al, Cl, Cl, Cl, −

+ Cl^- →

문제 풀이 요령

어떤 산-염기 이론을 사용하는가?

1. 아르헤니우스의 산과 염기는 반드시 Brønsted-Lowry의 산과 염기이다; 역은 진실이 아니다.
2. Brønsted-Lowry의 산과 염기는 반드시 루이스의 산과 염기이다; 역은 진실이 아니다.
3. 물이나 다른 양성자성 용매를 사용할 때는 아르헤니우스 또는 Brønsted-Lowry의 이론을 선호한다.
4. 루이스 이론은 양성자성 용매에서 몇 가지 화학종의 산성이나 염기성의 성질을 설명하는데 사용할 뿐 아니라, 많은 비수용성 용매에서의 산-염기 반응에 가장 유용하게 사용할 수 있다.

〉〉〉〉 수용액에서 산-염기 반응: 계산

8-10 몰 농도와 관련된 계산

효과적인 중화는 1몰의 산과 1몰의 염기가 반응하는 것으로 나타낸다.

$$HCl + NaOH \longrightarrow NaCl + H_2O$$
$$HNO_3 + KOH \longrightarrow KNO_3 + H_2O$$

이들 반응의 경우에 1몰의 산과 1몰의 염기가 각각 반응하기 때문에, *두 산 중 어떤 산의 용액이라도 1몰 농도의 1리터는 두 염기 중 어떤 염기의 용액과도 1몰 농도의 1리터와* 반응한다. 이 산들은 화학식 단위에 산성 수소를 하나만 가지며, 염기들도 화학식 단위에 수산화 이온을 하나만 가지므로 하나의 염기 화학식 단위와 하나의 산 화학식 단위가 서로 반응한다.

반응 비(reaction ratio)는 균형 방정식에서 반응물과 생성물의 상대적 몰 수이다.

때때로 용액의 부피를 나타내기 위하여 리터(liters) 대신 밀리미터(milliliters) 단위를 사용한다. 마찬가지로 용질의 양을 몰(moles) 대신 밀리몰(millimoles, mmol)로 쓸 수 있다. 또한 1밀리리터는 1리터의 1/1000이고, 1밀리몰은 1몰의 1/1000이므로 몰 농도는 용액의 밀리리터에 대한 용매의 밀리몰 수로 나타낼 수 있다:

$$\text{몰 농도} = \frac{\text{용질의 밀리몰 수}}{\text{용액의 밀리리터 수}}$$

일반적으로 실험실에서는 부피와 농도 단위로서 밀리리터와 밀리몰을 사용하는 것이 리터와 몰을 사용하는 것보다 더 편리하다. 균형 화학 방정식에서 얻은 반응 비는 몰이나 밀리몰 중 어떤 양으로 사용하든지 같다. 이 장에서는 밀리리터와 밀리몰을 사용하여 많은 문제를 풀 것이다.

많은 경우에 1몰의 산을 완전히 중화하는 데는 1몰 이상의 염기가 필요하거나, 1몰의 염기를 완전히 중화하는 데는 1몰 이상의 산이 필요하다.

$$\underset{1몰}{H_2SO_4} + \underset{2몰}{2NaOH} \longrightarrow \underset{1몰}{Na_2SO_4} + 2H_2O$$

$$\underset{2몰}{2HCl} + \underset{1몰}{Ca(OH)_2} \longrightarrow \underset{1몰}{CaCl_2} + 2H_2O$$

첫 번째 방정식은 1몰의 H_2SO_4이 2몰의 NaOH와 반응하는 것을 보여준다. 그러므로 1 *M* H_2SO_4 용액 1리터를 중화하는데 1 *M* NaOH 용액 2리터가 필요하다. 두 번째 방정식은 1몰의 $Ca(OH)_2$이 2몰의 HCl과 반응하는 것을 보여준다. 그러므로 $Ca(OH)_2$ 용액 1리터를 중화하는데는 같은 몰 농도의 HCl 용액 2리터가 필요하다.

예제 8-2 *염기를 중화하는 산의 부피*

0.00100 *M* $Ca(OH)_2$ 용액 30.0 mL를 중화하는데 0.00300 *M* HCl 용액이 얼마나 필요한가?

계획

(1) 반응 비를 구하기 위하여 반응에 대한 균형 방정식을 쓴다. 그리고 $Ca(OH)_2$ 용액의 밀리리터를 몰 농도의 단위 인자 0.00100 mmol $Ca(OH)_2$/1.00 mL $Ca(OH)_2$를 사용하여 $Ca(OH)_2$의 밀리몰로 바꾼다.

(2) $Ca(OH)_2$의 밀리몰을 단위 인자 2 mmol HCl/1 mmol $Ca(OH)_2$(균형 방정식에서 반응 비)를 사용하여 HCl의 밀리몰로 바꾼다; (3) HCl의 밀리몰을 HCl 용액의 밀리리터로 바꾸기 위하여 단위 인자 1.00 mL HCl/0.00300 mmol HCl를 사용한다.

$Ca(OH)_2$ 용액의 mL → 존재하는 $Ca(OH)_2$의 mmol → 필요한 HCl의 mmol → 필요한 HCl(aq)의 mL

풀이

반응에 대한 균형 방정식은 다음과 같다.

$$\underset{2\ \text{mmol}}{2HCl} + \underset{1\ \text{mmol}}{Ca(OH)_2} \longrightarrow \underset{1\ \text{mmol}}{CaCl_2} + \underset{2\ \text{mmol}}{2H_2O}$$

$$\underline{?}\ \text{mL HCl} = 30.0\ \text{mL Ca(OH)}_2 \times \frac{0.00100\ \text{mmol Ca(OH)}_2}{1.00\ \text{mL Ca(OH)}_2} \times \frac{2\ \text{mmol HCl}}{1\ \text{mmol Ca(OH)}_2} \times \frac{1\ \text{mL HCl}}{0.00300\ \text{mmol HCl}}$$

$$= 20.0\ \text{mL HCl}$$

8-11 적정

때때로 실험실에서 농도를 알고 있는 일정한 부피의 용액과 반응하는 다른 용액의 부피가 측정된다. 그 다음에 다른 용액의 농도가 계산된다. 이 과정을 **적정**(titration)이라 한다(그림 8-1).

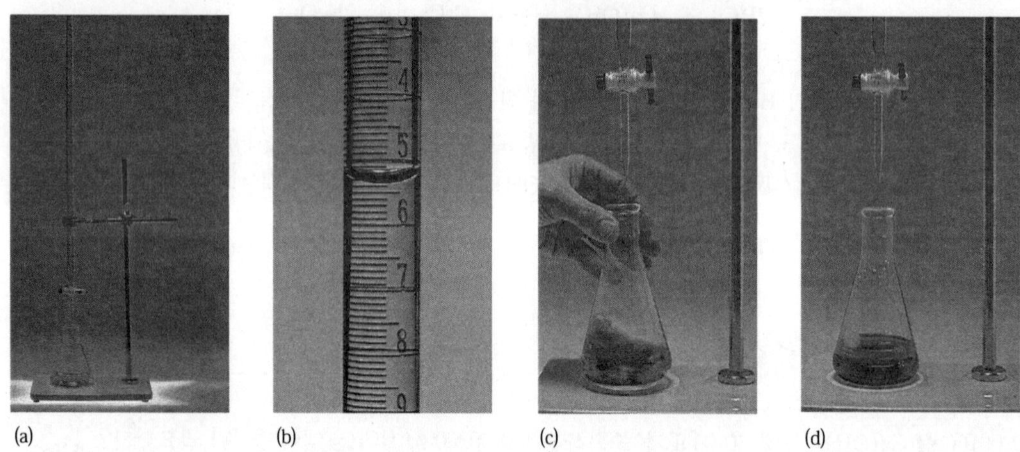

그림 8-1 적정 과정. (a) 실험실에서 적정하는 전형적인 장치. 적정될 용액을 삼각 플라스크에 담고, 몇 방울의 지시약을 첨가한다. 뷰렛에 표준 용액을 채운다(또는 표정되어진 용액). 뷰렛에 담긴 용액의 부피를 조심스럽게 읽는다. (b) 메니스커스(meniscus)는 뷰렛에 있는 액체의 표면을 가르킨다. 수용액은 유리를 적시므로 수용액의 메니스커스는 항상 오목하다. 메니스커스의 바닥 위치를 읽고 기록한다. (c) 휘저어지고 있는 삼각 플라스크의 용액에 뷰렛의 용액이 종말점에 도달할 때까지 첨가된다. (d) 종말점은 적정되는 용액에 색깔이 나타남(또는 변화)으로 알 수 있다(이 사진을 만들기 위하여 매우 과량의 지시약이 사용되었다). 뷰렛에 남은 액체의 부피를 다시 읽는다–뷰렛 눈금의 처음과 마지막의 차이가 적정하는데 사용된 용액의 부피이다.

적정은 적정제(titrant)인 반응물 용액을 다른 반응물 용액에 첨가하여, 반응이 완전히 끝나는데 필요한 적정제의 부피를 측정하는 과정이다.

적정을 멈추어야 할 때, 즉 화학 반응이 완전히 끝나는 순간을 알아내는 방법은 무엇인가? 한 가지 방법으로, *지시약*(indicator) 용액 몇 방울을 적정되는 용액에 첨가하여 색깔 변화를 관찰하는 것이다. **지시약**은 용액의 H^+ 농도에 따라 색깔이 다른 구조가 존재할 수 있는 물질이다. 최소한 그 구조 중의 하나는 아주 강렬한 색깔을 나타내어 아주 적은 양이 존재하더라도 확인할 수 있게 된다.

농도를 모르는 산 용액을 **뷰렛**(buret)에 채워진 수산화나트륨 표준 용액을 떨어뜨려 적정할 수 있다(그림 8-1 참조). 일반적으로 뷰렛의 큰 눈금은 1 mL 단위이고, 작은 눈금은 0.1 mL 단위이므로, 최소한 ±0.02 mL 내에서 소비된 용액의 부피를 측정할 수 있다(보통은 경험적으로 뷰렛의 눈금 간격을 ±0.01 mL로 읽는다).

분석 화학자는 반응하는 산과 염기의 양이 화학량적으로 같은 **당량점**(equivalence point)에서 색깔이 확실하게 변하는 지시약을 선택하려고 한다. 지시약의 색깔이 변하고 적정제의 첨가가 끝나는 점을 **종말점**(end point)이라 한다. 이상적으로는 종말점이 당량점과 일치하여야 한다. 페놀프탈레인은 산성 용액에서 무색이고 염기성 용액에서 붉은 보라색이다. 일반적으로 염기가 산에 첨가되는 적정에서는 페놀프탈레인이 지시약으로 사용된다.

예제 8-3 *적정*

만일 0.236 *M* 수산화나트륨 용액 43.2 mL와 반응하는데 필요한 HCl 용액의 부피가 36.7 mL라면 염산 용액의 몰 농도는 얼마인가?

$$HCl + NaOH \longrightarrow NaCl + H_2O$$

계획

균형 방정식의 반응 비는 1밀리몰의 NaOH에 대하여 1밀리몰의 HCl이다. 즉, 단위 인자가 1 mmol HCl/1 mmol NaOH이다.

$$\underset{1\ \text{mmol}}{HCl} + \underset{1\ \text{mmol}}{NaOH} \longrightarrow \underset{1\ \text{mmol}}{NaCl} + \underset{1\ \text{mmol}}{H_2O}$$

먼저 NaOH의 밀리몰 수를 구한다. 반응 비는 1밀리몰의 NaOH에 대하여 1밀리몰의 HCl이므로, HCl용액은 NaOH와 같은 밀리몰 수를 가진다.

풀이

용액의 부피(밀리리터)와 몰 농도를 곱하면 용질의 밀리몰 수이다.

$$\underline{?}\ \text{mmol NaOH} = 43.2\ \text{mL NaOH 용액} \times \frac{0.236\ \text{mmol NaOH}}{1\ \text{mL NaOH 용액}} = 10.2\ \text{mmol NaOH}$$

반응 비는 1밀리몰의 HCl에 대하여 NaOH가 1밀리몰이므로 HCl 용액에는 10.2밀리몰의 HCl이 들어 있어야 한다.

$$\underline{?}\ \text{mol HCl} = 10.2\ \text{mmol NaOH 용액} \times \frac{1\ \text{mmol HCl}}{1\ \text{mmol NaOH}} = 10.2\ \text{mmol HCl}$$

HCl 용액의 부피를 알고 있으므로 용액의 몰 농도를 계산할 수 있다.

$$\frac{\underline{?}\ \text{mmol HCl}}{\text{mL HCl 용액}} = \frac{10.2\ \text{mmol HCl}}{36.7\ \text{mL HCl 용액}} = \boxed{0.278\ M\ \text{HCl}}$$

8-12 당량 질량과 노르말 농도

1몰의 산을 중화하는데는 1몰의 염기가 반드시 필요한 것이 아니므로, 일부 화학자들은 몰 농도가 아닌 1 대 1 관계를 유지하는 다른 방식으로 농도를 표현하는 방법을 사용한다. 산과 염기 용액의 농도를 때때로 노르말 농도(normality, *N*)로 나타낸다. 용액의 **노르말 농도**는 용액 1리터에 녹아 있는 용질의 당량 질량 수 또는 간단히 당량 수로 정의한다. 노르말 농도는 다음과 같이 나타내어진다.

$$\text{노르말 농도} = \frac{\text{용질의 당량 질량 수}}{\text{용액의 부피(L)}} = \frac{\text{당량 수}}{\text{L}}$$

정의에 의하면 산 또는 염기의 1당량 질량은 1000 밀리당량의 질량이다. 노르말 농도는 다음과 같이 표현될 수 있다.

$$\text{노르말 농도} = \frac{\text{용질의 밀리당량 질량 수}}{\text{용액의 부피(mL)}} = \frac{\text{밀리당량 수}}{\text{mL}}$$

산-염기 반응에서 **산의 1당량 질량**, 또는 **당량**(eq)은 6.022×10^{23}개의 수소 이온을 생성하는, 또는 6.022×10^{23}개의 수산화 이온과 반응할 수 있는 산의 질량(그램 단위)으로 정의한다. 1몰의 산에는 6.022×10^{23}개의 화학식 단위의 산이 들어 있다. 대표적인 일양성자 산(monoprotic acid)으로 염산을 살펴보자.

HCl	$\xrightarrow{H_2O}$	$H^+(aq)$	+	$Cl^-(aq)$
1몰		1몰		1몰
36.46 g		1.008 g		35.45 g
6.022×10^{23}		6.022×10^{23}		6.022×10^{23}
화학식 단위		화학식 단위		화학식 단위

HCl 1몰은 6.022×10^{23}개의 H^+ 이온을 생성하므로 *1몰의 HCl은 1당량*이다. 모든 일양성자 산들도 마찬가지이다.

표 8-3 몇 가지 산과 염기의 당량 질량

산			염기		
기호 표시법	1당량		기호 표시법	1당량	
$\frac{HNO_3}{1}$	$= \frac{63.02\text{ g}}{1}$	$= 63.02\text{ g } HNO_3$	$\frac{NaOH}{1}$	$= \frac{40.00\text{ g}}{1}$	$= 40.00\text{ g NaOH}$
$\frac{CH_3COO\underline{H}}{1}$	$= \frac{60.03\text{ g}}{1}$	$= 60.03\text{ g } CH_3COO\underline{H}$	$\frac{NH_3}{1}$	$= \frac{17.04\text{ g}}{1}$	$= 17.04\text{ g } NH_3$
$\frac{K\underline{H}P}{1}$	$= \frac{204.2\text{ g}}{1}$	$= 204.2\text{ g } K\underline{H}P$	$\frac{Ca(OH)_2}{2}$	$= \frac{74.10\text{ g}}{2}$	$= 37.05\text{ g } Ca(OH)_2$
$\frac{H_2SO_4}{2}$	$= \frac{98.08\text{ g}}{2}$	$= 49.04\text{ g } H_2SO_4$	$\frac{Ba(OH)_2}{2}$	$= \frac{171.36\text{ g}}{2}$	$= 85.68\text{ g } Ba(OH)_2$

황산은 이양성자 산(diprotic acid)이다. 1분자의 H_2SO_4은 2개의 H^+ 이온을 생성할 수 있다.

H_2SO_4	$\xrightarrow{H_2O}$	$2H^+(aq)$	+	$SO_4^{2-}(aq)$
1몰		2몰		1몰
98.08 g		2(1.008 g)		96.06 g
6.022×10^{23}		$2(6.022 \times 10^{23})$		6.022×10^{23}
화학식 단위		화학식 단위		화학식 단위

이 방정식은 1몰의 H_2SO_4은 $2(6.022\times10^{23})$개의 H^+이온을 생성할 수 있음을 보여준다; 그러므로 1몰의 H_2SO_4은 *두 개의* 산성 수소 원자가 반응하는 모든 반응에서 2당량 질량이다.

염기의 1당량 질량은 6.022×10^{23}개의 수산화 이온을 생성하는, 또는 6.022×10^{23}의 수소 이온과 반응할 수 있는 염기의 질량(그램 단위)으로 정의된다.

*산*의 당량 질량은 산의 그램 단위의 화학식량을 하나의 화학식 단위가 생성하는 산성 수소의 수, 또는 하나의 화학식 단위와 반응하는 수산화 이온의 수로 나누어 얻을 수 있다. *염기*의 당량 질량은 염기의 그램 단위의 화학식량을 하나의 화학식 단위에서 생성하는 수산화 이온의 수, 또는 하나의 화학식 단위와 반응하는 수소 이온의 수로 나누어 얻을 수 있다. 몇 가지 일반적인 산과 염기의 당량 질량은 표 8-3에 나타내었다.

예제 8-4 *용액의 농도*

600 mL 용액 속에 4.202 그램의 HNO_3가 들어 있는 용액의 노르말 농도를 계산하여라.

계획

먼저 HNO_3의 그램을 HNO_3의 몰 수로 바꾸고, 다음에 HNO_3의 당량으로 바꾸어 노르말 농도를 계산한다.

$$\frac{\text{g HNO}_3}{\text{L}} \longrightarrow \frac{\text{mol HNO}_3}{\text{L}} \longrightarrow \frac{\text{eq HNO}_3}{\text{L}} = N\,\text{HNO}_3$$

풀이

$$N = \frac{\text{no. eq HNO}_3}{L}$$

$$?\ \frac{\text{eq HNO}_3}{\text{L}} = \underbrace{\frac{4.202\text{ g HNO}_3}{0.600\text{ L}} \times \frac{1\text{ mol HNO}_3}{63.02\text{ g HNO}_3}}_{M_{\text{HNO}_3}} \times \frac{1\text{ eq HNO}_3}{\text{mol HNO}_3} = 0.111\,N\ \text{HNO}_3$$

노르말 농도는 몰 농도와 용질 1몰의 당량 수를 곱한 값과 같으므로, 용액의 노르말 농도는 항상 몰 농도와 같거나 더 크다.

$$\text{노르말 농도} = \text{몰 농도} \times \frac{\text{당량 수}}{\text{mol}} \quad \text{또는} \quad N = M \times \frac{\text{당량 수}}{\text{mol}}$$

산과 염기의 1당량에 대한 정의로부터 *산 1당량은 항상 염기 1당량과 반응한다는 사실*을 알 수 있다. 그러나 특정한 화학 반응에서 1몰의 산이 1몰의 염기와 반응한다고 말할 수는 없다. 당량의 정의에 대한 결과로 1당량 산 ≏1당량 염기이다. 반응이 완결되는 모든 산-염기 반응에 대하여 다음과 같이 나타낼 수 있다.

산의 당량 수 = 염기의 당량 수

리터 단위의 용액의 부피와 노르말 농도를 곱한 값은 용액 속에 들어 있는 용질의 당량 수와 같다. 산성 용액에 대해서 다음과 같다.

$$\text{L}_{\text{산}} \times N_{\text{산}} = \text{L}_{\text{산}} \times \frac{\text{산의 당량 수}}{\text{L}_{\text{산}}} = \text{산의 당량 수}$$

염기성 용액에 대하여도 이와 비슷한 관계를 쓸 수 있다. 1당량의 산은 *항상* 1당량의 염기와 반응하므로 다음과 같이 쓸 수 있다.

$$\text{산의 당량 수} = \text{염기의 당량 수}$$

따라서

$$\text{L}_{\text{산}} \times N_{\text{산}} = \text{L}_{\text{염기}} \times N_{\text{염기}} \quad \text{또는} \quad \text{mL}_{\text{산}} \times N_{\text{산}} = \text{mL}_{\text{염기}} \times N_{\text{염기}}$$

예제 8-5 *중화에 필요한 부피*

0.150 N $Ba(OH)_2$ 용액 50.0 mL를 완전히 중화하는데 필요한 0.100 N HNO_3 용액의 부피는 얼마인가?

계획

다음 관계식에서 4개의 변수 중 3개를 알고 있다.

$\text{mL}_{\text{산}} \times N_{\text{산}} = \text{mL}_{\text{염기}} \times N_{\text{염기}}$이므로 $\text{mL}_{\text{산}}$에 대하여 푼다.

풀이

$$? \ \text{mL}_{\text{산}} = \frac{\text{mL}_{\text{염기}} \times N_{\text{염기}}}{N_{\text{산}}} = \frac{50.0\ \text{mL} \times 0.150\ N}{0.100\ N}$$

$$= 75.0\ \text{mL}\ HNO_3\ \text{용액}$$

〉〉〉〉 산화-환원 반응

산화수를 결정하는 규정에 의하면, 모든 **산화-환원 반응**(oxidation-reduction reaction)에 다음과 같은 결과를 적용할 수 있다.

산화수의 총 증가량은 산화수의 총 감소량과 같다.

이 원리는 산화-환원 반응의 계수를 맞추는 기초가 된다. 비록 모든 산화-환원 방정식의 계수를 맞추기 위한 유일한 "최선의 방법"은 없지만, 두 가지 방법이 유용하게 사용된다: (1) 반쪽 반응법(the half-reaction method), 이것은 전기 화학에서 상당히 널리 사용된다. 그리고 (2) 산화수 변화법(the change-in-oxidation-number method). 많은 산화-환원 방정식은 직관적으로 계수를 맞출 수 있지만 체계적인 방법으로 복잡한 방정식의 계수를 맞출 수 있다.

계수가 맞추어진 모든 방정식은 두 가지 기준을 만족하여야만 한다.

1. 질량의 균형이 맞아야 한다. 즉 반응물과 생성물의 원자 수는 같아야 한다.
2. 전하의 균형이 맞아야 한다. 방정식의 좌변과 우변의 실제 전하의 총합은 서로 같다. 균형 *화학식 단위 방정식*에서는 각 변의 전하량의 합이 영이 되어야 한다. 균형 *알짜 이온 단위 방정식*에서는 각 변의 전하량의 합이 영이 되어야 하는 것은 아니지만, 반드시 방정식 양변의 전하량의 합은 같아야만 한다.

8-13 반쪽 반응법

반쪽 반응법에서는 산화와 환원 **반쪽 반응**(half-reaction)을 설명하는 방정식을 분리하고 균형을 완전히 맞춘다. 그 다음에 반응에서 얻은 전자 수와 잃은 전자 수를 같도록 한다. 마지막으로 전체 균형 방정식을 완성하기 위하여 반쪽 반응을 더한다. 일반적인 과정은 다음과 같다.

1. 구경꾼 이온을 생략하고 계수가 맞추어지지 않은 전 반응의 방정식을 모두 적는다.
2. 계수가 맞추어지지 않은 산화와 환원 반쪽 반응을 만든다(이것은 불완전할 뿐만 아니라 계수도 맞지 않다). 다원자 이온과 분자에 대한 완전한 화학식을 쓴다.
3. 각 반쪽 반응에서 H와 O를 제외한 모든 원소의 계수를 맞춘다. 그리고 각 반쪽 반응에서 H와 O의 균형을 맞춘다.
4. 전자를 "생성물" 또는 "반응물"에 더하여 각 반쪽 반응에서 전하의 균형을 맞춘다.
5. 계수가 맞추어진 반쪽 반응에 적당한 정수를 곱하여 전자 이동의 균형을 맞춘다.
6. 결과로 생긴 반쪽 반응을 더하고 공통된 항을 소거한다.

예제 8-6 *산화-환원 방정식의 계수 맞추기*

요오드 이온이 자유 요오드로 산화되는 과정은 분석 방법에서 유용하게 이용되기도 한다. 요오드는 표준 용액인 티오황산나트륨 $Na_2S_2O_3$을 적정한다. 요오드는 $S_2O_3^{2-}$ 이온을 $S_4O_6^{2-}$ 이온으로 산화시키고, 자신은 I^- 이온으로 환원된다. 이 반응에 대한 균형 알짜 이온 반응식을 써라.

계획

반응물 두 가지와 생성물 두 가지의 화학식이 주어져 있다. 이것을 이용하여 가능한 많은 방정식을 적는다. 지금 설명된 규칙에 따라 알맞은 반쪽 반응을 만들고 계수를 맞춘다. 그리고 반쪽 반응을 더하여 공통항을 소거한다.

풀이

$$I_2 + S_2O_3^{2-} \longrightarrow I^- + S_4O_6^{2-}$$

$$I_2 \longrightarrow I^- \quad \text{(환원 반쪽 반응)}$$

$$I_2 \longrightarrow \boxed{2I^-}$$

$$I_2 + \boxed{2e^-} \longrightarrow 2I^- \quad \text{(계수가 맞추어진 반쪽 반응)}$$

$$S_2O_3^{2-} \longrightarrow S_4O_6^{2-} \quad \text{(산화 반쪽 반응)}$$

$$\boxed{2S_2O_3^{2-}} \longrightarrow S_4O_6^{2-}$$

$$2S_2O_3^{2-} \longrightarrow S_4O_6^{2-} + \boxed{2e^-} \quad \text{(계수가 맞추어진 반쪽 반응)}$$

계수가 맞추어진 각 반쪽 반응은 2개의 전자가 이동한다. 두 개의 반쪽 반응을 더하여 전자를 소거한다.

$$I_2 + 2e^- \longrightarrow 2I^-$$

$$2S_2O_3^{2-} \longrightarrow S_4O_6^{2-} + 2e^-$$

$$\boxed{I_2(s) + 2S_2O_3^{2-}(aq) \longrightarrow 2I^-(aq) + S_4O_6^{2-}(aq)}$$

8-14 H^+, OH^- 또는 H_2O를 첨가하여 산소와 수소의 계수 맞추기

때때로 수용액에서의 반응이나 반쪽 반응에 대한 질량의 균형을 완전히 맞추기 위하여 산소나 수소를 첨가할 필요가 있다. 그러나 산화수의 변화가 생기지 않도록, 그리고 용액에 실제로 존재할 수 없는 화학종을 사용하지 않도록 주의하여야 한다. H_2나 O_2는 수용액에 존재하지 않으므로 방정식에 첨가할 수 없다.

> **산성 용액에서: H^+ 또는 H_2O만 첨가될 수 있다(OH^-는 *안됨*).**
> **염기성 용액에서: OH^- 또는 H_2O만 첨가될 수 있다(H^+는 *안됨*).**

다음의 차트는 계수를 맞추기 위하여 산소와 수소를 어떻게 사용하는가를 보여준다.

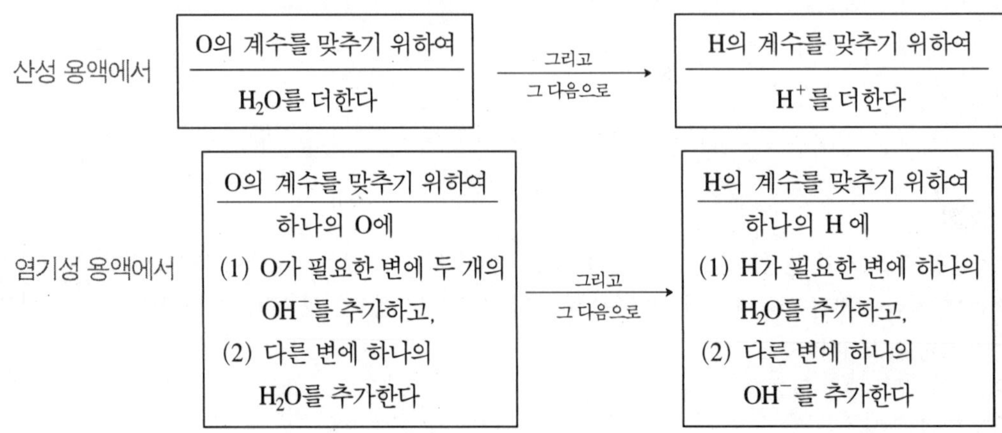

계수가 맞추어진 산화-환원 방정식에서 종종 구경꾼 이온을 소거하는 것이 편리할 수 있고, 이것이 산화와 환원 과정의 요점을 강조할 수 있다. 알짜 이온 반응식의 계수를 맞추기 위하여 이 장에서 소개된 방법을 사용한다. 만일 균형 화학식 단위 방정식이 필요하다면 알짜 이온 반응식에 구경꾼 이온을 추가하여 화학종에 결합시킨다. 예제 8-7을 참고하라.

예제 8-7 *알짜 이온 반응식*

과망간산 이온은 황산 용액에서 철(II) 이온을 철(III) 이온으로 산화시킨다. 과망간산 이온 자신은 망간(II) 이온으로 환원된다. 이 반응에 대한 균형 알짜 이온 반응식을 써라.

계획

주어진 정보는 가능한 많은 방정식을 쓰는데 이용한다. 그 다음에 8-13절에 있는 2단계에서 6단계까지 따른다. 이 반응은 H_2SO_4 용액에서 일어난다; 반쪽 반응에 H와 O의 계수를 맞추기 위하여 필요하다면 H^+와 H_2O를 첨가할 수 있다(3단계).

풀이

$$Fe^{2+} + MnO_4^- \longrightarrow Fe^{3+} + Mn^{2+}$$

$$Fe^{2+} \longrightarrow Fe^{3+}$$ (산화 반쪽 반응)

$$Fe^{2+} \longrightarrow Fe^{3+} + 1e^-$$ (계수가 맞추어진 산화 반쪽 반응)

$$MnO_4^- \longrightarrow Mn^{2+}$$ (환원 반쪽 반응)

$$MnO_4^- + 8H^+ \longrightarrow Mn^{2+} + 4H_2O$$

$$MnO_4^- + 8H^+ + 5e^- \longrightarrow Mn^{2+} + 4H_2O$$ (계수가 맞추어진 환원 반쪽 반응)

산화 반쪽 반응에는 1개의 전자가 참여하고, 환원 반쪽 반응에는 5개의 전자가 참여한다. 전자 이동의 계수를 맞춘 후, 두 방정식을 더한다. 균형 알짜 이온 반응식을 완성한다.

$$5(Fe^{2+} \longrightarrow Fe^{3+} + 1e^-)$$

$$1(MnO_4^- + 8H^+ + 5e^- \longrightarrow Mn^{2+} + 4H_2O)$$

$$5Fe^{2+}(aq) + MnO_4^-(aq) + 8H^+(aq) \longrightarrow 5Fe^{3+}(aq) + Mn^{2+}(aq) + 4H_2O(\ell)$$

예제 8-8 *산화-환원 방정식의 계수 맞추기(반쪽 반응법)*

염기성 용액에서 하이포아염소산 이온 ClO^-은 아크롬산 이온, CrO_2^-을 크롬산 이온 CrO_4^{2-}으로 산화시키고, 자신은 염화 이온으로 환원된다. 이 반응에 대한 균형 알짜 이온 반응식을 써라.

계획

반응물 두 가지와 생성물 두 가지의 화학식이 주어져 있다; 이 반응은 염기성 용액에서 일어난다; 필요하면 OH^-와 H_2O를 첨가할 수 있다. 먼저 알맞은 반쪽 반응을 만들어 계수를 맞추고, 다음에 전자 이동의 수를 같게 한다. 그리고 반쪽 반응을 더하여 공통항은 소거한다.

풀이

$$CrO_2^- + ClO^- \longrightarrow CrO_4^{2-} + Cl^-$$

$$CrO_2^- \longrightarrow CrO_4^{2-}$$ (산화 반쪽 반응)

$$CrO_2^- + 4OH^- \longrightarrow CrO_4^{2-} + 2H_2O$$

$$CrO_2^- + 4OH^- \longrightarrow CrO_4^{2-} + 2H_2O + 3e-$$ (계수가 맞추어진 산화 반쪽 반응)

$$ClO^- \longrightarrow Cl^-$$ (환원 반쪽 반응)

$$ClO^- + H_2O \longrightarrow Cl^- + 2OH^-$$

$$ClO^- + H_2O + 2e- \longrightarrow Cl^- + 2OH^-$$ (계수가 맞추어진 환원 반쪽 반응)

산화 반쪽 반응에는 3개의 전자가 참여하고, 환원 반쪽 반응에는 2개의 전자가 관여한다. 전자 이동의 계수를 맞추고 같은 항끼리 반쪽 반응을 더한다.

$$2(CrO_2^- + 4OH^- \rightarrow CrO_4^{2-} + 2H_2O + 3e-)$$

$$3(ClO^- + H_2O + 2e- \rightarrow Cl^- + 2OH^-)$$

$$2CrO_2^- + 8OH^- + 3ClO^- + 3H_2O \rightarrow 2CrO_4^{2-} + 4H_2O + 3Cl^- + 6OH^-$$

알짜 이온 반응식을 만들기 위하여 양변으로부터 $6OH^-$와 $3H_2O$를 제거한다.

$$2CrO_2^-(aq) + 2OH^-(aq) + 3ClO^-(aq) \rightarrow 2CrO_4^{2-}(aq) + H_2O(\ell) + 3Cl^-(aq)$$

주 · 요 · 용 · 어

노르말 농도(Normality, N) 용액 1리터에 들어 있는 용질의 당량 질량(당량) 수.

다양성자 산(Polyprotic acid) 하나의 화학식 단위에 두 개 이상의 이온화할 수 있는 수소 원자가 있는 산.

당량점(Equivalent point) 반응 물질이 당량으로 반응하는 점.

Lewis 산(Lewis acid) 배위 공유 결합을 형성할 때 제공하는 전자 쌍을 받을 수 있는 화학종.

Lewis 염기(Lewis base) 배위 공유 결합을 형성할 때 제공하는 전자 쌍을 제공할 수 있는 화학종.

몰 농도(Molarity, *M*) 용액 1리터에 들어 있는 용질의 몰 수, 또는 용액 1밀리리터에 들어 있는 용질의 밀리몰 수.

반쪽 반응(Half-reation) 산화-환원 반응의 산화 부분이나 환원 부분.

배위 공유 결합(Coordinate covalent bond) 두 개의 전자가 같은 화학종에 의해 제공되는 공유 결합; Lewis 산과 Lewis 염기 사이의 결합.

Brønsted-Lowry 산(Brønsted-Lowry acid) 양성자 주게.

Brønsted-Lowry 염기(Brønsted-Lowry base) 양성자 받게.

산성 염(Acid salt) 이온화할 수 있는 수소 원자를 가진 염; 반드시 산성 용액이 되는 것은 아니다.

산-염기 반응의 당량 질량(Equivalent weight acid-base reation) 6.022×10^{23}의 H_3O^+ 이온 또는 OH^- 이온을 제공하거나 반응하는 산이나 염기의 질량.

산화(Oxidation) 산화수의 증가; 전자를 잃는 것에 해당할 수 있다.

산화제(Oxidizing agent) 자신은 환원되고 다른 물질을 산화시키는 물질.

산화-환원 반응(Oxidation-reduction reation) 산화와 환원이 일어나는 반응; 또한 redox 반응이라 부른다.

3성분 산(Ternary acid) 세 가지 원소를 가진 산－보통은 H, O 그리고 다른 비금속을 가진다.

3성분 화합물(Ternary compound) 세 개의 다른 원소를 가진 화합물.

알짜 이온 반응식(Net ionic equation) 전체 이온 반응식에서 구경꾼 이온을 소거하고 괄호를 없앤 방정식.

양쪽성(Amphoterism) 산으로도 작용할 수 있고 염기로도 작용할 수 있는 물질의 능력.

양쪽성 양성자성(Amphiprotism) 양성자를 받을 수도 있고 줄 수도 있는 양쪽성을 나타내는 물질의 능력.

열린 육전자계(Open sextet) 중심 원소의 가장 바깥 전자 껍질에 6개의 전자만을 가진 화학종.

염(Salt) H^+ 대신 다른 양이온을 갖거나, OH^- 또는 O^{2-} 대신 다른 음이온을 가진 화합물.

염기(Base, Arrhenius) 수용액에서 $OH^-(aq)$ 이온을 생성하는 물질. 강염기는 물에 잘 녹고 완전히 해리된다. 약염기는 조금만 이온화한다.

염기성 염(Basic salt) 염기성 OH기를 가진 염.

자동 이온화(Autoionization) 같은 물질 간의 이온화 반응.

짝산-짝염기 Conjugate acid-base pair) Brønsted-Lowry 용어에서 양성자 H^+에 의해 달라지는 반응물과 생성물.

적정(Titration) 특정 양의 물질과 반응하는데 필요한 표준 용액의 부피를 결정하는 과정.

전체 이온 반응식(Total ionic equation) 수용액이나 물과 접하는 모든 화학종의 주요한 형태를 보여주는 화학 반응 방정식.

정염(Normal salt) 이온화할 수 있는 H 원자나 OH기를 가지지 않는 염.

종말점(End point) 지시약의 색깔이 변화하고 적정이 끝나는 점.

중화(Neutralization) 염과 물(보통)을 만드는 산과 염기의 반응; 보통 물을 만드는 수소 이온과 수산화 이온의 반응.

지시약(Indicator) 산 염기 적정에서 산성이 다른 용액에서 다른 색깔로 존재하는 유기 화합물; 두 용질이 완전히 반응한 점을 결정하는데 사용된다.

평준화 효과(Leveling effect) 용매의 특징적인 산보다 강한 모든 산이 용매와 반응하여 그 산을 만드는 효과; 유사한 개념을 염기에도 적용한다. 주어진 용매에서 존재할 수 있는 가장 강산(강염기)은 그 용매의 특징적인 산(염기)이다.

화학식 단위 방정식(Formula unit equation) 모든 화합물이 완전한 화학식으로 나타내어진 화학 방정식.

환원(Reduction) 산화수의 감소; 전자를 얻는다.

환원제(Reducing agent) 자신은 산화되고 다른 물질을 환원시키는 물질.

히드로늄 이온(Hydronium ion) H_3O^+, 수화된 수소 이온의 일반적 표현.

연 · 습 · 문 · 제

수용액에서의 반응: 산, 염기 및 염

Arrhenius 이론

1. 산과 염기에 대한 Arrhenius 이론을 간단히 설명하여라. (a) 산, 염기, 중화를 어떻게 정의하였는가? (b) 각 용어를 설명하는 예를 들어라.
2. 화합물들을 강전해질, 약전해질, 또는 비전해질로 분류하는 실험을 설명하고, 다음 화합물들을 분류하여라. Na_2SO_4; HCN; C_2H_5COOH; CH_3CH_2OH; HF; $HClO_4$; HCOOH; NH_3.

수화된 수소 이온

3. 하나의 물이 수화된 수소 이온의 화학식을 써라. 수화된 수소 이온의 다른 화학명을 써라.
4. 수화된 이온이 중요한 이유는 무엇인가?
5. 다음의 설명에 대하여 평가하여라: "수화된 수소 이온은 항상 H_3O^+로 표현될 수 있다."

Brønsted-Lowry 이론

6. Brønsted-Lowry 술어를 사용하여 다음의 용어를 정의하여라. 각각에 대하여 특정 예를 들어라. (a) 산; (b) 짝염기; (c) 염기; (d) 짝산; (e) 짝산-짝염기.
7. 자동 이온화란 무엇인가? 물의 자동 이온화를 어떻게 산-염기 반응으로 설명할 수 있는가? 자동 이온화가 되는 화합물은 어떤 구조적 특성을 가져야만 하는가?
8. 다음의 화학종이 물에서 염기로 작용하는 사실을 적당한 방정식을 이용하여 설명하여라: NH_3; HS^-; CH_3COO^-; O^{2-}.
9. 다음의 산-염기 반응에서 생긴 생성물을 구하여라. 짝산-짝염기를 구별하여라.
   (a) $NH_4^+ + CN^-$
   (b) $HS^- + H_2SO_4$
   (c) $HClO_4 + [H_2NNH_3]^+$
   (d) $NH_2^- + H_2O$
10. H_2O, OH^-, I^-, AsO_4^{3-}, NH_2^-, HPO_4^{2-} 그리고 NO_2^- 의 짝산을 구하여라.
11. 다음 반응에서 Brønsted-Lowry 산 또는 염기를 구별하고 짝산-짝염기로 설명하여라.
   (a) $NH_3 + HBr \rightleftharpoons NH_4^+ + Br^-$
   (b) $NH_4^+ + HS^- \rightleftharpoons NH_3 + H_2S$
   (c) $H_3O^+ + PO_4^{3-} \rightleftharpoons HPO_4^{2-} + H_2O$
   (d) $HSO_3^- + CN^- \rightleftharpoons HCN + SO_3^{2-}$
12. 다음 화학 반응에서 반응물과 생성물을 Brønsted-Lowry의 산, Brønsted-Lowry의 염기, 또는 어느 쪽도 아닌 것으로 분류하여라. 각 반응에서 화학종을 짝산-짝염기로 나타내어라.
   (a) $H_2CO_3 + H_2O \rightleftharpoons H_3O^+ + HCO_3^-$
   (b) $HSO_4^- + H_2O \rightleftharpoons H_3O^+ + SO_4^{2-}$
   (c) $H_3PO_4 + CN^- \rightleftharpoons HCN + H_2PO_4^-$
   (d) $HS^- + OH^- \rightleftharpoons H_2O + S^{2-}$

산과 염기의 수용액 성질

13. 수용액에서 다음 물질의 단계별 반응에 대한 방정식을 쓰고 짝산-짝염기를 나타내어라
   (a) H_2SO_4; (b) H_2SO_3.
14. 수용액에서 용해도와 이온화의 정도를 구별하여라. 두 개념의 의미를 설명하는 특별한 예들을 들어라.

양쪽성

15. 수산화알루미늄의 Lewis 화학식을 쓰고 양쪽성 성질을 가질 수 있는 성질을 설명하여라.

16. 물이 양쪽성 양성자성(amphiprotic)이라고 말할 때 의미하는 뜻은 무엇인가? (a) 물을 양쪽성(amphoteric)으로도 설명할 수 있는가? 이유는? (b) 물이 양쪽성 양성자성 성질을 가지는 반응에 대하여 두 방정식을 써서 설명하여라.

산의 세기

17. 다음의 각 물질을 (a) 강염기, (b) 불용성 염기, (c) 강산, 또는 (d) 약산으로 분류하여라: LiOH; HCl; $Ba(OH)_2$; $Cu(OH)_2$; H_2S; H_2CO_3; H_2SO_4; $Zn(OH)_2$.
18. (a) 같은 족의 2성분 양성자 산에서 산의 세기가 증가하는 순서를 설명하여라. (b) HF, HCl, HBr 그리고 HI에서는 어떠한가? (c) (b)에 주어진 산에서 각 짝염기의 세기가 증가하는 순서는 어떻게 되는가? 그 이유는? (d) 같은 족인 H_2O, H_2S, H_2Se 그리고 H_2Te에 대하여도 위의 설명이 적용되는가? 그 이유는?
19. (a) 각 쌍에서 더 강산은 어느 것인가? (1) NH_4^+, NH_3; (2) H_2O, H_3O^+; (3) HS^-, H_2S; (4) HSO_3^-, H_2SO_3. (b) 산성과 전하는 어떤 관계가 있는가?
20. 산성이 감소하는 순서로 나열하여라: (a) H_2O, H_2Se, H_2S; (b) HI, HCl, HF, HBr; (c) H_2S, S^{2-}, HS^-.
21. HCl과 HNO_3이 물과 반응할 때 방정식을 써서 물의 평준화 효과를 설명하여라.

3성분 산

22. 다음의 산에서 산의 세기가 증가하는 순서와 그 짝염기에서 염기의 세기가 증가하는 순서를 설명하여라. (a) H_2SO_3, H_2SO_4; (b) HNO_2, HNO_3; (c) H_3PO_3, H_3PO_4; (d) HClO, $HClO_2$, $HClO_3$, $HClO_4$.
23. 다음 산의 세기가 증가하는 순서를 써라: (a) 황산, 인산, 과염소산; (b) HIO_3, HIO_2, HIO, HIO_4; (c) 아셀레늄산, 아황산, 아텔루르산; (d) 황화수소산, 셀렌수소산, 텔루르수소산; (e) H_2CrO_4, H_2CrO_2, $HCrO_3$, H_3CrO_3.

산과 염기의 반응

24. 다음 물질을 강전해질 또는 약전해질로 분류하여라: NH_4Cl; HI; C_6H_6; RaF_2; $Zn(CH_3COO)_2$; $Cu(NO_3)_2$; CH_3COOH; $C_{12}H_{22}O_{11}$(설탕); LiOH; $KHCO_3$; $NaClO_4$; $La_2(SO_4)_3$; I_2.
25. 다음 물질을 강전해질 또는 약전해질로 분류하고 (a) 강산, (b) 강염기, (c) 약산, 그리고 (d) 약염기로 나열하여라. NaCl; $MgSO_4$; HCl; CH_3COOH; $Ba(NO_3)_2$; H_3PO_4; $Sr(OH)_2$; HNO_3; HI; $Ba(OH)_2$; LiOH; C_3H_5COOH; NH_3; CH_3NH_2; KOH; HCN; $HClO_4$.
26. 빈칸에 해당하는 물질의 화학식을 쓰고 화학방정식을 완결하여라.
    (a) $Ba(OH)_2 + ? \longrightarrow BaSO_4(s) + 2H_2O$
    (b) $FeO(s) + ? \longrightarrow Fe(NO_3)_2(aq) + H_2O$
    (c) $HCl(aq) + ? \longrightarrow AgCl(s) + ?$
    (d) $Na_2O + ? \longrightarrow 2NaOH(aq)$
    (e) $NaOH + ? \longrightarrow Na_2HPO_4(aq) + ?$
    (두 개의 가능한 답)
27. (a) 다음 화합물들 중에서 염은 어느 것인가? $CaCO_3$; Na_2O; $U(NO_3)_5$; $AgNO_3$; $Sr(CH_3COO)_2$. (b) 이 염들이 생성되는 산-염기 반응을 써라.

산성 염과 염기성 염

28. 다음의 염은 잔디용 비료의 성분이다. 진한 산성 용액과 NH_3 기체의 반응으로 만들어진다. 반응으로 생긴 열은 대부분의 물을 증발시킨다. 각 물질의 생성을 보여주는 균형 화학식 단위 방정식을 써라. (a) NH_4NO_3; (b) $NH_4H_2PO_4$;

(c) $(NH_4)_2HPO_4$; (d) $(NH_4)_3PO_4$; (e) $(NH_4)_2SO_4$.

29. 염기성 염은 무엇인가? (a) 다음의 염기성 염이 만들어지는 산과 염기의 반응에 대한 균형 방정식을 써라: $Ca(OH)Cl$; $Al(OH)_2Cl$; $Al(OH)Cl_2$. (b) 각 반응에 필요한 산과 염기의 몰 비를 나타내어라.

30. 이양성자 산인 옥살산($(COOH)_2$)의 단계적인 이온화에 대하여 화학 방정식을 써라.

Lewis 이론

31. 암모니아와 물로부터 암모늄 이온이 생성되는 것을 이용하여 Brønsted-Lowry와 Lewis 산-염기 이론 사이의 차이점을 설명하여라.

32. 다음 방정식에서 각 화학종에 대한 Lewis 화학식을 써라. Lewis 이론에 의거하여 산과 염기를 분류하여라.

(a) $H_2O + H_2O \rightleftharpoons H_3O^+ + OH^-$

(b) $HCl(g) + H_2O \rightarrow H_3O^+ + Cl^-$

(c) $NH_3(g) + H_2O \rightleftharpoons NH_4^+ + OH^-$

(d) $NH_3(g) + HCl(g) \rightarrow NH_4Cl(s)$

33. 다음 반응에서 Lewis 산과 염기 그리고 전자쌍 주게와 받게 원자로 구별하여라.

$$H_3N: + BF_3 \longrightarrow H_3N-BF_3$$

34. 요오드(I_2)는 H_2O에서보다 요오드화칼륨(KI) 수용액에서 훨씬 잘 녹는다. 용액에서 발견된 음이온은 I_3^-였다. I_3^-가 생기는 반응을 Lewis 산과 Lewis 염기를 나타낸 방정식으로 나타내어라.

복합 문제

35. 다음을 (i) 산성, (ii) 염기성 또는 (iii) 양쪽성으로 분류하여라. 모든 산의 산화물은 물에 용해되거나 물과 접촉하고 있다고 가정하자. (a) Cs_2O; (b) Cl_2O_5; (c) HCl; (d) $SO_2(OH)_2$; (e) HNO_2; (f) Al_2O_3; (g) BaO; (h) H_2O; (i) CO_2; (j) SO_2.

36. (a) H_3PO_4, NH_4^+ 및 OH^-의 짝염기와 HSO_4^-, PH_3 및 PO_4^{3-}의 짝산을 나타내어라. (b) NO_2^-는 NO_3^-보다 강염기이다. 그 이유는 질산 (HNO_3) 또는 아질산 (HNO_2) 중 어느 것이 더 강산이기 때문인가?

수용액에서 산-염기 반응: 계산

몰 농도

37. 주어진 부피와 용질의 질량에 따라 다음 용액의 몰 농도를 계산하여라; (a) 용액 500 mL에 45 g의 H_3AsO_4; (b) 용액 600 mL에 8.3 g의 $(COOH)_2$; (c) 용액 750 mL에 8.25 g의 $(COOH)_2 \cdot 2H_2O$

38. 용액 750 mL에 75.0 g의 질산아연(II)이 녹았다. 용액의 몰 농도를 구하여라.

39. 질량 39.77%인 H_2SO_4 용액의 몰 농도를 계산하여라. 용액의 비중은 1.305이다.

40. 3.00 *M* HCl 용액 500 mL와 3.00 *M* LiOH 용액 500 mL가 혼합되어 생긴 염 용액의 몰 농도를 구하여라(용액의 부피는 각각의 부피를 더한 값으로 계산하여라). 생성된 염의 화학명과 화학식을 써라.

41. 0.00100 *M* $Mg(OH)_2$ 용액 3.60 mL와 0.00100 *M* H_2SO_4 용액 3.60 mL가 혼합되어 생성된 염 용액의 몰 농도를 구하여라. 생성된 염의 화학명과 화학식을 써라.

42. 2.00 *M* H_2SO_4 용액 32.5 mL와 4.00 *M* NaOH 용액 32.5 mL가 혼합되어 생긴 염 용액의 몰 농도를 구하여라. 생성된 염의 화학명과 화학식을 써라.

43. 0.125 *M* $Ba(OH)_2$ 용액 5.00 mL와 0.0650 *M* HI 용액 12.0 mL가 혼합되어 생성된 요오

드화바륨 용액의 몰 농도를 구하여라. 생성된 염의 화학명과 화학식을 써라.

44. 12.0 *M* HCl 용액 44.0 mL와 8.00 *M* NH_3 용액 37.0 mL가 혼합되어 생성된 염화암모늄 용액의 몰 농도를 구하여라.

45. 0.100 *M* H_2SO_4 용액 35.0 mL를 완전히 중화하는데 0.300 *M*의 수산화칼륨 용액이 얼마나 필요한가?

산화-환원 방정식에서 계수 맞추기

46. 다음 방정식의 계수를 맞추어라. 각 방정식에서 산화된 물질, 환원된 물질, 산화제 그리고 환원제를 지적하여라.

(a) $Cu(NO_3)_2(s) \xrightarrow{\text{가열}} CuO(s) + NO_2(g) + O_2(g)$

(b) $Hg_2Cl_2(s) + NH_3(aq) \longrightarrow Hg(\ell) + HgNH_2Cl(s) + NH_4^+(aq) + Cl^-(aq)$

(c) $Ba(s) + H_2O(\ell) \longrightarrow Ba(OH)_2(aq) + H_2(g)$

47. 다음 방정식의 계수를 맞추어라. 각 방정식에서 산화된 물질, 환원된 물질, 산화제 그리고 환원제를 지적하여라.

(a) $C_2H_4(g) + MnO_4^-(aq) + H^+(aq) \longrightarrow CO_2(g) + Mn^{2+}(aq) + H_2O(\ell)$

(b) $H_2S(aq) + H^+(aq) + Cr_2O_7^{2-}(aq) \longrightarrow Cr^{3+}(aq) + S(s) + H_2O(\ell)$

(c) $ClO_3^-(aq) + H_2O(\ell) + I_2(s) \longrightarrow IO_3^-(aq) + Cl^-(aq) + H^+(aq)$

(d) $Cu(s) + H^+(aq) + SO_4^{2-}(aq) \longrightarrow Cu^{2+}(aq) + H_2O(\ell) + SO_2(g)$

48. 다음 방정식의 계수를 맞추어라. 각 방정식에서 산화된 물질, 환원된 물질, 산화제 그리고 환원제를 지적하여라.

(a) $Cr(OH)_4^-(aq) + OH^-(aq) + H_2O_2(aq) \longrightarrow CrO_4^{2-}(aq) + H_2O(\ell)$

(b) $MnO_2(s) + H^+(aq) + NO_2^-(aq) \longrightarrow NO_3^-(aq) + Mn^{2+}(aq) + H_2O(\ell)$

(c) $Sn(OH)_3^-(aq) + Bi(OH)_3(s) + OH^-(aq) \longrightarrow Sn(OH)_6^{2-}(aq) + Bi(s)$

(d) $CrO_4^{2-}(aq) + H_2O(\ell) + HSnO_2^-(aq) \longrightarrow CrO_2^-(aq) + OH^-(aq) + HSnO_3^-(aq)$

49. 다음의 산성 용액에서의 반응에 대한 이온 반응식의 계수를 맞추어라. 필요하다면 H^+ 또는 H_2O (OH^-는 안됨)를 추가하여도 좋다.

(a) $Fe^{2+}(aq) + MnO_4^-(aq) \longrightarrow Fe^{3+}(aq) + Mn^{2+}(aq)$

(b) $Br_2(\ell) + SO_2(g) \longrightarrow Br^-(aq) + SO_4^{2-}(aq)$

(c) $Cu(s) + NO_3^-(aq) \longrightarrow Cu^{2+}(aq) + NO_2(g)$

(d) $PbO_2(s) + Cl^-(aq) \longrightarrow PbCl_2(s) + Cl_2(g)$

(e) $Zn(s) + NO_3^-(aq) \longrightarrow Zn^{2+}(aq) + N_2(g)$

50. 다음 반응에 대한 균형 알짜 이온 반응식을 써라. 그리고 괄호 속에 주어진 반응물을 사용하여 균형 알짜 이온 반응식을 균형 화학식 단위 방정식으로 변환시켜라.

(a) $MnO_4^- + C_2O_4^{2-} + H^+ \longrightarrow Mn^{2+} + CO_2 + H_2O$
($KMnO_4$, HCl 그리고 $K_2C_2O_4$)

(b) $Zn + NO_3^- + H^+ \longrightarrow Zn^{2+} + NH_4^+ + H_2O$
(Zn(s) 그리고 HNO_3)

복합 문제

51. 0.4011 g의 탄산나트륨과 염산 32.75 mL가 반응하였다. 이 염산 용액의 몰 농도를 구하여라.

52. 0.110 *M* NaOH 용액 25.5 mL와 반응하는 HCl의 mmol 수를 구하여라. HCl 용액의 농도가 0.303 *M*일 때 위의 양을 제공하는데 필요한 부피는 얼마인가?

53. 1.58 g의 $Ca(OH)_2$을 완전히 중화하는데 필요한 0.1123 *M* HCl 용액의 부피는 얼마인가?

54. 0.302 *M* KOH 용액 39.4 mL를 완전히 중화하는데 필요한 0.246 *M* H_2SO_4 용액의 부피는 얼마인가?

55. 다음의 적정에 필요한 0.250 *M* HI 용액의 부피를 구하여라.

(a) 0.100 *M* NaOH 용액 25.0 mL

(b) 5.03 g의 $AgNO_3$ ($Ag^+ + I^- \longrightarrow AgI(s)$)

(c) 0.621 g의 $CuSO_4$ ($2Cu^{2+} + 4I^- \longrightarrow 2CuI(s) + I_2(s)$)

제 9 장

기체와 분자 운동론

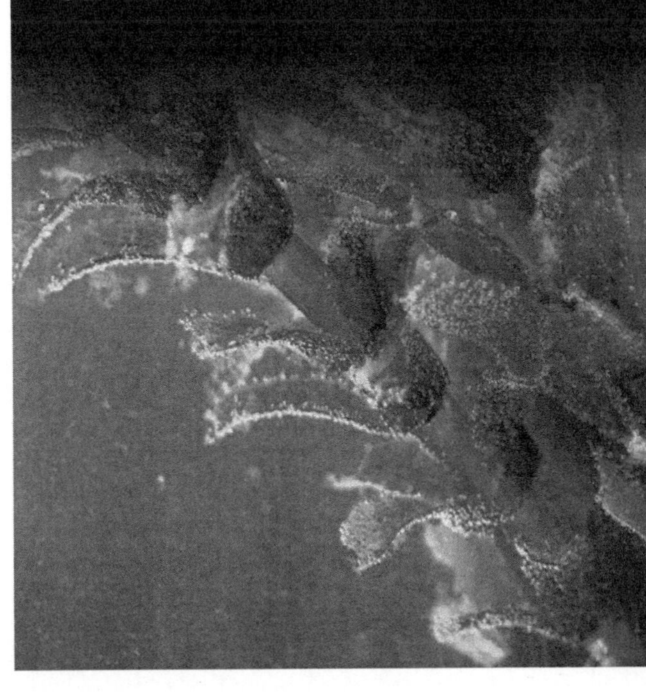

물 속의 녹색 식물이 물을 산화시킨다. 기체 상태의 산소(O_2)를 형성하여 거품이 발생한다.

[개 요]

9-01 고체, 액체 및 기체의 비교
9-02 대기의 조성과 기체의 몇 가지 일반적인 성질
9-03 압력
9-04 보일의 법칙: 부피-압력 관계
9-05 샤를의 법칙: 부피-온도 관계;절대 온도
9-06 표준 온도와 압력
9-07 결합 기체 법칙 방정식
9-08 아보가드로의 법칙과 표준 몰 부피
9-09 기체 법칙의 요약: 이상 기체 방정식
9-10 기체 물질의 분자량과 분자식 결정
9-11 돌턴의 분압 법칙
9-12 기체와 관련된 반응에서 질량-부피 관계
9-13 분자 운동론
9-14 기체의 확산과 분출
9-15 실제 기체: 이상성에서의 벗어남

[학습 목표]

이 장의 학습 목표는 다음과 같다.

· 기체의 특성을 나열하고 기체, 액체, 고체의 비교
· 압력을 측정하는 방법의 이해
· 절대 온도 단위 사용의 이해
· 기체의 압력, 부피, 온도와 양의 관계
(보일의 법칙, 샤를의 법칙, 결합 기체 법칙, 아보가드로의 법칙)
그리고 각각의 한계를 이해
· 기체의 압력, 부피, 온도와 양의 변화를 측정하기 위하여
보일의 법칙,
샤를의 법칙, 결합된 기체 법칙, 아보가드로의 법칙의 사용
· 기체 밀도와 표준 몰 부피의 계산
· 기체 시료와 관련하여 압력, 부피, 온도와 몰 계산을 하기 위하여
이상 기체 방정식의 이용
· 측정된 기체의 특성으로부터 분자량과 기체 물질의 분자식을 결정
· 기체 혼합물이 어떻게 거동하는지 이해하고, 그들의 성질을 예측
· 화학 반응에서 관련된 기체에 관한 계산
· 기체의 분자 운동론을 응용하고 관찰된 기체 법칙과 어떻게
일치하는지 이해
· 기체의 분자 운동, 확산과 분출의 기술
· 실제 기체의 비이상적인 거동을 일으키는 분자의 특성을 이해하고
비이상적인 거동이 언제 중요한가를 설명

9-01 고체, 액체 및 기체의 비교

물질은 세 가지 물리적 상태인 고체, 액체 그리고 기체 상태로 존재한다. H_2O는 고체 상태에서는 얼음, 액체 상태에서는 물, 기체 상태에서는 수증기로 알려져 있다. 모든 물질은 아니지만 대부분의 물질은 세 가지 상태로 존재할 수 있다.

가열하면 거의 모든 고체는 액체로 변하고, 액체는 기체로 변한다. 액체와 기체 상태의 물질은 이동할 수 있기 때문에 **유체**(fluid)로 알려져 있다. 고체와 액체는 기체보다 훨씬 큰 밀도를 가지고 있기 때문에 **응축된 상태**(condensed state)라고 한다. 표 9-1은 각 상태에서 몇 가지 대표적인 물질들의 밀도를 나타내고 있다.

표 9-1 대기압에서 세 가지 물질의 밀도와 몰 부피

물질	고체		액체(20 ℃)		기체(100 ℃)	
	밀도 (g/mL)	몰 부피 (mL/몰)	밀도 (g/mL)	몰 부피 (mL/몰)	밀도 (g/mL)	몰 부피 (mL/몰)
물(H_2O)	0.917(0℃)	19.6	0.998	18.0	0.000588	30,600
벤젠(C_6H_6)	0.899(0℃)	86.9	0.876	89.2	0.00255	30,600
사염화탄소(CCl_4)	1.70(−25℃)	90.5	1.59	96.8	0.00503	30,600

표 9-1에서 알 수 있듯이, 고체와 액체는 기체보다 수십 배나 더 큰 밀도를 가진다. 기체 상태에서는 분자들이 매우 멀리 떨어져 있고, 액체와 고체 상태에서는 서로 가깝게 존재한다. 예를 들어, 액체인 물 1몰의 부피는 약 18 mL인 반면에 기체인 수증기 1몰은 100 ℃, 1기압에서 약 30,600 mL를 차지한다. 기체는 쉽게 압축되고 용기 전체에 분포된다. 이것은 기체 상태에서 분자의 크기와 분자 간의 거리를 비교할 때 분자는 상대적으로 매우 멀리 떨어져 있으며, 분자 사이에 작용하는 인력이 약하다는 것을 말해준다. 기체 분자 간의 인력은 기체 분자가 아주 빠른 운동을 하지 않는 경우를 제외하고 매우 미미하다(거리가 너무 떨어져 있기 때문에).

실온에서 기체 상태인 물질은 냉각이나 압력을 가하여 액화시킬 수 있다. 휘발성 액체는 실온이나 그보다 약간 높은 온도에서 쉽게 기체로 변한다. **증기**(vapor)는 액체의 증발이나 고체의 승화로 생성된 기체를 말한다.

9-02 대기의 조성과 기체의 몇 가지 일반적인 성질

많은 중요한 화학 물질들은 보통의 조건에서 기체로 존재한다. 지구의 대기는 기체 혼합물과 액체와 고체 상태의 입자로 구성되어 있다(표 9-2). 주요 기체 성분은 N_2(bp −195.79 ℃)와 O_2(bp −182.98 ℃)이며 아주 적은 농도의 다른 기체들과 섞여 있다. 모든 기체는 서로 쉽게 섞인다. 즉 서로 반응하지 않는다면 완전히 혼합된다.

유명한 토리첼리(Torricelli, 1643), 보일(Boyle, 1660), 샤를(Charles, 1787) 그리고 그라함

표 9-2 건조한 공기의 조성

기체	부피 %
N_2	78.09
O_2	20.94
Ar	0.93
CO_2	0.03*
He, Ne, Kr, Xe	0.002
CH_4	0.00015*
H_2	0.00005
그외 성분[†]	< 0.00004

*변화 가능

[†]대기 습기는 변화 가능하다.

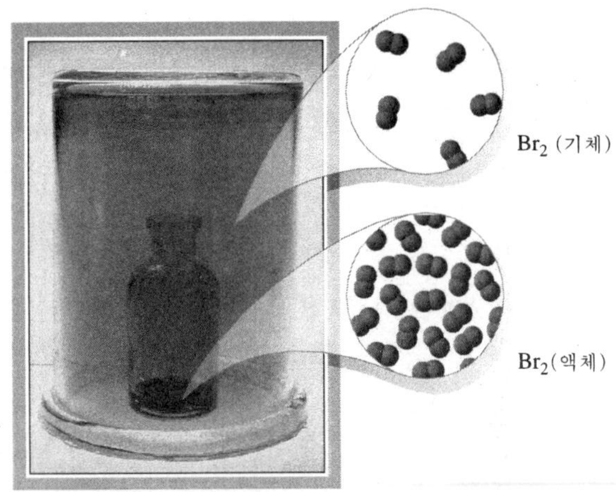

▲ **공기 중으로 브롬의 확산.** 약간의 액체 브롬(짙은 적갈색)이 안쪽의 작은 병 속에 놓여 있다. 액체가 증발하여 생긴 적갈색 기체는 확산된다.

(Graham, 1831) 등 몇 명의 과학자들은 우리가 현재 이해하고 있는 기체의 기본적 성질에 관한 실험적 기초를 쌓았다. 그들의 연구는 다음과 같다.

1. 기체는 더 작은 부피로 압축될 수 있다. 즉 기체의 밀도는 증가된 압력에 따라 증가될 수 있다.
2. 기체는 주위에 압력을 가한다. 달리 말하면 압력은 기체를 가두는 힘을 발휘한다.
3. 기체는 한없이 팽창하므로 어떤 부피의 용기도 완전하고 균일하게 채운다.
4. 기체는 서로 확산하므로 같은 용기에 있는 기체 시료들은 완전히 섞인다. 역으로 말하면 기체는 혼합물에서는 저절로 분리되지 않는다.
5. 기체의 양과 성질은 온도, 압력, 차지하는 부피 그리고 존재하는 분자 수로 결정한다. 예를 들어 기체 시료는 같은 압력에서 온도가 낮을 때보다 높을 때 더 큰 부피를 차지한다. 그러나 분자 수는 변하지 않는다.

9-03 압력

압력(pressure)은 단위 면적에 작용하는 힘으로 정의된다. 압력을 나타내는 단위는 여러 종류가 있다. 예를 들어 제곱인치 당 파운드(lb/in.^{2})는 일반적으로 *psi*로 알려져 있다. 수은 **기압계**(barometer)는 대기압을 측정하는 간단한 기구이다.

그림 9-1a는 수은 기압계의 "핵심"을 나타내었다. 한쪽 끝이 막혀 있는 유리관(약 800 mm 길이)에 수은을 채우고 이 관을 공기가 들어가지 않도록 조심스럽게 수은이 담겨 있는 용기 속으로 뒤집어 세운다. 유리관에 있는 수은의 높이는 용기에 담긴 수은의 표면에 작용하는 공기의 압력과 유리관 속의 수은에 작용하는 중력과 같아지는 높이이다.

공기의 압력은 수은주의 높이, 즉 열려진 용기의 수은 표면과 닫힌 유리관 속의 수은주의 높이의 차이로 측정된다. 대기에 의한 압력은 수은주에 의한 압력과 같다.

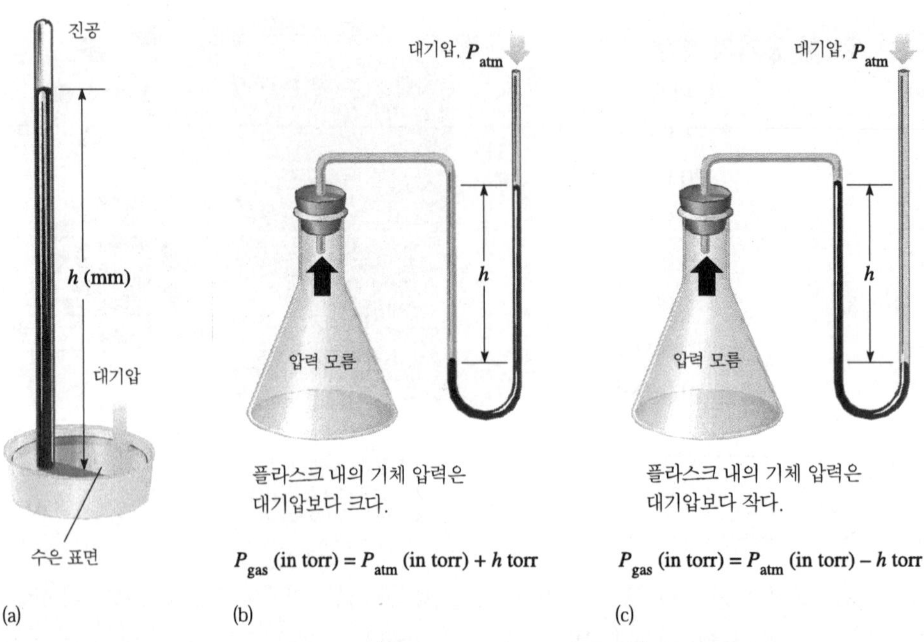

그림 9-1 압력을 측정하는 몇 가지 실험 장치. (a) 한쪽이 막힌 기압계의 설계도. 수은 표면에서는 관의 안쪽과 바깥쪽의 압력은 대기의 압력과 같아야 한다. 관의 안쪽에는 공기가 없기 때문에 압력은 수은주의 mm 높이와 같다. 그러므로 대기압은 *h* mmHg 또는 *h* torr의 압력과 같다. (b) 두 개의 유리관을 갖는 두 팔(two-arm) 수은 기압계를 압력계라 한다. 이 시료에서 플라스크 속에 기체의 압력은 외부의 대기압보다 크다. 더 낮은 수은 표면의 높이에서 왼쪽 유리관에 있는 수은의 전체 압력은 오른쪽 유리관에 있는 수은의 전체 압력과 같다. 기체에 의한 압력은 외부 압력에 수은주의 높이 *h* mm 높이를 더한 압력, 또는 $P_{기체}$(torr) = $P_{대기압}$ (torr) + *h* torr와 같다. (c) 압력계로 측정된 기체 압력이 외부 대기압보다 작을 때 대기에 의해 가해지는 압력은 기체 압력에 수은주가 가하는 압력을 더한 값, 또는 $P_{대기압} = P_{기체} + h$이다. 이것은 $P_{기체}$ (torr) =$P_{대기압}$ (torr) − *h* torr로 나타낼 수 있다.

수은 기압계는 간단하고 잘 알려져 있으므로 기체의 압력은 때때로 수은주의 밀리미터 높이(mm Hg, 또는 mm)로 표현된다. 최근에는 **torr** 단위가 사용된다. 즉 1 torr = 1 mm Hg로 정의된다. 이 torr 단위는 수은 기압계를 발명한 토리첼리(Evangelista Torricelli, 1608 ~ 1647)의 이름에서 유래했다.

압력계(manometer)도 부분적으로 수은이 채워진 U자 유리관으로 구성되어 있다. U자 유리관의 한쪽은 대기와 접하고, 다른 한쪽은 기체의 용기와 접하고 있다(그림 9-1b, c).

대기압은 대기의 조건과 해발 높이에 따라 변한다. 해발이 높을수록 위에 존재하는 공기의 무게가 감소하기 때문에 대기압은 감소한다. 대기압은 해발 20,000피트가 되면 약 절반이 된다. 등산객과 안내인은 고도를 알기 위하여 휴대용 기압계를 사용한다(그림 9-2). 고도 45°인 해수면의 평균 대기압은 수은이 0 ℃인 간단한 수은 기압계로 760 mm Hg를 나타낸다. 760 mm Hg의 평균 해수면의 압력을 **1 대기압**(one atmosphere of pressure)이라 부른다.

1 대기압(atm) = 0 ℃에서 760 mm Hg = 760 torr

압력의 SI 단위는 **파스칼**(pascal, Pa)로 1 파스칼은 1 제곱미터의 면적에 1 **뉴턴**(newton, N)의 힘이 작용할 때의 압력이다. 1 뉴턴은 1 kg의 물체를 1 m/s^{2}의 가속도로 움직이게 하는 힘이다. 1 뉴턴은 다음과 같다.

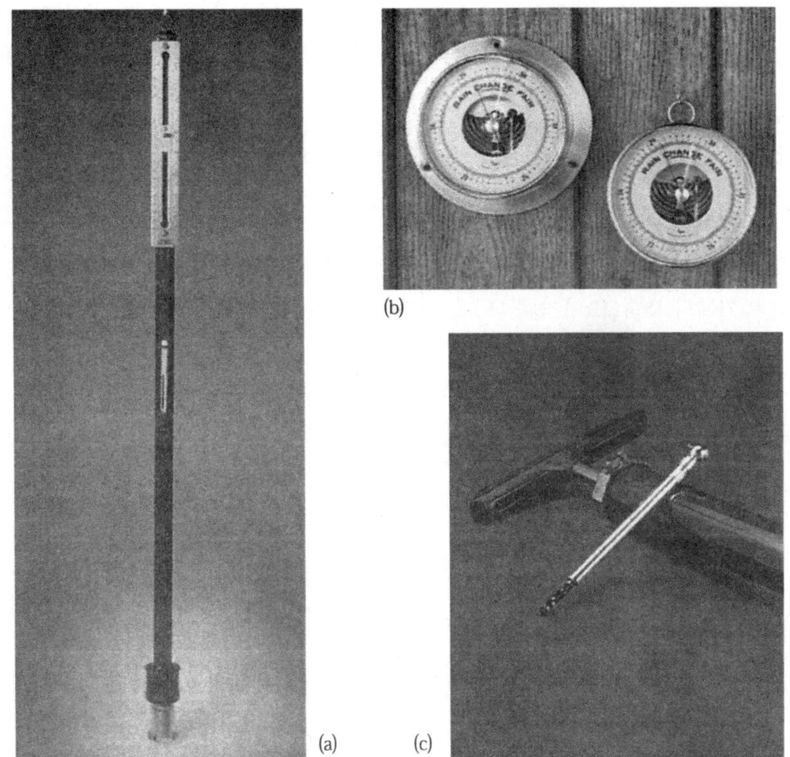

그림 9-2 몇 개의 상품화된 압력 측정 장치. (a) 상업용 수은 기압계. (b) 휴대용 기압계. 이 형태는 수은을 사용하지 않는다. 밀폐된 상자에서 공기의 일부를 제거하고 이 상자를 얇고 유연한 금속으로 만든다. 대기의 압력이 변할 때, 상자 속의 남은 공기가 팽창 또는 수축으로 유연한 상자 표면을 움직여 눈금을 따라 접촉된 바늘이 움직이게 된다. (c) 타이어 계기판(gauge). 이것은 "상대적" 압력 계기판 표의 일종, 즉 내부 압력과 외부 대기압의 차이이다. 예를 들어 눈금이 30 psi(제곱인치 당 파운드)를 가리키면 타이어 기체의 전체 압력은 30 psi + 1 atm 또는 약 45 psi이다. 공학 용어로 이것은 "psig"(g=gauge)라 한다.

$$1\text{ N} = \frac{1\text{ kg}\cdot\text{m}}{\text{s}^2} \quad \text{따라서} \quad 1\text{ Pa} = \frac{1\text{ N}}{\text{m}^2} = \frac{1\text{ kg}}{\text{m}\cdot\text{s}^2}$$

$$1\text{ 대기압} = 1.01325\times 10^5\text{ Pa 또는 } 101.325\text{ kPa}$$

9-04 보일의 법칙: 부피-압력 관계

보일(Robert Boyle, 1627~1691)은 기체의 거동에 관한 실험을 하였다. 먼저 U자관에 기체 시료를 넣어 트랩으로 막고 일정한 온도가 되도록 한다(그림 9-3). 다음에 기체의 부피와 두 수은주의 높이 차이를 기록한다. 이때 기체의 압력은 높이 차이에 대기압을 더하면 된다. U자관에 수은을 더 첨가하면 수은주의 높이 변화로 압력이 증가한다. 그 결과 기체의 부피는 감소한다. 이와 같은 몇 가지 실험 결과를 그림 9-4a에 표로 만들었다.

보일은 실험을 통하여 일정한 온도에서 일정 질량의 기체가 차지하는 부피와 압력의 곱(PV)은 항상 같은 값을 가진다는 것을 보여주었다.

> 주어진 온도에서 일정 질량의 기체가 가지는 압력과 부피의 곱은 일정하다.
>
> $$PV = k \qquad (\text{단 } n, T\text{는 일정})$$

이 관계를 **보일의 법칙**(Boyle's Law)이라 한다. k의 값은 기체의 양(몰 수, n)과 온도, T에 따라 변한다. k의 단위는 기체의 부피(V)와 압력(P)을 나타내는 단위에 의해 결정된다.

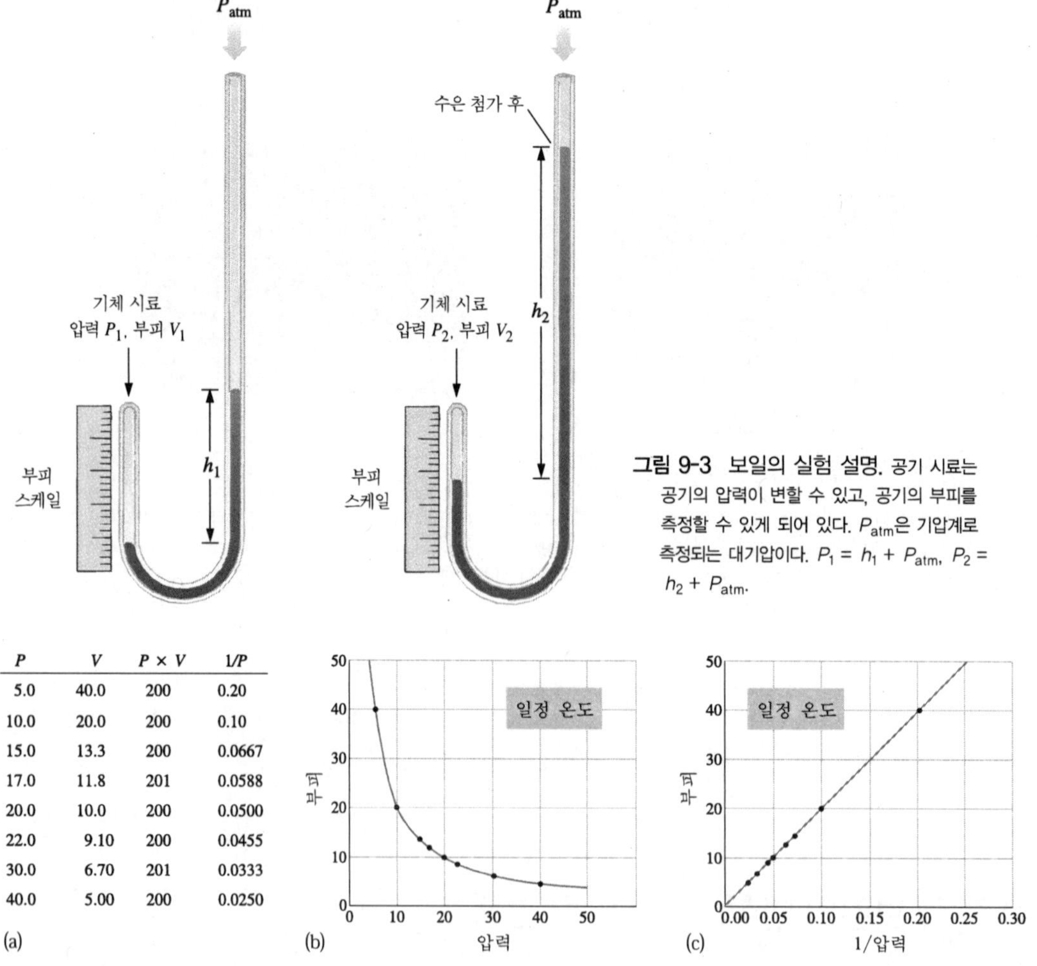

그림 9-3 보일의 실험 설명. 공기 시료는 공기의 압력이 변할 수 있고, 공기의 부피를 측정할 수 있게 되어 있다. P_{atm}은 기압계로 측정되는 대기압이다. $P_1 = h_1 + P_{atm}$, $P_2 = h_2 + P_{atm}$.

P	V	$P \times V$	$1/P$
5.0	40.0	200	0.20
10.0	20.0	200	0.10
15.0	13.3	200	0.0667
17.0	11.8	201	0.0588
20.0	10.0	200	0.0500
22.0	9.10	200	0.0455
30.0	6.70	201	0.0333
40.0	5.00	200	0.0250

(a) (b) (c)

그림 9-4 (a) 그림 9-3의 실험에서 얻은 몇 가지 대표적인 실험 값. P와 V의 측정 값은 임의의 단위로 자료 첫 두 줄의 세로줄에 나타내었다. (b, c) (a)의 자료를 사용하여 보일의 법칙을 그래프로 나타낸 그림. (b) V 대 P. (c) V 대 $1/P$.

일정한 온도에서 기체의 부피를·압력에 따라 도시한 결과는 쌍곡선의 일부분이 된다. 그림 9-4b는 이것의 역수 관계 그래프이다. 부피를 압력의 역수($1/P$)에 대해 도시하면 결과는 직선이 된다(그림 9-4c). 1662년에 보일은 여러 종류의 기체 시료를 실험한 결과를 보일 법칙의 몇 가지 다른 표현으로 요약하였다.

일정한 온도에서 일정 질량의 기체가 차지하는 부피(V)는 작용하는 압력(P)에 반비례한다.

$$V \propto \frac{1}{P} \qquad \text{또는} \qquad V = k\left(\frac{1}{P}\right) \quad (\text{단 } n, T\text{는 일정})$$

보통의 온도와 압력 조건에서 대부분의 기체들은 보일의 법칙에 잘 적용된다. 이것을 *이상적인 거동*(ideal behavior)이라 한다.

이제 압력과 부피의 조건은 다르지만 일정한 온도에서 일정 질량의 기체에 대하여 생각해 보자(그림 9-3). 첫 번째 조건은 다음과 같이 쓸 수 있다.

$$P_1V_1 = k \quad (\text{단 } n, T\text{는 일정})$$

그리고 두 번째 조건은 다음과 같이 쓸 수 있다.

$$P_2V_2 = k \quad (\text{단 } n, T\text{는 일정})$$

이 방정식의 우변이 같으므로 좌변도 같다.

$$P_1V_1 = P_2V_2 \quad (\text{일정한 온도, 일정 질량의 기체})$$

보일의 법칙에 대한 이 식은 다음 예에서 알 수 있듯이 압력과 부피가 변하는 계산법에 유용하다.

예제 9-1 *보일의 법칙 계산*

1.2 atm에서 12 L를 차지하는 기체 시료가 있다. 압력을 2.4 atm으로 증가시키면 이 기체의 부피는 얼마인가?

계획

기체의 처음 압력에서 부피를 알고 이것을 이용하여 기체의 압력이 변할 때 부피 변화를 구하고자 한다(일정한 온도). 이것은 보일의 법칙을 사용하면 된다. 알고 있는 양과 알고자 하는 양을 표로 만든 후, 구하려는 양(V_2)에 대하여 보일의 법칙 방정식을 푼다.

풀이

V_1 = 12 L　　P_1 = 1.2 atm

V_2 = ?　　P_2 = 2.4 atm

보일의 법칙 $P_1V_1 = P_2V_2$을 V_2에 대하여 푼다.

$$V_2 = \frac{P_1V_1}{P_2} = \frac{(1.2\ \text{atm})(12\ \text{L})}{2.4\ \text{atm}} = 6.0\ \text{L}$$

문제 풀이 요령

보일의 법칙 계산에서 단위

보일의 법칙 계산에 부피와 압력으로 어떤 단위를 사용하는 것이 적당할까? $P_1V_1 = P_2V_2$ 식에서 보일의 법칙은 $V_1/V_2 = P_2/P_1$으로 쓸 수 있다. 이 식은 기체의 부피 비와 관련이 있으므로 기체의 부피로 리터, 밀리리터, 입방피트 등 사용하는 두 부피의 단위만 같다면 어떤 종류라도 무관하다. 이와 마찬가지로 보일의 법칙도 기체의 압력 비와 관련이 있으므로 압력으로 기압, 토르, 파스칼 등 사용하는 단위만 같다면 무관하다.

9-05 샤를의 법칙: 부피-온도 관계; 절대 온도

기체의 압력-부피에 대한 연구에서 보일은 기체 시료를 가열하면 부피가 약간 변한다는 것을 인식했으나 큰 관심을 가지지는 않았다. 1800년대에 프랑스의 두 과학자 샤를(Jacques Charles, 1746～1823)과 게이 루삭(Joseph Gay-Lussac, 1778～1850)은 온도 증가에 따른 기체의 팽창에 대한 연구를 시작했다. 압력이 일정한 조건에서 온도 증가에 따른 기체의 부피 팽창 비는 일정하였으며, 관찰한 모든 기체에서 동일한 결과를 얻었다. 이 발견의 중요성이 거의 100년이 지난 후에 완전히 인식되었다. 그 후 과학자들은 기체의 거동에 새로운 온도 눈금인 절대 온도 눈금을 사용하였다.

일정한 압력에서 온도에 따른 부피 변화를 그림 9-5에 나타내었다. 그림 9-5b표의 자료에서 온도(t, ℃)가 증가하면 기체의 부피(V, mL)가 증가하는 것을 볼 수 있다. 그러나 이것의 양적인 관계는 아직 불분명하다. 이 자료들(선 A)을 그림 9-5c(선 A)에 다른 압력(선 B, C)에서 같은 기체 시료에 대한 실험 자료와 함께 도시하였다.

영국 물리학자, 켈빈(Lord Kelvin)은 기체의 온도에 대한 부피 변화 선을 부피가 0인 값으로 연장하면 온도 축이 -273.15로 같은 절편을 가지는 것에 주목하였다. 켈빈은 이 온도를 **절대 영도**(absolute zero)라 하였다. 전 범위에서 1도 눈금은 같은 크기이므로 0 ℃는 절대 온도로 273.15도가 된다. 켈빈의 이와 같은 업적을 기리기 위하여 이 온도 단위를 켈빈 온도 단위라 한다. 1-12절에서 설명하였듯이, 섭씨와 켈빈 온도 단위의 관계는 K = ℃ + 273.15 °이다.

만일 온도(℃)를 그림 9-5c에 있는 녹색 눈금인 절대 온도(K)로 바꾸면, 기체의 부피와 온도 관계는 분명해진다. 이 관계를 **샤를의 법칙**(Charles's Law)이라 부른다.

일정한 압력에서 일정 질량의 기체가 차지하는 부피는 절대 온도에 정비례한다.

수학적인 정리로 샤를의 법칙은 다음과 같이 나타낼 수 있다.

$$V \propto T \text{ 또는 } V = kT \qquad (n, P\text{는 일정})$$

위 방정식을 재배열하여 샤를의 법칙을 $V/T = k$ 로 간단히 나타낸다. 온도가 증가하면 부피도 비례하여

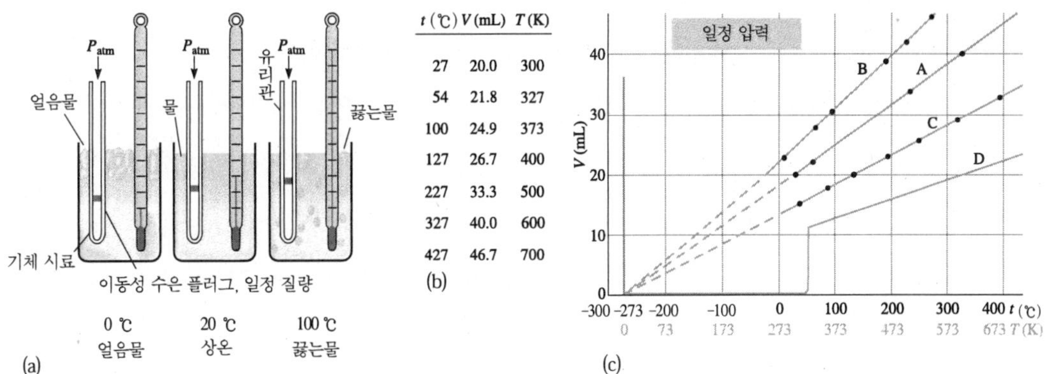

t (℃)	V (mL)	T (K)
27	20.0	300
54	21.8	327
100	24.9	373
127	26.7	400
227	33.3	500
327	40.0	600
427	46.7	700

그림 9-5 일정한 압력에서 온도의 증가에 따른 기체의 부피 증가를 보여주는 실험. (a) 일정 질량의 수은 마개에 더해진 대기압은 잡혀진 공기의 압력을 일정하게 유지한다. (b) 일정한 압력에서 몇 개의 부피-온도 자료. t (℃)에 273 ℃을 더하여 T(K)로 바꾸면 부피-온도 관계가 분명해진다. (c) 부피를 두 가지 다른 눈금의 온도로 도시한 그래프. 선 A, B, C는 같은 질량의 이상 기체를 다른 압력에서 얻은 값이다. 선 A는 (b)의 표에 있는 자료를 나타낸 것이다. 그래프 D는 기체가 냉각되어 액체(이 경우 50 ℃)로 응축되는 거동을 보여준다.

증가한다. 같은 기체 시료에 대한 실험 값들을 조건에 따라 첨자 1, 2를 사용하면 다음과 같이 쓸 수 있다.

$$\frac{V_1}{T_1} = \frac{V_2}{T_2} \qquad \text{(일정한 압력, 일정 질량의 기체)}$$

이 식이 샤를의 법칙에 더 유용하다. 여기서 온도 T는 절대 온도이다.

예제 9-2 *샤를의 법칙 계산*

100 ℃에서 117 mL를 차지하는 질소 기체가 있다. 압력의 변화 없이 기체의 부피를 234 mL로 증가시키면 온도는 몇 ℃인가?

계획

주어진 온도에서 기체의 부피를 알고, 이것을 이용하여 달라진 기체의 부피에서 변한 온도를 구하는 문제이다. 여기에 샤를의 법칙을 이용하면 된다. 이 계산에서 반드시 기억해야 할 것은 섭씨 온도를 절대 온도 단위로 바꾸어야 하는 것이다.

풀이

$V_1 = 117\ \text{mL} \quad V_2 = 234\ \text{mL} \quad T_1 = 100\ ℃ + 273° = 373\ \text{K} \quad T_2 = ?$

$$\frac{V_1}{T_1} = \frac{V_2}{T_2} \quad \text{그리고} \quad T_2 = \frac{V_2 T_1}{V_1} = \frac{(234\ \text{mL})(373\ \text{K})}{(117\ \text{mL})} = \boxed{746\ \text{K}}$$

$$℃ = 746\ \text{K} - 273° = \boxed{473℃}$$

켈빈 단위로 기체의 온도는 373 K에서 746 K로 2배가 되므로 기체의 부피도 2배가 된다.

문제 풀이 요령

샤를의 법칙 계산에서는 단위를 주의하자

샤를의 법칙 계산에서 기체의 부피와 온도에 대한 단위는 어느 것이 적당한가? 방정식 $\frac{V_1}{T_1} = \frac{V_2}{T_2}$는 $\frac{V_1}{V_2} = \frac{T_1}{T_2}$로 쓸 수 있다. 이 식은 기체의 부피 비와 관련이 있으므로 기체의 부피로 리터, 밀리리터, 입방피트 등 사용하는 단위만 같다면 어떤 종류라도 가능하다. 그러나 온도는 둘 다 반드시 절대 온도 단위로 나타내어야 한다. 샤를의 법칙 계산에서는 온도 단위를 반드시 켈빈으로 나타내어야 함을 기억하여라.

9-06 표준 온도와 압력

지금까지 기체의 부피(그리고 밀도)가 온도와 압력의 영향을 받는다는 것을 살펴 보았다. 때때로 기체의 기준점으로 "표준(standard)" 온도와 압력을 정하는 것이 편리하다. **표준 온도와 압력**(standard temperature and pressure, STP)은 국제적인 합의에 의한 것으로 0 ℃(273.15 K)와 1 대기압(760 torr)이다.

9-07 결합 기체 법칙 방정식

보일의 법칙은 일정한 온도와 일정 질량의 기체에서 기체의 압력과 부피의 관계로 $P_1V_1 = P_2V_2$이다. 샤를의 법칙은 일정한 압력에서 기체의 부피와 온도의 관계로 $V_1/T_1 = V_2/T_2$이다. 보일의 법칙과 샤를의 법칙의 결합은 간단한 하나의 식인 **결합 기체 법칙 방정식**(combined gas law equation)으로 주어진다.

$$\frac{P_1V_1}{T_1} = \frac{P_2V_2}{T_2} \quad \text{(일정 질량의 기체)}$$

이 방정식에서 5개의 변수를 안다면 나머지 변수는 계산할 수 있다.
결합 기체 법칙 방정식을 요약하면 다음과 같다.

1. T가 일정할 때 $P_1V_1 = P_2V_2$ (보일의 법칙)
2. P가 일정할 때 $\frac{V_1}{T_1} = \frac{V_2}{T_2}$ (샤를의 법칙)
3. V가 일정할 때 $\frac{P_1}{T_1} = \frac{P_2}{T_2}$

예제 9-3 *결합 기체 법칙 계산*

27 ℃, 985 torr에서 105 L를 차지하는 네온 기체가 있다. 이 기체는 표준 온도와 압력(STP)에서

부피가 얼마인가?

계획

기체 시료의 세 가지 양 P, V 그리고 T가 모두 변하였다. 따라서 결합 기체 법칙 방정식을 사용하는 것이 편리하다. 알고 있는 양과 알고자 하는 양을 표로 만들고 결합 기체 법칙 방정식을 알고자 하는 양(V_2)에 대하여 풀고 주어진 값을 대입한다.

풀이

$V_1 = 105\ \text{L}$ $P_1 = 985\ \text{torr}$ $T_1 = 27\ ℃ + 273° = 300\ \text{K}$

$V_2 = \underline{?}$ $P_2 = 760\ \text{torr}$ $T_2 = 273\ \text{K}$

V_2에 대하여 풀면 다음과 같다.

$$\frac{P_1V_1}{T_1} = \frac{P_2V_2}{T_2} \quad \text{따라서} \quad V_2 = \frac{P_1V_1T_2}{P_2T_1} = \frac{(985\ \text{torr})(105\ \text{L})(273\ \text{K})}{(760\ \text{torr})(300\ \text{K})} = \boxed{124\ \text{L}}$$

다른 방법으로 기체의 처음 부피에 보일의 법칙 인자와 샤를의 법칙 인자를 곱하는 것이 있다. 기체의 압력이 985 torr에서 760 torr로 감소하므로 기체의 부피는 보일의 법칙 인자 985 torr/760 torr만큼 증가한다. 온도는 300 K에서 273 K로 감소하므로 부피는 샤를의 법칙 인자 273 K/300 K만큼 감소한다. 기체의 처음 부피에 두 인자를 곱하면 같은 결과를 얻는다.

$$\underline{?}\ \text{L} = 105\ \text{L} \times \frac{985\ \text{torr}}{760\ \text{torr}} \times \frac{273\ \text{K}}{300\ \text{K}} = \boxed{124\ \text{L}}$$

기체의 온도 감소(300 K에서 273 K)에 따른 네온 기체의 부피 감소는(인자 275 K/300 K 또는 0.910) 아주 작다. 그러나 기체의 압력 감소(985 torr에서 760 torr)에 따른 기체의 부피 증가(인자 985 torr/760 torr 또는 1.30)는 상당히 크다. 이러한 두 가지 변화의 결과로 부피는 105 L에서 124 L로 증가한다.

9-08 아보가드로의 법칙과 표준 몰 부피

1811년에 아보가르도(Amedeo Avogadro)는 다음과 같은 가설을 세웠다.

> 같은 온도, 같은 압력에서 모든 기체는 같은 부피 속에 같은 분자 수가 존재한다.

많은 실험으로 아보가드로의 가설은 ±2% 오차 내에서 정확함이 증명되었고, 이제는 이것을 아보가드로의 법칙(Avogadro's Law)이라 부른다.

또한 아보가드로의 법칙은 다음과 같이 나타낼 수 있다.

> 일정한 온도와 압력에서 일정 질량의 기체 시료가 차지하는 부피(V)는 기체의 몰 수(n)에 정비례한다.

표 9-3 몇 가지 기체의 표준 몰 부피 및 밀도

기체	화학식	(g/mol)	표준 몰 부피 (L/mol)	STP의 밀도 (g/L)
hydrogen	H_2	2.02	22.428	0.090
helium	He	4.003	22.426	0.178
neon	Ne	20.18	22.425	0.900
nitrogen	N_2	28.01	22.404	1.250
oxygen	O_2	32.00	22.394	1.429
argon	Ar	39.95	22.393	1.784
carbon dioxide	CO_2	44.01	22.256	1.977
ammonia	NH_3	17.03	22.094	0.771
chlorine	Cl_2	70.91	22.063	3.214

표 9-2에 주어진 부피 퍼센트는 몰 퍼센트와 같다.

$$V \propto n \quad \text{또는} \quad V = kn \quad \text{또는} \quad \frac{V}{n} = k \quad (\text{단 } P, T\text{는 일정})$$

같은 온도와 같은 압력에서 두 기체 시료의 부피와 몰 수 관계는 다음과 같이 나타낼 수 있다.

$$\frac{V_1}{n_1} = \frac{V_2}{n_2} \qquad (\text{단 } T, P\text{는 일정})$$

표준 온도와 압력(STP 상태)에서 기체 1몰이 차지하는 부피를 표준 몰 부피라 한다. 이 값은 거의 모든 기체에서 일정한 값을 가진다(표 9-3).

STP 상태에서 이상 기체의 **표준 몰 부피**(standard molar volume)는 22.414 L이다.

기체의 밀도는 압력과 온도의 영향을 받는다. 그러나 주어진 시료에서 기체의 몰 수는 온도와 압력의 영향을 받지 않는다. 압력의 변화는 보일의 법칙에 따라 기체의 부피에 영향을 주고, 온도의 변화는 샤를의 법칙에 따라 기체의 부피에 영향을 준다. 이러한 법칙은 표준 온도와 압력과 비교하여 다양한 온도와 압력에서 기체의 밀도를 구하는 데 사용할 수 있다. 표 9-3에 표준 온도와 압력에서 몇 가지 기체의 밀도를 나타내었다.

예제 9-4 *분자량, 밀도*

특정 온도와 압력에서 기체 1몰의 부피가 27.0 L이고, 밀도는 1.41 g/L이다. 이 기체의 분자량은 얼마인가? 그리고 STP 상태에서 기체의 밀도는 얼마인가?

계획

밀도 1.41 g/L를 단위 환산하여 분자량(g/mol)으로 바꿀 수 있다. 표준 상태에서 기체의 밀도를 구하기 위해서는 기체 1몰이 차지하는 부피가 22.4 L임을 알아야 한다.

풀이

주어진 밀도에 27.0 L/1.00 mol을 곱하면 구하는 g/mol 단위를 만들 수 있다.

$$\frac{?\,\text{g}}{\text{mol}} = \frac{1.41\,\text{g}}{\text{L}} \times \frac{27.0\,\text{L}}{\text{mol}} = \boxed{38.1\,\text{g/mol}}$$

STP 상태에서 기체 1몰(38.1 g)은 22.4 L이므로 밀도는 다음과 같다.

$$\text{밀도} = \frac{38.1\,\text{g}}{1\,\text{mol}} \times \frac{1\,\text{mol}}{22.4\,\text{L}} = \boxed{1.70\,\text{g/L}}\ \text{(STP 상태에서)}$$

9-09 기체 법칙의 요약 : 이상 기체 방정식

기체 시료는 기체의 압력, 온도(kelvin), 부피, 그리고 분자 수(n)로 나타내어진다. 앞에서 배운 기체 법칙들은 이 변수들 사이에 몇 가지 관계를 알려준다. **이상 기체**(ideal gas)는 기체 법칙들이 정확히 적용되는 기체이다. 많은 실제 기체는 이상성에서 약간 벗어나지만, 정상의 온도와 압력에서 이러한 벗어남은 무시할 정도로 작다. 먼저 이상적인 거동을 살펴보고 나중에 이상성에서 벗어나는 것을 살펴보자.

이상 기체의 거동은 다음과 같이 요약된다.

보일의 법칙	$V \propto \frac{1}{P}$	(단 T, n은 일정)
샤를의 법칙	$V \propto T$	(단 P, n은 일정)
아보가드로의 법칙	$V \propto n$	(단 T, P 는 일정)
종합	$V \propto \frac{nT}{P}$	(제한 없음)

앞에서와 같이 비례식은 비례 상수(여기서는 R)를 사용하여 다음과 같이 나타낼 수 있다.

$$V = R\left(\frac{nT}{P}\right) \quad \text{또는} \quad \boxed{PV = nRT}$$

이 관계식을 **이상 기체 방정식**(ideal gas equation) 또는 이상 기체 법칙이라 한다. **기체 상수**(universal gas constant, R)는 P, V 및 T의 단위에 따라 값이 변한다. 이상 기체 1몰의 부피는 273.15 K, 1.0000기압(STP)에서 22.414 L이다. R에 대하여 이상 기체 법칙을 풀면 다음과 같다.

$$R = \frac{PV}{nT} = \frac{(1.0000\,\text{atm})(22.414\,\text{L})}{(1.0000\,\text{mol})(273.15\,\text{K})} = 0.082057\,\frac{\text{L}\cdot\text{atm}}{\text{mol}\cdot\text{K}}$$

앞으로 문제를 풀 때 종종 R 값으로 0.0821 L · atm/mol · K를 사용할 것이다. R 값은 이 책의 뒷면 안쪽에 쓰여진 것처럼 다른 단위로 나타낼 수 있다.

R의 값을 보편적으로 사용하는 3가지 단위로 유효 숫자 4자리까지 나타내면 다음과 같다.

$$R = 0.08206\,\frac{\text{L}\cdot\text{atm}}{\text{mol}\cdot\text{K}} = \frac{8.314\ \text{J}}{\text{mol}\cdot\text{K}} = 8.314\,\frac{\text{kPa}\cdot\text{dm}^3}{\text{mol}\cdot\text{K}}$$

이상 기체 방정식은 *어느 특정 조건*에서 일정 질량의 기체를 나타내는 P, V, n과 T인 4가지 변수의 관계를 나타내는데 유용하다. 만일 이 변수들 중 3가지를 안다면 나머지 변수도 구할 수 있다.

예제 9-5 *이상 기체 방정식*

20 ℃에서 1 L 플라스크에 54.0 g의 크세논(Xe)이 들어 있다면 압력은 몇 기압(atm)인가?

계획

먼저 알맞은 단위를 가진 변수로 표를 만든다. 그리고 P에 대하여 이상 기체 방정식을 풀고 주어진 값을 대입한다.

풀이

$$V = 1.00\ \text{L} \qquad n = 54.0\ \text{g Xe} \times \frac{1\ \text{mol}}{131.3\ \text{g Xe}} = 0.411\ \text{mol}$$

$$T = 20\ ℃ + 273^{\circ} = 293\ \text{K} \qquad P = \underline{?}$$

$PV = nRT$ 를 P에 대하여 푼다.

$$P = \frac{nRT}{V} = \frac{(0.411\ \text{mol})\left(\dfrac{0.0821\ \text{L}\cdot\text{atm}}{\text{mol}\cdot\text{K}}\right)(293\ \text{K})}{1.00\text{L}} = 9.89\ \text{atm}$$

예제 9-6 *이상 기체 방정식*

헬륨 기체로 채워진 기상 관측 기구는 7240 입방피트의 부피를 가진다. 21 ℃에서 풍선을 745 torr로 불려면 몇 g의 헬륨이 필요한가?

계획

먼저 필요한 몰 수(n)를 구하기 위하여 이상 기체 방정식을 사용한 다음, 몰 수를 질량 단위로 변환시킨다. 주어진 값을 R(R = 0.0821 L · atm/mol · K)에 쓰여진 단위의 값으로 변환시켜야 한다.

풀이

$$P = 745\ \text{torr} \times \frac{1\ \text{atm}}{760\ \text{torr}} = 0.980\ \text{atm} \qquad T = 21\ ℃ + 273^{\circ} = 294\ \text{K}$$

$$V = 7240\ \text{ft}^3 \times \frac{28.3\ \text{L}}{1\ \text{ft}^3} = 2.05 \times 10^5\ \text{L} \qquad n = \underline{?}$$

$PV = nRT$ 를 n에 대하여 풀고, 주어진 값을 대입하면 다음과 같다.

$$n = \frac{PV}{RT} = \frac{(0.980\ \text{atm})(2.05\times\ 10^5\ \text{L})}{\left(0.0821\dfrac{\text{L}\cdot\text{atm}}{\text{mol}\cdot\text{K}}\right)(294\ \text{K})} = 8.32\times\ 10^3\ \text{mol He}$$

$$\underline{?}\ \text{g He} = (8.32\times 10^3\ \text{mol He})\left(4.00\ \frac{\text{g}}{\text{mol}}\right) = \boxed{3.33\ \times\ 10^4\ \text{g He}}$$

문제 풀이 요령

이상 기체 법칙 계산에서는 단위를 주의하자

이상 기체 법칙 계산에 사용하는 R은 부피, 압력, 몰 그리고 온도의 단위를 가진다. 따라서 R 값으로 0.0821 L · atm/mol · K를 사용할 때 모든 변수는 이 단위와 같은 값을 사용하여야 한다. 즉 압력은 대기압, 부피는 리터, 온도는 켈빈 그리고 기체의 양은 몰 수로 나타내어야 한다.

이상 기체 법칙의 요약

1. 각 기체 법칙들은 주로 일정 질량의 기체에서 조건의 변화를 계산하는데 사용한다(첨자는 변화 "전"과 "후"로 생각한다).

보일의 법칙	$P_1V_1 = P_2V_2$	(일정한 온도, 일정 질량의 기체)
샤를의 법칙	$\dfrac{V_1}{T_1} = \dfrac{V_2}{T_2}$	(일정한 압력, 일정 질량의 기체)
결합 기체 법칙	$\dfrac{P_1V_1}{T_1} = \dfrac{P_2V_2}{T_2}$	(일정 질량의 기체)
아보가드로의 법칙	$\dfrac{V_1}{n_1} = \dfrac{V_2}{n_2}$	(같은 온도와 압력의 기체 시료)

2. 이상 기체 방정식은 기체 시료의 상태를 나타내는 4가지 변수 P, V, n 그리고 T 중 한 가지 값을 구하는데 사용된다.

$$PV = nRT$$

이상 기체 방정식은 기체의 밀도를 구하는 데도 사용될 수 있다.

9-10 기체 물질의 분자량과 분자식 결정

2-09절에서 실험식과 분자식을 구별하였다. 실험식은 화합물의 퍼센트 조성을 이용하여 계산할 수

있다. 화합물의 분자식을 결정하기 위하여 분자량을 알아야 한다. 측정하기 용이한 온도와 압력에서 이상 기체 법칙은 분자량을 결정할 수 있는 기초를 제공한다.

예제 9-7 *분자량*

100 ℃, 750 torr에서 순수한 기체 화합물 시료 0.109 g의 부피는 112 mL이다. 이 화합물의 분자량은 얼마인가?

계획

먼저 이상 기체 법칙($PV = nRT$)을 이용하여 기체의 몰 수를 구한다. 다음에 질량과 몰 수의 관계에서 1몰의 질량, 즉 분자량을 계산한다.

풀이

$$V = 0.112\ \text{L} \qquad T = 100\ ℃ + 273° = 373\ \text{K} \quad P = 750\ \text{torr} \times \frac{1\ \text{atm}}{760\ \text{torr}} = 0.987\ \text{atm}$$

$$n = \frac{PV}{RT} = \frac{(0.987\ \text{atm})(0.112\ \text{L})}{\left(0.0821\frac{\text{L}\cdot\text{atm}}{\text{mol}\cdot\text{K}}\right)(373\ \text{K})} = 0.00361\ \text{mol}$$

기체 0.00361몰의 질량이 0.109 g이므로 1몰의 질량은 다음과 같다.

$$\frac{?\ \text{g}}{\text{mol}} = \frac{0.109\ \text{g}}{0.00361\ \text{mol}} = 30.2\ \text{g/mol}$$

9-11 돌턴의 분압 법칙

대기를 포함하여 많은 기체 시료들은 여러 종류의 기체들로 이루어진 혼합물이다. 기체 혼합물에서 기체의 총 몰 수는 다음과 같다.

$$n_{전체} = n_A + n_B + n_C + \cdots$$

여기서 n_A, n_B, …은 기체 각각의 몰 수이다. 이상 기체 방정식 $P_{전체}V = n_{전체}RT$를 $P_{전체}$에 대하여 이항하고 위의 값을 대입하면 다음과 같다.

$$P_{전체} = \frac{n_{전체}RT}{V} = \frac{(n_A + n_B + n_C + \cdots)RT}{V}$$

우변에 있는 곱셈을 실행하면 다음과 같다.

$$P_{전체} = \frac{n_A RT}{V} + \frac{n_B RT}{V} + \frac{n_C RT}{V} + \cdots$$

$n_A RT/V$는 온도 T에서 기체 A의 몰 수(n_A)가 용기에 미치는 분압(partial pressure, P_A)이다 ; 마찬가지로 $n_B RT/V = P_B$, …이다. 이것을 $P_{전체}$에 대한 방정식에 대입하면 **돌턴의 분압 법칙**(Dalton's Law of Partial Pressure)을 얻을 수 있다(그림 9-6).

$$P_{전체} = P_A + P_B + P_C + \cdots \quad (V, T\text{는 일정})$$

이상 기체 혼합물의 전체 압력은 각 기체의 분압의 합과 같다.

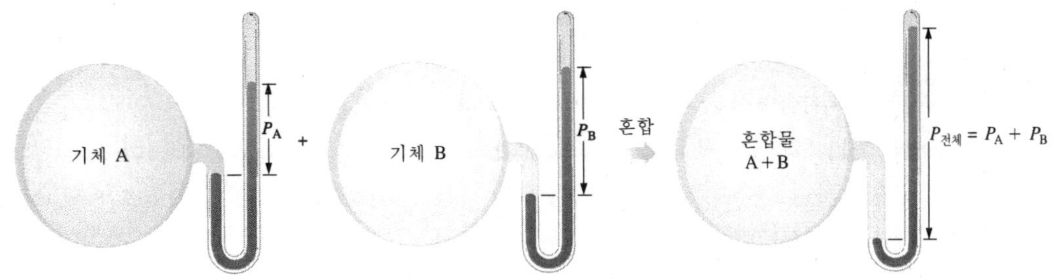

그림 9-6 돌턴의 법칙. 두 기체 A, B가 같은 온도에서 같은 용기에 혼합될 때 전체 압력은 각 기체의 분압의 합과 같다.

예제 9-8 *기체 혼합물*

25 ℃에서 10 L 플라스크에 메탄 0.200몰, 수소 0.300몰 그리고 질소 0.400몰이 들어 있다. (a) 플라스크 속의 압력은 얼마인가? (b) 혼합 기체에서 각 성분 기체의 분압은 얼마인가?

계획

(a) 각 성분 기체의 몰 수가 주어져 있다. 따라서 이상 기체 법칙을 이용하여 전체 몰 수에서 전체 압력을 계산할 수 있다. (b) 혼합 기체에서 각 기체의 분압은 $PV = nRT$에 각 기체의 몰 수를 대입하여 구할 수 있다.

풀이

(a) $n = 0.200\text{몰 } CH_4 + 0.300\text{몰 } H_2 + 0.400\text{몰 } N_2$

$V = 10.0\text{ L} \qquad T = 25\text{ ℃} + 273° = 298\text{ K}$

P에 대하여 $PV = nRT$를 풀면 $P = nRT/V$이다. 주어진 값을 대입하면 다음과 같다.

$$P = \frac{(0.900\text{ mol})\left(0.0821\dfrac{\text{L}\cdot\text{atm}}{\text{mol}\cdot\text{K}}\right)(298\text{ K})}{10.0\text{ L}} = \boxed{2.20\text{ atm}}$$

(b) 이제 각 성분 기체의 분압을 구해보자. CH_4의 경우 $n = 0.200$몰이고, V와 T는 주어진 값과 같다.

$$P_{CH_4} = \frac{(n_{CH_4})RT}{V} = \frac{(0.200\text{ mol})\left(0.0821\dfrac{\text{L}\cdot\text{atm}}{\text{mol}\cdot\text{K}}\right)(298\text{ K})}{10.0\text{ L}} = \boxed{0.489\text{ atm}}$$

같은 방법으로 구한 수소와 질소의 분압은 다음과 같다.

$$P_{H_2} = \boxed{0.734\ \text{atm}} \quad \text{그리고} \quad P_{N_2} = \boxed{0.979\ \text{atm}}$$

돌턴의 법칙을 이용하여 검산한다: $P_{전체} = P_A + P_B + P_C + \cdots$. 혼합물에서 각 기체의 분압을 더하면 전체 압력이 된다.

$$P_{전체} = P_{CH_4} + P_{H_2} + P_{N_2} = (0.489 + 0.734 + 0.979)\ \text{atm} = \boxed{2.20\ \text{atm}}$$

문제 풀이 요령

혼합물에서 기체의 양은 여러 가지 단위로 표현될 수 있다

예제 9-8에 각 기체의 몰 수가 주어져 있다. 때때로 기체의 양은 몰 수로 변환할 수 있는 다른 단위의 값으로 주어진다. 예를 들어 화학식량(또는 화학식)을 알고 있다면 주어진 질량을 몰 수로 변환할 수 있다.

혼합물의 조성을 각 성분의 몰 분율로 나타낼 수 있다. 어떤 혼합물에서 성분 A의 **몰 분율**(mole fraction, X_A)은 다음과 같다.

$$X_A = \frac{\text{A의 몰 수}}{\text{모든 성분의 총 몰 수}}$$

다른 종류의 분율과 마찬가지로 몰 분율도 단위가 없다. 혼합물의 각 성분에 대한 몰 분율은 다음과 같다.

$$X_A = \frac{\text{A의 몰 수}}{\text{A의 몰 수} + \text{B의 몰 수} + \cdots},$$

$$X_B = \frac{\text{A의 몰 수}}{\text{A의 몰 수} + \text{B의 몰 수} + \cdots}, \cdots$$

혼합물에서 몰 분율의 총합은 1이다. 즉, $X_A + X_B + \cdots = 1$이다.

기체 상태의 혼합물에서 각 성분의 몰 분율은 분압과 관련지을 수 있다. 이상 기체 상태 방정식으로부터 각 성분의 몰 수는 다음과 같이 쓸 수 있다.

$$n_A = P_A V/RT, \qquad n_B = P_B V/RT \quad \cdots$$

그리고 총 몰 수는 다음과 같다.

$$n_{전체} = P_{전체} V/RT$$

X_A의 정의에 대입하면 다음과 같다.

$$X_A = \frac{n_A}{n_A + n_B + \cdots} = \frac{P_A V/RT}{P_{전체} V/RT}$$

V, R과 T의 값이 소거되면 다음과 같다.

$$X_A = \frac{P_A}{P_{전체}} \text{ ; 이와 같이, } \quad X_B = \frac{P_B}{P_{전체}} \quad \cdots$$

위 방정식을 이항하여 돌턴의 분압 법칙을 다음과 같이 나타낼 수 있다.

$$P_A = X_A \times P_{전체}; \quad P_B = X_B \times P_{전체}; \quad \cdots$$

기체 혼합물에서 각 기체의 분압은 각 기체의 몰 분율과 혼합물의 전체 압력을 곱한 값이다.

예제 9-9 *분압, 몰 분율*

대기 중 산소의 몰 분율은 0.2094이다. 대기압이 760 torr일 때 공기 중 존재하는 O_2의 분압을 구하여라.

계획

기체 혼합물에서 각 기체의 분압은 혼합물의 전체 압력과 각 기체의 몰 분율을 곱한 값이다.

풀이

$$P_{O_2} = X_{O_2} \times P_{전체} = 0.2094 \times 760 \text{ torr} = \boxed{159 \text{ torr}}$$

돌턴의 법칙은 아래의 예에서 보여주듯이 다른 기체 법칙과 결합하여 사용할 수 있다.

예제 9-10 *기체 혼합물*

두 용기가 닫힌 밸브로 연결되어 있다. 각 용기는 그림에서 보듯이 기체로 채워져 있으며, 같은 온도를 가진다. 밸브를 열고 기체를 섞는다.

(a) 기체가 섞인 후 각 기체의 분압과 기체의 전체 압력을 구하여라.

(b) 혼합물에서 각 기체의 몰 분율을 구하여라.

Tank A

5.00 L of O_2
24.0 atm

Tank B

3.00 L of N_2
32.0 atm

계획

(a) 각 기체들의 부피는 5.00 L에 3.00 L를 더한 8.00 L로 팽창한다. 보일의 법칙을 이용하여 기체가 팽창하여 8.00 L가 될 때 각 기체의 분압을 구할 수 있다. 전체 압력은 두 기체 분압의 합과 같다.

(b) 몰 분율은 전체 압력에 대한 각 기체의 분압 비에서 구할 수 있다.

풀이

(a) O_2에 대하여 풀면 다음과 같다.

$$P_1V_1 = P_2V_2 \quad 또는 \quad P_{2,O_2} = \frac{P_1V_1}{V_2} = \frac{24.0\ \text{atm} \times 5.00\ \text{L}}{8.00\ \text{L}} = \boxed{15.0\ \text{atm}}$$

N_2에 대하여 풀면 다음과 같다.

$$P_1V_1 = P_2V_2 \quad 또는 \quad P_{2,N_2} = \frac{P_1V_1}{V_2} = \frac{32.0\ \text{atm} \times 3.00\ \text{L}}{8.00\ \text{L}} = \boxed{12.0\ \text{atm}}$$

기체의 전체 압력은 각 기체 분압의 합과 같다.

$$P_{전체} = P_{2,O_2} + P_{2,N_2} = 15.0\ \text{atm} + 12.0\ \text{atm} = \boxed{27.0\ \text{atm}}$$

(b)

$$X_{O_2} = \frac{P_{2,O_2}}{P_{전체}} = \frac{15.0\ \text{atm}}{27.0\ \text{atm}} = \boxed{0.556}$$

$$X_{N_2} = \frac{P_{2,N_2}}{P_{전체}} = \frac{12.0\ \text{atm}}{27.0\ \text{atm}} = \boxed{0.444}$$

검산을 하면 몰 분율의 합은 1이다.

그림 9-7 아연과 황산의 반응에서 수소를 얻는 장치. $Zn(s) + 2H^+(aq) \rightarrow Zn^{2+}(aq) + H_2(g)$ 수소는 수상 치환으로 얻어진다.

몇 가지 기체는 물 위에서 포집할 수 있다. 그림 9-7은 수상 치환으로 수소 기체를 포집하는 모습이다. 반응에서 생긴 기체는 거꾸로 세워진 물이 가득찬 용기에서 물을 밀어낸다. 포집된 용기 내부의 기체 압력은 물 높이를 내부와 외부가 같도록 용기의 높이를 높이거나 낮추어 대기압과 같게 할 수 있다.

표 9-4 실온 근처에서 물의 증기압

온도(℃)	물의 증기압(torr)
19	16.48
20	17.54
21	18.65
22	19.83
23	21.07
24	22.38
25	23.76
26	25.21
27	26.74
28	28.35

물과 접촉하고 있는 기체는 곧 수증기로 포화된다. 용기 내부의 압력은 기체 자체의 분압과 수증기에 의한 분압(물의 **증기압**(vapor pressure))의 합이다. 모든 액체는 액체와 증기가 공존할 때 액체마다 특징적인 증기압을 갖는데, 이 값은 증기가 존재하는 부피와는 무관하며, 온도에만 영향을 받는다. 표 9-4에 실온 근처에서의 물의 증기압을 나타내었다.

중요한 것은 물에서 포집된 기체는 "수증기를 포함하는(moist)" 것이다. 즉 수증기로 포화되었다는 것을 의미한다. 기체를 포집했을 때 측정된 대기압은 다음과 같이 쓸 수 있다.

$$P_{atm} = P_{기체} + P_{H_2O} \quad 또는 \quad P_{기체} = P_{atm} - P_{H_2O}$$

예제 9-11 *물 위에서 포집된 기체*

대기압이 748 torr, 온도 21℃인 물 위에서 수소(그림 9-7) 기체를 얻었다. 포집한 기체 시료의 부피는 300 mL였다. (a) 기체 혼합물 중 수소의 몰 수는 얼마인가? (b) 기체 혼합물 중 수증기의 몰 수는 얼마인가? (c) 기체 혼합물 중 수소 기체의 몰 분율은 얼마인가? (d) 만일 수증기를 제거하면 기체 시료의 질량은 얼마가 되는가?

계획

(a) 표 9-4로부터 21℃에서 H_2O의 증기압, P_{H_2O}은 19 torr이다. 돌턴의 법칙을 적용하면 $P_{H_2} = P_{atm} - P_{H_2O}$이다. 존재하는 H_2의 몰 수를 구하기 위하여 이상 기체 방정식에 H_2의 분압을 사용한다. (b) 수증기압(제시된 온도에서 물의 증기압)을 수증기의 몰 수로 바꾸기 위하여 이상 기체 방정식을 사용한다. (c) H_2의 몰 분율은 전체 압력에 대한 수소 기체의 분압 비이다. (d) (a)에서 구해진 몰 수는 H_2의 질량으로 환산할 수 있다.

풀이

(a) $P_{H_2} = P_{atm} - P_{H_2O} = (748-19)\ \text{torr} = 729\ \text{torr} \times \dfrac{1\ \text{atm}}{760\ \text{torr}} = 0.959\ \text{atm}$

$$V = 300\ \text{mL} = 0.300\ \text{L} \quad \text{그리고} \quad T = 21℃ + 273° = 294\ \text{K}$$

$$n_{H_2} = \frac{P_{H_2}V}{RT} = \frac{(0.959\ \text{atm})(0.300\ \text{L})}{\left(0.0821\ \dfrac{\text{L}\cdot\text{atm}}{\text{mol}\cdot\text{K}}\right)(294\ \text{K})} = \boxed{1.19 \times 10^{-2}\ \text{mol}\ H_2}$$

(b) $P_{H_2O} = 19\ \text{torr} \times \dfrac{1\ \text{atm}}{760\ \text{torr}} = 0.025\ \text{atm}$

V와 T는 (a)에 주어진 값과 같다.

$$n_{H_2O} = \frac{P_{H_2O}V}{RT} = \frac{(0.025\ \text{atm})(0.300\ \text{L})}{\left(0.0821\ \dfrac{\text{L}\cdot\text{atm}}{\text{mol}\cdot\text{K}}\right)(294\ \text{K})} = \boxed{3.1 \times 10^{-4}\ \text{mol}\ H_2O\ \text{증기}}$$

(c) $X_{H_2} = \dfrac{P_{H_2}}{P_{전체}} = \dfrac{729\ \text{torr}}{748\ \text{torr}} = \boxed{0.974}$

(d) $\underline{?}\ \text{g}\ H_2 = 1.19 \times 10^{-2}\ \text{mol} \times \dfrac{2.02\ \text{g}}{1\ \text{mol}} = \boxed{2.40 \times 10^{-2}\ \text{g}\ H_2}$

9-12 기체와 관련된 반응에서 질량-부피 관계

많은 화학 반응에서는 기체가 발생한다. 예를 들어 높은 온도에서 과량의 산소에서 탄화수소를 연소시키면 이산화탄소와 수증기가 생긴다. 옥탄을 예로 설명하면 다음과 같다.

$$2C_8H_{18}(g) + 25O_2(g) \longrightarrow 16CO_2(g) + 18H_2O(g)$$

아지드화 나트륨($NaN_3(s)$)의 분해 반응으로 생성되는 N_2 기체는 자동차의 안전 장치로 사용되는 에어 백을 부풀린다.

자동차가 충돌할 때 질소는 빠른 반응으로 생성되어 에어 백을 가득 채운다. ▶

$$2NaN_3(s) \longrightarrow 2Na(s) + 3N_2(g)$$

에어 백은 충돌 직후 1/20초 내에 기체로 가득 채워진다.

STP 상태에서 측정되는 기체 1몰의 부피는 22.4 L이므로 다른 조건에서 기체 1몰의 부피를 구하기 위하여 이상 기체 방정식을 사용할 수 있다. 이 정보는 화학량적 계산에 유용하게 사용된다.

실험실에서 촉매인 이산화망간(MnO_2)과 함께 고체 염소산칼륨($KClO_3$)을 가열하면 소량의 산소를 얻을 수 있다. 이때 고체 염화칼슘(KCl)도 같이 만들어진다(주의 : $KClO_3$을 가열할 때 위험할 수 있다).

$$2KClO_3(s) \xrightarrow[\text{가열}]{MnO_2} 2KCl(s) + 3O_2(g)$$

$2KClO_3(s)$	$2KCl(s)$	$3O_2(g)$
2몰	2몰	3몰
2(122.6 g)	2(74.6 g)	3(22.4 L_{STP})

단위는 이 중 어느 것을 사용할 수 있다.

예제 9-12 *화학 반응에서 기체의 부피*

STP 상태에서 112 g의 $KClO_3$을 가열할 때 생성되는 O_2의 부피는 얼마인가?

계획

앞의 방정식에서 2몰의 $KClO_3$는 3몰의 O_2를 생성한다. 문제를 풀기 위하여 균형 방정식과 알맞은 단위를 가진 산소의 표준 몰 부피를 고려한다.

풀이 $$\underline{?}\ L_{STP}\,O_2 = 112\text{ g }KClO_3 \times \frac{1\text{ mol }KClO_3}{122.6\text{ g }KClO_3} \times \frac{3\text{ mol }O_2}{2\text{ mol }KClO_3} \times \frac{22.4\ L_{STP}\,O_2}{1\text{ mol }O_2} = 30.7\ L_{STP}\,O_2$$

112 g의 $KClO_3$가 열분해로 생기는 산소는 표준 상태에서 30.7 L이다.

화학량적 연구에서 물질들은 서로 일정한 몰 수와 질량에 비례하여 반응함을 보여준다. 또한 이전에 설명된 기체 법칙들을 사용하면 기체들은 간단한 부피의 정수 비로 반응함을 알 수 있다. 예를 들어 같은 온도와 같은 압력에서 기체의 부피가 측정된다면 수소 1부피는 항상 염소 1부피와 반응하여 염화수소 2부피를 만든다.

$$H_2(g) \quad + \quad Cl_2(g) \quad \longrightarrow \quad 2HCl(g)$$
$$1\text{부피} \quad + \quad 1\text{부피} \quad \longrightarrow \quad 2\text{부피}$$

부피는 단위만 같다면 어떤 단위라도 사용할 수 있다. 게이-루삭은 기체들이 결합하는 부피에 대한 몇 가지 실험적 관찰을 요약하였다. 이것을 **게이-루삭의 기체 반응의 법칙**(Gay-Lussac's Law of Combining Volumes)이라 한다.

> 일정한 온도와 압력에서 반응하는 기체들의 부피 비는 간단한 정수 비로 나타낼 수 있다.

이 정수 비는 반응에 대한 균형 방정식의 계수에서 구해진다. 이 법칙은 같은 온도와 같은 압력에서 기체에만 적용된다. 화학 반응이 일어나는 동안 고체와 액체의 부피에 대하여 일반화된 것은 없다. 다음 예는 일정한 온도와 압력에서의 실험적 관찰에 기초를 둔 것이다.

1. 질소 1부피는 수소 3부피와 반응하여 암모니아 2부피를 만든다.

$$N_2(g) \quad + \quad 3H_2(g) \quad \longrightarrow \quad 2NH_3(g)$$
$$1\text{부피} \quad + \quad 3\text{부피} \quad \longrightarrow \quad 2\text{부피}$$

2. 메탄 1부피는 산소 2부피와 반응하여(연소) 이산화탄소 1부피와 수증기 2부피를 만든다.

$$CH_4(g) \quad + \quad 2O_2(g) \quad \longrightarrow \quad CO_2(g) \quad + \quad 2H_2O(g)$$
$$1\text{부피} \quad + \quad 2\text{부피} \quad \longrightarrow \quad 1\text{부피} \quad + \quad 2\text{부피}$$

9-13 분자 운동론

1738년 베르누이(Daniel Bernoulli, 1700~1782)는 용기 속 기체 분자들은 용기 벽을 끊임없이 충돌하여 용기에 압력을 가한다고 상상하였다. 1857년 클라우지우스(Rudolf Clausius, 1822~1888)는 보일, 샤를, 돌턴 그리고 아보가드로의 법칙에서 요약된 여러 가지 실험적 관찰을 설명하기 위하여 하나의 이론을 발표하였다. 이상 기체에 대한 **분자 운동론**(kinetic-molecular theory)의 기본적인 가정은 다음과 같다.

1. 기체는 독립된 분자로 이루어져 있다. 기체의 부피에 비하여 각 분자들 자체의 크기는 매우 작아서 각 분자들은 매우 멀리 떨어져 있다.
2. 기체 분자는 속도가 변하며 연속적이고 무질서한 직선 운동을 한다(그림 9-8).
3. 기체 분자와 용기 벽의 충돌은 완전 탄성 충돌이다; 충돌 동안 총 에너지는 보존된다. 즉 에너지의 알짜 변화는 없다.
4. 충돌할 때 분자들끼리 서로 인력이나 반발력이 작용하지 않는다; 대신에 각 분자는 일정한 속도로 직선 운동을 한다.

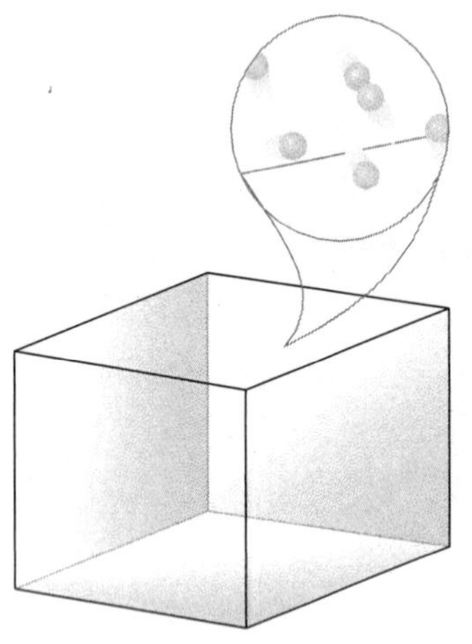

그림 9-8 분자 운동의 설명. 일정한 운동으로 기체 분자들은 서로 충돌하고 또한 용기의 벽에 충돌한다.

운동 에너지는 물질이 운동할 때 갖는 에너지이다. 이 값은 $\frac{1}{2}mu^2$ 이며 물질의 질량(m)은 그램 단위로, 속도 u는 1초당 이동하는 거리(m/s)로 나타낼 수 있다. 분자 운동론의 가정은 온도와 분자 운동 에너지를 관련지우는 데 사용할 수 있다.

> 기체 분자의 평균 운동 에너지는 기체 시료의 절대 온도에 정비례한다. 기체의 종류와 상관없이 기체들의 평균 분자 에너지는 주어진 온도에만 의존한다.

예를 들어 같은 온도의 H_2, He, CO_2 및 SO_2 시료에서 각 분자들은 모두 같은 평균 운동 에너지를 갖는다. 그러나 같은 온도에서 H_2와 He의 평균 속도는 무거운 분자인 CO_2와 SO_2의 평균 속도보다 훨씬 더 빠르다.

분자 운동론에서 얻어진 매우 중요한 결과를 다음과 같이 요약할 수 있다.

$$\text{분자의 평균 } KE = \overline{KE} \propto T$$

또는

$$\text{분자의 평균 속도} = \bar{u} \propto \sqrt{\frac{T}{\text{분자량}}}$$

기체의 분자 운동 에너지는 온도가 증가하면 커지고 온도가 감소하면 작아진다. 여기서는 *평균* 운동 에너지만을 언급한다; 주어진 시료에서 어떤 분자는 매우 빠르게 움직이고, 어떤 분자들은 느리게 움직인다. 그림 9-9는 두 온도에서 기체 분자의 속도 분포를 보여준다.

분자 운동론은 관찰된 기체 거동의 대부분을 분자 운동의 관점에서 완전하게 설명할 수 있다. 이제 분자 운동론의 관점에서 기체 법칙들을 살펴보자.

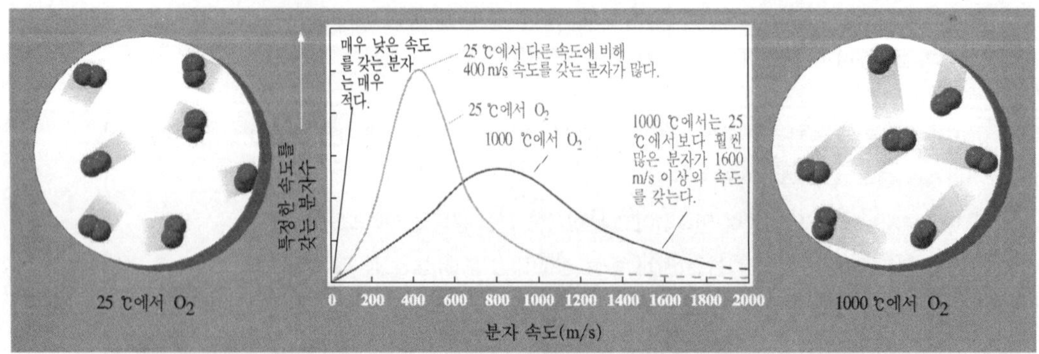

그림 9-9 분자 속도에 대한 맥스웰 분포 함수. 이 그래프는 25 ℃와 1000 ℃에서 주어진 속도에 있는 O_2 분자의 상대적인 수를 보여준다. 25 ℃에서 대부분의 O_2 분자의 속도는 200과 600 m/s 사이의 값을 가진다. 분자들의 일부는 매우 높은 속도를 가지므로, 분포 곡선은 결코 영에 도달할 수 없다

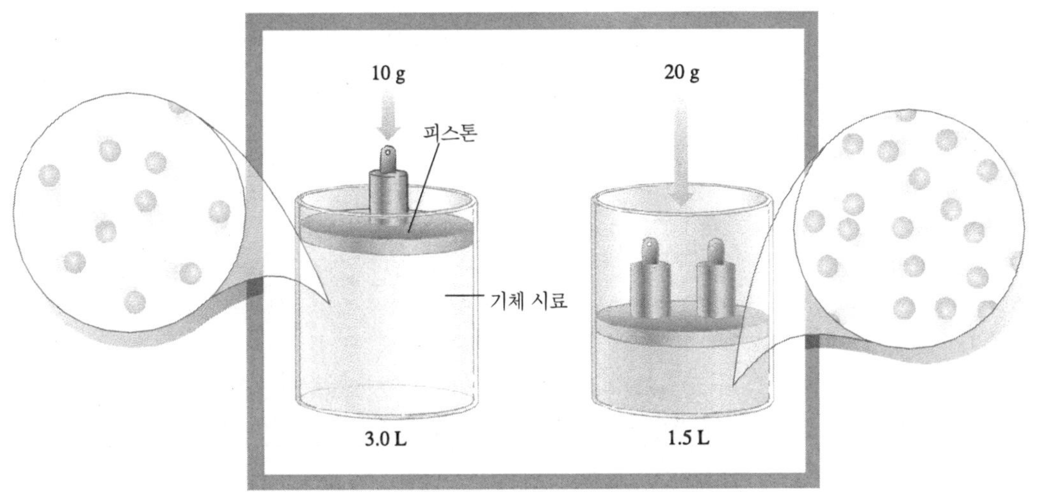

그림 9-10 보일의 법칙을 분자 운동론으로 해석. 압력 변화와 부피 변화의 관계(일정한 온도에서). 전체 장치는 진공으로 밀폐되어 있다. 용기의 부피가 작아질수록, 분자들이 단위 시간 동안 벽에 충돌하는 수가 많아지므로 압력이 커진다.

보일의 법칙

용기 벽에 작용하는 기체의 압력은 벽에 충돌하는 기체 분자 때문에 생긴다. 명백하게 압력은 두 가지 요인의 영향을 받는다; (1) 단위 시간 동안 벽에 충돌하는 분자 수와 (2) 분자가 벽에 충돌할 때 충돌의 세기이다. 만일 온도를 일정하게 하면 평균 속도와 충돌하는 힘은 같게 유지된다. 그러나 기체의 부피를 반으로 줄이면 주어진 면적에 단위 시간 동안 벽에 충돌하는 분자 수가 2배가 되므로 압력은 2배가 된다. 이와 마찬가지로 기체 시료의 부피를 2배로 늘리면 주어진 면적에 단위 시간 동안 벽에 충돌하는 기체 분자 수가 반이 되므로 압력은 반이 된다(그림 9-10).

돌턴의 법칙

기체 시료에서 분자들은 서로 멀리 떨어져 있고 분자 간의 인력이 작용하지 않는다. 기체 분자 각각의 운동은 다른 분자의 존재에 대하여 독립적이다. 따라서 각 기체 분자는 다른 분자들의 존재에 영향을 받지 않고 벽에 충돌한다(그림 9-11). 그 결과 각 기체는 다른 기체들의 존재와 무관한 분압을 가지고, 전체 압력은 모든 분자가 벽에 충돌한 결과의 합이다.

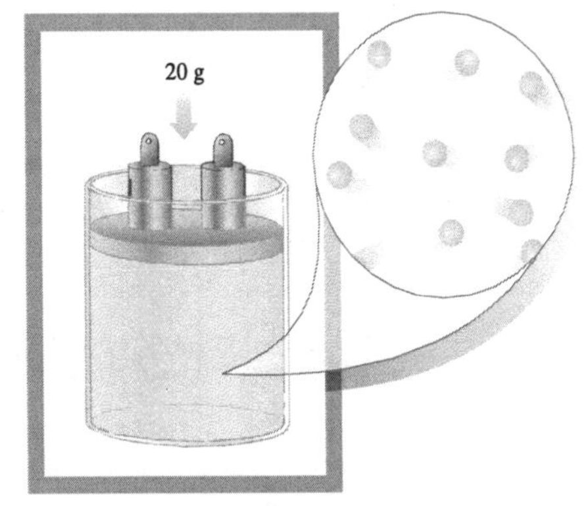

그림 9-11 돌턴의 법칙을 분자 운동론으로 해석. 분자들은 각각 독립적으로 벽과 충돌하여 기체 자체의 분압을 가진다.

샤를의 법칙

평균 운동 에너지는 절대 온도에 정비례한다. 기체 시료의 *절대* 온도를 2배로 하면 기체 분자의 평균 운동 에너지도 2배가 되고, 벽과 충돌하는 분자의 증가된 힘은 일정한 압력에서 부피를 2배로 만든다.

이와 같이 절대 온도를 반으로 줄이면 운동 에너지는 처음의 반으로 감소한다; 일정한 압력에서, 기체 분자가 용기 벽과 충돌하는 힘이 감소하였기 때문에 부피는 반으로 줄어든다(그림 9-12).

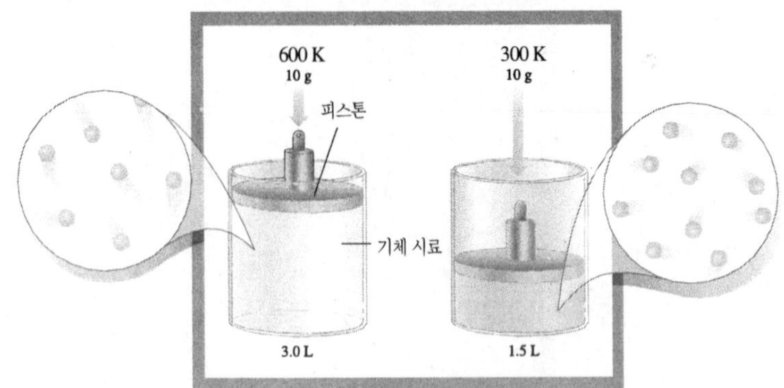

그림 9-12 샤를의 법칙을 분자 운동론으로 해석. 온도 변화에 대한 부피 변화(일정한 압력). 낮은 온도에서 분자들은 벽에 덜 자주, 그리고 더 약하게 충돌한다. 따라서 같은 압력으로 유지하려면 부피는 작아진다.

예제 9-13 *분자 속도*

20 ℃에서 m/s 단위로 H_2의 제곱근 속도를 계산하여라.

$$1\ \text{J} = 1\ \frac{\text{kg}\cdot\text{m}^2}{\text{s}^2}\ \text{이다.}$$

계획

u_{rms}방정식에 온도와 분자량으로 알맞은 값을 대입한다. R을 알맞은 단위로 나타내어야 함을 기억하자.

풀이

$$R = 8.314\ \frac{\text{J}}{\text{mol}\cdot\text{K}} = 8.314\ \frac{\text{kg}\cdot\text{m}^2}{\text{mol}\cdot\text{K}\cdot\text{s}^2}$$

$$u_{rms} = \sqrt{\frac{3RT}{M}} = \sqrt{\frac{3\times 8.314\ \frac{\text{kg}\cdot\text{m}^2}{\text{mol}\cdot\text{K}\cdot\text{s}^2}\times 293\ \text{K}}{2.016\ \frac{\text{g}}{\text{mol}}\times\frac{1\ \text{kg}}{1000\ \text{g}}}}$$

$$u_{rms} = \sqrt{3.62\times 10^6\ \text{m}^2/\text{s}^2} = \boxed{1.90\times 10^3\ \text{m/s}} \quad (\text{약 } 4250\ \text{mph})$$

9-14 기체의 확산과 분출

기체 분자는 일정하고 빠르며 무질서한 운동을 하기 때문에 빠르게 확산된다(그림 9-13). 예를 들어, 만일 황화수소 기체(썩은 달걀 냄새)가 큰 방에 놓여 있다면, 그 냄새는 결국 방 전체에 퍼지게 된다. 만일 용기 벽에 작은 구멍이 있는 용기 안에 기체 혼합물이 들어 있다면, 그 분자는 구멍을 통해 밖으로 분출한다. 가벼운 기체 분자의 경우에는 무거운 분자보다 더 빨리 움직이므로 더 빨리 구멍을 통해 분출한다(그림 9-14).

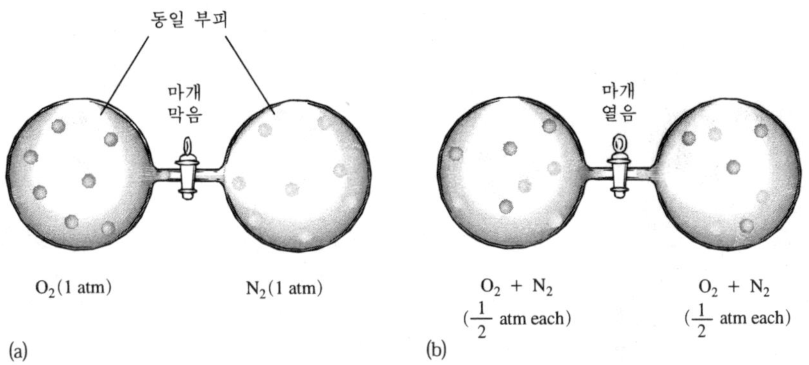

그림 9-13 기체 확산 설명. 분자들 사이의 공간은 기체가 서로 섞이기 쉽게 해준다. 기체 압력의 원인은 용기 벽과 분자들의 충돌 때문이다.

수소와 헬륨은 우주 공간에서 가장 풍부한 원소이지만, 우리 대기 속에서는 아주 소량만 기체로 존재한다. 이것은 작은 분자량에 의한 큰 평균 속도 때문이다. 지구 대기의 온도에서 이런 분자들은 지구의 중력을 벗어날 수 있을 만큼 충분히 빠른 탈출 속도가 되어 행성 사이의 우주 공간으로 확산될 수 있다. 따라서 옛날의 지구 대기권에는 아마도 큰 농도로 존재하였을 대부분의 수소와 헬륨은 오래 전에 우주 공간으로 확산된 것으로 추정한다.

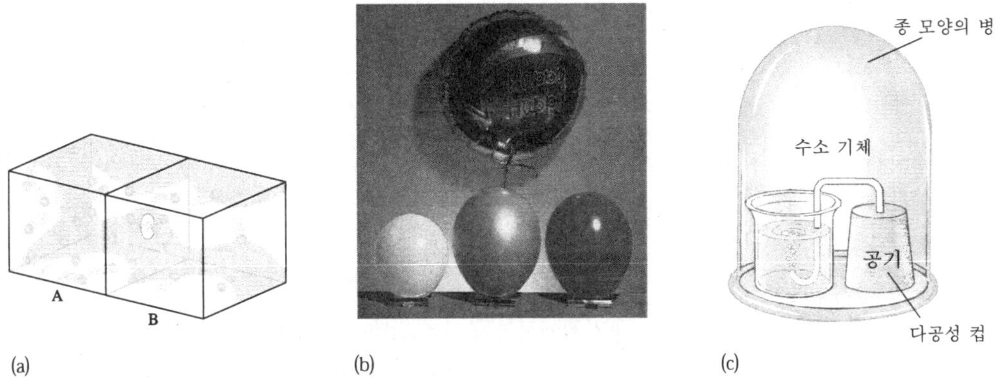

그림 9-14 기체의 분출. (a) 분출의 분자 운동론적 해석. 분자들은 규칙적인 운동을 한다; 때때로 분자들은 바깥 공간으로 빠져나가기도 한다. (b) 고무 풍선에 He(*노랑*), N_2(*파랑*), O_2(*빨강*) 기체들이 같은 부피로 들어 있다. N_2나 O_2 기체보다 He과 같이 가벼운 기체가 작은 구멍을 통해 더 빠르게 분출한다. 금속이 입혀진 은색 풍선은 구멍이 너무 작아서 He의 분출 속도가 느리다. (c) 수소로 가득찬 병을 공기가 채워진 다공성 컵 위에 놓았다면 공기 성분인 산소나 질소가 컵 밖으로 확산되는 속도보다 수소가 컵 안으로 확산되는 속도가 빠르게 진행한다. 이러한 현상은 비이커 속의 물에서 거품이 생길 만큼 컵 속의 압력이 충분히 커지는 원인이 된다.

9-15 실제 기체: 이상성에서의 벗어남

지금까지 *이상* 기체 거동을 살펴보았다. 보통의 조건에서 대부분의 *실제* 기체는 이상적으로 행동한다; 기체의 P와 V는 이상 기체 법칙으로 예측할 수 있고, 분자 운동론으로 설명할 수 있다. 분자 운동 모형에 따르면 (1) 기체 분자의 부피는 전체 부피에 비해 무시할 수 있을 정도로 대부분 빈 공간이며, (2) 기체 분자 자체의 크기에 비해 기체 분자 간의 거리는 상대적으로 매우 멀리 떨어져 있기 때문에 이상 기체 분자는 서로 인력이 작용하지 않는다.

▲ NH_3 기체(*왼쪽*)와 HCl 기체(*오른쪽*)는 각각의 진한 수용액에서 만들어진다. 흰 연기(고체 NH_4Cl)는 기체가 서로 섞여 반응하는 것을 보여준다.
$NH_3(g) + HCl(g) \longrightarrow NH_4Cl(S)$

그러나, 어떤 조건에서는 대부분의 기체가 이상 기체 법칙에 의해 정확하게 예측되지 않는 압력이나 부피를 나타낸다. 이것은 기체가 전적으로 분자 운동론에 의한 가설에 따라서만 행동하지는 않는다는 것을 말해준다.

> 비이상적인 기체의 거동(이상 기체 법칙의 예측에서 벗어난)은 기체가 액화되는 조건, 즉 높은 *압력이나 낮은 온도*에서 중요하다

반 데르 발스(Johannes van der Waals, 1837~1923)는 실제 기체가 이상적인 거동에서 벗어남을 연구하였다. 1867년에 그는 다음의 두 가지 요인을 고려하여, 이상 기체 방정식, $P_{이상}V_{이상} = nRT$를 실험에 의해 보완하였다.

1. 분자 운동론에 따르면 분자의 크기는 기체의 총 부피에 비해 너무나 작아서, 각 분자는 실제로 *측정된* 용기의 전 *부피*(V)를 통해 운동할 수 있다. 그러나 높은 압력에서는 기체 분자 자체의 부피가 기체가 차지하는 총 부피의 상당한 부분을 차지할 수 있다. 결과적으로 분자가 운동할 수 있는 *유효한 부피*, $V_{유효값}$는 분자 자체가 차지하는 양만큼 측정된 부피보다 적어진다. 이러한 이유로 측정 값에서 수정 인자 nb를 뺀다.

$$V_{유효값} = V_{측정값} - nb$$

인자 nb는 분자 자체가 차지하는 부피에 대한 보정항이다. 분자의 크기가 클수록 더 큰 b 값을 갖는다. 시료에서 분자 수가 많을수록 부피 보정항은 더 커진다. 그러나, 기체의 부피가 클 때에는 이 보정항은 무시해도 좋을 만큼 작다.

2. 분자 운동론은 압력을 분자가 용기의 벽에 부딪힌 결과로 설명한다; 이 이론은 분자들 사이의 인력은 별로 중요하지 않다고 가정한다. 실제 기체에서는 분자들 간에 서로 끌어당길 수 있다. 그러나 높은 온도에서는 분자들 사이의 인력에 의한 위치 에너지는 분자의 빠른 운동에 의한 높은 운동 에너지에 비해 무시할 수 있을 정도로 작다. 온도가 아주 낮을 때는, 분자가 아주 느리게 운동하기 때문에 작은 인력으로 생기는 위치 에너지도 아주 중요하다. 분자 간의 인력은 분자들이 아주 가깝게 모여 있을 때(높은 압력에서) 훨씬 더 중요하다. 결국 분자들은 직선 행로에서 벗어나 벽에 도달하는 데 걸리는 시간이 더 걸리기 때문에 주어진 시간 간격 안에 충돌 수는 적어진다. 더욱이 분자가 벽과 충돌하려고 할 때, 분자들끼리 서로 끌어당기는 힘은 충돌 에너지를 적게 한다.

결과적으로, 실제 기체의 압력은 인력을 무시할 수 있을 때의 압력보다 더 적다. 즉 측정한 압력은 이상적인 압력에서 수정 인자 n^2a/V^2을 뺀 값으로 나타낼 수 있다.

$$P_{측정값} = P_{유효값} - \frac{n^2a}{V^2_{측정값}} \quad \text{또는} \quad P_{유효값} = P_{측정값} + \frac{n^2a}{V^2_{측정값}}$$

이 보정 항에서, a값이 클수록 분자 간의 강한 인력을 나타낸다. 분자 수가 많고(n이 클 때), 분자들이

가까이 있을 때(V^2가 작을 때), 보정 항은 커진다. 부피가 충분히 큰 경우에 이 보정 항은 무시할 수 있다.

이 두 가지 보정 항을 이상 기체 방정식에 대입하면 다음의 식을 얻는다.

$$(P_{측정값} + \frac{n^2a}{V^2_{측정값}})(V_{측정값} - nb) = nRT$$

또는

$$(P + \frac{n^2a}{V^2})(V - nb) = nRT$$

이것이 **반 데르 발스 방정식**이다. 이 방정식에서, P, V, T, n 은 이상 기체 방정식에서 측정한 압력, 부피, 온도 그리고 몰 수 값을 나타낸다. a와 b는 기체마다 실험적으로 얻어진 다른 상수 값이다. a, b가 둘 다 0일 때, 반 데르 발스 방정식은 이상 기체 방정식이 된다.

표 9-5에 몇 가지 기체의 반 데르 발스 상수 a, b를 나타내었다. 헬륨의 a 값이 아주 작다는 것에 주목하라. 이것은 모든 비활성 기체뿐 아니라 많은 다른 무극성 분자에서도 같다. 왜냐하면, 이들 분자 사이에 존재하는 분산력(dispersion force)은 아주 약한 인력이기 때문이다. **분산력**이란 한 원자의 원자핵이 이웃한 원자의 전자에 영향을 주는 일시적인 유도 쌍극자에 기인하여 존재하는 힘이다. 이 힘은 모든 분자에 존재한다. 암모니아와 같은 극성 분자는 전하 분리에 따른 영구적인 쌍극자를 가지므로, 분자들 간에 강한 인력을 나타낸다. 이것이 암모니아가 큰 a값을 갖는 이유이다.

큰 분자는 큰 b 값을 갖는다. 예를 들어, 1주기의 2원자 분자인 H_2는 1주기의 단원자 분자인 He보다 더 큰 b 값을 갖는다. 세 개의 2주기 원자를 가진 CO_2의 b 값은 두 개의 2주기 원자를 포함하는 N_2의 값보다 더 크다.

다음 예는 메탄(CH_4)이 높은 압력에서 이상 기체의 거동에서 벗어남을 설명해 준다.

표 9-5 반 데르 발스 상수

기체	a ($L^2 \cdot atm/mol^2$)	b (L/mol)
H_2	0.244	0.0266
He	0.034	0.0237
N_2	1.39	0.0391
NH_3	4.17	0.0371
CO_2	3.59	0.0427
CH_4	2.25	0.0428

예제 9-14 *반 데르 발스 방정식*

25.0 ℃에서 500 mL 용기에 들어 있는 메탄(CH_4) 1몰의 압력을 다음 각 경우에서 구하여라. (a) 이상적인 거동, (b) 비이상적인 거동.

계획

(a) 이상 기체는 이상 기체 방정식에 따른다. P에 대하여 이 방정식을 푼다.

(b) 비이상적인 기체로써 반 데르 발스 방정식을 사용하여 P를 구한다.

풀이

(a) 이상 기체 방정식은 이상 기체 거동에 사용한다.

$$PV = nRT$$

$$P = \frac{nRT}{V} = \frac{(1.00\text{ mol})\left(\frac{0.0821\text{ L}\cdot\text{atm}}{\text{mol}\cdot\text{K}}\right)(298\text{ K})}{0.500\text{ L}} = \boxed{48.9\text{ atm}}$$

(b) 반 데르 발스 방정식은 비이상적인 거동을 하는 기체에 사용한다.

$$\left(P + \frac{n^2a}{V^2}\right)(V - nb) = nRT$$

CH_4 기체에서 $a = 2.25\text{ L}^2\cdot\text{atm/mol}^2$, $b = 0.0428\text{ L/mol}$이다(표 9-5).

$$\left[P + \frac{(1.00\text{ mol})^2(2.25\text{ L}^2\cdot\text{atm/mol}^2)}{(0.500\text{ L})^2}\right]\left[0.500\text{ L} - (1.00\text{ mol})\left(0.0428\frac{\text{L}}{\text{mol}}\right)\right]$$

$$= (1.00\text{ mol})\left(\frac{0.0821\text{ L}\cdot\text{atm}}{\text{mol}\cdot\text{K}}\right)(298\text{ K})$$

다음을 얻을 수 있다.

$$P + 9.00\text{ atm} = \frac{24.5\text{ L}\cdot\text{atm}}{0.457\text{ L}} = 53.6\text{ atm}$$

$$P = \boxed{44.6\text{ atm}}$$

주·요·용·어

게이-루삭의 기체 반응의 법칙(Gay-Lussac's Law of Combining Volumes) 일정한 온도와 압력에서 반응하는 기체(그리고 생성되는 기체에서)의 부피는 가장 간단한 정수 비로 나타낼 수 있다.

기체 상수(Universal gas constant) R, 이상 기체 방정식 $PV = nRT$에서 비례 상수.

대기압(Atmosphere) 압력의 단위; 0 ℃에서 수은주를 760 mm 높이 상태로 유지하는 압력.

돌턴의 분압 법칙(Dalton's Law of Partial Pressures) 기체 혼합물에서 압력은 각 기체 분압의 합이다.

몰 분율(Mole fraction) 혼합물에서 각 성분의 몰 수를 전체 몰 수로 나눈 값.

반 데르 발스 방정식(Van der Waals equation) 실험적으로 결정한 두 개의 변수(각 기체는 특정한 값을 가짐)를 사용하여 이상 기체 방정식을 실제 기체에 적용한 상태 방정식.

보일의 법칙(Boyle's Law) 일정한 온도에서 일정 질량의 기체가 차지하는 부피는 작용하는 압력에 반비례한다.

분산력(Dispersion Forces) 유도 쌍극자 사이에 작용하는 인력. 약하며 짧은 거리에서 작용한다.

분압(Partial pressure) 기체 혼합물에서 각 성분 기체가 나타내는 압력.

분자 운동론(Kinetic-molecular theory) 기체의 거시적인 결과를 미시적인 분자 개념으로 설명하려고 시도하는 이론.

분출(Effusion) 조그만 구멍이나 작은 다공성 벽을 통해 기체가 빠져나가는 것.

상태 방정식(Equation of state) 주어진 상태에서 물질의 거동을 서술하는 방정식; 예를 들어 반 데르 발스 방정식은 기체 상태의 거동을 서술한다.

샤를의 법칙(Charles's Law) 일정한 압력에서 일정 질량의 기체가 차지하는 부피는 절대 온도에 정비례한다.

실제 기체(Real gases) 이상 기체 거동에서 벗어나는 기체.

아보가드로의 법칙(Avogadro's Law) 같은 온도와 같은 압력에서 모든 기체는 종류에 관계없이 같은 부피 속에 같은 분자 수를 가진다.

압력(Pressure) 단위 부피당 작용하는 힘.

유체(Fluids) 자유롭게 이동할 수 있는 물질; 기체와 액체.

응축 상태(Condensed states) 고체와 액체 상태.

이상 기체(Ideal gas) 분자 운동론의 가설을 모두 정확하게 적용할 수 있는 가상적인 기체.

이상 기체 방정식(Ideal Gas Equation) 이상 기체에서 기체의 부피와 압력의 곱은 기체의 몰 수와 절대 온도에 정비례한다.

절대 영도(Absolute zero) 절대 온도 단위에서의 0도; 이론적으로는 분자의 운동이 최소인 온도.

토르(Torr) 압력 단위; 0 ℃에서 수은주 1 mm 높이에 해당하는 압력.

파스칼(Pascal, Pa) SI 단위의 압력; 1제곱미터의 면적에 1뉴턴의 힘이 작용할 때의 압력으로 정의된다.

표준 몰 부피(Standard molar volume) 표준 상태에서 이상 기체 1몰이 차지하는 부피는 22.414 L이다.

표준 온도와 압력(Standard temperature and pressure, STP) 표준 온도 0 ℃(273.15 K), 표준 압력 1 대기압은 기체에서 표준 조건이다.

평균 제곱근 속도(Root-mean-square speed, u_{rms}) 제곱 속도의 평균의 제곱근, $\sqrt{\overline{u^2}}$으로 이상 기체에서는 $\sqrt{\dfrac{3RT}{M}}$ 와 같다. 평균 제곱근 속도는 평균 속도와 값은 다르지만 두 양은 비례한다.

확산(Diffusion) 어떤 물질이 공간이나 다른 물질 속으로 혼합되어 이동하는 것.

연·습·문·제

** 다른 조건이 없다면 이상 기체의 거동으로 가정하여라.*

기초 개념

1. 685 torr를 다음의 단위로 나타내어라:
   (a) mm Hg; (b) atm;
   (c) Pa; (d) kPa.

2. 수은과 옥수수 기름의 밀도는 각각 13.5 g/mL와 0.92 g/mL이다. 만일 옥수수 기름이 기압계로 사용되었다면 표준 기압에서 기둥의 높이가 몇 m가 되겠는가? (기름의 증기 압력은 무시한다.)

✿ 보일의 법칙: 압력-부피 관계

3. 대기압에서 모아진 50 L 기체 시료가 같은 온도, 같은 압력 18.3 torr에서 150 mL 용기로 압축되었다.

   (a) 새로운 압력을 기압으로 나타내어라.

   (b) 처음 시료가 10.0 atm으로 압축되었을 때 부피는 얼마인가?

4. 165 atm의 압력에서 15 L 헬륨 기체를 가진 실린더가 1.1 atm 압력의 장난감 풍선을 채우는데 사용되었다. 각 풍선의 부피가 2.0 L일 때, 풍선을 최대 몇 개까지 불 수 있겠는가? ("소모된" 실린더의 헬륨 부피는 1.1 atm에서 15 L부피이다.)

✿ 샤를의 법칙: 부피-온도 관계

5. 27 ℃에서 헬륨 기체로 0.75 L 부피인 몇 개의 풍선이 있다. 풍선 중의 1개를 몇 시간 후에 찾았는데, 온도가 22 ℃로 떨어져 있었다. 만일 헬륨 기체가 빠져나가지 않았다면 발견하였을 때 풍선의 부피는 얼마인가?

6. 다음 장치는 기체 온도계이다.

   (a) 어는점에서 기체의 부피는 1.400 L이다. 만일 기체의 온도가 어는점에서 8.0 ℃ 올라간다면 새로운 부피는 얼마인가?

   (b) 눈금이 있는 부분의 단면적은 1.0 cm^3이라고 가정하자. 만약 기체 온도가 0 ℃에서 8.0 ℃로 변할 때 높이 차이는 얼마인가?

   (c) 온도계의 감도를 높이기 위해 어떤 보완이 필요한가?

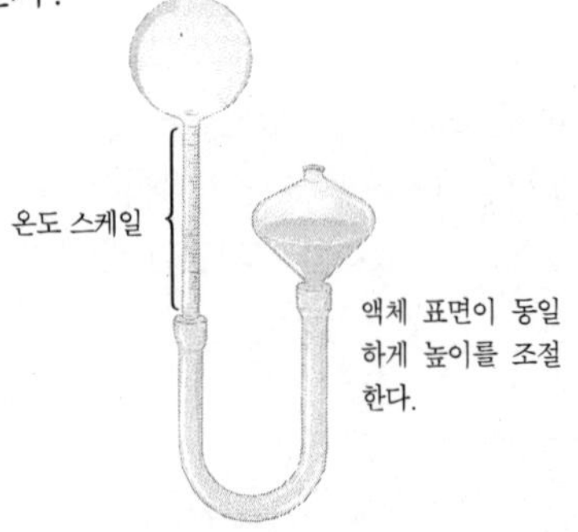

7. 만약 25 ℃에서 기체의 부피가 5.00 L를 차지했다면 드라이아이스(-78.5 ℃), 액체 N_2(-195.8℃) 그리고 액체 He(-268.9 ℃)의 온도에서 이상 기체의 부피를 계산하여라. 일정한 압력이라고 가정하여라. 결과를 도시하고 부피가 0이 되는 온도를 외삽하여라. 이론적으로 부피가 0이 되는 온도는 무엇인가?

✿ 결합된 기체 법칙

8. 280 mL의 네온 기체 시료가 26 ℃에서 660 torr의 압력을 나타낸다. 이 기체의 부피가 440 mL 이며 압력이 940 torr가 되려면 온도(℃)는 얼마인가?

9. 247 mL의 기체 시료가 16.0 ℃에서 3.13 atm의 압력을 나타낸다. 이 기체가 100 ℃, 1 atm으로 될 때 부피는 얼마인가?

✿ STP, 표준 몰 부피 그리고 기체 밀도

10. STP에서 2.00 L 플라스크에 있는 이상 기체의 분자 수는 얼마인가?

11. 공기 중에 일산화탄소(CO) 분석에 대한 감도의 한계는 1 ppb(ppb: 십억분의 1)이다. STP에서 공기 10 L 중 감지될 수 있는 CO 분자의 최소한의 수는 얼마인가?

12. 주어진 온도와 압력에서 이상 기체 0.0243 mol이 담긴 503 mL 플라스크가 있다. 같은 온도와 같은 압력에서 또 다른 플라스크에는 기체 0.0388 mol이 들어 있다. 두 번째 플라스크의 부피는 얼마인가?

✿ 이상 기체 방정식

13. 45 ℃, 3.70 L의 부피에 이상 기체 2.44 mol이 담길 때 기체의 압력을 구하여라.

14. 580 톤의 액체 염소를 실은 배가 사고로 꼼짝 못하게 되었다.

   (a) 만약 750 torr, 18 ℃에서 염소가 모두 기

체로 변한다면 염소가 차지하는 부피는 얼마인가?

(b) 염소의 부피는 넓이 0.500 마일, 평균 깊이 60 ft로 한정된다고 가정하자. 염소 "구름"의 길이(피트로)는 얼마인가?

기체 화합물의 분자량과 분자식

15. 휘발성 액체의 조성은 질량 백분율로 탄소 37.23 %, 수소 7.81 %, 그리고 염소 54.96 %이다. 150 ℃, 1.00 atm에서 증기 500 mL의 질량이 0.922 g이었다.
    (a) 이 화합물의 분자량은 얼마인가?
    (b) 분자식은 무엇인가?
16. 365 torr와 45 ℃에서 만일 0.480 g의 기체가 367 mL를 차지한다면 이 기체 원소의 분자량을 계산하여라.
17. 250 mL 플라스크에 휘발성이 큰 액체를 넣은 후, 끓는 물 속에서 완전히 증기가 되도록 하였다. 다음 자료에서 액체의 분자량을 구하여라(분자당 amu 단위로). 빈 플라스크의 질량 = 65.347 g; 실온에서 물이 채워진 플라스크의 질량= 327.4 g; 플라스크와 응축된 액체의 질량 = 65.739 g; 대기압 = 743.3 torr; 끓는 물의 온도 = 99.8 ℃; 실온에서 물의 온도 = 0.997 g/mL.

기체 혼합물과 돌턴의 법칙

18. 클로로포름($CHCl_3$) 5.23 g과 메탄(CH_4) 1.66 g이 섞인 기체 혼합물이 있다. 275 ℃에서 금속 용기의 부피가 50.0 mL라면 혼합물에 의한 내부 압력은 얼마인가? $CHCl_3$에 의한 압력은 얼마인가?
19. 분압이 He 0.267 atm, Ar 0.317 atm 그리고 Xe 0.277 atm인 혼합물에서 각 기체의 몰 분율을 구하여라.
20. N_2와 O_2 그리고 He 의 각 시료는 3개의 2.25 L 용기에 각각 담겨 있다. 각각의 압력은 1.50 atm이다. (a) 만약 세 기체 모두가 온도의 변화 없이 같은 1.00 L 용기에 담긴다면 압력은 얼마인가? (b) 혼합물에서 O_2의 분압은 얼마인가? (c) N_2와 He의 분압은 얼마인가?
21. STP 상태에서 질소 시료가 447 mL 있다. 만약 같은 시료가 25 ℃, 750.0 torr에서 수상 치환으로 모아진다면 기체 시료의 부피는 얼마인가?

기체와 관련된 반응에서 화학 양론

22. 자동차가 충돌하면 자동차의 에어 백은 NaN_3의 폭발적인 분해 반응으로 생성되는 N_2 기체에 의해 부풀려진다.

$$2NaN_3 \longrightarrow 2Na + 3N_2$$

    25 ℃에서 1.40 atm의 압력으로 30.0 L 백에 N_2가 채워지려면 필요한 NaN_3의 질량은 얼마인가?
23. 일반적으로 실험실에서 산소 기체를 얻는 반응은 다음과 같다.

$$2KClO_3(s) \xrightarrow[\text{가열}]{MnO_2} 2KCl(s) + 3O_2(g)$$

    만약 25 ℃, 755 torr에서 4개의 용기(각 250 mL)에 O_2가 생성되도록 실험이 설계되었다면 필요한 염소산칼륨의 질량은 얼마인가? 생성된 산소의 25 %는 소모되는 것으로 생각하여라.
24. 만약 질소 2.00 L와 수소 5.00 L가 반응하도록 허용된다면 생성되는 $NH_3(g)$는 몇 L이겠는가? 모든 기체들은 같은 온도와 같은 압력에 있으며, 제한 반응물은 완전히 소모된다고 가정한다.

$$N_2(g) + 3H_2(g) \longrightarrow 2NH_3(g)$$

25. STP 상태에서 21.1 L의 산소를 얻기 위해 분해 반응에 필요한 KNO_3의 질량은 얼마인가?

$$2KNO_3(s) \xrightarrow{\text{가열}} KNO_2(s) + O_2(g)$$

분자 운동론과 분자 속도

26. 기체에서 전형적인 분자의 반지름은 2.00Å이다. (a) 구형이라고 가정하고 분자 1개의 부피를 구하여라. 구의 부피는 $V = 4/3\pi r^3$이다. (b) 이 기체 1몰이 차지하는 실제 부피를 구하여라. (c) 만약 이 기체 1몰이 차지하는 부피가 22.4 L라면 분자들에 의해 실제 차지하는 부피의 분율을 구하여라. (d) (c)에 대한 대답을 이상 기체의 관점에서 설명하여라.

27. SiH_4는 CH_4 분자보다 무겁다; 그러나 분자 운동론에 따르면 같은 온도에서 두 기체의 평균 운동 에너지는 같다. 그 이유는?

28. (a) 온도에 따라 변하는 기체 분자의 평균 속도는 어떻게 되는가? (b) 0.0 ℃에서 N_2 분자의 rms 속도에 대한 100 ℃에서 N_2 기체의 rms 속도의 비를 구하여라.

실제 기체와 이상성에서 벗어남

29. 다음의 조건에서 NH_3 시료 1.00 mol에 대한 압축률 인자$(P_{실제})(V_{실제})/RT$를 구하여라 : -10.0℃, 500 mL 용기에서 실제 압력이 30.0 atm로 측정되었다. -10.0 ℃, 500 mL 용기에서 NH_3 1몰에 대하여 이상 기체일 경우의 압력을 구하여라. 이 값과 실제 압력과 비교하고 차이를 설명하여라.

30. 만약 77.0 ℃(보통의 끓는점보다 약간 위의 값)에서 사염화탄소(CCl_4) 1몰의 부피가 35.0 L였다면 그 시료의 압력을 구하여라. CCl_4는 다음을 따른다고 가정한다. (a) 이상 기체 법칙; (b) 반 데르 발스 방정식. CCl_4에 대한 반 더 발스 상수는 a = 20.39 $L^2 \cdot atm/mol^2$이고 b = 0.1383 L/mol이다.

혼합 문제

31. 1기압, 25 ℃에서 건조한 산소 기체 75 mL를 얻을려고 한다. 물의 전기 분해로 산소를 얻으려면 필요한 물의 최소 질량은 얼마인가?

32. 743 torr와 24 ℃에서 38.3 g의 이플루오르화크세논이 물과 화학 양적으로 반응하여 생기는 플루오르화수소의 부피는 얼마인가? 계수가 맞추어지지 않은 방정식은 다음과 같다.

$$XeF_2(s) + H_2O(\ell) \longrightarrow Xe(g) + O_2(g) + HF(g)$$

이 조건에서 유리되는 산소와 크세논의 부피는 얼마인가?

개념 문제

33. 돌턴의 분압 법칙을 이용하여 A가 들어 있는 닫힌 계에 기체 B가 뿜어질 때 일어나는 물질 A의 분압과 전체 압력의 변화를 설명하여라.

실력 향상 문제

34. 5.00 L 반응 용기에 수소 기체의 분압으로 0.588 atm, 산소 기체의 분압으로 0.302 atm이 존재한다. 다음 반응이 일어날 때 어느 원소가 반응을 제한하는가?

$$2H_2(g) + O_2(g) \longrightarrow 2H_2O(g)$$

35. 펜탄(C_5H_{12}) 0.422 g 시료는 과량의 O_2와 함께 4.00 L 반응 용기에 놓여 있다. 혼합물을 가열하여 완전히 산화시켰다. 만약 마지막 온도가 300 ℃라면 반응 용기에서 CO_2와 $H_2O(g)$의 분압을 구하여라.

제 10 장

화학 열역학

[개요]

열 변화와 열화학

10-01 열역학 제1 법칙
10-02 열역학 용어
10-03 엔탈피 변화
10-04 열량계
10-05 열화학 반응식
10-06 표준 상태와 표준 엔탈피 변화
10-07 표준 몰 생성 엔탈피
10-08 헤스의 법칙
10-09 결합 에너지
10-10 내부 에너지의 변화
10-11 ΔH와 ΔE의 관계

물리적 변화와 화학적 변화의 자발성

10-12 자발성의 두 가지 면
10-13 열역학 제2 법칙
10-14 엔트로피
10-15 자유 에너지 변화와 자발성
10-16 자발성의 온도 의존성

[학습 목표]

이 장의 학습 목표는 다음과 같다.

- 열역학 용어와 부호의 의미의 이해
- 상태 함수의 개념의 이용
- 에너지와 엔탈피의 변화를 측정하기 위하여 열량계를 이용한 계산을 수행
- 엔탈피 변화(ΔH)를 계산하기 위하여 헤스의 법칙을 이용
- 열역학 제1 법칙을 이용하여 열, 일 및 에너지 변화의 관계를 이해
- 결합 에너지를 이용하여 기체 상태 반응의 반응열을 구함
- 생성물-선호 반응과 반응물-선호 반응의 의미를 이해
- 계의 무질서도와 엔트로피의 관계를 이해
- 반응의 자발성과 엔트로피와의 관계(열역학 제2 법칙)의 이해
- 엔트로피 변화(ΔS)를 계산하기 위하여 엔트로피 절대 값을 이용
- 다음을 이용하여 깁스 자유 에너지 변화(ΔG)를 계산한다.
  (a) ΔH와 ΔS 값, (b) 표준 몰 생성 자유 에너지 값
- ΔG 값을 이용하여 일정한 T 및 P에서 반응이 생성물-선호 과정인지 확인
- 온도가 반응의 자발성에 미치는 영향을 알아봄
- 반응의 자발성에 해당하는 온도 범위를 예측

에너지의 개념은 과학에 있어서 매우 중요하다. 모든 물리 화학적 과정은 에너지의 전달이 수반된다. 에너지는 창조되거나 소멸될 수 없기 때문에, 한 물체에서 다른 물체로 에너지가 전이되는 과정에 대한 이해가 필요하다.

열역학(thermodynamic)에서는 물리적 과정과 화학적 과정에 수반되는 에너지 변화를 다루고 있다. 대부분의 에너지 변화에는 열이 관여한다. 이 장에서 우리는 열역학의 두 가지 주요 분야를 공부한다. 첫째는 **열화학**(thermochemistry)이다. 여기에서는 물리적 변화와 화학적 반응에서의 에너지 변화에 대한 관찰, 측정 및 예측에 관심을 갖게 된다. 두 번째는 주어진 조건에서 에너지 변화를 이용하여 반응이 정방향 혹은 역방향으로 진행될 것인가를 예측하는 것이다.

〉〉〉〉 열 변화와 열화학

10-01 열역학 제1 법칙

우리는 에너지를 다음과 같이 정의할 수 있다. 에너지는 일을 할 수 있는 능력 혹은 열을 전달할 수 있는 능력이다. 에너지는 일반적으로 운동 에너지와 위치 에너지로 나뉜다. **운동 에너지**(kinetic energy)는 질량과 속도의 관계식으로 표현된다.

$$E_{\text{kinetic}} = \frac{1}{2}mv^2$$

예를 들면, 망치가 무겁고 빨리 움직일수록, 운동 에너지는 커지고 얻어지는 일의 양이 많아진다.

위치 에너지(potential energy)는 위치 혹은 조성에 의하여 어떠한 계가 갖고 있는 에너지이다. 어떤 물체를 들어올리기 위하여 행해지는 일은 그 물체의 위치 에너지로 저장되어 있다. 망치를 떨어뜨리면, 위치 에너지는 운동 에너지로 바뀐다. 원자 내의 전자는 핵과의 정전기적 인력에 의한 위치 에너지를 갖고 있다. 에너지는 여러 가지 형태를 취할 수 있다. 전기 에너지, 방사 에너지, 핵 에너지, 화학 에너지 등이 그 예이다. 원자 혹은 분자 수준에서 이러한 에너지는 운동 에너지 혹은 위치 에너지이다.

연료 혹은 식품에 있는 화학 에너지는 분자 내 배열에 의하여 원자에 저장된 위치 에너지이다. 이러한 화학 에너지는 연소 혹은 대사 등의 화학적 변화를 통하여 에너지로 방출된다. 에너지가 열의 형태로 방출되는 반응을 **발열 반응**(exothermic reaction)이라고 한다.

화석 연료의 연소 반응은 발열 반응의 대표적인 예이다. 천연 가스의 주성분인 메탄과 가솔린의 주성분인 옥탄 등의 탄화수소는 과량의 산소와 반응하여 CO_2와 H_2O를 발생한다. 이 반응에서 열이 방출된다. 방출되는 열의 양은 다음 식과 같다.

$$CH_4(g) + 2O_2(g) \longrightarrow CO_2(g) + 2H_2O(\ell) + 890\text{ kJ}$$
$$2C_8H_{18}(\ell) + 25O_2(g) \longrightarrow 16CO_2(g) + 18H_2O(\ell) + 1.090 \times 10^4\text{ kJ}$$

이러한 반응에서 생성물의 에너지 합은 반응물의 에너지 합에 비하여 방출된 정도만큼 적다. 이러한 반응이 진행되기 위해서는 적당한 정도의 초기 활성화(즉, 열에 의한)가 필요하다. 그림 10-1에 CH_4의 예가 나타나 있다.

주위에서 열을 흡수하는 반응을 **흡열 반응**(endothermic reaction)이라고 한다. 그림 10-2에 예가 나타나 있다.

반응을 활성화하는데 필요한 에너지 양

$CH_4(g) + 2O_2(g)$

위치 에너지 ⟶

발열량 = 890 kJ

$CO_2(g) + 2H_2O(\ell)$

반응물 ⟶ 생성물

발열 반응

그림 10-1 발열 반응에서 반응물과 생성물의 에너지 차이가 방출되는 위치 에너지이다.

(a)

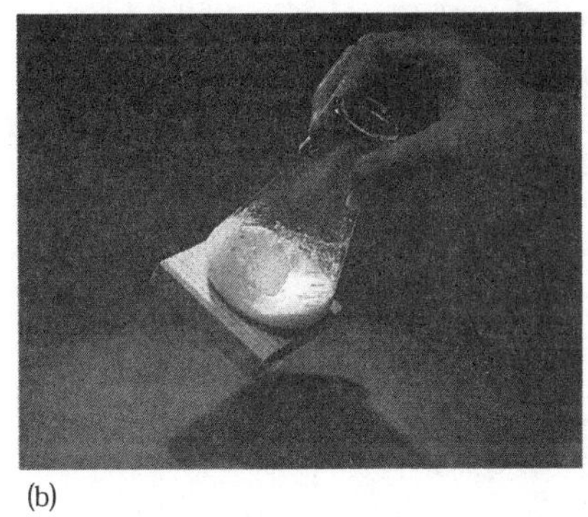

(b)

그림 10-2 흡열 과정. (a) $Ba(OH)_2 \cdot 8H_2O$와 NH_4NO_3가 물 속에서 반응하면, (b) 흡열 반응이 진행된다. 젖은 나무 조각 위에 놓인 플라스크는 냉각되어 얼음이 생겼음을 알 수 있다.

$$Ba(OH)_2 \cdot 8H_2O(s) + 2NH_4NO_3(s) \longrightarrow Ba(NO_3)_2(s) + 2NH_3(g) + 10H_2O(\ell)$$

물리적 변화에도 열 변화가 수반된다. 예를 들면, 0 ℃에서 1몰의 얼음을 녹이는 데 6.02 kJ의 에너지가 흡수된다.

$$H_2O(s) + 6.02\ kJ \longrightarrow H_2O(\ell)$$

상 변화 과정에서 물의 에너지가 6.02 kJ만큼 열의 형태로 증가한 것이다.

열역학 제1 법칙(first law of thermodynamic)은 다음과 같이 표현된다: 우주의 전체 에너지 양은 일정하다. **에너지 보존의 법칙**(law of conservation of energy)은 열역학 제1 법칙의 다른 표현이다: 일반적인 화학 반응과 물리적 변화에서 에너지는 창조되거나 소멸되지 않는다.

10-02 열역학 용어

열역학에서 물리적 변화 및 화학적 변화에 관여하는 물질을 **계**(system)라고 한다. 계 이외의 모든 환경은 **주위**(surrounding)라고 한다. 계와 주위를 합쳐서 **우주**(universe)라고 한다. 열역학 제1 법칙에 따르면 에너지는 창조되거나 소멸되지 않고 계와 주위 간에 전이만 가능하다.

계의 열역학적 상태(thermodynamic state of a system)는 계의 성질을 완전히 나타낼 수 있는 일련의 조건들에 의하여 정의된다. 이러한 조건들은 계의 각 부분에 대한 온도, 압력, 조성, 물리적 상태 등이 포함된다. 상태가 정의되면 물리적 화학적 성질이 정해진다.

P, V, T와 같은 계의 성질을 **상태 함수**(state function)라고 한다. 상태 함수의 값은 계의 상태에만 관여되며 계의 경로에 무관하다. 상태 함수의 변화는 두 상태간의 차이를 나타낸다. 이것은 변화가 발생하는 과정 혹은 경로에 무관하다. 예를 들면, 30 ℃ 1기압의 순수한 물 1몰을 생각하여 보자. 얼마 후 물의 온도가 1기압에서 22 ℃가 되었다면, 이것은 열역학적 상태가 변한 것이다. 순수한 온도 변화가 −8 ℃이다. 30 ℃에서 22 ℃로 냉각이 직접 발생하든지(빨리 혹은 느리게), 혹은 36 ℃로 가열했다가 10 ℃로 식힌 후 22 ℃로 가온하던지 상관이 없다. 압력 등 다른 성질의 변화도 같은 방법으로 경로에 무관하다.

열역학에서 상태 함수의 가장 중요한 이용은 변화(change)를 나타내는 것이다. 어떤 양 X의 차이는 다음과 같이 나타낸다.

$$\Delta X = X_{\text{final}} - X_{\text{initial}}$$

X가 증가하면 X_{final}은 X_{initial}에 비하여 큰 값을 갖고, ΔX는 양의 값을 가지며, X의 감소는 ΔX의 음의 값을 초래한다.

10-03 엔탈피 변화

대부분의 화학 반응과 물리적 변화는 일정한 압력 하에서 발생한다.

> 일정한 압력(q_p) 하에서 화학 반응 혹은 물리적 변화가 발생할 때 계에 전이되는 열량을 **엔탈피 변화**(enthalpy change, ΔH)라고 한다.

엔탈피 변화는 가끔 넓은 의미에서 열 변화를 의미하기도 한다. 엔탈피 변화는 생성물의 엔탈피에 반응물의 엔탈피를 뺀 값이다.

$$\Delta H = H_{\text{final}} - H_{\text{initial}} \quad \text{혹은} \quad \Delta H = H_{\text{생성물}} - H_{\text{반응물}}$$

계의 엔탈피의 절대값은 알 수 없다. 엔탈피는 상태 함수이며, 엔탈피의 변화만 관심 대상이며 측정이 가능하다.

10-04 열량계

화학적 혹은 물리적 과정에서 수반되는 에너지 변화는 **열량계**(calorimeter)를 이용하여 실험적으로 측정할 수 있다. 이 장치로 계가 열의 형태로 흡수하거나 방출하는 에너지를 온도 변화를 관찰함으로써 측정한다. 실험적으로 비열이 알려진 일정한 양의 물질(주로 물)에서 일어나는 온도 변화를 측정한다.

일정한 압력에서 수용액에서의 반응열을 실험실에서 측정하기 위해서 "커피-컵" 열량계가 주로 사용된다. 기체가 발생하지 않는 반응에서 이용이 가능하다. 이 장치에서 반응물과 생성물은 계라고 생각할 수 있고, 열량계와 용액을 주위라고 생각할 수 있다. 발열 반응에서 방출된 열량은 열량계와 용액의 온도를 올리는 데 사용된 양과 같다. 주어진 열량을 첨가할 경우, 상승되는 열량계와 용액의 온도를 측정하면 열량계의 열용량을 알 수 있다.

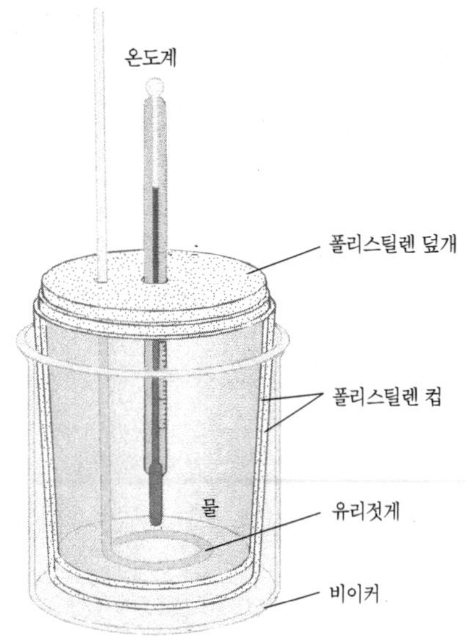

그림 10-3 커피-컵 열량계. 단열재로서 폴리스틸렌이 이용된다. 일정한 압력에서 일어나는 반응의 열 변화를 측정한다.

예제 10-1 *열량계의 열용량*

50.00 g의 물이 들어 있는 열량계에 3.358 kJ의 열을 가했다. 물과 열량계의 온도가 22.34 ℃에서 36.74 ℃로 증가하였다. 열량계의 열용량을 구하여라. 물의 비열은 4.184 J/g · ℃이다.

계획

물에 의하여 얻어진 열을 제외하면 열량계에 의하여 얻어진 열량이 된다.

풀이

물이 흡수한 열량은 $? \text{ J} = 50.00 \text{ g} \times \dfrac{4.184 \text{ J}}{\text{g} \cdot ℃} \times 14.40 \text{ ℃} = 3.012 \times 10^3 \text{ J}$

첨가된 열의 총량은 3.358×10^3 J이다. 따라서 열량계에 의하여 흡수된 열량은 $(3.358 \times 10^3 - 3.012 \times 10^3)$ J $= 0.346 \times 10^3$ J이 된다.

열량계의 열용량을 구하기 위해서는 열량계가 흡수한 열량(346 J)을 온도 변화로 나누면 된다.

$$? \frac{\text{J}}{℃} = \frac{346 \text{ J}}{14.40 \text{ ℃}} = \boxed{24.0 \text{ J/℃}}$$

예제 10-2 *열량계를 이용한 열 측정*

0.400 *M*의 황산구리 용액 50.0 mL와 0.600 *M*의 수산화나트륨 50.0 mL를 23.35 ℃에서 커피-컵 열량계에 섞어 놓았다. 반응 후 혼합액의 온도가 25.23 ℃로 상승하였다. 방출된 열량을 계산하여라. 용액의 밀도는 1.02 g/mL이고, 비열은 물과 같이 4.184 J/g · ℃라고 가정하여라.

$$CuSO_4(aq) + 2NaOH(aq) \longrightarrow Cu(OH)_2(s) + Na_2SO_4(aq)$$

계획

용액의 질량을 구하고, 열량계와 용액이 흡수한 열의 양을 계산한다.

풀이

용액의 질량은 다음과 같다.

$$\underline{?}\ \text{g soln} = (50.0 + 50.0)\ \text{mL} \times \frac{1.02\ \text{g soln}}{\text{mL}} = 102\ \text{g soln}$$

열량계와 용액이 흡수한 열량을 구한 후 더한다.

$$\underline{?}\ \text{J} = \overbrace{\frac{24.0\ \text{J}}{℃} \times (25.23 - 23.35)\ ℃}^{\text{열량계에 의해 흡수된 열량}} + \overbrace{102\ \text{g} \times \frac{4.18\ \text{J}}{\text{g}\cdot℃} \times (25.23 - 23.35)\ ℃}^{\text{용액에 의해 흡수된 열량}}$$

$$= 45\ \text{J} + 801\ \text{J} = \boxed{846\ \text{J}}$$ 용액과 열량계에 의해 흡수된 열량

10-05 열화학 반응식

열 변화(ΔH)가 포함된 완성된 화학 반응식을 **열화학 반응식**(thermochemical equation)이라고 한다. 예를 들면, 다음 반응식은 1몰의 에탄올과 3몰의 산소가 반응하여 1367kJ의 열을 방출함을 나타내고 있다.

$$\underset{1\,\text{mol}}{C_2H_5OH(\ell)} + \underset{3\,\text{mol}}{3O_2(g)} \longrightarrow \underset{2\,\text{mol}}{2CO_2(g)} + \underset{3\,\text{mol}}{3H_2O(\ell)} + 1367\ \text{kJ}$$

위 반응식은 다음과 같이 표현할 수도 있다.

$$C_2H_5OH(\ell) + 3O_2(g) \longrightarrow 2CO_2(g) + 3H_2O(\ell) \qquad \Delta H = -1367\ \text{kJ/mol rxn}$$

ΔH가 음의 값을 가지면, 발열 반응을 나타낸다.
동일 조건에서 역반응은 1367 kJ의 열이 흡수되어야 한다.

$$1367\ \text{kJ} + 2CO_2(g) + 3H_2O(\ell) \longrightarrow C_2H_5OH(\ell) + 3O_2(g)$$

ΔH가 양의 값을 나타내며, 흡열 반응을 의미한다.

$$2CO_2(g) + 3H_2O(\ell) \longrightarrow C_2H_5OH(\ell) + 3O_2(g) \qquad \Delta H = +1367\ \text{kJ/mol rxn}$$

예제 10-3 *열화학 반응식*

일정한 압력에서 2.61 g의 디메틸 에테르(CH_3OCH_3)가 연소하면, 82.5 kJ의 열이 발생한다. 다음

반응에서 ΔH를 구하여라.

$$CH_3OCH_3(\ell) + 3O_2(g) \longrightarrow 2CO_2(g) + 3H_2O(\ell)$$

계획

1몰의 디메틸 에테르의 연소에 해당되는 값을 구하면 된다.

풀이

$$\frac{?\ \text{kJ 방출}}{\text{mol rxn}} = \frac{82.5\ \text{kJ 방출}}{2.61\ \text{g}\ CH_3OCH_3} \times \frac{46.0\ \text{g}\ CH_3OCH_3}{\text{mol}\ CH_3OCH_3} \times \frac{1\ \text{mol}\ CH_3OCH_3}{\text{mol rxn}} = 1450\ \text{kJ/mol rxn}$$

열이 방출되었으므로 발열 반응이며, ΔH는 음의 값을 갖는다.

$$\Delta H = -1450\ \text{kJ/mol rxn}$$

10-06 표준 상태와 표준 엔탈피 변화

열역학적 표준 상태(thermodynamic standard state)는 표준 압력(1기압) 및 특정 온도(25 ℃)에서의 물질의 순수한 상태를 말한다. 액체상 혹은 고체상의 순수한 물질에서, 표준 상태는 순수한 액체 혹은 고체이다. 기체의 경우, 표준 상태는 1기압의 기체이다. 용액 내의 물질에서는 표준 상태는 1몰의 농도를 나타낸다.

표준 압력 하에서의 변화를 표시하기 위해서는 위첨자 0를 사용한다. 온도의 경우 표준 온도(25 ℃) 이외에서의 변화를 표시할 경우 특정 온도를 아래첨자를 이용하여 나타낸다. 아래첨자가 명기되지 않은 경우는 표준 온도를 의미한다.

10-07 표준 몰 생성 엔탈피

물질의 엔탈피의 절대값을 구할 수는 없다. 오직 상대적인 변화를 구할 수 있으며, 다음과 같은 인위적인 눈금을 이용한다.

표준 몰 생성 엔탈피(standard molar enthalpy of formation, ΔH^0_f)는 표준 상태의 원소로부터 특정 상태의 물질 1몰이 생성되는 반응의 엔탈피 변화를 의미한다. 편의상, 표준 상태의 원소의 ΔH^0_f 를 0으로 정한다.

표준 몰 생성 엔탈피는 **표준 몰 생성열**(standard molar heat of formation) 혹은 **생성열**(heat of formation)이라고 불리기도 한다. ΔH^0_f에 있는 영(zero)은 표준 기압(1기압)을 나타낸다. ΔH^0_f의 음의 값은 발열 생성 반응을 나타내고, 양의 값은 흡열 생성 반응을 나타낸다.

원소로부터 어떤 물질이 생성되는 완성된 반응식에서 엔탈피 변화가 그 생성물의 몰 생성 엔탈피와 반드시 일치하지는 않는다. 표준 상태에서 다음의 발열 반응을 생각하여 보자.

$$H_2(g) + Br_2(\ell) \longrightarrow 2HBr(g) \qquad \Delta H^0_{rxn} = -72.8\ \text{kJ/mol rxn}$$

이 반응에서 2몰의 HBr(g)이 생성되었다. 따라서, 1몰의 HBr(g)이 생성에 관계되는 몰 생성 엔탈피는 반응 엔탈피 변화의 절반이 된다. 즉, HBr(g)에 대한 ΔH^0_f은 -36.4 kJ/mol이 된다.

$$\frac{1}{2}H_2(g) + \frac{1}{2}Br_2(\ell) \longrightarrow HBr(g) \qquad \Delta H^0_{rxn} = -36.4\ \text{kJ/mol rxn}$$

$$\Delta H^0_{f\,HBr(g)} = -36.4\ \text{kJ/mol HBr(g)}$$

일반적인 화합물에 대한 표준 생성열이 표 10-1에 나타나 있다.

표 10-1 298 K에서의 표준 몰 생성 엔탈피

물질	ΔH^0_f(kJ/mol)	물질	ΔH^0_f(kJ/mol)
$Br_2(\ell)$	0	HgS(s) red	-58.2
$Br_2(g)$	30.91	$H_2(g)$	0
C(diamond)	1.897	HBr(g)	-36.4
C(graphite)	0	$H_2O(\ell)$	-285.8
$CH_4(g)$	-74.81	$H_2O(g)$	-241.8
$C_2H_4(g)$	52.26	NO(g)	90.25
$C_6H_6(\ell)$	49.03	Na(s)	0
$C_2H_5OH(\ell)$	-277.7	NaCl(s)	-411.0
CO(g)	-110.5	$O_2(g)$	0
$CO_2(g)$	-393.5	$SO_2(g)$	-296.8
CaO(s)	-635.5	$SiH_4(g)$	34.0
$CaCO_3(s)$	-1207.0	$SiCl_4(g)$	-657.0
$Cl_2(g)$	0	$SiO_2(s)$	-910.9

10-08 헤스의 법칙

1840년, 헤스(G. H. Hess, 1802~1850)는 열화학적 수치를 관찰한 결과에 근거하여 **열 합산 법칙**(law of heat summation)을 발표하였다.

"반응의 엔탈피 변화는 반응이 일어나는 단계에 관계없이 일정하다."

엔탈피는 상태 함수이다. 따라서 엔탈피 변화는 반응의 경로에 무관하다. 계산상에서 반응이 어떠한 단계를 거쳐 일어나는지 알 필요가 없다. 헤스의 법칙은 엔탈피 변화를 측정하기 어려운 반응에 유용하게 적용될 수 있다. 헤스의 법칙은 다음과 같이 표현된다.

$$\Delta H^0_{rxn} = \Delta H^0_a + \Delta H^0_b + \Delta H^0_c + \cdots$$

여기서 a, b, c,…는 합산되는 각각의 열화학 반응식을 말한다.

다음과 같은 반응식을 생각하여 보자.

$$C\,(graphite) + \tfrac{1}{2}O_2(g) \longrightarrow CO(g) \qquad \Delta H^0_{rxn} = ?$$

이 반응의 엔탈피 변화의 직접 측정은 불가능하다. 흑연과 제한된 양의 산소가 반응하면, CO(g)가 주생성물로 얻어지나 항상 $CO_2(g)$가 불순물로 생성된다. 따라서 다음과 같은 반응을 이용하여 일산화탄소 생성 반응의 엔탈피 변화를 추정할 수 있다.

$$C\,(graphite) + O_2(g) \longrightarrow CO_2(g) \qquad \Delta H^0_{rxn} = -393.5\text{ kJ/mol rxn} \qquad (1)$$
$$CO(g) + \tfrac{1}{2}O_2(g) \longrightarrow CO_2(g) \qquad \Delta H^0_{rxn} = -283.0\text{ kJ/mol rxn} \qquad (2)$$

수학적으로 (1)식에서 (2)식을 빼면, 원하는 반응식을 다음과 같이 얻을 수 있다.

		ΔH^0	
$C\,(graphite) + O_2(g) \longrightarrow$	$\cancel{CO_2(g)}$	-393.5 kJ/mol rxn	(1)
$\cancel{CO_2(g)} \longrightarrow$	$CO(g) + \tfrac{1}{2}O_2(g)$	$-(-283.0$ kJ/mol rxn$)$	(-2)
$C\,(graphite) + \tfrac{1}{2}O_2(g) \longrightarrow$	$CO(g)$	$\Delta H^0_{rxn} = -110.5$ kJ/mol rxn	

이 반응식은 표준 상태의 원소로부터 1몰의 CO(g)를 생성하는 반응식을 나타내고 있다. 이러한 방법으로 CO(g)의 ΔH^0_f가 -110.5 kJ/mol임을 알 수 있다.

예제 10-4 *헤스의 법칙*

아래에 있는 열화학 반응식을 통하여 298 K에서 에탄올 생성 반응의 ΔH^0_{rxn} 를 구하여라.

$$C_2H_4(g) + H_2O(\ell) \longrightarrow C_2H_5OH(\ell)$$

		ΔH^0	
$C_2H_5OH(\ell) + 3O_2(g) \longrightarrow$	$2CO_2(g) + 3H_2O(\ell)$	-1367 kJ/mol rxn	(1)
$C_2H_4(g) + 3O_2(g) \longrightarrow$	$2CO_2(g) + 2H_2O(\ell)$	-1411 kJ/mol rxn	(2)

계획

반응식에 나타나지 않은 $O_2(g)$, $CO_2(g)$가 서로 상쇄되도록 반응식을 조절한다.

풀이

		ΔH^0	
$\cancel{2CO_2(g)} + 3H_2O(\ell) \longrightarrow$	$C_2H_5OH(\ell) + \cancel{3O_2(g)}$	$+1367$ kJ/mol rxn	(-1)
$C_2H_4(g) + \cancel{3O_2(g)} \longrightarrow$	$\cancel{2CO_2(g)} + 2H_2O(\ell)$	-1411 kJ/mol rxn	(2)
$C_2H_4(g) + H_2O(\ell) \longrightarrow$	$C_2H_5OH(\ell)$	$\Delta H^0_{rxn} = -44$ kJ/mol rxn	

헤스의 법칙을 이용하면 ΔH^0_f의 값을 사용하여 반응의 엔탈피 변화를 계산할 수 있다. 예제 10-4의 반응을 다시 한번 생각하여 보자.

$$C_2H_4(g) + H_2O(\ell) \longrightarrow C_2H_5OH(\ell)$$

표의 ΔH_f^0 값을 찾으면, $\Delta H^0_{f\,C_2H_5OH(\ell)} = -277.7$ kJ/mol, $\Delta H^0_{f\,C_2H_4(g)} = 52.3$ kJ/mol, $\Delta H^0_{f\,H_2O(\ell)} = -285.8$ kJ/mol이 있다. 이러한 정보는 다음과 같은 형태로 표현될 수 있다.

			ΔH^0	
$2C(graphite) + 3H_2(g) + \frac{1}{2}O_2(g)$	$\longrightarrow$	$C_2H_5OH(\ell)$	−277.7 kJ/mol rxn	(1)
$2C(graphite) + 2H_2(g)$	$\longrightarrow$	$C_2H_4(g)$	52.3 kJ/mol rxn	(2)
$H_2(g) + \frac{1}{2}O_2(g)$	$\longrightarrow$	$H_2O(\ell)$	−285.8 kJ/mol rxn	(3)

다음과 같이 알짜 반응식을 얻을 수 있다.

			ΔH^0	
$2C(graphite) + 3H_2(g) + \frac{1}{2}O_2(g)$	$\longrightarrow$	$C_2H_5OH(\ell)$	− 277.7 kJ/mol rxn	(1)
$C_2H_4(g)$	$\longrightarrow$	$2C(graphite) + 2H_2(g)$	− 52.3 kJ/mol rxn	(−2)
$H_2O(\ell)$	$\longrightarrow$	$H_2(g) + \frac{1}{2}O_2(g)$	+ 285.8 kJ/mol rxn	(−3)
$C_2H_4(g) + H_2O(\ell)$	$\longrightarrow$	$C_2H_5OH(\ell)$	ΔH^0_{rxn} = − 44.2 kJ/mol rxn	

이 반응식의 ΔH^0는 다음과 같이 나타남을 알 수 있다.

$$\Delta H^0_{rxn} = \Delta H^0_{(1)} + \Delta H^0_{(-2)} + \Delta H^0_{(-3)}$$

또는

$$\Delta H^0_{rxn} = \underset{\text{product}}{\Delta H^0_{f\,C_2H_5OH(\ell)}} - [\underset{\text{reactants}}{\Delta H^0_{f\,C_2H_4(g)} + \Delta H^0_{f\,H_2O(\ell)}}]$$

이 식은 다음과 같이 일반식으로 표현되어 유용하게 사용된다.

$$\Delta H^0_{rxn} = \Sigma n\,\Delta H^0_{f\,products} - \Sigma n\,\Delta H^0_{f\,reactants}$$

반응의 표준 엔탈피 변화는 생성물의 표준 몰 생성 엔탈피의 합에서 반응물의 표준 몰 생성 엔탈피의 합을 뺀 것과 같다. 여기서 생성물 및 반응물의 합은 완결된 반응식에서 각각의 상수를 고려하여야 한다.

예제 10-5 *헤스의 법칙: ΔH_f^0 값 이용하기*

298 K에서 다음 반응의 ΔH^0_{rxn}를 계산하여라.

$$SiH_4(g) + 2O_2(g) \longrightarrow SiO_2(s) + 2H_2O(\ell)$$

계획

헤스의 법칙($\Delta H^0_{rxn} = \Sigma n\,\Delta H^0_{f\,products} - \Sigma n\,\Delta H^0_{f\,reactants}$)을 이용하여라.

풀이

부록 K에서 ΔH_f^0 값을 다음과 같이 찾을 수 있다.

	$SiH_4(g)$	$O_2(g)$	$SiO_2(s)$	$H_2O(\ell)$
ΔH_f^0 kJ/mol :	34.3	0	−910.9	−285.8

$$\Delta H_{rxn}^0 = \Sigma n\,\Delta H_{f\,products}^0 - \Sigma n\,\Delta H_{f\,reactants}^0$$

$$\Delta H_{rxn}^0 = [\Delta H_{f\,SiO_2(S)}^0 + 2\Delta H_{f\,H_2O(\ell)}^0] - [\Delta H_{f\,SiH_4(g)}^0 + 2\Delta H_{f\,O_2(g)}^0]$$

$$\Delta H_{rxn}^0 = \left[\frac{1\text{ mol }SiO_2(s)}{\text{mol rxn}} \times \frac{-910.9\text{ kJ}}{\text{mol }SiO_2(s)} + \frac{2\text{ mol }H_2O(\ell)}{\text{mol rxn}} \times \frac{-285.8\text{ kJ}}{\text{mol }H_2O(\ell)}\right] - \left[\frac{1\text{ mol }SiH_4(g)}{\text{mol rxn}} \times \frac{+34.3\text{ kJ}}{\text{mol }SiH_4(g)} + \frac{2\text{ mol }O_2(g)}{\text{mol rxn}} \times \frac{0\text{ kJ}}{\text{mol }O_2(g)}\right]$$

$$\Delta H_{rxn}^0 = -1515.7\text{ kJ/ mol rxn}$$

10-09 결합 에너지

화학 반응에는 화학 결합의 분해와 생성이 관여한다. 화학 결합의 분해에는 항상 에너지가 필요하다. 이 에너지는 주로 열의 형태로 공급된다.

결합 에너지(Bond Energy; B.E.)는 일정한 온도와 압력의 기체 상태의 물질에서 *1몰*의 결합을 분해하는 데 필요한 에너지 양이다.

결합 에너지가 클수록 결합은 더욱 안정하며(강하며), 분해하기 힘들다. 따라서, 결합 에너지는 결합력의 척도가 된다.

다음의 반응을 생각하여 보자.

$$H_2(g) \longrightarrow 2H(g) \quad \Delta H_{rxn}^0 = \Delta H_{H-H} = +436\text{ kJ/mol H—H 결합}$$

수소-수소 결합의 결합 에너지는 436 kJ/mol이다. 즉, 1몰의 H—H 결합을 분해하는데 436 kJ의 에너지가 흡수되어야 한다는 뜻이다. 이것은 다음과 같이 흡열 반응으로 표시할 수 있다.

$$H_2(g) + 436\text{ kJ} \longrightarrow 2H(g)$$

표 10-2와 10-3에 평균 결합 에너지가 나타나 있다. 표에서 보면, 삼중 결합이 이중 결합보다 강하고, 이중 결합은 단일 결합보다 강함을 알 수 있다. 이중 결합과 삼중 결합의 결합 에너지는 단순하게 단일 결합력의 2배 혹은 3배에 해당되지는 않는다. 단일 결합은 σ 결합이고 이중 결합과 삼중 결합에는 각각 1개 및 2개의 π 결합을 갖고 있다. π 결합의 세기는 σ 결합에 비하여 약하다.

표 10-2 평균 단일 결합 에너지(kJ/mol)

H	C	N	O	F	Si	P	S	Cl	Br	I	
436	413	391	436	565	318	322	347	432	366	299	H
	346	305	358	485			272	339	285	213	C
		163	201	283				192			N
			146		452	335		218	201	201	O
				155	565	490	284	253	249	278	F
					222		293	381	310	234	Si
						201		326		184	P
							226	255			S
								242	216	208	Cl
									193	175	Br
										151	I

표 10-3 단일 결합 및 다중 결합 에너지 비교(kJ/mol)

단일 결합		이중 결합		삼중 결합	
C—C	346	C=C	602	C≡C	835
N—N	163	N=N	418	N≡N	945
O—O	146	O=O	498		
C—N	305	C=N	615	C≡N	887
C—O	358	C=O	732*	C≡O	1072

** CO_2의 경우는 799 kJ/mol이다.*

*C— H 결합의 평균 결합 에너지*는 413 kJ/mol이지만, 화합물의 종류에 따라 조금씩 세기가 다르다. 평균 결합 에너지는 열화학적 데이터에 적용할 수는 있으나, 얻어지는 ΔH^0_{rxn} 값은 ΔH^0_f을 이용하여 구한 값보다 덜 정확하다.

헤스의 법칙에 따르면 결합 에너지를 이용하여 반응열을 예측할 수 있다. 그림 10-4의 엔탈피 도표를 살펴보자. ΔH^0_{rxn} 은 기체 상태의 반응물과 생성물의 결합 에너지와 다음과 같이 관련지울 수 있다.

$$\Delta H^0_{rxn} = \Sigma B.E._{reactants} - \Sigma B.E._{products} \qquad \text{(기체상 반응의 경우)}$$

반응의 엔탈피 변화는 반응물의 결합을 분해하는 데 필요한 총 에너지에서 생성물의 결합을 분해하는 데 필요한 총 에너지를 뺀 값이다. 기체 상태 반응의 반응열은 생성물의 결합이 형성될 때 방출 에너지에서 반응물의 결합이 형성될 때의 방출 에너지를 뺀 값과 동일하다. 이러한 반응열은 표 10-2와 10-3의 평균 결합 에너지를 이용하여 예측할 수 있다.

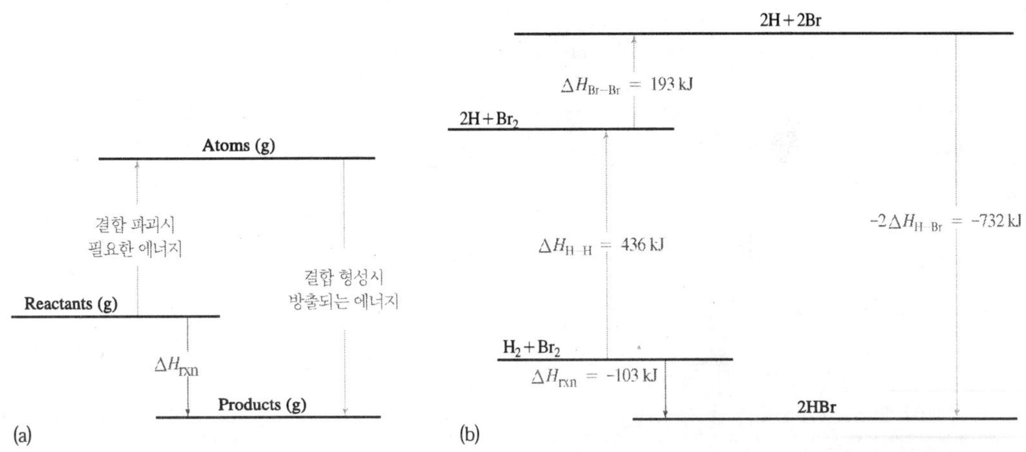

그림 10-4 기체상 반응에서의 결합 에너지와 ΔH_{rxn} 사이의 관계. (a) 일반적 발열 반응. (b) 다음의 기체상 반응:

$$H_2(g) + Br_2(g) \longrightarrow 2HBr(g)$$

예제 10-6 *결합 에너지*

표 10-2의 결합 에너지를 이용하여, 다음 반응에서 298 K에서의 반응열을 예측하여라.

$$C_3H_8(g) \quad + \ Cl_2(g) \longrightarrow \quad C_3H_7Cl(g) \quad + \ HCl(g)$$

$$\mathrm{H{-}\underset{H}{\overset{H}{C}}{-}\underset{H}{\overset{H}{C}}{-}\underset{H}{\overset{H}{C}}{-}H + Cl{-}Cl \longrightarrow H{-}\underset{H}{\overset{H}{C}}{-}\underset{H}{\overset{H}{C}}{-}\underset{H}{\overset{H}{C}}{-}Cl + H{-}Cl}$$

계획

2몰의 C— C 결합과 7몰의 C— H 결합은 반응 전후 변하지 않은 상태이다. 알짜 변화를 살펴보면, C— H와 Cl— Cl 결합이 분해되어 C— Cl과 H— Cl이 생성되었음을 알 수 있다. 따라서 이러한 변화만을 계산에 포함하면 된다.

풀이

$$\Delta H^0_{rxn} = [\Delta H_{C-H} + \Delta H_{Cl-Cl}] - [\Delta H_{C-Cl} + \Delta H_{H-Cl}]$$
$$= [413 + 242] - [339 + 432] = \mathbf{-116\ kJ/mol\ rxn}$$

10-10 내부 에너지의 변화

특정 양의 어떤 물질의 **내부 에너지**(internal energy, E)는 그 물질에 포함된 모든 에너지를 나타낸다. 즉, 분자의 운동 에너지, 분자 내 여러 입자 간의 정전기적 에너지 및 그 외 다른 모든 형태의 에너지가 포함된다. 분자들의 내부 에너지는 상태 함수이다. 화학 반응 혹은 물리적 변화에서 생성물과 반응물의 내부 에너지 차(ΔE)는 다음과 같이 주어진다.

$$\Delta E = E_{final} - E_{initial} = E_{생성물} - E_{반응물} = q + w$$

여기서 q와 w는 각각 열과 일을 나타낸다. 열과 일은 계의 안과 밖으로 에너지가 흐를 수 있는 두 가지 방법이다. **일**(work)은 물체가 힘(f)에 대하여 일정한 거리(d)를 따라서 움직이는 데서의 에너지 변화와 관련된다. 즉, $w = fd$

$$\Delta E = (\text{계에 의하여 흡수된 열량}) + (\text{계에 행한 열량})$$

관습적으로 q와 w에 대하여 다음과 같은 기호가 적용된다.

q가 양의 값: 계는 주위로부터 열을 흡수한다.
q가 음의 값: 계는 주위로 열을 방출한다.
w가 양의 값: 주위에 의하여 계에 일이 행해진다.
w가 음의 값: 계에 의하여 주위로 일이 행해진다.

주어진 양의 에너지가 계에 주어지거나 제거될 때마다(일 혹은 열의 형태로), 계의 에너지는 그와 같은 양이 변화한다. 따라서 식 $\Delta E = q + w$는 열역학 제1법칙의 다른 표현이다.

대부분의 화학적 및 물리적 변화에 수반되는 유일한 일의 형태는 압력–부피의 일이다. 단위 분석을 해보면, 압력과 부피의 곱은 일(work)이 됨을 알 수 있다. 반응계에서 열이 방출되면 ΔE는 음의 값을 갖는다. 주위로부터 계가 에너지를 흡수하면 ΔE는 양의 값을 갖는다.

예를 들면, CH_4가 일정한 부피, 25 ℃에서 완전 연소해서 열을 방출하면 다음과 같이 표현할 수 있다.

$$CH_4(g) + 2O_2(g) \longrightarrow CO_2(g) + 2H_2O(\ell) + 887\ kJ$$

에너지 방출을 나타냄

또는 다음과 같이 역반응인 경우, 열을 흡수한다고 표현할 수 있다.

$$CO_2(g) + 2H_2O(\ell) + 887\ kJ \longrightarrow CH_4(g) + 2O_2(g)$$

또는

에너지 흡수를 나타냄

$$CO_2(g) + 2H_2O(\ell) \longrightarrow CH_4(g) + 2O_2(g) \qquad \Delta E = +887\ kJ/mol\ rxn$$

일정한 외부압(예를 들면 대기압)을 이겨내며 기체가 생성될 때, 기체는 대기압에 대하여 팽창하는 일을 하게 된다. 팽창 과정에서 열이 흡수되지 않으면 계의 내부 에너지가 감소된 결과를 낳는다. 반면에 어떤 과정에서 기체가 소비되어 버리면, 대기가 반응계에 일을 행하게 되는 것이다.

후자의 경우를 생각하여 보자. 일정한 압력 하에서 2몰의 수소와 1몰의 산소가 반응하면 수증기를 발생한다(그림 10-5).

$$2H_2(g) + O_2(g) \longrightarrow 2H_2O(g) + \text{열}$$

반응 용기를 감싸고 있는 정온조가 발생열을 모두 흡수하여 기체의 온도가 변하지 않는다고 가정하자. 계의 부피는 3몰에서 2몰로 감소하게 된다. 주위는 대기압의 일정한 압력을 작용하게 되고 압축에 의하여 계에 일을 행하게 된다. 계의 내부 에너지는 계에 행해지는 일의 양만큼 증가하게 된다.

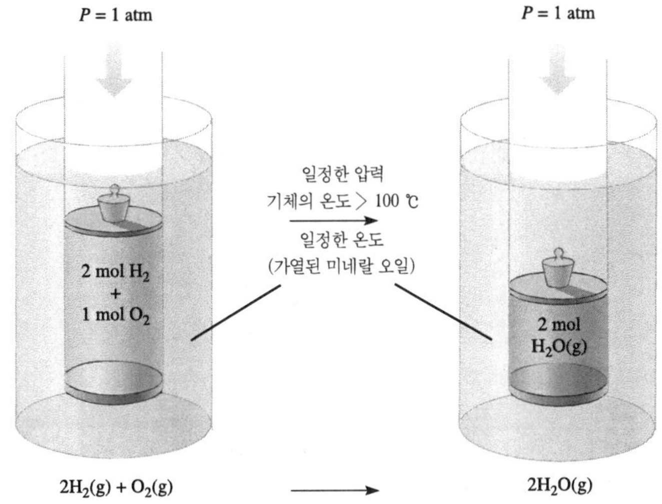

그림 10-5 수소와 산소의 반응에 따라 부피가 감소하는 그림.

계에 작용하는 일은 외부 압력과 부피에 관여한다. 반응 중 외부 압력이 일정하면 일의 양은 압력과 부피 변화의 곱이 된다. 즉 계에 행해지는 일은 $-P\Delta V$ 혹은 $-P(V_2-V_1)$이 된다.

계의 부피가 감소하면 주위가 계에 일을 행한 결과가 되며, w는 양의 값을 갖는다. 즉, V_2는 V_1보다 작은 값을 갖게 되며 전체적으로 $-P(V_2-V_1)$은 양의 부호를 갖게 된다. 이 경우는 반응 중 기체의 몰 수가 감소(Δn가 음의 값)하는 경우이다. 계의 부피가 증가하면, 위의 경우와 반대가 된다.

w 대신에 $-P\Delta V$를 치환하면, ΔE는 다음과 같이 된다.

$$\Delta E = q - P\Delta V$$

부피가 일정한 반응에서는 $P\Delta V$에 관한 일은 없다. 부피가 변하지 않기 때문에, 거리를 따라 움직이는게 없고($d = 0$), $fd = 0$가 된다. 계의 내부 에너지 변화는 일정한 부피에서의 열(q_v)과 동일하다.

$$\Delta E = q_v$$

그림 10-6은 그림 10-5과 같은 상 변화 과정을 나타내지만, 부피가 일정한 조건이며 따라서 일의 양은 0이다.

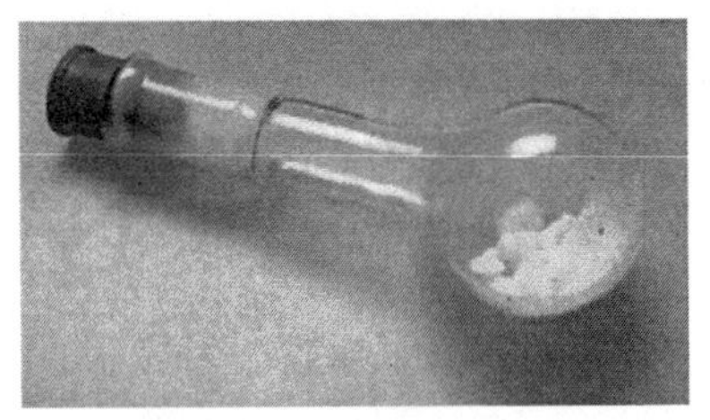

▶ **그림 10-6** 일정한 부피에서 열을 흡수하는 드라이아이스가 마개가 막힌 플라스크 내에 놓여 있다.

압력이 변화하는 경우에도 고체와 액체의 부피는 거의 일정하다. 같은 몰 수의 기체가 생성되고 소멸되는 반응의 경우에도 거의 행해지는 일은 없다. 즉 이상 기체의 법칙 $P\Delta V = (\Delta n)RT$에서 $\Delta n = 0$인 경우이다. 여기서 Δn은 기체 생성물의 몰 수에서 기체 반응물의 몰 수를 뺀 값이다. 따라서, 일에 해당하는 w는 기체 생성물과 반응물의 몰 수가 다른 경우, 즉 계의 부피가 변하는 경우에만 의미 있는 값을 갖는다.

예제 10-7 *일의 부호의 예측*

일정한 압력과 온도에서 진행되는 다음의 각 반응에 대하여, 일(w)의 부호를 예측하고 계와 일과의 관계를 말하여라.

(a) 비료로 사용되는 질산암모늄은 폭발적으로 분해한다.

$$2NH_4NO_3(s) \longrightarrow 2N_2(g) + 4H_2O(g) + O_2(g)$$

1947년 텍사스 시에서 발생한 폭발 사고는 이 반응에 기인하였으며 576명의 사망자가 발생하였다.

(b) 수소와 염소는 반응하여 염화수소 기체를 발생한다.

$$H_2(g) + Cl_2(g) \longrightarrow 2HCl(g)$$

(c) 이산화황은 산화되어 삼산화황이 되는데, 황산의 제조에 이용된다.

$$2SO_2(g) + O_2(g) \longrightarrow 2SO_3(g)$$

계획

일정한 압력 하에서는 $w = -P\Delta V = -(\Delta n)RT$가 된다. 여기서 R과 T는 양의 상수이기 때문에, w의 부호는 Δn의 부호의 반대이다.

풀이

(a) Δn = [2몰 $N_2(g)$ + 4몰 $H_2O(g)$ + 1몰 $O_2(g)$] - 0몰 = 7몰 - 0몰 = +7몰

따라서, w는 음의 값을 갖는다. 이것은 계가 주위에 일을 했음을 나타낸다.

(b) Δn = [2몰 $HCl(g)$] - [1몰 $H_2(g)$ + 1몰 $Cl_2(g)$] = 2몰 - 2몰=0몰

따라서, $w = 0$이다. 반응이 진행되면서 행해진 일은 없다.

(c) Δn = [2몰 $SO_3(g)$] - [2몰 $SO_2(g)$ + 1몰 $O_2(g)$] = 2몰 - 3몰 =- 1몰

따라서, w는 양의 값을 갖는다. 반응이 진행되면서 계에 일이 행해졌음을 나타낸다.

일정한 부피에서 진행되는 반응이 흡수하거나 방출한 열량을 측정하는 장치로 **봄베 열량계**(bomb calorimeter)가 있다(그림 10-7). 강한 강철 용기가 많은 양의 물 속에 잠겨 있고, 반응 중 생성되거나 흡수된 열은 많은 양의 물에 전이된다.

따라서, 열량계의 온도 변화는 매우 작다. 실제, 반응 중 에너지 변화는 일정한 부피와 온도에서 측정된다. 따라서 기체 반응일지라도 $\Delta V = 0$이므로 봄베 열량계에서 진행되는 반응에는 일의 양이 없다. 따라서, $\Delta E = q_v$가 된다.

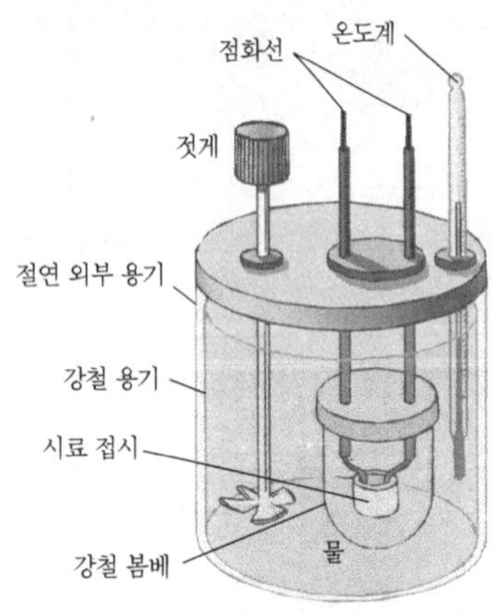

◀ **그림 10-7** 봄베 열량계는 일정한 부피에서 일어나는 반응이 흡수하거나 방출한 열량을 측정한다. 점화선(ignition wire)으로부터 도입되는 에너지의 양을 측정하고 계산한다.

10-11 ΔH와 ΔE의 관계

엔탈피(H)의 근본적인 정의는 다음과 같다.

$$H = E + PV$$

일정한 온도와 압력에서는 $\Delta H = \Delta E + P\Delta V$가 된다.

앞에서 우리는 $\Delta E = q + w$ 임을 설명하였다. 따라서 $\Delta H = q + w + P\Delta V$가 된다.

일정한 압력에서는 $w = -P\Delta V$이다. 따라서 다음과 같은 식이 성립한다.

$$\Delta H = q + (-P\Delta V) + P\Delta V$$

$$\Delta H = q_p \quad \text{(일정한 온도와 압력)}$$

ΔE와 ΔH의 차이는 계가 할 수 있는 팽창일($P\Delta V$)의 양이 된다. 기체 몰 수의 변화가 없다면, 이 차이는 무시할 수 있을 정도로 매우 작다. 이상 기체 방정식에서 도입하면, $P\Delta V = (\Delta n)RT$가 된다. 따라서 다음과 같이 표현할 수 있다.

$$\Delta H = \Delta E + (\Delta n)RT \quad \text{또는} \quad \Delta E = \Delta H - (\Delta n)RT \quad \text{(일정한 온도와 압력)}$$

봄베 열량계를 이용하여 측정하여 보면 에탄올이 연소할 때의 내부 에너지 변화(ΔE)는 298 K에서 −1365 kJ/mol이 된다. 앞절(10-05)에서 298 K 온도와 상압에서 1몰의 에탄올이 연소하면 발생되는 열량(ΔH)이 1367 kJ임을 보았다. ΔH와 ΔE의 차이점은 일의 양 $P\Delta V$ 즉 $(\Delta n)RT$에 있다. 다음의 반응식에서,

$$C_2H_5OH(\ell) + 3O_2(g) \longrightarrow 2CO_2(g) + 3H_2O(\ell)$$

Δn은 2−3 = −1이 된다.

따라서, 대기는 계에 일을 행하고 있다. 일의 양은 다음과 같이 구할 수 있다.

$$w = -P\Delta V = -(\Delta n)RT$$

$$= -(-1\text{mol})\left(\frac{8.314\text{ J}}{\text{mol}\cdot\text{K}}\right)(298\text{ K}) = +2.48\times 10^3\text{ J}$$

$$w = +2.48\text{ kJ} \qquad \text{또는} \qquad (\Delta n)RT = -2.48\text{ kJ}$$

따라서, ΔH와 $(\Delta n)RT$ 값에서 ΔE를 구할 수 있다.

$$\Delta E = \Delta H - (\Delta n)RT = [-1367 - (-2.48)] = -1365\text{ kJ/mol rxn}$$

이 값은 봄베 열량계 측정치와 일치하고 있다. 일의 양(+2.48 kJ)은 ΔH(−1367 kJ/mol rxn)의 양에 비하여 매우 작은 값이다. 대부분의 반응의 경우 이와 비슷한 경향을 나타낸다.

〉〉〉〉 물리적 변화와 화학적 변화의 자발성

열역학의 또 다른 주요 관심 사항은 어떤 과정이 어떠한 조건 하에서 생성물 방향으로 진행될 것인지를 예측하는 것이다. 이것은 주어진 조건 하에서 생성물과 반응물 중 어느 것이 *더욱 안정한가*를 예측하는 것과 같다. 열역학적으로 생성물 군이 반응물 군보다 안정해지는 변화를 **생성물-선호**(productfavored) 혹은 **자발적**(spontaneous)이라고 표현한다. 반대로, 생성물이 *덜 안정해지*는 변화는 **반응물-선호**(reactant-favored) 혹은 **비자발적**(nonspontaneous)이라고 말한다. 어떤 변화는 모든 조건에서 자발적 혹은 비자발적일 수 있으며, 어떤 경우에는 조건에 따라 자발성이 달라지기도 한다.

자발성의 개념은 열역학에서 매우 특이한 해석을 갖고 있다. 자발적 화학 반응은 지속적인 외부 영향이 없이 일어날 수 있는 것이다. 철이 녹슬거나 종이가 불타고 실온에서 얼음이 녹는 것과 같이 자발적 변화는 자연스러운 방향이다. 자발적 반응은 빠른 속도로 진행될 수도 있으나, 열역학적 자발성은 속도와는 관계가 없다. 어떤 변화가 자발적이라는 사실이 관측 가능한 속도로 변화가 진행됨을 의미하지는 않는다. 자발적 반응이 일어나는 속도는 반응 속도론에서 다루어진다.

10-12 자발성의 두 가지 면

생성물-선호 반응은 발열 반응이 많다. 예를 들면, 메탄과 옥탄 등의 탄화수소의 연소 반응은 모두 발열 반응이며 매우 자발적이다. 생성물의 엔탈피 양이 반응물보다 작은 경우이다. 그러나 발열 반응이 모두 자발적인 것은 아니며, 자발적 변화가 모두 발열 반응이 되지는 않는다. 예를 들면, 물이 어는 경우는 발열 과정이다. 이 과정은 온도가 0 ℃ 이하에서는 자발적이나 0 ℃ 이상에서는 비자발적이다.

화학 반응에서 열이 방출될 때 자발성이 될 가능성은 높지만, 필요 조건은 아니다. 반응물과 생성물의 무질서의 정도 또한 자발성을 결정하는데 역할을 하는 다른 요소이다. 질산암모늄(NH_4NO_3)이 물에 용해되는 것은 자발적이다. 그러나 이 과정에서 비이커는 차가워진다. 즉 용해 과정은 흡열 과정이다. 그럼에도 불구하고, 질산암모늄 결정이 용액에서 이온 상태로 무질서하게 배열하면서 이 과정은 자발적이 된다(그림 10-8). 계의 무질서도의 증가는 반응의 자발성을 선호하게 된다. 이 경우도 무질성도의 증가가 흡열 효과를 능가하는 경우이다.

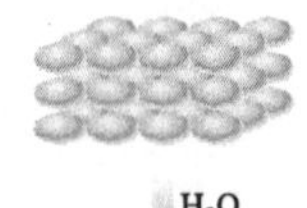

◀그림 10-8 입자가 결정을 떠나 용액으로 흘러 가면, 더욱 무질서하게 된다. 이러한 무질서도의 증가는 결정의 용해를 촉진한다.

다음의 두 가지 요소가 물리적 혹은 화학적 변화의 자발성에 영향을 미친다.
1. 반응 중에 열이 방출되면 자발성이 선호된다.
2. 변화가 무질서도를 증가시키는 경우에는 자발성이 선호된다.

10-13 열역학 제2 법칙

두 가지 요소가 반응의 자발성을 결정하는데 작용한다는 점은 앞에서 언급하였다. 그 중 한 가지인 엔탈피 변화에 의하면, 발열 과정은 자발성을 촉진하고 흡열 과정은 비자발성을 촉진한다. 다른 요소는

열역학 제2 법칙(second law of thermodynamic)에 의하여 요약된다.

> 자발적 변화에서는, 우주는 더욱 무질서한 상태가 되려고 한다.

열역학 제2 법칙은 경험에 근거한다. 거시 세계에서 몇 가지 예를 통하여 이 법칙을 설명할 수 있다. 거울이 떨어지면 산산히 부서진다. 물잔에 물감 한 방울이 떨어지면, 용액이 균일한 색깔이 될 때까지 확산된다. 트럭이 거리를 질주하면, 연료와 산소를 소비하고 물과 수증기 및 기타 배출물을 방출한다.

질서도가 증가하는 방향으로 움직인다는 것은 우리의 경험과 상충된다. 산산조각이 난 유리 조각이 모여져 거울이 자발적으로 만들어지는 것은 상상하기 어렵다.

10-14 엔트로피

열역학적 상태 함수인 **엔트로피**(S)는 계의 무질서도의 척도이다. 어느 물질이든, 액체 상태에 비하여 고체 상태의 입자가 더욱 질서있게 배열되어 있다. 또한 액체의 질서도가 기체의 질서도보다 크다. 따라서 물질의 엔트로피는 고체〈액체〈기체의 순으로 증가한다.

계의 엔트로피가 증가하면, 자발성이 선호되나 요구되는 것은 아니다. 열역학 제2 법칙에 따르면 자발적 과정에서 *우주*의 엔트로피는 증가한다.

$$\Delta S_{우주} = \Delta S_{계} + \Delta S_{주위} > 0 \text{ (자발적 과정)}$$

그림 10-9의 이상 기체 시료 중에서, 질서있는 배열을 하고 있는 시료(그림 10-9a)가 무질서한 배열의 시료(그림 10-9b)에 비하여 낮은 엔트로피를 갖고 있다. 이러한 이상 기체 시료들은 열의 흐름이 없고 전체 부피의 변화가 없이 섞이기 때문에, 주위와 아무런 작용을 하지 않으며 주위의 엔트로피도 변화하지 않는다. 이 경우 다음과 같이 쓸 수 있다.

$$\Delta S_{우주} = \Delta S_{계}$$

그림 10-9a에서 두 개의 전구 사이의 마개를 열면, 두 개의 기체는 서로 자발적으로 섞이면서 계의 무질서도가 증가하고, 따라서 $\Delta S_{계}$은 양의 값을 갖는다.

$$\text{섞이지 않은 상태의 기체} \longrightarrow \text{섞인 상태의 기체} \qquad \Delta S_{우주} = \Delta S_{계} > 0$$

그림 10-9b에 있는 균일상의 시료가 자발적으로 섞이지 않은 상태(그림 10-9a)로 변화하는 것은 기대하기 어렵다. 이 경우는 $\Delta S_{계}$의 값이 음이 되는 경우이다.

$$\text{섞인 상태의 기체} \longrightarrow \text{섞이지 않은 상태의 기체} \qquad \Delta S_{우주} = \Delta S_{계} < 0$$

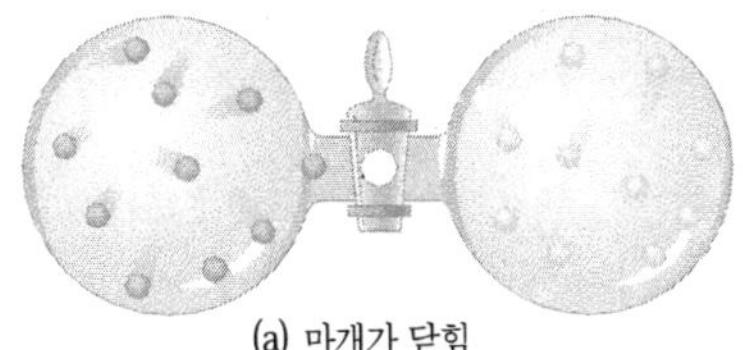
(a) 마개가 닫힘

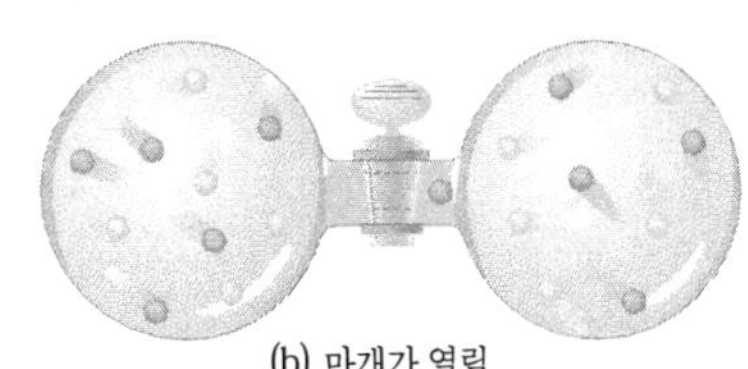
(b) 마개가 열림

▶ **그림 10-9** (a) 서로 다른 기체가 각각의 전구에 배열된 시료. (b) 각 기체가 무질서하게 섞여 있는 상태. 엔트로피가 높다.

수반되는 $\Delta S_{계}$에 따라, 자발적인 과정에서 엔트로피가 감소할 수도 있고, 반면에 비자발적인 과정에서 엔트로피가 증가할 수도 있다. 비록 $\Delta S_{주위}$가 음의 값을 갖더라도, $\Delta S_{우주}$는 양의 값을 가질 수도 있다. 이는 $\Delta S_{주위}$의 양의 절대값이 $\Delta S_{계}$의 음의 절대값보다 큰 경우이다. 한 예로 냉장고가 있다. 상자 내(계)에서 열을 제거하여 방출하고 압축기가 발생한 열을 방(주위)으로 방출한다. 상자 내 공기 분자가 더욱 느리게 움직이기 때문에 계의 엔트로피는 감소한다. 그러나 주위가 얻는 엔트로피 증가는 계의 감소를 보상하고도 남으므로, 결과적으로 우주(냉장고 + 방)의 엔트로피는 증가한다.

녹는점 이하의 온도에서 액체가 고체화될 때 발생하는 엔트로피 변화를 생각하여 보자(그림 10-10a). 액체에서 고체가 만들어지기 때문에 $\Delta S_{계}$는 음의 값을 가지지만, 자발적 과정임을 알고 있다. 결정화 과정에서 액체는 주위(대기) 중에 열을 방출한다. 방출된 열은 주위 분자의 운동(무질서)을 증가시키므로, $\Delta S_{주위}$는 양의 값이다. 온도가 내려가면 $\Delta S_{주위}$의 기여도가 더욱 중요하게 된다. 온도가 어는점 이하로 충분히 내려가면 양의 $\Delta S_{주위}$가 음의 $\Delta S_{계}$를 압도하게 된다. 그러면, $\Delta S_{우주}$는 양의 값이 되고, 어는 과정이 자발적이 된다.

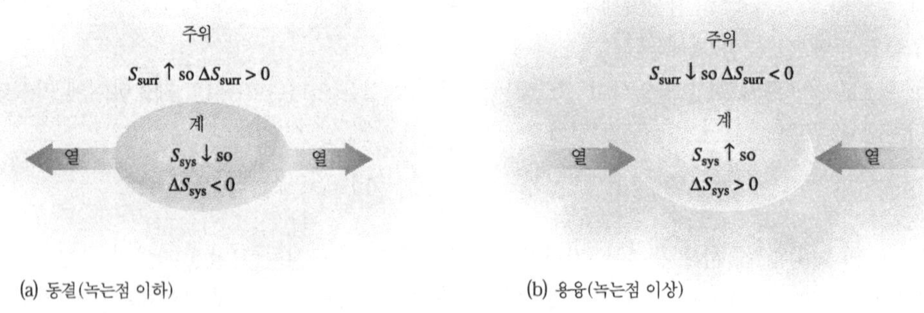

그림 10-10 (a) 어는 과정 및 (b) 녹는 과정에서의 열의 흐름과 엔트로피 변화에 대한 도표

액체가 끓거나 고체가 녹는 경우는 반대의 경우이다(그림 10-10b). 예를 들면, 녹는점보다 높은 온도에서 고체는 자발적으로 녹고, $\Delta S_{계}$는 양의 값이 된다. 고체가 녹으면서 흡수하는 열은 주위에서 얻는 것이다. 이 경우 주위의 분자들의 운동이 감소하게 된다. 따라서 $\Delta S_{주위}$는 음의 값이다. 그러나 양의 $\Delta S_{계}$의 크기가 음의 $\Delta S_{주위}$보다 크게 되고, 따라서 $\Delta S_{우주}$는 양의 값으로 자발적이 된다.

녹는점 이상의 온도에서 녹는 과정에서 $\Delta S_{우주}$는 양의 값을 갖는다. 녹는점 이하의 온도에서 $\Delta S_{우주}$는 어는 과정에서 양의 값을 갖는다. 녹는점에서 $\Delta S_{주위}$는 $\Delta S_{계}$와 크기는 같으나 부호가 다른 값을 갖는다. 따라서 $\Delta S_{우주}$는 0이 되고, 계는 평형 상태에 있게 된다. 표 10-4에 이러한 물리적 변화에 대한 엔트로피 효과를 나열하였다.

모든 자발적 과정에서 $\Delta S_{우주}$는 양의 값을 갖는다. 그러나 $\Delta S_{우주}$의 값을 직접 측정할 수는 없다. 따라서 물리적 혹은 화학적 변화에 따르는 엔트로피 변화는 $\Delta S_{계}$에 의하여 기록된다. 여기서 "계"라는 아래첨자는 거의 생략된다. ΔS 기호는 ΔH의 엔탈피 경우와 마찬가지로 반응계의 엔트로피 변화를 의미한다.

표 10-4 녹는 상태와 어는 상태에 따른 엔트로피 효과

변화	온도	부호 ΔS_{sys}	부호 ΔS_{surr}	ΔS_{surr} 크기대비 S_{sys}	$\Delta S_{univ} = \Delta S_{sys} + \Delta S_{surr}$	자발성
1. 용융	(a) > mp	+	−	>	> 0	자발
(고체→액체)	(b) = mp	+	−	=	= 0	평형
	(c) < mp	+	−	<	< 0	비자발
2. 동결	(a) > mp	−	+	>	< 0	비자발
(액체→고체)	(b) = mp	−	+	=	= 0	평형
	(c) < mp	−	+	<	> 0	자발

열역학 제3 법칙(third law of thermodynamic)에 의하여 엔트로피 척도 0이 정해진다.

> 순수하고 완전한(완벽하게 정열 된) 결정 물질의 엔트로피는 절대 영도(0 K)에서 영(zero)이다.

표 10-5 일반적인 물질들의 298 K에서의 절대 엔트로피

물질	S^0(J/mol · K)
C(diamond)	2.38
C(g)	158.0
$H_2O(\ell)$	69.91
$H_2O(g)$	188.7
$I_2(s)$	116.1
$I_2(g)$	260.6

물질의 온도가 증가하면, 입자들은 더욱 심하게 진동하고 엔트로피는 증가한다(그림 10-11). 열의 유입이 계속되면 온도가 더욱 증가하거나 상의 변화를 초래하는데, 역시 엔트로피의 증가를 수반한다. 어떤 조건에서의 물질의 엔트로피는 **절대 엔트로피**(absolute entrophy) 또는 표준 몰 엔트로피라고 부른다. 표 10-5에 나열된 물질의 298 K에서의 절대 엔트로피를 살펴보자. 어떤 물질이든 298 K에서는 절대 영도에서의 완전한 결정 상태의 물질보다 무질서한 배열을 갖고 있으며, 그 물질의 S^0_{298}은 항상 양의 값을 갖는다. 여기서 ΔH^0_f와는 달리 원소의 S^0_{298}이 0이 아님을 주목하여라. 절대 엔트로피의 기준 상태는 열역학 제3 법칙에 의하여 규정된다. 이것은 ΔH^0_f의 기준 상태와는 다르다. 표준 조건에서 물질의 절대 엔트로피(S^0_{298})는 부록 K에 표시되어 있다.

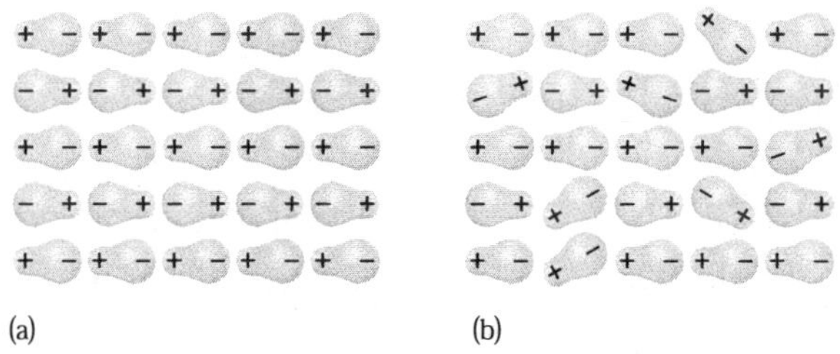

◀ **그림 10-11** (a) 극성 물질의 0 K에서의 "완전한(perfect)" 결정 모양. 분자 내 극성 배열이 완전하게 이루어져 있으며, 엔트로피가 0이 된다. (b) 완전한 결정이나 온도가 0 K 이상에서의 모양. 무질서한 배열이 존재하면서 엔트로피가 0보다 크게 된다.

반응의 **표준 엔트로피 변화**(standard entropy change, ΔS^0)는 반응물과 생성물의 절대 엔트로피에 의하여 결정된다. 헤스의 법칙과 유사한 관계식을 갖는다.

$$\Delta S^0_{rxn} = \Sigma nS^0_{products} - \Sigma nS^0_{reactants}$$

S^0의 값은 *J/mol · K*의 단위로 표시되어 있다.

예제 10-8 ΔS^0_{rxn}의 계산

부록 K에 있는 표준 몰 엔트로피 값을 이용하여, 25 ℃ 대기압 하의 히드라진과 과산화수소의 반응에서 엔트로피 변화를 계산하여라. 이 반응은 로켓의 추진 과정에 이용된다. 이 반응은 자발적 반응인지 밝혀라. 완결 반응식은 다음과 같다.

$$N_2H_4(\ell) + 2H_2O_2(\ell) \longrightarrow N_2(g) + 4H_2O(g) \quad \Delta H^0_{rxn} = -642.2 \text{ kJ/mol 반응(reaction)}$$

계획

S^0_{298}의 값을 이용하여 ΔS^0_{rxn}의 값을 계산한다.

풀이

부록 K에서 각 물질들의 S^0_{298} 값을 구하여 대입하면 다음과 같이 된다.

	$N_2H_4(\ell)$	$H_2O_2(\ell)$	$N_2(g)$	$H_2O(g)$
S^0, J/mol · K:	121.2	109.6	191.5	188.7

$$\Delta S^0_{rxn} = \Sigma nS^0_{products} - \Sigma nS^0_{reactants}$$
$$= [S^0_{N_2(g)} + 4S^0_{H_2O(g)}] - [S^0_{N_2H_4(\ell)} + 2S^0_{H_2O_2(\ell)}]$$
$$= [1\,(191.5) + 4\,(188.7)] - [1\,(121.2) + 2\,(109.6)]$$
$$\Delta S^0_{rxn} = +605.9 \text{ J/mol · K}$$

+605.9 J/mol · K는 ΔS^0계의 경우 비교적 큰 값이다. 엔트로피 변화가 양의 값을 가지면 자발성을 선호한다. 이 반응은 발열 반응이다. 두 가지 요소, 발열성과 무질서도의 증가 모두 자발적 반응을 선호하므로 이 반응은 자발적이어야 한다.

10-15 자유 에너지 변화와 자발성

에너지는 일을 할 수 있는 능력이다. 화학 반응에서 열이 방출되면(즉 ΔH가 음의 값), 열의 일부는 사용 가능한 일(work)로 바뀔 수 있다. 계의 ΔS가 음이라면, 일부는 계의 질서를 증가시키는 데 사용되기도 한다. 그러나 만일 계가 무질서하게 변한다면($\Delta S > 0$), ΔH에 의하여 표시된 것 이상의 유용한 에너지를 얻을 수가 있다. 19세기 미국의 저명한 수학자이자 물리학자인 깁스(J. Willard Gibbs, 1839~1903)는 엔탈피와 엔트로피의 관계를 이용하여 **깁스 자유 에너지**(Gibbs free energy, *G*)라는 새로운 상태 함수를 만들어냈다.

$$G = H - TS$$

일정한 온도와 압력에서 **깁스 자유 에너지 변화**(Gibbs free energy change, ΔG)는 다음과 같이 나타내진다.

$$\Delta G = \Delta H - T\Delta S \quad \text{(일정한 온도와 압력)}$$

깁스 자유 에너지가 감소한 만큼의 양은 일정한 온도와 압력에서 주어진 과정으로부터 일의 형태로 얻을 수 있는 *최대의 유용 에너지*가 된다. 이것은 또한 일정한 온도와 압력에서 반응 혹은 물리적 변화의 *자발성의 척도*가 된다. 유용한 에너지가 순수하게 감소하면, ΔG는 음의 값을 갖고 자발적 과정이 된다. 위의 관계식에서 보면 (1) ΔH가 더욱 음의 값을 갖거나, (2) ΔS의 양의 값이 커질수록, ΔG는 더욱 음의 값을 갖는다는 것을 알 수 있다. 계의 자유 에너지가 순수하게 증가하면, ΔG는 양의 값을 갖고 비자발적 과정이 된다. 이것은 주어진 조건에서 오히려 역반응이 자발적이라는 의미를 지닌다. $\Delta G = 0$일 때는, 자유 에너지의 흐름이 없고 계는 *평형 상태*를 이루게 된다.

요약하면 ΔG와 자발성 사이에는 다음과 같은 관계가 성립한다.

ΔG	**반응의 자발성(일정한 온도 및 압력)**
양의 값	비자발적(반응물 선호)
0	평형
음의 값	자발적(생성물 선호)

− 0 +

$\Delta G < 0$	$\Delta G > 0$
자발적 반응	비자발적 반응
생성물 선호 반응	반응물 선호 반응
정반응 선호	역반응 선호

계의 자유 에너지 양은 온도와 압력(그리고 혼합물의 경우에는 농도)에 관여한다. 어떤 과정의 ΔG의 값은 관여되는 여러 가지 물질의 상태 및 농도에 관계가 있다. 또한 이 값은 $\Delta G = \Delta H - T\Delta S$의 관계식에서 온도가 포함되어 있기 때문에, 온도에 따라 매우 달라진다. 다른 열역학 변수와 같이, 기준이 되는 표준 상태로서 일련의 조건이 이용된다. ΔG^0의 표준 상태는 ΔH^0와 동일하다. 즉 특정 온도(일반적으로 25 ℃)와 1기압이 이용된다. 표준 몰 생성 자유 에너지(ΔG_f^0)의 값은 부록 K에 나타나 있다. 표준 상태의 원소들은 ΔG_f^0가 0이 된다. 다음의 관계식을 이용하면, ΔG_f^0의 값을 이용하여 298 K에서의 어떤 반응의 표준 자유 에너지 변화를 계산할 수 있다.

$$\Delta G^0_{rxn} = \Sigma n\, \Delta G^0_{f\,products} - \Sigma n\, \Delta G^0_{f\,reactants} \quad \text{(1 atm and 298 K \textit{only})}$$

ΔG^0_{rxn}을 이용하면 *표준 반응*이라고 부르는 가상적 반응의 자발성을 예측할 수 있다.

표준 반응(standard reaction)에서는 완결 반응식에서 표준 상태에 있는 반응물의 몰 수가 표준 상태의 생성물의 몰 수로 *완전하게* 변화한다.

자발성에 대한 일반적인 척도는 ΔG^0가 아니라 ΔG임을 기억해야 한다. ΔG는 혼합물인 경우 반응물과 생성물의 농도에 관계한다. 대부분의 반응에서는 반응물과 생성물이 *평형 혼합물*로 존재한다.

예제 10-9 *표준 반응의 자발성*

공기의 99%는 질소와 산소 분자로 이루어져 있다. 부록 K에 있는 ΔG_f^0의 값을 이용하여, 298 K에서 다음 반응의 ΔG^0를 구하여라. 이것은 자발적인 표준 반응인가?

$$N_2(g) + O_2(g) \longrightarrow 2NO(g) \quad \text{(nitrogen oxide)}$$

계획

각 물질의 ΔG_f^0를 부록에서 찾아서 다음의 식에 대입한다.

풀이

부록 K에서 찾은 값을 다음 식에 대입하여 ΔG를 구한다.

	$N_2(g)$	$O_2(g)$	$NO(g)$
ΔG_f^0, kJ/mol:	0	0	86.57

$$\Delta G^0_{rxn} = \Sigma n\, \Delta G^0_{f\ products} - \Sigma n\, \Delta G^0_{f\ reactants}$$
$$= 2\Delta G^0_{f\ NO(g)} - [\Delta G^0_{f\ N_2(g)} + \Delta G^0_{f\ O_2(g)}]$$
$$= 2(86.57) - [0+0]$$
$$\Delta G^0_{rxn} = +173.1\ \text{kJ/mol rxn} \quad \text{(위 반응식에 대하여)}$$

ΔG^0가 양의 값을 가지므로 298 K 표준 상태 조건에서 주어진 반응은 비자발적이다.

ΔG^0의 값은 다음 식으로도 계산이 가능하다.

$$\Delta G^0 = \Delta H^0 - T\Delta S^0 \quad \text{(일정한 온도와 압력)}$$

이 식은 엄밀한 의미에서 표준 조건에서 적용된다. 그러나 ΔH^0와 ΔS^0는 온도 변화에 민감하지 않으므로, 이 식은 다른 온도에서의 자유 에너지 변화를 예측하는데에도 이용된다.

예제 10-10 *표준 반응의 자발성*

예제 10-9의 반응에서 생성 자유 에너지 대신에 생성열과 절대 엔트로피를 이용하여 자발성을 판단하여라.

계획

우선 ΔH^0_{rxn}과 ΔS^0_{rxn}을 구한다. $\Delta G^0 = \Delta H^0 - T\,\Delta S^0$의 식을 이용하여 표준 상태에서의 자유 에너지 변화를 계산한다.

풀이

부록 K에서 얻은 값은 다음과 같다.

	$N_2(g)$	$O_2(g)$	$NO(g)$
ΔH^0_f, kJ/mol:	0	0	90.25
S^0, J/mol · K:	191.5	205.0	210.7

$$\begin{aligned}\Delta H^0_{rxn} &= \Sigma n\,\Delta H^0_{f\ products} - \Sigma n\,\Delta H^0_{f\ reactants}\\ &= 2\Delta H^0_{f\ NO(g)} - [\Delta H^0_{f\ N_2(g)} + \Delta H^0_{f\ O_2(g)}]\\ &= [2(90.25) - (0+0)] = 180.5\ \text{kJ/mol}\end{aligned}$$

$$\begin{aligned}\Delta S^0_{rxn} &= \Sigma nS^0_{products} - \Sigma nS^0_{reactants}\\ &= 2S^0_{NO(g)} - [S^0_{N_2(g)} + S^0_{O_2(g)}]\\ &= [2\,(210.7) - (191.5 + 205.0)] = 24.9\ \text{J/mol}\cdot\text{K} = 0.0249\ \text{kJ/mol}\cdot\text{K}\end{aligned}$$

$\Delta G^0 = \Delta H^0 - T\Delta S^0$의 식을 이용하여 자유 에너지 변화를 계산한다.

$$\begin{aligned}\Delta G^0_{rxn} &= \Delta H^0_{rxn} - T\,\Delta S^0_{rxn}\\ &= 180.5\ \text{kJ/mol} - (298\ \text{K})(0.0249\ \text{kJ/mol}\cdot\text{K})\\ &= 180.5\ \text{kJ/mol} - 7.42\ \text{kJ/mol}\end{aligned}$$

$$\Delta G^0_{rxn} = +173.1\ \text{kJ/mol rxn}$$

10-16 자발성의 온도 의존성

10-15절에서 개발한 방법을 이용하면 평형에서의 온도를 예측할 수 있다. 어떤 계가 평형에서는 ΔG가 0이 된다.

$$\Delta G_{rxn} = \Delta H_{rxn} - T\,\Delta S_{rxn} \quad \text{혹은} \quad 0 = \Delta H_{rxn} - T\,\Delta S_{rxn}$$

그래서,

$$\Delta H_{rxn} = T\,\Delta S_{rxn} \quad \text{또는} \quad T = \frac{\Delta H_{rxn}}{\Delta S_{rxn}} \qquad \text{(평형 상태)}$$

예제 10-11 끓는점 예측

부록 K의 열역학 데이터를 이용하여 브롬(Br_2)의 정상 끓는점을 예측하여라. ΔH와 ΔS는 온도에 무관하다고 가정하자.

계획

다음과 같은 과정을 생각해야 한다.

$$Br_2(\ell) \longrightarrow Br_2(g)$$

정상 끓는점은 1기압 하에서 순수한 액체와 기체가 평형으로 존재하는 지점의 온도이다. 따라서 ΔG는 0이 된다. 여기서 $\Delta H_{rxn} = \Delta H^0_{rxn}$, 그리고 $\Delta S_{rxn} = \Delta S^0_{rxn}$이라고 가정한다. $\Delta G = \Delta H - T\Delta S$의 관계식을 이용하여 T의 값을 계산할 수 있다.

풀이

부록 K에서 필요한 값은 다음과 같다.

	$Br_2(\ell)$	$Br_2(g)$
ΔH^0_f, kJ/mol:	0	30.91
S^0, J/mol · K:	152.2	245.4

$$\Delta H_{rxn} = \Delta H^0_{f\ Br_2(g)} - \Delta H^0_{f\ Br_2(\ell)}$$
$$= 30.91 - 0 = 30.91\ \text{kJ/mol}$$

$$\Delta S_{rxn} = S^0_{Br_2(g)} - S^0_{Br_2(\ell)}$$
$$= (245.4 - 152.2) = 93.2\ \text{J/mol} \cdot \text{K} = 0.0932\ \text{kJ/mol} \cdot \text{K}$$

계가 평형이 되는 점에서의 온도를 다음과 같이 구할 수 있다. 이 온도가 Br_2의 끓는점이 된다.

$$\Delta G_{rxn} = \Delta H_{rxn} - T\Delta S_{rxn} = 0 \quad \text{그래서} \quad \Delta H_{rxn} = T\Delta S_{rxn}$$

$$T = \frac{\Delta H_{rxn}}{\Delta S_{rxn}} = \frac{30.91\ \text{kJ/mol}}{0.0932\ \text{kJ/mol} \cdot \text{K}} = 332\ \text{K}(59\ ℃)$$

어떤 반응의 자유 에너지 변화와 자발성은 엔탈피와 엔트로피의 변화에 의존한다. ΔH와 ΔS는 모두 음 혹은 양의 값을 가질 수 있으며 다음과 같이 4개의 그룹으로 나뉘어 자발성을 생각할 수 있다.

$\Delta G = \Delta H - T\Delta S$		(일정한 온도와 압력)
1. ΔH = − (favorable)	ΔS = + (favorable)	반응은 모든 온도에서 생성물-선호
2. ΔH = − (favorable)	ΔS = − (unfavorable)	반응은 일정 온도 이하에서 생성물-선호
3. ΔH = + (unfavorable)	ΔS = + (favorable)	반응은 일정 온도 이상에서 생성물-선호
4. ΔH = + (unfavorable)	ΔS = − (unfavorable)	반응은 모든 온도에서 반응물-선호

ΔH와 ΔS가 반대의 부호를 가질 경우(1, 4의 경우) 두 요소는 같은 방향성을 지니며, 자발성 여부는 온도에 무관하다. ΔH와 ΔS가 같은 부호를 지닐 경우(2, 3의 경우), 서로 상반된 효과를 보이며 온도에 따라서 두 효과의 정도 및 반응의 자발성이 달라진다. 2의 경우에는, 온도가 감소하면 $T\Delta S$의 중요성이 감소되고 따라서 반응은 생성물을 선호하게 된다. 분류 3의 경우는 반대로, 온도의 증가에 따라 $T\Delta S$가 중요하게 작용하여 결과적으로 반응물을 선호하게 된다.

분류 2와 3의 반응의 경우에는, ΔH^0_{rxn}과 ΔS^0_{rxn}의 값을 비교 분석하면 반응이 자발적이 되는 온도 범위를 예측할 수 있다. $\Delta G^0_{rxn} = 0$이 되는 지점이 자발성이 한계가 되는 온도이다. ΔS^0_{rxn}의 부호에서 이 한계의 위 혹은 아래에서 반응이 자발적이 되는지를 알 수 있다.

표 10-6 반응의 열역학적 분류

분류	예	ΔH (kJ/mol)	ΔS (J/mol · K)	자발성 온도 범위
1	$2H_2O_2(\ell) \longrightarrow 2H_2O(\ell) + O_2(g)$	−196	+126	모든 온도
	$H_2(g) + Br_2(\ell) \longrightarrow 2HBr(g)$	−72.8	+114	모든 온도
2	$NH_3(g) + HCl(g) \longrightarrow NH_4Cl(s)$	−176	−285	저온(< 619 K)
	$2H_2S(g) + SO_2(g) \longrightarrow 3S(s) + 2H_2O(\ell)$	−233	−424	저온(< 550 K)
3	$NH_4Cl(s) \longrightarrow NH_3(g) + HCl(g)$	+176	+285	고온(> 619 K)
	$CCl_4(\ell) \longrightarrow C(graphite) + 2Cl_2(g)$	+135	+235	고온(> 517 K)
4	$2H_2O(\ell) + O_2(g) \longrightarrow 2H_2O_2(\ell)$	+196	−126	모든 온도에서 비자발적
	$3O_2(g) \longrightarrow 2O_3(g)$	+285	−137	모든 온도에서 비자발적

예제 10-12 *자발성의 온도 범위*

다음의 표준 반응이 생성물-선호가 되는 온도 범위를 계산하여라.

$$SiO_2(s) + 2C(graphite) + 2Cl_2(g) \longrightarrow SiCl_4(g) + 2CO(g)$$

계획

$\Delta G^0 = \Delta H^0 - T\Delta S^0$의 관계식에 따라 평형이 되는 계의 온도를 구하고 자발성을 예측한다.

풀이

부록 K의 데이터에서 다음을 구할 수 있다.

	$SiO_2(s)$	C(graphite)	$Cl_2(g)$	$SiCl_4(g)$	CO(g)
ΔH^0_f, kJ/mol:	-910.9	0	0	-657.0	-110.5
S^0, J/mol · K:	41.84	5.740	223.0	330.6	197.6

$$\Delta H^0_{rxn} = [\Delta H^0_{f\ SiCl_4(g)} + 2\Delta H^0_{f\ CO(g)}] - [\Delta H^0_{f\ SiO_2(s)} + 2\Delta H^0_{f\ C(graphite)} + 2\Delta H^0_{f\ Cl_2(g)}]$$
$$= [(-657.0) + 2(-110.5) - [(-910.9) + 2(0) + 2(0)]$$
$$= +32.9\ kJ/mol$$

$$\Delta S^0_{rxn} = S^0_{SiCl_4(g)} + 2S^0_{CO(g)} - [S^0_{SiO_2(s)} + 2S^0_{C(graphite)} + 2S^0_{Cl_2(g)}]$$
$$= [330.6 + 2(197.6)] - [41.84 + 2(5.740) + 2(223.0)]$$
$$= 226.5\ J/mol \cdot K = 0.2265\ kJ/mol \cdot K$$

여기서 ΔG^0가 0이 되는 지점의 온도를 구한다.

$$0 = \Delta G^0 = \Delta H^0 - T\,\Delta S^0$$
$$\Delta H^0 = T\,\Delta S^0$$
$$T = \frac{\Delta H^0}{\Delta S^0} = \frac{+\,32.9\ \text{kJ/mol}}{+\,0.2265\ \text{kJ/mol}\cdot\text{K}} = 145\ \text{K}$$

145 K 이상의 온도에서는 $T\Delta S$의 값이 ΔH보다 더욱 커지고, 결과적으로 ΔG^0는 음의 값을 갖게 된다. 따라서 145 K 이상에서는 반응은 생성물-선호가 된다. 145 K 이하에서는 ΔG^0는 양의 값을 갖게 되고 반응은 반응물-선호가 된다.

실제 145 K(−128 ℃)는 매우 낮은 온도이므로 대부분의 온도에서, 이 반응은 자발적이다. 실제로 이 반응은 800~1000 ℃에서 이루어지고 있으며 $SiCl_4$를 제조하는 경제적인 방법으로 이용되고 있다.

주 · 요 · 용 · 어

결합 에너지(Bond energy) 기체상의 물질에서 1몰의 결합이 절단되어 동일한 온도 압력 하의 기체 생성물을 형성하는데 필요한 에너지 양.

계(System) 어떤 과정의 관심 대상인 물질; 조사 대상인 우주의 일부분.

계의 열역학적 상태(Thermodynamic state of a system) 계의 모든 성질을 완벽하게 정의하는 일련의 조건.

깁스 자유 에너지(Gibbs free energy, G) 일정한 온도와 압력 하에서 계가 할 수 있는 일의 양을 표시하는 열역학적 상태 함수; $G = H - TS$로 정의된다.

내부 에너지(Internal energy, E) 주어진 물질의 양에 연관된 모든 종류의 에너지.

발열 과정(Exothermic process) 열을 방출하는 과정.

비자발적 변화(Nonspontaneous change) 반응물-선호 변화 참조.

상태 함수(State function) 계의 상태를 정의하는 변수; 어떤 과정의 진행 경로와 무관한 함수.

압력-부피 일(Pressure-volume work) 기체가 외부압을 밀어내고 팽창하면서 행한 일 혹은 외부압 하에서 기체가 압축되면서 계에 행한 일.

엔탈피 변화(Enthalpy change, ΔH) 일정한 온도와 압력에서 물리적 변화 혹은 화학적 변화가 진행되면서 계의 내외로 전달되는 열의 양.

엔트로피(Entropy, S) 계의 무질서도를 측정하는 열역학적 상태 성질.

열량계(Calorimeter) 화학적 변화 혹은 물리적 변화에 수반되는 열 전달을 측정하는 장치.

열역학(Thermodynamics) 화학적 과정과 물리적 과정에 수반되는 에너지 전이에 대한 학문 분야.

열역학 제1 법칙(First Law of Thermodynamics) 우주의 총 에너지 양은 일정하다(에너지 보존의 법칙으로도 불리운다); 일반적인 화학 반응과 물리적 변화에서는 에너지는 창조되지도 않고 소멸되지도 않는다.

열역학 제2 법칙(Second law of thermodynamics) 우주는 무질서도가 증가하는 방향으로 자발적으로 변화한다.

열역학 제3 법칙(Third law of thermodynamics) 0 K에서 순수하고 완벽한 가상의 결정물의 엔트로피는 0이다.

열화학 반응식(Thermochemical equation) ΔH_{rxn} 값이 함께 표기된 완결된 화학 반응식. 또다른 열역학적 양이 반응식에 이용되기도 한다.

우주(Universe) 계와 주위를 합친 것.

일(Work) 일정한 거리에 적용된 힘; 일정한 외부 압력 하의 물리적 혹은 화학적 변화에서 계에 행해진 일은 $-P\Delta V$이다.

자발적 변화(Spontaneous change) 생성물-선호 변화 참조.

절대 엔트로피(Absolute entropy) 0 K에서 완벽하게 정열된 결정 형태의 엔트로피(이 경우 엔트로피는 0)를 기준으로 한 물질의 엔트로피.

주위(Surroundings) 계의 주위에 있는 모든 것.

표준 몰 생성 엔탈피(Standard molar enthalpy of formation, ΔH_f^0) 표준 상태의 원소에서 표시된 상태의 물질 1몰을 생성하는데 수반되는 엔탈피 변화.

표준 상태(Standard state) 열역학적 표준 상태 참조.

표준 엔탈피 변화(Standard enthalpy change, ΔH^0) 완결 반응식에서 표준 상태의 모든 반응물이 표준 상태의 모든 생성물로 전환하는 과정의 엔탈피 변화.

표준 엔트로피(Standard entropy, S^0) 298 K 표준 상태에서의 물질의 절대 엔트로피.

표준 엔트로피 변화(Standard entropy change, ΔS^0) 완결 반응식에서 표준 상태의 모든 반응물이 표준 상태의 모든 생성물로 전환하는 과정의 엔트로피 변화.

헤스의 법칙(Hess's law) 어떤 반응이 진행되는 단계 수에 관계없이 그 반응의 엔탈피 변화는 동일하다.

흡열 과정(Endothermic process) 열을 흡수하는 과정.

연 · 습 · 문 · 제

일반 개념

1. 다음 각 용어의 의미를 서술하여라. (a) 열; (b) 온도; (c) 계; (d) 주위; (e) 계의 열역학적 상태; (f) 일.
2. 열역학 제1 법칙에 의하면 우주 에너지의 총 양은 일정하다. 그런데 왜 지구의 에너지 공급은 점점 감소하고 있는가?
3. 다음의 예 중 상태 함수를 나타내는 것은? (a) 은행 잔액; (b) 체중; (c) 주어진 길을 따라 등산하는 동안에 땀을 통하여 잃어버린 체중.

엔탈피와 엔탈피 변화

4. 다음 각 반응에서 (a) 엔탈피는 증가 혹은 감소; (b) $H_{반응물}>H_{생성물}$ 혹은 $H_{생성물}>H_{반응물}$; (c) ΔH가 양의 값 혹은 음의 값 여부를 밝혀라.
   (i) $Al_2O_3(s) \longrightarrow 2Al(s) + 3/2O_2(g)$ (흡열 반응)
   (ii) $Sn(s) + Cl_2(g) \longrightarrow SnCl_2(s)$ (발열 반응)
5. (a) 일정한 압력 하에서 이소옥탄(C_8H_{18}) 기체 0.0222 g을 연소시키면 열량계의 온도가 0.400℃ 증가한다. 열량계와 물을 합친 열용량은 2.48 kJ/℃이다. 이소옥탄 기체의 몰 연소열을 구하여라.

   $$C_8H_{18}(g) + 12.5O_2(g) \longrightarrow 8CO_2(g) + 9H_2O(\ell)$$

   (b) 열에너지 362 kJ을 얻으려면, 연소되어야 할 $C_8H_{18}(g)$의 무게는 몇 그램인가?
6. 메탄올(CH_3OH)은 옥탄가가 높은 연료이다.

   $$CH_3OH + \frac{3}{2}O_2(g) \longrightarrow CO_2(g) + 2H_2O(\ell) \quad \Delta H = -764 \text{ kJ/mol rxn}$$

   (a) 메탄올 90.0 g이 공기 중에서 연소하면서 발생하는 열의 양을 구하여라. (b) 945 kJ의 열이 발생되려면 소비되어야 하는 O_2의 양은 얼마인가?
7. 다음과 같은 반응식을 따라서 나트륨 0.0662 몰이 과량의 물과 반응하여 발생되는 열의 양은 얼마인가?

   $$2Na(s) + 2H_2O(\ell) \longrightarrow H_2(g) + 2NaOH(aq) \quad \Delta H = -368 \text{ kJ/mol rxn}$$

열화학 반응식, ΔH_f^0 및 헤스의 법칙

8. 다음의 각 물질에서 ΔH^0_{rxn}의 값이 ΔH^0_f와 같아지는 완결된 화학 반응식을 써라:
   (a) $H_2S(g)$; (b) $PbCl_2(s)$; (c) $O(g)$; (d) $C_6H_5COOH(s)$; (e) $H_2O_2(\ell)$; (f) $N_2O_4(g)$.
9. 일정한 압력 하에서 리튬 14.4 g을 과량의 산소와 반응시키면 Li_2O가 생성된다. 이 반응 혼합물을 25 ℃로 식히면, 605 kJ의 열이 발생한다. Li_2O의 표준 몰 생성 엔탈피는 얼마인가?
10. 다음 반응의 엔탈피 값을 이용하여, $HCl(g)$과 $F_2(g)$의 반응 엔탈피(ΔH_{rxn})를 구하여라.

    $$2HCl(g) + F_2(g) \longrightarrow 2HF(\ell) + Cl_2(g)$$

    $$4HCl(g) + O_2(g) \longrightarrow 2H_2O(\ell) + 2Cl_2(g) \quad \Delta H = -202.4 \text{ kJ/mol rxn}$$

    $$\frac{1}{2}H_2(g) + \frac{1}{2}F_2(g) \longrightarrow HF(\ell) \quad \Delta H = -600.0 \text{ kJ/mol rxn}$$

    $$H_2(g) + \frac{1}{2}O_2(g) \longrightarrow H_2O(\ell) \quad \Delta H = -285.8 \text{ kJ/mol rxn}$$

11. 다음 반응을 이용하여,

    $$S(s) + O_2(g) \longrightarrow SO_2(g) \quad \Delta H = -296.8 \text{ kJ/mol}$$

    $$S(s) + \frac{3}{2}O_2(g) \longrightarrow SO_3(g) \quad \Delta H = -395.6 \text{ kJ/mol}$$

    다음 분해 반응의 엔탈피 변화를 계산하여라.

    $$2SO_3(g) \longrightarrow 2SO_2(g) + O_2(g)$$

12. 다음의 주어진 식을 이용하여,

    $$2H_2(g) + O_2(g) \longrightarrow 2H_2O(\ell) \quad \Delta H = -571.6 \text{ kJ/mol}$$

    $$C_3H_4(g) + 4O_2(g) \longrightarrow 3CO_2(g) + 2H_2O(\ell) \quad \Delta H = -1937 \text{ kJ/mol}$$

    $$C_3H_8(g) + 5O_2(g) \longrightarrow 3CO_2(g) + 4H_2O(\ell) \quad \Delta H = -2220 \text{ kJ/mol}$$

    다음 수소화 반응의 반응열을 계산하여라.

    $$C_3H_4(g) + 2H_2(g) \longrightarrow C_3H_8(g)$$

13. 부록 K의 데이터를 이용하여 다음의 반응 엔탈피를 구하여라.
    (a) $NH_4NO_3(s) \longrightarrow N_2O(g) + 2H_2O(g)$
    (b) $2FeS_2(s) + \frac{11}{2}O_2(g) \longrightarrow Fe_2O_3(s) + 4SO_2(g)$
    (c) $SiO_2(s) + 3C(s) \longrightarrow SiC(s) + 2CO(g)$
14. 용접에는 아세틸렌 불꽃이 사용되며, 아세틸렌은 연소시 강력한 열을 발생시킨다.

    $$2C_2H_2(g) + 5O_2(g) \longrightarrow 4CO_2(g) + 2H_2O(g)$$

아세틸렌의 연소열은 -1255.5 kJ/mol이다. 아세틸렌(C_2H_2) 3.462 kg이 연소할 경우 발생되는 열량은 얼마인가?

15. 천연 가스는 주로 메탄, $CH_4(g)$으로 이루어져 있다. 가솔린은 옥탄, $C_8H_{18}(\ell)$ 그리고 케로젠은 $C_{10}H_{22}(\ell)$이라고 가정하자.
(a) 위 세 종류의 탄화수소가 산소와 반응하여 $CO_2(g)$와 $H_2O(\ell)$를 발생시키는 반응식을 완결하여라.
(b) 각 연소 반응의 25 ℃에서의 ΔH^0_{rxn}을 구하여라. $C_{10}H_{22}$의 ΔH^0_f는 -300.9 kJ/mol이다.
(c) 표준 조건에서 연소되었을 때 몰 당 발열량이 가장 큰 것은?
(d) 표준 조건에서 연소되었을 경우 그램 당 발열량이 가장 큰 것은?

결합 에너지

16. 결합 에너지 표를 이용하여 다음의 각 기체상 반응에서 반응 엔탈피를 구하여라.
(a) $H_2C = CH_2 + Br_2 \longrightarrow BrH_2C - CH_2Br$
(b) $H_2O_2 \longrightarrow H_2O + \frac{1}{2}O_2$

17. 제시된 결합 에너지를 이용하여 다음 반응의 반응열을 구하여라.

$$CCl_2F_2(g) + F-F(g) \longrightarrow CF_4(g) + Cl-Cl(g)$$

18. 결합 에너지를 이용하여 HCl(g)과 HF(g)의 생성열을 구하여라.

19. 부록 K의 데이터를 이용하여 $SF_6(g)$에서 S-F의 평균 결합 에너지를 계산하여라.

20. 에틸아민은 분해되어 에틸렌과 암모니아를 생성한다.

$$CH_3CH_2NH_2 \xrightarrow{열} H_2C{=}CH_2 + NH_3$$

$\Delta H^0_{rxn} = +53.6$ KJ/mol rxn

몰 당 평균 결합 에너지는 다음과 같다: C-H = 413 kJ; C-C = 346 kJ; C=C = 602 kJ; N-H = 391 kJ. 에틸아민의 C-N 결합 에너지를 계산하여라.

열량계

21. 어떤 열량계가 16.95 ℃의 온도에서 75.0g의 물을 함유하고 있다. 65.58 ℃의 철 시료 93.3 g을 열량계 안에 넣고 난 후, 열량계의 온도가 16.68 ℃가 되었다. 이 열량계의 열용량을 계산하여라. 물과 철의 비열은 각각 4.184 J/g · ℃ 및 0.444 J/g · ℃이다.

22. 열용량이 472 J/℃가 되는 커피-컵 열량계가 있다. 여기에 각각 22.6 ℃의 $Pb(NO_3)_2$ 6.62 g이 포함된 수용액 100.0 g과 NaI 6.00 g이 들어 있는 수용액 100.0 g을 혼합하여, 최종 온도가 24.2 ℃가 되었다. 혼합물의 비열은 물과 동일하게 4.18 J/g · ℃라고 가정하자.

$$Pb(NO_3)_2(aq) + 2NaI(aq) \longrightarrow PbI_2(s) + 2NaNO_3(aq)$$

(a) 반응에서 발생되는 열의 양을 계산하여라.
(b) 이 실험에서 반응의 ΔH를 계산하여라.

23. 물 945 g에 의하여 둘러싸인 봄베 열량계에서 벤젠, $C_6H_6(\ell)$ 1.048 g이 연소하여 물의 온도가 23.640 ℃에서 32.692 ℃로 상승하였다. 열량계의 열용량은 891 J/℃이다.
(a) $CO_2(g)$와 $H_2O(\ell)$이 생성되는 벤젠의 연소 반응의 화학 반응식을 완결하여라.
(b) 열량계 데이터를 이용하여 벤젠 연소의 ΔE를 kJ/g 및 kJ/mol로 계산하여라.

내부 에너지 및 내부 에너지 변화

24. 어떤 계가 93 J의 전기적 일을 얻고, 227 J의 압력-부피 일을 행하며, 155 J의 열을 방출하였다. 계의 내부 에너지 변화는 얼마인가?

25. 일정한 압력 하에서 일어나는 다음의 과정에서, 주위 혹은 계 중에서 일이 행하여진 곳은? 아니면 일의 양이 무시할 정도인지 언급하여라.

(a) $C_6H_6(\ell) \longrightarrow C_6H_6(g)$

(b) $\frac{1}{2}N_2(g) + \frac{3}{2}H_2(g) \longrightarrow NH_3(g)$

(c) $SiO_2(s) + 3C(s) \longrightarrow SiC(s) + 2CO(g)$

26. 이상 기체라고 가정하고, 다음의 반응에서 행해진 일의 양을 계산하여라.

(a) 200 ℃에서 1몰의 HCl(g)이 산화되는 반응

$4HCl(g) + O_2(g) \longrightarrow 2Cl_2(g) + 2H_2O(g)$

(b) 300 ℃에서 1몰의 산화질소가 분해되는 반응

$$2NO(g) \longrightarrow N_2(g) + O_2(g)$$

엔트로피와 엔트로피 변화

27. 다음의 각 과정에서 계의 엔트로피의 변화를 예측하여라.

(a) 0℃에서 1몰의 얼음이 녹아 물이 되는 과정

(b) 0℃에서 1몰의 물이 얼어 얼음이 되는 과정

(c) -10℃에서 1몰의 물이 얼어 얼음이 되는 과정

(d) 0℃에서 1몰의 물이 얼어 얼음이 된 후 -10℃로 냉각시키는 과정

28. 다음의 변화 중에서 계의 엔트로피 증가가 동반되는 것은 어느 것인가?

(a) 가방에서 동전 10개를 꺼내 책상에 바로 세운다. (b) 바로 세워져 있는 동전을 쓸어 모아 가방에 넣는다. (c) 물이 언다. (d) CCl_4가 증발한다. (e) $PCl_5(g) \longrightarrow PCl_3(g) + Cl_2(g)$. (f) $PCl_3(g) + Cl_2(g)$ $PCl_5(g)$.

29. 일정한 압력에서 순수한 액체의 끓음을 생각하여 보자. 다음의 각각은 0보다 큰지 밝혀라.

(a) $\Delta S_{계}$; (b) $\Delta H_{계}$; (c) $\Delta T_{계}$.

30. 부록 K에 있는 S^0의 데이터를 이용하여, 다음 반응의 ΔS^0_{298}을 계산하여라. 이러한 ΔS^0_{298}의 부호와 값을 비교 설명하여라.

(a) $4HCl(g) + O_2(g) \longrightarrow 2Cl_2(g) + 2H_2O(g)$

(b) $PCl_3(g) + Cl_2(g) \longrightarrow PCl_5(g)$

(c) $2NO(g) \longrightarrow N_2(g) + O_2(g)$

깁스 자유 에너지 변화와 자발성

31. 다음의 반응에서,

$$2NO_2(g) \longrightarrow N_2O_4(g)$$

25 ℃에서 $\Delta H^0 = -57.20$ kJ/mol이고 $\Delta S^0 = -175.83$ J/mol · K일 경우, ΔG^0를 계산하여라. 이 반응이 자발적이라면, 자발성으로 끄는 힘은 무엇인가?

자발성의 온도 범위

32. (a) 다음 반응의 25 ℃에서의 ΔH^0, ΔG^0, ΔS^0를 계산하여라.

$$2H_2O_2(\ell) \longrightarrow 2H_2O(\ell) + O_2(g)$$

(b) $H_2O_2(\ell)$가 1기압에서 안정한 상태를 유지하는 온도가 존재하는가?

33. 다음의 표준 반응이 자발적이 되는 온도 범위는 얼마인가?

(a) $CaCO_3(s) + H_2SO_4(\ell) \longrightarrow CaSO_4(s) + H_2O(\ell) + CO_2(g)$

(b) $2HgO(s) \longrightarrow 2Hg(\ell) + O_2(g)$

(c) $CO_2(g) + C(s) \longrightarrow 2CO(g)$

(d) $2Fe_2O_3(s) \longrightarrow 4Fe(s) + 3O_2(g)$

제 11 장

화학 반응 속도론

[개 요]

11-01 반응 속도

반응 속도에 영향을 주는 인자

11-02 반응물의 성질

11-03 반응물의 농도: 속도 법칙의 표현

11-04 농도 대 시간: 적분 속도식

11-05 반응 속도의 충돌 이론

11-06 전이 상태 이론

11-07 반응 메커니즘과 속도 법칙의 표현

11-08 온도: 아르헤니우스 방정식

[학습 목표]

이 장의 학습 목표는 다음과 같다.

- 시간에 따른 반응물과 생성물의 농도 변화를 화학 반응 속도로 표현
- 화학 반응 속도에 영향을 미치는 실험 인자들
- 반응에 대한 속도 법칙식을 이용한-농도와 반응 속도의 관계
- 반응의 차수 개념
- 반응에 대한 반응 속도 법칙식을 알기 위해 초기 속도법의 적용
- 반응에 대한 적분 속도 법칙식을 이용한 - 농도와 시간의 관계
- 반응의 차수를 결정하기 위해 농도 대 시간의 데이터의 분석
- 반응 속도의 충돌 이론
- 반응 속도를 결정할 때에 전이 상태 이론의 주된 관점들과 활성화 에너지의 역할
- 반응 메커니즘과 반응 속도 법칙식간의 관계
- 제안된 반응 메커니즘으로부터 반응 속도 법칙식의 예측
- 다단계 반응 메커니즘에서 반응물, 생성물, 중간 물질의 촉매를 확인
- 온도에 따른 반응 속도의 변화
- 온도를 변화함에 따라 속도 상수 변화들의 반응에 대한 활성화 에너지를 연관시키기 위해 아르헤니우스 방정식을 이용

빌딩의 화재는 빠르고도 큰 발열 반응의 예이다. 소방관들이 불을 진화할 때 화학 반응 속도론의 원리를 이용한다. 물로 불을 끌 때 에너지를 주위에서 흡수하여 증발하며 온도가 더 낮아지고 반응이 느려진다. 물 대신에 이산화탄소를 사용하여 불을 끌 수 있다. 불을 CO_2로 뒤덮어 산소의 공급을 줄여 타는 것을 막고, 연소성 물질을 제거한다. 이 두 경우, 반응 물질의 제거로 반응을(멈추거나) 느리게 한다.

우리는 임의의 양의 시간에 따른 변화 과정들에 관계되는 모든 것에 친숙하다. – 자동차는 40 miles/hour 속도로 여행하고, 수도꼭지는 3 gallons/minute의 속도로 물을 운반하고, 공장은 하루에 32,000개 타이어를 생산한다. 이 각각의 비율들을 속도라고 한다. **반응 속도**(rate of areaction)는 얼마나 빨리 반응물이 소모되고 생성물이 형성되느냐를 나타낸다. **화학 반응론**(chemical kinetic)은 화학 반응 속도에 영향을 미치는 인자들과 반응이 일어나는 과정을 일련의 단계로 보여주는 *메커니즘*에 관한 연구이다. 우리의 경험에 의하면 여러 화학 반응들은 매우 다른 속도로 일어난다. 연소 반응의 예로서, 천연 가스인 메탄(CH_4)의 연소, 가솔린인 이소옥탄(C_8H_{18})의 연소는 매우 빠르게 때로는 심지어 폭발적으로 진행된다.

$$CH_4(g) + 2O_2(g) \longrightarrow CO_2(g) + 2H_2O(g)$$

$$2C_8H_{18}(g) + 25O_2(g) \longrightarrow 16CO_2(g) + 18H_2O(g)$$

반면에 철이 녹스는 것은 매우 천천히 일어난다. 여러분은 열역학의 연구에서 특정 반응이 잘 일어날 것인지 어떤지를 평가하는 것을 배웠다. 반응이 실질적으로 어떤 시간 동안에 일어날 것인지의 여부는 반응 속도론으로 설명이 가능하다. 만약 반응이 열역학적으로 유리하지 않다면 반응은 주어진 조건에서 인지할 수 있는 정도로 일어나지 않을 것이다. 비록 반응이 열역학적으로 유리하다고 해도 반응이 측정할 수 있는 속도로 일어나지 않을지도 모른다.

11-01 반응 속도

일반적으로 반응 속도는 mol/L · t 단위로 표현한다. 만일 우리가 반응에 대한 화학식을 알고 있으면 그 반응 속도는 정량적으로 검출된 어떤 생성물과 반응물의 농도 변화에 따라 결정된다. 반응 속도를 나타내기 위해 반응이 진행됨에 따라 우리는 여러 시간에서 반응물 또는 생성물의 농도를 결정해야 한다.

이것에 대한 효과적인 방법들을 발견하는 것은 화학 속도론을 공부하는 화학자들의 지속적인 과제이다. 만일 반응이 충분히 느리면, 시료를 연속적인 시간 간격으로 반응 혼합물에서 시료를 채취하고 분석을 할 수 있다.

예를 들면 만일 한 반응 생성물이 산이라면, 그 농도는 각 시간 간격으로 적정에 의해 결정될 수 있다. 소량의 강산을 사용하여 에틸 아세테이트와 물의 반응에서 아세트산을 만든다.

$$\underset{\text{에틸 아세테이트}}{CH_3\overset{\overset{\large O}{\|}}{C}{-}OCH_2CH_3(aq)} + H_2O(\ell) \xrightarrow{H^+} \underset{\text{아세트산}}{CH_3\overset{\overset{\large O}{\|}}{C}{-}OH(aq)} + \underset{\text{에탄올}}{CH_3CH_2OH(aq)}$$

반응의 진행 정도는 아세트산을 적정함으로서 결정될 수 있다. 단지 시료를 뽑아 분석을 하는데 필요한 시간이 무시될 정도로 반응이 느리게 진행되는 경우에 이러한 방법이 타당하다. 때때로 시료를 회수하고, 그 다음 반응을 신속히 정지시킨다("quench"). 즉, 분석이 진행되는 동안 요구된 농도가 크게 바뀌지 않을 만큼 대단히 반응을 느리게 한다.

특히 반응이 빠를 때는 계속적으로 시스템의 어떤 물리적 특성 변화를 모니터하는 기술을 이용하는 것은 더 편리하다. 만약 반응물이나 생성물 중 하나가 색을 띤다면, 색의 세기의 증가(감소)로 농도의 감소나 증가를 측정할 수 있다. 이런 실험은 *분광학적인* 방법들을 사용하는 특별한 경우이다. 이 방법들은 빛(가시광선, 적외선, 자외선)을 시료에 통과시킨 것을 의미한다. 빛은 농도가 바뀌고 있는 약간의 물질에 의해 흡수되는 파장을 가져야 한다(그림 11-1). 적절한 빛 감식 장치는 흡수하는 물질의 농도에 따른 신호를 제공한다.

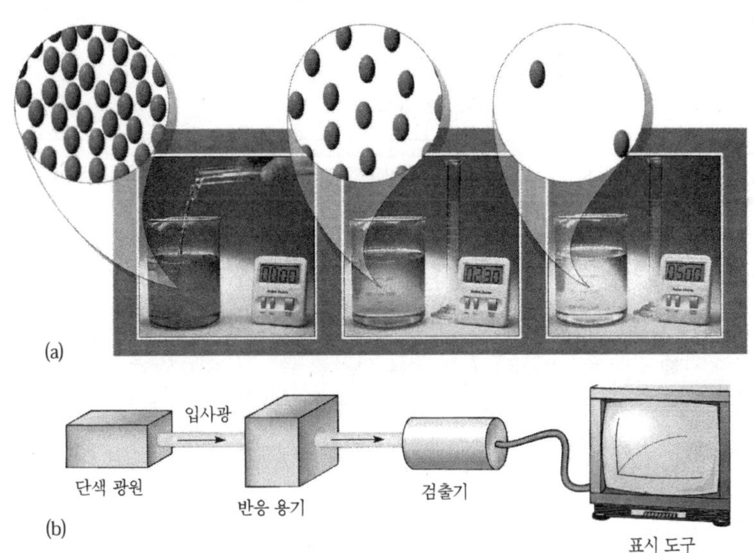

그림 11-1 (a) 파란 염료는 표백제와 반응하여 무색 생성물로 바뀐다. 색은 엷어지고 결국 사라진다. 반응 속도는 색의 세기와 시간 경과를 되풀이하여 측정하여 결정할 수 있다. 염료의 농도는 파란 색의 세기에서 계산할 수 있다.
(b) 반응 속도를 결정하는 것에 대한 분광학적 방법. 농도가 바뀌고 있는 약간의 물질에 의해 흡수되는 파장의 빛은 반응 용기를 통과한다. 빛 세기의 변화를 기록함으로써 반응이 진행됨에 따른 반응물 또는 생성물의 변화하는 농도를 측정할 수 있다.

컴퓨터-조절 펄스와 레이저의 감지를 사용하는 현대 기술은 과학자들이 피코초(1 picosecond = 10^{-12} 초) 또는 심지어 펨토초(1 femtosecond = 10^{-15}초)와 같은 짧은 시간 내에 시료 농도를 측정 가능하게 했다. 시간에 따른 반응물이나 생성물의 농도에 변화를 측정했다면 어떻게 반응 속도를 나타내는가? 가상의 반응을 고려하자.

$$aA + bB \longrightarrow cC + dD$$

이 표현에서 균형된 화학식에서 a는 물질 A의 계수, b는 물질 B의 계수, c는 물질 C의 계수, d는 물질 D의 계수를 표현한다. 각 물질 상태 양은 몰 농도(mol/L)로서 나타내고 괄호로 표시된다. 반응 진행의 속도는 반응물 중 하나가 소모되는 속도($-\Delta[A]/\Delta t$ 또는 $-\Delta[B]/\Delta t$)로 나타내거나, 생성물 중 하나가 생성되는 속도($\Delta[C]/\Delta t$ 또는 $\Delta[D]/\Delta t$)로 나타낸다. 반응 속도는 반응물 A와 B가 소모되는 정반응(왼쪽에서 오른쪽)이기 때문에 양의 값을 가져야 한다. 반응물 A와 B의 농도는 시간 간격 Δt 동안 감소한다. 그래서, $\Delta[A]/\Delta t$와 $\Delta[B]/\Delta t$는 음의 값을 갖는다. 반응 속도 정의에서 음의 표시의 목적은 속도를 양의 값을 갖게 하기 위함이다.

만일 어떠한 다른 반응도 일어나지 않으면, 농도 변화는 서로 연관되어 있다. [A]는 a mol/L에 의해 감소할 때마다, [B]는 b mol/L에 의해 감소되어야 하고, [C]는 c mol/L에 의해 증가되어야 하고, [D]는 d mol/L에 의해 증가되어야 한다. 우리는 측정을 하기 위해 선택하는 반응물이나 생성물에 상관없이 똑같은 단위로 반응 속도를 나타내고자 한다. 우리는 주어진 시간에 리터(L)당 일어나는 *반응의 몰수*를 나타낼 수 있다. 예를 들면 다음 식을 사용하여 반응물 A에 대해 실행한다.

$$\left(\frac{1\text{ mol rxn}}{a\text{ mol A}}\right)\left(\begin{matrix}[\text{A}]\text{에서}\\ \text{감소 속도}\end{matrix}\right)= -\left(\frac{1\text{ mol rxn}}{a\text{ mol A}}\right)\left(\frac{\Delta[\text{A}]}{\Delta t}\right)$$

반응 속도의 단위는 $\frac{\text{mol rxn}}{\text{L}\cdot\text{time}}$ 이고, 간단히 $\frac{\text{mol}}{\text{L}\cdot\text{time}}$ 또는 $\text{mol}\cdot\text{L}^{-1}\cdot\text{time}^{-1}$이다. $\frac{\text{mol}}{\text{L}}$ 단위는 몰 농도 M으로 표현된다. 그래서 반응 속도의 단위는 $\frac{M}{\text{time}}$ 또는 $M\cdot\text{time}^{-1}$으로 쓴다. 균형식에서 보여지는 계수로 각 농도 변화를 나눌 수 있다. 각 항 앞에 표시는 각 화학종 농도의 변화 속도에 기본이 되는 반응 속도이다.

$$\text{반응 속도} = \overbrace{\frac{1}{a}\left(\begin{matrix}[\text{A}]\text{의}\\ \text{감소 속도}\end{matrix}\right)=\frac{1}{b}\left(\begin{matrix}[\text{B}]\text{의}\\ \text{감소 속도}\end{matrix}\right)}^{\text{반응물에서}}=\overbrace{\frac{1}{c}\left(\begin{matrix}[\text{C}]\text{의}\\ \text{증가 속도}\end{matrix}\right)=\frac{1}{d}\left(\begin{matrix}[\text{D}]\text{의}\\ \text{증가 속도}\end{matrix}\right)}^{\text{생성물에서}}$$

$$\text{반응 속도} = -\frac{1}{a}\left(\frac{\Delta[\text{A}]}{\Delta t}\right) = -\frac{1}{b}\left(\frac{\Delta[\text{B}]}{\Delta t}\right) = \frac{1}{c}\left(\frac{\Delta[\text{C}]}{\Delta t}\right) = \frac{1}{d}\left(\frac{\Delta[\text{D}]}{\Delta t}\right)$$

이 식은 반응 속도에서 관찰된 농도 변화를 관련시킬 수 있는 여러 개의 식을 보여준다. 주어진 식은 시간 간격 Δt에 *평균* 속도를 나타낸다. 어떤 순간에서 속도에 대한 정확한 식들은 시간에 관해서 농도의 도함수를 의미한다.

$$-\frac{1}{a}\left(\frac{d[\text{A}]}{dt}\right),\ \frac{1}{c}\left(\frac{d[\text{C}]}{dt}\right)\quad \text{기타 등등}$$

시간 간격이 더 짧을수록, 더 근접하는 $\frac{\Delta(\text{농도})}{\Delta t}$ 가 도함수에 해당한다.

1.000 mol의 수소와 2.000 mol의 염화요오드를 1.000ℓ의 밀폐된 용기 안에서 230℃로 혼합할 때일어나는 기체상 반응을 생각해보자.

$$H_2(g) + 2ICl(g) \longrightarrow I_2(g) + 2HCl(g)$$

1 mol H_2와 2 mol ICl이 소모될 때마다, 1 mol I_2와 2 mol HCl이 생성됨이 균형식의 계수를 통해 알 수 있다. 다시 말해, H_2 몰수의 소모되는 속도는 ICl몰이 소모되는 속도의 절반과 같다. 그래서 반응 속도를 다음과 같이 쓸 수 있다.

$$\text{반응 속도} = \left(\begin{matrix}[H_2]\text{의}\\ \text{감소 속도}\end{matrix}\right) = \frac{1}{2}\left(\begin{matrix}[\text{ICl}]\text{의}\\ \text{감소 속도}\end{matrix}\right) = \left(\begin{matrix}[I_2]\text{의}\\ \text{증가 속도}\end{matrix}\right) = \frac{1}{2}\left(\begin{matrix}[\text{HCl}]\text{의}\\ \text{증가 속도}\end{matrix}\right)$$

$$\text{반응 속도} = -\left(\frac{\Delta[H_2]}{\Delta t}\right) = -\frac{1}{2}\left(\frac{\Delta[\text{ICl}]}{\Delta t}\right) = \left(\frac{\Delta[I_2]}{\Delta t}\right) = \frac{1}{2}\left(\frac{\Delta[\text{HCl}]}{\Delta t}\right)$$

표 11-1은 혼합 시간에 따른 시작에서($t=0$) 1초 간격으로 남아 있는 반응물의 농도 표이다. 각 1초의 간격에 대해 반응 *평균* 속도는 수소의 농도의 감소 속도에 관해서 나타내었다. ICl의 소모되는 속도는 H_2의 2배의 소모되는 속도가 된다. 그러므로 반응 속도는 또한 속도$= -\frac{1}{2}(\Delta[\text{ICl}]/\Delta t)$로서 나타내게 된다. 생성물의 농도 증가는 그 대신 사용될 수 있다. 그림 11-2의 도표는 모든 반응물과 생성물의 농도의 변화 속도를 보여준다.

표 11-1 230℃에서 2.000 M ICl와 1.000 M H_2의 반응에 대한 농도와 속도

[ICl] (mol/L)	$[H_2]$ (mol/L)	평균 속도 1회 간격 = $-\dfrac{\Delta[H_2]}{\Delta t}$ ($M \cdot s^{-1}$)	시간 (t) (초)
2.000	1.000		0
		0.326	
1.348	0.674		1
		0.148	
1.052	0.526		2
		0.090	
0.872	0.436		3
		0.062	
0.748	0.374		4
		0.046	
0.656	0.328		5
		0.035	
0.586	0.293		6
		0.028	
0.530	0.265		7
		0.023	
0.484	0.242		8

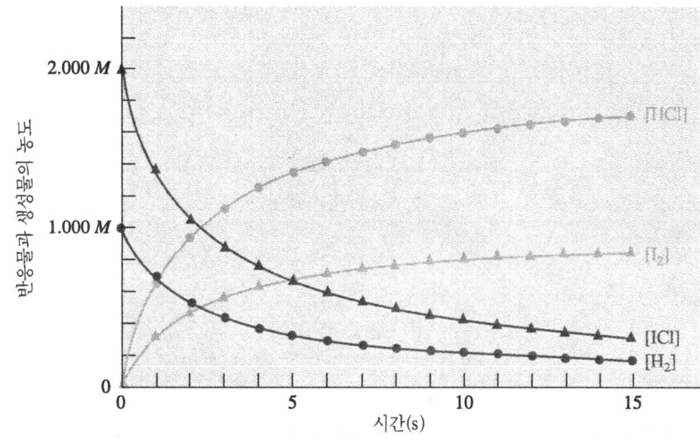

그림 11-2 표 11-1 데이터로부터, 230 ℃에서 2.000 M ICl와 1.000 M H_2의 반응에서 시간에 따른 모든 생성물과 반응물 농도의 도표이다.

예제 11-1 *반응 속도*

반응 $2N_2O_5(g) \longrightarrow 4NO_2(g) + O_2(g)$이 0.0072 mol/L · s의 속도로 NO_2를 생성하고 있다.

(a) 이때 $[O_2]$의 변화 속도 $\dfrac{\Delta[O_2]}{\Delta t}$ 는 (mol/L · s) 어떻게 되는가?

(b) 이때 $[N_2O_5]$의 변화 속도 $\dfrac{\Delta[N_2O_5]}{\Delta t}$ 는 (mol/L · s) 어떻게 되는가?

(c) 이때의 반응 속도는 어떻게 되는가?

계획

다른 생성물과 반응물의 변화 속도를 결정하기 위해 균형 방정식에서 몰 비를 사용할 수 있다. 반응 속도는 이 각각의 속도들 중 하나에서 유도될 수 있다.

풀이

(a) 균형 방정식은 $1\ \text{mol}\ \frac{O_2}{4}\ \text{mol}\ NO_2$ 반응 비를 준다.

$$[O_2]\text{의 변화 속도} = \frac{\Delta[O_2]}{\Delta t} = \frac{0.0072\ \text{mol}\ NO_2}{L \cdot s} \times \frac{1\ \text{mol}\ O_2}{4\ \text{mol}\ NO_2} = 0.0018\ \frac{\text{mol}\ O_2}{L \cdot s}$$

(b) 균형 방정식은 4 mol NO_2가 *생성*할 때마다 2 mol N_2O_5가 소모된다는 걸 보여준다. $[N_2O_5]$는 $[NO_2]$ 증가함으로써 감소되기 때문에 $\frac{-2\ \text{mol}\ N_2O_5}{4\ \text{mol}\ NO_2}$ 로 반응 비를 쓴다.

$$[N_2O_5]\text{의 변화 속도} = \frac{\Delta[N_2O_5]}{\Delta t} = \frac{0.0072\ \text{mol}\ NO_2}{L \cdot s} \times \frac{-2\ \text{mol}\ N_2O_5}{4\ \text{mol}\ NO_2}$$

$$= -0.0036\ \frac{\text{mol}\ N_2O_5}{L \cdot s}$$

시간에 따른 $[N_2O_5]$의 *변화* 속도 $\frac{\Delta[N_2O_5]}{\Delta t}$ 는 반응물 N_2O_5가 소모되었기 때문에 음의 값인 $-0.0036\ \frac{\text{mol}\ N_2O_5}{L \cdot s}$이다.

(c) 반응 속도는 어떤 반응물 농도의 감소 속도나 생성물 농도의 증가 속도로부터 계산될 수 있다.

$$\text{반응 속도} = -\frac{1}{2}\left(\frac{\Delta[N_2O_5]}{\Delta t}\right) = -\frac{1}{2}\left(-0.0036\frac{\text{mol}}{L \cdot s}\right) = 0.0018\frac{\text{mol}}{L \cdot s}$$

$$\text{반응 속도} = \frac{1}{4}\left(\frac{\Delta[NO_2]}{\Delta t}\right) = \frac{1}{4}\left(0.0072\frac{\text{mol}}{L \cdot s}\right) = 0.0018\ \frac{\text{mol}}{L \cdot s}$$

$$\text{반응 속도} = \frac{1}{1}\left(\frac{\Delta[O_2]}{\Delta t}\right) = 0.0018\frac{\text{mol}}{L \cdot s}$$

비록 반응 속도를 결정하는데 반응물이나 생성물 어느 것일지라도 반응 속도는 똑같다는 걸 안다. 이들 단위에서 mol은 "반응몰"(moles of reaction)로서 해석한다.

〉〉〉〉 반응 속도에 영향을 주는 인자

반응이 충분히 빠르게 일어나길 원하지만 위험할 정도로 빠르게 일어나서는 물론 안된다. 내연 기관에서 연료의 조절된 연소는 충분히 빠르게 일어나 실용적으로 사용되는 반면, 음식이 상하는 것과 같은 바람직하지 않은 반응은 더 천천히 일어나기를 바란다.

다음의 4개 인자는 화학 반응 속도에 영향을 주는 요인들이다.

(1) 반응물의 성질, (2) 반응물의 농도, (3) 온도, (4) 촉매이다.

이러한 인자들은 반응 속도를 적절히 조절하는데 도움을 준다.

11-02 반응물의 성질

반응하는 물질들의 물리적 상태는 물질의 반응성을 결정할 때에 중요하다. 액체 가솔린은 적당한 속도로 탈 수 있으나, 가솔린 증기는 폭발적으로 탄다. 2개의 섞이지 않는 액체는 그들의 계면에서 천천히 반응한다. 그러나 만일 그들이 더 좋은 접촉을 하기 위해 개별적으로 섞이면 반응은 더욱 빨라진다. 흰색 인과 적색 인은 인 원소의 동소체이다. 공기 중에서 산소에 노출될 때 흰색 인은 바로 불이 붙는 반면에 적색 인은 눈에 띄는 반응 없이 오랜 시간 동안 열려 있는 용기에서 그대로 보존할 수 있다.

원소와 화합물의 화학적 정체성은 반응 속도에 영향을 미친다. 낮은 이온화 에너지를 가진 금속 나트륨은 실온에서 빠르게 물과 화학 반응을 한다; 더 높은 이온화 에너지를 가진 금속 칼슘은 실온에서 천천히 물과 화학 반응을 한다. 강산과 강염기의 혼합 용액은 용액 내의 이온들 사이에서 강한 정전기적 인력의 상호 작용 때문에 이들은 빠르게 반응한다. 공유 결합 화합물의 분해 반응은 일반적으로 더 느리게 일어난다.

고체 또는 액체의 세분화 정도는 반응 속도를 결정할 때에 중요하다. 대부분의 큰 금속 덩어리는 타지 않는다. 그러나 표면적이 큰 분말 금속은 금속 내의 더 많은 원자들이 공기 중의 산소에 노출될 수 있기 때문에 쉽게 타게 된다. 좋은 철선 1파운드는 1파운드 큰 고체 덩어리 철보다 훨씬 빠르게 녹이 슨다. 때때로 격렬한 폭발들이 분말 물질의 많은 양이 생산되는 곡물 발전기, 탄광과 화학 공장에서 일어난다. 이 폭발은 반응 속도에 관한 표면적이 큰 예이다. 반응 속도는 세분화된 표면적 정도에 의존한다. 세분화의 목적은 모든 반응물 분자(또는 이온이나 원자)가 어떤 주어진 시간에 접근해서 반응할 수 있도록 만드는 것이다. 반응물이 기체 상태나 수용액일 때 이 상황은 더 쉽게 이루어질 수 있다.

11-03 반응물의 농도: 속도 법칙의 표현

일정한 온도에서 반응물의 농도가 변화함에 따라 반응 속도도 변화한다. 속도가 농도에 어떻게 의존하느냐를 나타내기 위해서 반응에 대한 **속도 법칙 표현**(rate-law expression, 간단히 **속도 법칙**(rate-law))을 쓴다. 이 속도 법칙은 그 속도가 농도에 따라 변화하는 법칙에 관한 연구로부터 각 반응에 대해서 실험적으로 추론된다.

A, B, ⋯ 반응물에 대한 속도 법칙 표현은 일반적으로 다음 식의 형태를 가진다.

$$속도 = k[A]^x [B]^y \cdots$$

상수 k 는 특정한 온도에서의 반응에 대한 **속도 상수**(rate constant)라고 한다. 지수 x와 y 값, 그리고 속도 상수 k 값은 전체 반응에 대한 *균형 화학식*의 계수와의 관계를 가지지 않고, *실험적*으로 결정되어야 한다.

농도를 증가시키는 멱수인 x와 y는 정수나 0이 일반적으로 사용된다. 멱수가 1이라는 것은 속도가 반응물의 농도에 직접 비례함을 의미하고, 2인 멱수는 속도가 농도의 제곱에 비례함을 의미한다. 또한 0인 멱수는 반응물이 있다 할지라도 속도는 이 반응물의 농도에 전혀 의존하지 않음을 의미한다. x 값은 A에 대한 반응 **차수**(order)이고, y는 B에 대한 반응 차수이다. 반응 전체 차수는 $x+y$ 이다. 약간의 반응에 대해 관찰된 반응 속도 법칙들의 예들은 다음에 따른다.

1. $3NO(g) \longrightarrow N_2O(g) + NO_2(g)$

   속도 $= k[NO]^2$ NO에 2차 ; 전체 차수는 2차

2. $2NO_2(g) + F_2(g) \longrightarrow 2NO_2F(g)$

   속도 $= k[NO_2][F_2]$ NO_2에 1차이고 F_2에 1차 ; 전체 차수는 2차

3. $2NO_2(g) \longrightarrow 2NO(g) + O_2(g)$

   속도 $= k[NO_2]^2$ NO_2에 2차 ; 전체 차수는 2차

반응 속도 법칙 표현에서 차수가 균형 방정식의 계수들과 일치할 수도 않을 수도 있다. 전체 균형 화학식에서 반응 차수를 예측하는 방법은 없으며, 차수는 실험적으로 결정되어야만 한다.

속도 상수 k 에 관해서 다음을 기억하고 있는 것이 중요하다.

1. 반응 차수를 알면, 실험 데이터는 적당한 조건의 반응에 대해 k 값을 결정하기 위해 사용될 것임에 틀림없다.
2. k 값은 균형 방정식에 의해 표현되는 *특정한 반응*에 대한 것이다.
3. k 단위는 반응의 *전체 차수*에 의존한다.
4. k 값은 반응물이나 생성물의 농도에 따라 변하지 않는다.
5. k 값은 시간에 따라 변하지 않는다.
6. k 값은 *특정한 온도*에서의 값이고, 만약 온도가 변하면 그 속도 상수도 변한다.
7. k 값은 *촉매* 존재에 의존한다.

우리는 실험적으로 측정된 속도 수치로부터 속도 법칙을 추론하기 위해 **초기 속도법**(method of initial rate)을 사용할 수 있다. 보통 반응을 시작할 때 모든 반응물의 초기 농도를 알고 있다. 그 다음 이 초기 농도에 해당하는 반응 *초기* 속도를 측정할 수 있다. 다음 표로 만들어진 데이터는 특정한 온도에서 가상의 반응을 말한다.

$$A + 2B \longrightarrow C$$

중괄호는 각 실험 실행의 초기에 반응하는 화학종의 농도를 나타낸다.

실험	초기[A]	초기[B]	C 생성 초기 속도
1	$1.0 \times 10^{-2} M$	$1.0 \times 10^{-2} M$	$1.5 \times 10^{-6} M \cdot s^{-1}$
2	$1.0 \times 10^{-2} M$	$2.0 \times 10^{-2} M$	$3.0 \times 10^{-6} M \cdot s^{-1}$
3	$2.0 \times 10^{-2} M$	$1.0 \times 10^{-2} M$	$6.0 \times 10^{-6} M \cdot s^{-1}$

우리는 각 실험에서 같은 반응을 나타내기 때문에 각각은 같은 속도 법칙을 따른다. 이 식은 다음 형태를 갖는다.

$$속도 = k[A]^x[B]^y$$

반응물의 농도 변화가 어떻게 반응 속도에 영향을 미치느냐를 알기 위해, 다른 실험에 대한 생성물의 생성 초기 속도를 비교해서 x와 y를 구한 다음 k를 구한다.

A의 초기 농도는 실험 1과 2에서와 같다; 이 실험에 대한 반응 속도에서 어떤 변화는 B의 초기 농도가 다르기 때문이다. 2개 실험을 비교하면 [B]는 다음 식만큼 변화된다.

$$\frac{2.0\times10^{-2}}{1.0\times10^{-2}} = 2.0 = [\mathrm{B}]\text{ 비}$$

속도는 다음 식만큼 변화한다.

$$\frac{3.0\times10^{-6}}{1.5\times10^{-6}} = 2.0 = \text{속도 비}$$

지수 y는 다음 식에서 추론된다.

$$\text{속도 비} = ([\mathrm{B}]\text{ 비})^{y}$$

$$2.0 = (2.0)^{y} \quad \text{그래서} \quad y = 1$$

반응은 [B]에서 1차이다. 여기까지 우리는 속도식이 다음과 같다는 것을 안다.

$$\text{속도} = k[\mathrm{A}]^{x}[\mathrm{B}]^{1}$$

x를 알기 위해서 [A] 농도가 실험 1과 3에서 다르다는 걸 살펴본다. 이들 2개 실험에서 B의 초기 농도는 똑같다. 그래서 반응 속도에서 어떤 변화는 A의 초기 농도가 다르기 때문이다. 이 2개의 실험을 비교하면 [A]는 다음 식만큼 곱해진다.

$$\frac{2.0\times10^{-2}}{1.0\times10^{-2}} = 2.0 = [\mathrm{A}]\text{ 비}$$

속도는 다음 식만큼 증가한다.

$$\frac{6.0\times10^{-6}}{1.5\times10^{-6}} = 4.0 = \text{속도 비}$$

지수 x는 다음 식에서 추론된다.

$$\text{속도 비} = ([\mathrm{A}]\text{ 비})^{x}$$

$$4.0 = (2.0)^{x} \quad \text{그래서} \quad x = 2$$

반응은 [A]에 2차이고 아래와 같이 속도 방정식을 쓴다.

$$\text{속도} = k[\mathrm{A}]^{2}[\mathrm{B}]$$

속도 상수 k는 속도 방정식의 데이터 3개 중 어떤 것과 치환에 의해 구할 수 있다. 실험 1에서 사용하는 데이터는 다음 식에서 보여준다.

$$\text{속도}_1 = k[\mathrm{A}]_1^{2}[\mathrm{B}]_1 \quad \text{또는} \quad k = \frac{\text{속도}_1}{[\mathrm{A}]_1^{2}[\mathrm{B}]_1}$$

$$k = \frac{1.5\times10^{-6}\,M\cdot\mathrm{s}^{-1}}{(1.0\times10^{-2}M)^{2}\,(1.0\times10^{-2}M)} = 1.5\,M^{-2}\cdot\mathrm{s}^{-1}$$

측정된 온도에서 반응에 대한 속도 방정식이 다음과 같다.

속도 = $k[A]^2[B]$ 또는 속도 = 1.5 $M^{-2} \cdot s^{-1}$ $[A]^2[B]$

우리는 데이터의 다른 것 중에서 한 식에 k를 구하는 것에 의해 결과를 확인할 수 있다.

예제 11-2 *초기 속도법*

다음 주어진 데이터에 따라 반응에 대한 속도 법칙과 속도 상수의 값을 결정한다.

$$2A + B + C \longrightarrow D + E$$

실험	초기[A]	초기[B]	초기[C]	E 생성 초기 속도
1	0.20 *M*	0.20 *M*	0.20 *M*	2.4×10^{-6} $M \cdot min^{-1}$
2	0.40 *M*	0.30 *M*	0.20 *M*	9.6×10^{-6} $M \cdot min^{-1}$
3	0.20 *M*	0.30 *M*	0.20 *M*	2.4×10^{-6} $M \cdot min^{-1}$
4	0.20 *M*	0.40 *M*	0.60 *M*	7.2×10^{-6} $M \cdot min^{-1}$

계획

속도 법칙은 속도= $k[A]^x[B]^y[C]^z$의 식이다. x, y, z, k를 구해야 된다. 이미 나온 것을 사용한다.

풀이

[B]에 *의존*: 실험 1과 3에서 A와 C의 초기 농도는 변화가 없다. 그러므로 속도 변화는 B 농도 변화에 의존한다. 그러나 우리는 B 농도가 다를지라도 실험 1과 3에서 속도가 같다는 것을 알 수 있다. 따라서 반응 속도는 [B]에 의존하지 않아서 $y = 0$ 이다. 이러한 이유로 [B] 변화를 무시할 수 있다. 속도 법칙은 다음과 같다.

$$속도 = k[A]^x[C]^z$$

[C]에 *의존*: 실험 1과 4는 A의 초기 농도가 같다; 이와 같이 관찰된 속도 변화는 완전히 변화된 [C] 때문이다. 그래서 z을 구하기 위해 실험 1과 4를 비교한다.

$$[C]는\ \frac{0.60}{0.20} = 3.0 = [C]\ 비\ 만큼\ 곱해진다.$$

속도가 다음 속도 비 만큼 변한다.

$$\frac{7.2\times10^{-6}}{2.4\times10^{-6}} = 3.0 = 속도\ 비$$

지수 z는 다음 식에서 추론된다.

$$속도\ 비 = ([C]\ 비)^z$$

$3.0 = (3.0)^z$ 그러므로 $z = 1$이고 반응은 [C]에 1차 반응이다.

따라서 속도 법칙은 다음 식과 같게 된다.

$$속도 = k[A]^x[C]$$

[A]의 *의존:* [A]는 변화되고, [B]는 상관 없고, [C]는 바뀌지 않기 때문에, x를 구하기 위해 실험 1과 2를 이용한다. 관찰된 속도 변화는 다만 [A]만의 변화로 인한다.

$$[A]는\ \frac{0.40}{0.20} = 2.0 = [A]\ 비\ 만큼\ 곱해준다.$$

속도는 다음 속도 비 만큼 변한다.

$$\frac{9.6\times10^{-6}}{2.4\times10^{-6}} = 4.0 = 속도\ 비$$

지수 x는 다음 식에서 추론된다.

$$속도\ 비 = ([A]\ 비)^x$$

$4.0 = (2.0)^x$ 이므로 $x = 2$ 이고 반응은 [A]에 2차 반응이다.

이 결과로부터 완전한 속도 방정식을 다음과 같이 쓴다.

$$속도 = k[A]^2[B]^0[C]^1 \quad 또는 \quad 속도 = k[A]^2[C]$$

지금 끌어내었던 반응 속도 방정식으로 데이터 4개에서 어떤 것이든지 치환함으로써 속도 상수 k를 구할 수 있다. 실험 2에 데이터의 속도 상수는 다음과 같다.

$$속도_2 = k[A]_2^2[C]_2$$

$$k = \frac{속도_2}{[A]_2^2[C]_2} = \frac{9.6\times10^{-6}M\cdot \min^{-1}}{(0.40\,M)^2(0.20\,M)} = 3.0\times10^{-4}M^{-2}\cdot\min^{-1}$$

속도 방정식은 k값을 대입하여 다음과 같이 쓸 수 있다.

$$속도 = 3.0\times10^{-4}M^{-2}\cdot\min^{-1}[A]^2[C]$$

이 식은 어떤 알고 있는 A와 C농도(약간의 B가 있고)를 가지고 반응이 일어나는 속도를 계산한다는 걸 보여준다. 온도는 반응 속도를 변화시킨다. 따라서 이 k값은 데이터를 측정한 온도에서만 유효하다.

11-04 농도 대 시간: 적분 속도식

우리는 특정 시간 반응 후 남아 있는 반응물의 농도나 반응물이 소모되는 시간이 얼마나 걸리는가를 알고 싶어한다.

농도와 *시간*을 관련시키는 식이 **적분 속도식**(intergrated rate equation)이다. 적분 속도식은 반응물의 **반감기**(half-life, $t_{1/2}$)를 계산하는데 사용된다. 반응물의 반감기($t_{1/2}$)는 반응물의 반이 생성물로 되는데 걸리는 시간이다.

▌1차 반응

$aA \longrightarrow$ 생성물을 나타내는 반응이 A에 1차이고, *전체 반응 차수도 1차*인 경우, 적분 속도식은

$$\ln\left(\frac{[A]_0}{[A]}\right) = akt \quad (1차)$$

$[A]_0$는 반응물 A의 초기 농도이고, [A]는 반응이 시작된지 얼마 후 시간 t에서 반응물 A의 농도이다. t에 대한 관계를 풀기 위해 다음 식을 이용한다.

$$t = \frac{1}{ak}\ln\left(\frac{[A]_0}{[A]}\right)$$

정의에 의해서 $t = t_{1/2}$에서 $[A] = \frac{1}{2}[A]_0$ 이다.

$$t_{1/2} = \frac{1}{ak}\ln\frac{[A]_0}{\frac{1}{2}[A]_0} = \frac{1}{ak}\ln 2$$

$$t_{1/2} = \frac{\ln 2}{ak} = \frac{0.693}{ak} \quad (1차)$$

이것은 *1차 반응*에서 반응물의 반감기와 속도 상수 k에 관련있다. 이런 반응에서 반감기는 초기 농도 A에 *의존하지 않는다*. 이것은 1차 반응 이외의 차수를 가지고 있는 반응에는 들어맞지 않는다.

예제 11-3 *반감기: 1차 반응*

반응에서 B와 C 형태로 분해하는 화합물 A는 A에 1차 반응이고 전체적으로 1차 반응이다. 25 ℃에서 반응의 속도 상수는 $0.0450\ s^{-1}$이다. 25 ℃에서 A의 반감기는 얼마인가?

$$A \longrightarrow B + C$$

계획

1차 반응에 $t_{1/2}$에 대해 이미 주어진 식을 사용한다. k 값은 문제가 제시한다; 반응물 A의 계수는 $a = 1$이다.

풀이

$$t_{1/2} = \frac{\ln 2}{ak} = \frac{0.693}{1(0.0450\ s^{-1})} = \boxed{15.4\ s}$$

반응의 15.4초 후에는, 원래 반응물의 반이 남아서 $[A] = \frac{1}{2}[A]_0$ 이다.

예제 11-4 *농도 대 시간 : 1차 반응*

반응 $2N_2O_5(g) \longrightarrow 2N_2O_4(g) + O_2(g)$의 속도$= k[N_2O_5]$이고, 임의의 온도에서 속도 상수는 $0.00840\ s^{-1}$이다.

(a) 만약 임의의 온도에서 2.50 mol N_2O_5가 5.00 L용기에 있다면, 1분 후에 몇 mol N_2O_5가 남아

있겠는가?

(b) 원래의 N_2O_5 중 90%가 반응하는데 걸리는 시간은?

계획

적분 1차 속도식을 적용한다.

$$\ln\left(\frac{[N_2O_5]_0}{[N_2O_5]}\right) = akt$$

(a) 우선 N_2O_5의 원래 $[N_2O_5]_0$ 농도를 결정해야 한다. 그런 다음 1.00분 후 $[N_2O_5]$을 푼다. 같은 시간 단위를 사용하고 있는 k와 t를 나타내는 것을 잊지 말아야 한다. 마지막으로, 남아 있는 mol에서 N_2O_5의 몰 농도를 변환한다.

(b) 요구된 시간에 대한 적분 1차식을 푼다.

풀이

N_2O_5의 원래 농도는

$$[N_2O_5]_0 = \frac{2.50\ \text{mol}}{5.00\ \text{L}} = 0.500\ M$$

다른 것들은

$$a = 2 \qquad k = 0.00840\ \text{s}^{-1} \qquad t = 1.00\ \text{min} = 60.0\ \text{s} \qquad [N_2O_5] = \underline{?}$$

적분 속도식에서 오직 모르는 것은 1.00분 후 $[N_2O_5]$이다. $[N_2O_5]$에 대해 풀어 보자. $\ln x/y = \ln x - \ln y$ 이므로,

$$\ln\frac{[N_2O_5]_0}{[N_2O_5]} = \ln[N_2O_5]_0 - \ln[N_2O_5] = akt$$

$$\ln[N_2O_5] = \ln[N_2O_5]_0 - akt$$

$$= \ln(0.500) - (2)(0.00840\ \text{s}^{-1})(60.0\ \text{s}) = -0.693 - 1.008$$

$$\ln[N_2O_5] = -1.701$$

양변에 자연 대수 역수를 취하면 다음과 같다.

$$[N_2O_5] = 1.82\times10^{-1}\ M \text{ 이다.}$$

그래서 반응 1.00후에 N_2O_5 농도는 0.182 M이다. 5.00 L 용기에서 좌변에 N_2O_5의 몰 수는

$$\underline{?}\ \text{mol}\ N_2O_5 = 5.00\text{L} \times \frac{0.182\ \text{mol}}{\text{L}} = \boxed{0.910\ \text{mol}\ N_2O_5}$$

(b) 적분 *1차* 속도식이 농도 *비*를 의미하기 때문에 요구된 농도의 수치적 값은 얻을 필요가 없다. 원래 N_2O_5의 90.0%가 반응되었을 때 10%가 남는다.

$$[N_2O_5] = (0.100)[N_2O_5]_0$$

적분 속도식으로 치환을 하고 경과된 시간 t에 대해 풀면,

$$\ln\frac{[N_2O_5]_0}{[N_2O_5]} = akt$$

$$\ln \frac{[N_2O_5]_0}{(0.100)[N_2O_5]_0} = (2)(0.00840\ s^{-1})t$$

$$\ln(10.0) = (0.0168\ s^{-1})t$$

$$2.302 = (0.0168\ s^{-1})t \quad \text{또는} \quad t = \frac{2.302}{0.0168\ s^{-1}} = \boxed{137초}$$

2차 반응

aA → 생성물을 나타내는 반응이 A에 대해서 *2차이고, 전체 반응 차수도 2차*인 적분 속도식은

$$\frac{1}{[A]} - \frac{1}{[A]_0} = akt \quad \text{(A에 2차, 전체적으로 2차)}$$

$t = t_{1/2}$에 대해서, $[A] = \frac{1}{2}[A]_0$ 을 가진다. 그래서,

$$\frac{1}{\frac{1}{2}[A]_0} - \frac{1}{[A]_0} = akt_{1/2}$$

$t_{1/2}$ 풀어서 간단히 하여 속도 상수와 $t_{1/2}$의 사이의 관계를 구한다.

$$t_{1/2} = \frac{1}{ak[A]_0} \quad \text{(A에 2차 반응, 전체적으로 2차)}$$

이 경우 $t_{1/2}$이 *A 초기 농도에 의존한다.* 그림 11-3은 1차 반응과 2차 반응에 대한 반감기들이 서로 다른 것을 보여준다.

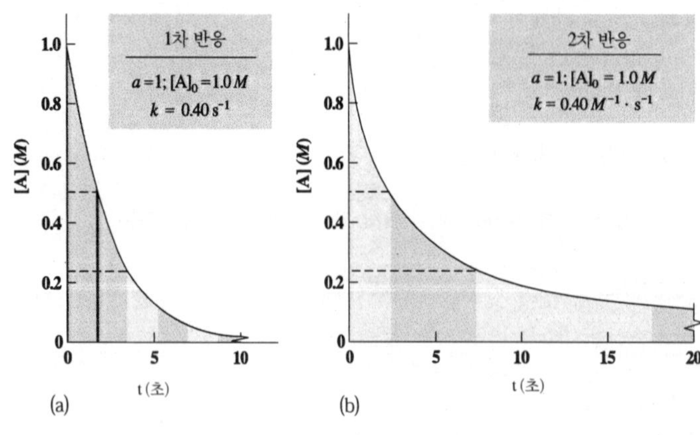

그림 11-3 (a) 1차 반응에 대한 농도 대 시간의 도표이다. 첫 번째 반감기 1.73초 동안에 A 농도는 1.00 M 에서 0.5 M로 감소했다. 1.73초는 다시 절반으로 감소되는 농도는 0.50 M에서 0.25 M이다. 1차 반응 $t_{1/2}$= ln 2/ak = 0.693/ak 대해서; $t_{1/2}$는 시간 간격의 초기 농도와 무관하다. (b) 2차 반응에 대한 농도 대 시간의 도표이다. 똑같은 값이 (a) 부분에서처럼 a, $[A]_0$, k에 대해 사용된다. 첫 번째 반감기 2.50초 동안에, A 농도는 1.00 M에서 0.5 M까지 감소한다. 농도는 2.50초에서 7.50초까지 반감기까지 다시 감소한다. 그래서 두 번째 반감기 시간은 5.0초이다. 0.25 M에서 반감기 시작은 10.00초이다. 2차 반응 $t_{1/2}$ = 1/$ak[A]_0$에 대해서 $t_{1/2}$는 그 시간 간격의 초기 농도에 반비례한다.

예제 11-5 *반감기: 2차 반응*

화합물 A와 B가 C와 D로 되는 반응이 A에 대해서 2차이고 전체 반응 차수는 2차이다. 30 ℃에서 속도 상수는 0.622 L/mol · min이다. 4.10×10^{-2} M A가 과량 B와 혼합할 때 A의 반감기는?

$$\text{A} + \text{B} \longrightarrow \text{C} + \text{D} \quad 속도 = k[\text{A}]^2$$

계획

B가 과량 존재하는 한, A의 농도만 속도에 영향을 준다. 반응은 [A]에 2차 반응이고, 전체적으로 2차이다. 따라서 2차 반응식에 대한 반감기의 식을 이용하면 다음과 같다.

풀이 $t_{1/2} = \dfrac{1}{ak[\text{A}]_0} = \dfrac{1}{(1)(0.622\,M^{-1}\cdot\text{min}^{-1})(4.10\times10^{-2}M)} = \boxed{39.2\ \text{min}}$

예제 11-6 *농도 대 시간: 2차 반응*

10℃에서 $4.00\times10^{-3}M$ NOBr의 기체상 분해가 $k = 0.810\,M^{-1}\cdot\text{s}^{-1}$을 가지고 [NOBr]에 2차이다. 이 NOBr의 $1.50\times10^{-3}M$이 소모되는데 걸리는 시간은 얼마인가?

$$2\text{NOBr(g)} \longrightarrow 2\text{NO(g)} + \text{Br}_2\text{(g)} \quad 속도 = k[\text{NOBr}]^2$$

계획

먼저 $1.50\times10^{-3}M$이 소모된 후 남은 NOBr의 농도를 결정한다. 그 다음 그 농도에 도달하는데 요구되는 시간을 결정하기 위해 2차 적분 속도식을 사용한다.

풀이

남아 있는 $\underline{?}\,M$ NOBr = $(0.00400 - 0.00150)\ M = 0.00250\,M = [\text{NOBr}]$

t에 대한 적분 속도식 $\dfrac{1}{[\text{NOBr}]} - \dfrac{1}{[\text{NOBr}]_0} = akt$을 푼다.

$$t = \frac{1}{ak}\left(\frac{1}{[\text{NOBr}]} - \frac{1}{[\text{NOBr}]_0}\right)$$

$$= \frac{1}{(2)(0.810\,M^{-1}\cdot\text{s}^{-1})}\left(\frac{1}{0.00250\,M} - \frac{1}{0.00400\,M}\right)$$

$$= \frac{1}{1.62\,M^{-1}\cdot\text{s}^{-1}}(400\,M^{-1} - 250\,M^{-1})$$

$$= \boxed{92.6\ \text{s}}$$

0차 반응

반응 aA→ 생성물에 대해서는 0차이다. 반응 속도는 농도에 영향을 받지 않는다. 속도식은 다음과 같이 쓴다.

$$속도 = -\frac{1}{a}\left(\frac{\Delta[\text{A}]}{\Delta t}\right) = k$$

해당하는 적분 속도식은

$$[\text{A}] = [\text{A}]_0 - akt \qquad (0차)$$

그리고 반감기는

$$t_{1/2} = \frac{[A]_0}{2ak} \qquad (0차)$$

표 11-2는 11-03절과 11-04절에서 나타낸 관계를 요약했다.

표 11-2 반응의 여러 가지 차수에 대한 관계를 요약 $aA \rightarrow$ 생성물

	차수 0	차수 1	차수 2
속도 방정식	속도 $= k$	속도 $= k[A]$	속도 $= k[A]^2$
적분 속도식	$[A] = [A]_0 - akt$	$\ln \frac{[A]_0}{[A]} = akt$ 또는 $\log \frac{[A]_0}{[A]} = \frac{akt}{2.303}$	$\frac{1}{[A]} - \frac{1}{[A]_0} = akt$
반감기, $t_{1/2}$	$\frac{[A]_0}{2ak}$	$\frac{\ln 2}{ak} = \frac{0.693}{ak}$	$\frac{1}{ak[A]_0}$

반응 차수를 검토하는 방법 중 하나는 반응물의 여러 농도에 대해서 초기 농도가 반으로 감소하는 시간(반감기)을 측정하여 비교하는 것이다. 만약, 여러 농도에 대해서 측정한 반감기의 변화가 없다면, 이 반응은 반응물에 대해 1차이고 전체적으로 1차 반응을 나타낸다. 이는 1차 반응에 대한 $t_{1/2}$은 초기 농도에 의존하지 않기 때문이다(그림 11-3a). 반면 다른 차수를 가진 반응에서는 $t_{1/2}$은 초기 농도에 의존하면서 변화한다. 즉 2차 반응에서 여러 농도에서 측정한 $t_{1/2}$ 값은 $[A]_0$(초기 농도)가 2배 감소하면 2배 증가한다(그림 11-3b). 이때 $[A]_0$는 여러 농도에서 측정되는 초기 농도이다.

적분 속도식의 계산 유도

적분 속도식의 유도 과정은 화학에서 계산을 이용하는 예이다. 다음 유도 과정은 반응물 A에서 1차와 전체적으로 1차가 되는 것을 가정한 반응에 대한 것이다. 만약 계산 방법을 모르더라도 유도식의 결과만을 사용할 수 있다.

반응에 대해서

$$aA \longrightarrow \text{생성물}$$

속도는 다음과 같은 식이다.

$$\text{속도} = -\frac{1}{a}\left(\frac{\Delta[A]}{\Delta t}\right)$$

1차 반응에 대해서 속도는 [A]의 1승에 비례한다. $-\frac{1}{a}\left(\frac{\Delta[A]}{\Delta t}\right) = k[A]$

시간에 대해 [A]의 유도로서 아주 짧은 시간 dt 동안 변화를 표현하면 다음과 같다.

$$-\frac{1}{a}\frac{d[A]}{dt} = k[A]$$

변수를 나누면 다음과 같다.

$$-\frac{d[A]}{[A]} = (ak)dt$$

무한대까지 식을 적분한다: 반응이 시간=0(반응 시작)에서 경과된 시간=t까지 진행함으로써 A농도는 시작하는 값 $[A]_0$에서 시간 t후 남아 있는 농도 [A]까지 진행이다.

$$-\int_{[A]_0}^{[A]} \frac{d[A]}{[A]} = ak\int_0^t dt$$

적분 결과는

$$-(\ln[A] - \ln[A]_0) = ak(t-0) \quad \text{또는} \quad \ln[A]_0 - \ln[A] = akt$$

$\ln(x) - \ln(y) = \ln(x/y)$을 상기함으로써 다음 식이 얻어진다.

$$\ln\frac{[A]_0}{[A]} = akt \quad \text{(1차)}$$

반응물 A에 1차와 전체적으로 1차인 반응에 대한 적분 속도식이다. 적분 속도식은 또 다른 간단한 속도 법칙으로부터 유사하게 유도된다.

반응물 A에 2차이고 전체적으로 2차인 반응 aA → 생성물에 대해서 속도식을 다음과 같이 쓸 수 있다.

$$-\frac{d[A]}{adt} = k[A]^2$$

해당하는 2차식 속도식을 얻기 위해 변수를 나누고, 적분하고, 정리하면 다음과 같다.

$$\frac{1}{[A]} - \frac{1}{[A]_0} = akt \quad \text{(2차)}$$

전체 0차인 반응 aA → 생성물에 대해서 다음과 같이 속도식을 쓸 수 있다.

$$-\frac{d[A]}{adt} = k$$

$$[A] = [A]_0 - akt \quad \text{(0차)}$$

반응 차수를 결정하기 위한 적분 속도식 이용

적분 속도식은 반응 차수를 결정하기 위해 농도 대 시간 데이터를 분석하는데 도움을 준다. 그래프를 이용하는 방법이 자주 사용된다. 적분 1차 속도식을 다음과 같이 정리할 수 있다.

$$\ln \frac{[A]_0}{[A]} = akt$$

$\ln(x/y)$는 $\ln x - \ln y$와 같다. 그래서 다음과 같이 쓸 수 있다.

$$\ln [A]_0 - \ln [A] = akt \quad 또는 \quad \ln [A] = -akt + \ln [A]_0$$

직선에 대한 식이 다음처럼 쓰여짐을 생각하여라.

$$y = mx + b$$

여기서 y는 세로 좌표(수직축)에 따라 그려진 변수이고, x는 가로 좌표(수평축)에 따라 그려진 변수이고, m은 직선의 기울기, b는 y축 직선의 절편이다. 만약 두 식을 비교하면, $\ln [A]$는 y로 설명할 수 있고, t는 x로 설명할 수 있다.

$$\underbrace{\ln [A]}_{y} = \underbrace{-ak}_{m}\underbrace{t}_{x} + \underbrace{\ln [A]_0}_{b}$$

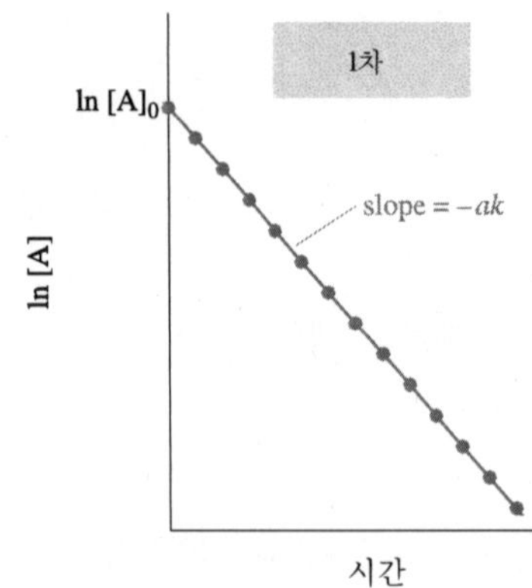

그림 11-4 반응 $aA \rightarrow$ 생성물에 대한 $\ln[A]$ 대 시간의 도표는 1차 반응 속도론에 따른다. 직선을 보여주는 이런 도표의 관찰은 반응이 [A]에 1차 반응과 전체적으로 1차 즉, 속도 = $k[A]$을 확인한다. 기울기는 $-ak$이다. a와 k가 양수이므로, 선의 기울기는 항상 음의 값이다. 로그는 무차원이다. 그래서 기울기는 $(시간)^{-1}$ 단위를 갖는다. 1보다 작은 양의 로그는 음의 값이어서 1 mol보다 작은 농도에 대한 데이터점은 시간 축 아래에 나타날 것이다.

$-ak$은 반응 과정으로서 일정하므로 m으로 해석한다. A의 초기 농도는 혼합해서 $\ln [A]_0$는 각 실험에서 일정하고 $\ln [A]_0$는 b로 생각한다. 그러므로 1차 반응에 대한 $\ln [A]$ 대 시간의 도표는 직선의 기울기 $-ak$와 절편 $\ln [A]_0$에 따라 직선을(그림 11-4) 그릴 수가 있다 .

A에 2차이고 전체적으로 2차인 반응에 대한 적분 속도식은 다음과 같다.

$$\frac{1}{[A]} - \frac{1}{[A]_0} = akt \quad 다시\ 쓰면 \quad \frac{1}{[A]} = akt + \frac{1}{[A]_0}$$

직선에 대한 식을 다시 비교하면, $1/[A]$의 기울기와 시간은 직선이 그어짐을 기대한다(그림 11-5). 직선은 기울기 $-ak$와 절편 $1/[A]_0$을 가진다. 0차 반응에 대해서는 다음과 같이 적분 속도식이 유도된다.

$$[A]_0 - [A] = akt에서 \quad [A] = -akt + [A]_0$$

직선에 대한 식을 비교하면, 직선 도표는 농도 [A] 대 시간 t를 도표화함으로써 구한다. 이 직선의 기울기는 $-ak$이고, 절편은 $[A]_0$이다. 이 논의는 실험 농도 데이터에서 모르는 속도 방정식을 추론하기 위해서 또 다른 방법을 제안한다. 다음 접근은 한 반응물만 의미하는 분해 반응에 대해 특히 유용하다.

$$aA \longrightarrow \text{생성물}$$

앞에서 제안된 것처럼 여러 가지 방법에서 데이터를 도표화했다. 만일 반응이 0차 속도론을 따른다면, 그때 t 대 [A]의 그림은 직선이다. 그러나 만일 반응이 1차 속도론을 따른다면, 그때 t 대 ln [A]의 그래프는 기울기가 k의 값을 추론하기 위해서 해석될 수 있는 직선이다. 만일 반응이 A와 전체적으로 2차 속도론을 따른다면, t 대 1/[A]의 그래프는 직선이다.

만일 이 그래프들이 어느 것도 직선을 주지 않으면(실험적 오차 때문에 예상되는 분산 내에서), 우리는 이것들의 어느 것도 반응에 대한 차수(속도 법칙)가 아니라는 것을 알 수 있다.

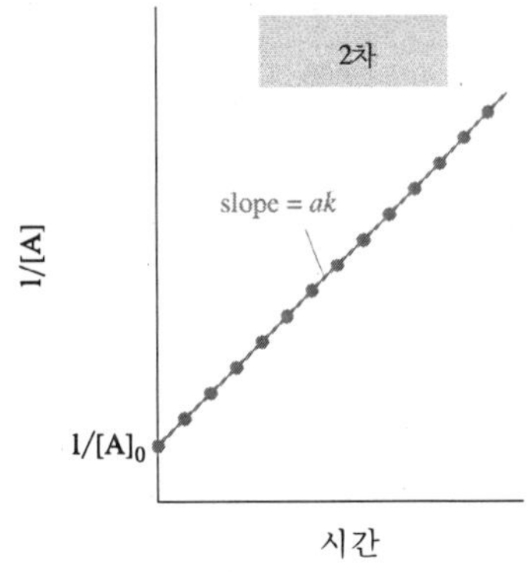

그림 11-5 반응 aA→ 생성물에 대한 시간 대 1/[A] 도표는 2차 속도론에 의한다. 직선을 보여주는 도표는 반응이 [A]에 2차이고, 전체적으로 2차임을 확인한다. 즉 속도 $= k[A]^2$. 기울기는 ak이고, a와 k가 양수이므로, 선의 기울기는 항상 양수이다. 농도는 음수가 아니므로 1/[A]는 항상 양수이고, 선은 항상 시간 축 위에 있다.

예제 11-7 *반응 차수의 그래픽 결정*

우리는 특정 온도에서 반응 A → B + C 을 실행한다. 반응 진행에 따라 우리는 여러 시간에서 반응물 [A]의 몰 농도를 측정한다. 관찰된 자료를 표로 만들었다.

(a) 시간 대 [A] 도표, (b) 시간 대 ln [A] 도표, (c) 시간 대 1/[A] 도표, (d) 반응 차수는?, (e) 반응에 대한 속도 법칙식을 써라. (f) 이 온도에의 k 값은?

계획

(a)-(c) 부분에 대해서 요구된 도표를 만들기 위해 관찰된 자료를 이용한다. (d) 이 도표들 중 어느 것이 직선을 주느냐를 주의 깊게 살피면 반응의 차수를 결정할 수 있다. (e) 반응 차수를 알면 반응 속도 방정식을 쓸 수 있다. (f) k 값은 직선 도표의 기울기에서 결정될 수 있다.

풀이

(a) 시간 대 [A] 도표는 그림 11-6b에서 보여준다.

(b) 그림 11-6a에서 ln [A]칸을 계산하기 위해 주어진 자료를 우선 이용한다. 그 다음 이들

자료는 그림 11-6c에서 보여준 것처럼 시간 대 ln [A] 도표를 이용한다.

(c) 그림 11-6a에서 1/[A]칸을 계산하기 위해 주어진 자료를 우선 이용한다. 그 다음 이들 자료는 그림 11-6d에서 보여준 것처럼 시간 대 1/[A] 도표를 이용한다.

(d) 시간 대 ln [A] 도표가 직선을 주는 (b)가 명확한 해를 준다. 반응이 [A]에서 1차 임을 알 수 있다.

(e) 속도 방정식의 형태에서 (d) 해답은 속도 $= k$ [A]을 준다.

(f) 우리는 관계식에서 1차 반응에 대한 속도 상수 값을 알기 위해 그림 11-6c에서 직선도표를 이용한다.

$$\text{기울기} = -ak \quad \text{또는} \quad k = -\frac{\text{기울기}}{a}$$

시간 (min)	[A]	ln [A]	1/[A]
0.00	2.000	0.693	0.5000
2.00	1.107	0.102	0.9033
4.00	0.612	−0.491	1.63
6.00	0.338	−1.085	2.95
8.00	0.187	−1.677	5.35
10.00	0.103	−2.273	9.71

(a) 예제 11-7의 데이터.

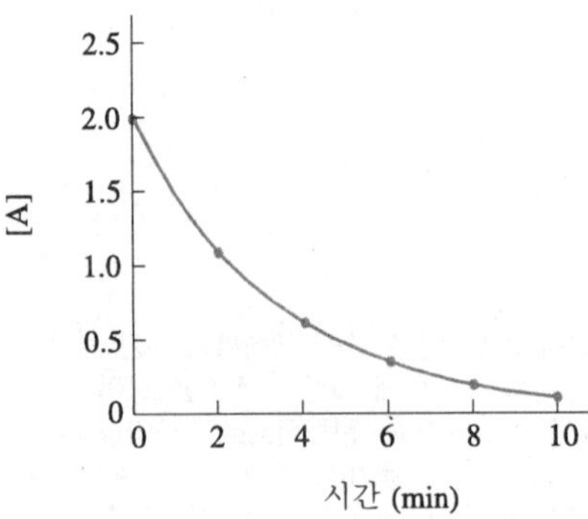

(b) 예제 11-7(a).

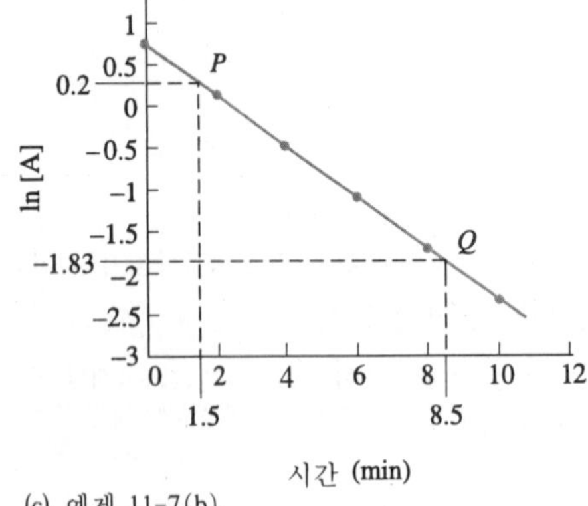

(c) 예제 11-7(b).

(d) 예제 11-7(c).

그림 11-6 예제 11-7에 대한 자료 전환과 도표. (a) 자료는 ln [A]와 1/[A]의 2개 칸을 계산하기 위해 이용된다. (b) 0차 속도론에 대한 실험: 시간 대 [A] 도표. 이 도표의 비선형은 반응이 0차 속도론을 따르지 않는다는 것을 보여준다. (c) 1차 속도론에 대한 실험: 시간 대 ln [A] 도표. 이 도표가 직선을 준다라고 하는 관찰은 반응이 1차 속도론임을 나타낸다. (d) 2차 속도론에 대한 실험: 시간 대 1/[A] 도표. 만약 반응이 2차 속도론에 의한다면, 이 도표는 직선의 결과를 가져오게 되고, (c)에서 도표는 직선이 아니다.

직선의 기울기를 결정하기 위해서, 선상에서 P와 Q같은 어떤 2개의 점을 선정한다. 좌표로부터 다음을 계산한다.

$$\text{기울기} = \frac{\text{세로 축에서 변화}}{\text{가로 축에서 변화}} = \frac{(-1.83)-(0.27)}{(8.50-1.50)\text{min}} = -0.300\ \text{min}^{-1}$$

$$k = -\frac{\text{기울기}}{a} = -\frac{-0.300\ \text{min}^{-1}}{1} = 0.300\ \text{min}^{-1}$$

보통 약간의 반응 차수에 대한 시간 대 농도의 도표 해석은 표 11-3에서 요약된다.

표 11-3 반응의 여러 가지 차수에 대한 그래픽 해석 $a\text{A} \rightarrow$ 생성물

	차수		
	0	1	2
직선을 주는 도표	[A] 대 t	ln [A] 대 t	$\frac{1}{[A]}$ 대 t
직선 기울기 방향	시간에 따라 감소	시간에 따라 감소	시간에 따라 증가
기울기 해석	$-ak$	$-ak$	ak
절편 해석	$[A]_0$	$\ln [A]_0$	$1/[A]_0$

11-05 반응 속도의 충돌 이론

반응 속도의 충돌 이론에 대한 기본적인 개념은 반응이 일어나기 위해 분자, 원자, 이온들이 충돌해야 한다는 것이다. 높은 농도의 반응 화학종은 단위 시간 당 많은 충돌을 일으킨다. 그러나 모든 충돌이 반응을 일으키는 **유효 충돌**(effective collision)만은 아니다. 유효 충돌이 되기 위해서는 반응 화학종들이 (1) 결합을 깨고 새로운 결합을 형성하기 위하여 전자들을 재배열하는데 최소한의 에너지를 가져야 하며, (2) 충돌할 때 서로 적당한 방향을 가져야 한다.

충돌은 화학 반응이 진행하는 순서로 일어나야 하나, 충돌은 반응이 일어날 것이라는 것을 확신하지는 못한다.

원자, 분자, 이온 사이에 충돌은 두 개의 단단한 당구공 사이에 존재하는 것과는 다르다. 화학종들이 "충돌"하는가 여부는 그들이 서로 작용할 수 있는 거리에 좌우된다. 예를 들어 기체상 이온-분자 반응 $CH_4^+ + CH_4 \rightarrow CH_5^+ + CH_3$는 꽤 큰 범위에서 접촉으로 일어날 수 있다. 이것은 이온과 유발 쌍극자 사이에 상호 작용이 상대적으로 먼 거리에서 작용하고 있기 때문이다. 이에 반해 기체 반응 $CH_3 + CH_3 \rightarrow C_2H_6$에서 반응 화학종은 모두 다 중성이다. 그들은 유발 쌍극자 사이에 존재하는 매우 짧은 영역에서 힘의 작용을 통해서 "충돌"하기 전까지 매우 가깝게 접근한다.

분자 집합의 평균 운동 에너지는 절대 온도에 비례한다. 온도가 상승함에 따라 분자들은 반응하기 위한 충분한 에너지를 더 많이 갖게 된다.

11-06 전이 상태 이론

화학 반응은 화학 결합의 형성과 깨짐에 관련있다. 화학 결합에서 화학 에너지는 포텐셜 에너지의 형태이다. 반응들은 포텐셜 에너지의 변화를 수반한다. 임의의 온도에서 다음과 같은 일단계 반응을 가정하여 보자

$$A + B_2 \longrightarrow AB + B$$

그림 11-7은 포텐셜 에너지 대 반응 과정의 도표를 나타낸다. 그림 11-7a에서 반응물 A와 B_2의 바닥 상태 에너지는 생성물 AB와 B의 바닥 상태 에너지보다는 높다. 반응에서 방출 에너지는 이러한 두 개의 에너지 사이의 차이 ΔE 이다. 이것은 엔탈피 ΔH^0_{rxn}에서 변화와 관계있다.

흔히 일어나는 반응에 대하여 공유 결합은 다른 것들이 형성될 수 있도록 하기 위하여 반드시 깨어져야 한다. 이것은 분자들이 결합의 포텐셜 에너지의 안정화를 극복하기 위해 *충분한 운동 에너지*로 충돌할 때만이 일어날 수 있다. **전이 상태 이론**(transition state theory)에 따르면 반응물들은 생성물이 형성되기 전에 **전이 상태**라고 부르는 단시간 지속되는 높은 에너지 중간 상태를 거치게 된다.

$$\underset{\substack{\text{반응물} \\ A+B_2}}{A + B - B} \longrightarrow \underset{\substack{\text{전이 상태} \\ AB_2}}{A \cdots B \cdots B} \longrightarrow \underset{\substack{\text{생성물} \\ AB+B}}{A - B + B}$$

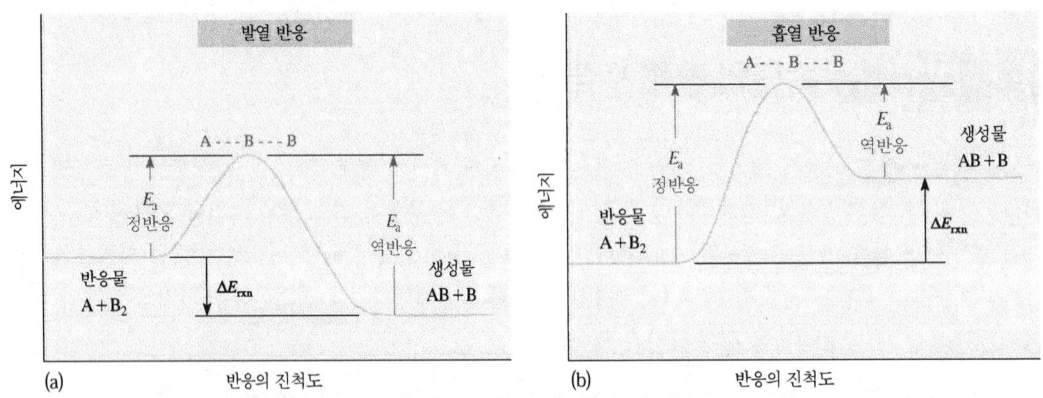

그림 11-7 포텐셜 에너지 그림. (a) 에너지 방출 반응(발열). 발열 기체상 반응: $H + I_2 \rightarrow HI + I$
(b) 에너지 흡수 반응(흡열). 흡열 기체상 반응: $I + H_2 \rightarrow HI + H$

활성화 에너지(activation energy, E_a)는 운동 에너지이며, 반응물의 분자들이 전이 상태에 도달하도록 해준다. A와 B_2 분자들이 충돌할 때 필연적인 에너지량 E_a을 가지지 못하면 반응은 일어날 수 없다. 그들이 전이 상태에 도달하기 위해 "에너지 장벽 극복"에 충분한 에너지를 가지면 그 반응은 진행될 수 있다. 원자들이 전이 상태 배열로부터 생성 분자에 이르기까지 에너지는 *방출*된다. 반응이 에너지*방출*을 하면(그림 11-7a) 활성화 에너지보다 *더* 많은 에너지가 주위에 되돌아오며 그 반응은 발열이 된다. 반응할 때 에너지 흡수를(그림 11-7b) 하게 되면 E_a보다 더 적은 양이 전이 상태가 생성물로 바뀔 때 방출되고, 반응은 흡열 반응이다. 에너지의 *알짜* 방출은 ΔE_{rxn}이다.

역반응이 일어나기 위해서는, 오른쪽(AB)의 분자들이 전이 상태에 도달하기 위해서 역활성화 에너

지($E_{\text{a reverse}}$)와 같은 운동 에너지를 가져야 한다. 그림 11-7에서 포텐셜 에너지 그림으로 알 수 있듯이

$$E_{\text{a forward}} - E_{\text{a reverse}} = \Delta E_{\text{reaction}}$$

위에서 보는 바와 같이, 온도를 증가시키는 것은 주어진 에너지 장벽을 넘을 수 있는 분자의 분율을 변화시킴으로써 속도를 변화시킨다. 촉매는 낮은 활성화 에너지를 가지는 다른 경로를 제공함으로써 속도를 증가시킨다.

충돌 이론과 전이 상태 이론의 개념을 설명하는 특이한 예로서 요오드 이온과 염화메틸과의 반응을 생각해 보자

$$I^- + CH_3Cl \longrightarrow CH_3I + Cl^-$$

많은 연구에서 그림 11-8a에서와 같은 반응 과정이 확립되었다. 요오드 이온은 세 개의 수소 원자의 중간을 통하여 C—Cl 결합의 "back side"로부터 CH_3Cl에 접근하여야 한다. 다른 어떤 방향에서도 CH_3Cl 분자와 요오드 이온의 충돌이 반응을 일으키지 못한다.

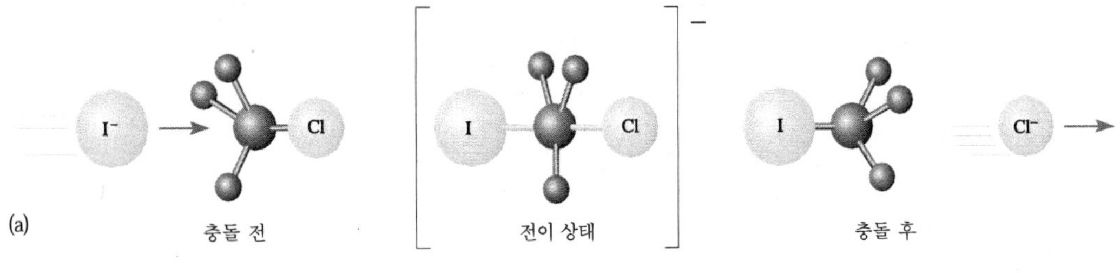

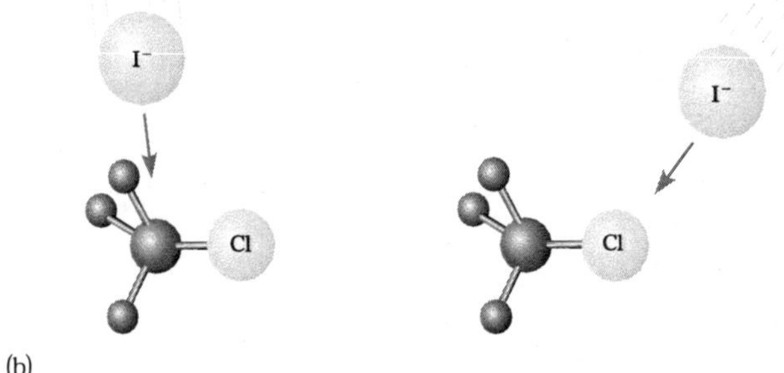

그림 11-8 (a) $CH_3I + Cl^-$을 형성하기 위한 $I^- + CH_3Cl$의 반응을 유도할 수 있는 충돌. I^-은 C—Cl 결합의 "back side"을 따라 접근해야 한다. (b) 반응으로 인한 "정확한" 방향에 있지 않은 두 개의 충돌.

그러나 적절한 방향을 가진 충분한 에너지 충돌은 C—Cl 결합이 깨지는 동시에 I—C 결합을 한다. 원자들의 이런 집합은 다음과 같이 나타내고, 이런 반응을 전이 상태라고 한다(그림 11-8a).

H H
I···C···Cl
H

이런 상태에서 다음의 둘 중 하나가 일어날 수 있다. (1) I—C 결합이 형성될 수 있고, C—Cl 결합은

Cl^-로 쪼개어 생성물을 나타내게 하거나, (2) I−C 결합은 I^-로 분리될 수 있으며, C−Cl 결합은 재형성되어 반응물로 다시 돌아가게 된다.

11-07 반응 메커니즘과 속도 법칙의 표현

반응이 일어나는 단계적 경로를 **메커니즘**(mechanism)이라 한다. 몇몇 반응은 하나의 단일 단계에서 일어나지만, 대부분의 반응들은 일련의 **단일 단계**(elementary step)들에서 일어난다.

단일 단계에 대한 반응 차수들은 그 단계에 대한 계수들과 같다.

그러나 많은 메커니즘에서 어떤 단계는 다른 것들보다 더욱 느리다.

반응은 가장 느린 단계보다 더 빠르게 일어날 수 없다.

이러한 느린 단계를 **속도 결정 단계**(rate-determining step)라고 한다. 느린 단계의 속도가 전체 반응이 일어나는 속도를 한정한다.

전체 반응에 대한 균형된 식은 각각의 모든 단계의 합과 같으며 속도-결정 단계를 따른다. 속도-법칙 지수는 전체 과정의 균형된 식의 계수에 필연적으로 맞는 게 아니라는 걸 다시 한번 강조한다.

전체 반응에 대해서는

$$aA + bB \longrightarrow cC + dD$$

실험적으로 결정된 속도-법칙으로 나타내면 다음과 같다.

$$\text{속도} = k[A]^x[B]^y$$

x와 y 값은 초기 단계 일부에 영향을 주는 가장 느린 단계에서 반응물의 계수와 관련된다.

실험 데이터와 화학적인 직관을 이용하여 반응이 일어날 수 있는 메커니즘을 가정할 수 있다. 제시된 메커니즘이 정확하다고 절대적으로는 증명할 수 없다. 우리는 실험 데이터와 일치하는 메커니즘을 가정할 수 있다. 우리는 제시된 메커니즘에 의해서 설명될 수 없는 반응 중간 물질 화학종을 나중에 검출할 수 있다. 그런 다음 메커니즘을 변경시키거나, 그것을 무시하고 새로운 것을 제시해야 한다.

예로서 이산화질소와 일산화탄소의 반응은 NO_2에서 2차임을 알았고, 225 ℃ 하에서 CO에 대하여는 0차임을 알았다고 하자.

$$NO_2(g) + CO(g) \longrightarrow NO(g) + CO_2(g) \quad \text{속도} = k[NO_2]^2$$

전체 반응에 대한 균형식은 화학 양론을 보여주지만, 반응이 단순히 CO 분자 한 개와 NO_2 분자 한 개가 충돌함으로써 *반드시 일어난다는* 것은 아니다. 반응이 그러한 한 단계에서 일어난다면 속도는 NO_2에서 1차이고, CO에서 1차이다. 즉 속도$=k[NO_2][CO]$이다. 실험적으로 결정된 차수가 모든 균형식에서 계수와 일치하지 않는다는 사실은 *반응이 한 단계에서 일어나지 않는다*는 것을 우리에게 말해준다.

다음에 제시된 2단계 메커니즘은 관찰된 속도 법칙식과 일치한다.

$$
\begin{array}{llll}
(1)\ NO_2 + NO_2 & \longrightarrow & N_2O_4 & \text{(느림)} \\
(2)\ N_2O_4 + CO & \longrightarrow & NO + CO_2 + NO_2 & \text{(빠름)} \\
\hline
\quad NO_2 + CO & \longrightarrow & NO + CO_2 & \text{(전체 반응)}
\end{array}
$$

메커니즘의 속도 결정 단계는 두 개의 NO_2 분자 사이에 *2분자* 충돌을 의미한다. 이것은 $[NO_2]^2$를 나타내는 속도식과 일치한다. CO은 느린 반응이 일어난 후에만 관련되어지기 때문에, 반응 속도는 [CO]에는 의존하지 않는다(즉, 반응은 CO에 0차이다). 제시된 메커니즘에서 N_2O_4는 한 단계에서 생성되어 마지막 단계에서 완전히 소모된다. 그러한 화학종을 **반응 중간체**(reaction intermediate)라고 한다.

그러나 반응의 다른 연구에서 NO_3은 일시적인 중간체로 나타난다. 메커니즘은 다음과 같다.

$$
\begin{array}{llll}
(1)\ NO_2 + NO_2 & \longrightarrow & NO_3 + NO & \text{(느림)} \\
(2)\ NO_3 + CO & \longrightarrow & NO_2 + CO_2 & \text{(빠름)} \\
\hline
\quad NO_2 + CO & \longrightarrow & NO + CO_2 & \text{(전체 반응)}
\end{array}
$$

이 제시된 메커니즘에서 NO_2의 두 개 분자들은 NO_3와 NO의 각각 한 개씩 분자를 생성하기 위해 충돌한다. 그런 다음 반응 중간 물질 NO_3은 CO의 한 분자와 충돌하여 NO_2와 CO_2 각각 한 개씩 분자를 생성하기 위해 빠르게 반응한다. 두 개의 NO_2 분자들이 첫 번째 단계에서 소모된다 할지라도 하나는 두 번째 단계에서 생성된다. 그 결과 하나의 NO_2 분자만이 전체 반응에서 소모된 것이다. 이러한 제시된 메커니즘의 각각은 그럴 듯한 메커니즘에 대한 두 개의 범주를 충족시킨다.

(1) 각 단계들은 전체 반응에 대한 방정식을 나타내게 한다. (2) 메커니즘은 실험적으로 결정된 속도 법칙식과 일치한다. 밝혀진 NO_3은 두 번째 메커니즘에 좋은 증거이다. 그러나 이것은 그러한 메커니즘을 확실하게 입증하지는 못한다. 하지만 중간체로서 NO_3가 관여하고 관찰된 속도 법칙과 일치하는 다른 메커니즘에 대해 고려하는 것은 가능하다.

질소산화물과 브롬의 기체상 반응은 NO에 2차이고 Br_2에 1차로 알려져 있다.

$$2NO(g) + Br_2(g) \longrightarrow 2NOBr(g) \quad \text{속도} = k[NO]^2[Br_2]$$

두 개의 NO 분자와 한 개의 Br_2 분자와 관련한 1단계 충돌은 실험적으로 결정된 속도 법칙식과 일치한다. 그러나 동시에 충돌하는 3개의 분자들의 가능성은 두 개의 충돌 가능성보다는 낮다. *단지 두 분자 충돌 혹은 단일 분자 분해와 관련하는 경로는 반응 메커니즘에서 더 잘 일어날 것으로 생각된다.* 그 메커니즘은 다음과 같다.

$$
\begin{array}{llll}
(1)\quad NO + Br_2 & \rightleftharpoons & NOBr_2 & \text{(빠름, 평형)} \\
(2)\ NOBr_2 + NO & \longrightarrow & 2NOBr & \text{(느림)} \\
\hline
\quad 2NO + Br_2 & \longrightarrow & 2NOBr & \text{(전체 반응)}
\end{array}
$$

첫 번째 단계는 중간체 $NOBr_2$를 생성하기 위해 NO 분자(반응물) 한 개와 Br_2 분자(반응물) 한 개의 충돌을 의미한다. 그러나 $NOBr_2$는 NO와 Br_2를 재생성하기 위해 빠르게 분해될 수 있다. 이것을 *평형 단계*라 한다. 결국 다른 NO 분자(반응물)는 단시간 존재하는 $NOBr_2$ 분자와 충돌할 수 있으며, 두 개의 NOBr 분자(생성물)를 생성한다.

이런 메커니즘에 일치하는 속도 법칙을 알기 위해, 느린(속도-결정) 단계인 2단계에서 다시 시작해 보자. k_2로 이 단계에 대한 속도 상수를 나타내기 위해 속도를 다음과 같이 나타낸다.

$$속도 = k_2[NOBr_2][NO]$$

그러나 $NOBr_2$는 반응 중간체로 존재해서 두 번째 단계의 초기 농도는 직접적으로 측정하기에는 쉽지 않다. $NOBr_2$는 빠른 평형 단계에서 형성되어지기 때문에, 그것의 농도를 원래 반응물의 농도와 연관지을 수 있다. 반응 혹은 반응 단계가 *평형*에 있을 때, 그것의 정방향(f)과 역방향(r) 속도는 같다.

$$속도_{1f} = 속도_{1r}$$

이 단계식으로부터 양방향에 대해 속도식을 쓰고

$$k_{1f}[NO][Br_2] = k_{1r}[NOBr_2]$$

$[NOBr_2]$에 대해 정리하면

$$[NOBr_2] = \frac{k_{1f}}{k_{1r}}[NO][Br_2]$$

속도식에서 $[NOBr_2]$에 대한 이 식의 오른쪽을 속도-결정 단계의 속도= $k_2[NOBr_2][NO]$로 치환할 때 실험으로 결정된 속도식은 다음과 같이 된다.

$$속도 = k_2\left(\frac{k_{1f}}{k_{1r}}[NO][Br_2]\right)[NO] \text{ 또는 } \quad 속도 = k[NO]^2[Br_2]$$

유사한 설명이 3차나 더 높은 반응 차수들 뿐만 아니라 더 낮은 반응 차수에도 적용된다. 그러나 몇 단계 반응이 똑같이 느리게 될 때 실험적 데이터의 분석은 더욱 복잡해진다. 분수나 음의 반응 차수의 반응들은 복잡한 다단계 메커니즘을 갖는다.

11-08 온도: 아르헤니우스 방정식

분자들 집합의 평균 운동 에너지는 절대 온도에 비례한다. 특정한 온도 T_1 에서 반응물 분자들의 한정된 분율 충돌에 대해 생성물 분자들을 형성하도록 반응하기 위해 충분한 운동 에너지인 KE > E_a을 가진다. 보다 더 높은 온도 T_2에서 분자들의 더 큰 분율들이 충분한 활성화 에너지를 가지며 반응은 더 빠른 속도로 진행된다. 이것을 그림 11-9a에 나타내었다. 실험적인 관찰로부터 아르헤니우스(Svante Arrhenius, 1859~1927)는 활성화 에너지, 절대 온도, 그 온도에서 반응 속도 상수 k 사이에 관계를 연구 발전시켰다. 아르헤니우스 방정식의 관계식은 다음과 같다.

$$k = Ae^{-Ea/RT}$$

또는 대수 형태로,

$$\ln k = \ln A - \frac{E_a}{RT}$$

이 표현에서 A는 속도 상수처럼 단위를 가지는 상수이다. 그것은 모든 반응물 농도가 1몰일 때 적절한 방향을 가진 충돌의 분율과 같다. R은 기체 상수이며 E_a와 같은 에너지 단위로 표현된다. 예를 들어 E_a가 J/mol일 때 R = 8.314 J/mol · K 값이다. 여기에서 "mol" 단위는 "반응의 몰"로서 표현된다. 한 가지 중요한 점은 다음과 같다: E_a 값이 커짐에 따라 k값은 보다 더 작아지고 반응 속도는 더 늦어진다(다른 인자는 같다).

이것은 작은 충돌이 높은 에너지 장벽을 넘기 위해 충분한 에너지가 요구되기 때문이다(그림 11-9b를 보라). 아르헤니우스 방정식은 T가 증가함에 따라 같은 E_a와 농도에 대해 더 빠른 반응의 결과를 예시한다.

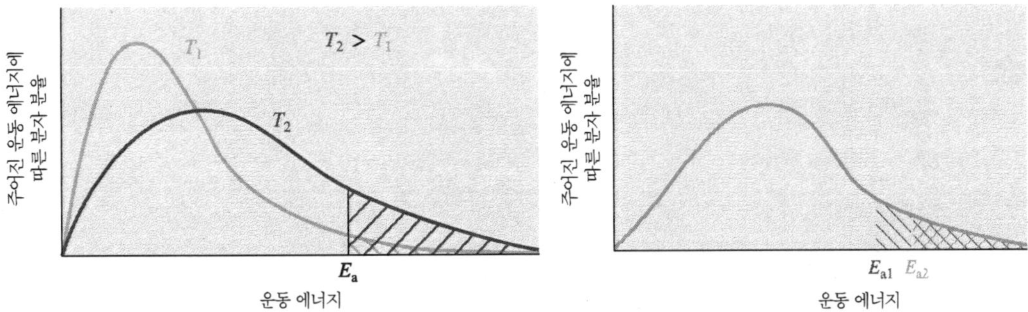

그림 11-9 (*왼쪽*) : E_a보다 더 큰 운동 에너지를 가지는 많은 분자들에 대한 온도 효과. T_2에서 분자들의 높은 분율은 최소한 E_a 활성화 에너지를 가진다. 분포 곡선과 수평 축 사이의 면적은 존재하는 총 분자들 수에 비례한다. 전체 면적은 T_1과 T_2에서 같다. 빗금친 면적은 활성 에너지 E_a을 초과하는 입자들의 수를 나타낸다(오른쪽). 두 개의 가상적인 반응 1과 2를 생각하라. 그곳에서 반응 1의 활성화 에너지는 반응 2의 것보다는 더 작다. 즉 $E_{a1} < E_{a2}$. 주어진 온도에서 분자들의 더 큰 분율은 E_{a2}를 초과하는 것보다 E_{a1}을 초과하는 에너지를 가지게 되어 반응 1은 같은 반응물 농도에서 반응 2보다 더 높은 에너지 상수 k를 가지게 된다.

온도 T 증가 ⟹ E_a/RT 감소 ⟹ $-E_a/RT$ 증가 ⟹ $e^{-E_a/RT}$ 증가
⟹ k 증가 ⟹ **반응 속도 상승**

주어진 단일 반응에 대하여 속도 상수가 온도에 따라 얼마나 변하는가를 보자. 활성화 에너지와 인자 A가 온도에 따라 변화하지 않는다고 가정하자. 두 개의 다른 온도에 대해 아르헤니우스 방정식을 쓸 수 있다. 그런 다음 다른 식에서 하나의 식을 빼면 다음과 같다.

$$\ln \frac{k_2}{k_1} = \frac{E_a}{R}\left(\frac{1}{T_1} - \frac{1}{T_2}\right)$$

몇 개의 전형적인 값을 이 식에 대입해 보자. 상온에서 일어나는 많은 반응에 대한 활성화 에너지는 약 50 kJ/mol이다. 반응에서 온도가 300 K에서 310 K로 증가하면 다음과 같다.

$$\ln\frac{k_2}{k_1} = \frac{50{,}000\ \text{J/mol}}{(8.314\ \text{J/mol}\cdot\text{K})}\left(\frac{1}{300\ \text{K}} - \frac{1}{310\ \text{K}}\right) = 0.647$$

$$\frac{k_2}{k_1} = 1.91 \approx 2$$

화학자들은 거의 상온에서 반응의 속도는 온도가 10 ℃ 상승함에 따라 반응 속도는 거의 두 배 가까이 접근하는 통상적인 규칙을 이용한다. 그러나 이 "규칙"은 활성화 에너지에 달려 있기 때문에 그러한 "규칙"은 주의 깊게 이용되어야 한다.

예제 11-8 *아르헤니우스 방정식*

0.0 ℃에서 다음 1차 반응의 속도 상수 $k = 9.16\times10^{-3}\ \text{s}^{-1}$이다. 이 반응의 활성화 에너지는 88.0 kJ/mol 이다. 2.0 ℃에서 k 값을 결정하여라.

$$N_2O_5 \longrightarrow NO_2 + NO_3$$

계획

첫째로 켈빈 척도(K)로 온도를 전환하면,

$E_a = 88{,}000\ \text{J/mol}$ $\qquad$ $R = 8.314\ \text{J/mol}\cdot\text{K}$

$k_1 = 9.16\times10^{-3}\text{s}^{-1}$ $\qquad$ $T_1 = 0.0\ ℃ + 273 = 273\ \text{K}$

$k_2 = ?$ $\qquad$ $T_2 = 2.0\ ℃ + 273 = 275\ \text{K}$

아르헤니우스 방정식에 "두 온도" 값을 대입한다.

풀이

$$\ln\frac{k_2}{k_1} = \frac{E_a}{R}\left(\frac{1}{T_1} - \frac{1}{T_2}\right)$$

$$\ln\left(\frac{k_2}{9.16\times10^{-3}\text{s}^{-1}}\right) = \frac{88{,}000\ \text{J/mol}}{8.314\dfrac{\text{J}}{\text{mol}\cdot\text{K}}}\left(\frac{1}{273\ \text{K}} - \frac{1}{275\ \text{K}}\right) = 0.282$$

양변에 역(자연) 대수를 취하면,

$$\frac{k_2}{9.16\times10^{-3}\text{s}^{-1}} = 1.32$$

$$k_2 = 1.32(9.16\times10^{-3}\text{s}^{-1}) = \boxed{1.21\times10^{-2}\text{s}^{-1}}$$

매우 작은 온도 차이인, 단지 2 ℃가 약 32%의 속도 상수(같은 농도에 대한 반응 속도에서) 증가를 일으킨다는 것을 알 수 있다.

예제 11-9 *활성화 에너지*

기체상에서 요오드화 에틸이 에틸렌과 요오드화 수소로 분해되는 1차 반응은 다음과 같다.

$$C_2H_5I \longrightarrow C_2H_4 + HI$$

600 K에서 $k = 1.60 \times 10^{-5} s^{-1}$ 이다. 온도가 700 K로 상승할 때 $k = 6.36 \times 10^{-3} s^{-1}$ 으로 증가한다. 이 반응에 대한 활성화 에너지는 얼마인가?

계획

두 개의 다른 온도에서 k 값을 알고 있다. 아르헤니우스 방정식에 두 온도를 대입하고 E_a 값을 구한다.

풀이

T_1 = 600 K에서 $k_1 = 1.60 \times 10^{-5} s^{-1}$

T_2 = 700 K에서 $k_2 = 6.36 \times 10^{-3} s^{-1}$ 이다.

R = 8.314 J/mol · K $E_a = ?$

E_a에 대한 아르헤니우스 방정식을 쓰면 다음과 같다.

$$\ln \frac{k_2}{k_1} = \frac{E_a}{R}\left(\frac{1}{T_1} - \frac{1}{T_2}\right) \quad \text{그래서} \quad E_a = \frac{R \ln \frac{k_2}{k_1}}{\left(\frac{1}{T_1} - \frac{1}{T_2}\right)}$$

값을 대입하면,

$$E_a = \frac{\left(8.314 \frac{J}{mol \cdot K}\right) \ln\left(\frac{6.36 \times 10^{-3} s^{-1}}{1.60 \times 10^{-5} s^{-1}}\right)}{\left(\frac{1}{600K} - \frac{1}{700K}\right)}$$

$$= \frac{\left(8.314 \frac{J}{mol \cdot K}\right)(5.98)}{2.38 \times 10^{-4}\ K^{-1}} = \boxed{2.09 \times 10^5 J/mol \text{ 또는 } 209 kJ/mol}$$

예제 11-9에서 얻어진 E_a 값은 단지 두 온도에서 측정되어진 k에만 의존하기 때문에 상당한 오차가 발생한다. 이러한 오차를 줄이기 위해서 같은 반응에 대해 많은 측정 값을 이용하며 그래프 접근을 한다.

$$\underbrace{\ln k}_{y} = -\underbrace{\left(\frac{E_a}{R}\right)}_{m}\underbrace{\left(\frac{1}{T}\right)}_{x} + \underbrace{\ln A}_{b}$$

$$y = m\ x + b$$

주·요·용·어

단일 단계(Elementary step) 반응이 일어나는 메커니즘에서 개별적 단계. 단일 단계에서는 반응 차수가 반응물 계수와 일치한다.

반응 메커니즘(Reaction mechanism) 반응물이 생성물로 전환되어 연속되는 단계.

반응물의 반감기(Half-life of a reactant) 반응물이 생성물로 바뀌어 절반으로 되는데 걸리는 시간.

반응물의 차수(Order of a reactant) 반응물의 농도가 속도 방정식에 따라 올라가는 멱수.

반응 중간체(Reaction intermediate) 생성되어서 다단계 반응 동안 전적으로 소모되는 화학종, 보통 짧게 존재함.

반응 차수(Order of a reaction) 모든 농도가 속도 방정식에서 멱수의 총칭; 반응의 전체 차수라 함.

속도 결정 단계(Rate-determining step) 반응 메커니즘에서 가장 느린 단계; 반응의 전체 속도를 제한하는 단계.

속도 법칙 표현(Rate-law expression) 반응물의 농도에 대한 반응 속도와 속도 상수에 관련하는 식.

$$속도 = k[A]^x[B]^y$$

속도 방정식은 실험 자료에서 결정되어져야 한다.

속도 상수(Rate constant) 각기 다른 반응에 대해 다르게 되는 실험적으로 결정 비례 상수이며, 주어진 반응에서 온도 또는 촉매제의 존재 하에서 변화한다. 속도 방정식에서 k라 함.

$$속도 = k[A]^x[B]^y$$

아르헤니우스 식(Arrhenius equation) 활성화 에너지와 온도에 대해 속도 상수와 관련하는 식.

유효 충돌(Effective collision) 반응이 일어나는 분자들 사이에 충돌; 그곳에서 분자들은 적당한 방향과 반응하는 데 효과적인 에너지를 가지고 충돌한다.

적분 속도식(Integrated rate equation) 시간이 지남에 따라 남아 있는 농도와 관련된 식. 반응의 다른 차수에 대해 다른 수학적 형태를 가진다.

전이 상태(Transition state) 반응물 분자에서 결합이 부분적으로 깨어져 새로운 분자들이 형성되는 상대적으로 높은 에너지 상태.

전이 상태 이론(Transition state theory) 생성물을 생성하기 전에 반응물이 높은 에너지 전이 상태를 통과한다고 언급되는 반응 속도 이론.

초기 속도법(Method of initial rates) 다른 초기 농도를 가진 반응을 행함으로써 그리고 초기 속도에서 일어나는 변화를 분석하여 속도 법칙 표현을 결정하는 방법.

충돌 이론(Collision theory) 유효 충돌은 반응물 분자들 사이에서 반응이 일어나는 상태를 반응 속도 이론이라 한다.

화학 속도론(Chemical kinetics) 속도와 화학 메커니즘, 그것이 의존하는 인자에 대한 연구.

활성화 에너지(Activation energy) 반응이 일어나도록 하기 위해 반응물 분자들이 전이 상태에 도달하도록 하는 역학 에너지.

일반적 개념

1. 반응 속도에 영향을 미치는 4가지 인자를 간단히 설명하여라.
2. 다음 반응에서 각 반응물과 생성물의 속도 변화에서 반응 속도를 나타내어라.
   (a) $3ClO^-(aq) \longrightarrow ClO_3^-(aq) + 2Cl^-(aq)$
   (b) $2SO_2(g) + O_2(g) \longrightarrow 2SO_3(g)$
   (c) $C_2H_4(g) + Br_2(g) \longrightarrow C_2H_4Br_2(g)$
3. 다음 식은 암모니아의 산화에 의해 NO와 H_2O의 생성을 보여준다. 주어진 시간에 암모니아는 1.10 *M*/min 속도로 반응한다. 같은 시간에 다른 반응 물질이 변화하는 속도에서 생성물이 변화하는 속도는 어떻게 되는가?
$$4NH_3 + 5O_2 \longrightarrow 4NO + 6H_2O$$
4. 폭죽은 마그네슘이 타기 때문에 밝다. 폭죽이 왜 마그네슘으로 만들어졌는지 생각해보라. 마그네슘의 물질 크기는 얼마나 중요한가? 너무 큰 조각이 사용되면 어떻게 되는가? 작은 조각이 사용되면 어떻게 되는가?

속도 방정식

5. 임의의 온도에서 다음 반응에 대한 속도식이
$$속도 = k\,[NO]^2[O_2]$$
이다. 이 반응에 관련하는 두 개의 실험은 같은 온도에서 실험된다. 두 번째 실험에서 NO의 초기 농도는 산소의 초기 농도가 두 배로 되는 동안 반으로 된다. 두 번째 실험에서 초기 속도는 첫 번째의 ____배가 될 것이다.
$$2NO + O_2 \longrightarrow 2NO_2$$
6. 속도 데이터는 25 ℃에서 다음 반응에 대해 얻어진 것이다. 이 반응에 대한 속도 법칙은 어떻게 되는가?
$$2A + B + 2C \longrightarrow D + 2E$$

실험	초기 [A]	초기 [B]	초기 [C]	D 생성 초기 속도
1	0.10 *M*	0.20 *M*	0.10 *M*	$5.0 \times 10^{-4} M \cdot min^{-1}$
2	0.20 *M*	0.20 *M*	0.30 *M*	$1.5 \times 10^{-3} M \cdot min^{-1}$
3	0.30 *M*	0.20 *M*	0.10 *M*	$5.0 \times 10^{-4} M \cdot min^{-1}$
4	0.40 *M*	0.60 *M*	0.30 *M*	$4.5 \times 10^{-3} M \cdot min^{-1}$

7. (a) 임의의 반응은 반응물 A에서 0차이고 반응물 B에서 2차이다. 두 반응물의 농도가 2배로 되면 반응 속도는 어떻게 되겠는가?
   (b) (a)에서 반응 A가 1차수이고, B가 1차수로 되면 반응 속도는 어떻게 되겠는가?
8. 특정한 온도에서 속도 데이터의 반응이 다음과 같다.
$$2ClO_2(aq) + 2OH^-(aq) \longrightarrow ClO_3^-(aq) + ClO_2^-(aq) + H_2O(\ell)$$

실험	$[ClO_2]_0$ (mol/L)	$[OH^-]_0$ (mol/L)	반응 초기 속도
1	0.012	0.012	$2.07 \times 10^{-4}\ M \cdot s^{-1}$
2	0.024	0.012	$8.28 \times 10^{-4}\ M \cdot s^{-1}$
3	0.012	0.024	$4.14 \times 10^{-4}\ M \cdot s^{-1}$
4	0.024	0.024	$1.66 \times 10^{-3}\ M \cdot s^{-1}$

   (a) 이 반응에 대한 속도 방정식은 ?
   (b) 각 반응물과 전체 차수에 대해 반응 차수를 나타내어라.

9. A+B → C에 대한 다음과 같은 데이터를 가지고 속도 법칙을 나타내어라.

실험	초기 [A]	초기 [B]	C 생성 초기 속도
1	0.20 M	0.10 M	$5.0\times10^{-6}\ M\cdot s^{-1}$
2	0.30 M	0.10 M	$7.5\times10^{-6}\ M\cdot s^{-1}$
3	0.40 M	0.20 M	$4.0\times10^{-5}\ M\cdot s^{-1}$

10. A+B→C에 대한 다음과 같은 데이터를 가지고 속도 법칙을 나타내어라.

실험	초기 [A]	초기 [B]	C 생성 초기 속도
1	0.10 M	0.10 M	$2.0\times10^{-4}\ M/s$
2	0.20 M	0.10 M	$8.0\times10^{-4}\ M/s$
3	0.40 M	0.20 M	$2.56\times10^{-2}\ M/s$

11. 다음은 기체-상 분해 반응은 1차이다.

$$C_2H_5Cl \longrightarrow C_2H_4 + HCl$$

속도 데이터 표에서 이 반응에 대한 값이 다음과 같이 주어졌다.

$A = 1.58\ \times 10^{13}\ s^{-1}$, $E_a = 237$ kJ/mol이다.

(a) 상온 25 ℃에서 속도 상수를 계산하여라

(b) 275 ℃에서 속도 상수를 계산하여라.

12. 어떤 온도에서 다음 반응에 의한 이산화질소의 분해 속도는 $[NO_2] = 0.0110$ mol/L일 때 5.4×10^{-5} mol NO_2/L · s 이다.

$$2NO_2(g) \longrightarrow 2NO(g) + O_2(g)$$

(a) 속도 법칙이 속도 $= k[NO_2]$라고 하자. $[NO_2] = 0.00550$mol/L일 때 NO_2가 소모되는 속도를 예상하여라.

(b) 속도 법칙이 속도 $= k[NO_2]^2$이다. $[NO_2] = 0.00550$ mol/L 일 때 NO_2의 소모되는 속도를 예상하여라.

(c) $[NO_2] = 0.00550$mol/L일 때 속도는 $1.4\ \times 10^{-5}$ mol NO_2/L · s 이다. 어떤 속도 법칙이 정확한가?

(d) 속도 상수를 계산하여라(NO_2의 소모 속도에 대해서 반응 속도를 표현하여라).

적분 속도식과 반감기

13. 물에서 설탕의 반응 속도 법칙에서 속도$=k[C_{12}H_{22}O_{11}]$이다.

$$C_{12}H_{22}O_{11} + H_2O \longrightarrow 2C_6H_{12}O_6$$

25 ℃에서 2.57시간 후에 $C_{12}H_{22}O_{11}$의 6.00 g/L는 5.40 g/L로 감소한다. 25 ℃에서 이 반응에 대한 k를 구하여라.

14. 레이저빔을 가진 이산화질소의 분해에 대한 속도 상수는 1.70 $M^{-1}\cdot min^{-1}$ 이다.
$2NO_2 \longrightarrow 2NO + O_2$의 2.00 mol/L을 1.25 mol/L로 감소시키는데 필요한 시간을 계산하여라.

15. CS와 S으로 되기 위해 CS_2의 분해 반응은 1000 ℃에서 $k = 2.8\times10^{-7}s^{-1}$을 가진 1차이다.

$$CS_2 \longrightarrow CS + S$$

(a) 1000 ℃에서 이 반응의 반감기는?

(b) CS_2의 2.00 g의 시료가 0.75 g으로 분해되어졌을 때 CS_2는 얼마나 걸리겠는가?

(c) (b)부분에 대하여 언급하여라. 이런 시간이 흐른 후에 몇 g의 CS가 존재할까?

(d) 2.00 g의 CS_2은 45일 후에는 얼마나 남아 있을까?

16. 1000 ℃에서 시클로부탄이 에틸렌으로 변환하는데 1차 속도 상수는 87 s^{-1}이다.

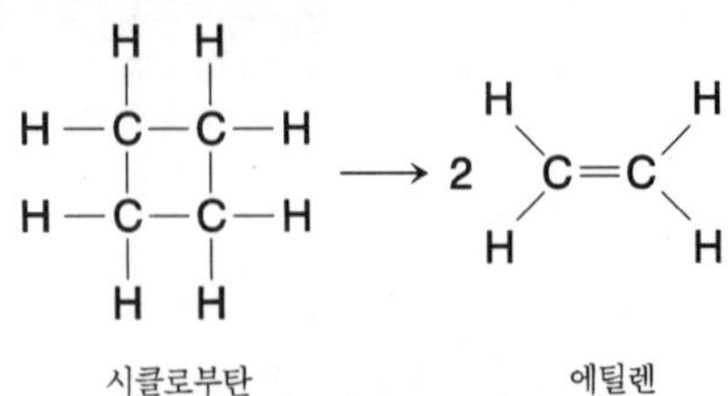

(a) 1000 ℃에서 이 반응의 반감기는 ?

(b) cyclobutane 2.00 g을 가지고 시작하게 될 때 1.5 g을 소비하는데 얼마나 걸리겠는가? (힌트: 질량, 분자량, 부피에서 농도 비율 $[A_0]/[A]$을 써라.

(c) cyclobutane 초기 1.00 g 시료가 1.00초 후에는 얼마나 남아 있을까?

17. 1차 반응 $N_2O_5 \longrightarrow 2NO_2 + \frac{1}{2}O_2$ 대한 속도 상수는 45 ℃에서 $1.20\times10^{-2}\ s^{-1}$ 이다. N_2O_5의 초기 농도는 0.00500 M이다.

(a) 농도가 0.00110 M로 감소하는데 얼마나 걸릴까?

(b) 0.000900 M 로 감소하는데 얼마나 걸릴까?

18. 물질 A의 농도가 0.75 M에서 0.20 M로 감소하는데 걸린 시간이 47분이다. 1차 분해에 대한 속도 상수는?

$$A \longrightarrow B + C$$

19. 기체상에서 SO_2Cl_2의 분해는 반응이 진행됨에 따라 Cl_2의 농도를 측정하여 연구될 수 있다.

$$SO_2Cl_2 \longrightarrow SO_2 + Cl_2$$

우리는 $[SO_2Cl_2]_0 =$ 0.25 M로 시작한다. 320 ℃에서 Cl_2 농도는 다음과 같다.

t (시간)	$[Cl_2]$ (mol/L)
0.00	0.000
2.00	0.037
4.00	0.068
6.00	0.095
8.00	0.117
10.00	0.137
12.00	0.153
14.00	0.168
16.00	0.180
18.00	0.190
20.00	0.199

(a) $[Cl_2]$ 대 t를 도시하여라.

(b) $[SO_2Cl_2]$ 대 t를 도시하여라.

(c) 이 반응에 대한 속도 법칙식을 나타내어라.

(d) 320 ℃에서 속도 상수에 대하여 단위와 값은 어떻게 되는가?

(e) 반응에 대하여 초기 SO_2Cl_2가 95%가 되는데 얼마나 걸릴까?

20. 어떤 온도에서 금 표면에서의 HI의 분해 속도 상수는 0.080 $M \cdot s^{-1}$이다.

$$2HI(g) \longrightarrow H_2(g) + I_2(g)$$

(a) 반응 차수는? (b) HI 농도가 1.5 M에서 0.30 M로 감소하는데 얼마나 걸릴까?

활성화 에너지, 온도, 촉매

21. 온도가 600 K에서 610 K로 증가할 때 속도 상수가 3배로 되면, 반응에 대한 활성화 에너지는 어떻게 되겠는가?

22. 온도가 298 K에서 308 K로 증가할 때 속도 상수가 3배로 된다. E_a는 어떻게 되겠는가?

23. N_2O의 분해에 대하여 속도 상수는 300 ℃에서 $2.6\times10^{-11}\ s^{-1}$이고 330 ℃에서는 $2.1\times10^{-10}\ s^{-1}$이다.

$$2N_2O(g) \longrightarrow 2N_2(g) + O_2(g)$$

이 반응에 대하여 활성화 에너지를 계산하여라.

24. 교환 반응에 대한 온도의 함수로서 속도 상수가 주어져 있다.

$$Mn(CO)_5(CH_3CN)^+ + NC_5H_5 \longrightarrow Mn(CO)_5(NC_5H_5)^+ + CH_3CN$$

T(k)	$k(min^{-1})$
298	0.0409
308	0.0818
318	0.157

(a) log k와 $1/T$ 에 대해 도시하여 E_a를 계산하여라.

(b) 311 K에서 k에 대한 값을 그래프로부터 예상하여라.

(c) 아르헤니우스 방정식에서 충돌 진동 인자 A는 어떻게 되는가?

25. 다음 기체 상태 반응은 1차 반응이다.

$$N_2O_5 \longrightarrow NO_2 + NO_3$$

이 반응의 활성화 에너지는 88 kJ/mol이다. 0 ℃에서 k값은 $9.16\times10^{-3}\ s^{-1}$이다. (a) 상온 25

℃에서 이 반응에 대한 k 값은 어떻게 될까?
(b) 어떤 온도에서 이 반응의 k 값이 3.00×10^{-2} s^{-1} 될까?

❀ 반응 메커니즘

26. $Cl_2(aq) + H_2S(aq) \longrightarrow S(s) + 2HCl(aq)$ 반응에 대한 속도식이 속도 $= k[Cl_2][H_2S]$ 이다. 다음 메커니즘 중 속도 방정식과 일치하는 것은?

(a) $Cl_2 \longrightarrow Cl^+ + Cl^-$ (느림)
$Cl^- + H_2S \longrightarrow HCl + HS^-$ (빠름)
$Cl^+ + HS^- \longrightarrow HCl + S$ (빠름)
$Cl_2 + H_2S \longrightarrow S + 2HCl$ (전체 과정)

(b) $Cl_2 + H_2S \longrightarrow HCl + Cl^+ + HS^-$ (느림)
$Cl^+ + HS^- \longrightarrow HCl + S$ (빠름)
$Cl_2 + H_2S \longrightarrow S + 2HCl$ (전체 과정)

(c) $Cl_2 \rightleftharpoons Cl + Cl$ (빠름, 평형)
$Cl + H_2S \rightleftharpoons HCl + HS$ (빠름, 평형)
$HS + Cl \longrightarrow HCl + S$ (느림)
$Cl_2 + H_2S \longrightarrow S + 2HCl$ (전체 과정)

27. 다음 반응 메커니즘에 해당하는 전체 반응과 속도식을 나타내어라. 해답에서 반응 중간체는 제외하여라.

(a) $2A + B \rightleftharpoons D$ (빠름, 평형)
$D + B \longrightarrow E + F$ (느림)
$F \longrightarrow G$ (빠름)

(b) $A + B \rightleftharpoons C$ (빠름, 평형)
$C + D \rightleftharpoons F$ (빠름, 평형)
$F \longrightarrow G$ (느림)

28. 오존의 분해 $2O_3 \longrightarrow 3O_2$에 대한 제시된 메커니즘은 다음과 같다.

$O_3 \rightleftharpoons O_2 + O$ (빠름, 평형)
$O + O_3 \longrightarrow 2O_2$ (느림)

알짜 반응에 대한 속도식을 유도하여라.

29. Cl 원자들의 결합은 $N_2(g)$에 의해서 촉진된다. 다음 메커니즘이 제시되었다.

$N_2 + Cl \rightleftharpoons N_2Cl$ (빠름, 평형)
$N_2Cl + Cl \longrightarrow Cl_2 + N_2$ (느림)

(a) 제시된 메커니즘에서 반응 중간체를 확인하여라.
(b) 이 메커니즘은 실험적인 속도 법칙 속도 $= k[N_2][Cl]^2$ 에 일치하는가?

30. 포름알데히드(H_2CO)를 생성하기 위해 H_2와 CO 사이에 반응에 대한 다음 메커니즘이 제시되어져 있다.

$H_2 \rightleftharpoons 2H$ (빠름, 평형)
$H + CO \longrightarrow HCO$ (느림)
$H + HCO \longrightarrow H_2CO$ (빠름)

(a) 전체 반응에 대한 균형 방정식을 써라
(b) 관찰된 속도 의존은 H_2에서는 1/ 2 차이고, CO 에서는 1차 반응으로 밝혀졌다. 이 제시된 반응 메커니즘은 관찰된 속도 의존에 일치하는가?

제 12 장

이온 평형: 산-염기, 용해도 곱

많은 식품들은 약산을 내포한다. 감귤류 과일들은 구연산과 아스코르빈산(비타민 C의 별칭)을 함유한다.

[개 요]

12-01 강한 전해질에 대한 복습
12-02 물의 자동 이온화
12-03 pH와 pOH의 크기
12-04 약한 일양성자 산과 염기의 이온화 상수
12-05 다양성자 산
12-06 가용매 분해
12-07 강한 염기와 강한 산의 염
12-08 강한 염기와 약한 산의 염
12-09 약한 염기와 강한 산의 염
12-10 약한 염기와 약한 산의 염
12-11 작고 높은 전하의 양이온을 함유한 염
12-12 공통 이온 효과와 완충 용액
12-13 완충 작용
12-14 용해도 곱 상수
12-15 용해도 곱 상수 결정하기
12-16 용해도 곱 상수의 활용

[학습 목표]

이 장의 학습 목표는 다음과 같다.

- 강한 전해질을 인지하고 그것의 농도 계산
- 물의 자동 이온화 현상 이해
- pH와 pOH 크기를 이해하고 그것들의 활용도 숙지
- 일양성자 산과 염기의 이온화 상수 활용
- 다양성자 산의 단계별 이온화 과정의 이해
- 공통 이온 효과의 이해
- 완충 용액 및 완충 작용의 이해
- 용해도 곱 상수의 표현 유도
- 용해도 곱 상수의 활용

수용액들은 대단히 중요하다. 지구 표면의 4분의 3이 물로 덮여 있다. 대단히 많은 화학 반응들이 대양이나 물 속에서 일어난다. 식물들과 동물들의 체액은 대부분 물이다. 모든 식물들과 동물들의 생화학 반응들은 수용액 내에서 혹은 물과 접촉하여 일어난다.

난용성(아주 조금 녹는) 화합물들은 많은 자연 현상에서 중요하다. 우리의 뼈와 이는 난용성 화합물인 인산칼슘($Ca_3(PO_4)_2$)이다. 또한 많은 $Ca_3(PO_4)_2$ 암석의 천연 퇴적물이 캐내어져 농업용 비료로 변환된다.

12-01 강한 전해질에 대한 복습

물에 녹는 화합물들은 전해질과 비전해질로 나뉘어질 수 있다. **전해질**(electrolyte)들은 이온화되어 전류를 전도할 수 있는 수용액을 만들어내는 화합물들이다. **비전해질**(nonelectrolyte)들은 수용액 안에서 분자들로 존재하고, 이와 같은 용액들은 전류를 전도하지 않는다.

강한 전해질(strong electrolyte)들은 묽은 수용액에서 완전하게(혹은 거의 완전하게) 이온화 혹은 해리된다. 강한 전해질들로는 강한 산들, 강한 염기들, 그리고 대부분 용해성 염들이 있다. 주위에서 흔히 볼 수 있는 강한 산과 염기들이 표 12-1에 수록되어 있다.

표 12-1 흔히 볼 수 있는 강한 산과 강한 염기들

강한 산들		강한 염기들	
HCl	HNO_3	LiOH	
HBr	$HClO_4$	NaOH	
Hi	$HClO_3$	KOH	$Ca(OH)_2$
	H_2SO_4	RbOH	$Sr(OH)_2$
		CsOH	$Ba(OH)_2$

강한 전해질의 수용액 내에서 이온들의 농도들은 강한 전해질의 몰 농도로부터 직접적으로 계산될 수 있다.

예제 12-1 *이온들의 농도 계산*

0.030 M $Ba(OH)_2$ 내의 Ba^{2+}와 OH^-의 농도들을 계산하여라.

계획

$Ba(OH)_2$ 해리에 대한 방정식을 쓰고 반응 요약을 하여라. $Ba(OH)_2$는 강한 전해질이다.

풀이

$Ba(OH)_2$ 해리에 대한 방정식으로부터 $Ba(OH)_2$ 1몰이 Ba^{2+} 이온 1몰과 OH^- 이온 2몰을 만들어 내는 것을 알 수 있다.

(강한 염기)	$Ba(OH)_2(s)$	$\longrightarrow$	$Ba^{2+}(aq)$	+	$2OH^-(aq)$
초기	0.030 M				
변화	−0.030 M		+0.030 M		+2(0.030) M
최종	0 M		0.030 M		0.060 M

$[Ba^{2+}] = 0.030\ M$ 그리고 $[OH^-] = 0.060\ M$

12-02 물의 자동 이온화

물에 대한 전기 전도도 측정 실험들은 순수한 물이, 비록 아주 적은 정도지만, 다음과 같이 이온화한다는 것을 보여주었다.

$$H_2O(\ell) + H_2O(\ell) \rightleftharpoons H_3O^+(aq) + OH^-(aq)$$

물은 순수한 물질이고 활성도(activity)가 1이므로, 우리는 물의 농도를 평형 상수에 포함시키지 않는다. 이 평형 상수는 **물의 이온 곱**(ion product for water)으로 알려져 있으며 보통 K_w로 표시된다.

$$K_w = [H_3O^+][OH^-]$$

물이 이온화될 때 H_3O^+ 이온의 생성은 언제나 OH^- 이온의 생성을 동반한다. 따라서 순수한 물 안에서는 H_3O^+ 이온의 농도는 언제나 OH^- 이온의 농도와 같다. 25 ℃ 순수한 물 안에서는,

$$[H_3O^+] = [OH^-] = 1.0 \times 10^{-7}\ mol/L$$

이 농도들을 K_w 표현에 치환시키면,

$$K_w = [H_3O^+][OH^-] = (1.0 \times 10^{-7})(1.0 \times 10^{-7}) = 1.0 \times 10^{-14}\ (25\ ℃)$$

비록 $K_w = [H_3O^+][OH^-] = 1.0 \times 10^{-14}$가 순수한 물에 대해서 얻어졌지만, *이 K_w는 25 ℃에서 모든 묽은 수용액들에 대해서도 유효하다.* 이것은 묽은 수용액 안에서 H_3O^+와 OH^-의 농도들에 대한 관계성을 간결하게 보여준다.

K_w 값은 온도에 따라 다르지만(표 12-2), $K_w = [H_3O^+][OH^-]$ 관계는 계속 유효하다.

**이 책에서는 온도가 특정지어지지 않는 한 수용액을 포함하는 모든 계산들에서 25 ℃가 가정될 것이다.*

표 12-2 몇몇 온도에서의 K_w

온도(℃)	K_w
0	1.1×10^{-15}
10	2.9×10^{-15}
25	1.0×10^{-14}
37*	2.4×10^{-14}
45	4.0×10^{-14}
60	9.6×10^{-14}

*보통 사람의 체온

예제 12-2 *이온들의 농도 계산*

0.050 M HNO_3 용액 내의 H_3O^+와 OH^-의 농도를 계산하여라.

계획

강한 산 HNO_3 이온화 방정식을 쓰고, H_3O^+ 농도를 직접적으로 계산할 수 있는 반응 요약을 만들어라. 다음에 $K_w = [H_3O^+][OH^-] = 1.0 \times 10^{-14}$를 이용하여 OH^-의 농도를 밝혀라.

풀이

강한 산 HNO_3의 반응 요약은 다음과 같다.

(강한 산)	HNO_3	+ H_2O ⟶	H_3O^+	+	NO_3^-
초기	$0.050\ M$		$\approx 0\ M$		$0\ M$
변화	$-0.050\ M$		$+0.050\ M$		$+0.050\ M$
평형	$0\ M$		$0.050\ M$		$0.050\ M$

$$[H_3O^+] = [NO_3^-] = 0.050\ M$$

$[OH^-]$는 물의 자동 이온화 방정식과 물의 K_w로부터 정해진다.

	$2H_2O$ ⇌	$H_3O^+(aq)$	+	OH^-
초기		$0.050\ M$		
변화	$-2x\ M$	$+x\ M$		$+x\ M$
평형		$(0.050+x)\ M$		$x\ M$

$$K_w = [H_3O^+][OH^-]$$
$$1.0 \times 10^{-14} = (0.050+x)(x)$$

곱 $(0.050+x)(x)$은 매우 작은 수이므로, x 또한 매우 작을 것이 분명하다. 따라서 우리가 0.050에 x를 더하더라도 0.050은 거의 변하지 않는다. 그러므로 우리는 $0.050+x \approx x$라고 가정할 수 있다. 이 가정을 방정식에 대입하고 풀면,

$$1.0 \times 10^{-14} = (0.050)(x) \quad \text{혹은} \quad x = 1.0 \times 10^{-14}/0.050 = 2.0 \times 10^{-13} M = [OH^-]$$

x가 0.050에 비해서 매우 작음으로 우리의 가정이 옳다는 것을 알 수 있다.

예제 12-2를 풀 때 우리는 H_3O^+ $(0.050\ M)$ 이온 모두는 HNO_3 이온화로부터 생성되고, 물의 이온화로부터 생성되는 H_3O^+ 이온을 무시하는 가정을 하였다. 이 용액 내에서 물의 이온화는 겨우 $2.0 \times 10^{-13}\ M$ H_3O^+ 이온과 $2.0 \times 10^{-13}\ M$ OH^- 이온을 만들어낸다. 따라서 $[H_3O^+]$는 전적으로 강한 산으로부터 유도된다는 가정은 정당화될 수 있다. $[OH^-]$를 결정하기 위한 좀더 편리한 방법은 다음과 같이 식을 변형하는 것이다.

$$K_w = [H_3O^+][OH^-] = 1.0 \times 10^{-14} \quad \text{혹은} \quad [OH^-] = 1.0 \times 10^{-14}/[H_3O^+]$$

$$\text{따라서 } [OH^-] = \frac{1.0 \times 10^{-14}}{0.050} = 2.0 \times 10^{-13} M$$

질산이 물에 가해지면 많은 H_3O^+ 이온들이 생성된다. H_3O^+ 이온의 농도 증가는 물의 평형을 왼쪽으로 보내고(Le Chatelier 원리) OH^- 이온의 농도는 감소한다.

$$H_2O(\ell) + H_2O(\ell) \rightleftharpoons H_3O^+(aq) + OH^-(aq)$$

산성 용액 내에서 H_3O^+ 농도는 OH^- 농도보다 언제나 높다. 하지만 우리는 산성 용액이 OH^- 이온을 포함하고 있지 않다고 결론을 내리면 안된다. 산성 용액 내에서는 OH^- 농도가 1.0×10^{-7} M보다 낮을 뿐이다. 그 역은 염기성 용액에 대해서도 성립되고 이 용액 내에서 OH^- 농도는 1.0×10^{-7} M보다 높다. 정의에 의해서 25 ℃ "중성" 용액 내에서는 $[H_3O^+] = [OH^-] = 1.0 \times 10^{-7}$ M이다.

용액	일반적 조건	25 ℃	
산성	$[H_3O^+] > [OH^-]$	$[H_3O^+] > 1.0 \times 10^{-7}$	$[OH^-] < 1.0 \times 10^{-7}$
중성	$[H_3O^+] = [OH^-]$	$[H_3O^+] = 1.0 \times 10^{-7}$	$[OH^-] = 1.0 \times 10^{-7}$
염기성	$[H_3O^+] < [OH^-]$	$[H_3O^+] < 1.0 \times 10^{-7}$	$[OH^-] > 1.0 \times 10^{-7}$

12-03 pH와 pOH의 크기

pH와 pOH의 크기는 묽은 수용액들의 산도(acidity)와 염기도(basicity)를 표현하는데 편리하다. 용액의 **pH**와 **pOH**는 다음과 같이 정의된다.

$$\text{pH} = -\log [H_3O^+] \quad \text{혹은} \quad [H_3O^+] = 10^{-\text{pH}}$$
$$\text{pOH} = -\log [OH^-] \quad \text{혹은} \quad [OH^-] = 10^{-\text{pOH}}$$

pH_3O보다는 pH를 쓰는 것에 유의하여라. pH 개념이 등장했을 때 H_3O^+가 H로 표현되었었다. 물의 자동 이온화도 pK_w로 표현되면 편리하다.

$$pK_w = -\log K_w$$

예제 12-3 *pH 계산*

어떤 용액 내에서 H_3O^+ 농도가 0.050 mol/L일 때 용액의 pH를 계산하여라.

계획

$[H_3O^+]$가 주어졌으므로 이 값의 log를 취하기로 하자.

풀이

$$[H_3O^+] = 0.050\ M = 5.0 \times 10^{-2}\ M$$
$$\text{pH} = -\log [H_3O^+] = -\log [5.0 \times 10^{-2}] = 1.30$$

이 답은 2개의 유효 수치를 갖고 있다. 1.30에 있는 "1"은 유효 수치가 아니고, 10의 지수로부터 만들어진다.

예제 12-4 *pH로부터 H_3O^+ 농도 계산*

어떤 용액의 pH가 3.301이다. 이 용액 내에서 H_3O^+ 농도는 얼마인가?

계획

정의에 의해서 pH = $-\log [H_3O^+]$이다. pH가 주어졌으므로 $[H_3O^+]$가 계산될 수 있다.

풀이

pH의 정의로부터

$$-\log [H_3O^+] = 3.301$$

따라서,

$$[H_3O^+] = 10^{-3.301} \quad \text{따라서} \quad [H_3O^+] = 5.00 \times 10^{-4} M$$

---

25 ℃ 모든 수용액 내에서 pH와 pOH의 유용한 관계성이 쉽게 유도될 수 있다. K_w 표현으로부터 출발하면,

$$[H_3O^+][OH^-] = 1.0 \times 10^{-14}$$

이 방정식의 양쪽에 $-\log$를 취하면

$$-\log [H_3O^+] - \log [OH^-] = -\log(1.0 \times 10^{-14})$$

$$pH + pOH = 14.00$$

우리는 이제 pH와 pOH 뿐만 아니라 $[H_3O^+]$와 $[OH^-]$도 관련지을 수 있다.

$$[H_3O^+][OH^-] = 1.0 \times 10^{-14} \quad \text{그리고} \quad pH + pOH = 14.00 \ (25\ ℃)$$

이 관계로부터, pH와 pOH 둘 다 14보다 작은 경우에만, pH와 pOH 모두 양수임을 알 수 있다. 만일 pH와 pOH 둘 중 하나가 14보다 크면 다른 하나는 명백히 음수이다.

예제 12-5 *pH와 pOH가 포함된 계산*

0.015 *M* HNO_3 용액의 $[H_3O^+]$, pH, $[OH^-]$ 그리고 pOH를 계산하여라.

계획

강한 산 HNO_3의 이온화 방정식이 세워지면 $[H_3O^+]$가 구해진다. 따라서 pH를 구할 수 있다. $[H_3O^+][OH^-] = 1.0 \times 10^{-14}$ 및 pH+pOH = 14.00 관계가 적용되면, pOH와 $[OH^-]$가 밝혀진다.

풀이

$$HNO_3 + H_2O \longrightarrow H_3O^+ + NO_3^-$$

질산은 강한 산이므로 완전히 이온화된다.

$$[H_3O^+] = 0.015\ M$$

$$pH = -\log[H_3O^+] = -\log(0.015) = \boxed{1.82}$$

pH+ pOH = 14.00이므로,

$$pOH = 14.00 - pH = 14.00 - 1.82 = \boxed{12.18}$$

$[H_3O^+][OH^-] = 1.0\times10^{-14}$이므로,

$$[OH^-] = \frac{1.0\times10^{-14}}{[H_3O^+]} = \frac{1.0\times10^{-14}}{0.015} = \boxed{6.7\times10^{-13}\,M}$$

용액의 pH는 pH 미터를 이용하거나(그림 12-1) 지시약 방법으로 구해질 수 있다. 산-염기 **지시약**(indicator)들은 진한 색을 띠는 복잡한 유기 화합물들이고, 이것들은 다른 pH에서 다른 색깔을 갖는다.

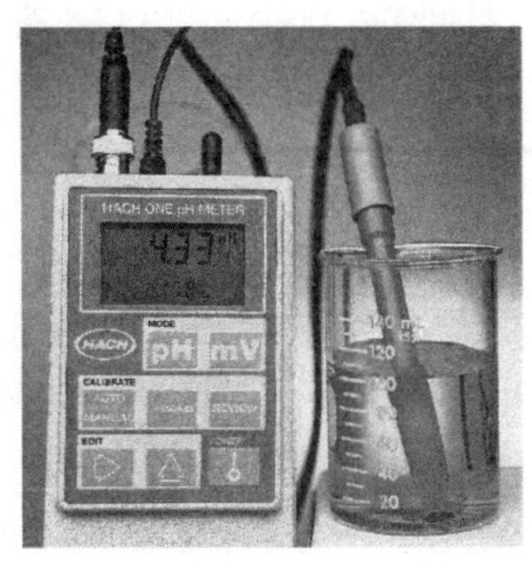

그림 12-1 pH 미터는 용액의 pH를 직접적으로 알려준다. 전극이 용액에 잠기게 되면, 이 기기는 용액의 pH를 나타내 준다. pH 미터는 유리 전극을 바탕으로 한다. pH 미터는 일종의 감응기(sensor)로서 전극이 놓여 있는 용액의 pH에 비례하는 전류를 발생시킨다.

12-04 약한 일양성자 산과 염기의 이온화 상수

우리는 지금까지 강한 산과 강한 염기들을 살펴보았다. 그러나 강한 산과 강한 염기들의 수는 상대적으로 적다. 약한 산들이 강한 산들보다 상당히 많다. 표 12-3에 흔히 볼 수 있는 몇 개의 약한 산의 이름, 화학식, 이온화 상수 그리고 pK_a값들이 수록되어 있다. 부록 F에는 pK_a값들의 좀더 긴 목록이 있다. *약한* 산들은 수용액 내에서 단지 조금만 이온화한다. 산을 강한 산과 약한 산으로 분류하는 것은 *주어진 산이 묽은 수용액 내에서 이온화되는 정도*에 바탕을 두고 있다.

표 12-3 몇 개의 일양성자 산들의 이온화 상수 및 pK_a 값

산	이온화 반응	K_a (25℃)	pK_a
hydrofluoric acid	$HF + H_2O \rightleftharpoons H_3O^+ + F^-$	7.2×10^{-4}	3.14
nitrous acid	$HNO_2 + H_2O \rightleftharpoons H_3O^+ + NO_2^-$	4.5×10^{-4}	3.35
acetic acid	$CH_3COOH + H_2O \rightleftharpoons H_3O^+ + CH_3COO^-$	1.8×10^{-5}	4.74
hypochlorous acid	$HOCl + H_2O \rightleftharpoons H_3O^+ + OCl^-$	3.5×10^{-8}	7.45
hydrocyanic acid	$HCN + H_2O \rightleftharpoons H_3O^+ + CN^-$	4.0×10^{-10}	9.40

몇몇의 약한 산은 우리에게 친숙하다. 식초는 5% 아세트산(CH_3COOH)이다. 탄산 음료들은 물에 이산화탄소를 포화시킨 용액인데 이것들은 탄산을 만들어낸다.

$$CO_2 + H_2O \rightleftharpoons H_2CO_3$$

감귤(citrus) 열매들은 구연산($C_3H_5O(COOH)_3$)을 함유하고 있다. 의학적 목적으로 사용되는 어떤 연고나 파우더(powder)들은 붕산(H_3BO_3)을 함유하고 있다. 우리가 매일 약산들을 사용한다는 것은 강한 산들과 약한 산들 사이에 두드러진 차이가 있다는 것을 암시한다. *강한 산들은 묽은 수용액 내에서 완전히 이온화하는 데 비해, 약한 산들은 단지 조금만 이온화한다.*

아세트산과 같은 약한 산이 물에 녹을 때 일어나는 반응을 생각해 보자. 아세트산의 이온화 방정식은 다음과 같다.

$$CH_3COOH(aq) + H_2O(\ell) \rightleftharpoons H_3O^+(aq) + CH_3COO^-(aq)$$

이 반응의 평형 상수는 다음과 같이 표시될 수 있다.

$$K_c = \frac{[H_3O^+][CH_3COO^-]}{[CH_3COOH][H_2O]}$$

우리는 K의 열역학적 정의가 활성도로 표현된다는 것을 기억해야만 된다. 묽은 수용액 내에서는 (거의) 순수한 H_2O의 활성도는 본질적으로 1이다. 녹아 있는 각각의 화학종의 활성도는 그것의 몰 농도와 같다. 따라서 약한 산의 **이온화 상수** K_a는 물의 농도에 해당되는 항을 포함하지 않는다.

우리는 자주 HA를 약한 일양성자 산의 일반적인 표시로 A^-를 그것의 짝 염기의 표시로 사용한다. 약한 산의 이온화 방정식을 다음과 같이 쓸 수 있다.

$$HA \rightleftharpoons H^+ + A^-$$

예를 들면, 아세트산에 대하여 우리는 다음과 같이 표현할 수 있다.

$$K_a = \frac{[H^+][A^-]}{[HA]}$$

혹은

$$K_a = \frac{[H_3O^+][CH_3COO^-]}{[CH_3COOH]} = 1.8 \times 10^{-5}$$

이 표현은 아세트산의 묽은 수용액 내에서는 H_3O^+의 농도와 CH_3COO^-의 농도를 곱하고 이것을 *이온화하지 않은* 아세트산의 농도로 나누면, 1.8×10^{-5}와 같다는 것을 말해준다.

약한 산들(그리고 염기들)의 이온화 상수들은 *실험적으로 결정된 자료*들로부터 계산되어야 한다. pH 측정, 전도도 측정, 혹은 어는점 내림 측정은 이온화 상수들을 계산해 낼 수 있는 자료들을 제공한다. 이온화 상수들은 이온화 반응들에 대한 평형 상수들이므로, 이 값들은 약한 전해질이 이온화되는 정도를 가리킨다. 같은 농도에서 큰 이온화 상수를 갖는 산은 작은 이온화 상수를 갖는 산보다 더 많이 이온화한다(따라서 더 강한 산이다). 표 12-3으로부터 약한 산 5개의 산의 세기가 다음과 같음을 알 수 있다.

$$HF > HNO_2 > CH_3COOH > HOCl > HCN$$

역으로(Brønstead-Lowry 이론) 이 산들의 음이온들의 염기도 순서는 다음과 같다.

$$F^- < NO_2^- < CH_3COO^- < OCl^- < CN^-$$

예제 12-6 K_a로부터 농도 계산

0.10 *M* HOCl 안에 있는 화학종들의 농도들을 계산하여라. $K_a = 3.5 \times 10^{-8}$.

계획

HOCl의 이온화 방정식과 K_a 표현을 쓰자. 그 다음에 *평형* 농도들을 대수적으로 표현하고 K_a 표현에 대입하자.

풀이

HOCl의 이온화 방정식과 K_a 표현은 다음과 같다.

$$HOCl + H_2O \rightleftharpoons H_3O^+ + OCl^- \quad \text{그리고} \quad K_a = \frac{[H_3O^+][OCl^-]}{[HOCl]} = 3.5 \times 10^{-8}$$

우리가 알고 싶은 것은 용액 내의 H_3O^+, OCl^- 그리고 이온화되지 않은 HOCl의 농도들이다. 농도들에 대한 대수학적인 표현이 요구된다. 왜냐하면 이러한 농도들을 구할 수 있는 다른 뚜렷한 방법이 없기 때문이다.

이온화되는 HOCl의 농도를 x 라 하자.

	HOCl	+	$H_2O \rightleftharpoons$	H_3O^+	+	OCl^-
초기	0.10 *M*			≈ 0 *M*		0 *M*
변화	$-x$ *M*			$+x$ *M*		$+x$ *M*
평형	$(0.10 - x)$ *M*			x *M*		x *M*

대수적으로 표현된 것들을 K_a 표현에 대입하면,

$$K_a = \frac{[H_3O^+][OCl^-]}{[HOCl]} = \frac{(x)(x)}{(0.10 - x)} = 3.5 \times 10^{-8}$$

이것은 2차 방정식이지만, 반드시 2차식으로 풀 필요는 없다. 평형 상수 K_a 값이 작다는 것은 HOCl의 이온화가 크지 않다는 것을 말해준다. 따라서 우리는 $x \ll 0.10$이라고 가정해도 된다. 만일 x가 0.10에 비해서 충분히 작다면, 우리가 0.10에서 x를 빼건 말건 문제가 (거의) 없고 $(0.10 - x)$가 거의 0.10과 같다고 가정될 수 있다. 따라서 방정식은 다음과 같게 된다.

$$\frac{x^2}{(0.10)} \approx 3.5 \times 10^{-8},\ x^2 \approx 3.5 \times 10^{-9},\ x \approx 5.9 \times 10^{-5}$$

따라서,

$$[H_3O^+] = x\,M = 5.9 \times 10^{-5}\,M \qquad [OCl^-] = x\,M = 5.9 \times 10^{-5}\,M$$

$$[HOCl] = (0.10 - x)\,M = (0.10 - 5.9 \times 10^{-5})\,M = 0.10\,M$$

$$OH^- = \frac{K_w}{H_3O^+} = \frac{1.0 \times 10^{-14}}{5.9 \times 10^{-5}} = 1.7 \times 10^{-10}\,M$$

앞에서 수행된 계산들로부터, 우리는 몇 개의 결론들을 유도할 수 있다. *약한 일양성자 산*만을 포함한 용액 내에서는 H_3O^+의 농도는 산의 음이온(짝 염기)의 농도와 같다. 만일 용액이 *매우* 묽지(예를 들면 0.050 *M*보다 작음) 않다면, 이온화되지 않은 산의 농도는 근사적으로 용액의 농도와 같다. 약한 산의 K_a값이 $\approx 10^{-3}$보다 클 경우에는 이온화 정도가 충분해서 이온화되지 않은 산의 농도와 용액의 몰 농도는 크게 다르게 된다. 이와 같은 경우에는 우리는 단순화 가정을 세울 수 없다.

우리는 이제 K_a값들을 살펴보면, 산의 세기에 대한 어떤 "느낌(feel)"을 갖게 된다. 0.10 *M* HCl, 0.10 *M* CH_3COOH, 그리고 0.10 *M* HOCl을 고려해 보자. 만일 우리가 0.10 *M* HOCl의 이온화 백분율(% ionization)을 계산한다면, 이 산이 0.05% 이온화한다는 것을 알 수 있다. 0.10 *M* 용액에서 HCl은 거의 완전하게 이온화한다. 표 12-4의 자료들로부터, 0.10 *M* HCl 내의 $[H_3O^+]$가 0.10 *M* CH_3COOH 내의 $[H_3O^+]$의 약 77배가 되고, 0.10 *M* HOCl 내의 $[H_3O^+]$의 약 1700배가 된다는 것을 알 수 있다.

표 12-4 몇몇 산들의 이온화 정도 비교

산 용액	이온화 상수	$[H_3O^+]$	pH	이온화 백분율
0.10 *M* HCl	매우 큼	0.10 *M*	1.00	≈ 100
0.10 *M* CH_3COOH	1.8×10^{-5}	0.0013 *M*	2.89	1.3
0.10 *M* HOCl	3.5×10^{-8}	0.000059 *M*	4.23	0.059

많은 과학자들은 약한 산들에 대해서 K_a값보다는 pK_a값을 사용하는 것을 선호한다. 물론 pK_a값은 K_a값에 $-\log$를 취한 값이다. 더 강한 산은 더 큰 K_a값과 더 작은 pK_a값을 갖는다. 반대로, 더 약한 산은 더 작은 K_a값과 더 큰 pK_a값을 갖는다. 이것을 일반화하면 다음과 같다.

K_a값이 클수록 pK_a값은 작고, 산은 더 강하다.

물에 녹는 약한 염기들의 수는 극히 적다. 암모니아 수용액이 가장 흔히 만날 수 있는 예다. NH_3 내의 질소 위에는 비공유 전자 쌍 1개가 있다. 암모니아가 물에 녹을 때 비공유 전자 쌍은 가역적으로 물 분자로부터 H^+를 받는다. 암모니아가 이 반응을 하게 되면 우리는 암모니아가 약간 이온화된다고 말한다. NH_3 수용액은 OH^-를 만들어내므로 염기성이다.

$$:NH_3 + H_2O \rightleftharpoons NH_4^+ + OH^-$$

아민들은 NH_3 유도체들인데, H 원자들 중 하나 혹은 그 이상이 다음의 구조들이 보여주듯이 유기 작용기로 치환되어 있다.

$$H-\ddot{N}(H)-H \qquad H_3C-\ddot{N}(H)-H \qquad H_3C-\ddot{N}(CH_3)-H \qquad H_3C-\ddot{N}(CH_3)-CH_3$$

ammonia	methylamine	dimethylamine	trimethylamine
NH_3	CH_3NH_2	$(CH_3)_2NH$	$(CH_3)_3N$

수용액 내에서의 암모니아 거동을 살펴보자. 암모니아와 물과의 반응 및 이온화 상수 표현은 다음과 같다.

$$NH_3 + H_2O \rightleftharpoons NH_4^+ + OH^-$$

$$K_b = \frac{[NH_4^+][OH^-]}{[NH_3]} = 1.8 \times 10^{-5}$$

NH_3 수용액의 K_b가 CH_3COOH의 K_a와 똑같은 값을 갖는 것은 순전히 우연이다. 즉 같은 농도의 수용액 내에서는 NH_3와 CH_3COOH는 같은 정도로 이온화한다. 표 12-5에는 흔히 볼 수 있는 약한 염기들의 K_b 및 pK_b 값들이 수록되어 있다. 약한 산들에 대해서 K_a 및 pK_a 값들이 사용된 것처럼, 약한 염기들에 대해서도 K_b 및 pK_b 값들이 사용된다.

표 12-5 몇몇 염기들의 이온화 비교

산	이온화 반응			K_b (25℃)	pK_b
암모니아	$NH_3 + H_2O$	$\rightleftharpoons$	$NH_4^+ + OH^-$	1.8×10^{-5}	4.74
메틸아민	$(CH_3)NH_2 + H_2O$	$\rightleftharpoons$	$(CH_3)NH_3^+ + OH^-$	5.0×10^{-4}	3.30
디메틸아민	$(CH_3)_2NH + H_2O$	$\rightleftharpoons$	$(CH_3)_2NH_2^+ + OH^-$	7.4×10^{-4}	3.13
트리메틸아민	$(CH_3)_3N + H_2O$	$\rightleftharpoons$	$(CH_3)_3NH^+ + OH^-$	7.4×10^{-5}	4.13
피리딘	$C_5H_5N + H_2O$	$\rightleftharpoons$	$C_5H_5NH^+ + OH^-$	1.5×10^{-9}	8.82
아닐린	$C_6H_5NH_2 + H_2O$	$\rightleftharpoons$	$C_6H_5NH_3^+ + OH^-$	4.2×10^{-10}	9.38

예제 12-7 *약한 염기 용액의 pH*

0.20 *M* NH_3 수용액 내의 $[OH^-]$, pH 그리고 이온화 백분율을 계산하여라.

계획

NH_3의 이온화 방정식을 쓰고 평형 상수를 대수적으로 표현하여라. 그 다음에 K_b 표현에 대입하여 $[OH^-]$와 NH_3가 이온화되는 농도 $[NH_3]_{이온화}$를 풀어라.

풀이

NH_3의 이온화 방정식과 평형 상수의 대수적 표현은 다음과 같다. $x = [NH_3]_{이온화}$라 하자.

	NH_3	+	H_2O	$\rightleftharpoons$	NH_4^+	+	OH^-
초기	0.20 *M*				0 *M*		≈ 0 *M*
변화	−*x M*				+*x M*		+*x M*
평형	(0.20 − *x*) *M*				*x M*		*x M*

평형 농도들을 K_b 표현에 대입하면,

$$K_b = \frac{[NH_4^+][OH^-]}{[NH_3]} = 1.8 \times 10^{-5} = \frac{(x)(x)}{(0.20 - x)}$$

우리는 이 방정식을 단순화시킬 수 있다. K_b 값이 작으므로, NH_3가 조금만 이온화된다. 따라서 우리는 $x \ll 0.20$ 혹은 $(0.20 - x) \approx 0.20$이라고 가정할 수 있다.

$$\frac{x^2}{0.20} = 1.8 \times 10^{-5}, \quad x^2 = 3.6 \times 10^{-6}, \quad x = 1.9 \times 10^{-3} M$$

따라서,

$$[OH^-] = x = 1.9 \times 10^{-3} M, \quad pOH = 2.72 \text{ 그리고 } pH = 11.28$$

$x = [NH_3]_{이온화}$ 이므로 이온화 백분율이 계산될 수 있다.

$$\text{이온화 백분율} = \frac{[NH_3]_{이온화}}{[NH_3]_{초기}} \times 100\% = \frac{1.9 \times 10^{-3}}{0.20} \times 100\% = 0.95\% \text{ 이온화}$$

12-05 다양성자 산

우리는 지금까지 양성자를 1개만 갖고 있는 산들을 살펴보았다. 분자 1개 당 2개 이상의 H_3O^+이온들을 제공하는 산들이 **다양성자 산**(polyprotic acids)이다. 다양성자 산들의 이온화 과정들은 단계적으로 일어난다. 즉, 한 번에 한 개의 양성자가 제공된다. 각 단계마다 이온화 상수 표현을 쓸 수 있다. 전형적인 다양성자 산으로서 인산을 고찰해 보자. 인산은 3개의 산성(acidic) 수소 원자들을 갖고 있고 3단계로 이온화한다.

$$H_3PO_4 + H_2O \rightleftharpoons H_3O^+ + H_2PO_4^- \qquad K_{a1} = \frac{[H_3O^+][H_2PO_4^-]}{[H_3PO_4]} = 7.5 \times 10^{-3}$$

$$H_2PO_4^- + H_2O \rightleftharpoons H_3O^+ + HPO_4^{2-} \qquad K_{a2} = \frac{[H_3O^+][HPO_4^{2-}]}{[H_2PO_4^-]} = 6.2 \times 10^{-8}$$

$$HPO_4^{2-} + H_2O \rightleftharpoons H_3O^+ + PO_4^{3-} \qquad K_{a3} = \frac{[H_3O^+][PO_4^{3-}]}{[HPO_4^{2-}]} = 3.6 \times 10^{-13}$$

K_{a1}은 K_{a2}보다 대단히 크고 K_{a2}는 K_{a3}보다 대단히 크다는 것을 알 수 있다. 이러한 현상은 다양성자 무기산들에 대해서 일반적이다. 연속적인 이온화 상수들은 비록 어떤 것들은 이 범위에서 벗어나지만 약 10^4에서 10^6 정도씩 감소한다. 연속적인 이온화 상수 값들의 커다란 감소는 각 단계는 바로 앞 단계에 비해 대단히 조금 진행된다는 것을 의미한다. 대단히 묽은 H_3PO_4 수용액이 아니라면, H_3O^+ 농도는 첫 번째 이온화 단계가 제공한다는 가정이 허용된다.

예제 12-8 *약한 다양성자 산 용액*

0.100 M H_3PO_4 내의 모든 화학종들의 농도들을 계산하여라.

계획

H_3PO_4는 한 화학식 당 3개의 산성 수소들을 갖고 있으므로, 이것의 이온화를 3단계로 써라. 각 단계에 대하여, K_a 표현 및 그것의 값을 나타내는 적절한 이온화 방정식을 써라. 그 다음에 첫 번째 단계에

서 생성되는 평형 농도들을 표시하고, 이것들을 K_a 표현에 대입하여라. 두 번째 및 세 번째 단계에도 이 과정을 반복하여라.

풀이

먼저, 첫 번째 단계에서 생성되는 모든 화학종들의 농도들을 계산하자. H_3PO_4가 $x = M$만큼 이온화된다고 하자. 그러면, $x = [H_3O^+]_{1st} = [H_2PO_4^-]$.

$$\underset{(0.100 - x)\,M}{H_3PO_4} + H_2O \rightleftharpoons \underset{x\,M}{H_3O^+} + \underset{x\,M}{H_2PO_4^-}$$

평형 농도들을 K_{a1} 표현에 대입하면,

$$K_{a1} = \frac{[H_3O^+][H_2PO_4^-]}{[H_3PO_4]} = 7.5 \times 10^{-3} = \frac{(x)(x)}{(0.100 - x)}$$

이 방정식은 반드시 2차 방정식으로 풀어야 된다. 왜냐하면 K_{a1} 값이 너무 커서 0.100 M에 비교해서 x를 무시할 수가 없기 때문이다. 방정식을 풀면 양의 해 $x = 2.4 \times 10^{-2}$가 얻어진다. 따라서 H_3PO_4의 첫 번째 단계로부터,

$$x\,M = [H_3O^+]_{1st} = [H_2PO_4^-] = 2.4 \times 10^{-2}\,M$$
$$(0.100 - x)M = [H_3PO_4] = 7.6 \times 10^{-2}\,M$$

두 번째 단계에 대하여, 우리는 첫 번째 단계에서 구한 $[H_3O^+]$와 $[H_2PO_4^-]$를 사용한다. $H_2PO_4^{2-}$가 $y = M$만큼 이온화된다고 하자. 그러면 $y = [H_3O^+]_{2nd} = [HPO_4^{2-}]$.

$$\underset{(2.4 \times 10^{-2} - y)\,M}{H_2PO_4^-} + H_2O \rightleftharpoons \underset{(2.4 \times 10^{-2} + y)\,M}{H_3O^+} + \underset{y\,M}{HPO_4^{2-}}$$

평형 농도들을 K_{a2} 표현에 대입하면,

$$K_{a2} = \frac{[H_3O^+][HPO_4^{2-}]}{[H_2PO_4^-]} = 6.2 \times 10^{-8} = \frac{(2.4 \times 10^{-2} + y)(y)}{(2.4 \times 10^{-2} - y)}$$

이 방정식을 잘 살펴보면 $y \ll 2.4 \times 10^{-2}$ 라는 것이 암시되고 있음을 알 수 있다. 따라서,

$$\frac{(2.4 \times 10^{-2})(y)}{(2.4 \times 10^{-2})} = 6.2 \times 10^{-8} \qquad y = 6.2 \times 10^{-8}M = [HPO_4^{2-}] = [H_3O^+]_{2nd}$$

여기서 $[HPO_4^{2-}] = K_{a2}$와 $[H_3O^+]_{2nd} \ll [H_3O^+]_{1st}$라는 것을 알 수 있다. 일반적으로 다른 전해질을 갖고 있지 않으며 $K_{a1} \gg K_{a2}$가 성립되는 적당한 농도의 약한 다양성자 산의 용액 내에서는, *두 번째 단계에서 생성되는 음이온의 농도는 언제나 K_{a2}와 같다.*

세 번째 단계에 대하여 우리는 첫 번째 단계에서 구한 $[H_3O^+]$와 두 번째 단계에서 구한 $[HPO_4^{2-}]$를 사용한다. HPO_4^{2-} 가 $z = M$만큼 이온화된다고 하자. 그러면 $z = [H_3O^+]_{3rd} = [PO_4^{3-}]$.

$$\underset{(6.2 \times 10^{-8} - z)\,M}{HPO_4^{2-}} + H_2O \rightleftharpoons \underset{(2.4 \times 10^{-2} + z)\,M}{H_3O^+} + \underset{z\,M}{PO_4^{3-}}$$

우리는 통상적인 단순화 가정을 이용하여 z 값을 구한다.

$$z\,M = 9.3 \times 10^{-19}\,M = [PO_4^{3-}] = [H_3O^+]_{3rd}$$

3단계에서 생성되는 $[H_3O^+]$는 더해질 수 있다.

$$\begin{aligned}
[H_3O^+]_{1st} &= 2.4 \times 10^{-2}\,M = 0.024\,M \\
[H_3O^+]_{2nd} &= 6.2 \times 10^{-8}\,M = 0.000000062\,M \\
[H_3O^+]_{3rd} &= 9.3 \times 10^{-19}\,M = 0.00000000000000000093\,M \\
\hline
[H_3O^+]_{전체} &= 2.4 \times 10^{-2}\,M = 0.024\,M
\end{aligned}$$

여기서 우리는 두 번째 및 세 번째 단계에서 제공되는 $[H_3O^+]$는 무시할 수 있다는 것을 알 수 있다.

0.1000 M H_3PO_4 용액 내에는 이온화되지 않은 H_3PO_4의 농도가 다른 어떤 화학종의 농도보다 높다. 두드러진 농도를 갖는 화학종들은 H_3O^+와 $H_2PO_4^-$뿐이다. 이러한 현상은 마지막 K가 매우 작은 값을 갖는 다른 약한 다양성자 산들에도 비슷하다.

12-06 가용매 분해

가용매 분해(solvolysis) 반응은 순물질과 자신이 녹아 있는 용매와의 반응이다. 이 절에서 살펴볼 가용매 분해 반응들은 수용액 내에서 일어나서 *가수 분해* 반응이라고 한다. **가수 분해**(hydrolysis)란 순물질과 물과의 반응이다. 어떤 가수 분해 반응들은 H_3O^+ 혹은 OH^- 이온과의 반응을 포함한다. 흔한 가수 분해 반응으로, 약한 산의 음이온이 물과 반응하여 이온화되지 않은 분자와 OH^- 이온을 생성하는 것을 들 수 있다. 이 반응은 H_3O^+/OH^-의 균형을 무너뜨리고 염기성 용액을 만들어낸다. 이 반응은 보통 다음과 같이 표시된다.

$$\underset{\text{약한 산의 음이온}}{A^-} + H_2O \rightleftharpoons \underset{\text{약한 산}}{HA} + OH^- \quad \text{(과량의 OH}^-\text{ 때문에 용액은 염기성이다)}$$

다음과 같은 사항들을 기억해 보라.

중성 용액	$[H_3O^+] = [OH^-] = 1.0 \times 10^{-7}\,M$
염기성 용액	$[H_3O^+] < [OH^-]$ 혹은 $[OH^-] > 1.0 \times 10^{-7}\,M$
산성 용액	$[H_3O^+] > [OH^-]$ 혹은 $[H_3O^+] > 1.0 \times 10^{-7}\,M$

Brønsted-Lowry 산-염기 이론에 의하면, 강한 산의 음이온은 매우 약한 염기이고, 약한 산의 음이온은 매우 강한 염기이다.

질산은 흔히 볼 수 있는 산인데, 묽은 수용액 내에서 본질적으로 완전히 이온화된다. HNO_3의 묽은 수용액은 같은 농도의 H_3O^+와 NO_3^- 이온들을 갖고 있다. 묽은 수용액 내에서 NO_3^- 이온은 H_3O^+이온과 반응하여 중화된 HNO_3를 생성하려는 경향을 갖고 있지 않다. 그러므로, HNO_3는 매우 약한 염기이다.

$$HNO_3 + H_2O \xrightarrow{100\%} H_3O^+ + NO_3^-$$

반면에, 약한 산인 CH_3COOH는 묽은 수용액 내에서 단지 조금만 해리된다. 아세트산 이온(CH_3COO^-)은 H_3O^+와 반응하여 CH_3COOH를 형성하려는 강한 경향성을 갖고 있다. 따라서 CH_3COO^- 이온은 보다 강한 염기이다.

$$CH_3COOH + H_2O \rightleftharpoons H_3O^+ + CH_3COO^-$$

묽은 수용액 내에서, 강한 산과 강한 염기들은 완전히 이온화되거나 해리된다. 산과 염기를 분류하는 것을 토대로, 우리는 4종류의 염들이 있다는 것을 확인할 수 있다.

1. 강한 염기와 강한 산의 염
2. 강한 염기와 약한 산의 염
3. 약한 염기와 강한 산의 염
4. 약한 염기와 약한 산의 염

12-07 강한 염기와 강한 산의 염

우리는 이것들을 강한 염기의 양이온과 강한 산의 음이온을 갖고 있는 염으로 표현할 수도 있다. 강한 염기와 강한 산으로부터 만들어지는 염들은 *중성*(neutral) 용액을 형성한다. 왜냐하면, 양이온 혹은 음이온 어느 것도 H_2O와 감지할 수 있을 정도로 반응하지 않기 때문이다. 강한 염기인 NaOH와 강한 산인 HCl의 염인 NaCl의 수용액을 살펴보자. NaCl은 고체 상태에서 이온 결합성이다. 물 속에서 NaCl은 수화된 이온들로 해리된다. H_2O는 아주 조금 이온화되어 같은 농도의 H_3O^+와 OH^- 이온들을 생성한다.

$$NaCl(\text{고체}) \xrightarrow[100\%]{H_2O} Na^+ + Cl^-(100\%,\ \text{물 속에서})$$
$$H_2O + H_2O \rightleftharpoons H_3O^+ + OH^-$$

NaCl 수용액은 Na^+, Cl^-, H_3O^+ 그리고 OH^- 이온들을 포함하고 있다는 것을 알 수 있다. 이 염의 양이온 Na는 매우 약한 산이고, 물과 측정할 수 있을 정도로 반응하지 않는다. 이 염의 음이온 Cl^-는 매우 약한 염기이고, 물과 측정할 수 있을 정도로 반응하지 않는다. 따라서 강한 염기와 강한 산의 염의 용액은 *중성*이다. 왜냐하면, 이러한 염의 두 이온들 어느 것도 반응하여 물 속의 H_3O^+/OH^-의 균형을 깨뜨리지 않기 때문이다.

12-08 강한 염기와 약한 산의 염

강한 염기와 약한 산으로부터 만들어지는 염이 물에 녹으면, 그 수용액은 언제나 염기성이다. 왜냐하면, 약한 산의 음이온이 물과 반응하여 OH^- 이온을 생성하기 때문이다. 강한 염기인 NaOH와 약한 산인 CH_3COOH의 염인 초산나트륨 $NaCH_3COO$의 용액을 살펴보자. 이 염은 물에 녹을 수 있고, 완전히 해리된다.

$$NaCH_3COO(\text{고체}) \xrightarrow[100\%]{H_2O} Na^+ + CH_3COO^-$$

$$H_2O + H_2O \rightleftharpoons OH^- + H_3O^+ \quad (\text{과량의 } OH^- \text{가 생성됨})$$

평형이 이동함

$$H_3O^+ + CH_3COO^- \rightleftharpoons CH_3COOH + H_2O$$

CH_3COO^- 이온은 *약한* 산 CH_3COOH의 짝 염기이다. 따라서 이 이온은 물과 어느 정도 반응하여 CH_3COOH를 형성한다. H_3O^+가 용액으로부터 제거됨에 따라 H_2O가 더 이온화되고 과량의 OH^-가 생성된다. 앞에서 기술된 방정식들의 알짜는 하나의 방정식으로 기술될 수 있다. 이 반응은 **아세트산 이온**(CH_3COO^-)의 가수 분해를 표시한다.

$$CH_3COO^- + H_2O \rightleftharpoons CH_3COOH + OH^-$$

이 반응의 평형 상수는 (염기) 가수 분해 상수 혹은 CH_3COO^-의 K_b라고 불린다.

$$K_b = \frac{[CH_3COOH][OH^-]}{[CH_3COO^-]} \quad (CH_3COO^-\text{의 } K_b)$$

우리는 알려진 다른 표현들로부터 이 평형 상수를 구할 수 있다. 앞의 표현에 $[H_3O^+]/[H_3O^+]$가 곱해지면,

$$K_b = \frac{[CH_3COOH][OH^-]}{[CH_3COO^-]} \times \frac{[H_3O^+]}{[H_3O^+]} = \frac{[CH_3COOH]}{[H_3O^+][CH_3COO^-]} \times \frac{[H_3O^+][OH^-]}{1}$$

우리는 다음의 관계들을 알 수 있다.

$$K_b = \frac{1}{K_{a(CH_3COOH)}} \times \frac{K_w}{1} = \frac{K_w}{K_{a(CH_3COOH)}} = \frac{1.0 \times 10^{-14}}{1.8 \times 10^{-5}}$$

따라서,

$$K_b = \frac{[CH_3COOH][OH^-]}{[CH_3COO^-]} = 5.6 \times 10^{-10}$$

우리는 CH_3COO^- 이온의 가수 분해 상수인 K_b를 계산해 냈다.

우리는 똑같은 계산을 어떠한 일양성자 산에 대해서도 할 수 있고, $K_b = K_w/K_a$라는 관계를 발견하게 된다. 여기서 K_a는 음이온을 제공하는 약한 일양성자 산의 이온화 상수를 가리킨다.

이 방정식은 다음과 같이 재배열될 수 있다.

$$K_w = K_aK_b \quad (\text{수용액 내에서 어떠한 짝 산-염기 쌍에도 유효함})$$

만일 K_a 혹은 K_b 하나만 알려지면 그 나머지는 계산될 수 있다.

예제 12-9 약한 산의 음이온의 K_b

(a) 염기 CN^-와 물과의 반응식을 써라. (b) HCN의 이온화 상수 값이 4.0×10^{-10}일 때 CN^- 이온에 대한 K_b값은 얼마인가?

계획

염기 CN^-는 H_2O로부터 H^+를 받아서 약산 HCN과 OH^- 이온을 생성한다. (b) 우리는 $K_w = K_aK_b$ 관계를 알고 있다. 따라서 K_b에 대해서 풀고 그 해를 이 방정식에 대입하자.

풀이

(a) $CN^- + H_2O \rightleftharpoons HCN + OH^-$

(b) HCN에 대한 $K_a = 4.0 \times 10^{-10}$ 값이 주어졌고, $K_w = 1.0 \times 10^{-14}$는 알려져 있다.

$$K_{b(CN^-)} = \frac{K_w}{K_a} = \frac{1.0 \times 10^{-14}}{4.0 \times 10^{-10}} = 2.5 \times 10^{-5}$$

12-09 약한 염기와 강한 산의 염

두 번째로 흔한 가수 분해 반응의 종류에는, 약한 염기의 양이온이 물과 반응하여 이온화되지 않은 약한 염기와 H_3O^+이온을 생성하는 반응이다. 이 반응은 H_3O^+/OH^-의 균형을 무너뜨리고, 과량의 H_3O^+를 만들어내어 이러한 용액이 *산성*이 되게 한다. NH_3 수용액과 HCl의 염인 염화암모늄(NH_4Cl) 수용액을 살펴보자.

$$\begin{array}{lcll} NH_4Cl(\text{고체}) & \xrightarrow[100\%]{H_2O} & NH_4^+ & + Cl^- \\ H_2O + H_2O & \rightleftharpoons & OH^- & + H_3O^+ \\ & & \updownarrow & \\ & & NH_3 + H_2O & \end{array}$$

평형이 이동함

(과량의 H_3O^+가 생성됨)

NH_4Cl로부터 나오는 NH_4 이온은 OH^-와 어느 정도 반응하여 이온화되지 않은 NH_3와 H_2O를 생성한다. 이 반응은 계(system)로부터 OH^-를 제거하고, H_2O는 이온화하여 과량의 H_3O^+가 생성되게 하는 원인이 된다. 앞에서 기술된 방정식들의 알짜는 하나의 방정식으로 기술될 수 있다.

$$NH_4^+ + H_2O \rightleftharpoons NH_3 + H_3O^+ \qquad K_a = \frac{[NH_3][H_3O^+]}{[NH_4^+]}$$

$K_w = K_aK_b$라는 표현은 수용액 내의 어떤 짝 산-염기 쌍에 대해서도 유효하다. 우리는 이 관계를 NH_4^+/NH_3 쌍에 사용한다.

$$K_{a(NH_4^+)} = \frac{K_w}{K_{b(NH_3)}} = \frac{1.0 \times 10^{-14}}{1.8 \times 10^{-5}} = 5.6 \times 10^{-10} = \frac{[NH_3][H_3O^+]}{[NH_4^+]}$$

NH_4^+의 K_a와 CH_3COO^- 의 K_b가 똑같다는 사실은 놀랄 일이 아니다. CH_3COOH의 이온화 상수와 NH_3 수용액의 K_b 값이 우연하게 같음을 상기하여라. 따라서 우리는 CH_3COO^-가 NH_4^+가 이온화하는 것만큼 이온화할 것으로 예상할 수 있다.

예제 12-10 *용해성 염의 pH*

0.20 *M* NH_4NO_3 용액의 pH를 계산하여라. $K_a(NH_4^+) = 5.6 \times 10^{-10}$

계획

NH_4NO_3는 약한 염기 NH_3와 강한 산 HNO_3의 염이기 때문에, 염의 양이온은 산성 용액을 만들어낸다.

풀이

약한 염기의 양이온 NH_4^+는 H_2O와 반응한다. NH_4^+가 $x =$ mol/L만큼 가수 분해된다고 하자. 그러면 $x = [NH_3] = [H_3O^+]$.

	NH_4^+	$+H_2O \rightleftharpoons$	NH_3	+ H_3O^+
초기	0.20 *M*		0 *M*	≈0 *M*
변화	$-x$ *M*		$+x$ *M*	$+x$ *M*
평형	$(0.20 - x)$ *M*		x *M*	x *M*

평형 농도들을 K_a 표현에 대입하면,

$$K_a = \frac{[NH_3][H_3O^+]}{[NH_4^+]} = \frac{(x)(x)}{(0.20 - x)} = 5.6 \times 10^{-10}$$

통상적인 단순화 가정이 적용되면 $x = 1.1 \times 10^{-5}\ M = [H_3O^+]$ 그리고 pH = 4.96.

0.20 *M* NH_4NO_3 용액은 분명히 산성이다.

12-10 약한 염기와 약한 산의 염

이러한 유형의 염들은 대부분 잘 녹는다. 약한 염기와 약한 산으로부터 생성되는 염은 산성 용액을 만들어내는 양이온과 염기성 용액을 만들어내는 음이온을 갖고 있다. 이러한 염들의 용액은 중성, 산성, 혹은 염기성일까? 이것들은 염을 유도하는 약한 염기의 분자와 약한 산의 분자의 상대적 세기에 의하여 위에 기술된 세 유형의 하나에 속할 것이다. 따라서 이러한 유형의 염들은 본래의 약한 염기와 약한 산의 상대적 세기에 따라 세 유형으로 나뉘어질 수 있다.

약한 염기와 약한 산의 관계가 $K_b = K_a$인 경우

이러한 유형의 가장 흔한 예로 NH_4CH_3COO를 들 수 있는데, 이것은 NH_3 수용액과 CH_3COOH의 염이다. NH_3 수용액과 CH_3COOH의 이온화 상수들은 모두 1.8×10^{-5}이다. 우리는 NH_4^+가 물과 반응하여 H_3O^+를 만들어낸다는 것을 알고 있다.

$$NH_4^+ + H_2O \rightleftharpoons NH_3 + H_3O^+ \qquad K_a = \frac{[NH_3][H_3O^+]}{[NH_4^+]} = 5.6 \times 10^{-10}$$

CH_3COO^- 이온은 물과 반응하여 OH^-를 만들어낸다.

$$CH_3COO^- + H_2O \rightleftharpoons CH_3COOH + OH^- \quad K_b = \frac{[CH_3COOH][OH^-]}{[CH_3COO^-]} = 5.6 \times 10^{-10}$$

K값들이 같기 때문에 CH_3COO^-가 만들어내는 OH^- 이온들의 개수만큼 NH_4^+도 H_3O^+ 이온들을 만들어낸다. 따라서 우리는 NH_4CH_3COO 용액이 중성이라고 예측할 수 있고 실제로 이 용액은 중성이다. 같은 K값들을 갖는 양이온과 음이온을 함유한 염들의 수는 상당히 적다.

약한 염기와 약한 산의 관계가 $K_b > K_a$인 경우

$K_b > K_a$ 관계를 갖는 약한 염기와 약한 산의 염들은 언제나 염기성이다. 왜냐하면 더 약한 산의 음이온이 더 강한 염기의 양이온보다 더 많이 이온화하기 때문이다.

NH_4CN을 살펴보자. HCN의 $K_a(4.0 \times 10^{-10})$는 NH_3의 $K_b(1.8 \times 10^{-5})$보다 훨씬 작기 때문에 CN^-의 $K_b(2.5 \times 10^{-5})$는 NH_4^+의 $K_a(5.6 \times 10^{-10})$보다 훨씬 크다. CN^- 이온은 NH_4^+보다 훨씬 더 가수 분해되기 때문에, NH_4CN 용액은 명백히 염기성이다. 다른 말로 표현되면 산으로서의 NH_4^+보다 CN^-는 훨씬 더 강한 염기이다.

$$\left.\begin{array}{l} NH_4^+ + H_2O \rightleftharpoons NH_3 + H_3O^+ \\ CN^- + H_2O \rightleftharpoons HCN + OH^- \end{array}\right] \rightarrow 2H_2O \quad ([OH^-] > [H_3O^+])$$

약한 염기와 약한 산의 관계가 $K_b < K_a$인 경우

이러한 유형의 염들은 언제나 산성이다. 왜냐하면 더 약한 염기의 양이온이 더 강한 산의 음이온보다 더 많이 가수 분해되기 때문이다. NH_3 수용액과 HF의 염인 NH_4F를 살펴보자.

NH_3의 K_b값은 1.8×10^{-5}이고 HF의 K_a값은 7.2×10^{-4}이다. 따라서 NH_4^+의 $K_a(5.6 \times 10^{-10})$ 값이 F^-의 $K_b(1.4 \times 10^{-11})$ 값보다 약간 크다. 이러한 사실로부터 NH_4^+ 이온이 F^- 이온보다 약간 더 가수 분해된다는 것을 알 수 있다. 다른 말로 표현되면 염기로서의 F^-보다 NH_4^+는 약간 더 강한 산이다.

$$\left.\begin{array}{l} NH_4^+ + H_2O \rightleftharpoons NH_3 + H_3O^+ \\ F^- + H_2O \rightleftharpoons HF + OH^- \end{array}\right] \rightarrow 2H_2O \quad ([OH^-] < [H_3O^+])$$

12-11 작고 높은 전하의 양이온을 함유한 염

어떤 염들은 크기가 작고 높은 전하를 띤 양이온과 강한 산의 음이온을 갖고 있다. 이러한 염들의 용액은 산성이다. 왜냐하면 이것들의 양이온이 가수 분해되어 과량의 H_3O^+ 이온들을 생성하기 때문이다.

고체 $AlCl_3$ 무수물이 물에 첨가되면 Al^{3+} 이온이 용액 내에서 수화되면서 물이 따뜻해진다. 양으로 하전된 이온과 극성 물(H_2O) 분자의 상호 작용은 매우 강해서 수용액으로부터 결정화된 염들은 명확한 개수의 물 분자들을 함유하고 있다.

Al^{3+}, Fe^{2+}, Fe^{3+} 그리고 Cr^{3+} 이온들을 함유한 염들은 6개의 물 분자를 함유하면서 물로부터 결정화된다. 고체 상태에서 이 염들은 수화된 양이온들인 $[Al(OH_2)_6]^{3+}$, $[Fe(OH_2)_6]^{2+}$, $[Fe(OH_2)_6]^{3+}$ 그리

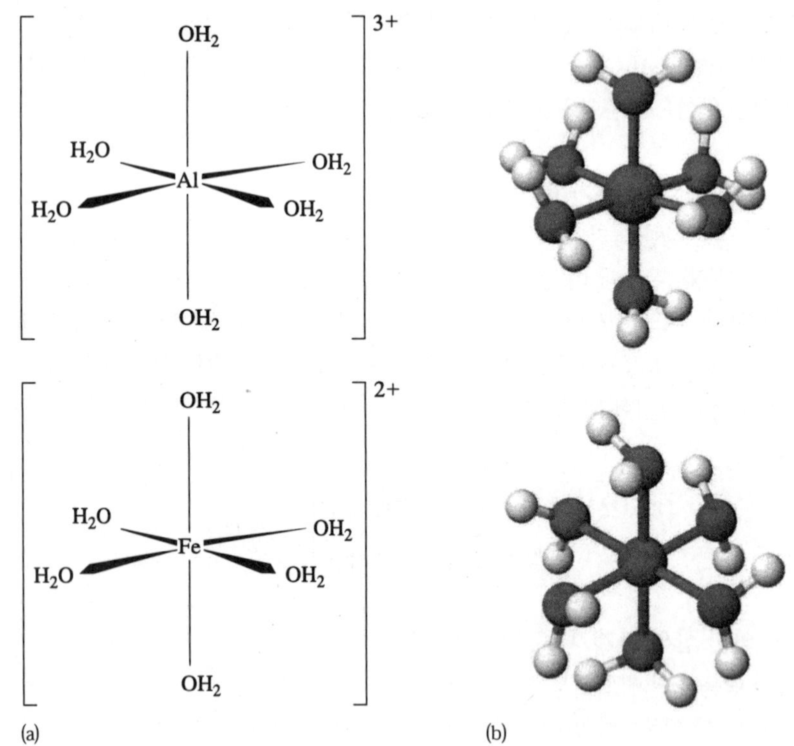

그림 12-2 (a) 수화된 $[Al(OH_2)_6]^{3+}$ 이온과 $[Fe(OH_2)_6]^{2+}$ 이온의 Lewis 구조들. (b) 이 이온들의 공-막대 모형.

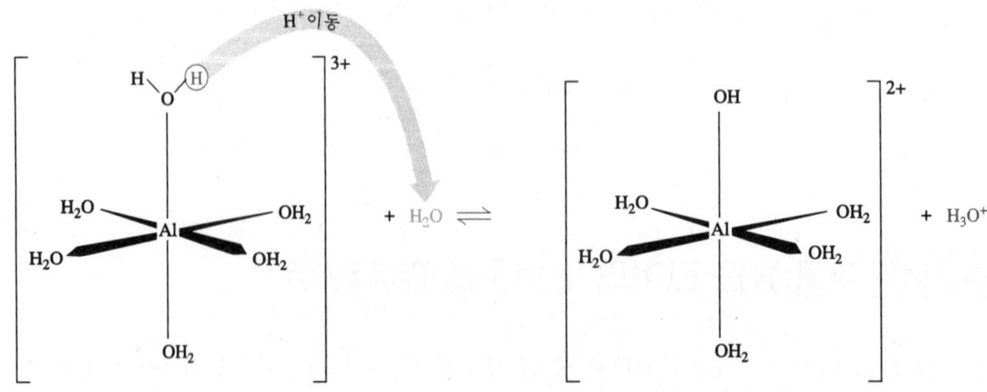

그림 12-3 수화된 Al^{3+} 이온은 가수 분해되어 H_3O^+를 만들어낸다. 즉, 배위되지 않은 H_2O가 배위된 H_2O 분자로부터 H^+를 떼어낸다.

고 $[Cr(OH_2)_6]^{3+}$를 각각 함유하고 있다. 이러한 화학종들은 수용액 내에서도 존재한다. 이 화학종들은 각각 정팔면체 구조를 갖는다. 즉 금속 이온(M^{n+})은 정팔면체 중심에 위치하고 있고(그림 12-2), 6개의 물 분자의 산소 원자들은 꼭지점에 위치하고 있다. 수화된 양이온의 금속-산소 결합 내에서 양으로 하전된 금속 이온에 의해서 물 분자의 산소 원자 주위의 전자 밀도가 감소하게 된다. 이것은 배위되지 않은 H_2O 분자의 O−H 결합에 비해서, 배위되어 있는 H_2O 분자의 O−H 결합을 약하게 한다. 결과적으로 배위된 H_2O 분자들은 H^+를 용매 H_2O 분자들에게 주어서 H_3O^+이온들을 형성할 수 있다. 이러한 반응은 산성 용액을 만들어낸다(그림 12-3).

H^+의 제거는 배위되어 있는 H_2O 분자를 배위된 수산화 이온(OH^-)으로 변환시키고 수화된 화학종의 양전하를 감소시킨다.

크기가 작고 높은 전하를 띤 양이온은 크기가 크고 낮은 전하를 띤 양이온보다 강한 산이다(표 12-6). 왜냐하면 양이온은 크기가 작으면 작을수록 혹은 높게 하전될수록 배위되어 있는 H_2O 분자들과 강하게 상호 작용을 할 수 있기 때문이다.

주기율표 위의 같은 주기에 있는 등전자적(isoelectronic) 양이온들에 있어서 더 작고 더 높게 하전된 양이온이 더 강한 산이다(수화된 Li^+와 Be^{2+}의 K_a값들을 비교해 보라. 그리고 수화된 Na^+, Mg^{2+} 그리고 Al^{3+}의 K_a값들을 비교해 보라).

주기율표 위의 같은 족에 있고 같은 전하를 띤 양이온들에 있어서는 더 작은 양이온이 훨씬 더 가수분해된다(수화된 Be^{2+}와 Mg^{2+}의 K_a 값들을 비교해 보라). 만일 우리가 산화수가 다른 동일한 원소의 양이온들을 비교한다면 더 작고 더 높게 하전된 양이온이 더 강한 산이다(수화된 Fe^{2+}와 Fe^{3+}의 K_a값들을 비교해 보라. 그리고 수화된 Co^{2+}와 Co^{3+}의 K_a값들을 비교해 보라).

표 12-6 양이온의 이온 반지름과 가수 분해 상수들

양이온	이온 반지름(Å)	수화된 양이온	K_a
Li^+	0.90	$[Li(OH_2)_4]^+$	1×10^{-14}
Be^{2+}	0.59	$[Be(OH_2)_4]^{2+}$	1.0×10^{-5}
Na^+	1.16	$[Na(OH_2)_6]^+$ (?)	10^{-14}
Mg^{2+}	0.85	$[Mg(OH_2)_6]^{2+}$	3.0×10^{-12}
Al^{3+}	0.68	$[Al(OH_2)_6]^{3+}$	1.2×10^{-5}
Fe^{2+}	0.76	$[Fe(OH_2)_6]^{2+}$	3.0×10^{-10}
Fe^{3+}	0.64	$[Fe(OH_2)_6]^{3+}$	4.0×10^{-3}
Co^{2+}	0.74	$[Co(OH_2)_6]^{2+}$	5.0×10^{-10}
Co^{3+}	0.63	$[Co(OH_2)_6]^{3+}$	1.7×10^{-2}
Cu^{2+}	0.96	$[Cu(OH_2)_6]^{2+}$	1.0×10^{-8}
Zn^{2+}	0.74	$[Zn(OH_2)_6]^{2+}$	2.5×10^{-10}
Hg^{2+}	1.10	$[Hg(OH_2)_6]^{2+}$	8.3×10^{-7}
Bi^{3+}	0.74	$[Bi(OH_2)_6]^{3+}$	1.0×10^{-2}

12-12 공통 이온 효과와 완충 용액

실험실 반응에서, 산업 공정에서 그리고 식물과 동물의 몸 속에서 산 혹은 염기가 첨가되더라도 pH를 거의 일정하게 유지시키는 것이 종종 필요하다. 당신의 피 속에 있는 헤모글로빈의 산소-운반 용량과 당신의 세포 속에 있는 효소들의 활성은 당신 체액의 pH에 대단히 민감하다. 우리의 몸은 *완충계*(buffer system)로 알려져 있는 화합물들의 조합을 이용하여 pH를 좁은 범위 내로 유지시킨다.

> 완충 용액은 적당한 농도의 산염기와 그 짝 산염기를 함유하고 있다. 산 성분은 첨가되는 강한 염기들과 반응한다. 염기 성분은 첨가되는 강한 산들과 반응한다.

완충 용액의 작용은 Le Chatelier 원리의 특별한 경우인, *공통 이온 효과*(common ion effect)에 의해서 영향을 받는다.

> 약한 전해질 용액이 자기 자신의 이온들 중 하나가 다른 원천 물질로부터 첨가될 때, 약한 전해질의 이온화가 억제된다. 이러한 거동을 **공통 이온 효과**라고 한다.

많은 유형의 용액들이 이 거동을 보여준다. 가장 흔하게 만날 수 있는 종류들 중 2개는 다음과 같다.

1. 약한 산과 그 약한 산의 이온성 염의 용액 (예, CH_3COOH + CH_3COONa)
2. 약한 염기와 그 약한 염기의 이온성 염의 용액 (예, NH_3 + NH_4Cl)

약한 산과 그 약한 산의 염

아세트산(CH_3COOH)과 이것의 염 초산나트륨(CH_3COONa)을 함유하고 있는 용액을 살펴보자. CH_3COONa는 이것들의 성분 이온들로 완전히 해리된다. 그러나 CH_3COOH는 단지 조금만 이온화된다.

$$CH_3COONa \xrightarrow{H_2O} Na^+ + CH_3COO^- \quad \text{(비가역적)}$$

$$CH_3COOH + H_2O \rightleftharpoons H_3O^+ + CH_3COO^- \quad \text{(가역적)}$$

CH_3COOH와 CH_3COONa는 둘 다 CH_3COO^- 이온의 원천 물질들이다. 완전히 이온화되는 CH_3COONa가 높은 $[CH_3COO^-]$를 제공한다. 이것은 CH_3COO^-가 H_3O^+와 결합하여 이온화되지 않은 CH_3COOH를 형성함에 따라 CH_3COOH의 이온화 평형을 왼쪽으로 상당히 이동시킨다. 결과적으로 용액 내의 $[H_3O^+]$가 극적으로 감소한다.

> 약한 산과 그 약한 산의 염을 함유한 용액들은 똑같은 농도의 약한 산을 함유한 용액들보다 언제나 덜 산성이다.

예제 12-11 약한 산과 약한 산의 염으로 만든 완충 용액

CH_3COOH 농도로는 0.10 *M*이고 CH_3COONa 농도로는 0.20 *M*인 완충 용액의 H_3O^+ 농도와 pH를 계산하여라.

계획

CH_3COONa와 CH_3COOH에 대해서 적절한 반응식들과 CH_3COOH의 이온화 상수 표현을 써라. 그 다음에 *평형* 농도들을 대수적으로 표시하고, 이것들을 K_a 표현에 대입하여라.

풀이

적절한 반응식들과 이온화 상수 표현은 다음과 같다.

반응 1 $$CH_3COONa \longrightarrow Na^+ + CH_3COO^- \quad \text{(비가역적)}$$

반응 2 $$CH_3COOH + H_2O \rightleftharpoons H_3O^+ + CH_3COO^- \quad \text{(가역적)}$$

$$K_a = \frac{[H_3O^+][CH_3COO^-]}{[CH_3COOH]} = 1.8 \times 10^{-5}$$

이 표현은 CH_3COOH를 함유한 모든 *용액*에 대해서 유효하다. CH_3COOH와 CH_3COONa를 포함한 용액 내에서 CH_3COO^- 이온들은 두 원천 물질로부터 온다. 이온화 상수는 *전체* $[CH_3COO^-]$ 농도에 의해서 충족된다.

CH_3COONa는 완전히 이온화되므로 *CH_3COONa로부터* 오는 $[CH_3COO^-]$는 0.20 mol/L일 것이다. 이온화되는 $[CH_3COOH]$의 농도를 x라 하자. 그러면 x는 또한 $[H_3O^+]$와 같고, *CH_3COOH가* 이온화되어서 생성되는 CH_3COO^-의 농도($[CH_3COO^-]$)와도 같다. CH_3COO^-의 *전체* 농도는 $(0.20 + x)$ *M*이다. 이온화되지 않은 CH_3COOH의 농도는 $(0.10 - x)$이다.

반응 1 $$\underset{0.20\,M}{CH_3COONa} \longrightarrow \underset{0.20\,M}{Na^+} + \underset{0.20\,M}{CH_3COO^-}$$

반응 2 $$\underset{(0.10 - x)\,M}{CH_3COOH} + H_2O \rightleftharpoons \underset{x\,M}{H_3O^+} + \underset{x\,M}{CH_3COO^-}$$

→ 전체 $[CH_3COO^-] = (0.20 + x)\,M$

이 농도들을 CH_3COOH의 평형 상수 표현에 대입하면,

$$K_a = \frac{[H_3O^+][CH_3COO^-]}{[CH_3COOH]} = \frac{(x)(0.20+x)}{(0.10-x)} = 1.8 \times 10^{-5}$$

작은 K_a 값은 x가 대단히 작다는 것을 암시한다. 이러한 사실은 두 가지의 가정에 이르게 한다.

가정	함축된 의미
$x \ll 0.20$이면, $(0.20 + x) \approx 0.20$	대부분의 CH_3COO^-는 CH_3COONa로부터 오고(반응 1), 매우 적은 CH_3COO^-는 CH_3COOH의 이온화로부터 온다(반응 2).
$x \ll 0.10$이면, $(0.10 - x) \approx 0.10$	CH_3COOH는 매우 조금 이온화한다(반응 2).

x(CH_3COOH의 이온화로부터)가 작다고 가정하는 것은 합당하다. 왜냐하면 CH_3COOH는 약한 산이고(반응 2), CH_3COONa에 의해서 생성되는 높은 농도의 CH_3COO^-에 의해서(반응 1) 이 산의 이온화가 억제되기 때문이다.

이러한 가정들이 도입되면,

$$\frac{(0.20)x}{(0.10)} = 1.8 \times 10^{-5} \text{ 그리고 } x = 9.0 \times 10^{-6}$$

$$x\,M = [H_3O^+] = 9.0 \times 10^{-6}\,M$$

따라서, pH= 5.05

예제 12-11에 나와 있는 용액의 이온화 백분율을 계산해 보자.

$$\text{이온화 백분율} = \frac{[CH_3COOH]_{\text{이온화}}}{[CH_3COOH]_{\text{초기}}} \times 100\%$$

$$= \frac{9.0 \times 10^{-6}\,M}{0.10\,M} \times 100\% = 0.0090\% \text{ 이온화}$$

0.10 M CH_3COOH의 이온화 백분율은 1.3%이다.

우리가 예제 12-11에서 수행했던 것과 같이, 약한 산과 그것의 염을 상당량 함유한 용액의 pH도 계산될 수 있다. 또 다른 방법은 다음의 과정을 따르는 것이다. 즉 우리가 전에 했던 것처럼 *약한 일양성자 산*의 이온화와 K_a에 대한 방정식을 쓰는 것으로 시작할 수 있다.

$$HA + H_2O \rightleftharpoons H_3O^+ + A^- \quad \text{그리고} \quad \frac{[H_3O^+][A^-]}{[HA]} = K_a$$

$[H_3O^+]$에 대해서 정리하면,

$$[H_3O^+] = K_a \times \frac{[HA]}{[A^-]}$$

약한 산과 그것의 음이온의 농도가 적당한(예를 들면 0.050 M보다 큰) 용액을 살펴보자. 이러한 조건들 하에서는 용액 내 음이온의 농도 $[A^-]$는 전적으로 용해된 염 때문이라고 가정할 수 있다. 이러한 제한들이 적용되면 앞에 기술된 방정식은 다음과 같이 된다.

$$[H_3O^+] = K_a \times \frac{[HA]}{[\text{짝 염기}]}$$

[HA]는 이온화되지 않은 산의 농도이고(대부분의 경우 이것은 산의 전체 농도이다), [짝 염기]는 용해된 염에서 나오는 음이온의 농도이다.

방정식의 양변에 log를 취하면,

$$\log [H_3O^+] = \log K_a \times \log \frac{[\text{산}]}{[\text{염}]}$$

방정식의 양변에 -1을 곱하면,

$$-\log [H_3O^+] = -\log K_a - \log \frac{[산]}{[염]}$$

$$pH = pK_a + \log \frac{[염]}{[산]} \quad 여기서\ pK_a = -\log K_a \ (산\text{-}염\ 완충\ 용액)$$

이 방정식은 **Henderson-Hasselbalch 방정식**으로 알려져 있다. 생물 과학 분야의 연구자들은 이것을 빈번하게 이용한다. 이것을 조금더 일반화시키면,

$$pH = pK_a + \log \frac{[짝\ 염기]}{[산]} \quad (산\text{-}염\ 완충\ 용액)$$

예제 12-12 약한 산과 약한 산의 염으로 만든 완충 용액

Henderson-Hasselbalch 방정식을 이용하여 예제 12-11에 있는 완충 용액의 pH를 계산하여라.

계획

Henderson-Hasselbalch 방정식은 $pH = pK_a + \log \frac{[짝\ 염기]}{[산]}$이다. 예제 12-11에 있는 완충 용액은 CH_3COOH의 농도로는 0.10 *M* 이고 CH_3COONa 농도로는 0.20 *M* 이다. [짝 염기]와 [산]으로 쓰이는 값들은 혼합 후 반응하기 전의 초기 농도들이다.

풀이

Henderson-Hasselbalch 방정식을 위해서 필요한 적절한 값들은 다음과 같다.

$$pK_a = -\log K_a = -\log(1.8 \times 10^{-5}) = 4.74$$

$$[짝\ 염기] = [CH_3COO^-] = [CH_3COONa]_{초기} = 0.20\ M$$

$$[산] = [CH_3COOH]_{초기} = 0.10\ M$$

$$pH = pK_a + \log \frac{[짝\ 염기]}{[산]} = 4.74 + \log \frac{(0.20)}{(0.10)}$$

$$= 4.74 + \log 2.0 = 4.74 + 0.30 = 5.04$$

약한 염기와 그 약한 염기의 염

두 번째로 흔한 약한 염기와 그 염기의 염을 함유하는 완충 용액을 살펴보자. 수용액 NH_3와 이것의 염 염화암모늄(NH_4Cl)을 함유하고 있는 용액이 전형적이다. NH_4Cl은 완전히 해리되지만, NH_3는 단지 조금만 이온화된다.

반응 1 $NH_4Cl \xrightarrow{H_2O} NH_4^+ + Cl^-$ (비가역적)

반응 2 $NH_3 + H_2O \rightleftharpoons NH_4^+ + OH^-$ (가역적)

NH_4Cl과 NH_3 수용액은 둘 다 NH_4^+ 이온의 원천 물질들이다. 완전히 이온화되는 NH_4Cl은 높은 NH_4^+를 제공한다. NH_4^+ 이온이 OH^-와 결합하여 이온화되지 않은 NH_3와 H_2O를 형성함에 따라, 이 반응은 수용액 NH_3의 이온화 평형을 왼쪽으로 상당히 이동시킨다. 결과적으로, 용액 내의 OH^-가 눈에 띄게 감소한다.

> 약한 염기와 그 약한 염기의 염을 함유한 용액들은, 똑같은 농도의 약한 염기를 함유한 용액들보다 언제나 덜 염기성이다.

예제 12-13 *약한 염기와 약한 염기의 염으로 만든 완충 용액*

NH_3 농도로는 0.20 *M*이고 NH_4Cl 농도로는 0.10 *M* 인 완충 용액의 OH^- 농도와 pH를 계산하여라.

계획

NH_3와 NH_4Cl에 대해서 적절한 반응식들과 NH_3의 이온화 상수 표현을 써라. 그 다음에 *평형* 농도들을 대수적으로 표시하고 이것들을 K_b 표현에 대입하여라.

풀이

적절한 반응식들과 이온화 상수 표현은 다음과 같다.

반응 1 $$NH_4Cl \longrightarrow NH_4^+ + Cl^-$$
$$0.10\ M \Longrightarrow 0.10\ M \quad 0.10\ M$$

반응 2 $$NH_3 + H_2O \rightleftharpoons NH_4^+ + OH^-$$
$$(0.20 - x)\ M \qquad x\ M \quad x\ M$$

전체 $[NH_4^+] = (0.10 + x)\ M$

이 농도들을 NH_3의 평형 상수 K_b 표현에 대입하면,

$$K_b = \frac{[NH_4^+][OH^-]}{[NH_3]} = 1.8 \times 10^{-5} = \frac{(0.10 + x)(x)}{(0.20 - x)}$$

작은 K_a 값은 x가 대단히 작다는 것을 암시한다. 이러한 사실은 두 가정에 이르게 한다.

가정	함축된 의미
$x \ll 0.10$이면, $0.10 + x \approx 0.10$	대부분의 NH_4^+는 NH_4Cl로부터 오고(반응 1), 매우 적은 NH_4^+는 NH_3의 이온화로부터 온다(반응 2).
$x \ll 0.20$이면, $0.20 - x \approx 0.20$	NH_3는 매우 조금 이온화한다(반응 2).

x(NH_3의 이온화로부터)가 작다고 가정하는 것은 합당하다. 왜냐하면 NH_3는 약한 염기이고(반응 2), NH_4Cl에 의해서 생성되는 높은 농도의 NH_4^+에 의해서(반응 1) 이 염기의 이온화가 억제되기 때문이다.

이러한 가정들이 도입되면,

$$\frac{0.10x}{0.20} = 1.8 \times 10^{-5}\,M \quad \text{그리고} \quad x = 3.6 \times 10^{-5}\,M$$

$$x\,M = [OH^-] = 3.6 \times 10^{-5}\,M \quad \text{따라서} \quad pOH = 4.44 \quad \text{그리고} \quad pH = 9.56$$

우리가 산에 대해서 했던 것처럼 약한 염기 B와 그 약한 염기의 염 BH^+를 함유한 용액 내에서 $[OH^-]$의 관계성이 유도될 수 있다. 약한 일양성자 염기의 이온화 방정식과 K_b 표현이 일반적인 항들로 표시되면 다음과 같다.

$$B + H_2O \rightleftharpoons BH^+ + OH^- \quad \text{그리고} \quad \frac{[BH^+][OH^-]}{[B]} = K_b$$

K_b를 $[OH^-]$에 대해서 정리하면,

$$[OH^-] = K_b \times \frac{[B]}{[BH^+]}$$

방정식의 양변에 log를 취하면,

$$\log [OH^-] = \log K_b + \log \frac{[B]}{[BH^+]}$$

방정식의 양변에 −1을 곱하고 재배열하면 다른 형태의 *Henderson-Hasselbalch 방정식*이 약한 염기와 그 약한 염기의 염으로 만들어진 용액에 대해서 유도된다.

$$pOH = pK_b + \log \frac{[BH^+]}{[B]} \quad \text{여기서} \quad pK_b = -\log K_b \quad \text{(염기-염 완충 용액)}$$

적당한 농도의 약한 염기들과 1가의 음이온을 갖는 약한 염기들의 염으로 만들어진 용액에 대해서 Henderson-Hasselbalch 방정식은 유효하다. 우리는 이 방정식을 다음과 같이 일반적인 항들로 기술할 수 있다.

$$pOH = pK_b + \log \frac{[\text{짝산}]}{[\text{염기}]} \quad \text{(염기-염 완충 용액)}$$

12-13 완충 작용

H_3O^+ 혹은 OH^- 어느 것이 첨가되어도 완충 용액은 반응할 수 있다.

따라서 완충 용액은 pH 변화에 저항한다. 우리가 적은 양의 강한 산이나 강한 염기를 완충 용액에 넣으면 pH는 대단히 조금 변한다.

흔하게 볼 수 있는 두 종류의 완충 용액들은 바로 우리가 살펴보았던 것들이다. 즉 (1) 약한 산과 그 약한 산의 용해성이 있는 이온 결합성 염과, (2) 약한 염기와 그 약한 염기의 용해성이 있는 이온 결합성 염들을 함유한 용액들이다.

약한 산과 그 약한 산의 염으로 된 완충 용액

CH_3COOH와 CH_3COONa를 함유한 용액은 이러한 유형의 완충 용액의 한 예이다. 산성 성분은 CH_3COOH이다. 염기성 성분은 CH_3COONa이다. 왜냐하면, CH_3COO^- 이온은 CH_3COOH의 짝 염기이기 때문이다. 이 완충 용액의 작용은 평형에 의존한다.

$$\underset{\text{높은 농도}}{CH_3COOH} + H_2O \rightleftharpoons H_3O^+ + \underset{\text{높은 농도 (염으로부터)}}{CH_3COO^-}$$

우리가 HCl과 같은 강한 산을 이 용액에 첨가하면 이 산은 H_3O^+를 만들어낸다. 첨가된 H_3O^+의 결과로, 반응(평형)은 *왼쪽*으로 진행되어 첨가된 H_3O^+가 소모되고, 새로운 평형이 만들어진다. 완충 용액 내의 $[CH_3COO^-]$가 높기 때문에, 이 반응은 대단히 많이 진행된다. 알짜 반응은,

$$H_3O^+ + CH_3COO^- \longrightarrow CH_3COOH + H_2O \quad (\approx 100\%)$$

혹은 화학식 단위 반응식으로 표현될 수 있다.

$$\underset{\text{첨가된 산}}{HCl} + \underset{\text{염기}}{CH_3COONa} \longrightarrow \underset{\text{약한 산}}{CH_3COOH} + \underset{\text{염}}{NaCl} \quad (\approx 100\%)$$

이 반응은 거의 완전하게 진행된다. 왜냐하면 CH_3COOH가 약한 산이기 때문이다.

NaOH와 같은 강한 염기가 $CH_3COOH-CH_3COONa$ 용액에 첨가될 때 이 염기는 산성 성분인 CH_3COOH에 의하여 소비된다. 이 반응은 다음과 같은 방식으로 일어난다. 첨가된 OH^-는 물의 자동 이온화 반응을 *왼쪽*으로 진행시키는 원인이 된다.

$$2H_2O \rightleftharpoons H_3O^+ + OH^- \quad (\text{왼쪽으로 이동})$$

이 반응은 약간의 H_3O^+를 없애주고, 더 많은 CH_3COOH의 이온화를 일으킨다.

$$CH_3COOH + H_2O \rightleftharpoons H_3O^+ + CH_3COO^- \quad (\text{오른쪽으로 이동})$$

$[CH_3COOH]$가 높기 때문에, 이 반응은 대단히 많이 진행될 수 있다. 알짜 결과는 CH_3COOH에 의해서 OH^-의 중화 반응이다.

$$\underset{\text{첨가된 염기}}{OH^-} + \underset{\text{산}}{CH_3COOH} \rightleftharpoons \underset{\text{더 약한 염기}}{CH_3COO^-} + \underset{\text{물}}{H_2O} \quad (\approx 100\%)$$

예제 12-14 *완충 용액*

만일 우리가 0.010 mol NaOH 고체를 완충 용액(CH_3COOH 농도로는 0.100 *M* 이고 CH_3COONa

농도로는 0.100 *M*) 1 L에 첨가한다면 $[H_3O^+]$와 pH는 얼마 만큼 변하는가? 고체 NaOH 첨가로 인한 부피의 변화는 없다고 가정하여라.

계획

본래의 완충 용액에 대하여 $[H_3O^+]$와 pH를 계산하여라. 그 다음에 CH_3COOH가 NaOH에 의해서 얼마나 중화되는지를 보여주는 반응 요약을 써라. 이 반응 결과로서 생기는 완충 용액의 $[H_3O^+]$와 pH를 계산하여라. 마지막으로 pH 변화량을 계산하여라.

풀이

0.100 *M* CH_3COOH와 0.100 *M* CH_3COONa 용액에 대해서 우리는 다음과 같은 것들을 쓸 수 있다.

$$[H_3O^+] = K_a \times \frac{[\text{산}]}{[\text{염}]} = 1.8 \times 10^{-5} \times \frac{0.100}{0.100} = 1.8 \times 10^{-5} M; \quad pH = 4.74$$

	NaOH	+	CH_3COOH	⟶	CH_3COONa + H_2O
초기	0.010 *M*		0.100 *M*		0.100 *M*
변화	−0.010 *M*		−0.010 *M*		+ 0.010 *M*
최종	0 *M*		0.090 *M*		0.110 *M*

용액의 부피는 1 L이다. 따라서 우리는 이제 CH_3COOH 농도로는 0.090 *M* 이고 CH_3COONa 농도로는 0.110 *M* 인 용액을 갖고 있다. 이 용액 내에서는,

$$[H_3O^+] = K_a \times \frac{[\text{산}]}{[\text{염}]} = 1.8 \times 10^{-5} \times \frac{0.100}{0.100} = 1.5 \times 10^{-5} M; \quad pH = 4.82$$

0.010 mol NaOH 고체가 이 완충 용액 1 L에 첨가되면 $[H_3O^+]$는 $1.8 \times 10^{-5} M$ 에서 $1.5 \times 10^{-5} M$으로 감소하고, pH는 4.74에서 4.82로 증가한다. 이 pH 단위의 변화량 0.08은 대단히 미미하다.

0.010 mol NaOH 고체가 0.100 *M* CH_3COOH(pH = 2.89) 용액 1 L에 첨가되면, CH_3COOH 농도로는 0.090 *M* 이고 CH_3COONa 농도로는 0.010 *M* 인 용액이 나올 것이다. 이 용액의 pH는 3.78이고, 0.100 *M* CH_3COOH의 pH보다 0.89 pH 단위가 높다.

이와는 대조적으로, 0.010 mol NaOH 고체를 충분한 물에 녹여 1 L가 되게 하면 0.010 *M* NaOH 용액이 만들어진다. 이 용액의 $[OH^-] = 1.0 \times 10^{-2}$ *M*이고, pOH = 2.00이다. 이 용액의 pH는 12.00이고 순수한 H_2O의 pH보다 5.00 pH 단위가 증가한 값이다.

위 내용들을 요약하면 0.010 mol NaOH 고체가,

CH_3COOH / CH_3COONa 완충 용액 1 L에 첨가되면 pH 4.74	⟶ 4.82
0.100 *M* CH_3COOH 용액 1 L에 첨가되면 pH 2.89	⟶ 3.78
순수한 물 1 L에 첨가되면 pH 7.00	⟶ 12.0

이와 비슷한 방식으로 우리는 0.010 mol HCl(g)을 이 3종류의 용액 1 L에 각각 첨가할 때의 효과를 계산할 수 있다. 이 계산은 다음과 같은 pH 변화를 보여줄 것이다.

CH_3COOH / CH_3COONa 완충 용액 1 L에 첨가되면 pH 4.74 ⟶ 4.66

0.100 *M* CH_3COOH 용액 1 L에 첨가되면 pH 2.89 ⟶ 2.00

순수한 물 1 L에 첨가되면 pH 7.00 ⟶ 2.00

이러한 용액들에 NaOH 혹은 HCl이 첨가될 때의 결과들은 완충 용액의 효율성을 잘 보여 준다. pH 단위가 1만큼 변한다는 것은 $[H_3O^+]$ 혹은 $[OH^-]$가 10배씩 변하는 것을 우리는 기억하고 있다. 이러한 사실로부터 완충 용액이 pH를 조절하는 효과는 정말로 극적이라고 할 수 있다.

약한 염기와 그 약한 염기의 염으로 된 완충 용액

이러한 유형의 완충 용액의 한 예로 약한 염기인 NH_3와 이것의 용해성 있는 이온 결합성 염인 NH_4Cl을 들 수 있다. 이 완충 용액의 작용이 가능하게 해주는 반응들은 다음과 같다.

$$NH_4Cl \xrightarrow{H_2O} NH_4^+ + Cl^- \quad \text{(비가역적)}$$

$$\underset{\text{높은 농도}}{NH_3} + H_2O \rightleftharpoons \underset{\substack{\text{높은 농도} \\ \text{(염으로부터)}}}{NH_4^+} + OH^- \quad \text{(가역적)}$$

HCl과 같은 강한 산을 이 용액에 첨가하면 이 결과로 생기는 H_3O^+가 평형을 *왼쪽*으로 상당히 이동시킨다.

$$2H_2O \rightleftharpoons H_3O^+ + OH^- \quad \text{(왼쪽으로 이동)}$$

감소된 OH^- 농도의 결과로서 다음 반응은,

$$NH_3 + H_2O \rightleftharpoons NH_4^+ + OH^- \quad \text{(오른쪽으로 이동)}$$

오른쪽으로 상당히 이동한다. 완충 용액 내의 $[NH_3]$가 높기 때문에 이 반응은 대단히 많이 진행된다. 알짜 반응은 다음과 같다.

$$\underset{\text{첨가된 산}}{H_3O^+} + \underset{\text{염기}}{NH_3} \longrightarrow \underset{\text{약한 산}}{NH_4^+} + \underset{\text{물}}{H_2O} \quad (\approx 100\%)$$

NaOH와 같은 강한 염기가 *본래*의 완충 용액에 첨가될 때 이 염기는 조금 더 산성 성분인 즉 NH_3의 짝 산인 NH_4Cl 혹은 NH_4^+에 의하여 중화된다.

$$NH_3 + H_2O \rightleftharpoons NH_4^+ + OH^- \quad \text{(왼쪽으로 이동)}$$

완충 용액 내의 $[NH_4^+]$가 높기 때문에 이 반응은 대단히 많이 진행될 수 있다. 그 결과는 NH_4^+에 의한 OH^-의 중화이다.

$$OH^- + NH_4^+ \longrightarrow NH_3 + H_2O \quad (\approx 100\%)$$

혹은 화학식 단위 반응으로서,

$$\underset{\text{첨가된 염기}}{NaOH} + \underset{\text{산}}{NH_4Cl} \longrightarrow \underset{\text{약한 염기}}{NH_3} + \underset{\text{물}}{H_2O} + NaCl \quad (\approx 100\%)$$

요약 : pH 변화가 완충 용액 내에서는 최소화된다. 왜냐하면 염기성 성분은 H_3O^+ 이온과 반응할 수 있고, 산성 성분은 OH^- 이온과 반응할 수 있기 때문이다.

12-14 용해도 곱 상수

우리가 고체 $BaSO_4$ 1 g을 25 ℃ 물 1 L에 첨가하고 용액이 *포화*될 때까지 저어준다고 가정하여라. 조심스럽게 용액의 전도도를 측정해 보면 $BaSO_4$ 포화 용액 1 L는 겨우 0.0025 g의 $BaSO_4$를 함유하고 있다는 것을 알 수 있다. 녹은 $BaSO_4$는 완전히 성분 이온들로 해리된다.

$$BaSO_4(s) \xrightleftharpoons{H_2O} Ba^{2+}(aq) + SO_4^{2-}(aq) \quad \text{(물 속에서)}$$

물 안에서의 난용성(아주 조금 녹는, 혹은 거의 녹지 않는) 화합물의 평형에 있어서, 평형 상수는 **용해도 곱 상수**(solubility product constant, K_{sp})라고 불린다. 고체 $BaSO_4$의 활성도는 1이다. 따라서, 이 고체의 농도는 평형 상수에 포함되지 않는다. 고체 $BaSO_4$와 접촉하고 있는 $BaSO_4$ 포화 용액에 대하여 우리는 다음과 같이 기술한다.

$$BaSO_4(s) \rightleftharpoons Ba^{2+}(aq) + SO_4^{2-}(aq) \quad \text{그리고} \quad K_{sp} = [Ba^{2+}][SO_4^{2-}]$$

$BaSO_4$에 대한 용해도 곱 상수는 포화 용액 내의 구성 이온들의 농도들의 곱이다.

일반적으로 어느 화합물의 **용해도 곱 표현**(solubility product expression)은 구성 이온들의 농도들의 곱이며, 각각의 농도 지수는 한 화학식 단위 내의 이온들의 개수에 해당한다. 화합물의 포화 용액에 대해서 용해도 곱 표현의 크기는 일정한 온도에서 상수이다. 이러한 표현이 **용해도 곱 원리**(solubility product principle)이다.

난용성 화합물 CaF_2를 물에 녹이는 것에 대해서 살펴보자.

$$CaF_2(s) \rightleftharpoons Ca^{2+}(aq) + 2F^-(aq) \quad K_{sp} = [Ca^{2+}][F^-]^2 = 3.9 \times 10^{-11}$$

고체 $Zn_3(PO_4)_2$는 물에 아주 조금 녹아서 한 화학식 단위 당 3개의 Zn^{2+} 이온과 2개의 PO_4^{3-} 이온을 만들어낸다.

$$Zn_3(PO_4)_2(s) \rightleftharpoons 3Zn^{2+}(aq) + 2PO_4^{3-}(aq) \quad K_{sp} = [Zn^{2+}]^3[PO_4^{3-}]^2 = 9.1 \times 10^{-33}$$

일반적으로 우리는 난용성 화합물의 용해와 그것의 K_{sp}를 다음과 같이 표시할 수 있다.

$$M_yX_z(s) \rightleftharpoons yM^{z+}(aq) + zX^{y-}(aq) \quad \text{그리고} \quad K_{sp} = [M^{z+}]^y[X^{y-}]^z$$

어떤 경우에 있어서는 한 화합물이 두 종류 이상의 이온들을 함유하고 있다. 난용성 화합물 $MgNH_4PO_4$의 용해와 이것의 용해도 곱 표현은 다음과 같이 표시된다.

$$MgNH_4PO_4(s) \rightleftharpoons Mg^{2+}(aq) + NH_4^+(aq) + PO_4^{3-}(aq)$$

$$K_{sp} = [Mg^{2+}][NH_4^+][PO_4^{3-}] = 2.5 \times 10^{-12}$$

우리는 자주 "용해도 곱 상수"를 "용해도 곱"으로 단축한다. 따라서 $BaSO_4$와 CaF_2에 대한 용해도 곱들은 다음과 같이 쓰여진다.

$$K_{sp} = [Ba^{2+}][SO_4^{2-}] = 1.1 \times 10^{-10} \qquad K_{sp} = [Ca^{2+}][F^-]^2 = 3.9 \times 10^{-11}$$

화합물의 **몰 용해도**(molar solubility)는 용해되어 포화 용액 1 L를 만들어내는 몰 수이다.

12-15 용해도 곱 상수 결정하기

만일 어떤 화합물의 용해도가 알려져 있으면, 그것이 용해도 곱 값이 계산될 수 있다.

예제 12-15 *용해도 곱 상수*

Ag_2CrO_4 포화 용액 1 L는 용해된 Ag_2CrO_4 0.0435 g을 함유하고 있다. Ag_2CrO_4의 용해도 곱 상수를 계산하여라.

풀이

Ag_2CrO_4의 용해에 대한 방정식과 이것의 용해도 곱 상수 표현은 다음과 같다.

$$Ag_2CrO_4(s) \rightleftharpoons 2Ag^+(aq) + CrO_4^{2-}(aq) \quad \text{그리고} \quad K_{sp} = [Ag^+]^2[CrO_4^{2-}]$$

Ag_2CrO_4의 몰 용해도를 먼저 계산하자.

$$\underline{?} \text{ mol } Ag_2CrO_4/L = 0.0435 \text{ g } Ag_2CrO_4/1.0 \text{ L} \times 1 \text{ mol } Ag_2CrO_4/332 \text{ g } Ag_2CrO_4 = \underset{(\text{용해된})}{1.31 \times 10^{-4} \text{ mol/L}}$$

Ag_2CrO_4의 용해에 대한 방정식과 몰 용해도로부터 포화 용액 내에서의 Ag^+와 CrO_4^{2-}의 농도들이 계산된다.

$$Ag_2CrO_4(s) \rightleftharpoons 2Ag^+(aq) + CrO_4^{2-}(aq)$$

$$\underset{(\text{용해된})}{1.31 \times 10^{-4} \text{ mol/L}} \Longrightarrow 2.62 \times 10^{-4}\,M \qquad 1.31 \times 10^{-4}\,M$$

이 농도들을 Ag_2CrO_4의 K_{sp}에 대입하면,

$$K_{sp} = [Ag^+]^2[CrO_4^{2-}] = (2.62 \times 10^{-4})^2(1.31 \times 10^{-4}) = \boxed{8.99 \times 10^{-12}}$$

Ag_2CrO_4의 K_{sp} 계산 값은 8.99×10^{-12} 이다.

만일 우리가 1:1 화합물(예를 들면 AgCl 혹은 $BaSO_4$)들을 비교한다면, 더 큰 K_{sp}값을 갖는 화합물이 더 높은 몰 용해도를 갖는다. 이것은 또한 똑같은 이온 비(예를 들면 1:2 화합물들 CaF_2와 $Mg(OH)_2$)를 갖는 어떠한 두 개의 화합물에 대해서도 맞다.

> 두 개의 화합물이 *똑같은 이온 비*를 갖고 있으면, 더 큰 K_{sp}값을 갖는 화합물이 더 높은 몰 용해도를 갖는다.

12-16 용해도 곱 상수의 활용

만일 어떤 화합물의 용해도 곱이 알려져 있으면, 25 ℃ 물에서의 그 화합물의 몰 용해도가 계산될 수 있다.

예제 12-16 *K_{sp} 로부터 몰 용해도 구하기*

(a) AgCl(K_{sp} = 1.8 × 10^{-10})과 (b) $Zn(OH)_2$(K_{sp} = 4.5 × 10^{-17}) 각각에 대하여 몰 용해도, 구성 이온들의 농도 그리고 용해도를 g/L 단위로 계산하여라.

계획

각각의 용해도 곱 상수가 주어져 있다. 각각의 경우에 있어서, 우리는 적절한 방정식을 쓰고, 평형 농도들을 표시하고 K_{sp}에 대입하자.

풀이

(a) AgCl의 용해에 대한 방정식과 이것의 용해도 곱 상수 표현은 다음과 같다.

$$AgCl(s) \rightleftharpoons Ag^+(aq) + Cl^-(aq) \qquad K_{sp} = [Ag^+][Cl^-] = 1.8 \times 10^{-10}$$

용해되는 AgCl 각 화학식 단위가 1개의 Ag^+ 이온과 1개의 Cl^- 이온을 만들어낸다. 용해되는 AgCl 양을(즉 몰 용해도를) x = mol/L라 하자

$$\begin{array}{lclcl} AgCl(s) & \rightleftharpoons & Ag^+(aq) & + & Cl^-(aq) \\ x\ \text{mol/L} & \Longrightarrow & x\,M & & x\,M \end{array}$$

이 농도들을 용해도 곱 표현에 대입하면,

$$K_{sp} = [Ag^+][Cl^-] = (x)(x) = 1.8 \times 10^{-10} \qquad x = 1.3 \times 10^{-5}$$

$$x = \text{AgCl의 몰 용해도} = 1.3 \times 10^{-5}\ \text{mol/L}$$

25 ℃에서 AgCl 포화 용액 1 L는 용해된 AgCl 1.3 × 10^{-5} 몰을 함유한다. 균형 방정식으로부터 구성 이온들의 농도를 알 수 있다.

$$x = \text{몰 용해도} = [Ag^+] = [Cl^-] = 1.3 \times 10^{-5}\ mol/L = 1.3 \times 10^{-5}\ M$$

이제 AgCl 포화 용액 1 L에 용해된 AgCl의 질량을 구할 수 있다.

$$\frac{?\ g\ AgCl}{L} = \frac{1.3 \times 10^{-5}\ mol\ AgCl}{L} \times \frac{143\ g\ AgCl}{1\ mol\ AgCl} = 1.9 \times 10^{-3}\ g\ AgCl/L$$

AgCl 포화 용액 1 L는 용해된 AgCl 0.0019 g을 함유하고 있다.

(b) $Zn(OH)_2$의 용해에 대한 방정식과 이것의 용해도 곱 상수 표현은 다음과 같다.

$$Zn(OH)_2(s) \rightleftharpoons Zn^{2+}(aq) + 2OH^-(aq) \qquad K_{sp} = [Zn^{2+}][OH^-]^2 = 4.5 \times 10^{-17}$$

x를 몰 용해도라 하면 $[Zn^{2+}] = x$이고 $[OH^-] = 2x$이다.

$$\begin{array}{cccc} Zn(OH)_2(s) & \rightleftharpoons & Zn^{2+}(aq) & + \ 2OH^-(aq) \\ x\ mol/L & \Longrightarrow & x\ M & 2x\ M \end{array}$$

이 농도들을 용해도 곱 표현에 대입하면,

$$[Zn^{2+}][OH^-]^2 = (x)(2x)^2 = 4.5 \times 10^{-17}$$

$$4x^3 = 4.5 \times 10^{-17} \qquad x^3 = 11 \times 10^{-18} \qquad x = 2.2 \times 10^{-6}$$

$$x = Zn(OH)_2\text{의 몰 용해도} = 2.2 \times 10^{-6}\ mol\ Zn(OH)_2/L$$

$$x = [Zn^{2+}] = 2.2 \times 10^{-6}\ M \quad \text{그리고} \quad 2x = [OH^-] = 4.4 \times 10^{-6}\ M$$

이제 $Zn(OH)_2$ 포화 용액 1 L에 용해된 $Zn(OH)_2$의 질량을 구할 수 있다.

$$\frac{?\ g\ Zn(OH)_2}{L} = \frac{2.2 \times 10^{-6}\ mol\ Zn(OH)_2}{L} \times \frac{99\ g\ Zn(OH)_2}{1\ mol\ Zn(OH)_2} = 2.2 \times 10^{-4}\ g\ Zn(OH)_2/L$$

$Zn(OH)_2$ 포화 용액 1 L는 용해된 $Zn(OH)_2$ 0.00022 g을 함유하고 있다.

용해도 계산에서의 공통 이온 효과

다른 이온 평형에서와 마찬가지로 공통 이온 효과가 용해도 평형에도 적용된다. 공통 이온의 존재가 다른 반응의 원인이 되지 않는한, 화합물의 용해도는 순수한 물 속보다 화합물의 공통 이온을 포함한 용액 내에서 작다.

예제 12-17 *몰 용해도와 공통 이온 효과*

MgF_2(K_{sp}= 6.4×10^{-9})에 대하여, (a) 순수한 물 안에서의 MgF_2의 몰 용해도를 계산하여라. (b) 0.10 M NaF 용액 내에서의 몰 용해도를 계산하여라. (c) 이 용해도들을 비교하여라.

계획

(a) 부분에 대해서는 적절한 방정식과 용해도 곱 표현을 쓰고, 평형 농도들을 표시하고 K_{sp}에 대입하

자. (b) 부분에 대해서는 NaF가 완전히 용해되어 그것의 이온들로 해리된다는 것을 우리는 알고 있다. MgF_2는 난용성 화합물이다. 두 화합물들은 F^-를 만들어내기 때문에 이 문제는 공통 이온 효과에 관련되어 있다. 적절한 방정식과 용해도 곱 표현을 쓰고 평형 농도들을 표시하고 K_{sp}에 대입하자. (c) 부분에 대해서는 우리는 그것들의 비를 계산해서 몰 용해도들을 비교한다.

풀이

(a) x를 난용성 염의 몰 용해도라 하자.

$$\begin{array}{lcccc} MgF_2(s) & \rightleftharpoons & Mg^{2+}(aq) & + & 2F^-(aq) \quad \text{(가역적)} \\ x \text{ mol/L} & \Longrightarrow & x\,M & & 2x\,M \end{array}$$

$$K_{sp} = [Mg^{2+}][F^-]^2 = 6.4 \times 10^{-9}$$
$$(x)(2x)^2 = 6.4 \times 10^{-9}$$
$$x = 1.2 \times 10^{-3}$$

$1.2 \times 10^{-3}\,M$ = 순수한 물 안에서의 MgF_2의 몰 용해도

(b) NaF는 용해성 염이기 때문에 $0.10\,M$ F^-가 생성된다.

$$\begin{array}{lcccc} NaF(s) & \longrightarrow & Na^+(aq) & + & F^-(aq) \quad (\approx 100\%) \\ 0.10\,M & \Longrightarrow & 0.10\,M & & 0.10\,M \end{array}$$

y를 NaF 용액 내에서 MgF_2의 몰 용해도라 하자.

$$\begin{array}{lcccc} MgF_2(s) & \rightleftharpoons & Mg^{2+}(aq) & + & 2F^-(aq) \quad \text{(가역적)} \\ y \text{ mol/L} & \Longrightarrow & y\,M & & 2y\,M \end{array}$$

전체 $[F^-]$는 NaF로부터 오는 $0.10\,M$과 MgF_2로부터 오는 $2y$를 더한 값, 또는 $(0.10 + 2y)\,M$이다.

$$K_{sp} = [Mg^{2+}][F^-]^2 = 6.4 \times 10^{-9}$$
$$(y)(0.10 + 2y)^2 = 6.4 \times 10^{-9}$$

매우 적은 양의 MgF_2가 녹으므로 y는 작다. 이러한 사실은 $2y \ll 0.10$이고 따라서 $0.10 + 2y \approx 0.10$이라는 것을 암시해 준다.

그러면,

$$(y)(0.10)^2 = 6.4 \times 10^{-9} \quad \text{그리고} \quad y = 6.4 \times 10^{-7}$$

$6.4 \times 10^{-7}\,M$ = $0.10\,M$ NaF 용액 내에서의 MgF_2의 몰 용해도

(c) 물 안에서의 몰 용해도와 $0.10\,M$ NaF 용액 내에서의 몰 용해도의 비율은 다음과 같다.

$$\frac{\text{(물 안에서의 몰 용해도)}}{\text{(NaF 용액 내에서의 몰 용해도)}} = \frac{1.2 \times 10^{-3}\,M}{6.4 \times 10^{-7}\,M} = \frac{1900}{1}$$

$0.10\,M$ NaF 용액 내에서의 MgF_2의 몰 용해도($6.4 \times 10^{-7}\,M$)는 순수한 물 안에서의 MgF_2의 몰 용해도($1.2 \times 10^{-3}\,M$)보다 거의 1900배 정도 낮다.

침전 반응에서의 반응 지수

용해도 곱 원리의 또 하나의 응용은 용액 내에서 공존할 수 있는 이온들의 최대 농도를 구하는 것이다. 이러한 계산들로부터 우리는 주어진 용액 내에서 침전이 형성될지를 결정할 수 있다. 반응 지수 Q_{sp}와 용해도 곱 상수 K_{sp}를 비교해 보자.

$Q_{sp} < K_{sp}$라면,	정반응으로 진행. 침전 반응이 일어나지 않는다. 고체가 있으면 더 많은 고체가 용해된다.
$Q_{sp} = K_{sp}$라면,	용액이 포화됨. 고체와 용액이 평형에 있다. 정반응과 역반응 둘 다 일어나지 않는다.
$Q_{sp} > K_{sp}$라면,	역반응으로 진행. 침전 반응이 일어나서 더 많은 고체가 생성된다.

예제 12-18 *침전 형성의 예측*

0.00075 *M* Na_2SO_4 100 mL가 0.015 *M* $BaCl_2$ 50 mL와 혼합된다면 침전이 형성되는가?

계획

우리는 두 개의 용해성 이온 염의 용액들을 섞고 있다. 먼저 우리는 섞는 순간에 각 용질의 양을 밝힌다. 다음으로 우리는 섞는 순간에 각 용질의 몰 농도를 밝힌다. 그 다음에 우리는 새로운 용액 내에서 각각의 이온 농도를 밝힌다.

이제 우리는 "이 용액 내에서 어떤 이온 조합이 난용성 화합물을 형성하는가?"라는 질문을 던져본다. 이 질문의 답은 "Ba^{2+}와 SO_4^{2-}가 $BaSO_4$를 형성할 수 있다"이고 따라서 우리는 Q_{sp}를 계산하고, 이것을 K_{sp}와 비교한다.

풀이

우리는 섞는 순간에 각 용질의 양을 밝힌다.

$$\underline{?}\text{ mmol Na}_2\text{SO}_4 = 100.\text{ mL} \times \frac{0.00075\text{ mmol Na}_2\text{SO}_4}{\text{mL}} = 0.075\text{ mmol Na}_2\text{SO}_4$$

$$\underline{?}\text{ mmol BaCl}_2 = 50.\text{ mL} \times \frac{0.015\text{ mmol BaCl}_2}{\text{mL}} = 0.75\text{ mmol BaCl}_2$$

두 묽은 용액이 섞일 때 그것들의 부피는 서로 더해져서 최종 용액의 부피가 될 수 있다.

$$\text{혼합 용액의 부피} = 100.\text{ mL} + 50.\text{ mL} = 150.\text{ mL}$$

다음으로 우리는 *섞는 순간에 각 용질의 몰 농도를 밝힌다.*

$$M_{Na_2SO_4} = \frac{0.075 \text{ mmol } Na_2SO_4}{150. \text{ mL}} = 0.00050\ M\ \ Na_2SO_4$$

$$M_{BaCl_2} = \frac{0.75 \text{ mmol } BaCl_2}{150. \text{ mL}} = 0.0050\ M\ \ BaCl_2$$

우리는 이제 새로운 용액 내에서 *각각의 이온* 농도를 밝힌다.

$$Na_2SO_4(s) \xrightarrow{100\%} 2Na^+(aq) + SO_4^{2-}(aq) \quad (100\%)$$
$$0.00050\ M \Longrightarrow \boxed{0.0010\ M} \quad \boxed{0.00050\ M}$$

$$BaCl_2(s) \xrightarrow{100\%} Ba^{2+}(aq) + 2Cl^-(aq) \quad (100\%)$$
$$0.0050\ M \Longrightarrow \boxed{0.0050\ M} \quad \boxed{0.010\ M}$$

우리는 혼합된 화합물들의 종류를 살펴보고 어떤 반응이 일어날 수 있는지를 결정한다. Na_2SO_4와 $BaCl_2$는 둘 다 녹을 수 있는 이온 결합성 염들이다. 섞는 순간에 새로운 용액은 Na^+, SO_4^{2-}, Ba^{2+} 그리고 Cl^- 이온들의 혼합물을 함유한다.

우리는 새로운 두 화합물 NaCl과 $BaSO_4$의 생성 가능성을 살펴보아야 한다. NaCl은 녹을 수 있는 이온 결합성 화합물이고 Na^+와 Cl^-는 묽은 수용액 내에서 결합하지 않는다. 하지만 $BaSO_4$는 난용성이고 고체 $BaSO_4$는 만일 $Q_{sp} > K_{sp}$라면 침전될 것이다.

$BaSO_4$의 K_{sp}는 1.1×10^{-10}이다. $[Ba^{2+}] = 0.0050\,M$과 $[SO_4^{2-}] = 0.00050\,M$을 $BaSO_4$의 Q_{sp}에 대입하면,

$$Q_{sp} = [Ba^{2+}][SO_4^{2-}] = (5.0 \times 10^{-3})(5.0 \times 10^{-4}) = 2.5 \times 10^{-6} \quad (Q_{sp} > K_{sp})$$

$Q_{sp} > K_{sp}$이므로 $[Ba^{2+}][SO_4^{2-}]$가 $BaSO_4$의 K_{sp}가 될 때까지 **고체 $BaSO_4$가 침전될 것이다.**

흰색 KI 고체와 흰색 $Pb(NO_3)_2$ 고체를 함께 저어주면 노란색 PbI_2가 생성된다. 이 반응은 고체들 내에 존재하는 적은 양의 물 안에서 일어난다.

주·요·용·어

가수 분해(Hydrolysis) 순물질과 물과의 반응.

가수 분해 상수(Hydrolysis constant) 가수 분해 반응에 대한 평형 상수.

가용매 분해(Solvolysis) 순물질과 그것이 녹아 있는 용매와의 반응.

공통 이온 효과(Common ion effect) 약한 전해질이 갖고 있는 이온들 중에서 강한 전해질이 같은 이온을 제공하여, 약한 전해질의 이온화가 억제되는 것.

다양성자 산(Polyprotic acid) 분자 당 두 개 이상의 H_3O^+를 생성할 수 있는 산.

몰 용해도(Molar solubility) 녹아서 용액 1 L를 만드는데 필요한 용질의 몰 수.

물의 이온 곱(Ion product for water) 물의 이온화에 대한 평형 상수.

$K_w = [H_3O^+][OH^-] = 1.0 \times 10^{-14}$ (25 ℃)

아민(Amine) 하나 혹은 그 이상의 수소 원자가 유기 작용기로 치환된 NH_3 유도체.

완충 용액(Buffer solution) 강한 산 혹은 강한 염기가 첨가될 때 pH 변화에 대항하는 용액. 완충 용액은 산과 그 산의 짝 염기를 함유하고 있어서 첨가되는 염기 혹은 산과 반응할 수 있다.

용해도 곱 원리(Solubility product principle) 난용성 염에 대한 용해도 곱 상수 표현은 구성 이온들의 농도들의 곱이며, 각 농도는 한 화학식 단위 내의 이온들 수에 해당하는 지수를 갖는다.

용해도 곱 상수(Solubility product constant, K_{sp}) 난용성 화합물의 해리에 적용되는 평형 상수.

이온화 상수(Hydrolysis constant) 약한 전해질의 이온화에 대한 평형 상수.

일양성자 산(Monoprotic acid) 분자 당 한 개의 H_3O^+ 를 생성할 수 있는 산.

Henderson-Hasselbalch 방정식(Henderson-Hasselbalch equation) 완충 용액의 pH 혹은 pOH를 직접적으로 구할 수 있게 해주는 방정식.

pH $-\log[H_3O^+]$, 보통 0 ~14의 크기로 사용됨.

pK_a $-\log K_a$(K_a: 약한 산의 이온화 상수)

pK_b $-\log K_b$(K_b: 약한 염기의 이온화 상수)

pK_w $-\log K_w$(K_w: 물의 이온 곱)

pOH $-\log[OH^-]$, 보통 0~14의 크기로 사용됨.

연·습·문·제

**주의: 특별한 언급이 없는 한 이 장의 문제들은 모두 25 ℃를 가정한다.*

강한 전해질들에 대한 복습

1. 다음 용액들의 각각의 농도를 계산하여라.
   (a) NaCl 17.52 g이 녹아 있는 용액 125 mL;
   (b) H_2SO_4 50.5 g이 녹아 있는 용액 575 mL;
   (c) 페놀 0.135 g이 녹아 있는 용액 1.5 L.

2. 농도가 표시된 다음 화합물들의 용액 내의 성분 이온들의 농도들을 계산하여라.
   (a) 0.25 *M* HBr ;
   (b) 0.055 *M* KOH;
   (c) 0.0155 *M* $CaCl_2$.

물의 자동 이온화

3. 아래의 $[H_3O^+]$와 평형을 이루는 $[OH^-]$를 계산하여라.
   (a) $[H_3O^+] = 2.9 \times 10^{-4}$ mol/L;
   (b) $[H_3O^+] = 8.5 \times 10^{-9}$ mol/L.

pH와 pOH의 크기

4. 다음 용액들의 pH를 계산하여라.
   (a) 6.00×10^{-1} *M* HCl;
   (b) 0.030 *M* HNO_3;
   (c) 0.75 g · L^{-1} $HClO_4$.
5. HNO_3 용액의 pH가 3.32이다. 이 용액의 몰농도는?
6. 적절한 계산으로 다음의 표를 완성하여라.

	$[H_3O^+]$	pH	$[OH^-]$	pOH
(a)	______	3.84	______	______
(b)	______	12.61	______	______
(c)	______	______	______	2.90
(d)	______	______	______	9.47

7. 약한 산 HA의 이온화를 나타내는 화학 방정식을 써라. 이 반응의 평형 상수를 써라.
   이 평형 상수를 위해 사용되는 특별한 기호는 무엇인가?
8. 0.025 *M* C_3H_7COOH 용액의 pH가 3.21이다. 이 산의 이온화 상수 값은 얼마인가?
9. 0.0500 *M* 포름산(HCOOH) 용액에서의 이온화 백분율은 얼마인가?
10. 다음 용액들에 대해서 $[OH^-]$, 이온화 백분율 그리고 pH를 계산하여라.
    (a) 0.10 *M* NH_3 수용액;
    (b) 0.15 *M* CH_3NH_2 용액.

다양성자 산

11. 0.100 *M* H_3AsO_4 내의 모든 화학종들의 농도들을 계산하여라.
    이 농도들을 0.100 *M* H_3PO_4 용액 내의 유사한 화학종들의 농도들과 비교하여라.
12. 0.12 *M* H_2SeO_4 용액 내의 H_3O^+, OH^-, $HSeO_4^-$, SeO_4^{2-}의 농도들을 계산하여라.

가수 분해

13. 각 쌍에서 어느 염기가 강한 염기인지 예측하여라. 당신의 답을 간단히 설명하여라.
    (a) NO_2^- 혹은 NO_3^-;
    (b) BrO_3^- 혹은 IO_3^-;
    (c) HSO_3^- 혹은 HSO_4^-.

강한 염기와 강한 산의 염

14. 강한 염기와 강한 산의 염들은 왜 중성 수용액을 만들까? KNO_3를 사용하여 이 사실을 보여라. 강한 염기와 강한 산의 염 3개 이상에 대하여 이름과 화학식을 써라.

강한 염기와 약한 산의 염

15. 다음의 약한 산들의 음이온들의 가수 분해 상수를 계산하여라. 약한 산의 K_a와 그 산의 음이온의 K_b 사이의 관계는 무엇인가?(부록 F를 보라)
    (a) NO_2^-; (b) OCl^-; (c) $HCOO^-$;
16. (a) 0.12 *M* KOI 용액의 pH는 얼마인가?
    (b) 0.12 *M* KF 용액의 pH는 얼마인가?

약한 염기와 강한 산의 염

17. 약한 염기와 강한 산의 염들은 왜 산성 수용액을 만들까? NH_4NO_3를 가지고 설명하여라.
18. 다음 염들의 0.12 *M* 용액의 pH를 계산하여라.
    (a) NH_4NO_3;
    (b) $(CH_3)NH_3NO_3$;
    (c) $C_6H_5NH_3NO_3$.

약한 염기와 약한 산의 염

19. 만일 어떤 염이 물에 녹을 때 그것의 양이온과 음이온 모두 물과 반응한다면, 이 용액이 산성, 염기성 혹은 중성인지를 결정해 주는 것은 무엇일까?
다음 염들의 수용액들을 산성, 염기성 혹은 중성으로 분류하여라.
(a) $NH_4F(aq)$; (b) $CH_3NH_3OI(aq)$.

작고 높은 전하의 양이온을 함유한 염

20. 물과 반응하여 산성 용액을 생성하는 수화된 양이온들을 구하여라.
(a) $[Be(H_2O)_4]^{2+}$; (b) $[Al(H_2O)_6]^{3+}$;
(c) $[Fe(H_2O)_6]^{3+}$; (d) $[Cu(H_2O)_6]^{2+}$.
이 반응들에 대해서 화학 방정식을 써라.

21. 아래의 것들에 대해서 pH와 이온화 백분율을 계산하여라.
(a) 0.15 M $Al(NO_3)_3$;
(b) 0.075 M $Co(ClO_4)_2$;
(c) 0.15 M $MgCl_2$.

공통 이온 효과와 완충 용액

22. 다음 완충 용액들 각각에 대하여 pH를 계산하여라.
(a) 0.10 M HF와 0.25 M KF;
(b) 0.050 M CH_3COOH와 0.025 M $Ba(CH_3COO)_2$.

23. 다음 완충 용액들에 대해서 OH^- 농도와 pH를 계산하여라.
(a) 0.45 M $NH_3(aq)$와 0.25 M NH_4NO_3;
(b) 0.10 M 아닐린($C_6H_5NH_2$)과 0.20 M $C_6H_5NH_3Cl$.

24. 다음 용액들을 준비하는데 필요한 $[NH_3]$ / $[NH_4^+]$ 농도 비를 계산하여라.
(a) pH = 9.75; (b) pH = 9.10.

완충 작용

25. 0.400 M NH_3 1 L가 12.78 g NH_4Cl도 함유한다. 만일 가스 상태의 0.142 mol HCl을 이 용액에 버블링(bubbling)시키면, 이 용액의 pH 변화량은 얼마인가?

26. 0.020 M CH_3CH_2COOH 및 HCl로부터 나오는 0.10 M H^+와 $CH_3CH_2COO^-$ 이온이 평형에 있을 때 $CH_3CH_2COO^-$ 의 농도를 계산하여라. CH_3CH_2COOH의 K_a값은 1.3×10^{-5}이다.

완충 용액 준비

27. 1.25 M CH_3COOH 500 mL와 0.500 M $Ca(CH_3COO)_2$ 500 mL가 혼합되어, 완충 용액 1 L가 만들어졌다. 이 완충 용액 내에서 다음 각각의 농도는 얼마인가?
(a) CH_3COOH; (b) Ca^{2+};
(c) CH_3COO^-; (d) H^+;
(e) pH는 얼마인가?

28. 0.075 M NH_3 용액 내에서 NH_4^+의 농도가 얼마이어야 용액의 pH가 8.80이 될까?

용해도 곱 상수

29. 아래 염들 각각에 대하여, 용해도 곱 표현을 써라.
(a) SnI_2; (b) $Bi_2(SO_4)_3$;
(c) CuBr; (d) Ag_3PO_4.

30. 아래 염들 각각에 대하여, 용해도 곱 표현을 써라.
(a) $Co_3(AsO_4)_2$;
(b) Hg_2I_2(Hg_2^{2+} 이온을 함유);
(c) MgF_2; (d) $(Ag)_2CO_3$.

용해도 곱 상수 결정하기

31. 다음 화합물들에 대해서 주어진 용해도 자료들로부터 화합물들의 용해도 곱 상수들을 계산

하여라.

(a) $SrCrO_4$, 1.2 mg/mL;

(b) BiI_3, 7.7×10^{-3} g/L;

(c) $Fe(OH)_2$, 1.1×10^{-3} g/L;

(d) SnI_2, 10.9 g/L.

32. 25 ℃에서 물 1 L에 CaF_2 1 g을 저어서 용액이 준비되었다. 조사에 의하면 0.0163 g의 CaF_2가 용해되어 있다. 이 자료들을 이용하여 CaF_2의 K_{sp}를 계산하여라.

용해도 곱 상수의 활용

33. 25 ℃에서, 아래 화합물들 각각에 대하여, 몰 용해도, 구성 이온들의 농도 그리고 용해도를 g/L 단위로 계산하여라.

(a) $Zn(CN)_2$; (b) PbI_2;

(c) $Pb_3(AgO_4)_2$;

(d) Hg_2CO_3(Hg_2^{2+} 이온을 함유).

34. 0.015 *M* KBr 용액 내에서 AgBr의 몰 용해도를 계산하여라.

35. $BaCO_3$, $Fe(OH)_2$ 그리고 Ag_2CrO_4 세 화합물 중에서,

(a) 어느 것이 가장 높은 몰 용해도를 갖는가?

(b) 어느 것이 가장 낮은 몰 용해도를 갖는가?

(c) 어느 것이 g/L 단위로 가장 높은 몰 용해도를 갖는가?

(d) 어느 것이 g/L 단위로 가장 낮은 몰 용해도를 갖는가?

36. $BaCrO_4$와 Ag_2CrO_4 두 화합물 중 어느 것이 0.20 *M* K_2CrO_4 용액 내에서 더 높은 몰 용해도를 갖는가?

37. NaBr과 $Pb(NO_3)_2$는 물에 녹을 수 있다. NaBr 1.03 g과 $Pb(NO_3)_2$ 0.332 g을 충분한 물에 녹여서 용액 1 L가 만들어질 때, $PbBr_2$가 침전되는가?

혼합형 문제

38. 다음 용액들의 pH를 계산하여라.

(a) 0.0050 *M* $Ca(OH)_2$;

(b) 0.02 *M* $ClCH_2COOH$($K_a = 1.4 \times 10^{-3}$);

(c) 0.040 *M* 피리딘(C_5H_5N).

39. Ag_2SO_4의 몰 용해도를 계산하여라.

(a) 순수한 물 안에서;

(b) 0.015 *M* $AgNO_3$ 용액 내에서;

(c) 0.015 *M* K_2SO_4 용액 내에서.

대학기초화학

부록

부록 A: 수학적 연산

부록 B: 원소 원자들의 전자 배치

부록 C: 자주 쓰이는 단위 및 변환 인자

부록 D: 물리 상수

부록 E: 몇 가지 물질들의 물리 상수

부록 F: 25℃에서 약산의 이온화 상수

부록 G: 25℃에서 약염기의 이온화 상수

부록 H: 25℃에서 몇 가지 무기 화합물들의 용해도 곱 상수

부록 I: 몇 가지 착이온들의 해리 상수

부록 J: 25℃ 수용액에서의 표준 환원 전위

부록 K: 298.15 K에서의 열역학 수치

부록 L: 연습 문제 해답

부록 A: 수학적 연산

화학에서는 매우 작은 숫자나 매우 큰 숫자가 자주 사용된다. 이런 숫자들을 과학적 표기법이나 지수 표기법으로 간편하게 표현할 수 있다.

A-1 과학적 표기법

과학적 표기법을 사용하여 숫자는 두 가지 수들의 곱으로 표현할 수 있다. 관습적으로 처음 숫자를 십진수 항이라 부르며 1과 10 사이의 아라비아 숫자로 나타낸다. 그 다음 두 번째 숫자를 지수 항이라 부르며 10의 정수 멱곱으로 나타낸다.

$$
\begin{array}{rl}
10000 = 1 \times 10^4 & 24327 = 2.4327 \times 10^4 \\
1000 = 1 \times 10^3 & 7958 = 7.958 \times 10^3 \\
100 = 1 \times 10^2 & 594 = 5.94 \times 10^2 \\
10 = 1 \times 10^1 & 98 = 9.8 \times 10^1 \\
1 = 1 \times 10^0 & \\
1/10 = 0.1 = 1 \times 10^{-1} & 0.32 = 3.2 \times 10^{-1} \\
1/100 = 0.01 = 1 \times 10^{-2} & 0.067 = 6.7 \times 10^{-2} \\
1/1000 = 0.001 = 1 \times 10^{-3} & 0.0049 = 4.9 \times 10^{-3} \\
1/10000 = 0.0001 = 1 \times 10^{-4} & 0.00017 = 1.7 \times 10^{-4}
\end{array}
$$

임의의 수의 0승 곱은 1이라는 점을 명심하라.

10의 멱지수는 그 숫자를 길게 표시하였을 때 소수점이 옮겨가야 할 자릿수의 개수이다. 양의 멱지수는 소수점이 오른쪽으로 옮겨가야 할 자릿수의 개수이다. 음의 멱지수는 소수점이 왼쪽으로 옮겨가야 할 자릿수의 개수이다. 숫자들을 표준 과학적 표기법으로 표시하였을 때 소수점의 왼쪽에 0이 아닌 숫자가 있다.

$$7.3 \times 10^3 = 73 \times 10^2 = 730 \times 10^1 = 7300$$
$$4.36 \times 10^{-2} = 0.436 \times 10^{-1} = 0.0436$$
$$0.00862 = 0.0862 \times 10^{-1} = 0.862 \times 10^{-2} = 8.62 \times 10^{-3}$$

과학적 표기법에서 십진수 항은 유효 숫자를 의미한다. 지수 항은 소수점의 위치를 단순히 표시하며 유효 숫자를 의미하지 않는다.

덧셈

모든 숫자를 더하거나 뺄 때, 10의 멱지수를 같게 한 후에 십진수 항을 더하거나 뺀다.

$$(4.21 \times 10^{-3}) + (1.4 \times 10^{-4}) = (4.21 \times 10^{-3}) + (0.14 \times 10^{-3}) = \underline{4.35 \times 10^{-3}}$$
$$(8.97 \times 10^4) - (2.31 \times 10^3) = (8.97 \times 10^4) - (0.231 \times 10^4) = \underline{8.74 \times 10^4}$$

곱셈

십진수 항은 보통의 곱셈 방식으로 곱하며, 지수 항은 더한다. 그 곱셈의 답은 소수점의 왼쪽에 0이 아닌 십진수가 와야 한다.

답에서 유효숫자는 2자리이다.

$$(4.7 \times 10^7)(1.6 \times 10^2) = (4.7)(1.6) \times 10^{7+2} = 7.52 \times 10^9 = \underline{7.5 \times 10^9}$$

$$(8.3 \times 10^4)(9.3 \times 10^{-9}) = (8.3)(9.3) \times 10^{4-9} = 77.19 \times 10^{-5} = \underline{7.7 \times 10^{-4}}$$

나눗셈

분자의 십진수 항은 분모의 십진수 항으로 나누어 주고, 지수 항끼리는 빼준다. 그 몫은 소수점 왼쪽에 0이 아닌 숫자가 와야 한다.

$$\frac{8.4 \times 10^7}{2.0 \times 10^3} = \frac{8.4}{2.0} \times 10^{7-3} = \underline{4.2 \times 10^4}$$

답에서 유효숫자는 3자리이다.

$$\frac{3.81 \times 10^9}{8.412 \times 10^{-3}} = \frac{3.81}{8.412} \times 10^{[9-(-3)]} = 0.45292 \times 10^{12} = \underline{4.53 \times 10^{11}}$$

지수의 곱셈

십진수 항은 주어진 멱승을 그대로 써주고 지수 항은 주어진 멱승을 곱해 준다.

$$(1.2 \times 10^3)^2 = (1.2)^2 \times 10^{3\times 2} = 1.44 \times 10^6 = \underline{1.4 \times 10^6}$$

$$(3.0 \times 10^{-3})^4 = (3.0)^4 \times 10^{-3\times 4} = 81 \times 10^{-12} = \underline{8.1 \times 10^{-11}}$$

지수의 제곱근

지수 항은 원하는 제곱근으로 나누어 주고 십진수 항의 제곱근은 그대로 뺀다. 그리고 지수는 원하는 제곱근으로 나누어 준다.

$$\sqrt{2.5 \times 10^5} = \sqrt{25 \times 10^4} = \sqrt{25} \times \sqrt{10^4} = \underline{5.0 \times 10^2}$$

$$\sqrt[3]{2.7 \times 10^{-8}} = \sqrt[3]{27 \times 10^{-9}} = \sqrt[3]{27} \times \sqrt[3]{10^{-9}} = \underline{3.0 \times 10^{-3}}$$

A-2 대 수

임의 수의 대수는 그 수를 얻기 위하여 필요한 밑의 멱승이다. 2가지 종류의 대수가 화학에서 자주 사용된다: (1) 상용 대수(log로 약자를 사용)는 그 밑이 10이다. (2) 자연 대수(ln으로 약자를 사용)는 그 밑이 $e = 2.71828$이다. 대수의 일반적 성질들은 사용되는 밑에 관계없이(대수의 종류에 관계없이) 같다. $\log x$와 $\ln x$ 사이에 관계식은 다음과 같다.

$$\ln x = 2.303 \log x$$

$\ln 10 = 2.303$

임의 수의 상용 대수는 그 수를 얻기 위하여 10의 멱승을 하여야 한다. 1000의 상용 대수는 3이며, $\log 1000 = 3$으로 쓴다. 다음의 예를 참조한다.

수	지수 표현	대수
1000	10^3	3
100	10^2	2
10	10^1	1
1	10^0	0
1/10 = 0.1	10^{-1}	−1
1/100 = 0.01	10^{-2}	−2
1/1000 = 0.001	10^{-3}	−3

대수는 지수이기 때문에 대수의 연산은 지수의 연산 규칙을 따른다. 다음의 관계식을 알아두면 유용하다.

$$\log xy = \log x + \log y \quad \text{또는} \quad \ln xy = \ln x + \ln y$$

$$\log \frac{x}{y} = \log x - \log y \quad \text{또는} \quad \ln \frac{x}{y} = \ln x - \ln y$$

$$\log x^y = y \log x \quad \text{또는} \quad \ln x^y = y \ln x$$

$$\log \sqrt[y]{x} = \log x^{1/y} = \frac{1}{y} \log x \quad \text{또는} \quad \ln \sqrt[y]{x} = \ln x^{1/y} = \frac{1}{y} \ln x$$

부록 B: 원소 원자들의 전자 배치

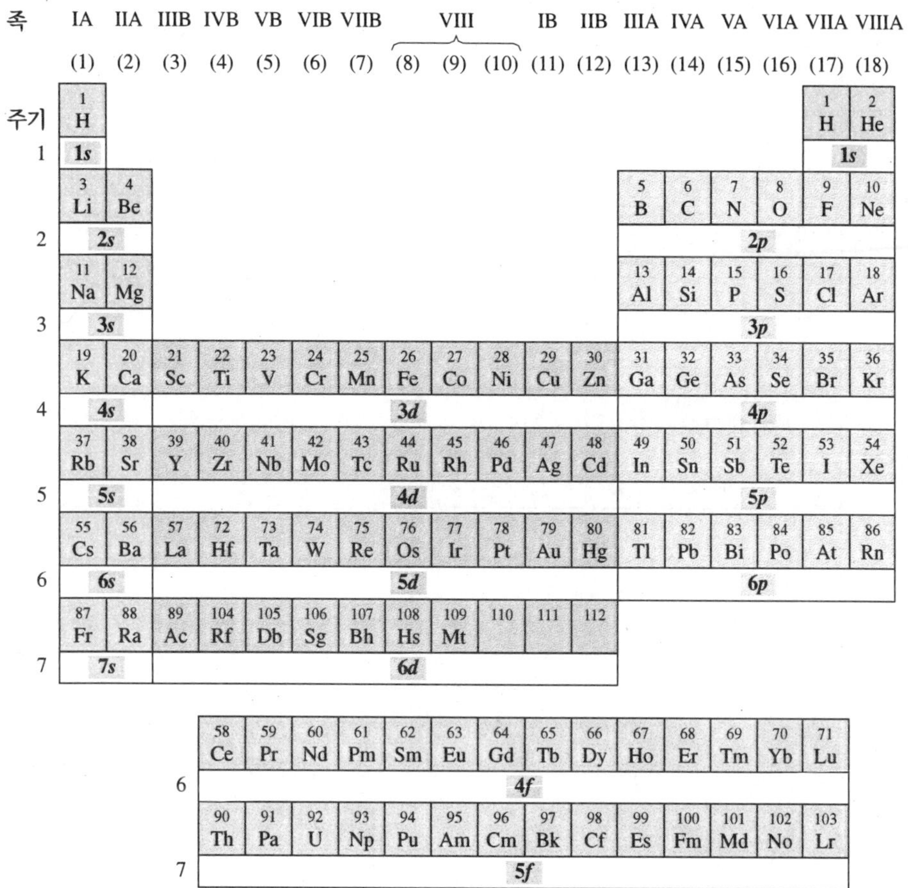

위 주기율표에서 각 원소가 전자를 채우기 위하여 사용한 원자 궤도함수들의 종류는 각 원소 블록의 아래에 표시되어 있다. A 블록의 원소들의 주기율표 내 위치에 따라 그 성질은 매우 규칙적이며 예측 가능하다. *d*와 *f* 궤도함수들을 채우는 B 블록 원소들은 예외가 많다.

원소 원자들의 전자 배치(계속)

원소	원자 번호	부껍질 내 전자 배치										
		1s	2s	2p	3s	3p	3d	4s	4p	4d	4f	5s
H	1	1										
He	2	2										
Li	3	2	1									
Be	4	2	2									
B	5	2	2	1								
C	6	2	2	2								
N	7	2	2	3								
O	8	2	2	4								
F	9	2	2	5								
Ne	10	2	2	6								
Na	11	네온 전자 배치 구조			1							
Mg	12				2							
Al	13				2	1						
Si	14				2	2						
P	15				2	3						
S	16				2	4						
Cl	17				2	5						
Ar	18	2	2	6	2	6						
K	19	아르곤 전자 배치 구조						1				
Ca	20							2				
Sc	21						1	2				
Ti	22						2	2				
V	23						3	2				
Cr	24						5	1				
Mn	25						5	2				
Fe	26						6	2				
Co	27						7	2				
Ni	28						8	2				
Cu	29						10	1				
Zn	30						10	2				
Ga	31						10	2	1			
Ge	32						10	2	2			
As	33						10	2	3			
Se	34						10	2	4			
Br	35						10	2	5			
Kr	36	2	2	6	2	6	10	2	6			
Rb	37	크립톤 전자 배치 구조										1
Sr	38											2
Y	39									1		2
Zr	40									2		2
Nb	41									4		1
Mo	42									5		1
Tc	43									5		2
Ru	44									7		1
Rh	45									8		1
Pd	46									10		
Ag	47									10		1
Cd	48									10		2

원소	원자 번호		4d	4f	5s	5p	5d	5f	6s	6p	6d	7s
In	49		10		2	1						
Sn	50		10		2	2						
Sb	51		10		2	3						
Te	52		10		2	4						
I	53		10		2	5						
Xe	54		10		2	6						
Cs	55		10		2	6			1			
Ba	56		10		2	6			2			
La	57		10		2	6	1		2			
Ce	58		10	1	2	6	1		2			
Pr	59		10	3	2	6			2			
Nd	60		10	4	2	6			2			
Pm	61		10	5	2	6			2			
Sm	62		10	6	2	6			2			
Eu	63		10	7	2	6			2			
Gd	64		10	7	2	6	1		2			
Tb	65		10	9	2	6			2			
Dy	66		10	10	2	6			2			
Ho	67		10	11	2	6			2			
Er	68		10	12	2	6			2			
Tm	69		10	13	2	6			2			
Yb	70		10	14	2	6			2			
Lu	71		10	14	2	6	1		2			
Hf	72		10	14	2	6	2		2			
Ta	73		10	14	2	6	3		2			
W	74		10	14	2	6	4		2			
Re	75		10	14	2	6	5		2			
Os	76		10	14	2	6	6		2			
Ir	77	크립톤 전자 배치 구조	10	14	2	6	7		2			
Pt	78		10	14	2	6	9		1			
Au	79		10	14	2	6	10		1			
Hg	80		10	14	2	6	10		2			
Tl	81		10	14	2	6	10		2	1		
Pb	82		10	14	2	6	10		2	2		
Bi	83		10	14	2	6	10		2	3		
Po	84		10	14	2	6	10		2	4		
At	85		10	14	2	6	10		2	5		
Rn	86		10	14	2	6	10		2	6		
Fr	87		10	14	2	6	10		2	6		1
Ra	88		10	14	2	6	10		2	6		2
Ac	89		10	14	2	6	10		2	6	1	2
Th	90		10	14	2	6	10		2	6	2	2
Pa	91		10	14	2	6	10	2	2	6	1	2
U	92		10	14	2	6	10	3	2	6	1	2
Np	93		10	14	2	6	10	4	2	6	1	2
Pu	94		10	14	2	6	10	6	2	6		2
Am	95		10	14	2	6	10	7	2	6		2
Cm	96		10	14	2	6	10	7	2	6	1	2
Bk	97		10	14	2	6	10	9	2	6		2
Cf	98		10	14	2	6	10	10	2	6		2
Es	99		10	14	2	6	10	11	2	6		2
Fm	100		10	14	2	6	10	12	2	6		2
Md	101		10	14	2	6	10	13	2	6		2
No	102		10	14	2	6	10	14	2	6		2
Lr	103		10	14	2	6	10	14	2	6	1	2
Rf	104		10	14	2	6	10	14	2	6	2	2
Db	105		10	14	2	6	10	14	2	6	3	2
Sg	106		10	14	2	6	10	14	2	6	4	2
Bh	107		10	14	2	6	10	14	2	6	5	2
Hs	108		10	14	2	6	10	14	2	6	6	2
Mt	109		10	14	2	6	10	14	2	6	7	2

부록 C: 자주 쓰이는 단위 및 변환 인자

C-1 SI 계의 기본 단위

미터계는 1790년 프랑스 의회에서 만들어진 이래로 여러 번 수정되어 왔다. 국제 단위계는 미터계의 확장을 의미한다. 이것은 1960년에 무게-질량 총회에서 채택된 이래로 수차 변혁을 거듭해 왔다. 7개의 기본 단위가 있고, 이들 각자는 특별한 물리적 양을 의미한다. 표 1에 요약되어 있다.

1. *미터*는 1/299,792,458초 내에 진공 중에서 빛이 통과하는 거리로 정의된다.
2. *킬로그램*은 프랑스 세브레시에 소재한 국제무게측량국에 보존되어 있는 백금-이리듐 막대의 질량으로 표시한다.
3. *초*는 Cs-133의 마이크로파 스펙트럼에 있는 한 개의 선의 9,192,631,770 주기 기간으로 1967년도에 정의되었다.
4. *캘빈*은 절대 영도와 물의 삼중점 간 온도 차이의 1/273.16 으로 정의한다.
5. *몰*은 C-12의 0.012 kg 내에 있는 원자들의 질량이다.

표 1 *SI 기본 단위*

물리량	단위명	기호
길이	meter	m
질량	kilogram	kg
시간	second	s
온도	kelvin	K
물질의 양	mole	mol
전류	ampere	A
광의 세기	candela	cd

미터 단위와 SI 단위에 쓰이는 접두어

미터 단위와 SI 단위에 쓰이는 소수와 배수들을 표 2에 나열되어 있는 접두어로 표시한다. 밑줄 친 것은 일반화학에서 자주 사용되는 접두어들이다.

표 2 *전통적으로 미터 단위와 SI 기본 단위에 쓰이는 접두어*

인자	접두어	기호	인자	접두어	기호
10^{12}	테라	T	10^{-1}	데시	d
10^{9}	기가	G	10^{-2}	센티	c
10^{6}	메가	M	10^{-3}	밀리	m
10^{3}	킬로	k	10^{-6}	미크로	μ
10^{2}	헥토	h	10^{-9}	나노	n
10^{1}	데카	da	10^{-12}	피코	p
			10^{-15}	펨토	f
			10^{-18}	아토	a

C-2 유도 SI 단위

국제 단위계에서 모든 물리량은 표 1에 나열되어 있는 기본 단위를 적절히 조합하여 표시한다. 유도 단위는 표 3과 같다.

표 3 *유도 SI 단위*

물리량	단위명	기호	정의
면적	제곱미터	m^2	
부피	입방미터	m^3	
밀도	입방미터당 킬로그램	kg/m^3	
힘	뉴턴	N	$kg \cdot m/s^2$
압력	파스칼	Pa	N/m^2
에너지	주울	J	$kg \cdot m^2/s^2$
전하	클롱	C	$A \cdot s$
전기 전위 차이	볼트	V	$J/(A \cdot s)$

질량과 무게의 상용 단위

1 pound = 453.59 grams

1 pound = 453.59 grams = 0.45359 kilogram
1 kilogram = 1000 grams = 2.205 pounds
1 gram = 10 decigrams = 100 centigrams
= 1000 milligrams
1 gram = 6.022×10^{23} atomic mass units
1 atomic mass unit = 1.6606×10^{-24} gram
1 short ton = 2000 pounds = 907.2 kilograms
1 long ton = 2240 pounds
1 metric tonne = 1000 kilograms = 2205 pounds

상용 길이 단위

1 inch = 2.54 centimeters (exactly)

1 mile = 5280 feet = 1.609 kilometers

1 yard = 36 inches = 0.9144 meter

1 meter = 100 centimeters = 39.37 inches = 3.281 feet
= 1.094 yards

1 kilometer = 1000 meters = 1094 yards = 0.6215 mile

1 Ångstrom = 1.0×10^{-8} centimeter = 0.10 nanometer
= 1.0×10^{-10} meter = 3.937×10^{-9} inch

상용 부피 단위

1 quart = 0.9463 liter
1 liter = 1.056 quarts

1 liter = 1 cubic decimeter = 1000 cubic centimeters
= 0.001 cubic meter

1 milliliter = 1 cubic centimeter = 0.001 liter
= 1.056×10^{-3} quart

1 cubic foot = 28.316 liters = 29.902 quarts
= 7.475 gallons

상용 힘*과 압력 단위

1 atmosphere = 760 millimeters of mercury
= 1.01325×10^5 pascals
= 14.70 pounds per square inch

1 bar = 10^5 pascals

1 torr = 1 millimeter of mercury

1 pascal = 1 $kg/m \cdot s^2$ = 1 N/m^2

*힘: *1 newton (N) = 1 $kg \cdot m/s^2$,*

상용 에너지와 압력 단위

1 joule = 1×10^7 ergs

1 thermochemical calorie* = 4.184 joules = 4.184×10^7 ergs
= 4.129×10^{-2} liter-atmospheres
= 2.612×10^{19} electron volts

1 erg = 1×10^{-7} joule = 2.3901×10^{-8} calorie

1 electron volt = 1.6022×10^{-19} joule = 1.6022×10^{-12} erg = 96.487 kJ mol†

1 liter-atmosphere = 24.217 calories = 101.325 joules = 1.01325×10^9 ergs

1 British thermal unit = 1055.06 joules = 1.05506×10^{10} ergs = 252.2 calories

** 물 1 g을 14.5 ℃에서 15.5 ℃로 온도를 올리는데 필요한 열의 양.*

† 다른 단위들은 입자 당으로 표시되었기 때문에, 이 경우 엄밀히 비교하기 위해서는 6.022×10^{23} 을 곱해주어야 한다.

부록 D: 물리 상수

양	기호	전통적 단위	SI 단위
중력 가속	g	980.6 cm/s	9.806 m/s
원자 질량 단위(^{12}C원자의 1/12의 해당되는 질량)	amu 또는 u	1.6606×10^{-24} g	1.6606×10^{-27} kg
아보가드로 수	N	6.0221367×10^{23} particles/mol	6.0221367×10^{23} particles/mol
보어 반경	a_0	0.52918 Å 5.2918×10^{-9} cm	5.2918×10^{-11} m
볼츠만 상수	k	1.3807×10^{-16} erg/K	1.3807×10^{-23} J/K
원자의 전하 대 질량 비	e/m	1.75882×10^{8} coulomb/g	1.75882×10^{11} C/kg
전자 전하	e	1.60218×10^{-19} coulomb 4.8033×10^{-10} esu	1.60218×10^{-19} C
전자 정지 질량	m_e	9.10940×10^{-28} g 0.00054858 amu	9.10940×10^{-31} kg
패러데이 상수	F	96,485 coulombs/eq 23.06 kcal/volt·eq	96,485 C/mol e^- 96,485 J/V·mol e^-
기체 상수	R	$0.08206 \dfrac{\text{L}\cdot\text{atm}}{\text{mol}\cdot\text{K}}$ $1.987 \dfrac{\text{cal}}{\text{mol}\cdot\text{K}}$	$8.3145 \dfrac{\text{kPa}\cdot\text{dm}^3}{\text{mol}\cdot\text{K}}$ 8.3145 J/mol·K
몰 부피	V_m	22.414 L/mol	22.414×10^{-3} m^3/mol 22.414 dm^3/mol
중성자 정지 질량	m_n	1.67495×10^{-24} g 1.008665 amu	1.67495×10^{-27} kg
플랑크 상수	h	6.6262×10^{-27} erg · s	6.6262×10^{-34} J · s
양성자 정지 질량	m_p	1.6726×10^{-24} g 1.007277 amu	1.6726×10^{-27} kg
리드버그 상수	R_∞	3.289×10^{15} cycles/s 2.1799×10^{-11} erg	1.0974×10^{7} m^{-1} 2.1799×10^{-18} J
광속(진공)	c	$2.99792458 \times 10^{10}$ cm/s (186,281 miles/second)	2.99792458×10^{8} m/s

$\pi = 3.1416$ $\quad$ $2.303\ R = 4.576$ cal/mol·K = 19.15 J/mol·K

$e = 2.71828$ $\quad$ $2.303\ RT$ (at 25°C) = 1364 cal/mol = 5709 J/mol

$\ln X = 2.303 \log X$

부록 E: 몇 가지 물질들의 물리 상수

몇 가지 물질의 비열과 열용량

물질	비열 (J/g·°C)	몰 열용량 (J/mol·°C)
Al(s)	0.900	24.3
Ca(s)	0.653	26.2
Cu(s)	0.385	24.5
Fe(s)	0.444	24.8
Hg(ℓ)	0.138	27.7
H_2O(s), ice	2.09	37.7
H_2O(ℓ), water	4.18	75.3
H_2O(g), steam	2.03	36.4
C_6H_6(ℓ), benzene	1.74	136
C_6H_6(g), benzene	1.04	81.6
C_2H_5OH(ℓ), ethanol	2.46	113
C_2H_5OH(g), ethanol	0.954	420
$(C_2H_5)_2O$(ℓ), diethyl ether	3.74	172
$(C_2H_5)_2O$(g), deithyl ether	2.35	108

몇 가지 물질들의 변형 열과 변형 온도

물질	융점 (°C)	용융열 (J/g)	ΔH_{fus} (kJ/mol)	bp (°C)	기화열 (J/g)	ΔH_{vap} (kJ/mol)
Al	658	395	10.6	2467	10520	284
Ca	851	233	9.33	1487	4030	162
Cu	1083	205	13.0	2595	4790	305
H_2O	0.0	334	6.02	100	2260	40.7
Fe	1530	267	14.9	2735	6340	354
Hg	−39	11	23.3	357	292	58.6
CH_4	−182	58.6	0.92	−164	—	—
C_2H_5OH	−117	109	5.02	78.3	855	39.3
C_6H_6	5.48	127	9.92	80.1	395	30.8
$(C_2H_5)_2O$	−116	97.9	7.66	35	351	26.0

다양한 온도에서의 물의 증기압

온도 (°C)	증기압 (torr)	온도 (°C)	증기압 (torr)	온도 (°C)	증기압 (torr)	온도 (°C)	증기압 (torr)
−10	2.1	21	18.7	51	97.2	81	369.7
−9	2.3	22	19.8	52	102.1	82	384.9
−8	2.5	23	21.1	53	107.2	83	400.6
−7	2.7	24	22.4	54	112.5	84	416.8
−6	2.9	25	23.8	55	118.0	85	433.6
−5	3.2	26	25.2	56	123.8	86	450.9
−4	3.4	27	26.7	57	129.8	87	468.7
−3	3.7	28	28.3	58	136.1	88	487.1
−2	4.0	29	30.0	59	142.6	89	506.1
−1	4.3	30	31.8	60	149.4	90	525.8
0	4.6	31	33.7	61	156.4	91	546.1
1	4.9	32	35.7	62	163.8	92	567.0
2	5.3	33	37.7	63	171.4	93	588.6
3	5.7	34	39.9	64	179.3	94	610.9
4	6.1	35	42.2	65	187.5	95	633.9
5	6.5	36	44.6	66	196.1	96	657.6
6	7.0	37	47.1	67	205.0	97	682.1
7	7.5	38	49.7	68	214.2	98	707.3
8	8.0	39	52.4	69	223.7	99	733.2
9	8.6	40	55.3	70	233.7	100	760.0
10	9.2	41	58.3	71	243.9	101	787.6
11	9.8	42	61.5	72	254.6	102	815.9
12	10.5	43	64.8	73	265.7	103	845.1
13	11.2	44	68.3	74	277.2	104	875.1
14	12.0	45	71.9	75	289.1	105	906.1
15	12.8	46	75.7	76	301.4	106	937.9
16	13.6	47	79.6	77	314.1	107	970.6
17	14.5	48	83.7	78	327.3	108	1004.4
18	15.5	49	88.0	79	341.0	109	1038.9
19	16.5	50	92.5	80	355.1	110	1074.6
20	17.5						

부록 F: 25℃에서 약산의 이온화 상수

산	화학식 및 전기식	K_a
Acetic	$CH_3COOH \rightleftharpoons H^+ + CH_3COO^-$	1.8×10^{-5}
Arsenic	$H_3AsO_4 \rightleftharpoons H^+ + H_2AsO_4^-$	$2.5 \times 10^{-4} = K_{a1}$
	$H_2AsO_4^- \rightleftharpoons H^+ + HAsO_4^{2-}$	$5.6 \times 10^{-8} = K_{a2}$
	$HAsO_4^{2-} \rightleftharpoons H^+ + AsO_4^{3-}$	$3.0 \times 10^{-13} = K_{a3}$
Arsenous	$H_3AsO_3 \rightleftharpoons H^+ + H_2AsO_3^-$	$6.0 \times 10^{-10} = K_{a1}$
	$H_2AsO_3^- \rightleftharpoons H^+ + HAsO_3^{2-}$	$3.0 \times 10^{-14} = K_{a2}$
Benzoic	$C_6H_5COOH \rightleftharpoons H^+ + C_6H_5COO^-$	6.3×10^{-5}
Boric*	$B(OH)_3 \rightleftharpoons H^+ + BO(OH)_2^-$	$7.3 \times 10^{-10} = K_{a1}$
	$BO(OH)_2^- \rightleftharpoons H^+ + BO_2(OH)^{2-}$	$1.8 \times 10^{-13} = K_{a2}$
	$BO_2(OH)^{2-} \rightleftharpoons H^+ + BO_3^{3-}$	$1.6 \times 10^{-14} = K_{a3}$
Carbonic	$H_2CO_3 \rightleftharpoons H^+ + HCO_3^-$	$4.2 \times 10^{-7} = K_{a1}$
	$HCO_3^- \rightleftharpoons H^+ + CO_3^{2-}$	$4.8 \times 10^{-11} = K_{a2}$
Citric	$C_3H_5O(COOH)_3 \rightleftharpoons H^+ + C_4H_5O_3(COOH)_2^-$	$7.4 \times 10^{-3} = K_{a1}$
	$C_4H_5O_3(COOH)_2^- \rightleftharpoons H^+ + C_5H_5O_5COOH^{2-}$	$1.7 \times 10^{-5} = K_{a2}$
	$C_5H_5O_5COOH^{2-} \rightleftharpoons H^+ + C_6H_5O_7^{3-}$	$7.4 \times 10^{-7} = K_{a3}$
Cyanic	$HOCN \rightleftharpoons H^+ + OCN^-$	3.5×10^{-4}
Formic	$HCOOH \rightleftharpoons H^+ + HCOO^-$	1.8×10^{-4}
Hydrazoic	$HN_3 \rightleftharpoons H^+ + N_3^-$	1.9×10^{-5}
Hydrocyanic	$HCN \rightleftharpoons H^+ + CN^-$	4.0×10^{-10}
Hydrofluoric	$HF \rightleftharpoons H^+ + F^-$	7.2×10^{-4}
Hydrogen peroxide	$H_2O_2 \rightleftharpoons H^+ + HO_2^-$	2.4×10^{-12}
Hydrosulfuric	$H_2S \rightleftharpoons H^+ + HS^-$	$1.0 \times 10^{-7} = K_{a1}$
	$HS^- \rightleftharpoons H^+ + S^{2-}$	$1.0 \times 10^{-19} = K_{a2}$
Hypobromous	$HOBr \rightleftharpoons H^+ + OBr^-$	2.5×10^{-9}
Hypochlorous	$HOCl \rightleftharpoons H^+ + OCl^-$	3.5×10^{-8}
Hypoiodous	$HOI \rightleftharpoons H^+ + OI^-$	2.3×10^{-11}
Nitrous	$HNO_2 \rightleftharpoons H^+ + NO_2^-$	4.5×10^{-4}
Oxalic	$(COOH)_2 \rightleftharpoons H^+ + COOCOOH^-$	$5.9 \times 10^{-2} = K_{a1}$
	$COOCOOH^- \rightleftharpoons H^+ + (COO)_2^{2-}$	$6.4 \times 10^{-5} = K_{a2}$
Phenol	$HC_6H_5O \rightleftharpoons H^+ + C_6H_5O^-$	1.3×10^{-10}
Phosphoric	$H_3PO_4 \rightleftharpoons H^+ + H_2PO_4^-$	$7.5 \times 10^{-3} = K_{a1}$
	$H_2PO_4^- \rightleftharpoons H^+ + HPO_4^{2-}$	$6.2 \times 10^{-8} = K_{a2}$
	$HPO_4^{2-} \rightleftharpoons H^+ + PO_4^{3-}$	$3.6 \times 10^{-13} = K_{a3}$
Phosphorous	$H_3PO_3 \rightleftharpoons H^+ + H_2PO_3^-$	$1.6 \times 10^{-2} = K_{a1}$
	$H_2PO_3^- \rightleftharpoons H^+ + HPO_3^{2-}$	$7.0 \times 10^{-7} = K_{a2}$
Selenic	$H_2SeO_4 \rightleftharpoons H^+ + HSeO_4^-$	Very large $= K_{a1}$
	$HSeO_4^- \rightleftharpoons H^+ + SeO_4^{2-}$	$1.2 \times 10^{-2} = K_{a2}$
Selenous	$H_2SeO_3 \rightleftharpoons H^+ + HSeO_3^-$	$2.7 \times 10^{-3} = K_{a1}$
	$HSeO_3^- \rightleftharpoons H^+ + SeO_3^{2-}$	$2.5 \times 10^{-7} = K_{a2}$
Sulfuric	$H_2SO_4 \rightleftharpoons H^+ + HSO_4^-$	Very large $= K_{a1}$
	$HSO_4^- \rightleftharpoons H^+ + SO_4^{2-}$	$1.2 \times 10^{-2} = K_{a2}$
Sulfurous	$H_2SO_3 \rightleftharpoons H^+ + HSO_3^-$	$1.2 \times 10^{-2} = K_{a1}$
	$HSO_3^- \rightleftharpoons H^+ + SO_3^{2-}$	$6.2 \times 10^{-8} = K_{a2}$
Tellurous	$H_2TeO_3 \rightleftharpoons H^+ + HTeO_3^-$	$2 \times 10^{-3} = K_{a1}$
	$HTeO_3^- \rightleftharpoons H^+ + TeO_3^{2-}$	$1 \times 10^{-8} = K_{a2}$

*수용액에서의 루이스산인 붕산.

부록 G: 25℃에서 약염기의 이온화 상수

염기	화학식 및 전기식	K_b
Ammonia	$NH_3 + H_2O \rightleftharpoons NH_4^+ + OH^-$	1.8×10^{-5}
Aniline	$C_6H_5NH_2 + H_2O \rightleftharpoons C_6H_5NH_3^+ + OH^-$	4.2×10^{-10}
Dimethylamine	$(CH_3)_2NH + H_2O \rightleftharpoons (CH_3)_2NH_2^+ + OH^-$	7.4×10^{-4}
Ethylenediamine	$(CH_2)_2(NH_2)_2 + H_2O \rightleftharpoons (CH_2)_2(NH_2)_2H^+ + OH^-$ $(CH_2)_2(NH_2)_2H^+ + H_2O \rightleftharpoons (CH_2)_2(NH_2)_2H_2^{2+} + OH^-$	$8.5 \times 10^{-5} = K_{b1}$ $2.7 \times 10^{-8} = K_{b2}$
Hydrazine	$N_2H_4 + H_2O \rightleftharpoons N_2H_5^+ + OH^-$ $N_2H_5^+ + H_2O \rightleftharpoons N_2H_6^{2+} + OH^-$	$8.5 \times 10^{-7} = K_{b1}$ $8.9 \times 10^{-16} = K_{b2}$
Hydroxylamine	$NH_2OH + H_2O \rightleftharpoons NH_3OH^+ + OH^-$	6.6×10^{-9}
Methylamine	$CH_3NH_2 + H_2O \rightleftharpoons CH_3NH_3^+ + OH^-$	5.0×10^{-4}
Pyridine	$C_5H_5N + H_2O \rightleftharpoons C_5H_5NH^+ + OH^-$	1.5×10^{-9}
Trimethylamine	$(CH_3)_3N + H_2O \rightleftharpoons (CH_3)_3NH^+ + OH^-$	7.4×10^{-5}

부록 H: 25℃에서 몇 가지 무기 화합물들의 용해도 곱 상수

물질	K_{sp}	물질	K_{sp}
알루미늄 화합물		*크롬 화합물*	
$AlAsO_4$	1.6×10^{-16}	$CrAsO_4$	7.8×10^{-21}
$Al(OH)_3$	1.9×10^{-33}	$Cr(OH)_3$	6.7×10^{-31}
$AlPO_4$	1.3×10^{-20}	$CrPO_4$	2.4×10^{-23}
안티몬 화합물		*코발트 화합물*	
Sb_2S_3	1.6×10^{-93}	$Co_3(AsO_4)_2$	7.6×10^{-29}
바륨 화합물		$CoCO_3$	8.0×10^{-13}
$Ba_3(AsO_4)_2$	1.1×10^{-13}	$Co(OH)_2$	2.5×10^{-16}
$BaCO_3$	8.1×10^{-9}	CoS (α)	5.9×10^{-21}
$BaC_2O_4 \cdot 2H_2O$*	1.1×10^{-7}	CoS (β)	8.7×10^{-23}
$BaCrO_4$	2.0×10^{-10}	$Co(OH)_3$	4.0×10^{-45}
BaF_2	1.7×10^{-6}	Co_2S_3	2.6×10^{-124}
$Ba(OH)_2 \cdot 8H_2O$*	5.0×10^{-3}	*구리 화합물*	
$Ba_3(PO_4)_2$	1.3×10^{-29}	$CuBr$	5.3×10^{-9}
$BaSeO_4$	2.8×10^{-11}	$CuCl$	1.9×10^{-7}
$BaSO_3$	8.0×10^{-7}	$CuCN$	3.2×10^{-20}
$BaSO_4$	1.1×10^{-10}	Cu_2O ($Cu^+ + OH^-$)†	1.0×10^{-14}
비스무스 화합물		CuI	5.1×10^{-12}
$BiOCl$	7.0×10^{-9}	Cu_2S	1.6×10^{-48}
$BiO(OH)$	1.0×10^{-12}	$CuSCN$	1.6×10^{-11}
$Bi(OH)_3$	3.2×10^{-40}	$Cu_3(AsO_4)_2$	7.6×10^{-36}
BiI_3	8.1×10^{-19}	$CuCO_3$	2.5×10^{-10}
$BiPO_4$	1.3×10^{-23}	$Cu_2[Fe(CN)_6]$	1.3×10^{-16}
Bi_2S_3	1.6×10^{-72}	$Cu(OH)_2$	1.6×10^{-19}
카드뮴 화합물		CuS	8.7×10^{-36}
$Cd_3(AsO_4)_2$	2.2×10^{-32}	*금 화합물*	
$CdCO_3$	2.5×10^{-14}	$AuBr$	5.0×10^{-17}
$Cd(CN)_2$	1.0×10^{-8}	$AuCl$	2.0×10^{-13}
$Cd_2[Fe(CN)_6]$	3.2×10^{-17}	AuI	1.6×10^{-23}
$Cd(OH)_2$	1.2×10^{-14}	$AuBr_3$	4.0×10^{-36}
CdS	3.6×10^{-29}	$AuCl_3$	3.2×10^{-25}
칼슘 화합물		$Au(OH)_3$	1.0×10^{-53}
$Ca_3(AsO_4)_2$	6.8×10^{-19}	AuI_3	1.0×10^{-46}
$CaCO_3$	4.8×10^{-9}	*철 화합물*	
$CaCrO_4$	7.1×10^{-4}	$FeCO_3$	3.5×10^{-11}
$CaC_2O_4 \cdot H_2O$*	2.3×10^{-9}	$Fe(OH)_2$	7.9×10^{-15}
CaF_2	3.9×10^{-11}	FeS	4.9×10^{-18}
$Ca(OH)_2$	7.9×10^{-6}	$Fe_4[Fe(CN)_6]_3$	3.0×10^{-41}
$CaHPO_4$	2.7×10^{-7}	$Fe(OH)_3$	6.3×10^{-38}
$Ca(H_2PO_4)_2$	1.0×10^{-3}	Fe_2S_3	1.4×10^{-88}
$Ca_3(PO_4)_2$	1.0×10^{-25}	*납 화합물*	
$CaSO_3 \cdot 2H_2O$*	1.3×10^{-8}	$Pb_3(AsO_4)_2$	4.1×10^{-36}
$CaSO_4 \cdot 2H_2O$*	2.4×10^{-5}	$PbBr_2$	6.3×10^{-6}

25℃에서 몇 가지 무기 화합물들의 용해도 곱 상수(계속)

물질	K_{sp}	물질	K_{sp}
납 화합물(계속)		*니켈 화합물(계속)*	
$PbCO_3$	1.5×10^{-13}	NiS (α)	3.0×10^{-21}
$PbCl_2$	1.7×10^{-5}	NiS (β)	1.0×10^{-26}
$PbCrO_4$	1.8×10^{-14}	NiS (γ)	2.0×10^{-28}
PbF_2	3.7×10^{-8}	*은 화합물*	
$Pb(OH)_2$	2.8×10^{-16}	Ag_3AsO_4	1.1×10^{-20}
PbI_2	8.7×10^{-9}	AgBr	3.3×10^{-13}
$Pb_3(PO_4)_2$	3.0×10^{-44}	Ag_2CO_3	8.1×10^{-12}
$PbSeO_4$	1.5×10^{-7}	AgCl	1.8×10^{-10}
$PbSO_4$	1.8×10^{-8}	Ag_2CrO_4	9.0×10^{-12}
PbS	8.4×10^{-28}	AgCN	1.2×10^{-16}
마그네슘 화합물		$Ag_4[Fe(CN)_6]$	1.6×10^{-41}
$Mg_3(AsO_4)_2$	2.1×10^{-20}	Ag_2O ($Ag^+ + OH^-$)†	2.0×10^{-8}
$MgCO_3 \cdot 3H_2O$*	4.0×10^{-5}	AgI	1.5×10^{-16}
MgC_2O_4	8.6×10^{-5}	Ag_3PO_4	1.3×10^{-20}
MgF_2	6.4×10^{-9}	Ag_2SO_3	1.5×10^{-14}
$Mg(OH)_2$	1.5×10^{-11}	Ag_2SO_4	1.7×10^{-5}
$MgNH_4PO_4$	2.5×10^{-12}	Ag_2S	1.0×10^{-49}
망간 화합물		AgSCN	1.0×10^{-12}
$Mn_3(AsO_4)_2$	1.9×10^{-11}	*스트론튬 화합물*	
$MnCO_3$	1.8×10^{-11}	$Sr_3(AsO_4)_2$	1.3×10^{-18}
$Mn(OH)_2$	4.6×10^{-14}	$SrCO_3$	9.4×10^{-10}
MnS	5.1×10^{-15}	$SrC_2O_4 \cdot 2H_2O$*	5.6×10^{-8}
$Mn(OH)_3$	$\approx 1.0 \times 10^{-36}$	$SrCrO_4$	3.6×10^{-5}
수은 화합물		$Sr(OH)_2 \cdot 8H_2O$*	3.2×10^{-4}
Hg_2Br_2	1.3×10^{-22}	$Sr_3(PO_4)_2$	1.0×10^{-31}
Hg_2CO_3	8.9×10^{-17}	$SrSO_3$	4.0×10^{-8}
Hg_2Cl_2	1.1×10^{-18}	$SrSO_4$	2.8×10^{-7}
Hg_2CrO_4	5.0×10^{-9}	*주석 화합물*	
Hg_2I_2	4.5×10^{-29}	$Sn(OH)_2$	2.0×10^{-26}
$Hg_2O \cdot H_2O$*		SnI_2	1.0×10^{-4}
($Hg_2^{2+} + 2OH^-$)†	1.6×10^{-23}	SnS	1.0×10^{-28}
Hg_2SO_4	6.8×10^{-7}	$Sn(OH)_4$	1.0×10^{-57}
Hg_2S	5.8×10^{-44}	SnS_2	1.0×10^{-70}
$Hg(CN)_2$	3.0×10^{-23}	*아연 화합물*	
$Hg(OH)_2$	2.5×10^{-26}	$Zn_3(AsO_4)_2$	1.1×10^{-27}
HgI_2	4.0×10^{-29}	$ZnCO_3$	1.5×10^{-11}
HgS	3.0×10^{-53}	$Zn(CN)_2$	8.0×10^{-12}
니켈 화합물		$Zn_2[Fe(CN)_6]$	4.1×10^{-16}
$Ni_3(AsO_4)_2$	1.9×10^{-26}	$Zn(OH)_2$	4.5×10^{-17}
$NiCO_3$	6.6×10^{-9}	$Zn_3(PO_4)_2$	9.1×10^{-33}
$Ni(CN)_2$	3.0×10^{-23}	ZnS	1.1×10^{-21}
$Ni(OH)_2$	2.8×10^{-16}		

* $[H_2O]$는 일반적으로 수용액에서 평형 상수에는 나타나지 않는다. 그러므로 수화물에 대해서 K_{sp} 표현에도 나타나지 않는다.

† 물에 녹은 매우 적은 양의 산화물만이 괄호 안에 표시됨. 이들 고체 수화물들은 불안정하여 생성되자 바로 분해되어 산화물이 됨.

부록 I: 몇 가지 착이온들의 해리 상수

해리 평형				K_d
$[AgBr_2]^-$	$\rightleftharpoons$	Ag^+	$+ 2Br^-$	7.8×10^{-8}
$[AgCl_2]^-$	$\rightleftharpoons$	Ag^+	$+ 2Cl^-$	4.0×10^{-6}
$[Ag(CN)_2]^-$	$\rightleftharpoons$	Ag^+	$+ 2CN^-$	1.8×10^{-19}
$[Ag(S_2O_3)_2]^{3-}$	$\rightleftharpoons$	Ag^+	$+ 2S_2O_3^{2-}$	5.0×10^{-14}
$[Ag(NH_3)_2]^+$	$\rightleftharpoons$	Ag^+	$+ 2NH_3$	6.3×10^{-8}
$[Ag(en)]^+$	$\rightleftharpoons$	Ag^+	+ en*	1.0×10^{-5}
$[AlF_6]^{3-}$	$\rightleftharpoons$	Al^{3+}	$+ 6F^-$	2.0×10^{-24}
$[Al(OH)_4]^-$	$\rightleftharpoons$	Al^{3+}	$+ 4OH^-$	1.3×10^{-34}
$[Au(CN)_2]^-$	$\rightleftharpoons$	Au^+	$+ 2CN^-$	5.0×10^{-39}
$[Cd(CN)_4]^{2-}$	$\rightleftharpoons$	Cd^{2+}	$+ 4CN^-$	7.8×10^{-18}
$[CdCl_4]^{2-}$	$\rightleftharpoons$	Cd^{2+}	$+ 4Cl^-$	1.0×10^{-4}
$[Cd(NH_3)_4]^{2+}$	$\rightleftharpoons$	Cd^{2+}	$+ 4NH_3$	1.0×10^{-7}
$[Co(NH_3)_6]^{2+}$	$\rightleftharpoons$	Co^{2+}	$+ 6NH_3$	1.3×10^{-5}
$[Co(NH_3)_6]^{3+}$	$\rightleftharpoons$	Co^{3+}	$+ 6NH_3$	2.2×10^{-34}
$[Co(en)_3]^{2+}$	$\rightleftharpoons$	Co^{2+}	+ 3en*	1.5×10^{-14}
$[Co(en)_3]^{3+}$	$\rightleftharpoons$	Co^{3+}	+ 3en*	2.0×10^{-49}
$[Cu(CN)_2]^-$	$\rightleftharpoons$	Cu^+	$+ 2CN^-$	1.0×10^{-16}
$[CuCl_2]^-$	$\rightleftharpoons$	Cu^+	$+ 2Cl^-$	1.0×10^{-5}
$[Cu(NH_3)_2]^+$	$\rightleftharpoons$	Cu^+	$+ 2NH_3$	1.4×10^{-11}
$[Cu(NH_3)_4]^{2+}$	$\rightleftharpoons$	Cu^{2+}	$+ 4NH_3$	8.5×10^{-13}
$[Fe(CN)_6]^{4-}$	$\rightleftharpoons$	Fe^{2+}	$+ 6CN^-$	1.3×10^{-37}
$[Fe(CN)_6]^{3-}$	$\rightleftharpoons$	Fe^{3+}	$+ 6CN^-$	1.3×10^{-44}
$[HgCl_4]^{2-}$	$\rightleftharpoons$	Hg^{2+}	$+ 4Cl^-$	8.3×10^{-16}
$[Ni(CN)_4]^{2-}$	$\rightleftharpoons$	Ni^{2+}	$+ 4CN^-$	1.0×10^{-31}
$[Ni(NH_3)_6]^{2+}$	$\rightleftharpoons$	Ni^{2+}	$+ 6NH_3$	1.8×10^{-9}
$[Zn(OH)_4]^{2-}$	$\rightleftharpoons$	Zn^{2+}	$+ 4OH^-$	3.5×10^{-16}
$[Zn(NH_3)_4]^{2+}$	$\rightleftharpoons$	Zn^{2+}	$+ 4NH_3$	3.4×10^{-10}

*약어 "en"은 ethylendiamine, $H_2NCH_2NH_2$을 의미한다.

부록 J: 25℃ 수용액에서의 표준 환원 전위

산성 용액	표준 환원 전위, $E°$(volts)
$K^+(aq) + e^- \longrightarrow K(s)$	−2.925
$Rb^+(aq) + e^- \longrightarrow Rb(s)$	−2.925
$Ba^{2+}(aq) + 2e^- \longrightarrow Ba(s)$	−2.90
$Sr^{2+}(aq) + 2e^- \longrightarrow Sr(s)$	−2.89
$Ca^{2+}(aq) + 2e^- \longrightarrow Ca(s)$	−2.87
$Na^+(aq) + e^- \longrightarrow Na(s)$	−2.714
$Mg^{2+}(aq) + 2e^- \longrightarrow Mg(s)$	−2.37
$H_2(g) + 2e^- \longrightarrow 2H^-(aq)$	−2.25
$Al^{3+}(aq) + 3e^- \longrightarrow Al(s)$	−1.66
$Zr^{4+}(aq) + 4e^- \longrightarrow Zr(s)$	−1.53
$ZnS(s) + 2e^- \longrightarrow Zn(s) + S^{2-}(aq)$	−1.44
$CdS(s) + 2e^- \longrightarrow Cd(s) + S^{2-}(aq)$	−1.21
$V^{2+}(aq) + 2e^- \longrightarrow V(s)$	−1.18
$Mn^{2+}(aq) + 2e^- \longrightarrow Mn(s)$	−1.18
$FeS(s) + 2e^- \longrightarrow Fe(s) + S^{2-}(aq)$	−1.01
$Cr^{2+}(aq) + 2e^- \longrightarrow Cr(s)$	−0.91
$Zn^{2+}(aq) + 2e^- \longrightarrow Zn(s)$	−0.763
$Cr^{3+}(aq) + 3e^- \longrightarrow Cr(s)$	−0.74
$HgS(s) + 2H^+(aq) + 2e^- \longrightarrow Hg(\ell) + H_2S(g)$	−0.72
$Ga^{3+}(aq) + 3e^- \longrightarrow Ga(s)$	−0.53
$2CO_2(g) + 2H^+(aq) + 2e^- \longrightarrow (COOH)_2(aq)$	−0.49
$Fe^{2+}(aq) + 2e^- \longrightarrow Fe(s)$	−0.44
$Cr^{3+}(aq) + e^- \longrightarrow Cr^{2+}(aq)$	−0.41
$Cd^{2+}(aq) + 2e^- \longrightarrow Cd(s)$	−0.403
$Se(s) + 2H^+(aq) + 2e^- \longrightarrow H_2Se(aq)$	−0.40
$PbSO_4(s) + 2e^- \longrightarrow Pb(s) + SO_4^{2-}(aq)$	−0.356
$Tl^+(aq) + e^- \longrightarrow Tl(s)$	−0.34
$Co^{2+}(aq) + 2e^- \longrightarrow Co(s)$	−0.28
$Ni^{2+}(aq) + 2e^- \longrightarrow Ni(s)$	−0.25
$[SnF_6]^{2-}(aq) + 4e^- \longrightarrow Sn(s) + 6F^-(aq)$	−0.25
$AgI(s) + e^- \longrightarrow Ag(s) + I^-(aq)$	−0.15
$Sn^{2+}(aq) + 2e^- \longrightarrow Sn(s)$	−0.14
$Pb^{2+}(aq) + 2e^- \longrightarrow Pb(s)$	−0.126
$N_2O(g) + 6H^+(aq) + H_2O + 4e^- \longrightarrow 2NH_3OH^+(aq)$	−0.05
$2H^+(aq) + 2e^- \longrightarrow H_2(g)$ (기준 전극)	0.000
$AgBr(s) + e^- \longrightarrow Ag(s) + Br^-(aq)$	0.10
$S(s) + 2H^+(aq) + 2e^- \longrightarrow H_2S(aq)$	0.14
$Sn^{4+}(aq) + 2e^- \longrightarrow Sn^{2+}(aq)$	0.15
$Cu^{2+}(aq) + e^- \longrightarrow Cu^+(aq)$	0.153
$SO_4^{2-}(aq) + 4H^+(aq) + 2e^- \longrightarrow H_2SO_3(aq) + H_2O$	0.17

25℃ 수용액에서의 표준 환원 전위(계속)

산성 용액	표준 환원 전위, $E°$(volts)
$SO_4^{2-}(aq) + 4H^+(aq) + 2e^- \longrightarrow SO_2(g) + 2H_2O$	0.20
$AgCl(s) + e^- \longrightarrow Ag(s) + Cl^-(aq)$	0.222
$Hg_2Cl_2(s) + 2e^- \longrightarrow 2Hg(\ell) + 2Cl^-(aq)$	0.27
$Cu^{2+}(aq) + 2e^- \longrightarrow Cu(s)$	0.337
$[RhCl_6]^{3-}(aq) + 3e^- \longrightarrow Rh(s) + 6Cl^-(aq)$	0.44
$Cu^+(aq) + e^- \longrightarrow Cu(s)$	0.521
$TeO_2(s) + 4H^+(aq) + 4e^- \longrightarrow Te(s) + 2H_2O$	0.529
$I_2(s) + 2e^- \longrightarrow 2I^-(aq)$	0.535
$H_3AsO_4(aq) + 2H^+(aq) + 2e^- \longrightarrow H_3AsO_3(aq) + H_2O$	0.58
$[PtCl_6]^{2-}(aq) + 2e^- \longrightarrow [PtCl_4]^{2-}(aq) + 2Cl^-(aq)$	0.68
$O_2(g) + 2H^+(aq) + 2e^- \longrightarrow H_2O_2(aq)$	0.682
$[PtCl_4]^{2-}(aq) + 2e^- \longrightarrow Pt(s) + 4Cl^-(aq)$	0.73
$SbCl_6^-(aq) + 2e^- \longrightarrow SbCl_4^-(aq) + 2Cl^-(aq)$	0.75
$Fe^{3+}(aq) + e^- \longrightarrow Fe^{2+}(aq)$	0.771
$Hg_2^{2+}(aq) + 2e^- \longrightarrow 2Hg(\ell)$	0.789
$Ag^+(aq) + e^- \longrightarrow Ag(s)$	0.7994
$Hg^{2+}(aq) + 2e^- \longrightarrow Hg(\ell)$	0.855
$2Hg^{2+}(aq) + 2e^- \longrightarrow Hg_2^{2+}(aq)$	0.920
$NO_3^-(aq) + 3H^+(aq) + 2e^- \longrightarrow HNO_2(aq) + H_2O$	0.94
$NO_3^-(aq) + 4H^+(aq) + 3e^- \longrightarrow NO(g) + 2H_2O$	0.96
$Pd^{2+}(aq) + 2e^- \longrightarrow Pd(s)$	0.987
$AuCl_4^-(aq) + 3e^- \longrightarrow Au(s) + 4Cl^-(aq)$	1.00
$Br_2(\ell) + 2e^- \longrightarrow 2Br^-(aq)$	1.08
$ClO_4^-(aq) + 2H^+(aq) + 2e^- \longrightarrow ClO_3^-(aq) + H_2O$	1.19
$IO_3^-(aq) + 6H^+(aq) + 5e^- \longrightarrow \frac{1}{2}I_2(aq) + 3H_2O$	1.195
$Pt^{2+}(aq) + 2e^- \longrightarrow Pt(s)$	1.2
$O_2(g) + 4H^+(aq) + 4e^- \longrightarrow 2H_2O$	1.229
$MnO_2(s) + 4H^+(aq) + 2e^- \longrightarrow Mn^{2+}(aq) + 2H_2O$	1.23
$N_2H_5^+(aq) + 3H^+(aq) + 2e^- \longrightarrow 2NH_4^+(aq)$	1.24
$Cr_2O_7^{2-}(aq) + 14H^+(aq) + 6e^- \longrightarrow 2Cr^{3+}(aq) + 7H_2O$	1.33
$Cl_2(g) + 2e^- \longrightarrow 2Cl^-(aq)$	1.360
$BrO_3^-(aq) + 6H^+(aq) + 6e^- \longrightarrow Br^-(aq) + 3H_2O$	1.44
$ClO_3^-(aq) + 6H^+(aq) + 5e^- \longrightarrow \frac{1}{2}Cl_2(g) + 3H_2O$	1.47
$Au^{3+}(aq) + 3e^- \longrightarrow Au(s)$	1.50
$MnO_4^-(aq) + 8H^+(aq) + 5e^- \longrightarrow Mn^{2+}(aq) + 4H_2O$	1.507
$NaBiO_3(s) + 6H^+(aq) + 2e^- \longrightarrow Bi^{3+}(aq) + Na^+(aq) + 3H_2O$	1.6
$Ce^{4+}(aq) + e^- \longrightarrow Ce^{3+}(aq)$	1.61
$2HOCl(aq) + 2H^+(aq) + 2e^- \longrightarrow Cl_2(g) + 2H_2O$	1.63
$Au^+(aq) + e^- \longrightarrow Au(s)$	1.68
$PbO_2(s) + SO_4^{2-}(aq) + 4H^+(aq) + 2e^- \longrightarrow PbSO_4(s) + 2H_2O$	1.685
$NiO_2(s) + 4H^+(aq) + 2e^- \longrightarrow Ni^{2+}(aq) + 2H_2O$	1.7
$H_2O_2(aq) + 2H^+(aq) + 2e^- \longrightarrow 2H_2O$	1.77
$Pb^{4+}(aq) + 2e^- \longrightarrow Pb^{2+}(aq)$	1.8
$Co^{3+}(aq) + e^- \longrightarrow Co^{2+}(aq)$	1.82
$F_2(g) + 2e^- \longrightarrow 2F^-(aq)$	2.87

25℃ 수용액에서의 표준 환원 전위(계속)

염기성 용액	표준 환원 전위, E°(volts)
$SiO_3^{2-}(aq) + 3H_2O + 4e^- \longrightarrow Si(s) + 6OH^-(aq)$	−1.70
$Cr(OH)_3(s) + 3e^- \longrightarrow Cr(s) + 3OH^-(aq)$	−1.30
$[Zn(CN)_4]^{2-}(aq) + 2e^- \longrightarrow Zn(s) + 4CN^-(aq)$	−1.26
$Zn(OH)_2(s) + 2e^- \longrightarrow Zn(s) + 2OH^-(aq)$	−1.245
$[Zn(OH)_4]^{2-}(aq) + 2e^- \longrightarrow Zn(s) + 4OH^-(aq)$	−1.22
$N_2(g) + 4H_2O + 4e^- \longrightarrow N_2H_4(aq) + 4OH^-(aq)$	−1.15
$SO_4^{2-}(aq) + H_2O + 2e^- \longrightarrow SO_3^{2-}(aq) + 2OH^-(aq)$	−0.93
$Fe(OH)_2(s) + 2e^- \longrightarrow Fe(s) + 2OH^-(aq)$	−0.877
$2NO_3^-(aq) + 2H_2O + 2e^- \longrightarrow N_2O_4(g) + 4OH^-(aq)$	−0.85
$2H_2O + 2e^- \longrightarrow H_2(g) + 2OH^-(aq)$	−0.828
$Fe(OH)_3(s) + e^- \longrightarrow Fe(OH)_2(s) + OH^-(aq)$	−0.56
$S(s) + 2e^- \longrightarrow S^{2-}(aq)$	−0.48
$Cu(OH)_2(s) + 2e^- \longrightarrow Cu(s) + 2OH^-(aq)$	−0.36
$CrO_4^{2-}(aq) + 4H_2O + 3e^- \longrightarrow Cr(OH)_3(s) + 5OH^-(aq)$	−0.12
$MnO_2(s) + 2H_2O + 2e^- \longrightarrow Mn(OH)_2(s) + 2OH^-(aq)$	−0.05
$NO_3^-(aq) + H_2O + 2e^- \longrightarrow NO_2^-(aq) + 2OH^-(aq)$	0.01
$O_2(g) + H_2O + 2e^- \longrightarrow OOH^-(aq) + OH^-(aq)$	0.076
$HgO(s) + H_2O + 2e^- \longrightarrow Hg(\ell) + 2OH^-(aq)$	0.0984
$[Co(NH_3)_6]^{3+}(aq) + e^- \longrightarrow [Co(NH_3)_6]^{2+}(aq)$	0.10
$N_2H_4(aq) + 2H_2O + 2e^- \longrightarrow 2NH_3(aq) + 2OH^-(aq)$	0.10
$2NO_2^-(aq) + 3H_2O + 4e^- \longrightarrow N_2O(g) + 6OH^-(aq)$	0.15
$Ag_2O(s) + H_2O + 2e^- \longrightarrow 2Ag(s) + 2OH^-(aq)$	0.34
$ClO_4^-(aq) + H_2O + 2e^- \longrightarrow ClO_3^-(aq) + 2OH^-(aq)$	0.36
$O_2(g) + 2H_2O + 4e^- \longrightarrow 4OH^-(aq)$	0.40
$Ag_2CrO_4(s) + 2e^- \longrightarrow 2Ag(s) + CrO_4^{2-}(aq)$	0.446
$NiO_2(s) + 2H_2O + 2e^- \longrightarrow Ni(OH)_2(s) + 2OH^-(aq)$	0.49
$MnO_4^-(aq) + e^- \longrightarrow MnO_4^{2-}(aq)$	0.564
$MnO_4^-(aq) + 2H_2O + 3e^- \longrightarrow MnO_2(s) + 4OH^-(aq)$	0.588
$ClO_3^-(aq) + 3H_2O + 6e^- \longrightarrow Cl^-(aq) + 6OH^-(aq)$	0.62
$2NH_2OH(aq) + 2e^- \longrightarrow N_2H_4(aq) + 2OH^-(aq)$	0.74
$OOH^-(aq) + H_2O + 2e^- \longrightarrow 3OH^-(aq)$	0.88
$ClO^-(aq) + H_2O + 2e^- \longrightarrow Cl^-(aq) + 2OH^-(aq)$	0.89

부록 K: 298.15 K에서의 열역학 수치

종류	ΔH_f^0 (kJ/mol)	S^0 (J/mol·K)	ΔG_f^0 (kJ/mol)
알루미늄			
$Al(s)$	0	28.3	0
$AlCl_3(s)$	−704.2	110.7	−628.9
$Al_2O_3(s)$	−1676	50.92	−1582
바륨			
$BaCl_2(s)$	−860.1	126	−810.9
$BaSO_4(s)$	−1465	132	−1353
베릴륨			
$Be(s)$	0	9.54	0
$Be(OH)_2(s)$	−907.1	—	—
브롬			
$Br(g)$	111.8	174.9	82.4
$Br_2(\ell)$	0	152.23	0
$Br_2(g)$	30.91	245.4	3.14
$BrF_3(g)$	−255.6	292.4	−229.5
$HBr(g)$	−36.4	198.59	−53.43
칼슘			
$Ca(s)$	0	41.6	0
$Ca(g)$	192.6	154.8	158.9
$Ca^{2+}(g)$	1920	—	—
$CaC_2(s)$	−62.8	70.3	−67.8
$CaCO_3(s)$	−1207	92.9	−1129
$CaCl_2(s)$	−795.0	114	−750.2
$CaF_2(s)$	−1215	68.87	−1162
$CaH_2(s)$	−189	42	−150
$CaO(s)$	−635.5	40	−604.2
$CaS(s)$	−482.4	56.5	−477.4
$Ca(OH)_2(s)$	−986.6	76.1	−896.8
$Ca(OH)_2(aq)$	−1002.8	76.15	−867.6
$CaSO_4(s)$	−1433	107	−1320
탄소			
C(s, 흑연)	0	5.740	0
C(s, 다이아몬드)	1.897	2.38	2.900
$C(g)$	716.7	158.0	671.3
$CCl_4(\ell)$	−135.4	216.4	−65.27
$CCl_4(g)$	−103	309.7	−60.63
$CHCl_3(\ell)$	−134.5	202	−73.72
$CHCl_3(g)$	−103.1	295.6	−70.37
$CH_4(g)$	−74.81	186.2	−50.75
$C_2H_2(g)$	226.7	200.8	209.2
$C_2H_4(g)$	52.26	219.5	68.12
$C_2H_6(g)$	−84.86	229.5	−32.9
$C_3H_8(g)$	−103.8	269.9	−23.49
$C_6H_6(\ell)$	49.03	172.8	124.5
$C_8H_{18}(\ell)$	−268.8	—	—
$C_2H_5OH(\ell)$	−277.7	161	−174.9
$C_2H_5OH(g)$	−235.1	282.6	−168.6
$CO(g)$	−110.5	197.6	−137.2
$CO_2(g)$	−393.5	213.6	−394.4
$CS_2(g)$	117.4	237.7	67.15
$COCl_2(g)$	−223.0	289.2	−210.5
세슘			
$Cs^+(aq)$	−248	133	−282.0
$CsF(aq)$	−568.6	123	−558.5
염소			
$Cl(g)$	121.7	165.1	105.7
$Cl^-(g)$	−226	—	—
$Cl_2(g)$	0	223.0	0
$HCl(g)$	−92.31	186.8	−95.30
$HCl(aq)$	−167.4	55.10	−131.2
크롬			
$Cr(s)$	0	23.8	0
$(NH_4)_2Cr_2O_7(s)$	−1807	—	—
구리			
$Cu(s)$	0	33.15	0
$CuO(s)$	−157	42.63	−130
불소			
$F^-(g)$	−322	—	—
$F^-(aq)$	−332.6	—	−278.8
$F(g)$	78.99	158.6	61.92
$F_2(g)$	0	202.7	0
$HF(g)$	−271	173.7	−273
$HF(aq)$	−320.8	—	−296.8
수소			
$H(g)$	218.0	114.6	203.3
$H_2(g)$	0	130.6	0
$H_2O(\ell)$	−285.8	69.91	−237.2
$H_2O(g)$	−241.8	188.7	−228.6
$H_2O_2(\ell)$	−187.8	109.6	−120.4
요오드			
$I(g)$	106.6	180.66	70.16
$I_2(s)$	0	116.1	0
$I_2(g)$	62.44	260.6	19.36
$ICl(g)$	17.78	247.4	−5.52
$HI(g)$	26.5	206.5	1.72
철			
$Fe(s)$	0	27.3	0
$FeO(s)$	−272	—	—
Fe_2O_3(s, hematite)	−824.2	87.40	−742.2
Fe_3O_4(s, magnetite)	−1118	146	−1015
$FeS_2(s)$	−177.5	122.2	−166.7
$Fe(CO)_5(\ell)$	−774.0	338	−705.4
$Fe(CO)_5(g)$	−733.8	445.2	−697.3
납			
$Pb(s)$	0	64.81	0
$PbCl_2(s)$	−359.4	136	−314.1
PbO(s, 노란색)	−217.3	68.70	−187.9
$Pb(OH)_2(s)$	−515.9	88	−420.9
$PbS(s)$	−100.4	91.2	−98.7

종류	ΔH_f^0 (kJ/mol)	S^0 (J/mol·K)	ΔG_f^0 (kJ/mol)
리튬			
Li(s)	0	28.0	0
LiOH(s)	−487.23	50	−443.9
LiOH(aq)	−508.4	4	−451.1
마그네슘			
Mg(s)	0	32.5	0
$MgCl_2$(s)	−641.8	89.5	−592.3
MgO(s)	−601.8	27	−569.6
$Mg(OH)_2$(s)	−924.7	63.14	−833.7
MgS(s)	−347	—	—
수은			
Hg(ℓ)	0	76.02	0
$HgCl_2$(s)	−224	146	−179
HgO(s, red)	−90.83	70.29	−58.56
HgS(s, red)	−58.2	82.4	−50.6
니켈			
Ni(s)	0	30.1	0
$Ni(CO)_4$(g)	−602.9	410.4	−587.3
NiO(s)	−244	38.6	−216
질소			
N_2(g)	0	191.5	0
N(g)	472.704	153.19	455.579
NH_3(g)	−46.11	192.3	−16.5
N_2H_4(ℓ)	50.63	121.2	149.2
$(NH_4)_3AsO_4$(aq)	−1268	—	—
NH_4Cl(s)	−314.4	94.6	−201.5
NH_4Cl(aq)	−300.2	—	—
NH_4I(s)	−201.4	117	−113
NH_4NO_3(s)	−365.6	151.1	−184.0
NO(g)	90.25	210.7	86.57
NO_2(g)	33.2	240.0	51.30
N_2O(g)	82.05	219.7	104.2
N_2O_4(g)	9.16	304.2	97.82
N_2O_5(g)	11	356	115
N_2O_5(s)	−43.1	178	114
NOCl(g)	52.59	264	66.36
HNO_3(ℓ)	−174.1	155.6	−80.79
HNO_3(g)	−135.1	266.2	−74.77
HNO_3(aq)	−206.6	146	−110.5
산소			
O(g)	249.2	161.0	231.8
O_2(g)	0	205.0	0
O_3(g)	143	238.8	163
OF_2(g)	23	246.6	41
인			
P(g)	314.6	163.1	278.3
P_4(s, white)	0	177	0
P_4(s, red)	−73.6	91.2	−48.5
PCl_3(g)	−306.4	311.7	−286.3
PCl_5(g)	−398.9	353	−324.6
PH_3(g)	5.4	210.1	13
P_4O_{10}(s)	−2984	228.9	−2698
H_3PO_4(s)	−1281	110.5	−1119
칼륨			
K(s)	0	63.6	0
KCl(s)	−436.5	82.6	−408.8
$KClO_3$(s)	−391.2	143.1	−289.9
KI(s)	−327.9	106.4	−323.0
KOH(s)	−424.7	78.91	−378.9
KOH(aq)	−481.2	92.0	−439.6

종류	ΔH_f^0 (kJ/mol)	S^0 (J/mol·K)	ΔG_f^0 (kJ/mol)
루비듐			
Rb(s)	0	76.78	0
RbOH(aq)	−481.16	110.75	−441.24
규소			
Si(s)	0	18.8	0
$SiBr_4$(ℓ)	−457.3	277.8	−443.9
SiC(s)	−65.3	16.6	−62.8
$SiCl_4$(g)	−657.0	330.6	−617.0
SiH_4(g)	34.3	204.5	56.9
SiF_4(g)	−1615	282.4	−1573
SiI_4(g)	−132	—	—
SiO_2(s)	−910.9	41.84	−856.7
H_2SiO_3(s)	−1189	134	−1092
Na_2SiO_3(s)	−1079	—	—
H_2SiF_6(aq)	−2331	—	—
은			
Ag(s)	0	42.55	0
나트륨			
Na(s)	0	51.0	0
Na(g)	108.7	153.6	78.11
Na^+(g)	601	—	—
NaBr(s)	−359.9	—	—
NaCl(s)	−411.0	72.38	−384
NaCl(aq)	−407.1	115.5	−393.0
Na_2CO_3(s)	−1131	136	−1048
NaOH(s)	−426.7	—	—
NaOH(aq)	−469.6	49.8	−419.2
황			
S(s, rhombic)	0	31.8	0
S(g)	278.8	167.8	238.3
S_2Cl_2(g)	−18	331	−31.8
SF_6(g)	−1209	291.7	−1105
H_2S(g)	−20.6	205.7	−33.6
SO_2(g)	−296.8	248.1	−300.2
SO_3(g)	−395.6	256.6	−371.1
$SOCl_2$(ℓ)	−206	—	—
SO_2Cl_2(ℓ)	−389	—	—
H_2SO_4(ℓ)	−814.0	156.9	−690.1
H_2SO_4(aq)	−907.5	17	−742.0
주석			
Sn(s, white)	0	51.55	0
Sn(s, grey)	−2.09	44.1	0.13
$SnCl_2$(s)	−350	—	—
$SnCl_4$(ℓ)	−511.3	258.6	−440.2
$SnCl_4$(g)	−471.5	366	−432.2
SnO_2(s)	−580.7	52.3	−519.7
티타늄			
$TiCl_4$(ℓ)	−804.2	252.3	−737.2
$TiCl_4$(g)	−763.2	354.8	−726.8
텅스텐			
W(s)	0	32.6	0
WO_3(s)	−842.9	75.90	−764.1
아연			
ZnO(s)	−348.3	43.64	−318.3
ZnS(s)	−205.6	57.7	−201.3

부록 L: 연습 문제 해답

제 1 장

13. (a) 1.85×10^{-2} km (b) 1.63×10^4 m (c) 2.47×10^5 g
(d) 4.32×10^3 mL (e) 8.59 L (f) 8.251×10^6 cm^3
21. (a) 90.9 tons of ore (b) 102 kg of ore

제 2 장

8. (a) 159.808 amu (b) 18.0152 amu (c) 183.187 amu
(d) 294.1846 amu
12. 1.37×10^{25} H atoms
14. (a) 74.04% C; 8.699% H; 17.27% N
(b) 80.87% C; 11.70% H; 7.430% O
(c) 63.15% C; 5.300% H; 31.55% O
18. 94.35% C, 5.61% H
22. (a) 3.64 g O (b) 5.46 g O
25. (a) 494 g $CuSO_4 \cdot H_2O$ (b) 444 g $CuSO_4$
30. (a) 1.33 mol O_3 (b) 4.00 mol O (c) 64.0 g O_2
(d) 42.7 g O_2
32. (a) 0.470 mol Ag (b) 0.470 mol Ag (c) 1.90×10^{-3} mol Ag
(d) 7.81×10^{-4} mol Ag

제 3 장

4. (b) 1800 molecules H_2 (c) 1200 molecules NH_3
8. 96.0 g O_2
10. 4.01×10^{22} molecules C_3H_8
12. 68.20 g NH_3
13. 490 g superphosphate
14. 65.56 g K
17. 93.2 g PCl_5
20. 131 mg SO_2; 85.5%
22. 54.4 g $(NH_4)_2SO_4$
24. 1.89 *M* H_3PO_4
26. (a) 20. g Na_3PO_4 (b) 20. g Na_3PO_4
28. 0.844 L
29. 338 mL of 0.0600 *M* $Ba(OH)_2$ soln
31. 150 mL H_2O
32. 15.9 mL KOH soln
34. 0.00408 *M* $AlCl_3$ soln
35. 0.10 L HCl soln
39. 87.7 g products; 24.0 g CS_2
40. 5.25% Fe_3O_4 in ore

제 4 장

2. 2.3×10^{-14}

제 6 · 7 장

제6 · 7장은 숫자로 계산하는 연습 문제가 없음.

제 8 장

39. 5.292 *M*
42. 1.00 *M* Na_2SO_4
43. 0.0229 *M* BaI_2
44. 0.828 *M* Na_3PO_4; 0.37 *M* NaOH
51. 0.2311 *M* HCl
52. 2.80 mmol HCl, 9.24 mL HCl
53. 380 mL HCl soln
54. 24.2 mL H_2SO_4 soln
55. (a) 0.0100 L HI soln (b) 0.118 L HI soln
(c) 0.0311 L HI soln

제 9 장

3. (a) 8.0 atm (b) 0.12 L
4. 1100 balloons
5. 0.74 L
6. (a) 1.441 L (b) 41 cm
7. −78.5°C, 3.26 L; −195.8°C, 1.30 L; −268.9°C, 0.0713 L
8. 669 K or 396°C
11. 3×10^{14} molecules CO

13. 17.2 atm
14. (a) 1.80×10^8 L Cl_2, 6.34×10^6 ft^3 Cl_2 (b) 40.0 ft
17. 46.7 amu/molecule
18. $P_{total} \times 132$ atm; $P_{CHCl_3} = 39.4$ atm
19. $X_{He} = 0.310$; $X_{Ar} = 0.368$; $X_{Xe} = 0.322$
20. (a) 10.12 atm (b) 3.38 atm (c) 3.38 atm
21. 511 mL
22. 74.8 g NaN_3
23. 4.41 g $KClO_3$
24. 3.33 L
25. 190. g KNO_3
26. (a) 3.35×10^{-23} mL (b) 0.0202 L (c) 9.02×10^{-4} 또는 0.0902%
27.
28. 1.17
29. 43.2 atm
30. (a) 0.821 atm (b) 0.805 atm
31. 0.11 g H_2O
35. $P_{CO_2} = 0.343$ atm; $P_{H_2O} = 0.413$ atm

제 10 장

6. (a) 2150 kJ (b) 59.4 g O_2
9. −583 kJ/mol
10. −1015.4 kJ/mol rxn
11. +197.6 kJ/mol rxn
12. −289 kJ/mol rxn
13. (a) −36.0 kJ/mol rxn (b) −1656 kJ/mol rxn (c) +624.6 kJ/mol rxn
16. (a) −121 kJ/mol rxn (b) −103 kJ/mol rxn
17. −379 kJ/mol rxn
18. −93 kJ/mol HCl; −270 kJ/mol HF
19. 327.0 kJ
20. 288 kJ/mol
21. 381 J/°C
22. (a) 2.1×10^5 J (b) -2.1×10^5 J
23. −41.8 kJ/g C_6H_6; −3260 kJ/mol C_6H_6
24. −289 J
26. (a) +983 J (b) 0 J
30. (a) −128.8 J/(mol rxn) · K (b) −182 J/(mol rxn) · K (c) −24.9 J/(mol rxn) · K
31. −4.78 kJ
32. (a) $\Delta H^0 = -196.0$ kJ/mol rxn, $\Delta G^0 = -233.6$ kJ/mol rxn, $\Delta S^0 = +125.6$ J/(mol rxn) · K
33. (a) and (b) Spontaneous at all T
(c) Spontaneous at $T > 981$ K
(d) Spontaneous at $T > 3000.$ K

제 11 장

3. $O_2 = 1.38$ M/min, NO = 1.10 M/min, $H_2O = 1.65$ M/min
5. 1/2
6. Rate = $(2.5 \times 10^{-2}\ M^{-1} \cdot \text{min}^{-1})$[B][C]
8. (a) Rate = $(1.2 \times 10^2\ M^{-2} \cdot s^{-1})[ClO_2]^2[OH^-]$
9. Rate = $(2.5 \times 10^{-3}\ M^{-2} \cdot s^{-1}[A][B]^2$
10. Rate = $(20.\ M^{-4} \cdot s^{-1})[A]^2[B]^3$
11. (a) $4.52 \times 10^{-29}\ s^{-1}$ (b) $4.05 \times 10^{-10}\ s^{-1}$
14. 5.3 s
15. (b) 41 days (c) 0.723 g CS (d) 0.67 g (e) 0.746 g CS_2
18. 0.028 min^{-1}
20. 7.5 s
21. 340 kJ/mol rxn
22. 84 kJ/mol rxn
25. (a) 0.23 s^{-1} (b) 9°C

제 12 장

1. (a) 2.40 M NaCl (b) 0.895 M H_2SO_4 (c) 9.6×10^{-4} M C_6H_5OH
2. (a) $[H^+] = [Br^-] = 0.25$ M (b) $[K^+] = [OH^-] = 0.055$ M (c) $[Ca^{2+}] = 0.0155$ M; $[Cl^-] = 0.0310$ M
4. (a) 0.222 (b) 1.52 (c) 2.12
5. 4.8×10^{-4} M
8. $K_a = 1.6 \times 10^{-5}$
9. 5.8%
10. (a) $[OH^-] = 1.3 \times 10^{-3}$ M, 1.3% ionized, pH = 11.11 (b) $[OH^-] = 8.4 \times 10^{-3}$ M, 5.6% ionized, pH = 11.92
11. In 0.100 M H_3AsO_4 Solution / In 0.100 M H_3PO_4 Solution

In 0.100 M H_3AsO_4 Solution		In 0.100 M H_3PO_4 Solution	
Species	*Concentration (M)*	*Species*	*Concentration (M)*
H_3AsO_4	0.095	H_3PO_4	0.076
H_3O^+	0.0050	H_3O^+	0.024
$H_2AsO_4^-$	0.0050	$H_2PO_4^-$	0.024
$HAsO_4^{2-}$	5.6×10^{-8}	HPO_4^{2-}	6.2×10^{-8}
OH^-	2.0×10^{-12}	OH^-	4.2×10^{-13}
AsO_4^{3-}	3.4×10^{-18}	PO_4^{3-}	9.3×10^{-19}

12. $[H_3O^+] = 0.13$ M, $[OH^-] = 7.7 \times 10^{-14}$ M, $[HSeO_4^-] = 0.11$ M, $[SeO_4^{2-}] = 0.01$ M
15. (a) $K_b = 2.2 \times 10^{-11}$ (b) $K_b = 2.9 \times 10^{-7}$ (c) $K_b = 5.6 \times 10^{-11}$
16. (a) pH = 11.85 (b) pH = 8.11
18. (a) pH = 5.09 (b) pH = 5.81 (c) pH = 2.77
21. (a) pH = 2.89, 0.87% (b) pH = 5.21, 8.2×10^{-3}% (c) pH = 6.17, 4.5×10^{-4}%
22. (a) pH = 3.54 (b) pH = 4.74
25. pH decreases by 0.40 units
27. (a) 0.625 M (b) 0.250 M (c) 0.500 M (d) 2.3×10^{-5} M (e) pH = 4.65
31. (a) 3.5×10^{-5} (b) 7.7×10^{-19} (c) 6.9×10^{-15} (d) 1.00×10^{-4}
32. $K_{sp} = 3.65 \times 10^{-11}$

대학기초화학

▎2013년 2월 28일 초판 4쇄 발행

▎지은이 Whitten, Davis, Peck, Stanley
▎옮긴이 대한화학교재연구회
▎발행인 박 종 성
▎발행처 사이플러스 Science plus
▎주 소 (우)121-842 서울특별시 마포구 서교동 468-24
▎전 화 02-332-6170~6171 / 팩스 02-332-6185
▎등 록 2005.10.20. 제 313-2005-00222호

▎ISBN 978-89-92603-23-2 값 25,000원